U0662365

计算机科学与技术丛书

智能科学

第4版

史忠植◎著

清華大學出版社

北京

内 容 简 介

智能科学研究智能的本质和实现技术，是由脑科学、认知科学、人工智能等创建的前沿交叉学科。脑科学从分子水平、细胞水平、行为水平研究自然智能机理，建立脑模型，揭示人脑的本质；认知科学是研究人类感知、学习、记忆、思维、意识等人脑心智活动过程的科学；人工智能研究用人工的方法和技术，模仿、延伸和扩展人的智能，实现机器智能。智能科学不仅要进行功能仿真，而且要从机理上研究和探索智能的新概念、新理论、新方法。

本书系统地介绍智能科学的概念和方法，吸收了脑科学、认知科学、人工智能、信息科学、形式系统、哲学等方面的研究成果，探索自然智能和机器智能的机理和规律。

本书可作为大学高年级本科生和研究生的智能科学、认知科学、神经信息学等课程的教科书，也可作为从事智能科学、人工智能、认知科学、脑科学、神经科学、心理学等领域的研究人员参考书。

版权所有，侵权必究。举报：010-62782989，beiqinquan@tup.tsinghua.edu.cn。

图书在版编目（CIP）数据

智能科学/史忠植著. -- 4 版. -- 北京：清华大学出版社，2025.7. --（计算机科学与技术丛书）.
ISBN 978-7-302-69530-1

Ⅰ. TP18

中国国家版本馆 CIP 数据核字第 202542KD21 号

责任编辑：曾　珊
封面设计：李召霞
责任校对：李建庄
责任印制：丛怀宇

出版发行：清华大学出版社
　　　　网　　　址：https：//www.tup.com.cn，https：//www.wqxuetang.com
　　　　地　　　址：北京清华大学学研大厦 A 座　　　邮　　编：100084
　　　　社 总 机：010-83470000　　　　　　　　　邮　　购：010-62786544
　　　　投稿与读者服务：010-62776969，c-service@tup.tsinghua.edu.cn
　　　　质量反馈：010-62772015，zhiliang@tup.tsinghua.edu.cn
印 装 者：三河市龙大印装有限公司
经　　销：全国新华书店
开　　本：185mm×260mm　　　　印　张：23.25　　　　字　数：595 千字
版　　次：2006 年 8 月第 1 版　　2025 年 9 月第 4 版　　印　次：2025 年 9 月第 1 次印刷
印　　数：1～1500
定　　价：79.00 元

产品编号：110034-01

前 言
FOREWORD

　　智能科学研究智能的本质和实现技术,是由脑科学、认知科学、人工智能等创建的前沿交叉学科。脑科学从分子水平、细胞水平、行为水平研究自然智能机理,建立脑模型,揭示人脑的本质;认知科学是研究人类感知、学习、记忆、思维、意识等人脑心智活动过程的科学;人工智能研究用人工的方法和技术,模仿、延伸和扩展人的智能,实现机器智能。智能科学不仅要进行功能仿真,而且要从机理上研究和探索智能的新概念、新理论、新方法。智能的研究不仅要运用推理,自顶向下,而且要通过学习,由底向上,两者并存。智能科学运用综合集成的方法,对开放系统的智能性质和行为进行研究。

　　智能科学是生命科学的精华、信息科学技术的核心,现代科学技术的前沿和制高点,涉及自然科学的深层奥秘,触及哲学的基本命题。因此,在智能科学上一旦取得突破,将对国民经济、社会进步、国家安全产生深刻而巨大的影响。目前,智能科学正处在方法论的转变期、理论创新的高潮期和大规模应用的开创期,充满原创性机遇。

　　智能科学的兴起和发展标志着对以人类为中心的认知和智能活动的研究已进入新的阶段。智能科学的研究将使人类自我了解和自我控制,把人的知识和智能提高到空前未有的高度。生命现象错综复杂,许多问题还没有得到很好的说明,而能从中学习的内容也是大量的、多方面的。如何从中提炼出最重要的、关键性的问题和相应的技术,这是许多科学家长期以来追求的目标。要解决人类在 21 世纪所面临的许多困难,诸如能源的大量需求、环境的污染、资源的耗竭、人口的膨胀等,单靠现有的科学成就是很不够的。必须向生物学习,寻找新的科技发展的道路。智能科学的研究将为智能革命、知识革命和信息革命建立理论基础,为智能系统的研制提供新概念、新思想、新途径。

　　进入 21 世纪以来,国际上对智能科学及其相关学科,诸如脑科学、神经科学、认知科学、人工智能的研究高度重视。2011 年 2 月 14—16 日,IBM 人工智能系统"沃森"在美国著名智力竞答电视节目《危险边缘》(Jeopardy)中,战胜了两名"常胜将军"詹宁斯和鲁特尔。2016 年 3 月 9—15 日,谷歌 AlphaGo 采用深度强化学习和蒙特卡罗搜索算法,以 4∶1 战胜了围棋冠军韩国棋手李世石。2021 年 7 月 22 日,AlphaFold2 破译整个人类蛋白质组结构(98.5% 的人类蛋白质),极大地扩展了蛋白结构覆盖率。这些重大事件标志着人类"智能时代"到来。

　　2013 年 1 月 28 日,欧盟启动了旗舰"人类大脑计划"(human brain project)。2013 年 4 月 2 日,美国启动 BRAIN 计划。我国也在积极筹备"脑科学与类脑研究计划"。为了争夺高科技的制高点,国务院于 2017 年 7 月 8 日正式发布《新一代人工智能发展规划》,力图在新一轮国际科技竞争中掌握主导权。

　　2024 年 10 月 8 日,2024 年诺贝尔物理学奖颁奖,授予霍普菲尔德(J. J. Hopfield)和欣顿(G. E. Hinton),以表彰他们"通过人工神经网络实现机器学习的基础性发现和发明"。2024 年 10 月 9 日,瑞典皇家科学院决定将 2024 年诺贝尔化学奖的一半颁发给大卫·贝克(D. Baker),以表彰其在计算蛋白质设计方面的贡献,另一半则共同授予哈萨比斯(D. Hassabis)和约翰·迈克尔·江珀(J. M. Jumper),以表彰其在蛋白质结构预测方面的贡献。智能科学研究取得了明显进展,时代要求《智能科学》更新,出版第4版。

本书系统地介绍智能科学的概念和方法,吸收了脑科学、认知科学、人工智能、信息科学、形式系统、哲学等方面的研究成果,综合地探索人类智能和机器智能的性质和规律。2006年出版第1版、2013年出版第2版、2018年出版第3版以来,国内外在该领域的研究取得了极大进展,我们也取得了不少成果。为了反映智能科学的最新研究成果和发展方向,对原书第3版作了全面修改,特别增加了感知智能、大语言模型等内容。全书共分16章。第1章是绪论,介绍智能科学兴起的科学背景和研究内容。第2章介绍智能科学的生理基础。第3章讨论神经计算的进展。第4章探讨重要的心智模型。第5章论述感知智能。第6章讨论语言认知的理论。第7章重点论述大语言模型。第8章介绍重要的学习理论和方法;记忆是思维的基础。第9章探讨记忆机制。第10章重点讨论思维形式和类型。第11章研究智力的发展。第12章讨论情绪和情感的有关理论。第13章初步探讨意识问题。认知结构是智能科学的重要理论基础,第14章讨论认知结构。第15章介绍智能机器人研究的进展。第16章介绍大数据智能和类脑智能,概述国际上重大的类脑智能计划的研究进展和基本原理,展望智能科学发展路线图。

2002年,戈策尔(B. Goertzel)和王培等提出通用人工智能(Artificial General Intelligence, AGI)的研究,但正式公开使用"通用人工智能"这一术语则是2006年。这里通用人工智能并非要解决所有领域的问题,但通用人工智能必须具有更为通用的原则,并具备更强的泛化能力。

在本书撰写过程中,作者与美国麻省理工学院(MIT)明斯基(Marvin Minsky)教授、加利福尼亚大学伯克利分校扎德(Lotfi A. Zadeh)教授、斯坦福大学心智与脑计算中心麦克伦特(J. L. McClelland)教授、华盛顿大学圣路易斯分校范埃森(David van Essen)教授、南加州大学罗森勃卢姆(P. S. Rosenbloom)教授、密歇根大学莱尔德(J. E. Laird)教授、卡内基-梅隆大学米切尔(T. M. Mitchell)教授、西北大学福伯斯(K. D. Forbus)教授、密歇根州立大学翁巨扬(J. Weng)教授、加拿大滑铁卢大学伊莱亚史密斯(C. Eliasmith)教授、德国海德堡大学迈耶(K. Meier)教授、德累斯顿工业大学巴德尔(F. Baader)教授等的讨论和交流,对本书学术思想的确立和发展发挥了重要作用,在此谨向上述学者表示衷心的感谢。

本书研究工作得到国家重点基础研究发展计划课题"脑机协同的认知计算模型"(No. 2013CB329502)、"非结构化信息(图像)的内容理解与语义表征"(No. 2007CB311004);自然科学基金重点项目"基于云计算的海量数据挖掘"(No. 61035003)、"基于感知学习和语言认知的智能计算模型研究"(No. 60435010)、"Web搜索与挖掘的新理论与方法"(No. 60933004)等的支持;国家863高技术项目"海量Web数据内容管理、分析挖掘技术与大型示范应用"(No. 2012AA011003)"软件自治愈与自恢复技术"(No. 2007AA01Z132)等项目的支持;清华大学出版社对本书的出版给予了大力支持,在此一并致谢。

本书可作为大学高年级本科生和研究生的"智能科学""认知科学""认知信息学""人工智能"等课程的教科书,对从事智能科学、脑科学、认知科学、人工智能、神经科学、心理学、哲学等领域的研究人员也具有重要的参考价值。

智能科学是处于研究发展中的前沿交叉学科,许多概念和理论尚待探讨,加之作者水平有限,撰写时间仓促,书中难免存在错误或不妥之处,恳请读者指正。

史忠植

2025年5月于北京

目 录
CONTENTS

第 1 章

绪　　论

　　智能科学研究智能的基本理论和实现技术,是由脑科学、认知科学、人工智能等创建的前沿交叉学科。脑科学从分子水平、细胞水平、行为水平研究人脑智能机理,建立脑模型,揭示人脑的本质。认知科学是研究人类感知、学习、记忆、思维、意识等人脑心智活动过程的科学。人工智能研究用人工的方法和技术,模仿、延伸和扩展人的智能,实现机器智能。智能科学是实现人类水平的人工智能的重要途径。

1.1　智能革命

　　工具制造、农业革命、工业革命是人类历史上具有重大影响的三次革命。这些革命使社会、经济、文明的情况发生了重大变化,从一种方式转变到另一种方式。工业革命发生在 18 世纪中叶,英国人瓦特改良了蒸汽机,引起了从手工劳动向动力机器生产转变的重大飞跃,以机器取代人力,以大规模工厂化生产取代个体工场手工生产,制造、矿山、交通等产业发生巨大变化,极大地推动了社会经济和文化的发展。

　　工业革命让机器代替了人类的体力劳动,带来经济和社会的进步。人类一直在不懈的努力,使机器能代替人类智力劳动。

　　亚里士多德(Aristotle,公元前 384—前 322)在《工具论》中提出形式逻辑。培根(F. Bacon,1561—1626)在《新工具》中提出归纳法。莱布尼茨(G. W. von Leibnitz,1646—1716)研制了四则计算器,提出了"通用符号"和"推理计算"的概念,使形式逻辑符号化,这是"机器思维"研究的萌芽。

　　19 世纪以来,数理逻辑、自动机理论、控制论、信息论、仿生学、计算机、心理学等学科的进展,为人工智能的诞生提供了思想、理论和物质基础。布尔(G. Boole,1815—1864)创立了布尔代数,他在《思维法则》一书中,首次用符号语言描述了思维活动的基本推理法则。哥德尔(K. Godel,1906—1978)提出了不完备性定理。1936 年,图灵(A. M. Turing,1912—1954)提出了理想计算机模型——图灵机,以离散量的递归函数作为智能描述的数学基础,创立了自动机理论。1943 年,心理学家麦克洛奇(W. S. McCulloch)和数理逻辑学家皮兹(W. Pitts)在《数学生物物理公报》(*Bulletin of Mathematical Biophysics*)上发表了关于神经网络的数学模型,提出了 MP 神经网络模型,开创了人工神经网络的研究。1945 年,冯·诺依曼(John von Neumann)提出了存储程序概念。1946 年,埃克特(J. P. Eckert)和莫奇利(J. W. Manochly)研制成功 ENIAC 电子数字计算机。1948 年,香农(C. E. Shannon)发表了《通讯的数学理论》,标志一门新学科——信息论的诞生。同年,维纳(N. Wiener)创立了控制论。

　　中国曾经发明了不少智能工具和机器。例如,算盘是应用广泛的古典计算机;水运仪象台是天文观测与星象分析仪器;候风地动仪是测报与显示地震的仪器。我们祖先提出的阴阳学说蕴涵着丰富的哲理,对现代逻辑的发展有重大影响。

1956年夏天,美国达特茅斯(Dartmouth)大学的青年助教麦卡锡(John McCarthy)、哈佛大学明斯基(M. Minsky)、贝尔实验室香农和IBM公司信息研究中心罗彻斯特(N. Lochester)发起召开了达特茅斯会议。他们邀请了卡内基梅隆大学纽厄尔(A. Newell)和西蒙(H. A. Simon)、麻省理工学院塞夫里奇(O. Selfridge)和索罗门夫(R. Solomamff),以及IBM公司塞缪尔(A. Samuel)和莫尔(T. More)参加。他们的研究专业包括数学、心理学、神经生理学、信息论和计算机科学,多学科交叉,从不同的角度共同探讨人工智能的可能性。麦卡锡在 *Proposal for the Dartmouth Summer Research Project on Artificial Intelligence* 中首先引入了人工智能(Artificial Intelligence,AI)术语,他将人工智能定义为:使一部机器的反应方式就像是一个人在行动时所依据的智能。达特茅斯会议标志着人工智能的正式诞生。

近七十年来,人工智能学者提出的启发式搜索、非单调推理丰富了问题求解的方法。大数据、深度学习、知识发现等的研究推动了智能系统的发展,取得实际效益。模式识别的进展,已经在一定程度上使计算机具备了听、说、读、看的能力。

2011年2月14—16日,IBM人工智能系统"沃森"在美国著名智力竞答电视节目《危险边缘》(*Jeopardy*)中,战胜了两名"常胜将军"詹宁斯和鲁特尔。2016年3月9—15日,谷歌AlphaGo采用深度强化学习和蒙特卡罗搜索算法,以4∶1的成绩战胜了围棋冠军韩国棋手李世石。2017年12月5日,谷歌DeepMind团队的西尔弗(David Silver)与哈萨比斯(Demis Hassabis)等发表论文,介绍通用棋类AI AlphaZero,从零开始训练,除了基本规则没有任何其他知识,8小时击败李世石版AlphaGo,训练34小时的AlphaZero胜过了训练72小时的AlphaGo Zero。这些重大事件标志着"智能革命"时代已经到来。

为了争夺高科技的制高点,国务院于2017年7月8日正式发布《新一代人工智能发展规划》。规划指出:"人工智能成为国际竞争的新焦点。人工智能是引领未来的战略性技术,世界主要发达国家把发展人工智能作为提升国家竞争力、维护国家安全的重大战略,加紧出台规划和政策,围绕核心技术、顶尖人才、标准规范等强化部署,力图在新一轮国际科技竞争中掌握主导权。"《新一代人工智能发展规划》将全面推动和促进智能革命的发展。

1.2　智能科学的兴起

人工智能研究的目标是实现人类水平的人工智能,使计算机具有人类听、说、读、写、思考、学习、适应环境变化、解决各种实际问题的能力。1977年,曾是西蒙的研究生、斯坦福大学青年学者费根鲍姆(E. Feigenbaum),在第五届国际人工智能大会上提出了知识工程(Knowledge Engineering)的概念,标志着人工智能的研究从传统的以推理为中心,进入以知识为中心的新阶段。

知识是国家的财富,信息产业对国家的发展至关重要。1981年10月,日本东京召开了第五代计算机——智能计算机研讨会,东京大学元冈达教授提出了"第五代计算机的构想"。随后日本制定了研制第五代计算机的十年计划,这是一个雄心勃勃的诱人计划。1982年夏天,日本成立了以渊一博为所长的"新一代计算机技术研究所"(ICOT)。日本通产省全力支持该项计划,总投资预算达到4.3亿美元,组织富士通、NEC、日立、东芝、松下、夏普等八大著名企业配合研究所共同开发。

渊一博为所长的"新一代计算机技术研究所"苦苦奋战了将近十年。然而,"五代机"的命运是悲壮的。1992 年,因最终没能突破关键性的技术难题,无法实现自然语言人机对话、程序自动生成等目标,导致了该计划最后流产。也有人认为,"五代机"计划不能算作失败,它在前两个阶段基本上达到了预期目标。1992 年 6 月,就在"五代机"计划实施整整十年之际,ICOT 展示了它研制的五代机原型试制机,由 64 台处理器实现了并行处理,已初步具备类似人的左脑的先进功能,可以对蛋白质进行高精度分析,在基因研究中发挥了作用。

"五代机"研究失败的现实迫使人们寻找研究智能科学的新途径。智能不仅要功能仿真,而且要机理仿真;智能不仅要运用推理,自顶向下,而且要通过学习,由底向上,两者结合;脑的感知部分,包括视觉、听觉等各种感觉、运动、语言脑皮层区不仅具有输入/输出通道的功能,而且对思维活动有直接贡献。

1991 年,人工智能最权威的刊物 *Artificial Intelligence* 47 卷上发表了人工智能基础专辑,指出了人工智能研究的趋势。柯希(D. Kirsh)在专辑中提出了人工智能的 5 个基本问题。

(1) 知识与概念化是否是人工智能的核心?

(2) 认知能力能否与载体分开来研究?

(3) 认知的轨迹是否可用类自然语言来描述?

(4) 学习能力能否与认知分开来研究?

(5) 所有的认知是否有一种统一的结构?

不同学派对这些关键问题有不同的观点。各学派从各自的优势出发,探寻人工智能走出低谷的途径。

2001 年 12 月,由美国国家科学基金会和商务部出面,组织政府部门、科研机构、大学以及工业界的专家和学者聚集华盛顿,专门研讨《提升人类能力的会聚技术》(*Converging Technologies to Improve Human Performance*)问题。以该会议提交的论文和结论为基础,2002 年 6 月,美国国家科学基金会和美国商务部共同提出了长达 468 页的《会聚技术报告》。报告认为:认知科学、生物学、信息学和纳米科技等在当前为迅猛发展的领域,这 4 个科学及相关技术的有机结合与融合形成会聚技术。认知领域,包括认知科学与认知神经科学;生物领域,包括生物技术、生物医药及遗传工程;信息领域,包括信息技术及先进计算和通信;纳米领域,包括纳米科学和纳米技术。这些学科各自独特的研究方法与技术的融合,将加速人类对智能科学以及相关学科的研究,最终推动社会的发展。会聚技术的发展将显著提高生命质量,提升和扩展人的能力,使整个社会的创新能力和国家的生产力水平大大提高,从而增强国家的竞争力,也将对国家安全提供更强有力的保障。

20 世纪,生命科学与信息技术结合,导致生物信息学的形成和发展。21 世纪,在会聚技术的推动下,生命科学与信息技术结合,诞生了交叉学科智能科学,为智能革命指明发展的途径。2002 年,中国科学院计算技术研究所智能科学实验室创建了世界第一个智能科学网站:http://www.intsci.ac.cn/。2003 年,笔者提出智能科学研究智能的基本理论和实现技术,是由脑科学、认知科学、人工智能等学科构成的交叉学科。脑科学从分子水平、细胞水平、行为水平研究人脑智能机理,建立脑模型,揭示人脑的本质。认知科学是研究人类感知、学习、记忆、思维、意识等人脑心智活动过程的科学。人工智能研究用人工的方法和技术,模仿、延伸和扩展人的智能,实现机器智能。三门学科共同研究,探索智能科学的新概念、新理论、新方法,必将在 21 世纪共创辉煌。

我们要向人脑学习,研究人脑智能的机制和算法成为当今研究热点。2013 年 1 月 28 日,欧盟启动了旗舰"人类大脑计划"(Human Brain Project)。2013 年 4 月 2 日,美国启动"运用先进创新型神经技术的大脑研究"(Brain Research through Advancing Innovative Neurotechnologies，BRAIN)计划。我国也在积极筹备"脑科学与类脑研究计划"。

1.3 脑科学

人脑是世界上最复杂的物质,它由数百种不同类型的上千亿的神经细胞所构成。理解大脑的结构与功能是 21 世纪最具挑战性的前沿科学问题;理解认知、思维、意识和语言的神经基础,是人类认识自然与自身的终极挑战。现代神经科学的起点是神经解剖学和组织学对神经系统结构的认识和分析。从宏观层面,布洛卡(Paul Broca)和韦尼克(Wernicke)对大脑语言区的定位,布罗德曼(Brodmann)对脑区的组织学分割,彭菲尔德(Penfield)对大脑运动和感觉皮层对应身体各部位的图谱绘制、功能核磁共振成像对在活体进行定位时脑内依赖于电活动的血流信号等,使我们对大脑各脑区可能参与某种脑功能已有相当的理解。神经元种类图谱、介观神经连接图谱、介观神经元电活动图谱的制作将是脑科学界长期的工作。

神经系统和脑的功能从本质上是接收内外环境中的信息,加以处理、分析和存储,然后控制调节机体各部分,做出适当的反应。因此,神经系统和脑是两种活的信息处理系统。从神经元的真实生物物理模型、它们的动态交互关系以及神经网络的学习,到脑的组织和神经类型计算的量化理论等,从计算角度理解脑;研究非程序的、适应性的、大脑风格的信息处理的本质和能力,探索新型的信息处理机理和途径,从而创造脑。

计算神经科学的研究源远流长。1875 年,意大利解剖学家戈尔吉(C. Golgi)用染色法最先识别出单个的神经细胞。1889 年,卡贾尔(R. Cajal)创立神经元学说,认为整个神经系统是由结构上相对独立的神经细胞构成。在卡贾尔神经元学说的基础上,1906 年,谢灵顿(C. S. Sherrington)提出了神经元间突触的概念。1907 年,拉皮克(Lapique)提出整合放电(Integrate-and-Fire)神经元模型。20 世纪 20 年代,阿德廉(E. D. Adrian)提出神经动作电位。1943 年,麦克鲁奇(W. S. McCulloch)和皮兹提出了的 M-P 神经网络模型。1949 年,赫布(D. O. Hebb)提出了神经网络学习的规则。霍奇金(A. L. Hodgkin)和哈斯利(A. F. Huxley)于 1952 年提出 Hodgkin-Huxley 模型,描述细胞的电流和电压的变化。20 世纪 50 年代,罗森勃拉特(F. Rosenblatt)提出了的感知机模型。20 世纪 80 年代以来,神经计算研究取得了进展。霍普菲尔德(J. J. Hopfield)引入李雅普诺夫(Lyapunov)函数(又叫作"计算能量函数")给出了网络稳定判据,可用于联想记忆和优化计算。甘利俊一(Amari)在神经网络的数学基础理论方面做了大量的研究,包括统计神经动力学、神经场的动力学理论、联想记忆,特别在信息几何方面作出了奠基性的工作。

计算神经科学的研究力图体现人脑的如下基本特征:①大脑皮质是一个广泛连接的巨型复杂系统;②人脑的计算是建立在大规模并行模拟处理的基础之上的;③人脑具有很强的"容错性"和联想能力,善于概括、类比、推广;④大脑功能受先天因素的制约,但后天因素,如经历、学习与训练等起着重要作用,这表明人脑具有很强的自组织性与自适应性。人类的很多智力活动并不是按逻辑推理方式进行的,而是由训练形成的。目前,对人脑是如何工作的了解仍然很肤浅,计算神经科学的研究还很不充分。

由瑞士洛桑联邦理工大学(EPFL)马克拉姆(Henry Markram)发起的"蓝脑计划"自 2005 年开始实施,经过十年的努力,较为完整地完成了特定脑区内皮质功能柱的计算模拟。但总体而言,要真正实现认知功能的模拟还有很大鸿沟需要跨越。2013 年,马克拉姆又构思并领导筹划欧盟人脑计划(Human Brain Project，HBP)入选欧盟的未来旗舰技术项目,获得 10 亿欧元的资金支持,成为全球范围内最重要的人类大脑研究项目。该计划的目标是用超级计算机来模拟人类大脑,用于研究人脑的工作机制和未来脑疾病的治疗,并借此推动类脑人工智能的发展。参与该计划的科学家来自欧盟各成员国的 87 个研究机构。

美国提出"运用先进创新型神经技术的大脑研究"(Brain Research through Advancing Innovative Neurotechnologies,BRAIN)计划。美国的脑计划侧重于新型脑研究技术的研发,从而揭示脑的工作原理和脑的重大疾病发生机制,其目标是像人类基因组计划那样,不仅要引领前沿科学发展,同时带动相关高科技产业的发展。在未来 10 年将新增投入 45 亿美元。BRAIN 计划提出了 9 项优先发展的领域和目标,其中依次为:鉴定神经细胞的类型并达成共识;绘制大脑结构图谱;研发新的大规模神经网络电活动记录技术;研发一套调控神经环路电活动的工具集;建立神经元电活动与行为的联系;整合理论、模型和统计方法;解析人脑成像技术的基本机制;建立人脑数据采集的机制;脑科学知识的传播与人员培训。

2014 年,日本启动的"脑智"(Brain/MIND)计划,其目标是"使用整合性神经技术制作有助于脑疾病研究的大脑图谱"(Brain Mapping by Integrated Neurotechnologies for Disease Studies,Brain/MINDS),为期 10 年,第一年 2700 万美元,以后逐年增加。此计划聚焦在使用狨猴为动物模型,绘制从宏观到微观的脑联结图谱,并以基因操作手段,建立脑疾病的狨猴模型。

中国脑计划以理解脑认知功能的神经基础为研究主体,以脑机智能技术和脑重大疾病诊治手段研发为两翼,目标是在未来 15 年内使我国的脑认知基础研究、类脑研究和脑重大疾病研究达到国际先进水平,并在部分领域起到引领作用(图 1.1)。

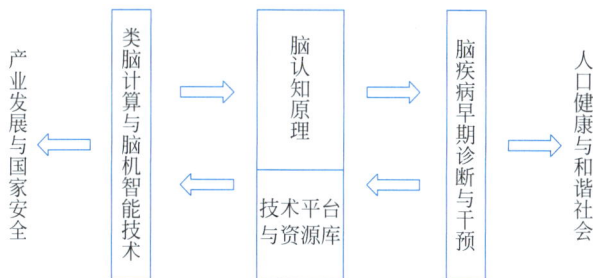

图 1.1 中国脑计划的总体格局

1.4 认知科学

认知是脑和神经系统产生心智的过程和活动。认知科学就是以认知过程及其规律为研究对象,探索人类的智力如何由物质产生和人脑信息处理的过程的科学。具体地说,认知科学是研究人类的认知和智力的本质和规律的前沿科学。认知科学研究的范围包括知觉、注意、记忆、动作、语言、推理、思考、意识乃至情感动机在内的各层面的认知活动。将哲学、心理学、语言学、人类学、计算机科学和神经科学 6 大学科交叉整合,研究在认识过程中信息是如何传递的,就形成了认知科学。当前国际公认的认知科学学科结构如图 1.2 所示。认知科学的发展首先在原来的 6 个支撑学科内部产生了 6 个新的发展方向,

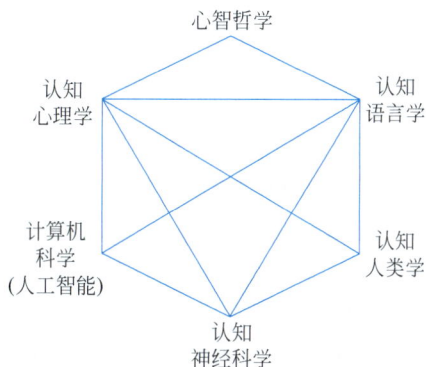

图 1.2 认知科学学科结构

即心智哲学、认知心理学、认知语言学(或称语言与认知)、认知人类学(或称文化、进化)、计算机科学(人工智能)和认知神经科学。这6个新兴学科是认知科学的6大学科分支。

最近几十年来,对复杂行为的理论主要有三个派别:新行为主义、格式塔(Gastalt)心理学派和认知心理学派。各派心理学都想更好地认识人类机体是如何活动的,它们从各不同方面研究行为,在方法学上强调的重点不一致。新行为主义强调客观的实验方法,要求对实验严格加以控制,格式塔心理学派认为全体形态和属性并不等于各部分之和。认知心理学是用信息加工过程来解释人的复杂行为,它吸收了行为主义和格式塔心理学的有益成果。认知心理学也认为复杂的现象总要分解成最基本的部分才能进行研究。

在20世纪90年代认知科学迎来了繁荣发展的新时期。大脑成像技术的出现使得认知科学家可以观察到人们在完成各种认知任务时不同大脑区域的活动状况,认知神经科学成为认知科学当中最为活跃的领域之一。情绪、感受和意识这样一些在以往被视为"禁忌"的话题成为了认知科学研究的"热门",认知科学的研究对象不再局限于知觉、记忆、语言、推理、学习等"狭义"的认知活动,而是力图涵盖心智的方方面面。心智不仅与大脑的结构与活动密切相关,身体也是其重要的物理基础,具身性(涉身性)成为了理解心智奥秘的关键因素之一。不仅如此,心智的边界还被延展到身体之外,物质环境和社会环境成为其不可分割的构成成分,这是延展认知和延展心智论题的基本主张。动力学系统理论则对主流认知科学的理论基础即心理表征和计算提出了强烈质疑,主张采用微分方程以及相变、吸引子、混沌等概念来刻画和理解心智的本性。从进化和适应的观点来看待人类认知能力的形成与发展,对其他动物物种认知能力的研究,也成为这一时期认知科学研究的重要课题。

认知科学的发展得到国际科技界尤其是发达国家政府的高度重视和大规模的支持。认知科学研究是"国际人类前沿科学计划"的重点。认知科学及其信息处理方面的研究被列为整个计划的三大部分之一(其余两部分是"物质和能量的转换""支撑技术");"知觉和认知""运动和行为""记忆和学习"和"语言和思考"被列为人类前沿科学的12大焦点问题中的4个。近年来,美国和欧盟分别推出"脑的十年"计划和"欧盟脑的十年计划"。日本则推出雄心勃勃的"脑科学时代"计划,总预算高达200亿美元。在"脑科学时代"计划中,脑的认知功能及其信息处理的研究是重中之重。包括知觉、注意、记忆、动作、语言、推理和思考、意识乃至情感动机在内的各层次和各方面的人类认知和智力活动都被列入研究的重点;将认知科学和信息科学相结合来研究新型计算机和智能系统也被列为该计划的三方面之一。

图灵奖获得者纽厄尔以认知心理学为核心,探索认知体系结构。至今在认知心理学与人工智能领域广泛应用的认知模型SOAR与ACT-R都是在纽厄尔直接领导下或受其启发而发展起来的,并以此为基石实现了对人类各种认知功能的建模。马尔(David Marr)不但是计算机视觉的开拓者,还奠定了神经元群之间存储、处理、传递信息的计算基础,特别是对学习与记忆、视觉相关环路的神经计算建模作出了重要贡献。

认知科学和哲学家萨伽德(Paul Thagard)在《心智:认知科学导论》译本所写的前言中,指出当今认知科学发展的4个新趋势。

(1)认知神经科学的中心地位进一步得以巩固和加强,对于大脑和神经系统的更为全面和系统的研究对整个认知科学而言具有基础性的作用,甚至对一些传统哲学问题(如心身问题、自由意志和人生意义等)也具有重要的意义。

(2)基于贝叶斯概率理论的统计模型变得日益显要,被运用于处理认知心理学当中的许多重要现象,并且在人工智能和机器人学中得到广泛应用。

（3）具身性成为认知科学的基础性概念，心、脑、身体与物质环境和社会环境的相互作用对于理解心智的本性至关重要。

（4）有关认知的社会的、文化的和历史的维度得到更多的重视。

1.5 人工智能

人工智能是通过人工的方法和技术，使机器像人一样认知、思考和学习，模仿、延伸和扩展人的智能，实现机器智能。人工智能自1956年诞生以来，历经艰辛与坎坷，取得了举世瞩目的成就。到目前为止，人工智能的发展经历了形成期、符号智能、数据智能时期。

1. 人工智能的形成期（1956—1976 年）

人工智能的形成期大约从1956年开始到1976年。这一时期的主要贡献如下。

（1）1956年，纽厄尔和西蒙的"逻辑理论家"程序，该程序模拟了人们用数理逻辑证明定理时的思维规律。

（2）1958年，麦卡锡提出的表处理语言（List Processor，LISP），不仅可以处理数据，而且可以方便地处理符号，成为人工智能程序设计语言的重要里程碑。目前，LISP语言仍然是人工智能系统重要的程序设计语言和开发工具。

（3）1965年，鲁滨逊（J. A. Robinson）提出归结法，被公认为一个重大的突破，也为定理证明的研究带来了又一次高潮。

（4）1965年，斯坦福大学的费根鲍姆和化学家勒德贝格（J. Lederberg）合作研制DENDRAL系统。1968年，斯坦福大学的费根鲍姆（E. A. Feigenbaum）等研制成功了化学分析专家系统DENDRAL。1972—1976年，费根鲍姆成功开发医疗专家系统MYCIN。

2. 符号智能时期（1976—2006 年）

（1）1975年，西蒙和纽厄尔荣获计算机科学最高奖——图灵奖。1976年，他们在获奖演讲中提出了"物理符号系统假说"，成为人工智能中影响最大的符号主义学派的创始人和代表人物。

（2）1977年，美国斯坦福大学计算机科学家费根鲍姆在第五届国际人工智能联合会议上提出知识工程的新概念。20世纪80年代，专家系统的开发趋于商品化，创造了巨大的经济效益。知识工程是一门以知识为研究对象的学科，使人工智能的研究从理论转向应用，从基于推理的模型转向知识的模型，使人工智能的研究走向了实用。

（3）1981年，日本宣布了第五代电子计算机的研制计划。其研制的计算机的主要特征是具有智能接口、知识库管理、自动解决问题的能力，并在其他方面具有人的智能行为。

（4）1984年，莱斯利·瓦伦特（Leslie Valiant）在计算科学和数学领域的远见及认知理论与其他技术结合后，提出可学习理论，开创了机器学习和通信的新时代。

（5）2000年，朱迪亚·珀尔（Judea Pearl）提出概率和因果性推理演算法，彻底改变了人工智能基于规则和逻辑的方向。2011年，珀尔获得图灵奖，以奖励他的人工智能基础性贡献。

3. 数据智能时期（2006 年—现在）

（1）2006年，杰弗里·辛顿（Geoffrey Hinton）等发表深度信念网络，开创深度学习的新阶段。

（2）2016年，AlphaGo采用深度强化学习，击败最强的人类围棋选手之一李世石，推动人工智能的发展和普及。

（3）2018年，图灵奖（Turing Award）颁给杰弗里·辛顿（Geoffrey Hinton）、杨立昆（Yann LeCun）、约书亚·本吉奥（Yoshua Bengio），他们开创了深度神经网络，为深度学习算法的发展和应用奠定了基础。

我国的人工智能研究起步较晚。智能模拟纳入国家计划的研究始于 1978 年；1984 年召开了智能计算机及其系统的全国学术讨论会；1986 年起,把智能计算机系统、智能机器人和智能信息处理(含模式识别)等重大项目列入国家高技术研究 863 计划；1997 年起,又把智能信息处理、智能控制等项目列入国家重大基础研究 973 计划；2017 年 7 月 8 日,国务院正式发布《新一代人工智能发展规划》,部署有关研究计划。

中国的科技工作者已在人工智能领域取得了具有国际领先水平的创造性成果。其中,尤以吴文俊院士关于几何定理证明的"吴氏方法"最为突出,已在国际上产生重大影响,并荣获 2001 年国家科学技术最高奖励。

我们要向人脑学习,研究人脑信息处理的方法和算法。人脑信息处理过程不再仅凭猜测,而通过多学科交叉和实验研究获得的人脑工作机制。因此,受脑信息处理机制启发,借鉴脑神经机制和认知行为机制发展智能科学,已成为近年来人工智能与信息科学领域的研究热点。智能科学方兴未艾,将引领人工智能和智能技术蓬勃发展。

1.6　智能科学的研究内容

智能科学的研究内容包括计算神经理论、认知计算、知识工程、自然语言处理、智能机器人等。

1. 计算神经理论

脑是一个由神经元构成的网络,神经元与神经元之间的相互联系依赖于突触,这些彼此联系的神经元构成一定的神经网路来发挥大脑的功能。这些相互作用对神经环路功能的稳态平衡、复杂性以及信息加工处理中发挥着关键作用。与此同时,神经元膜上的受体和离子通道对于控制神经元的兴奋性、调节突触功能以及神经元内各种递质和离子的动态平衡至关重要。认识大脑的神经网络结构及其形成复杂认知功能的机制是认识、开发和利用脑的基础。

计算神经理论从分子水平、细胞水平、行为水平研究知识和外界事物在脑内如何表达、编码、加工和解码,揭示人脑智能机理,建立脑模型。需要研究的问题有神经网络是如何形成的？中枢神经系统是如何构建的？在神经网络形成的过程中,涉及神经细胞的分化、神经元的迁移、突触的可塑性、神经元活动时的神经递质和离子通道、神经回路形成以及信息的整合等。这些问题的研究将对智能机理提供有力的脑科学基础。

2. 认知计算

认知计算从微观、介观、宏观等不同尺度上研究人脑如何实现感知、学习、记忆、思维、情感、意识等心智活动。感知是人们对客观事物的感觉和知觉过程。感觉是人脑对直接作用于感觉器官的客观事物的个别属性的反映。知觉是人脑对直接作用于感觉器官的客观事物的整体的反映。知觉信息的表达、整体性、知觉的组织与整合属于知觉研究的基本问题,是研究其他各层次认知的基础。迄今为止已建立 4 种知觉理论：构造论者的探讨对于学习和记忆的因素赋予较大的影响,认为所有感知都受到人们的经验和期望的影响；吉布森(J. J. Gibson)的生态学着重探讨在刺激模式中所固有的全部环境的信息,认为知觉是直接的,没有任何推理步骤、中介变量或联想。格式塔理论偏重强调知觉组织的先天论的因素,提出整体大于局部之和；动作理论集中于探讨知觉者在他的环境中做动作探测所产生的反馈作用。模式识别是人类的一项基本智能。模式识别研究主要集中在两方面,一是研究生物体(包括人)是如何感知对象的；二是在给定的任务下,如何用计算机实现模式识别的理论和方法。

学习是基本的认知活动,是经验与知识的积累过程,也是对外部事物前后关联地把握和理解以便改善系统行为的性能的过程。学习理论是指有关学习的实质、学习的过程、学习的规律以及制约学习的各种条件的理论探讨和解释。在探讨学习理论的过程中,由于各自的哲学基础、理论背景、研究手段的不同,自然形成了各种不同的理论观点,并形成了各种不同的理论派别,主要包括行为学派、认知学派和人本主义学派。

学习的神经生物学基础是神经细胞之间的联系结构突触的可塑性变化,已成为当代神经科学中一个十分活跃的研究领域。突触可塑性条件即在突触前纤维与相连的突后细胞同时兴奋时,突触的连接加强。1949 年,加拿大心理学家赫布提出了 Hebb 学习规则。他设想在学习过程中有关的突触发生变化,导致突触连接的增强和传递效能的提高。Hebb 学习规则成为连接学习的基础。

记忆就是对过去的经验或是经历,在脑内产生准确的内部表征,并且能够正确、高效地提取和利用它们。记忆涉及信息的获得、存储和提取等多个过程,这也就决定了记忆需要不同的脑区协同作用。在最初的记忆形成阶段,需要脑整合多个分散的特征或组合多个知识组块以形成统一的表征。从空间上讲,不同特征的记忆可能存储于不同的脑区和神经元群;而在时间上,记忆的存储又分为工作记忆、短时记忆和长时记忆。

研究工作记忆的结构与功能,对认识人的智能的本质具有重大意义。1974 年,巴德利(A. D. Baddeley)和希契(G. J. Hitch)在模拟短时记忆障碍的实验基础上提出了工作记忆的三系统概念,用"工作记忆"代替了原来"短时记忆"的概念。巴德利认为工作记忆指的是一种系统,它为复杂的任务比如言语理解、学习和推理等提供临时的存储空间和加工时所必需的信息。工作记忆系统能同时存储和加工信息,这和短时记忆概念仅强调存储功能是不同的。人们发现工作记忆与语言理解能力、注意及推理等联系紧密,工作记忆蕴藏智能的玄机。

思维是具有意识的人脑对于客观现实的本质属性、内部规律性的自觉的、间接的、概括的反映,以内隐或外显的语言或动作表现出来。思维是由复杂的脑机制所赋予的,对客观的关系、联系进行着多层加工,揭露事物内在的、本质的特征,是认知的高级形式。人类思维的形态主要有抽象(逻辑)思维、形象(直感)思维、感知思维和灵感(顿悟)思维。思维的研究对理解人类的认知和智力的本质,对人工智能的发展将具有重要的科学意义和应用价值。通过研究不同层次的思维模型,研究思维的规律和方法,为新型智能信息处理系统提供原理和模型。

人工智能的奠基人之一明斯基认为情感是人类一种特殊的思维方式,指出没有情感的机器怎么能是智能的? 因此,让计算机具有情感,也就是让计算机更加智能。情感计算领域的创始人皮卡德(R. W. Picard)把"情感计算"定义为"与情感有关、由情感引发或者能够影响情感的因素的计算"。情感计算是建立和谐人机环境的基础之一,其目的是赋予计算机识别、理解、表达和适应人情感的能力,提高人机交互的质量和效率。目前,情感计算研究受到广泛关注。MIT 情感计算研究小组开发可穿戴计算机,识别真实情景中的人类情感,研究人机交互中的情感反馈机制,研制能够用肢体语言表达情感的机器人。瑞士政府成立了情感科学中心,心理学、神经科学、哲学、历史学、经济、社会、法律等多学科合作开展情感计算的研究与应用。日本文部省曾支持"情感信息的信息学、心理学研究"重点基金项目。日内瓦大学成立了情绪研究实验室,布鲁塞尔大学则建立了情绪机器人研究小组。英国伯明翰大学开展了"认知与情感的研究"。欧盟也把情感计算列入研究计划。情感计算的研究除了为人工智能的发展提供一条新的途径之外,同时对于理解人类的情绪,乃至人类的思维都有着重要的价值,关于情感本身及情感与其他认知过程间相互作用的研究成为智能科学的研究热点。

　　意识是生物体对外部世界和自身心理、生理活动等客观事物的觉知。意识是智能科学研究的核心问题。为了揭示意识的科学规律,建构意识的脑模型,不仅需要研究有意识的认知过程,而且需要研究无意识的认知过程,即脑的自动信息加工过程,以及两种过程在脑内的相互转化过程。同时,自我意识与情境意识也是需要重视的问题。自我意识(Self Consciousness)是个体对自己存在的觉察,是自我知觉的组织系统和个人看待自身的方式,包括自我认知、自我体验、自我控制三种心理成分。情境感知(Situation Awareness)是个体对不断变化的外部环境的内部表征。在复杂、动态变化的社会信息环境中,情境感知是影响人们决策和绩效的关键因素。意识的认知原理,意识的神经生物学基础以及意识与无意识的信息加工等是需要重点研究的问题。

　　心智(Mind)是人类全部精神活动,包括情感、意志、感觉、知觉、表象、学习、记忆、思维、直觉等,用现代科学方法来研究人类非理性心理与理性认知融合运作的形式、过程及规律。建立心智模型的技术常称为心智建模,目的是从某些方面探索和研究人的思维机制,特别是人的信息处理机制,同时也为设计相应的人工智能系统提供新的体系结构和技术方法。心智问题是一个非常复杂的非线性问题,我们必须借助现代科学的方法来研究心智世界。

3. 知识工程

　　知识工程研究知识的表示、获取、推理、决策和应用,包括大数据、机器学习、数据挖掘和知识发现、不确定性推理、知识图谱、机器定理证明、专家系统、机器博弈、数字图书馆等。

　　大数据(Big Data),指无法在一定时间范围内用常规软件工具进行捕捉、管理和处理的数据集合,是需要新处理模式才能具有更强的决策力、洞察发现力和流程优化能力的海量、高增长率和多样化的信息资产。在迈尔-舍恩伯格(Viktor Mayer-Schönberger)及库克耶(K Cukier)编写的《大数据时代》中,大数据指不用随机分析法(抽样调查)这样的捷径,而采用所有数据进行分析处理。IBM提出大数据的5V特点:Volume(大量)、Velocity(高速)、Variety(多样)、Value(低价值密度)、Veracity(真实性)。

　　机器学习研究计算机怎样模拟或实现人类的学习行为,以获取新的知识或技能,重新组织已有的知识结构使之不断改善自身的性能。机器学习方法有归纳学习、类比学习、分析学习、强化学习、遗传算法、连接学习和深度学习等。

4. 自然语言处理

　　人类进化过程中,语言的使用使大脑两半球功能分化。语言半球的出现使人类明显有别于其他灵长类。一些研究表明,人脑左半球同串行的、时序的、逻辑分析的信息处理有关,而右半脑同并行的、形象的、非时序的信息处理有关。

　　语言是以语音为外壳、以词汇为材料、以语法为规则而构成的体系。语言通常分为口语和文字两类。口语的表现形式为声音,文字的表现形式为形象。口语远较文字古老,个人学习语言也是先学口语,后学文字。语言是最复杂、最系统而且应用又最广的符号系统。语言符号不仅表示具体的事物、状态或动作,而且也表示抽象的概念。汉语以其独特的词法和句法体系、文字系统和语音声调系统而显著区别于印欧语言,具有音、形、义紧密结合的独特风格。从神经、认知和计算三个层次上研究汉语,给予我们开启智能之门极好的机遇。

　　自然语言理解实现人与计算机之间用自然语言进行有效通信的各种理论和方法,要研究自然语言的语境、语义、语用和语构,包括语音和文字的计算机输入,大型词库、语料和文本的智能检索,机器语音的生成、合成和识别,不同语言之间的机器翻译和同传等。

5. 智能机器人

　　智能机器人拥有相当发达的"人工大脑",可以按目的安排动作,还具有传感器和效应器。

智能机器人研究可以分为基础前沿技术、共性技术、关键技术与装备、示范应用 4 个层次。其中基础前沿技术主要涉及机器人新型机构设计、智能发育理论与技术，以及互助协作型、人体行为增强型等新一代机器人验证平台研究等。共性技术主要包括核心零部件、机器人专用传感器、机器人软件、测试/安全与可靠性等关键共性技术研发。关键技术与装备主要包括工业机器人、服务机器人、特殊环境服役机器人和医疗/康复机器人的关键技术与系统集成平台研发。示范应用面向工业机器人、医疗/康复机器人等领域的示范应用等。20 世纪末，计算机文化已深入人心。21 世纪，机器人文化将对社会生产力的发展，对人类生活、工作、思维的方式以及社会发展产生无可估量的影响。

1.7 展望

智能科学是生命科学技术的精华、信息科学技术的核心，现代科学技术的前沿和制高点，涉及自然科学的深层奥秘，触及哲学的基本命题。因此，一旦取得突破，将对国民经济、社会进步、国家安全产生特别深刻、特别巨大的影响。目前，智能科学正处在方法论的转变期、理论创新的高潮期和大规模应用的开创期，充满原创性机遇。

智能科学的目标旨在探索智能的本质，建立智能科学和新型智能系统的计算理论，解决对智能科学和信息科学具有重大意义的基础理论和智能系统实现的关键技术问题，将在类脑智能机、智能机器人、脑机融合、智能系统等方面得到广泛的应用。

人类文明发展到现在，共发生了五次科技革命。历次科技革命的影响，可以从以下三方面来评价。

（1）对人类的生活方式和思维方式影响：第一次科技革命主要包括新物理学诞生，近代科学的全面发展；第二次科技革命主要是蒸汽机、纺织机等的出现，机器代替人力；第三次科技革命主要是发电机、内燃机、电信技术的出现，同时我们的生存空间获得极大扩展；第四次科技革命是现代科学的开端，主要是认知空间的极大扩展；第五次科技革命是信息革命，社会交流方式和信息获取方式的极大发展。

（2）重大的理论突破：第一次科技革命主要产生了哥白尼学说、伽利略学说以及牛顿力学；第二次科技革命是热力学卡诺理论、能量守恒定律等的建立；第三次科技革命主要是电磁波理论的建立；第四次科技革命主要是进化论、相对论、量子论、DNA 双螺旋结构理论的建立；第五次科技革命是信息革命，产生了冯·诺依曼理论、图灵理论。

（3）对经济和社会的影响：第一次科技革命中科学的启蒙为未来的机械革命等奠定了理论基础；第二次科技革命开始了以工厂大生产方式为特征的工业革命；第三次科技革命拓展了新兴市场，开拓了现代化的工业时代；第四次科技革命推动了 20 世纪绝大部分的科技文明；第五次科技革命促进了经济全球化，大数据时代到来。

当今世界科技正处于新一轮革命性变革的拂晓。第六次科技革命将是智能革命，用机器取代或增强人类的智力劳动。在第六次科技革命中，智能技术将起主导作用，智能科学将引领其发展。

2017 年 7 月 8 日，国务院发布了《新一代人工智能发展规划》的通知。通知指出人工智能成为国际竞争的新焦点，是经济发展的新引擎。它将深刻改变人类生产生活方式和思维模式，实现社会生产力的整体提升。我们要牢牢把握人工智能和智能科学发展的重大历史机遇，引领世界人工智能和智能科学发展新潮流，带动国家竞争力整体提升和跨越式发展。

第 2 章

神经生理基础

人脑是世界上最复杂的物质，它是人类智能与高级精神活动的生理基础。脑是认识世界的器官，要研究人类的认知过程和智能机理，就必须了解这个高度复杂而有序的物质的生理机制。脑科学和神经科学从分子水平、细胞水平、行为水平研究自然智能机理，建立脑模型，揭示人脑的本质，极大地促进智能科学的发展。神经生理及神经解剖是神经科学的两大基石。神经解剖学介绍神经系统的构造，神经生理学则介绍神经系统的功能。本章主要介绍智能科学的神经生理基础。

2.1 脑系统

人脑由前脑、中脑、后脑所组成(图 2.1)。脑的各部分具有不同的功能，并有层次上的差别。脑的任何部分都与大脑皮质有联系，通过这种联系，把来自各处的信息汇集在大脑皮质进行加工、处理。前脑包括大脑半球和间脑。

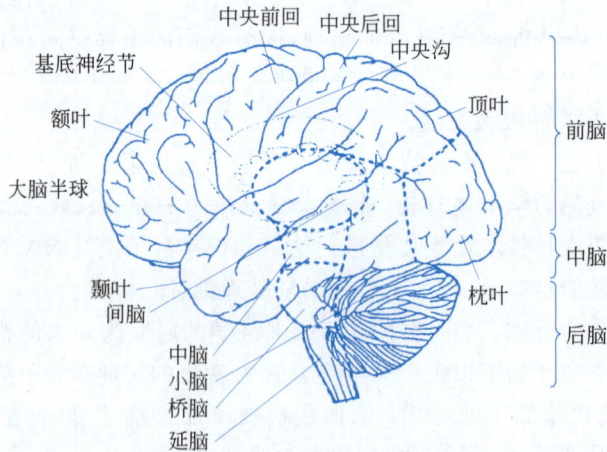

图 2.1 脑系统

(1) 大脑(Cerebrum)：由左右两个大脑半球构成。其间留有一纵裂，裂的底部由被称为胼胝体的横行纤维连接。两半球内均有间隙，左右对称，称侧脑室。半球表面层为灰质，称为大脑皮质，表面有许多沟和回，增加了皮层的表面面积；内层为髓质，髓质内藏有灰质核团，为基底神经节、海马和杏仁核。大脑皮质分为额叶、颞叶、顶叶和枕叶。

(2) 间脑(Diencephalon)：是围成第三脑室的脑区。上壁很薄，由第三脑室脉络丛构成。两侧壁上部的灰质团称丘脑。丘脑背面覆盖一薄层纤维，称带状层。在丘脑内部有与此带状层相连的 Y 形白质板称内髓板,将丘脑分为前、内和外侧三大核团。上丘脑位于第三脑室顶部周围,下丘脑包括第三脑室侧壁下部的一些核团,位于丘脑的前下方。后丘脑是丘脑向后的延伸部,由内(与听觉有关)与外(与视觉有关)膝状体构成,还有底丘脑为间脑与中脑尾侧的移行地带。丘脑编码和转输传向大脑皮质的信息;下丘脑协调植物性、内分泌和内脏功能。

(3) 中脑(Mesencephalon):由大脑脚和四叠体构成,协调感觉与运动功能。

(4) 后脑(Metencephalon):由脑桥、小脑、延脑构成。小脑由蚓部和两侧的小脑半球构成,协调运动功能。脑桥宛如将两侧小脑半球连起来的桥,主要传输从大脑半球向小脑的信息。延脑介于脑桥与脊髓之间,是控制心跳、呼吸和消化等植物的神经中枢。脑桥与延脑的背侧面共同形成第四脑室底,呈菱形窝,窝顶为小脑所覆盖,即由三者共同围成第四脑室。此脑室上接中脑水管与第三脑室相通,下与脊髓中央管相通。

人脑是一个结构复杂且功能齐全的系统。统观大脑两半球的全局,可以把它划分为几个具有不同机能的区域,枕叶位于大脑半球的后部,是视区,对视觉刺激进行分析、综合;顶叶在枕叶之前,顶叶前部对触觉刺激以及在肌肉和关节器官中发生的刺激进行分析和综合;颞叶在枕叶下前方,颞叶的上部对来自听觉器官的刺激进行分析、综合;额叶位于大脑半球的前部,面积最大,额叶的后部报道关于身体的运动和它在空间位置的信号。分别研究大脑两半球就会发现,大脑两半球具有两套信息加工系统,它们的神经网络分别以不同方式来反映世界。对大多数人而言,左半球在语言、逻辑思维、数学计算和分析能力方面起主导作用;右半球则善于解决空间问题,主管音乐、美术、直观的创造性的综合性活动。正常时,这两种方式互相穿插、转化,形成整个人脑对客观世界的统一而完善的认识。

现代神经生理学家认为,脑的高级功能的出现与神经网络的活动有着密切的关系。例如,美国著名神经生理学家、诺贝尔奖获得者斯佩里(R. Sperry)就十分明确地说,他认为主观的意识和思维是脑过程(Brain Process)的一个组成部分,取决于神经网路及其有关的生理特性,是脑的高层次活动的结果。法国的神经生理学家尚格也说,行为、思维和情感等来源于大脑中产生的物理和化学现象,是相应神经元组合的结果。

真正的神经科学起始于 19 世纪末。1875 年,意大利解剖学家戈尔吉用染色法最先识别出单个的神经细胞。1889 年,卡贾尔创立神经元学说,认为整个神经系统是由结构上相对独立的神经细胞构成。近几十年来,神经科学和脑功能研究的发展极为迅速,并取得进展。据估计,整个人脑神经元的数量约为 10^{11}(千亿)。每个神经元由两部分构成:神经细胞体及其突起(树突和轴突)。细胞体的直径为 $5\sim100\mu m$。各神经细胞发出突起的数目、长短和分支也各不相同。长的突起可达 1m 以上,短的突起则不到其千分之一。神经元之间通过突触互相连接。突触的数量是惊人的。据测定,在大脑皮质的一个神经元上,突触的数目可达 3 万以上。整个脑内突触的数目为 $10^{14}\sim10^{15}$(百万亿~千万亿)。突触联系的方式是多种多样的,常见的是一个神经元的纤维末梢与另一个神经元的胞体或树突形成突触联系。但也有轴突与轴突、胞体与胞体以及其他方式的突触联系。不同方式的突触连接,其生理作用是不同的。

神经元之间的组合形式也是多种多样的。一个神经元可以通过纤维分支与许多神经元建立突触联系,使得一个神经元的信息可以直接传递给许多神经元。不同部位、不同区域的神经元的纤维末梢也可汇聚到一个神经元上,使得不同来源的信息集中到一起。此外,还有环形组合、链形组合等。因此,神经元之间的联系是十分错综复杂的。

神经网络的复杂多样,不仅在于神经元和突触的数量大、组合方式复杂和联系广泛,还在于突触传递的机制复杂。现在已经发现和阐明的突触传递机制有突触后兴奋、突触后抑制、突触前抑制、突触前兴奋以及"远程"抑制等。在突触传递机制中,释放神经递质是实现突触传递机能的中心环节,而不同的神经递质有着不同的作用、性质和特点。

人脑是漫长的生物演化过程的产物。动物界在进化历程中花了大约 10 亿年的时间。单细胞生物无所谓神经系统。到了扁虫类,神经细胞开始集中在头部而形成神经节。动物大脑的最初分化和嗅觉有关,两栖类和鱼类以下的动物,只有和嗅觉密切相连的嗅叶。从脊椎动物开始,有了中枢神经系统,鱼类的脑已有了端脑、间脑、中脑、后脑和延脑这 5 部分。在爬行类动物中,大脑新皮质开始出现,真正的大脑即新皮质见于哺乳动物。灵长类的大脑皮质得到了充分的发展,掌管了对机体各种机能的全面而又精细的调节。在这个进化过程的终端,形成了极其复杂的神经网络,构成了巨系统的思维器官——人脑。

人脑的研究已成为科学研究的前沿。有的专家估计,继诺贝尔生理学——医学奖获得者沃森(J. D. Watson)和克里克(F. Crick)于 20 世纪 50 年代提出 DNA 分子双螺旋结构,成功地解释了遗传学问题,在生物学中掀起分子生物学研究的浪潮以后,脑科学将是下一个浪潮。西方许多从事生物学、物理学研究的一流科学家在得到诺贝尔奖后纷纷转入脑科学研究。

2.2 神经组织

神经系统的主要细胞组成是神经细胞和神经胶质细胞。神经系统表现出来的一切兴奋、传导和整合等机能特性都是神经细胞的机能。胶质细胞占脑容积一半以上,数量大大超过了神经细胞,但在机能上只起辅助作用。

2.2.1 神经元的基本组成

神经细胞是构成神经系统最基本的单位,故通称为神经元。一般包括神经细胞体(Soma)、轴突(Axon)和树突(Dendrites)三部分。神经元的一般结构如图 2.2 所示。

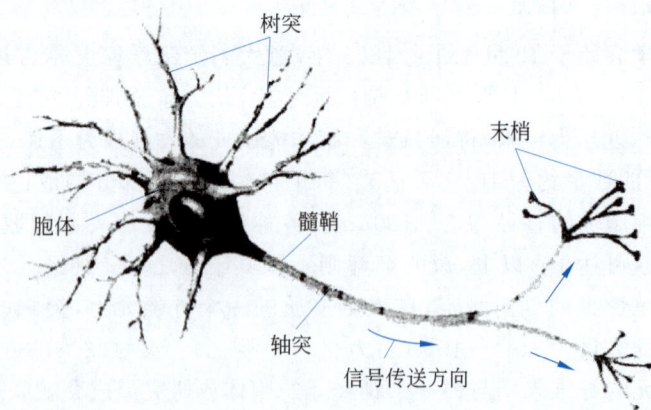

图 2.2 神经元的一般结构

胞体(Soma or Cell Body)是神经元的主体,位于脑和脊髓的灰质及神经节内,其形态各异,常见的形态为星形、锥体形、梨形和圆球形等。胞体大小不一,直径为 $5\sim150\mu m$。胞体是神经元的代谢和营养中心。胞体的结构与一般细胞相似,有核仁、细胞膜、细胞质和细胞核。胞内原浆在活细胞内呈颗粒状,经固定染色后显示内含神经原纤维、核外染色质(尼氏体、高尔基氏体、内质网和线粒体等)。神经原纤维是神经元特有的。

胞体的胞膜和突起表面的膜是连续完整的细胞膜。除突触部位的胞膜有特优的结构外，大部分胞膜为单位膜结构。神经细胞膜的特点是一个敏感而易兴奋的膜。在膜上有各种受体（Receptor）和离子通道（Ionic Chanel），二者各由不同的膜蛋白构成。形成突触部分的细胞膜增厚。膜上受体可与相应的化学物质神经递质结合。当受体与乙酰胆碱递质或 γ-氨基丁酸递质结合时，膜的离子通透性及膜内外电位差发生改变，胞膜产生相应的生理活动——兴奋或抑制。

细胞核多位于神经细胞体中央，大而圆，异染色质少，多位于核膜内侧，常染色质多，散在于核的中部，故着色浅，核仁 1～2 个，大而明显。细胞变性时，核多移向周边而偏位。

细胞质位于核的周围，又称核周体（Perikaryon）其中含有发达的高尔基复合体、滑面内质网，丰富的线粒体、尼氏体及神经原纤维，还含有溶酶体、脂褐素等结构。具有分泌功能的神经元，胞质内还含有分泌颗粒，如位于下丘脑的一些神经元。

神经元的突起是神经元胞体的延伸部分，由于形态结构和功能的不同，可分为树突和轴突。

（1）树突（Dendrite）：是从胞体发出的一至多个突起，呈放射状。胞体起始部分较粗，经反复分支而变细，形如树枝状。树突的结构与胞体相似，胞质内含有尼氏体，线粒体和平行排列的神经原纤维等，但无高尔基复合体。在特殊银染标本上，树突表面可见许多棘状突起，长 $0.5～1.0\mu m$，粗 $0.5～2.0\mu m$，称树突棘（Dendritic Spine），是形成突触的部位。一般电镜下，树突棘内含有数个扁平的囊泡称棘器（Spine Apparatus）。树突的分支和树突棘可扩大神经元接受刺激的表面积。树突具有接受刺激并将冲动传入细胞体的功能。

（2）轴突（Axon）：每个神经元只有一根，它在胞体上发出的轴突多呈锥形，称轴丘（Axon Hillock），其中没有尼氏体，主要有神经原纤维分布。轴突自胞体伸出后开始的一段，称为起始段，长 $15～25\mu m$，通常较树突细，粗细均匀，表面光滑，分支较少，无髓鞘包卷。离开胞体一定距离后，有髓鞘包卷，即为有髓神经纤维。轴突末端多呈纤细分支称轴突终末（Axon Terminal），与其他神经元或效应细胞接触。轴突表面的细胞膜，称轴膜（Axolemma），轴突内的胞质称轴质（Axoplasm）或轴浆。轴质内有许多与轴突长袖平行的神经原纤维和细长的线粒体，但无尼氏体和高尔基复合体，因此，轴突内不能合成蛋白质。轴突成分代谢更新以及突触小泡内神经递质，均在胞体内合成，通过轴突内微管、神经丝流向轴突末端。轴突的主要功能是将神经冲动由胞体传至其他神经元或效应细胞。轴突传导神经冲动的起始部位，是在轴突的起始段，沿轴膜进行传导。轴突的末梢，经连续分枝，以球形膨大的梢足与其他神经细胞或效应器细胞构成突触（Synapse）联系。

在长期的进化过程中，神经元在各自的机能和形态上都特化了。直接与感受器相联系把信息传向中枢的称为感觉神经元，或称传入神经元。直接与效应器相联系，把冲动从中枢传到效应器的称为运动神经元，或称传出神经元。除了上述传入传出神经元外，其余大量的神经元都是中间神经元，它们形成神经网络。

人体中枢神经系统的传出神经元的数目总计为数十万。传入神经元较传出神经元多 1～3 倍。而中间神经元的数目最大，单就以中间神经元组成的大脑皮质来说，一般认为有 140 亿～150 亿。

2.2.2　神经元的分类

神经元的分类有多种方法，常以神经元突起的数目和功能进行分类。

1. 按神经元突起的数目分类

根据神经元突起的数目,可将其分为以下三类。

(1) 假单极神经元(Pseudounipolar Neuron):从胞体发出一个突起,在离胞体不远处呈T型分为两支,因此,称假单极神经元。其中一支突起细长,结构与轴突相同,伸向周围,称周围突(Peripheral Process),其功能相当于树突,能感受刺激并将冲动传向胞体;另一分支伸向中枢,称中枢突(Central Process),将冲动传给另一个神经元,相当于轴突。例如脊神经节内的感觉神经元等。

(2) 双极神经元(Bipolar Neuron):从胞体两端各发出一个突起,一个是树突,另一个是轴突。例如耳蜗神经节内的感觉神经元等。

(3) 多极神经元(Multipolar Neuron):有一个轴突和多个树突,是人体中数量最多的一种神经元,如脊髓前角运动神经元和大脑皮质的锥体细胞等。多极神经元又可依轴突的长短和分支情况分为两种类型:高尔基Ⅰ型神经元,其胞体大,轴突长,在行径途中发出侧支,如脊髓前角运动神经元;高尔基Ⅱ型神经元,其胞体小,轴突短,在胞体附近发出侧支,如脊髓后角的小神经元以及大、小脑内的联合神经元。

2. 按神经元功能分类

根据神经元的功能,可将其分为以下三类。

(1) 感觉神经元:也称传入神经元(Afferent Neuron),是传导感觉冲动的,胞体在脑、脊神经节内,多为假单极神经元。其突起构成周围神经的传入神经。神经纤维终末在皮肤和肌肉等部位形成感受器。

(2) 运动神经元:也称传出神经元,是传导运动冲动的神经元,多为多极神经元。胞体位于中枢神经系统的灰质和植物神经节内,其突起构成传出神经纤维。神经纤维终末,分布在肌组织和腺体,形成效应器。

(3) 中间神经元:也称联合神经元,是在神经元之间起联络作用的神经元,是多极神经元。人类神经系统中最多的神经元,构成中枢神经系统内的复杂网络。胞体位于中枢神经系统的灰质内,其突起一般也位于灰质。

2.2.3　神经胶质细胞

神经胶质细胞或简称胶质细胞(Glial Cell),广泛分布于中枢和周围神经系统,其数量比神经元的数量大得多,胶质细胞与神经元数目之比为$10:1\sim50:1$。胶质细胞与神经元一样具有突起,但其胞突不分树突和轴突,也没有传导神经冲动的功能。胶质细胞可分几种,各有不同的形态特点。

1. 星形胶质细胞

星形胶质细胞(Astrocyte)是胶质细胞中体积最大的一种,与少突胶质细胞合称为大胶质细胞(Macroglia)。细胞呈星形,核圆形或卵圆形,较大,染色较浅(见图 2.3)。

星形胶质细胞可分为两种。

(1) 纤维性星形胶质细胞(Fibrous Astrocyte),多分布在白质,细胞的突起细长,分支较少,胞质内含大量胶质丝(Glial Filament)。组成胶质丝的蛋白质称胶质原纤维酸性蛋白(Glial Fibrillary Acidic Protein,GFAP),用免疫细胞化学染色技术,能特异性地显示这类细胞。

(2) 原浆性星形胶质细胞(Protoplasmic Astrocyte),多分布在灰质,细胞的突起较短粗,分支较多,胞质内胶质丝较少。星形胶质细胞的突起伸展充填在神经元胞体及其突起之间,起

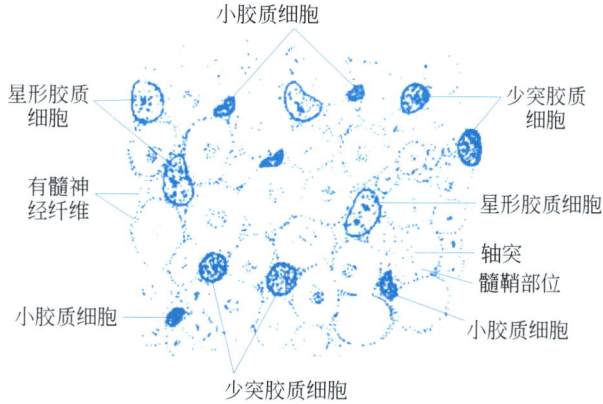

图 2.3 神经胶质细胞的细胞核及神经纤维横切
(脊髓白质，Nissl 法染色)

支持和分神经元的作用。有些突起末端形成脚板，附在毛细血管壁上，或附着在脑和脊髓表面形成胶质界膜。

星形胶质细胞之间的细胞间隙狭窄而迂回曲折，宽 $15\sim20nm$，内含组织液，神经元借此进行物质交换(图 2.4)。星形胶质细胞能吸收细胞间隙的 K^+，以维持神经元周围环境 K^+ 含量的稳定性。它还能摄取和代谢某些神经递质(如 γ-氨基丁酸等)，调节细胞间隙中神经递质的浓度，有利于神经元的活动。在神经系统发育时期，某些星形胶质细胞具有引导神经元迁移的作用，使神经元到达预定区域并与其他细胞建立突触连接。中枢神经系统损伤时，星形胶质细胞增生、肥大、充填缺损的空隙形成胶质瘢痕(Glial Scar)。

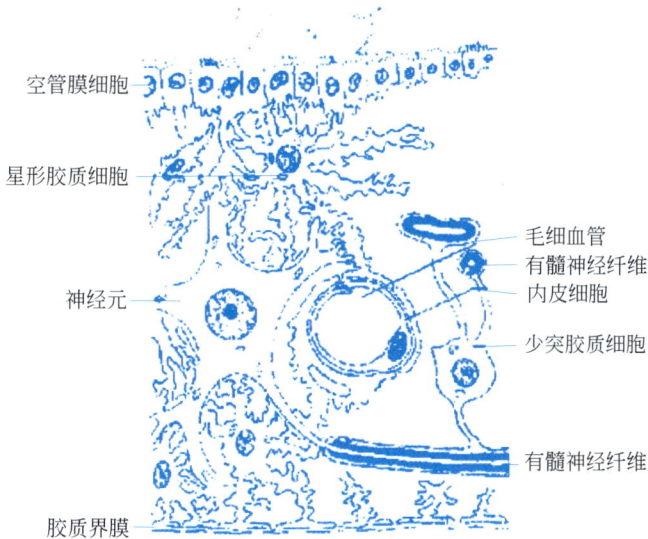

图 2.4 神经胶质细胞与神经元和毛细胞血管

2. 少突胶质细胞

在银染色标本中，少突胶质细胞(Oligodendrocyte)的突起较少，但用特异性的免疫细胞化学染色，可见少突胶质细胞的突起并不少，而且分支也多。少突胶质细胞的胞体较星形胶质细胞的小，核圆，染色较深(图 2.3)。胞质内胶质丝很少，但有较多微管和其他细胞器。少突胶质细胞分布在神经元胞体附近和神经纤维周围，它的突起末端扩展成扁平薄膜，包卷神经元的轴突形成髓鞘,所以它是中枢神经系统的髓鞘形成细胞。新近研究认为,少突胶质细胞还有抑制再生神经元突起生长的作用。

3. 小胶质细胞

小胶质细胞(Microglia)是胶质细胞中最小的一种。胞体细长或椭圆,核小,扁平或三角形,染色深(见图2.3)。细胞的突起细长有分支,表面有许多小棘突。小胶质细胞的数量少,占全部胶质细胞的5%左右。中枢神经系统损伤时,小胶质细胞可转变为巨噬细胞,吞噬细胞碎屑及退化变性的髓鞘。血循环中的单核细胞亦侵入损伤区,转变为巨噬细胞,参与吞噬活动。由于小胶质细胞有吞噬功能,有人认为它来源于血液中的单核细胞,属单核吞噬细胞系统。

4. 室管膜细胞

室管膜细胞(Ependymal Cell)为立方或柱形,分布在脑室及脊髓中央管的腔面,形成单层上皮,称室管膜(Ependyma)。室管膜细胞表面有许多微绒毛,有些细胞表面有纤毛(见图2.4)。某些地方的室管膜细胞,其基底面有细长的突起伸向深部,称伸长细胞(Tanycyte)。

2.3   突触传递

神经元与神经元之间,或神经元与非神经细胞(肌细胞、腺细胞等)之间的一种特化的细胞连接,称为突触(Synapse)。它是神经元之间的联系和进行生理活动的关键性结构。通过它的传递作用实现细胞与细胞之间的通信。在神经元之间的连接中,最常见是一个神经元的轴突终末与另一个神经元的树突、树突棘或胞体连接,分别构成轴-树、轴-棘、轴-体突触。此外,还有轴-轴和树-树突触等。突触可分为化学突触和电突触两大类。前者是以化学物质(神经递质)作为通信的媒介,后者是缝隙连接,以电流(电信号)传递信息。哺乳动物神经系统以化学突触占大多数,通常所说的突触是指化学突触。

突触的结构可分突触前成分、突触间隙和突触后成分三部分。突触前、后成分彼此相对的细胞膜分别称为突触前膜和突触后膜,两者之间宽15~30nm的狭窄间隙为突触间隙,内含糖蛋白和一些细丝。突触前成分通常是神经元的轴突终末,呈球状膨大,附着在另一神经元的胞体或树突上,称突触扣结。

2.3.1   化学性突触

电镜下,突触扣结内含许多突触小泡,还有少量线粒体、滑面内质网、微管和微丝等(图2.5)。突触小泡的大小和形状不一,多为圆形,直径为40~60nm,亦有的呈扁平形。突触小泡有的清亮,有的含有致密核芯(颗粒型小泡),大的颗粒型小泡直径可达200nm。突触小泡内含神经递质或神经调质。突触前膜和后膜均比一般细胞膜略厚,这是由于其胞质面附有一些致密物质所致(图2.5)。在突触前膜还有电子密度高的锥形致密突起(Dense Projection)突入胞质内,突起间容纳突触小泡。突触小泡表面附有突触小泡相关蛋白,称突触素I(Synapsin I),它使突触小泡集合并附在细胞骨架上。突触前膜上富含电位门控通道,突触后膜上则富含受体及化学门控通道。当神经冲动沿轴膜传至轴突终末时,即触发突触前膜上的电位门控钙通道开放,细胞外的 Ca^{2+} 进入突触前成分,在ATP的参与下使突触素I发生磷酸化,促使突触小泡移附在突触前膜上,通过出胞作用释放小泡内的神经递质到突触间隙内。其中部分神经递质与突触后膜上相应受体结合,引起与受体耦联的化学门控通道开放,使相应离子进出,从而改变突触后膜两侧离子的分布状况,出现兴奋或抑制性变化,进而影响突触后神经元(或非神经细胞)的活动。使突触后膜发生兴奋的突触称为兴奋性突触,使突触后膜发生抑制的称为抑制性突触。

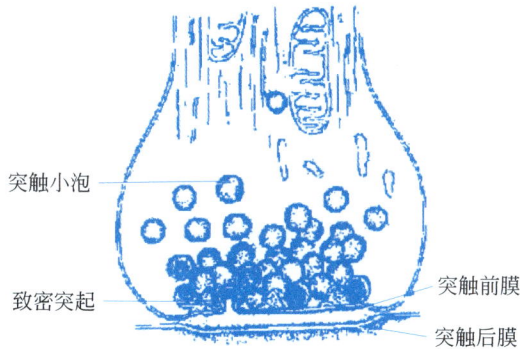

图 2.5　化学突触超微结构模式图

1. 突触前部

神经元轴突终末呈球状膨大,轴膜增厚形成突触前膜,突触厚 6～7nm。在突触前膜部位的胞质内,含有许多突触小泡以及一些微丝和微管、线粒体和滑面内质网等。突触小泡是突触前部的特征性结构,小泡内含有化学物质,称为神经递质。各种突触内的突触小泡形状和大小颇不一致,是因其所含神经递质不同。常见突触小泡类型有如下 3 种。

(1)球形小泡,直径为 20～60nm,小泡清亮,其中含有兴奋性神经递质,如乙酰胆碱。

(2)颗粒小泡,小泡内含有电子密度高的致密颗粒,按其颗粒大小又可分为两种:小颗粒小泡直径为 30～60nm,通常含胺类神经递质如肾上腺素、去甲肾上腺素等;大颗粒小泡直径可达 80～200nm,所含的神经递质为 5-羟色胺或脑啡肽等肽类。

(3)扁平小泡,小泡长径约 50nm,呈扁平圆形,其中含有抑制性神经递质,如 γ-氨基丁酸等。

各种神经递质在胞体内合成,形成小泡,通过轴突的快速顺向运输到轴突末端。新近研究发现在中枢和周围神经系统中,有两种或两种以上神经递质共存于一个神经元中,在突触小体内可有两种或两种以上不同形态的突触小泡。如交感神经节内的神经细胞,有乙酸胆碱和血管活性肠肽。前者支配汗腺分泌;后者作用于腺体周围的血管平滑肌使其松弛,增加局部血流量。神经递质共存的生理功能,是协调完成神经生理活动作用,使神经调节更加精确和协调。目前,许多事实表明,递质共存不是个别现象,而是一个普遍性规律,有许多新的共存递质和新的共存部位已被证实。其中多为非肽类递质(胆碱类、单胺类和氨基酸类)和肽类递质共存。

关于突触小泡的包装、存储和释放递质的问题,现已知突触体素,突触素和小泡相关膜蛋白等三种蛋白与之有关。突触体素是突触小泡上 Ca^{2+} 的结合蛋白,当兴奋剂到达突触时,Ca^{2+} 内流突然增加而与这种蛋白质结合,可能对突触小泡的胞吐起重要作用。突触素是神经细胞的磷酸蛋白,有调节神经递质释放的作用,小泡相关膜蛋白(VAMP)是突触小泡膜的结构蛋白,可能对突触小泡代谢有重要作用。

2. 突触后部

多为突触后神经元的胞体膜或树突膜,与突触前膜相对应部分增厚,形成突触后膜。厚为 20～50nm,比突触前膜厚,在后膜具有受体和化学门控的离子通道。根据突触前膜和后膜的胞质面致密物质厚度不同,可将突触分为I和II两型。I型突触后膜胞质面致密物质比前膜厚,因而膜的厚度不对称,故又称为不对称突触;突触小泡呈球形,突触间隙较宽(20～50nm);一般认为I型突触是兴奋性突触,主要分布在树突干上的轴-树突触。II型突触前、后膜的致密物质较少,厚度近似,故称为对称性突触;突触小泡呈扁平形,突触间隙也较窄(10～20nm);一般认为II型突触是一种抑制性突触,多分布在胞体上的轴-体突触。

3. 突触间隙

突触间隙是位于突触前、后膜之间的细胞外间隙,宽为20～30nm,其中含糖胺多糖(如唾液酸)和糖蛋白等,这些化学成分能和神经递质结合,促进递质由前膜移向后膜,使其不向外扩散或消除多余的递质。

突触的传递过程,是神经冲动沿轴膜传至突触前膜时触发前膜上的电位门控钙通道开放,细胞外的 Ca^{2+} 进入突触前部,在ATP和微丝、微管的参与下,使突触小泡移向突触前膜,以胞吐方式将小泡内的神经递质释放到突触间隙。其中部分神经递质与突触后膜上的相应受体结合,引起与受体偶联的化学门控通道开放,使相应的离子经通道进入突触后部,使后膜内外两侧的离子分布状况发生改变,呈现兴奋性(膜的去极化)或抑制性(膜的极化增强)变化,从而影响突触后神经元(或效应细胞)的活动。使突触后膜发生兴奋的突触,称为兴奋性突触,而使后膜发生抑制的称为抑制性突触。突触的兴奋或抑制决定于神经递质及其受体的种类,神经递质的合成、运输、存储、释放、产生效应以及被相应的酶作用而失活,是一系列神经元的细胞器生理活动。一个神经元通常有许多突触,其中有些是兴奋性的,有些是抑制性的。如果兴奋性突触活动总和超过抑制性突触活动总和,并达到能使该神经元的轴突起始段发生动作电位,出现神经冲动时,则该神经元呈现兴奋,反之,则表现为抑制。

化学突触的特征,是一侧神经元通过出胞作用释放小泡内的神经递质到突触间隙,相对应一侧的神经元(或效应细胞)的突触后膜上有相应的受体。具有这种受体的细胞称为神经递质的效应细胞或靶细胞,这就决定了化学突触传导为单向性。突触的前后膜是两个神经膜特化部分,维持两个神经元的结构和功能,实现机体的统一和平衡。故突触对内、外环境变化很敏感,如缺氧、酸中毒、疲劳和麻醉等,可使兴奋性降低;茶碱、碱中毒等则可使兴奋性增高。

2.3.2 电突触

电突触是神经元间传递信息的最简单形式,在两个神经元间的接触部位,存在缝隙连接,接触点的直径在 $0.1～10\mu m$ 以上,也有突触前、后膜及突触间隙。突触的结构特点是,突触间隙仅 $1～1.5nm$,前、后膜内均有膜蛋白颗粒,显示呈六角形的结构单位,跨越膜的全层,顶端露于膜外表,其中心形成一微小通道,此小管通道与膜表面相垂直,直径约为 $2.5nm$,小于 $1nm$ 的物质可通过,如氨基酸。缝隙连接两侧膜是对称的。相邻两突触膜,膜蛋白颗粒顶端相对应,直接接触,两侧中央小管,由此相通。轴突终末无突触小泡,传导不需要神经递质,是以电流传递信息,传递神经冲动一般均为双向性。神经细胞间电阻小,通透性好,局部电流极易通过。电突触功能有双向快速传递的特点,传递空间减少,传送更有效。

现在已证明,哺乳动物大脑皮质的星形细胞,小脑皮质的篮状细胞、星形细胞,视网膜内水平细胞、双极细胞,以及某些神经核,如动眼神经运动核前、庭神经核、三叉神经脊束核,均有电突触分布。电突触的形式多样,可见有树-树突触、体-体突触、轴-体突触、轴-树突触等。

电突触对内、外环境变化很敏感。在疲劳、缺氧、麻醉或酸中毒情况下,可使兴奋性降低。而在碱中毒时,可使兴奋性增高。

2.3.3 突触传递的机制

突触传递的基本过程是动作电位传到轴突末梢,引起小体区域的去极化,增加 Ca^{2+} 的通透性,细胞外液的 Ca^{2+} 流入,促使突触小泡前移与突触前膜融合,在融合处出现破口,使池内所含的介质释放到突触间隙,弥散与突触后膜特异性受体结合。然后化学门控性通道开放,突触后膜对某些离子通透性增加,突触后膜电位变化(突触后电位)(去极化或超极化),产生总和效应,引起突触后神经元兴奋或抑制。图 2.6 给出突触传递的基本过程简单示意图。

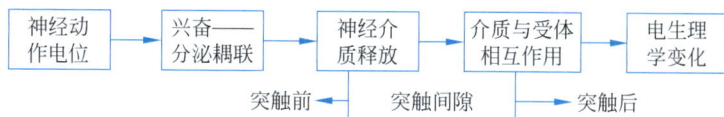

图 2.6 突触传递的基本过程简单示意图

Ca^{2+} 在突触传递中的作用如下。

(1)降低轴浆的黏度,有利于突触小泡的位移(降低囊泡上肌动蛋白结合蛋白与肌动蛋白的结合)。

(2)消除突触前膜内侧的负电位,促进突触小泡和前膜接触、融合和胞裂,促进神经递质的释放。

在高等动物神经系统突触前的电活动,从不直接引起突触后成分的活动,不存在电学耦联。突触传递一律通过特殊的化学物质中介,这种物质就叫作神经介质或递质。突触传递只能由突触前到突触后,在这个系统中不存在反方向活动的机制。因此突触传递是单方向的。这里兴奋——分泌的耦联(介质释放)和介质在间隙的扩散,直到突触后膜的去极化需 $0.5\sim$ 1ms,这就是突触迟延。突触传递具有如下特征。

(1)单向传递(因为只有前膜能释放递质)。

(2)突触迟延。

(3)总和,包括时间性总和与空间性总和。

(4)对内环境变化敏感和易疲劳。

(5)兴奋节律性改变(同一反射活动中传入神经与传出神经发放的频率不一致)。

(6)后放(刺激停止后,传出神经在一定时间内仍发放冲动)。

2.4 神经递质

英国剑桥大学医学院的学生埃利奥特(T. R. Elliott)于 1904 年在生理学会宣读的论文中曾谨慎地指出:冲动传到交感神经末梢,可能是从那里释放肾上腺素、再作用到效应器细胞。这是明确地指出化学传递的最早记录。首先给化学传递以实验证明的是奥地利生理学家勒韦(O. Loewi)。1921 年,他以电刺激离体灌流蛙心标本的迷走神经时观察到,在心跳受到抑制的同时,在灌流液中出现了可抑制另一个灌流蛙心跳动的物质,并把它称为迷走素。1926 年,他又进一步阐明了迷走素即是 Ach。这是第一个被发现的递质。英国生理学家和药理学家戴尔(H. H. Dale)和同事曾提出实验证据表明,Ach 是骨骼肌神经肌肉接头的递质。他还把胆碱能(Cholinergic)一词引入生理学,用于表示以 Ach 为递质的神经元。勒韦和戴尔因为这项研究于 1936 年获得了诺贝尔奖。关于交感神经末梢可释放肾上腺素的设想虽最早被提出,在

1921年,坎农(W. B. Cannon)还将刺激交感神经从肝脏释放的物质命名为交感素(Sympathin),并认为它虽与肾上腺素十分相似,但也有差异,直到1949年,该物质方被奥伊勒(von Euler)鉴定为去甲肾上腺素(Noradrenaline,NA),为此他获得了1970年度诺贝尔奖。此后,又相继发现了为数不多的(约10种)小分子递质和多种(50种以上)参与突触传递的神经活性多肽,以及近年又发现了一氧化氮(NO)为气体信使。

关于判断内源性神经活性物质是否为递质,一般有5条鉴定标准。

(1) 存在。应特异性地存在于以该物质为递质的神经元中,而且在这种神经元的末梢有合成该递质的酶系统。

(2) 部位。递质在神经末梢内合成以后,通常是集中存储在囊泡(Vesicle)内,这样可以防止被胞质内的其他酶破坏。

(3) 释放。从突触前末梢可释放足以在突触后细胞或效应器引起一定反应的物质。

(4) 作用。递质通过突触间隙,作用于突触后膜的叫作受体的特殊部位,引起突触后膜离子通透性改变以及电位变化。

(5) 灭活机制。神经递质在发挥上述效应后,其作用应该迅速终止,以保证突触传递的高度灵活。作用的终止有几种方式:一是被酶所水解,失去活性;二是被突触前膜"重摄取",或是一部分被后膜摄取;也有的部分进入血循环,在血中一部分被酶降解破坏。

目前已知的神经递质种类很多,但主要的有乙酰胆碱、儿茶酚胺类(去甲肾上腺素和多巴胺)、5-羟色胺、GABA、某些氨基酸和寡肽等。

2.4.1 乙酰胆碱

乙酰胆碱(Acetylcholine,Ach)是许多外周神经如运动神经、植物性神经系统的节前纤维和副交感神经节后纤维的兴奋性神经递质。

Ach由胆碱和乙酰CoA合成。胆碱乙酰化酶(Choline Acetylase)催化下列反应:

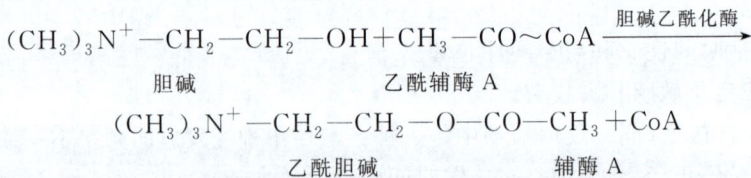

$$(CH_3)_3N^+-CH_2-CH_2-OH+CH_3-CO\sim CoA \xrightarrow{\text{胆碱乙酰化酶}}$$

胆碱   乙酰辅酶A

$$(CH_3)_3N^+-CH_2-CH_2-O-CO-CH_3+CoA$$

乙酰胆碱   辅酶A

由于胆碱乙酰化酶位于胞质内,因此设想Ach是先在胞质内合成,然后进入囊泡存储。平时囊泡中和胞质中的Ach大约各占一半,且两者可能处于平衡状态。囊泡内存储的Ach是一种结合型的(与蛋白质结合),而释放至胞质时,则变为游离型。

当神经冲动沿轴突到达末梢时,囊泡趋近突触膜,并与之融合、破裂,此时囊泡内结合型Ach转变为游离型Ach,释放入突触间隙。同时,还可能有一部分胞质内新合成的Ach也随之释放。

Ach作用于突触后膜(突触后神经元或效应细胞的膜)表面的受体,引起生理效应。已经确定Ach受体是一种分子量为42 000的蛋白质,通常以脂蛋白的形式存在于膜上。

Ach在传递信息之后和受体分开,游离于突触间隙,其中极少部分在突触前膜的载体系统作用下重新被摄入突触前神经元。大部分Ach是在胆碱酯酶的作用下水解成胆碱和乙酸而失去活性,也有一部分经弥散而离开突触间隙。关于乙酰胆碱在神经末梢中的代谢及相关动态,可参见图2.7和图2.8。

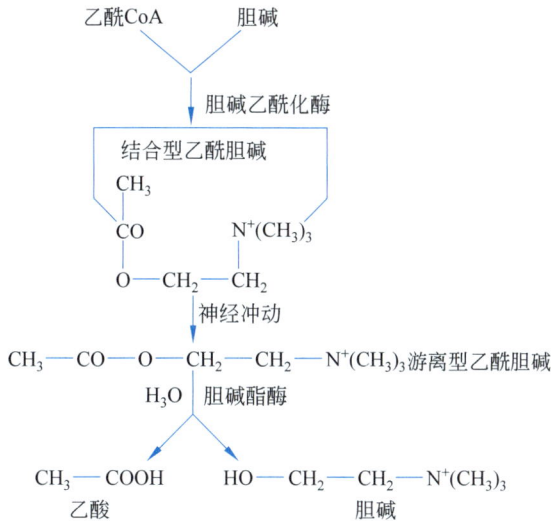

图 2.7 乙酰胆碱的代谢

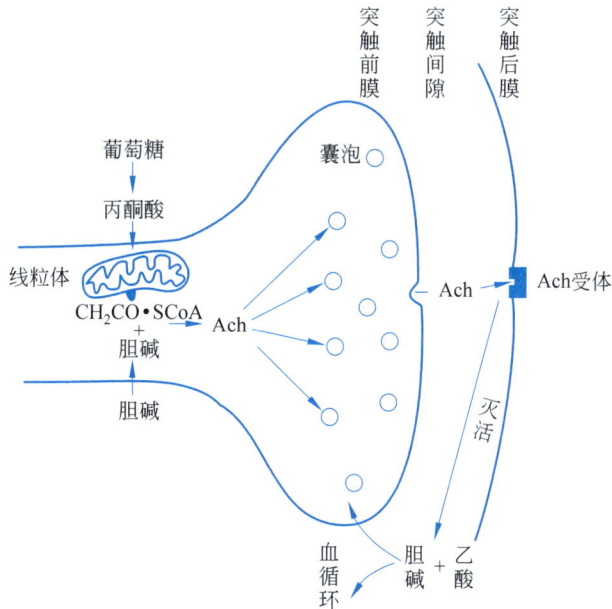

图 2.8 突触部位 Ach 的动态

2.4.2 5-羟色胺

5-羟色胺(5-Hydroxytryptamine,5-HT)又名血清紧张素(Serotonin),最早是从血清中发现的。中枢神经系统存在着 5-羟色胺能神经元,但在脊椎动物的外周神经系统中至今尚未发现有 5-羟色胺能神经元。

由于 5-羟色胺不能透过血脑屏障,所以中枢的 5-羟色胺是脑内合成的,与外周的 5-羟色胺不是一个来源。用组织化学的方法证明,5-羟色胺能神经元的胞体在脑内的分布主要集中脑干的中缝核群,其末梢则广泛分布在脑和脊髓中。

5-羟色胺的前体是色氨酸。色氨酸经两步酶促反应,即羟化和脱羧,生成 5-羟色胺,如图 2.9 所示。此过程在某种程度上和儿茶酚胺的生成相似。

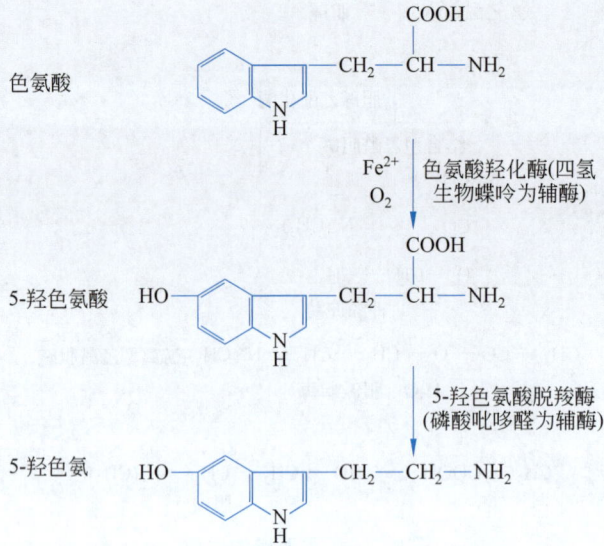

图 2.9　5-羟色氨的生成

色氨酸羟化酶像酪氨酸羟化酶一样,需要 O_2、Fe^{2+} 以及辅酶四氢生物蝶呤。但脑内这种酶的含量较少,活性较低,所以它是 5-羟色氨生物合成的限速酶。此外,脑内 5-羟色氨的浓度影响色氨酸羟化酶的活性,从而对 5-羟色氨起着反馈性自我调节作用。血中游离色氨酸的浓度也影响脑内 5-羟色氨的合成,当血清游离色氨酸增多时(例如给大鼠腹腔注射色氨酸后),进入脑的色氨酸就增多,从而加速了 5-羟色氨的合成。

和儿茶酚胺类递质一样,释放到突触间隙的 5-羟色氨大部分被突触前神经末梢重摄取,而且重摄取后,部分进入囊泡再存储,部分则被线粒体膜上的单胺氧化酶(MAO)所氧化:

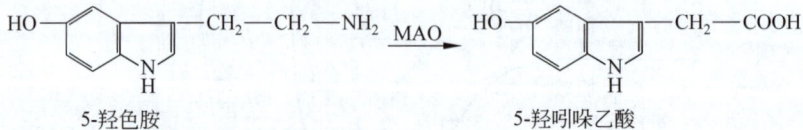

这就是脑内 5-羟色氨降解的主要方式,5-羟吲哚乙酸(5-Hydroxyindole Acetic Acid)无生物活性。

检查 5-羟色氨对各种神经元的作用时发现,5-羟色氨可使大多数交感节前神经元兴奋,而使副交感节前神经元抑制。损毁动物的中缝核或用药物阻断 5-羟色氨合成,都可使脑内 5-羟色氨含量明显降低,并引起动物睡眠障碍,痛阈降低,同时,吗啡的镇痛作用也减弱或消失。如果电刺激大鼠的中缝核,可影响其体温升高;另外,也观察到室温升高时大鼠脑内 5-羟色氨更新加速。这些现象揭示脑内 5-羟色氨与睡眠、镇痛、体温调节都有关系。还有人报道,5-羟色氨能改变垂体的内分泌机能。此外,有人提出 5-羟色氨神经元的破坏是患精神性疾病时出现幻觉的原因。可见,精神活动也与 5-羟色氨有一定的关系。

2.4.3　受体

受体(Receptor)的概念最早是由英国药理学家兰格列(A. D. Langley)于 1905 年提出的。他观察到,箭毒虽可拮抗烟碱引起的肌肉收缩,但不能阻遏直接电刺激肌肉引起的收缩,由此他设想这两种试剂都只和细胞中非神经性和非肌肉性的特定物质相结合,所不同的只是烟碱与该特定物质结合可进一步产生生物效应,即肌肉收缩,但箭毒结合所产生的效应则是拮抗烟碱引起的肌肉收缩。他把该特定物质称为接受物质。事实上,兰格列当时提出的关于接受物质(受体)的概念现在看来仍是正确的,因为他已指出了受体的两个重要特征,即识别特定物质和产生生物效应。

烟碱和箭毒等可选择地作用于体内特定分子并能引起生物效应的物质称生物活性物质。如果是体内固有的,则称为内源性活性物质,如递质、激素、营养因子等;如果来自体外者,则称外源性活性物质,如烟碱、箭毒等药物和毒物。那些在胞膜以及胞质与核中对特定生物活性物质具有识别并与之结合而产生生物效应的大分子被称为受体,而那些与受体有选择性结合特性的生物活性物质称配体,其中与受体结合可引起生物效应者称为激动物(Agonist),与受体结合,但其生物效应表现为选择地拮抗由激动物引起的生物效应者称拮抗物。至于既有激动作用又有拮抗作用者,称为部分激动物。神经元上的受体称神经受体。

自从 1983 年奴曼(Numa)和同事成功地纯化并测定了 AchR 的一级结构,从而开辟了研究受体分子结构与功能的先河以来,已有众多的受体及其亚型的一级结构被确定,使得我们有可能按分子结构特征对受体进行分类,并对受体分子的活动机制进行分析。

一般认为,用生化方法鉴定受体应具备下列 3 个特性:①饱和性。受体分子的数量是有限的,因此配体与受体结合的剂量效应曲线应具饱和性,并且它们的特异结合应表现为高亲和性和低容量性。细胞往往对配体也可能有非特异性结合,但这种结合既表现为低亲和性和高容量性,又无饱和性。②特异性。特定的受体只与特定配体结合产生生物效应。因此常用比较一系列配体的生物效应的方法来研究受体特性,并对之进行功能分类。③可逆性。在生理活动中配体和受体的结合应是可逆的。配体与受体复合物的解离常数虽有不同,但被解离下来的配体应是原物,而不是其代谢产物。

受体的两个主要功能是选择地识别递质和激活效应器,因此可按所选择识别的递质将它们分为 AchR、GluR、GABA 受体、GlyR、5-HTR、组胺受体和识别 NA 和 Ad 的 Ad 受体,以及识别各种神经肽的受体等。另一方面,由于已阐明了多种受体分子的一级结构,故又可按它们作用于效应器的分子机制将其分为直接调控离子通道活动的离子通道型受体和间接调控离子通道活动的代谢调节型受体。离子通道型受体分子中既有识别递质的受点,又有离子通道,故活动速度快。已知属此类型的有 nAchR、$GABA_A R$(A 型 GABA 受体)、$5-HT_3 R$ 和 iGluR(离子通道型谷氨酸受体)。代谢调节型受体分子中只含识别递质的位点,并无容许离子通过的微孔道。它们与效应器的功能耦联是经鸟嘌呤核苷酸结合蛋白,即 G-蛋白实现的,因此这类受体又被称为 G 蛋白耦联受体。已知属此类型者又可分为两个基因家族,包括 mAchR、$GABA_B R$、mGluR(代谢调节型谷氨酸受体)和 $5-HT_{1,2,4} R$(1,2,4 型 5-HTR),以及各种神经肽受体等。此外,尚有由营养因子、激素和某些神经肽激活的、穿膜一次并在胞内 C 末端带有(或不带有)激酶的受体。

2.5　信号跨膜转导

生命信号转导简言之就是:外环境刺激因子和机体、胞间通信信号分子——激素、神经递质等第一信使、配体,到达并作用于机体细胞表面或胞内受体部位后,跨膜信号转换,形成胞内第二信使,以及经过其后的信息、信号途径组分级联传递(蛋白质可逆磷酸化传递信息),通过胞内信号将信息传递到特定效应部位而起作用,引起细胞生理反应和诱导基因表达的过程。

其经典转导途径简示如下：

外、内刺激→配体→受体→跨膜→第二信使→磷酸化传递信息→调节细胞机体

水溶性神经递质一般都不进入胞内,只与胞膜上的受体结合,将信号传给受体便完成了使命。离子通道型受体接受传来的信号便直接通过藏于自身分子内的效应器,即离子通道给出反应,但代谢调节型受体则不同,它们必须经一系列的转传过程将信号传入脑内,再传给离子通道或代谢型效应器分子。受体将接收的信号跨膜转传给离子通道或胞内的代谢型效应器分子的过程称信号(跨膜)转导。近二十年来,这一领域的研究有了快速发展。这一快速发展进程是从激素作用的第二信号学说的提出和其后的转导蛋白(G 蛋白)的发现开始的。在激素作用机制的研究中提出的学说和新发现又推动了神经递质和其他生物活性物质作用机制的研究。

2.5.1 转导蛋白

1958 年,苏瑟兰德(E. W. Sutherland)发现,胰高血糖素和肾上腺素促使肝细胞糖原分解作用都是通过一种由他发现的新物质,即 cAMP(Cyclic Adenosine Monophosphate,环单磷酸腺苷)实现的。这两种激素与各自的受体结合都激活位于膜中的腺苷酸环化酶(Acase),由后者催化 ATP 生成 cAMP。他还发现 cAMP 是激活 cAMP 依赖蛋白激酶(cAMP-dependent Protein kinase,PAK)所必需,由活化的 PAK 再激活磷酸酯酶从而催化肝糖原的分解。在这些研究结果的基础上,苏瑟兰德于 1965 年便提出了激素作用的第二信使理论,即激素不进入脑内,只是作为第一信使将信号带给膜上的特定受体,再由受体激活膜中的 ACase 系统,将胞内的 ATP 转化为 cAMP。另一方面,cAMP 作为第二信使将信号送到效应器分子给出反应。由于这一学说的提出又促成了转导蛋白,即 G 蛋白(Guanosine Nucleotide Binding Protein)的发现。

洛德贝尔(M. Rodbell)在脂肪细胞碎片制备的实验中证明了几种激素(如胰高血糖素、Ad 和 ACTH 等)都通过 ACase 系统催化 ATP 生成 cAMP 这一共同的第二信使。于 1970 年他又发现,在由激素、受体、ACase 系统催化 ATP 转化为 cAMP 的反应中尚必须有 GTP 的参与。实验又表明,GTP 在反应中不被分解,又不与受体和 ACase 结合。最后,由基勒曼(A. G. Gilman)于 1987 年成功地将这种与 GTP 结合,又可将受体与 ACase 联系起来的转导蛋白从膜制备中分离纯化了出来,称为 GTP 结合蛋白。这是最早提出的信号跨膜转导途径。为此苏瑟兰德获得了 1971 年度以及基勒曼和洛德贝尔获得了 1994 年度的诺贝尔奖。

参与神经元的信号跨膜传导的 G 蛋白是一组分子量约 10 万的可溶性膜内蛋白,按功能作用分为 Gs、Gi、Go 和 Gt 4 种。Gs 为激活 ACase 活性者,其药理特性是可被霍乱毒素(CTX)直接激活,它可开启某些 Ca 通道。Gi 为抑制 ACase 活性者,对百日咳毒素(PTX)敏感,受其作用后便不再能被受体激活。它可开启某些 K 通道,给出抑制性反应。Go 原初是指不作用于 ACase 的其他 G 蛋白,但现在则仅代表其中对 PTX 敏感,激活 PKC 的 G-蛋白,而将其中激活 PKC,但对 PTX 不敏感者称为 Gpc 型,Go 和 Gpc 富含于脑组织中,可开启某些 K 通道,也可以抑制 T 和 N 型电压门控 Ca 通道。Gt 是耦联光感受器中视紫质和被级效应器酶 cGMP-PDE 的 G 蛋白,它可使 Na 通道关闭。

受体在静息时处于与配体有高亲和力的活化状态,G-GDP 为非活化型。当配体(A)作用于受体(R)而形成 A·R,因 A·R 与 G-GDP 的亲和性高,于是便形成 A·R·G-GDP 复合体。此复合体的形成引起 GDP 被胞质中 GTP 置换的反应,形成活化型 G-GTP。此过程是在

受体与配体结合而失活的同时,G 蛋白由非活化型转成活化型。在复合体完成 GTP 置换的同时便分解成 A·R+α-GTP+βγ 三部分。其中 α-GTP 具有水解 GTP 成为 GDP 的酶活性(催化速率低),因而在 α-GTP 激活效应器(E)的同时,失去磷酸分子而变成 α-GDP。α-GDP 与 βγ 亚基亲和性高而再合成为 G-GDP,即恢复到静息时的非活化型。另外,A·R 由于和 G-GDP 的结合,便降低了与 A 的亲和性,使之脱离,于是 R 也恢复到静息时的活化状态。此过程又是在使 G-蛋白激活效应器而转化为非活化型的同时,受体则由非活化型恢复为活化型。

2.5.2　第二信使

作为第一信使的递质及内源性活性物质已有近百种,它们的受体总数可达 2~3 倍之多,其中多数是以某种形式依靠 G 蛋白与效应器耦联的,即代谢调节型受体。已知膜磷脂水解而生成的第二信使有三磷酸肌醇(Inositol Triphosphate,IP_3)、甘油二酯(Diacyl Glycerol,DG)以及花生四烯酸(Arachidonic Acid)等,信号的跨膜转导也相应地被分为 cAMP、磷酸肌醇和花生四烯酸系统。近年来,又发现作为第二信使的尚有一氧化氮合成酶催化生成的 NO,还可能有 CO。

第二信使通路有共同的转导方式。如图 2.10 所示,3 个系统的活动方式都可分为 3 个步骤:从胞外的第一信使,经膜上的受体、结合在膜内侧的转导蛋白和膜中的初级效应器(酶),到胞内的第二信使和次级效应器。不同的递质分别作用于各自的受体,通过某种 G 蛋白的转导,激活各自的初级效应器,传至相应的第二信使,再激活次级效应器等。

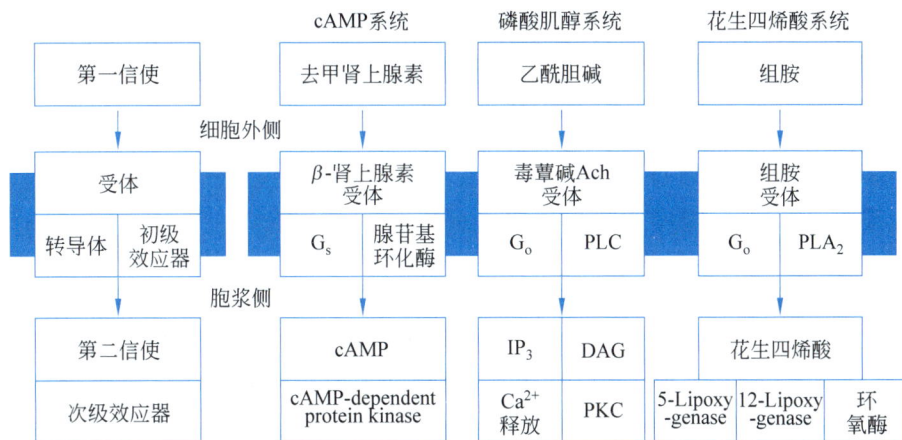

图 2.10　信号跨膜转导通路示意图

多数次级效应器为激酶。由于一种激酶往往可磷酸化不同的靶蛋白,所以各系统往往可能导致信号的放大和交叉,最终引起离子通道的开放或关闭,或发生相应的代谢变化。又由于 G 蛋白分子的数量远大于受体分子的数量,因此 1 个与递质结合了的受体可激活多个 G 蛋白分子,从而可将转导的信号放大。

已知在 cAMP 系统中的次级效应器酶,环化腺苷脂依赖的蛋白激酶(cAMP-dependent Protein Kinase)分子由 2 个调节亚基和 2 个催化亚基(C)构成。其中 2 个相同的 R 亚基都有4 个区段:①N 末端区段为与同伴亚基间的结合位点;②接着的区段与 C 亚基结合抑制其酶活性;③2 个结合 cAMP 的相同区段。整个 PKA 分子可写成 R_2C_2。当在 ACase 作用下,ATP 转化为 cAMP 时,则

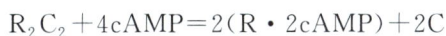

$$R_2C_2+4cAMP=2(R·2cAMP)+2C$$

由此生成的 C 便可进一步使效应器蛋白磷酸化(见图 2.11)。

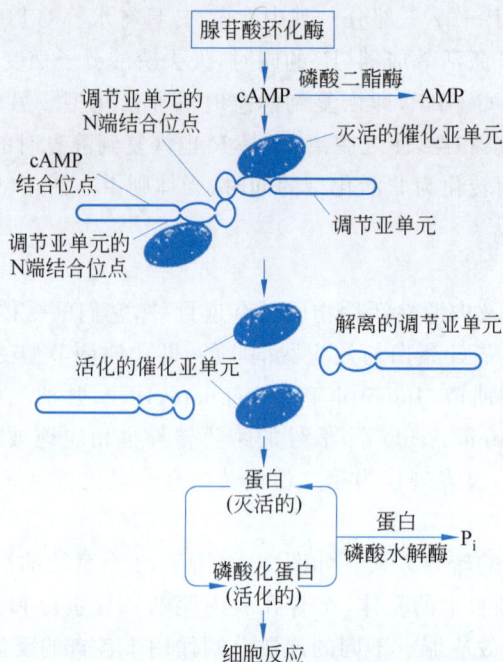

图 2.11　cAMP 信号转导通路中的分子机制

在磷酸肌醇系统中,首先由 PLC 水解磷酸肌醇生成 IP_3 和 DAG,如图 2.10 所示。DAG 为疏水性而留在胞膜内以激活 PKC。但非活化的 PKC 在胞质中。当生成 DG 时,PKC 便去与膜中的 DG 结合而被激活,于是可使膜内或胞质内的底物蛋白磷酸化,另一个第二信使为 IP_3。某些受体导致 IP_3 的生成,可使作为胞内 Ca^{2+} 库的肌浆网等膜上的 Ca 通道开放,升高胞内 Ca^{2+} 浓度,再由 Ca^{2+} 激发各细胞活动。

在花生四烯酸系统中,是由 PLA_2 催化从膜中释放出花生四烯酸,它生成后立即被如图 2.10 所示的 3 个酶转化成几个活性代谢产物。

除上述 3 个第二信使系统之外,尚有首先在视杆和视锥细胞中发现的 cGMP 系统。光作用于视紫质,经 Gt 的转导而生成的第二信使 cGMP 可直接调控 Na 通道。在黑暗中 cGMP 浓度较高,可开启 cGMP 门控 Na 通道,因而导致视感觉器细胞的相对去极化。当光激活视紫质,后者刺激 cGMP 磷酸二酯酶,降低 cGMP 浓度,从而关闭通道,导致光感受器细胞发生超级化。

由上可知,从 G 蛋白调控离子通道角度看,大致可有几种方式:①G 蛋白的 α 或 βγ 亚基直接作用于离子通道,至少在 K 和 Ca 通道上发现了这种调控方式;②G 蛋白通过效应器酶和第二信使再作用于离子通道;③G 蛋白通过效应器酶和第二信使,再经蛋白激酶作用于通道。

近年来有资料表明,神经细胞的膜和核受体在外来因子,如递质、调质、营养因子和激素等的作用下,通过 G 蛋白的转导和胞内效应器的磷酸化,将信号传入核内,诱发基因表达的变化。这种经第一与第二信使的转导,诱发基因表达变化,与突触可塑性和学习与记忆机制有密切关系,其中被研究较多的是直接早期基因和延迟早期基因。

中科院上海生命科学研究院神经科学研究所周专研究员及其学生张晨首次发现在老鼠的

一种感觉背根神经节细胞上,神经递质不仅可由钙离子指挥而释放到下一级神经细胞,而且电压冲动本身也可以完全独立地导致神经递质的释放。这种与钙离子无关的单纯由神经电冲动导致的神经信号传导机制是一个相当出乎意料的新发现,向神经科学研究提出了一系列新课题。

神经信号是如何从一个神经细胞传到另一个神经细胞的? 这是神经科学家研究的一个焦点问题。当前占统治地位的学术观点是:前一级神经细胞在"兴奋"时将产生一个电冲动("动作电位"),在电冲动期间细胞外的钙离子可以流入该细胞内,流入的钙离子导致该细胞分泌一些活性分子(神经递质)传递到相邻的下一级神经细胞的外表面(细胞膜)。细胞膜表面的"受体"膜蛋白分子与神经递质结合,即可导致第二级神经细胞产生电冲动。以此类推,神经信号便一级一级地传递下去,从而构成复杂的信号体系,乃至最终出现学习、记忆等大脑的高级功能。这就是钙离子指挥的神经递质释放和神经信号转导机制。周专研究员及其学生张晨发现,与钙离子无关的、单纯由神经电压冲动导致的神经信号转导,可能对神经信号的转导和信息整合研究产生重要影响。这一发现还向神经科学研究提出一系列新问题。据周专透露,至少在某些神经类细胞(例如肾上腺嗜铬细胞上)只存在钙离子导致的神经递质分泌途径。此外,这种"非钙电压—分泌耦联"信号转导的分子机制也成为神经科学研究需要进一步解决的重要课题。

2.6　静息膜电位

生物电是在研究神经与肌肉活动中首先被发现的。意大利医生和生理学家伽尔凡尼(L. Galvani)在18世纪末进行的所谓"凉台实验"是生物电研究的开端。当他把剥去皮肤的蛙下肢标本用铜钩挂到凉台的铁栏杆上,以便观察闪电对神经肌肉的作用时,意外地发现每当蛙腿肌肉被风吹动而触及铁栏杆时便出现收缩。伽尔凡尼认为,这是生物电存在的证明。

1827年,物理学家依贝利(Nobeli)改进了电流计,并在肌肉的横切面和完整的纵表面之间记录到了电流,其损伤处为负,完整部分为正。这是首次实现了对生物电(损伤电位)的直接测量。德国生理学家雷蒙德(D. B. Reymond)一方面改进和设计了许多研究生物电现象的设备和仪器,如电键、乏极化电极、感应线圈和更为灵敏的电流计等;另一方面,又对生物电进行了广泛和深入的研究,如在大脑皮质、腺体、皮肤和眼球等生物组织或器官都发现了生物电,特别是1849年他又在神经干上记录到损伤电位和活动时产生的负电变化,即神经的静息电位和动作电位,并且在此基础上首次提出了关于生物电产生机制的学说,即极化分子说。他设想神经肌肉细胞表面是由排列整齐的、宛如磁体的极化分子构成。每个分子的中央有一条正电荷带,两侧均带负电荷。正电荷汇集于神经与肌肉的纵表面,在它们的横断面上汇集的便是负电荷。因此,在神经与肌肉表面和内部之间形成了电位差。当神经与肌肉兴奋时,它们的排列整齐的极化分子变为无序状态,表面与内部的电位差消失。

雷蒙德的一位学生勃斯特恩(Bernstein)在电化学进展的影响下,发展了生物电的既存说,提出了现在看来仍相当正确的,并推动了生物电研究的膜学说。这一学说认为,电位存在于神经和肌细胞膜的两侧。在静息状态,胞膜只对K^+有通透性,对较大的正离子和负离子均无通透性。由于膜对K^+的选择性通透和膜内外存在的K^+浓度差,便产生了静息电位。当神经兴奋时,胞膜对K^+的这种选择性通透的瞬时丧失变成无选择性通透,导致膜两侧电位差的瞬时消失,便形成了动作电位。

20 世纪 20 年代,伽塞(H. S. Gasser)和厄兰格(J. Erlanger)将阴极射线示波器等近代电子学设备引入神经生理学研究,促进了生物电研究的较快发展。1944 年,他们由于对神经纤维电活动的分析而共同获得了诺贝尔奖。杨(Young)报道了乌贼神经干中含有直径达 $500\mu m$ 的巨轴突。英国生理学家霍奇金(A. L. Hodgkin)和胡克列(A. F. Huxley)将毛细玻璃管电极从切口纵向插入该巨轴突内首次实现了静息电位和动作电位的胞内记录,并在对这两种电位的精确定量分析的基础上,证实并发展了勃斯特恩关于静息电位膜学说的同时,又提出了动作电位的钠学说。接着他们又进一步应用电压钳技术在乌贼巨轴突上记录了动作电流,并证明它可被分成 Na 与 K 电流两个成分。在此研究的基础上他们又提出了双离子通道模型,指引了离子通道分子生物学的研究。在微电极记录技术的推动下,神经细胞生理学的研究又步入了新的发展时期。埃克勒斯(S. J. Eccles)开始应用玻璃微电极对脊髓神经元及其突触的电位的电生理研究,发现了兴奋性和抑制性突触后电位。基于对神经生理学研究的贡献,霍奇金、胡克列和埃克勒斯 3 人分享了 1963 年的生理学或医学诺贝尔奖。珈兹(S. B. Katz)则开始应用微电极技术开展了神经肌肉接头突触的研究,为此于 1970 年也获得了诺贝尔奖。在神经系统研究的蓬勃发展的基础上,于 20 世纪 60 年代便形成了神经系统研究的综合学科,即神经生物学和神经科学。

静息膜电位是神经与肌肉等可兴奋细胞的最基本的电现象,因为当它们活动时所发生的各类瞬时电变化,如感受器电位、突触电位和动作电位等都是在此静息膜电位的基础上所发生的瞬时变化。为了描述方便通常把胞膜两侧存在电位差的状态称为极化,并且将静息膜电位绝对值向增加方向的变化称为超极化,以及向减少方向的变化称为去极化(如图 2.12 所示)。

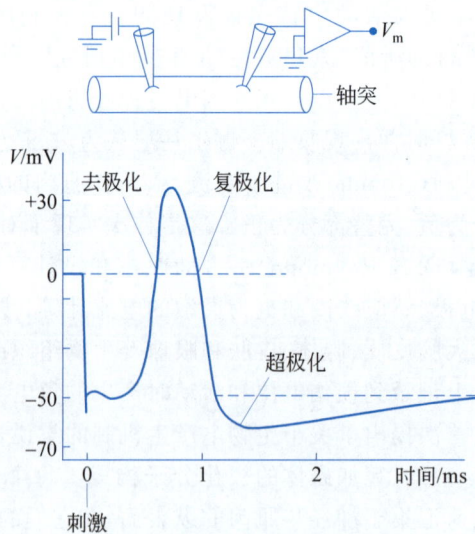

图 2.12 胞膜两侧存在的电位差

在处于静息状态的神经和肌肉等可兴奋细胞膜的两侧存在着高达约 70mV 的电位差。这提示在它们的胞膜的内侧面与外表面分别有负与正的离子云的分布,即分别有多余的负与正离子的汇聚。在神经元胞质内所含离子中可以说没有一种离子其浓度与胞外体液中的是相同的,特别是其中的 K、Na 和 Cl 3 种离子,不但其胞内与胞外的浓度均达 mmol/L 水平(称常量离子),并且跨膜浓度差又均约为 1 个数量级。Na^+ 与 Cl^- 富集于胞外,而 K^+ 则富集于胞内。还有一些大的有机负离子(A^-)可以认为只含于胞内,其总浓度也在 mmol/L 水平。

由连续的类脂双层构成的胞膜中分散地镶嵌着被称为离子通道的大蛋白分子。它们横贯胞膜,在其分子中轴含有亲水性微孔道,可选择性地容许特定离子通过。按它们可通过的离子种类,如 K^+、Na^+、Cl^- 和 Ca^{2+},而分别被称为 K、Na、Cl 和 Ca 通道。离子通道至少有两种状态,即开放态和关闭态。离子通道开放便会有特定离子顺浓度差跨膜移动。静息膜电位便是由可兴奋细胞膜中的在静息状态持续开放的所谓静息离子通道容许特定离子沿其浓度梯度跨膜移动而形成的。

　　神经元胞膜对电流为起着电阻作用,这种电阻称膜电阻。除电阻作用外,胞膜尚起着电容器作用,这种电容称为膜电容。可以采用图 2.13 的连接测量膜电位的变化。当向胞膜通电流或断去电流时都要分别地先经电容器的充电或放电过程,从而使得电紧张电位的上升和下降时均以指数曲线变化。如果在 $t=0$ 时刻将电流注射入胞内,经任意时间 t 所记录到的电位称为 V_t,则

$$V_t = V_\infty (1 - e^{-t/\tau}) \tag{2.1}$$

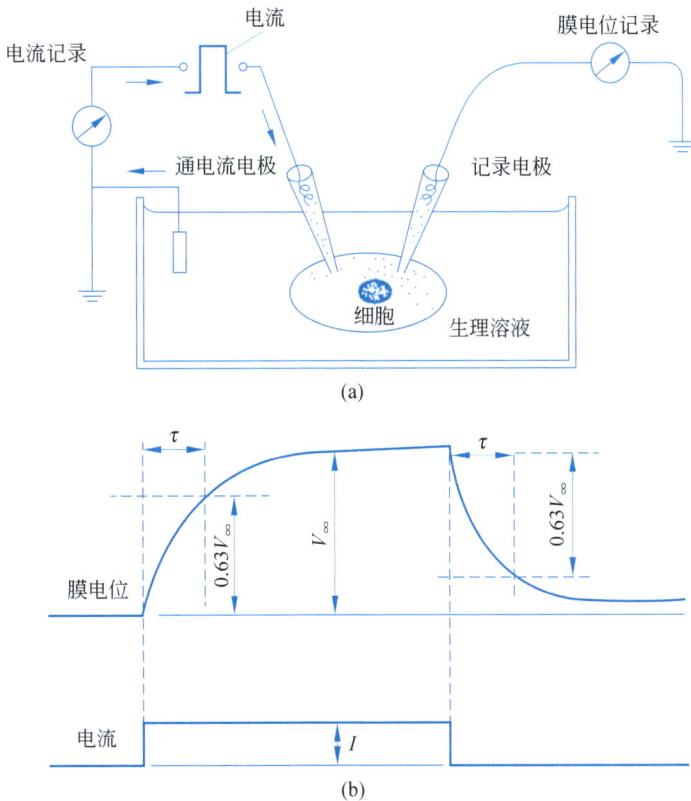

(a)

(b)

图 2.13　神经元胞膜电位

式中,V_∞ 为电容充电完成后的恒定电位值。不难看出,当 $t=\tau$ 时,式(2.1)可简化为

$$V_t = V_\infty \left(1 - \frac{1}{e}\right) = 0.63 V_\infty \tag{2.2}$$

即 τ 为电紧张电压升至 $0.63 V_\infty$ 时所需时间。于是,就把 τ 定为表示膜的电紧张电位的变化速度的时间常数,它应等于膜电容 C 与膜电阻 R 的乘积,即

$$\tau = RC$$

其中,R 可在实验中用通电电流值去除 V_∞ 的值求得。这样便可分别测出膜电阻和求出膜电容值。为了对各种可兴奋细胞膜的电学性质进行比较,通常还进一步求出膜单位面积的比膜

电阻和比膜电容值。膜电容来自膜的类脂双层,膜电阻来自膜中的离子通道。

2.7　动作电位

神经元具有两种基本特性:兴奋和传导。当神经元的某一部分受到某种刺激时,在受刺激的部位就产生兴奋。这种兴奋会沿着神经元散布开来,并在适当的条件下通过突触传达到与之相联的神经细胞,或传达到其他细胞,从而使最后传达到的器官的活动或状态发生变化。细胞受刺激后在静息电位基础上发生的一次膜两侧电位快速倒转和复原,称为动作电位。一定强度的阈下刺激所诱发的局部电位是随刺激的增强而变大,但动作电位则不同,在阈下刺激时根本不出现。当刺激一旦达到阈值以及超过阈值,便在局部电位的基础上出现,并且自我再生地快速达到固定的最大值,旋又恢复到原初的静息膜电位水平。这种反应方式称全或无反应。

动作电位的另一个特性是不衰减传导。动作电位作为电脉冲,它一旦在神经元的一处发生,则该处的膜电位便爆发式变为内正外负,于是该处便成为电池,对仍处于静息膜电位(内负外正)的相邻部位形成刺激,并且其强度明显超过阈值。因此,相邻部位因受到阈上刺激而进入兴奋状态,并且也随之产生全或无式动作电位。这样,在神经元一处产生的动作电位便以这种局部电流机制依次诱发相邻部位产生动作电位,又由于动作电位是全或无式反应,所以它可不衰减地向远距离传导。但在轴突末梢,因其直径变小而动作电位振幅也随之变小。

在神经元膜的某处一旦发生了动作电位,则该处的兴奋性便将发生一系列变化。大致在动作电位的超射时相,无论用如何强的刺激电流在该处都不能引起动作电位,此时相称为绝对不应期;在随后的短时间内,用较强的闭上刺激方可以在该处引起动作电位,并且其振幅还要小一些,此时相称为相对不应期。如果动作电位的持续时间为1ms,则这两个时间相加到一起应不超过1ms,否则前后两个动作电位将发生融合。

动作电位主要生理功能如下。

(1) 作为快速而长距离地传导的电信号。

(2) 调控神经递质的释放、肌肉的收缩和腺体的分泌等。

各种可兴奋细胞的动作电位虽有共同性,但它们的振幅、形状,甚至产生的离子基础也有一定程度的差异。

动作电位超射时相的发现便否定了勃斯特恩经典膜学说对动作电位的解释,即将动作电位的发生归于胞膜对离子选择性通透的瞬间消失的观点是不能成立的。在20世纪50年代初,霍奇金等在乌贼巨轴突上进行的精确实验表明,静息状态时轴突膜的 K^+、Na^+ 和 Cl^- 通透系数为 $P_K:P_{Na}:P_{Cl}=1:0.04:0.45$,在动作电位顶峰时这些系数比变为 $P_K:P_{Na}:P_{Cl}=1:20:0.45$。很显然,$P_K$ 与 P_{Cl} 的比例未变,只是 P_K 与 P_{Na} 之比显著增大了3个数量级。根据这些及其他实验资料,他们便提出了动作电位的钠离子学说,即认为动作电位的发生取决于胞膜的 Na^+ 通透性的瞬时升高。换句话说,动作电位的发生是胞膜从主要以 K^+ 平衡电位为主的静息状态突变到主要以 Na^+ 平衡电位为主的活动状态。

图2.14给出了 Na 与 K 电导在动作电位过程的变化。从图2.14中可以看出,动作电位的发生乃是轴突膜的 Na^+ 通透性的迅速升高,使膜电位接近 Na 平衡电位,随后又迅速下降,随之又有 K^+ 通透性的持续上升,使膜电位恢复到静息时的接近 K 平衡电位水平。Na 电导的下降有两种不同的方式:将膜电位从静息水平固定在 $-9mV$,再在图2.14(a)左侧虚线处,

即在短时间内(此例为 0.63ms)使膜电位恢复原初水平,则 Na 电导也随之快速消失(图 2.14(b)右侧虚线)。此时若再度使膜电位去极化,则 Na 电导仍可出现;另一种情况是,如膜电位被跃迁至 −9mV 后,一直持续在该水平,则 Na 电导也会逐渐变小,直至消失。若此时再度使膜电位去极化,则不会有 Na 电导出现。此现象被称为 Na 电流的灭活。这时必须在膜电位恢复数毫秒后,第二个刺激方可能成为有效的,这种从灭活恢复的过程称去灭活。K 电导则有所不同,在去极化持续约 6ms(图 2.14(c)右侧虚线处)仍维持在最高水平,并且在膜电位恢复原初水平时,以与出现时相反的曲线消失。由于 K 电流的去活化很慢,曾被认为无去活化过程。

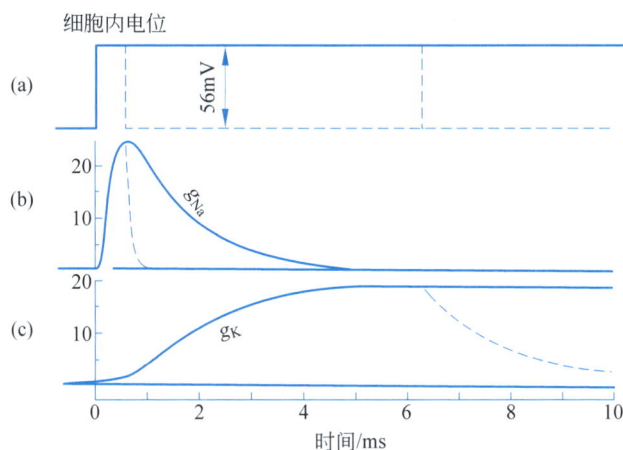

图 2.14　乌贼巨轴突去极化 56mV 时 Na 与 K 电导的变化

乌贼巨轴突的动作电流是由内向 Na^+ 流和迟出的外向 K^+ 流合成的,而这两股离子流又是两种离子分别通过各自的电压门控通道进行跨膜流动而产生的。在乌贼巨轴突上取得了进展之后,关于用电压钳技术分析动作电流的研究便迅速地被扩大到其他可兴奋细胞。结果发现这两种电压门控通道几乎存在于所有被研究过的可兴奋细胞膜中,此外又发现了电压门控 Ca 通道。在某些神经元还发现有电压门控 Cl 通道。这 4 种电压门控通道又有不同类型,至少 Na 通道有两种类型(在神经元发现的神经型和在肌肉发现的肌肉型)、Ca 通道有 4 种类型(T、N、L 和 P 型),K 通道主要有 4 种类型(延搁整流 K 通道、快瞬时 K 通道或称 A 通道、异常整流 K 通道和 Ca^{2+} 激活 K 通道)。产生动作电位的细胞称可兴奋细胞,但不同类型的可兴奋细胞产生的动作电位的振幅和时程有所不同。这是因为参与形成这些动作电位的离子通道的类型和数量的不同。

轴突膜和多种神经元胞体膜的动作电位的形成机制较为单纯,其上升相都是由 Na^+ 流形成的,称 Na 依赖动作电位。这类动作电位的振幅较大,持续时间较短,其传导速度也比较快。至于在轴突动作电位下降相中有否 K 电流成分的参与,则依动物种类而有所不同,如在家兔有髓神经纤维郎氏结膜的动作电位中便与乌贼巨轴突中的不同,无 K 电流成分参与,至于在青蛙郎氏结轴突膜,特别是无脊椎动物对虾的兴奋结轴突膜动作电位中虽有 K 电流成分,但它不但很小,并且激活阈也较高,因此对缩短动作电位持续时间应无明显作用。

不同类型的神经元有不同的兴奋性,即使一个神经元的不同部位,如轴丘、轴突末梢和树突等处的兴奋性也有差异。兴奋性的不同便是由兴奋膜中的电压门控通道的种类和密度决定的。有些神经元胞体和轴突末梢的动作电位是由 Na 与 Ca 电流共同形成的,这种动作电位的持续时间比较长。在某些神经元的树突还发现由 Ca 电流形成的动作电位,其振幅小,持续时间长。

动作电位,即神经冲动一旦在神经元(细的树突除外)一处产生,便以恒定的速度和振幅传到其余部分。动作电位爆发式出现时,即由局部电位发展为动作电位时的膜电位称阈电位。从静息膜电位至阈电位的去极化通常称为临界去极化。此临界去极化约为32mV。一般说来,阈值是静息膜电位与阈电位之差,即临界去极化成正比,所以阈值随这两个电位的相对变化而变化。所谓阈电位是由去极化引起的 Na^+ 通透性的升高达到 Na^+ 的内流量恰好与 K^+ 的外流量相等时的膜电位。至于局部电位的出现乃是 g_{Na} 开始上升,但在去极化未达阈电位水平时, g_K 仍大于 g_{Na},而 g_K 是导致膜向超极化方向变化的因素,故膜电位终将恢复至静息膜电位水平,所以仅以出现局部反应而告终。当去极化达阈电位时, g_{Na} 一旦增加至等于或大于 g_K 时,因 g_{Na} 是导致去极化的因素,而去极化的增大,又会进一步导致 g_{Na} 的上升, g_{Na} 上升更加促进去极化,如此自我再生地发展,直至到达 Na^+ 的平衡电位时为止。这一过程即是Na电流的活化。当它达到顶峰时,即使膜电位仍被钳在该水平不变,也立即迅速变小,直至恢复到静息水平。此过程即是Na电流的灭活。从图2.14可以看出,从局部电位至动作电位虽似经历了突变,但膜Na与K电导的变化却是连续的,只是以 $g_{Na}=g_K$ 为界,一侧为被动的局部电位,另一侧为自我再生的动作电位。

局部电位是细胞受到阈下刺激时,细胞膜两侧产生的微弱电变化(较小的膜去极化或超极化反应)。或者说是细胞受刺激后去极化未达到阈电位的电位变化。阈下刺激使膜通道部分开放,产生少量去极化或超极化,故局部电位可以是去极化电位,也可以是超极化电位。局部电位在不同细胞上由不同离子流动形成,而且离子是顺着浓度差流动,不消耗能量。局部电位具有下列特点。

(1) 等级性。指局部电位的幅度与刺激强度正相关,而与膜两侧离子浓度差无关,因为离子通道仅部分开放无法达到该离子的电平衡电位,因而不是"全或无"式的。

(2) 可以总和。局部电位没有不应期,一次阈下刺激引起一个局部反应虽然不能引发动作电位,但多个阈下刺激引起的多个局部反应如果在时间上(多个刺激在同一部位连续给予)或空间上(多个刺激在相邻部位同时给予)叠加起来(分别称为时间总和或空间总和),就有可能导致膜去极化到阈电位,从而爆发动作电位。

(3) 电紧张扩布。局部电位不能像动作电位向远处传播,只能以电紧张的方式影响附近膜的电位。电紧张扩布随扩布距离增加而衰减。

动作电位的形成如图2.15所示。当膜电位超过阈电位,能引起Na通道大量开放而放电动作电位的临界膜电位水平。有效刺激本身可以引起膜部分去极化,当去极化水平达到阈电位时,便通过再生性循环机制而正反馈地使 Na^+ 通道大量开放。

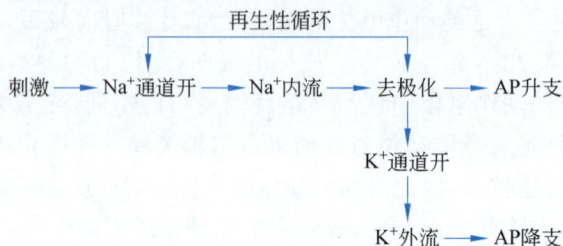

图 2.15　动作电位的形成

在膜的已兴奋区与相邻接的未兴奋区之间,由于存在电位差而产生局部电流。局部电流的强度数倍于阈强度,并且局部电流对于未兴奋区是可以引起去极化膜方向,因此,局部电流是一个有效刺激,使未兴奋区的膜去极化达到阈电位而产生动作电位,实现动作电位的传导。兴奋在同一细胞上的传导,实际上是由局部电流引起的逐步兴奋过程(如图 2.16 所示)。

神经冲动是指沿神经纤维传导着的兴奋。实质是膜的去极化过程,以很快速度在神经纤维上的传播,即动作电位的传导。感受性冲动的传导,按神经纤维的不同,有两种情况:一种是无髓纤维的冲动传导,当神经纤维的某一段受到刺激而兴奋时,立即出现锋电位,即该处的膜电位暂时倒转而去极化(内正外负),因此在兴奋部位与邻近未兴奋部位之间出现了电位差,并发生电荷移动,称

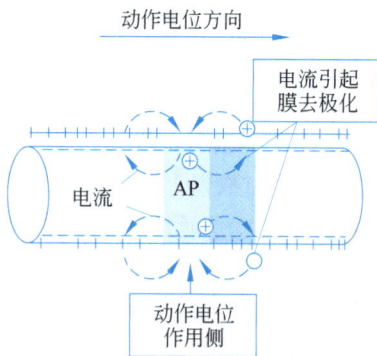

图 2.16　动作电位的传导的局部电流示意图

为局部电流,这个局部电流刺激邻近的安静部位,使之兴奋,即产生动作电位,这个新的兴奋部位又通过局部电流再刺激其邻近的部位,依次推进,使膜的锋电位沿整个神经纤维传导;另一种是有髓神经纤维的冲动传导,其传递是跳跃性的。早在 1871 年郎飞(Ranviar)就发现外周有髓鞘纤维的髓鞘不是连续地包在轴突外面,而是有规律地每隔 1~2mm 便中断一次。后人便将髓鞘中断处称为郎飞结。关于它的生理功能长期未被阐明,1925 年利利(Lillie)曾根据在以金属丝模拟神经纤维传导的实验基础上提出设想,认为神经兴奋可能是从郎飞结到郎飞结进行跳跃式传导。有髓神经纤维的髓鞘有电绝缘性,局部电流只能产生在两个郎飞结之间,称为跳跃传导(如图 2.17 所示)。

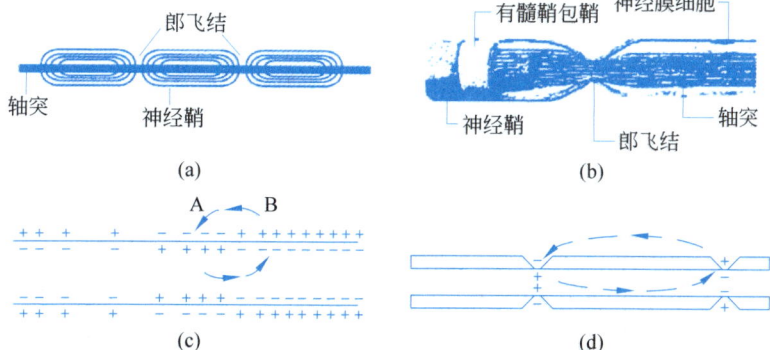

图 2.17　动作电位跳跃传导示意图

有髓神经纤维因有髓鞘,使离子不能有效地通过,但在郎飞结处轴突裸露,此处膜的通透性比无髓纤维膜的通透性大 500 倍左右,离子很容易通透,因而当一郎飞结处兴奋时,这一区域出现除极,局部电流只能沿轴突内部流动,直至下一个未兴奋的郎飞结处才穿出。在局部电流的刺激下,兴奋就以跳跃方式从一个郎飞结传至下一个郎飞结而不断向前传导。所以,有髓纤维的传导速度比无髓纤维更快。神经冲动的传递有以下特征:完整性,即神经纤维必须保持解剖学上与生理学上的完整性;绝缘性,即神经冲动在传导时不能传导至同一个神经干内的邻近神经纤维;双向传导,即刺激神经纤维的任何一点,产生的冲动可沿纤维向两端同时传导;相对不疲劳性和非递减性。

2.8 离子通道

1991 年的诺贝尔生理学奖授予了尼赫(E. Neher)和萨克曼(B. Sakman),因为他们的重大成就——细胞膜上单离子通道的发现。细胞是通过细胞膜与外界隔离的,在细胞膜上有很多通道,细胞就是通过这些通道与外界进行物质交换的。这些通道由单个分子或多个分子组成,允许一些离子通过。通道的调节影响到细胞的生命和功能。1976 年,尼赫和萨克曼合作,用新建立的膜片钳技术成功地记录了 nAc 恤单离子通道屯流,开创了直接实验研究离子通道功能的先河。结果发现,当离子通过细胞膜上的离子通道的时候,会产生十分微弱的电流。尼赫和萨克曼在实验中,利用与离子通道直径近似的钠离子或氯离子,最后达成共识:离子通道是存在的,以及它们是如何发挥功能的。有一些离子通道上有感受器,他们甚至发现了这些感受器在通道分子中的定位,如图 2.18 所示。

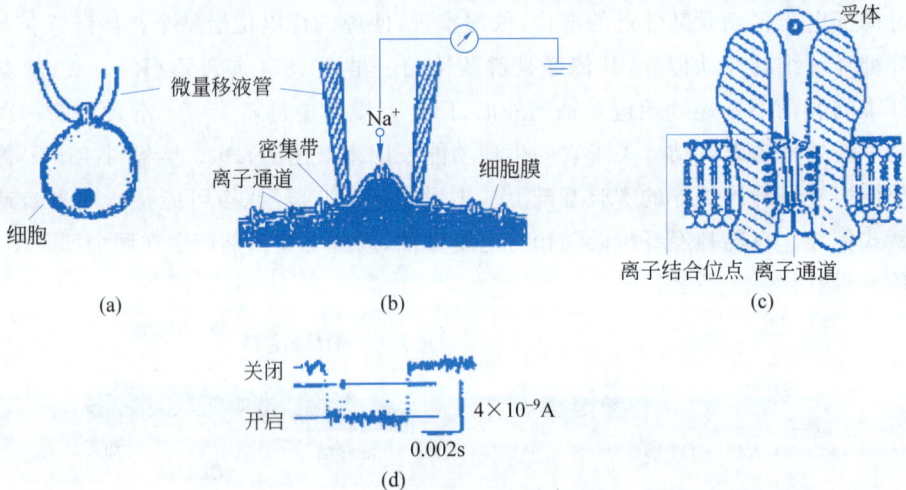

图 2.18 离子通道示意图

1981 年,英国的米勒迪(R. Miledi)研究室将生物合成 nAchR 的 cRNA 注射到处于一定发育阶段(阶段 V)的非洲爪蟾卵细胞中,成功地在其膜中表达了该离子通道型受体。1983—1984 年,日本的 Numa 研究室又利用重组 DNA 克隆技术首次确定了分子量达 20 余万的电鱼器官的 nAchR 和 Na 通道的全一级结构。上述三项工作不仅从功能和结构上直接证明了离子通道的存在,也为分析离子通道的功能与结构提供了有效的研究方法。

在神经元膜中已发现了 12 种以上基本类型的离子通道,每种类型又有一些相近的异构体。离子通道可在多种构象之间转换,但从是否容许离子通过其微孔道的现象看,只有开放和关闭两种状态。离子通道在开放和关闭之间的转换是由其微孔道的闸门控制的,这一机制被称为闸控。实际上在多种离子通道,如 Na 通道除开放和关闭之外,起码尚有一个被称为灭活的关闭态。

关于闸控的机制尚不十分清楚,曾设想 3 种方式:①孔道内的一处被闸住(如电压门控Na 通道和 K 通道);②全孔道发生结构变化封住孔道(如缝隙连接通道);③由特殊的抑制粒子将通道口塞住(如电压门控 K 通道)。已知有电压、机械牵拉和化学配基这三类动因可调控通道闸门的活动,相应的离子通道便被分别称为电压门控、机械门控和配基门控离子通道。

离子通道是胞膜的结构蛋白中的一类,它们贯穿胞膜并分散地存在于膜中。自从 Numa 研究室首次以 DNA 克隆技术确定了电鱼电器官的 nAchR 和 Na 通道的全氨基酸序列以来,已阐明了多种离子通道的一级结构,再加上由 X 光衍射、电子衍射和电镜技术等所得资料,已有可能对它们的二级结构、分子中的功能基团及其进化与遗传等进行判断与分析。

根据已有关于离子通道一级结构的资料,可将编码它们的基因分为三个家族,因为每个家族成员都有极为相似的氨基酸序列,从而它们被认为是由共同先祖基因演化而来:①编码电压门控 Na、K 和 Ca 通道基因家族;②编码配基门控离子通道基因家族,此族成员中有由 Ach、GABA、甘氨酸或谷氨酸激活的离子通道;③编码缝隙连接通道的基因家族。

2.9 脑电信号

2.9.1 脑电信号分类

脑电分为自发脑电(Spontaneous Electroencephalogram,EEG)和诱发脑电(Evoked Potential,EP)两种。自发脑电是指在没有特定的外加刺激时,人脑神经细胞自发产生的电位变化。这里,所谓"自发"是相对的,指的是没有特定外部刺激时的脑电。自发脑电是非平稳性比较突出的随机信号,不但它的节律随着精神状态的变化而不断变化,而且在基本节律的背景下还会不时地发生一些瞬念,如快速眼动等。诱发脑电是指人为地对感觉器官施加刺激(光的、声的或电的)所引起的脑电位的变化。诱发脑电按刺激模式可分为听觉诱发电位(Auditory Evoked Potential,AEP)、视觉诱发电位(Visual Evoked Potential,VEP)、体感诱发电位(Somatosensory Evoked Potential,SEP),以及利用各种不同的心理因素如期待、预备,以及各种随意活动进行诱发的事件相关电位(Event Related Potentials,ERP)等。事件相关电位把大脑皮质的神经生理学与认知过程的心理学融合了起来,它包括 P300(反映人脑认知功能的客观指标)、N400(语言理解和表达的相关电位)等内源性成分。ERP 和许多认知过程,如心理判断、理解、辨识、注意、选择、做出决定、定向反应和某些语言功能等有密切相关的联系。

自发脑电信号反映了人脑组织的电活动及大脑的功能状态,其基本特征包括周期、振幅、相位等。关于 EEG 的分类,国际上一般按频带、振幅不同将 EEG 分为下面几种波。

(1)δ波:频带范围为 $0.5\sim3\,\mathrm{Hz}$,振幅一般在 $100\,\mu\mathrm{V}$ 左右。在清醒的正常人的脑电图中,一般记录不到δ波。在成人昏睡时,或者存婴幼儿和智力发育不成熟的成人脑电图中,可以记录到这种波。在受某些药物影响时,或大脑有器质性病变时也会引起δ波。

(2)θ波:频带范围为 $4\sim7\,\mathrm{Hz}$,振幅一般为 $20\sim40\,\mu\mathrm{V}$,在额叶、顶叶较明显,一般困倦时出现,是中枢神经系统抑制状态的表现。

(3)α波:频带范围为 $8\sim13\,\mathrm{Hz}$,节律的波幅一般为 $10\sim40\,\mu\mathrm{V}$,正常人的 α 波的振幅与空间分布,也存在着个体差异。α 波的活动在大脑各区都有,不过以顶枕部最为显著,并且左右对称,安静及闭眼时出现最多,波幅亦最高,睁眼、思考问题时或接受其他刺激时,α 波消失而出现其他快波。

(4)β波:频带范围为 $14\sim30\,\mathrm{Hz}$,振幅一般不超过 $30\,\mu\mathrm{V}$,分布于额、中央区及前中颞,在额叶最容易出现。生理反应时 α 节律消失,出现 β 节律。β 节律与精神紧张和情绪激动有关。所以,通常认为 β 节律属于"活动"类型或去同步类型。

(5)γ波:频带范围为 $30\sim45\,\mathrm{Hz}$,振幅一般不超过 $30\,\mu\mathrm{V}$,额区及中央最多,它与 β 同属快

波,快波增多,波幅增高是神经细胞兴奋型增高的表现。

通常认为,皮质病变会引起一些脑波中异常频率成分,正常人的脑波频率范围一般为4~45Hz。

事件相关电位把大脑皮质的神经生理学与认知过程的心理学融合了起来,和许多认知过程,如心理判断、理解、辨识、注意、选择、做出决定、定向反应和某些语言功能等有密切相关的联系。典型的事件相关电位如下。

(1) P300:P300是一种事件相关电位,其峰值大约出现在事件发生后300ms,相关事件发生的概率越小,所引起的P300越显著。

(2) 视觉诱发电位(VEP):视觉器官受到光或图形刺激后,在大脑特定部位所记录的EEG电位变化,称为视觉诱发电位。

(3) 事件相关同步(ERS)或去同步电位(ERD):单边的肢体运动或想象运动,对侧脑区产生事件相关去同步电位,同侧脑区产生事件相关同步电位。

(4) 皮层慢电位:皮层慢电位(SCP)是皮层电位的变化,持续时间为几百毫秒到几秒,实验者通过反馈训练学习,可以自主控制SCP幅度产生正向或负向偏移。

采用以上几种脑电信号作为BCI输入信号,具有各自的特点和局限。P300和VEP都属于诱发电位,不需要进行训练,其信号检测和处理方法较简单且正确率较高,不足之处是需要额外的刺激装置提供刺激,并且依赖于人的某种知觉(如视觉)。其他几类信号的优点是不依赖外部刺激就可产生,但需要大量的特殊训练。

2.9.2 脑电信号分析

1932年,第耶(G. Dietch)首先用傅里叶变换进行了EEG特征分析之后,在EEG研究领域中相继引入了频域分析、时域分析等经典方法。近年来,小波分析、非线性动力学分析、神经网络分析、混沌分析、统计学等方法以及各种分析方法的有机结合,有力地推动了EEG信号分析方法的发展。随着研究工作的深入,结合时间和空间信息的脑电模式分析也成为脑电信号研究的一种有效的途径。目前,广泛应用的EEG信号分析技术有时域分析、频域分析、时频分析和时空分析。

(1) 时域分析:直接从时域提取特征是最早发展起来的方法,因为它直观性强,物理意义比较明确。时域分析主要用来直接提取波形特征,如过零截点分析、直方图分析、方差分析、相关分析、峰值检测及波形参数分析、相干平均、波形识别等。另外,利用参数模型(如AR模型等)提取特征,也是信号时域分析的一种重要手段,这些特征参数可用丁EEG的分类、识别和跟踪等。然而,由于脑电信号的波形过于复杂,目前还没有一个特别行之有效的EEG波形分析方法。

(2) 频域分析:由于EEG信号的很多主要特征是反映在频域上的,功率谱估计是频域分析的重要手段,因此谱分析技术在脑电信号处理中占有特别重要的位置。它的意义在于把幅度随时间变化的脑电波变换为脑电功率随频率变化的谱图,从而可直观地观察到脑电频率的分布与变换情况。谱估计法一般可分为经典方法与现代方法,经典的谱估计方法是直接按定义用有限长数据来估计,即以短时间段数据的傅里叶变换为基础的周期法,主要有两种途径:间接法,先估计相关函数,再经过傅里叶变换得到功率谱估计(根据维纳-辛钦定理);直接法,对随机数据直接进行傅里叶变换,然后取其幅值的平方得到相应的功率谱估计,又称为周期图法。这两种方法存在的共同问题是估计的方差特性不好,而且估计值沿频率轴的起伏比较剧烈,数据越长,这种现象越严重。为改善谱估计的分辨率,以参数模型为基础形成了一套现代谱估计理论。参数模型估计方法对数据处理能得到高分辨率的谱分析结果,为 EEG 信号频域特征的提取提供了有效手段。但是,功率谱估计不能反映出脑电频谱的时变性。所以,对脑电这样的时变非平稳过程单从频域的功率谱估计会丢失时变的信息。

（3）时频分析:信号的时频分析技术,不同于以往的单纯时域或者频域分析,它是一种同时在时间和频率域中对信号进行分析的技术,主要分为线性变化和非线性变换两类。线性变换主要包括短时傅里叶变换、Gabor 变换和小波变换技术。非线性变换主要包括 Wigner-Ville 分布、Cohen 类分布等。时频分析的主要思想是把时域信号在时间-频率平面中展开,将以时间为自变量的信号表示成以时间和频率两个参数为自变量的函数,从而表现出信号不同时间点的频率成分。与传统的傅里叶分析相比,时频分析更加有利于表现非平稳信号和时变信号的特征,突出信号的瞬态特征。在脑电信号分析中,主要应用时频分析技术进行 EEG 特征波形识别和特征提取。目前,应用最为广泛的方法是小波变换理论。小波分析在高频时使用短窗口,而在低频时使用宽窗口,充分体现了相对带宽频率分析和适应变分辨率分析的思想,从而为信号的实时分析提供了一条可能途径。目前,脑电信号的时频分析研究已取得了很多有价值的研究成果。

（4）时空分析:考虑脑电在头皮的空间分布,将时间和空间的信息进行融合分析的时空分析方法有利于揭示和增强多导脑电信号中的隐含特征。例如,运动、感知、认知等活动在空间上的表现部位有明显的差别,因此,将时间和空间的信息进行融合分析并识别就有可能得到更加深入的研究结果。时空模式的分析方法比较多,如微状态、空间谱估计、经典统计方法(相关函数、互相关函数)、空间滤波器等。其中结合多维统计分析方法的空间滤波方法,如主成分分析(Principal Component Analysis,PCA)、独立分量分析(Independent Component Analysis,ICA)、公共空间模式(Common Spatial Pattern,CSP),在脑电信号分析处理领域都得到了非常重要的应用。具体来说,PCA 是一种线性变换,处理过程就是对信号做奇异值分解,然后找出信号中的主要成分来作为判断的依据;而基于高阶统计量的 ICA,代表着现代统计信号分析理论的最新发展,研究表明,ICA 非常适合多导 EEG 信号的分析处理,在脑电消噪和特征提取等方面取得了很好的效果;通过计算空间滤波来检测事件相关去同步现象(ERD)的 CSP 算法,是目前最成功地进行脑电信号特征提取算法之一,已被广泛应用在 BCI 中。时空分析方法能给人们提供更多的信息,是近年来 EEG 信号分析中的一个重要研究方向。

2.10 神经系统

神经系统是机体各种活动的"管理机构"。它通过分布在身体各部分的许多感受器和感觉神经获得关于内、外环境变化的信息;经过各级中枢的分析综合,发出信号来控制各种躯体结构和内脏器官的活动。

神经系统按其形态和所在部位可分为中枢神经系统和周围神经系统。中枢神经系统包括位于颅腔内的脑和位于椎管内的脊髓。神经系统按其性质又可分为躯体神经和内脏神经。躯体神经的中枢部分在脑和脊髓内,周围部分参与构成脑神经和脊神经。躯体感觉神经通过其末梢的感受器,接受来自皮肤、肌肉、关节、骨等处的刺激,并将冲动传入中枢;躯体运动神经传导发自中枢的运动冲动,通过效应器使骨骼肌随意收缩与舒张。内脏神经的中枢部分也在脑和脊髓内,其周围部分除随脑神经和脊神经走行外,还有较独立的内脏神经周围部分。内脏运动神经又分为交感神经和副交感神经,管理心血管和内脏器官中的心肌、平滑肌和腺体。

2.10.1　中枢神经系统

中枢神经系统包括脑和脊髓两大部分。在整个中枢神经系统中,脑是最主要的部分。对个体行为而言,几乎所有的复杂活动,如学习、思维、知觉等都与脑神经有密切的关系。脑的主要构造分为后脑、中脑及前脑三大部分。每一部分又各自包括数种神经组织。

脊髓在脊柱之内,上接脑部,外联周围神经,由31对神经分配在两侧所构成。脊髓的主要功能如下。

(1) 负责将始自感受器传入神经送来的神经冲动传递给脑部的高级中枢,并将脑部传来的神经冲动经由传出神经而终止于运动器官。所以,脊髓是周围神经和脑神经中枢之间的通路。

(2) 接受会入神经传来之冲动后,直接发生反射活动,成为反射中枢。

图2.19给出脊髓的横切面图。灰质呈蝴蝶形,中部有中央管,上通第四脑室,两侧灰质向前后延伸形成前角和后角,在胸腰段和骶段前后角之间还有侧角。前角联系前根,与运动有关。后角联系后根,与感觉有关。侧角是植物性神经的节前神经元。

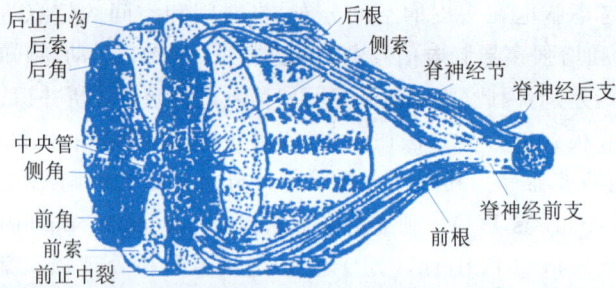

图 2.19　脊髓的横切面图解

白质在灰质周围,以前后根为界,分为前索、侧索和后索。各索内有许多上下行纤维束,是联系脑和脊髓的传导通路。紧靠灰质周围有固有束,它们是脊髓各节间的联系。

2.10.2　周围神经系统

周围神经系统包括体干神经系统和自主神经系统。体干神经系统遍布于头、面、躯干及四肢的肌肉内,这些肌肉均为横纹肌。横纹肌之运动,由体干神经所支配。体干神经依其功能又分为传入神经和传出神经两类。传入神经与感觉器官的感受器相连接,负责把外界刺激所引起的神经冲动传递到中枢神经,所以这类神经也称为感觉神经,构成感觉神经的基本单位,即为感觉神经元。

中枢神经接受外来的神经冲动后,即产生反应。反应也是以神经冲动的形式,由传出神经将之传到运动器官,并引起肌肉的运动,所以这类神经也称为运动神经。运动神经的基本单位为运动神经元。运动神经元将中枢传出的冲动传到运动器官,产生相应的动作,作出一定的反应。

上述体干神经系统是管理横纹肌的行为。而对内部平滑肌、心肌及腺体的管理,即对内脏机能的管理是自主神经系统。内脏器官的活动与躯干肌肉系统的活动不同,有一定的自动性。人不能由意志直接指挥其内脏器官的活动,内脏的传入冲动与皮肤的或其他特殊感觉器官的传入冲动不同,往往不能在意识上发生清晰的感觉。在自主神经系统内,按其起源部位及生理功能的不同,又分为交感神经系统和副交感神经系统。

交感神经系统起源于胸脊髓和腰脊髓,接受脊髓、延髓及中脑各中枢所发出之冲动,受中枢神经系统所管制。故严格而论,不能称为自主,只是不受个体意志支配而已。交感神经主要分布于心、肺、肝、肾、脾、胃肠等内脏与生殖器官以及肾上腺等处。另一部分分布于头部及颈部之血管、体壁及竖毛肌、眼之虹膜等处。交感神经系统的主要功能为兴奋各内脏器官、腺体以及其他有关器官等。例如,当其兴奋时能使心跳加速、血压升高,呼吸量增大,血液内糖分增加,瞳孔放大以及促进肾上腺素的分泌等;唯对唾液的分泌则有抑制作用。

副交感神经系统由部分脑神经(Ⅲ—动眼神经、Ⅶ—面神经、Ⅸ—吞咽神经、Ⅹ—迷走神经)和起源于脊髓骶部的盆神经所组成。副交感神经节接近效应器或者就在效应器内,所以节后纤维极短,通常只能看到节前纤维。副交感神经的主要功能与交感神经相反,因而对交感神经产生一种对抗作用。例如在心脏中副交感神经具有抑制作用,而交感神经具有增强其活动的作用;又如在小肠中,副交感神经具有增强其运动的作用,而交感神经却具有抑制作用,其作用恰与心脏中的相反。表 2.1 给出了自主神经系统的机能。

表 2.1 自主神经系统的机能

器 官	交感神经系统	副交感神经系统
循环器官	心跳加快,冠状血管舒张,腹腔内脏与皮肤末梢血管收缩,储血库(如脾)收缩	抑制心跳,冠状血管收缩部分器官末梢血管舒张
呼吸器官	支气管舒张	支气管收缩,促进黏膜腺的活动
消化器官	分泌黏稠的唾液,抑制胃、肠运动,降低肠管平滑肌的紧张。抑制胆囊收缩	分泌稀薄唾液,肠胃肌肉的蠕动增强,紧张性升高。促进胆囊收缩
泌尿生殖器官	肾脏血管收缩,膀胱逼尿肌舒张,外生殖器官血管收缩,促进子宫收缩(有孕子宫)或舒张(无孕子宫)	膀胱逼尿肌收缩,外生殖器官舒张,阴茎勃起
眼	瞳孔散大 眼宽及眼睑的平滑肌收缩(眼球外突),睫状肌舒张	瞳孔缩小 睫状肌收缩促进泪腺分泌
皮肤	毛囊肌收缩,汗液分泌	
代谢	促进异化作用,促进肾上腺素分泌	促进同化作用,促进胰岛素分泌

2.11 大脑皮质

1860 年,法国外科医生布洛卡(P. Broca)观察了一个病例,这位病人可以理解语言,但不能说话。他的喉、舌、唇、声带等都没有常规的运动障碍。他可以发出个别的词和哼曲调,但不能说完整的句子,也不能通过书写表达他的思想。尸体解剖发现,病人大脑左半球额叶后部有一鸡蛋大的损伤区,脑组织退化并与脑膜粘连,但右半球正常。布洛卡后来研究了 8 个相同的病人,都是在大脑左半球这个区域受损。这些发现使布洛卡在 1864 年宣布了一条著名的脑机能的原理:"我们用左半球说话"。这是第一次在人的大脑皮质上得到机能定位的直接证据。现在把这个区(Brodmann44、45 区)叫作布洛卡表达性失语症区,或布洛卡区。这个控制语言的运动区只存在于大脑左半球皮层,这也是人类大脑左半球皮层优势的第一个证据。

1870 年,两位德国生理学家弗里奇(G. Fritsch)和希齐格(E. Hitzig)发现,用电流刺激狗大脑皮质的一定部位,可以规律性地引起对侧肢体一定的运动。这是第一次用实验证明了大脑皮质上存在不同的机能定位。后来韦尔尼克(C. Wernicke)又发现另一个与语言能力有关的皮层区,现在叫作韦尔尼克区,是在颞叶的后部与顶叶和枕叶相连接处。这个区受损伤的病人可以说话但不能理解语言,即可以听到声音,却不能理解它的意义。这个区也是在左半球得到更加充分的发展。

　　19世纪以来,经过生理学家、医生等多方面的实验研究和临床观察,以及把临床观察、手术治疗和科学实验结合进行,得到了关于大脑皮质机能的许多知识。20世纪30年代彭菲尔德等对人的大脑皮质机能定位进行了大量的研究。他们在进行神经外科手术时,在局部麻醉的条件下用电流刺激病人的大脑皮质,观察病人的运动反应,询问病人的主观感觉。布洛德曼根据细胞构筑的不同,将人的大脑皮质分成52区(图2.20)。从功能上来分,大脑皮质由感觉皮层、运动皮层和联合皮层组成。感觉皮层包括视皮层(17区)、听皮层(41、42区)、躯体感觉皮层(1、2、3区)、味觉皮层(43区)和嗅觉皮层(28区);运动皮层包括初级运动区(4区)、运动前区和辅助运动区(6区);联合皮层包括顶叶联合皮层、颞叶联合皮层和前额叶联合皮层。联合皮层不参与纯感觉或运动功能,而是接受来自感觉皮层的信息并对其进行整合,然后将信息传至运动皮层,从而对行为活动进行调控。联合皮层之所以被这样称呼,就是因为它在感觉输入与运动输出之间起着联合的作用。

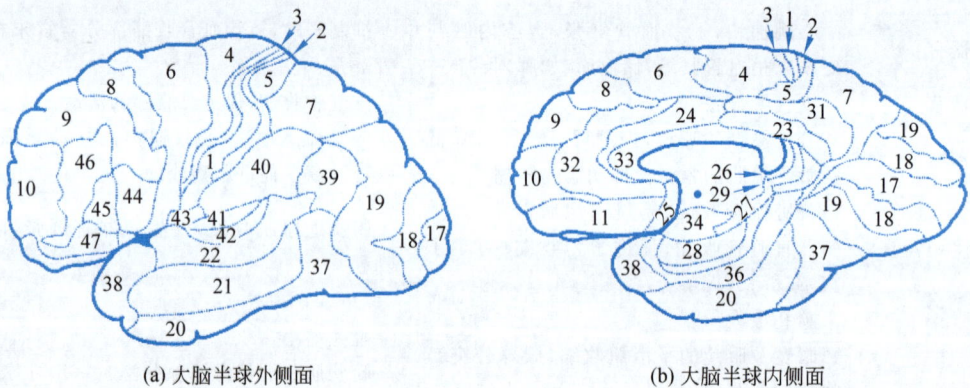

(a) 大脑半球外侧面　　　　　　　　　　　　　　　(b) 大脑半球内侧面

图 2.20　人类大脑皮质分区

　　人类顶叶联合皮层包括 Brodmann 5、7、39 和 40 区。5 区主要接受初级躯体感觉皮层(1、2、3 区)和丘脑后外侧核的投射,而 7 区主要接受纹状前视区、丘脑后结节、颞上回、前额叶皮层和扣带回(23、24 区)的投射。5 区和 7 区尽管有着不同的输入来源,但却有着共同的投射靶区,这些靶区包括运动前区、前额叶皮层、颞叶皮层、扣带回、岛回和基底神经节。不同的是,5 区更多地投射到运动前区和运动区,而 7 区投射到那些与边缘结构有联系的颞叶亚区(5 区则没有这种投射)。此外,7 区还直接向旁海马回投射,并接受来自蓝斑和缝际核的投射。因此,5 区可能更多地参与躯体感觉信息及运动信息的处理,7 区则可能主要参与视觉信息处理,并参与运动、注意和情绪调节等功能。

　　人类前额叶联合皮层由 Brodmann 9~14 区及 45~47 区组成。11~14 区及 47 区总称为前额叶眶回;9、10、45 和 46 区总称为前额叶背外侧部,有些作者把 8 区和 4 区也归纳到前额叶皮层的范畴。前额叶联合皮层在解剖学上具有几个显著的特征:位于大脑新皮层的最前方;具有显著发达的颗粒第Ⅳ层;接受丘脑背内侧核的直接投射;具有广泛的传入传出纤维联系。动物从低等向高等进化,前额叶联合皮层面积也相应地变得越来越大。灵长类(包括人类)具有最发达的前额叶联合皮层。人类前额叶联合皮层占整个大脑皮质面积的29%左右。

前额叶联合皮层有着极丰富的皮层及皮层下纤维联系。前额叶皮层与纹状前视区、颞叶联合皮层、顶叶联合皮层有着交互的纤维联系。前额叶皮层是唯一与丘脑背内侧核有交互纤维联系的新皮层,也是唯一向下丘脑有直接投射的新皮层。前额叶皮层与基底前脑、扣带回及海马回有直接或间接纤维联系。前额叶皮层发出纤维投射到基底神经节(尾核和壳核)等。这种复杂的纤维联系决定了前额叶皮层功能上的复杂性。

人类大脑皮质是一个极其复杂的控制系统,大脑半球表面的一层灰质,平均厚度为2~3mm。皮层表面有许多凹陷的"沟"和隆起的"回"。成人大脑皮质的总面积,可达2200cm^2,具有数量极大的神经元,估计约为140亿个。其类型也很多,主要是锥体细胞、星形细胞及梭形细胞。神经元之间具有复杂的联系。但是,各种各样的神经元在皮层中的分布不是杂乱的,而是具有严格层次的。大脑半球内侧面的古皮层比较简单,一般只有如下三层。

(1) 分子层。

(2) 锥体细胞层。

(3) 多形细胞层。

大脑半球外侧面等处的新皮层具有如下6层。

(1) 分子层,细胞很少,但有许多与表面平行的神经纤维。

(2) 外颗粒层,主要由许多小的锥体细胞和星形细胞组成。

(3) 锥体细胞层,主要为中型和小型的锥体细胞。

(4) 内颗粒层,由星状细胞密集而成。

(5) 节细胞层,主要含中型及大型锥体细胞,在中央前回的锥体细胞特别大,它们的树突顶端伸到第一层,粗长的轴突下行达脑干及脊髓,组成锥体束的主要成分。

(6) 多形细胞层,主要是梭形细胞,它们的轴突除一部分与第5层细胞的轴突组成传出神经纤维下达脑干及脊髓外,一部分走到半球的同侧或对侧,构成联系皮质各区的联合纤维。

从机能上看,大脑皮质第1~4层主要接受神经冲动和联络有关神经,特别是从丘脑来的特定感觉纤维,直接进入第4层。第5、6层的锥体细胞和梭形细胞的轴突组成传出纤维,下行到脑干与脊髓,并通过脑神经或脊神经将冲动传到身体有关部位,调节各器官、系统的活动。这样,大脑皮质的结构不但具有反射通路的性质,而且是各种神经元之间的复杂的连锁系统。由于联系的复杂性和广泛性,使皮层具有分析和综合的能力,从而构成了人类思维活动的物质基础。

对大脑体表感觉区皮层结构和功能的研究指出,皮层细胞的纵向柱状排列构成大脑皮层的最基本功能单位,称为功能柱。这种柱状结构的直径为200~500μm,垂直走向脑表面,贯穿整个6层。同一柱状结构内的神经元都具有同一种功能,例如都对同一感受野的同一类型感觉刺激起反应。在同一刺激后,这些神经元发生放电的潜伏期很接近,仅相差2~4ms,说明先激活的神经元与后激活的神经元之间仅有几个神经元接替;也说明同一柱状结构内神经元联系环路只需通过几个神经元接替就能完成。一个柱状结构是一个传入-传出信息整合处理单位,传入冲动先进入第4层,并由第4层和第2层细胞在柱内垂直扩布,最后由第3、第5、第6层发出传出冲动离开大脑皮质。第3层细胞的水平纤维还有抑制相邻细胞柱的作用,因此一个柱状结构发生兴奋活动时,其相邻细胞柱就受抑制,形成兴奋和抑制镶嵌模式。这种柱状结构的形态功能特点,在第二感觉区、视区、听区皮层和运动区皮层中也一样存在。

第3章

神 经 计 算

神经计算是建立在神经元模型和学习规则基础之上的一种计算范式,由于特殊的拓扑结构和学习方式,产生了多种人工神经网络,模仿人脑信息处理的机理。人工神经网络是由大量处理单元组成的非线性大规模自适应动力系统。

3.1　概述

神经计算(neural computing,NC)也称作人工神经网络(artificial neural networks,ANN),神经网络(neural networks,NN)是对人脑或生物神经网络的抽象和建模,具有从环境学习的能力,以类似生物的交互方式适应环境。

现代神经网络研究开始于麦克洛奇(W. S. McCulloch)和皮兹(W. Pitts)的先驱工作。1943年,他们结合了神经生理学和数理逻辑的研究,提出了M-P神经网络模型,标志着神经网络的诞生。1949年,赫布(D. O. Hebb)的《行为组织学》一书第一次清楚地说明了突触修正的生理学习规则。

1986年,鲁梅尔哈特和麦克莱伦德(J. L. McClelland)编写的《并行分布处理:认知微结构的探索(PDP)》一书出版。这本书对反向传播算法的应用引起重大影响,成为最通用的多层感知器的训练算法。后来经证实,有关反向传播学习方法,韦勃斯(P. J. Werbos)在1974年8月的博士学位论文中已经描述。

2006年,加拿大多伦多大学的欣顿(G. Hinton)及其学生提出了深度学习(deep learning),全世界掀起了深度学习的热潮。2016年3月8—15日,谷歌围棋人工智能AlphaGo与韩国棋手李世石比赛,最终以4∶1的战绩,AlphaGo取得了人机围棋对决的胜利。2019年3月27日,ACM(国际计算机学会)宣布,有"深度学习三巨头"之称的本吉奥(Yoshua Bengio)、杨立昆(Yann LeCun)、欣顿共同获得了2018年的图灵奖,以表彰他们为当前人工智能的繁荣发展所奠定的基础。

大脑神经信息处理是由一组相当简单的单元通过相互作用完成的。每个单元向其他单元发送兴奋性信号或抑制性信号。单元表示可能存在的假设,单元之间的相互连接则表示单元之间存在的约束。这些单元的稳定的激活模式就是问题的解。鲁梅尔哈特等提出并行分布处理模型的8个要素如下。

(1) 一组处理单元。

(2) 单元集合的激活状态。

(3) 各单元的输出函数。

（4）单元之间的连接模式。

（5）通过连接网络传送激活模式的传递规则。

（6）把单元的输入和它的当前状态结合起来,以产生新激活值的激活规则。

（7）通过经验修改连接模式的学习规则。

（8）系统运行的环境。

并行分布处理系统的一些基本特点可以从图 3.1 看出来。这里有一组用圆图表示的处理单元。在每一时刻,各单元 u_i 都有一个激活值 $a_i(t)$。该激活值通过函数 f_i 而产生一个输出值 $o_i(t)$。通过一系列单向连线,该输出值被传送到系统的其他单元。每个连接都有一个叫作连接强度或权值的实数 w_{ij} 与之对应,它表示第 j 个单元对第 i 个单元影响的大小和性质。

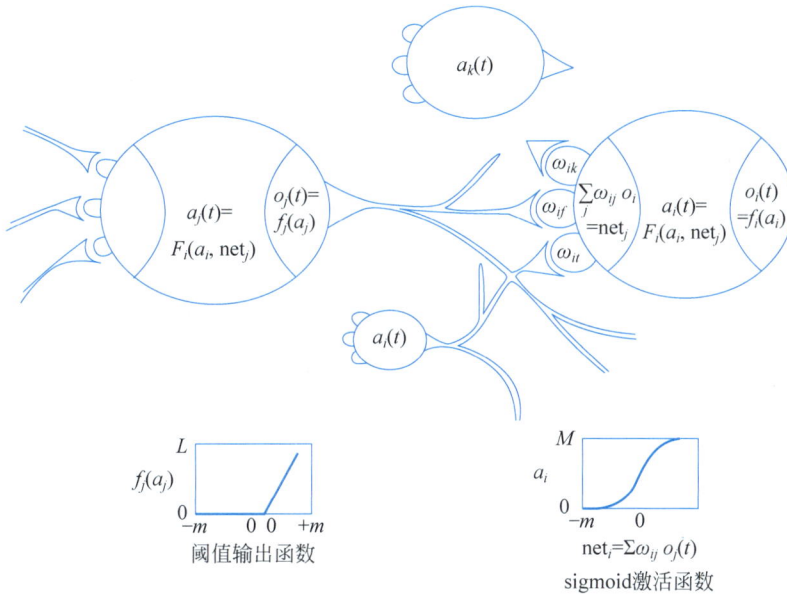

图 3.1 并行分布处理示意图

单元的净输入和当前激活值通过函数 F 的作用,就产生一个新的激活值。图 3.1 下方给出了函数 f 及 F 的具体例子。最后,在内部连接模式并非一成不变的意义下,并行分布处理模型是可塑的。更确切地说,权值作为经验的函数是可以修改的,因此,系统能演化。单元表达的内容能随经验而变化,因而系统能用各种不同的方式完成计算。

3.2 神经元模型

由图 3.1 可知,神经元是一个多输入单输出的信息处理单元,而且,它对信息的处理是非线性的。根据神经元的特性和功能,可以把神经元抽象为一个简单的数学模型。工程上用的人工神经元模型如图 3.2 所示。

在图 3.2 中,$X_1,X_2,\cdots,X_n$ 是神经元的输入,即是来自前级 n 个神经元的轴突的信息。A 是神经元 i 的阈值;$W_1,W_2,\cdots,W_n$ 分别是神经元对 $X_1,X_2,\cdots,X_n$ 的权系数,也即突触的传递效率;Y 是神经元的输出;f 是激活函数,它决定神经元受到输入 $X_1,X_2,\cdots,X_n$ 的共同刺激达到阈值时以何种方式输出。

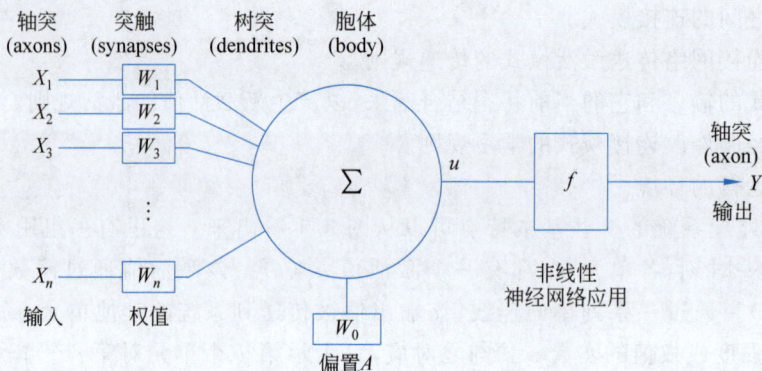

图 3.2　神经元的数学模型

从图 3.2 的神经元模型,可以得到神经元的数学模型表达式:

$$f(u_i) = \begin{cases} 1, & u_i > 0 \\ 0, & u_i \leqslant 0 \end{cases}$$

采用某种运算(通常是加法),把所有的输入结合起来,就得到一个单元的净输入。单元的净输入和当前激活值通过函数 F 的作用,就产生一个新的激活值。

$$\text{net}_j = \sum_i w_{ij} o_i \tag{3.1}$$

激活函数 f 有多种形式,其中最常见的有阶跃型、线性型和 S 型这三种形式,如图 3.3 所示。

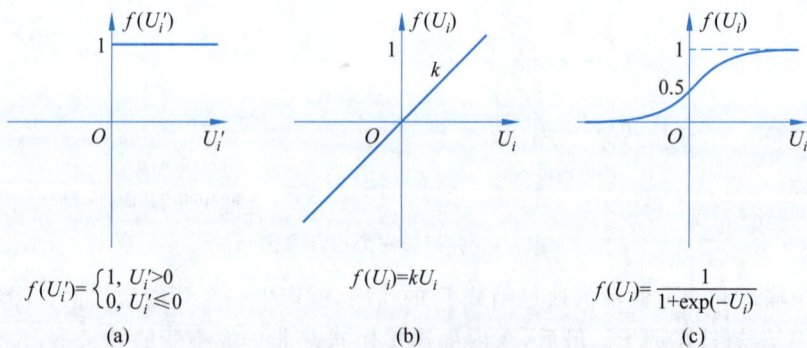

$$f(U_i') = \begin{cases} 1, U_i' > 0 \\ 0, U_i' \leqslant 0 \end{cases} \qquad f(U_i) = kU_i \qquad f(U_i) = \frac{1}{1 + \exp(-U_i)}$$

(a)　　　　　　　　　　(b)　　　　　　　　　　(c)

图 3.3　典型激活函数

上面所叙述的是应用最广泛而且人们最熟悉的神经元数学模型,也是历史最悠久的神经元模型。近年来,随着神经网络理论的发展,出现了不少新颖的神经元数学模型,包括逻辑神经元模型、模糊神经元模型等,也渐渐受到人们的关注和重视。

3.3　反传学习算法

近年来,人工神经网络在很多领域得到了应用,其中大部分采用前馈网络(Feedforward)和反传算法(Backpropagation,BP)。BP 算法是为了解决多层前馈神经网络的权系数优化而提出来的,所以,BP 算法也通常暗示着神经网络的拓扑结构是一种无反馈的多层前馈网络。故而,有时也称无反馈多层前馈网络为 BP 模型。

3.3.1 反传算法的原理

反传算法是用于前馈多层网络的学习算法,前馈多层网络的结构一般如图 3.4 所示。它含有输入层、输出层以及处于输入输出层之间的隐层。在隐层中的神经元也称隐藏单元。隐层虽然和外界不连接,但是它们的状态则影响输入输出之间的关系。这也是说,改变隐层的权系数,可以改变整个多层神经网络的性能。有实验表示,增加隐层的层数和隐藏单元的个数不一定能够提高网络精度和表达能力。所以 BP 网一般都选用二级网络。

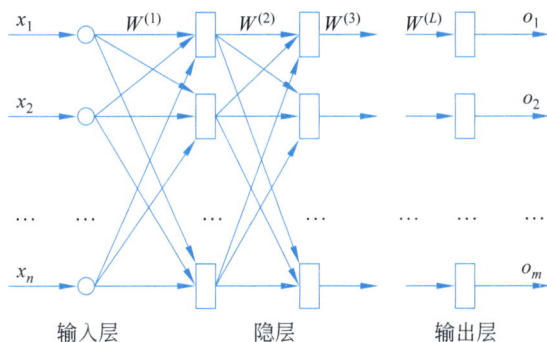

图 3.4　前馈多层网络的结构

反传算法分两步进行,即正向传播和反向传播。这两个过程的工作简述如下。

1. 正向传播

输入的样本从输入层经过隐藏单元一层一层进行处理,通过所有的隐层之后,则传向输出层;在逐层处理的过程中,每一层神经元的状态只对下一层神经元的状态产生影响。在输出层把当前输出和期望输出进行比较,如果当前输出不等于期望输出,则进入反向传播过程。

2. 反向传播

反向传播时,把误差信号按原来正向传播的通路反向传回,并对每个隐层的各神经元的权系数进行修改,以期望误差信号趋向最小。

设有一个 m 层的神经网络,并在输入层加有样本 X;设第 k 层的 i 神经元的输入总和表示为 U_i^k,输出 X_i^k;从第 $k-1$ 层的第 j 个神经元到第 k 层的第 i 个神经元的权系数为 W_{ij},各神经元的激发函数为 f,则各变量的关系可用下面有关数学式表示:

$$X_i^k = f(U_i^k) \tag{3.2}$$

$$U_i^k = \sum_j W_{ij} X_j^{k-1} \tag{3.3}$$

3.3.2 反传算法的执行步骤

在把反传算法应用于前馈多层网络,采用 Sigmoid 激活函数时,可用下列步骤对网络的权系数 W_{ij} 进行递归求取。注意对于每层有 n 个神经元的时候,即有 $i=1,2,\cdots,n$;$j=1,2,\cdots,n$。对于第 k 层的第 i 个神经元,则有 n 个权系数 $W_{i1},W_{i2},\cdots,W_{in}$,另外再取一个 W_{in+1} 用于表示阈值 θ_i;并且在输入样本 X 时,取 $X=(X_1,X_2,\cdots,X_n,1)$。

算法的执行步骤如下。

(1) 对权系数 W_{ij} 置初值。

对各层的权系数 W_{ij} 置一个较小的非零随机数,但其中 $W_{i,n+1}=-\theta$。

(2) 输入一个样本 $X=(X_1,X_2,\cdots,X_n,1)$,以及对应期望输出 $Y=(Y_1,Y_2,\cdots,Y_n)$。

(3) 计算各层的输出。

对于第 k 层第 i 个神经元的输出 X_i^k,有

$$U_i^k=\sum_{j=1}^{n+1}W_{ij}X_j^{k-1},\quad X_{n+1}^{k-1}=1,\quad W_{i,n+1}=-\theta,\quad X_i^k=f(U_i^k)$$

(4) 求各层的学习误差 d_i^k。

对于输出层 $k=m$,有

$$d_i^m=X_i^m(1-X_i^m)(X_i^m-Y_i)$$

对于其他各层,有

$$d_i^k=X_i^k(1-X_i^k)\cdot\sum_l W_{li}\cdot d_l^{k+l}$$

(5) 修正权系数 W_{ij} 和阈值 θ,有

$$\Delta W_{ij}(t+l)=\Delta W_{ij}(t)-\eta\cdot d_i^k\cdot X_j^{k-1}$$

$$\Delta W_{ij}(t+l)=\Delta W_{ij}(t)-\eta\cdot d_i^k\cdot X_j^{k-1}+\alpha\Delta W_{ij}(t)$$

其中

$$\Delta W_{ij}(t)=-\eta\cdot d_i^k\cdot X_j^{k-1}+\alpha\Delta W_{ij}(t-l)=W_{ij}(t)-W_{ij}(t-l)$$

(6) 当求出了各层的各权系数之后,可按给定品质指标判别是否满足要求。如果满足要求,则算法结束;如果未满足要求,则返回步骤(3)执行。

这个学习过程,对于任一给定的样本 $X_p=(X_{p1},X_{p2},\cdots,X_{pn},1)$ 和期望输出 $Y_p=(Y_{p1},Y_{p2},\cdots,Y_{pn})$ 都要执行,直到满足所有输入输出要求为止。

3.3.3　对反传网络优缺点的讨论

多层前向反传网络是目前应用最广泛的一种神经网络模型,但它也不是尽善尽美的,为了更好地理解应用神经网络进行问题求解,这里对它的优缺点展开讨论。

1. 多层前向反传网络的优点

(1) 网络实质上实现了一个从输入到输出的映射功能,而数学理论已证明它具有实现任何复杂非线性映射的功能,因此它特别适合于求解内部机制复杂的问题。

(2) 网络能通过学习带正确答案的实例集,自动提取"合理的"求解规则,即具有自学习能力。

(3) 网络具有一定的泛化、概括能力。

2. 多层前向反传网络的不足

(1) BP算法的学习速度很慢,其原因主要有:①由于BP算法本质上为梯度下降法,而它所要优化的目标函数又非常复杂,因此,必然会出现"锯齿形现象",这使得BP算法效率下降;②存在麻痹现象,由于优化的目标函数很复杂,它必然会在神经元输出接近0或1的情况下,出现一些平坦区,在这些区域内,权值误差改变很小,使训练过程几乎停顿;③为了使网络执行BP算法,不能用传统的一维搜索法求每次迭代的步长,而必须把步长的更新规则预先赋予网络,这种方法将引起算法低效。

(2) 网络训练失败的可能性较大,其原因主要有:①从数学角度看,BP算法为一种局部搜索的优化方法,但它要解决的问题为求解复杂非线性函数的全局极值,因此,算法很有可能陷入局部极值,使训练失败;②网络的逼近、泛化能力同学习样本的典型性密切相关,而从问题中选取典型样本实例组成训练集是一个很困难的问题。

（3）难以解决应用问题的实例规模和网络规模间的矛盾。这涉及网络容量的可能性与可行性的关系问题，即学习复杂性问题。

（4）网络结构的选择尚无一种统一而完整的理论指导，一般只能由经验选定。为此，有人称神经网络的结构选择为一种艺术。而网络的结构直接影响网络的逼近能力及泛化性质。因此，应用中如何选择合适的网络结构是一个重要的问题。

（5）新加入的样本要影响已学习成功的网络，而且刻画每个输入样本的特征的数目也必须相同。

（6）网络的预测能力（也称泛化能力、推广能力）与训练能力（也称逼近能力、学习能力）间的矛盾。一般情况下，训练能力差时，预测能力也差，并且一定程度上，随着训练能力的提高，预测能力也提高。但这种趋势有一个极限，当达到此极限时，随训练能力的提高，预测能力反而下降，即出现所谓"过拟合"现象。此时，网络学习了过多的样本细节，而不能反映样本内含的规律。

3.4　自适应共振理论 ART 模型

自适应共振理论（Adaptive Resonance Theory，ART）模型是美国波士顿大学的格罗斯伯格（S Grossberg）在 1976 年提出的。ART 是一种自组织神经网络结构，是无监督的学习网络。当在神经网络和环境有交互作用时，对环境信息的编码会自发地在神经网中产生，则认为神经网络在进行自组织活动。ART 就是这样一种能自组织地产生对环境认识编码的神经网络理论模型。

ART 模型是基于下列问题的求解而提出的。

（1）对于一个学习系统，要求它有适应性及稳定性，适应性可以响应重要事件，稳定性可以存储重要事件。这是系统的设计问题。

（2）学习时，原有的信息和新信息如何处理，保留有用知识，接纳新知识的关系如何解决的问题。

（3）对外界信息与原来存储的信息结合并决策的问题。

格罗斯伯格一直对人类的心理和认识活动感兴趣，他长期致力于这方面的研究并希望用数学来刻画人类这项活动，建立人类的心理和认知活动的一种统一的数学模型和理论。ART 就是由这种理论的核心内容并经过提高发展然后得出的。

目前，ART 理论已提出了三种模型结构，即 ART1、ART2、ART3。ART1 用于处理二进制输入的信息；ART2 用于处理二进制和模拟信息这两种输入；ART3 用于进行分级搜索。ART 理论可以用于语音、视觉、嗅觉和字符识别等领域。

3.4.1　ART 模型的结构

ART 模型源于 Helmholtz 无意识推理学说的协作-竞争网络交互模型。如图 3.5 所示，这个模型由两个协作-竞争模型组成。无意识推理学说认为：原始的感觉信息通过经历过的学习过程不断修改，直到得到一个真实的感知结果为止。在图 3.5 中协作-竞争网络交互模型可以看出，环境输入信号和自上而下学习期望同时对协作-竞争网络 1 执行输入；而自下而上学习是协作-竞争网

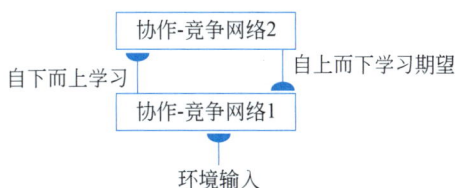

图 3.5　协作-竞争网络交互模型

络 1 的输出;同时,自下而上学习是协作-竞争网络 2 的输入,而自上而下学习期望则是其输出。真实感知是通过这个协作-竞争网络的学习和匹配产生的。

环境输入信号对自上而下学习期望进行触发,使协作-竞争网络 1 产生自下而上学习的输出。输出发送到协作-竞争网络 2,则产生自上而下学习期望输出,并送回协作-竞争网络 1。这个过程很明显是自上而下学习和自下而上学习的过程,并且这个过程中不断吸收环境输入信息。经过协作-竞争的匹配,最终取得一致的结果,这也就是最终感知或谐振感知。协作-竞争网络交互作用有下列基本要求。

(1) 交互作用是非局域性的。

(2) 交互作用是非线性的。

(3) 自上而下的期望学习是非平稳随机过程。

受到协作-竞争网络交互模型的启发,格罗斯伯格提出了 ART 理论模型。他认为对网络的自适应行为进行分析,可以建立连续非线性网络模型,这种网络可以由短期存储 STM 和长期存储 LTM 作用所实现。STM 是指神经元的激活值,即未由 S 函数处理的输出值,LTM 是指权系数。

格罗斯伯格所提出的 ART 理论模型有如下一些主要优点。

(1) 可以进行实时学习,能适应非平稳的环境。

(2) 对于已经学习过的对象具有稳定的快速识别能力;同时,能迅速适应未学习的新对象。

(3) 具有自归一能力,根据某些特征在全体中所占的比例,有时作为关键特征,有时当作噪声处理。

(4) 不需要预先知道样本结果,是无监督学习;如果对环境作出错误反映则自动提高"警觉性",迅速识别对象。

(5) 容量不受输入通道数的限制,存储对象也不是正交的。

ART 的基本结构如图 3.6 所示,它由输入神经元和输出神经元组成。用前向权系数和样本输入来求取神经元的输出,这个输出也就是匹配测度,具有最大匹配测度的神经元的活跃级通过输出神经元之间的横向抑制得到进一步增强,而匹配测度不是最大的神经元的活跃级就会逐渐减弱,从输出神经元到输入神经元之间有反馈连接以进行学习比较。同样,还提供一个用来确定具有最大输出的输出神经元与输入模式进行比较的机制。ART 模型的框图如图 3.7 所示。

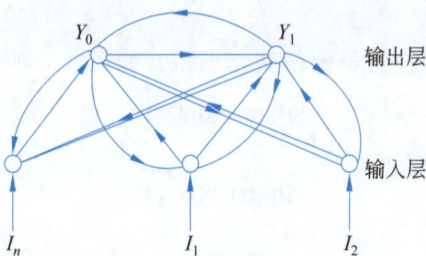

图 3.6 ART 的基本结构

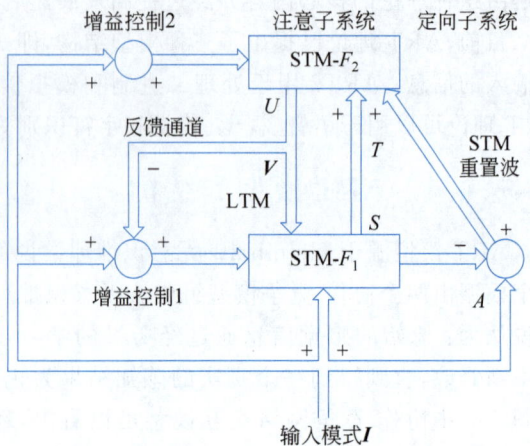

图 3.7 ART 模型的框图

ART 模型由两个子系统组成,一个称为注意子系统(Attentional Subsystem),另一个称为取向子系统(Orienting Subsystem),也称调整子系统。这两个子系统是功能互补的子系统。ART 模型就是通过这两个子系统和控制机制之间的交互作用来处理熟悉的事件或不熟悉的事件。在注意子系统中,有 F_1、F_2 这两个用短时记忆单元组成的部件,即 STM-F_1 和 STM-F_2。在 F_1 和 F_2 之间的连接通道是长时记忆 LTM。增益控制有两个作用:一个作用是在 F_1 中用于区别自下而上和自上而下的信号;另一个作用是当输入信号进入系统时,F_2 能够对来自 F_1 的信号起阈值作用。调整子系统是由 A 和 STM 重置波通道组成。

注意,子系统的作用是对熟悉事件进行处理。在这个子系统中建立熟悉事件对应的内部表示,以便响应有关熟悉事件,这实际上是对 STM 中的激活模式进行编码。同时,在这个子系统中还产生一个从 F_2 到 F_1 的自上而下的期望样本,以帮助稳定已被学习了的熟悉事件的编码。

调整子系统的作用是对不熟悉事件产生响应。在有不熟悉事件输入时,孤立的一个注意子系统无法对不熟悉的事件建立新的聚类编码。故而设置一个调整子系统,当有不熟悉事件输入时,调整子系统马上产生重置波对 F_2 进行调整,从而使注意子系统对不熟悉事件建立新的表达编码。实际上,当自下而上的输入模式和来自 F_2 的自上而下的引发模式,即期望在 F_1 中不匹配时,调整子系统就会发出一个重置波信号到 F_2,它重新选择 F_2 的激活单元,同时取消 F_2 原来所发出的输出模式。

简而言之,注意子系统的功能是完成由下向上的向量的竞争选择,以及完成由下向上向量和由上向下向量的相似度比较。而取向子系统的功能是检验期望向量模式 **V** 和输入模式 **I** 的相似程度;当相似度低于某一给定标准值时,即取消该时的竞争优胜者,转而从其余类别中选取优胜者。

ART 模型就是由注意子系统和调整子系统共同作用完成自组织过程的。

3.4.2 ART 的基本工作原理

在 ART 模型中,其工作过程采用 2/3 规则。所谓 2/3 规则,就是在 ART 网络中,三个输入信号中要有两个信号起作用才能使神经元产生输出信号。ART 网络的整个工作过程中,2/3 规则都在起作用。在说明 ART 模型的工作原理之前,先介绍 2/3 规则。

1. 2/3 规则

考虑如图 3.7 所示的 ART 模型,很明显在 F_1 层中,有三个输入信号源:输入信号 **I**、增益控制输入、自上而下的模式输入。所谓 2/3 规则,就是指 F_1 中这三个输入信号对 F_1 的激发作用和关系。

2/3 规则可以用图 3.8 所示的图形来说明。

1)自上而下的单输入情况

这时的情况如图 3.8(a)所示。F_1 从三个输入信号源中,只接收来自 F_2 的自上而下的引发模式。故而,F_1 中的三个输入信号源中,并没有两个输入信号源起作用,而只有一个输入信号源即来自 F_2 的自上而下的引发模式。所以 F_1 中的神经元不会被激活,F_1 的神经元不会产生信号输出。

2)自下而上的双输入情况

这时的情况如图 3.8(b)所示。这时,在 F_1 的三个输入信号源中有输入信号 **I** 进行输入,并且有 **I** 通过增益控制后所产生的对 F_1 的输入。由于这两个输入信号起作用,故而 F_1 中的

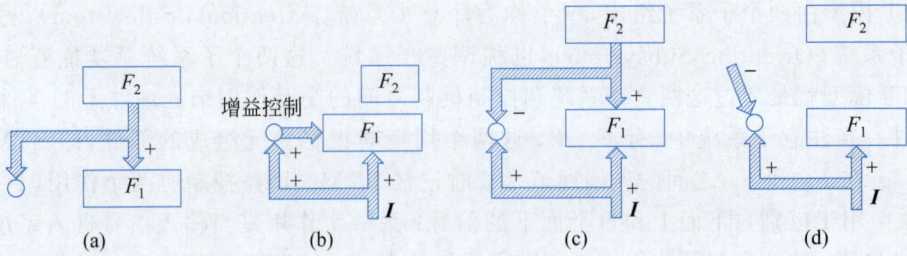

图 3.8   2/3 规则

神经元被激活，F_1 能产生信号输出。

3) 自下而上输入及自上而下引发模式输入的情况

这时的情况如图 3.8(c)所示。它说明了自下而上输入模式和自上而下的引发模式共同作用于 F_1 的过程。这个过程也就是输入模式 I 和来自 F_2 的自上而下的引发模式匹配过程。这时，F_2 的输出信号会加到增益控制中对其中的输入信号 I 产生抑制作用，所以，增益控制不会产生信号送去 F_1。在 F_1 中，同时接收到自下而上输入信号以及自上而下的 F_2 输出信号的神经元才会被激活，而只接收到其中一个信号的神经元则不会被激活。

4) 模态竞争情况

当注意子系统从一个模态向另一个模态转移时，在这个转移的瞬间会禁止 F_1 被激活，因为，这是一个过渡过程，它不反映模式的实质内容，故 F_1 不能被激活。模态竞争的情况如图 3.8(d)所示。

2. ART 模型的基本工作原理

在 ART 模型中，显然分为 F_1、F_2 两层神经网络。对于注意子系统，F_1 和 F_2 这两层的作用可以用图 3.9 表示。

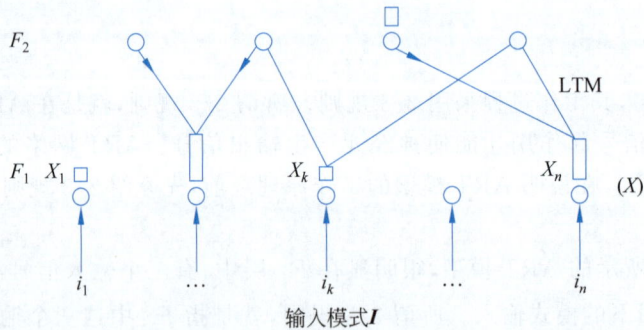

图 3.9 F_1 和 F_2 层的信息处理

F_1 层接收输入模式 I，则在 F_1 中被转换成激活模式 X，X 由 F_1 中的激活神经元表示，如图 3.9 中的长方形所示。这个模式 X 被短期存储在 F_1 中。只有激活值足够高的神经元才能产生输出信号并通过连接传送到 F_2 的神经元。

在 F_1 层中，由 X 所产生的 F_1 输出模式为 S，S 模式通过连接送到 F_2 的神经元输入端，并在 F_2 的神经元的输入端产生一个和 S 不同的模式 T。从 S 到 T 的转换称为自适应滤波。无论 F_1 还是 F_2，其神经元是一般形式的神经元结构。一般而言，这些神经元的状态，输入和输出并不相同。

在 F_2 层中，模式 T 经过 F_2 神经元的相互作用会迅速地被转换。这个相互作用是对输入模

式 T 的比较及除弱增强的过程。其结果产生一个短期存储在 F_2 中的模式 Y,这也是 F_2 的状态。

一般情况下,从 T 到 Y 这个比较,除弱增强的转换会使多个神经元处于激活状态。这时,这种转换结果变为由 F_2 中的多个神经元群来表达。这个转换过程自动地把 F_1 的输入模式 I 划分到不相交的各识别聚类中,每个类对应于 F_2 中的某个特征神经元。在特殊情况下,从 T 到 Y 的比较、除弱增强过程就是在 F_2 中选择一个与当前输入 I 相对应的而输出值最大的神经元的过程,所选择的神经元就是用于表示激活模式的唯一神经。为了说明 ART 模型有关工作的基本原理,下面分 5 点进行介绍。

(1) 自下而上的自适应滤波和 STM 中的对比度增强过程。

输入信号 I 加到注意子系统的 F_1 的输入端,经过 F_1 的节点变换成激活模式 X,这一过程起到特征检出作用。在 F_1 中,激活值较高的神经元就会有输出到 F_2 的信号,并成为输出模式 S。S 经过 F_1 到 F_2 的连接通道时受到加权组合(LTM),变换成模式 T 后作用于 F_2 的输入端。S 到 T 的变换称为自适应滤波。F_2 接收到 T 后通过神经元间的相互作用迅速产生对比度增强了的激活模式 Y,并且存储于 F_2 中,如图 3.10(a)所示。

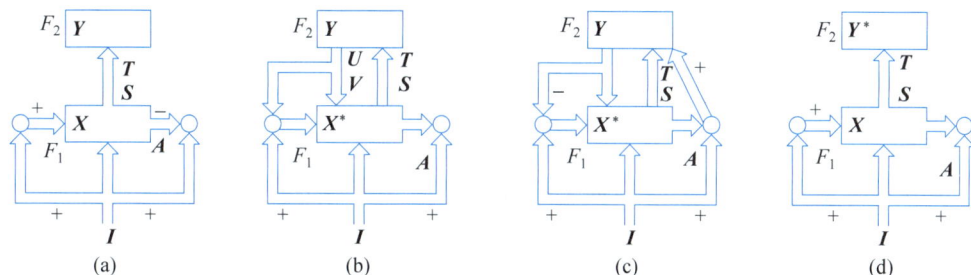

图 3.10　ART 模型的工作过程

这个阶段的学习是一个变换系列: $I—X—S—T—Y$。

(2) 自上而下的学习期望匹配和对已学习编码的稳定。

一旦当自下而上的变换 $X—Y$ 完成之后,Y 就会产生自上而下的输出信号的模式 U,并送向 F_1,只有激活值足够大的才会向反馈通道送出信号 U。U 经加权组合变换成模式 V。V 称为自上而下的模板,或学习期望。

由于 X 和 V 这两个模式对 F_1 输入,则它们的共同作用在 F_1 中产生激活模式 X^*。一般而言,X^* 和只由输入信号产生的 X 模式不同。这时,F_1 的作用就是试图使 V 和 I 匹配,其匹配结果确定了以后的作用过程。这时的情况如图 3.10(b)所示。

(3) 注意子系统和取向子系统相互作用过程。

这个过程和输入 I 有关。在图 3.10(a)中,在输入模式 I 产生 X 的同时,也会激活取向子系统 A;只是在 A 产生输出之前,F_1 中的 X 对 A 所产生的输出端起禁止作用。当 F_2 的反馈模式 V 与 F_1 的输入模式失配时,就会大大减弱这一禁止作用,当减弱到一定的程度时,A 就被激活,如图 3.10(c)所示。

A 被激活之后就向 F_2 送出重置信号,并作用于 F_2 的全部神经元,从而改变 F_2 的状态,取消了原来的自上而下的学习期望 V,终止了 V 和 I 的失配,于是输入 I 再次作用直到 F_2 产生新的状态 Y^*,如图 3.10(d)所示。

Y^* 会产生新的自上而下的学习期望 V^*,如果 V^* 仍然和 I 失配,那么,取向子系统 A 继续起作用;这样,产生一个快速的一系列匹配与重置过程。这个过程控制 LTM 的搜索从而调整了 LW 对外界环境的编码。这个过程一直执行下去,直到 F_2 送出的模式 $\boldsymbol{V}$ 和输入 $\boldsymbol{I}$ 相互匹配为止。

(4) 需考虑的一些特点。

在注意子系统的增益控制及起动这一自上而下的学习期望匹配过程中,还应考虑一些特点。

例如在 F_1 输出自下而上的作用之前,F_2 已被激活。这时 F_2 就会产生自上而下的学习期望并作用于 F_1,F_1 会被激活,并产生自下而上的作用过程。显然,需要对来自外部输入的激活以及来自 F_2 的反馈激活进行区分。所以,设置一个辅助机构进行区分激活来源的工作。这个辅助机构称为注意增益控制。

为 F_2 被激活时,注意起动机构会向 F_1 发送学习期望信号,注意增益控制就会给出禁止作用,从而影响 F_1 对输入响应灵敏度,使得 F_1 可以区分激活信号的来源。

(5) 匹配。

采用 2/3 规则,以确定 F_1 的输出。这实际上是把存储模式和输入模式进行匹配的规则。

3. ART 模型的工作过程

在图 3.7 所示的 ART 结构中,F_1 可称为比较层,F_2 可称为识别层。

比较层 F_1 接收输入模式 $\boldsymbol{I}$,初始时不作任何变动作为输出向量 $\boldsymbol{S}$ 送去识别层 F_2;此后,F_1 同时接收识别层输出的向量 $\boldsymbol{V}$ 和输入模式 $\boldsymbol{I}$,还有增益控制的输出,并按 2/3 规则产生输出。在初始时,增益控制的输出为 $\boldsymbol{I}$,而 $\boldsymbol{V}$ 设置为 0,故有 $\boldsymbol{S}$ 等于输入 $\boldsymbol{I}$。

识别层 F_2 是用作输入向量分类器的。在识别层中,只有一个神经元和输入的向量 $\boldsymbol{S}$ 最优匹配,这个神经元就会被激活,而其他神经元则被抑制。根据神经元的结构原理,最优匹配规则如下:

$$\sum_i W_{ic} \boldsymbol{S}_i = \max \sum_i W_{ij} \boldsymbol{S}_i \tag{3.4}$$

其中,$\boldsymbol{S}$ 是输入 F_2 的向量;$\boldsymbol{S} = (S_1, S_2, \cdots, S_n)$;$\boldsymbol{W}_j$ 是识别层中第 j 个神经元和比较层中神经元从 F_1—F_2 的权系数向量 $\boldsymbol{W}_j = (W_{1j}, W_{2j}, \cdots, W_{nj})$;$\boldsymbol{W}_c$ 是识别层中最优匹配神经元 C 从 F_1—F_2 的权系数向量 $\boldsymbol{W}c = (W_{1c}, W_{2c}, \cdots, W_{nc})$。

注意:最优匹配神经元 C 到比较层神经元有从 F_2—F_1 的权系数向量 $\boldsymbol{W}c'$,$\boldsymbol{W}c' = (W_{c1}, W_{c2}, \cdots)$。很明显,$\boldsymbol{W}c$ 和 $\boldsymbol{W}c'$ 就组成了输入向量的类别样本,也是权系数的形态表示一类模式。

在识别层中,为了使一个神经元有最大输出值取得竞争的优胜,并抑制其他神经元。故而识别层有横向连接,每个神经元的输出和正的权系数相乘后作为本神经元的一个输入,而其他神经元的输出和负权系数相乘后再作为本神经元的输入。这种作用等于加强自身,抑制其他,从而保证了只有一个神经元被激活。这种情况如图 3.11 所示。

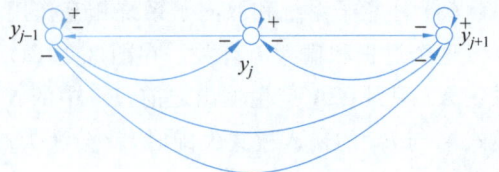

图 3.11 F_2 层的横向连接

增益控制有两部分,它们的作用功能不同。识别层 F_2 的增益控制输出原则为:只要输入向量 $\boldsymbol{I}$ 有一个元素为 1,则输出 1。比较层 F_1 的增益控制原则为:只要在 $\boldsymbol{I}$ 有一个元素为 1,同时 F_2 的输出向量 $\boldsymbol{U}$ 全部元素为 0 时,才输出 1。

重置作用是在输入信号 $\boldsymbol{I}$ 和 F_1 的输出 $\boldsymbol{S}$ 之间的匹配存在问题,差别大于某警戒值时,则

发送清零信号到 F_2,以便重新进行识别。

ART 网络的学习分类过程分为三步,即识别、比较和搜索。下面作简要介绍。

1) 识别

初始化时,网络无输入信号,故 I 全部元素为 0;识别层 F_2 增益控制输出为 0,识别层 F_2 输出全部为 0。在有模式 I 输入后,I 必有元素为 1,故 F_1 增益控制、F_2 增益控制均输出 1;比较层 F_1 按 2/3 规则全部复制 I 作为输出;$S=(S_1,S_2,\cdots,S_n)$。接着识别层 F_2 的每个神经元 j 执行下面操作,从而求出最优匹配神经元 C:

$$\sum_i W_{ic}S_i = \max \sum_i W_{ij}S_i$$

则神经元 C 输出 1,其余输出 U。这些输出送回比较层 F_1。F_2 输出的值为 $U=(U_1,U_2,\cdots,U_3)$。找寻最优匹配神经元 C 的过程就是识别。

2) 比较

从识别层 F_2 反馈到 F_1 的向量 U 不再全部为 0,F_1 增益控制输出 0。按 2/3 规则,只有输入及反馈向量 U 的元素同时为 1,所激励的神经元才会被激活。从另一个角度讲,就是来自 F_2 的反馈强迫输入向量 I 中那些不匹配存储模式 U 的 S 元素为 0。

如果 I 与 U 不匹配,则产生的 S 只有少数元素为 1,这也说明模式 U 不是所要寻找的 I 模式。取向子系统对 I 和 S 的匹配程度进行判别,如果低于给定的警戒值,则发出重置信号,使识别层 F_2 激活的神经元清零。这也说明该神经元失去了竞争的资格。到此,这个分类阶段比较过程结束。如果 I 与 U 匹配,则输入模式 I 所属的类别已找到,分类结束。

3) 搜索

在 I 与 U 不匹配时,为了找到较好的匹配必须对其余的模式进行搜索。重置信号把识别层 F_2 的神经元全部清零,则 F_1 增益控制又输出 1,网络返回到初始状态。输入模式 I 再进行输入,识别层的另一个神经元会取得优胜,则反馈一个新的存储模式 U 送回比较层 F_1。接着又进行匹配比较,如不匹配,则又重置识别层……不断执行下去。搜索过程直到产生下列情况之一才会停止。

① 找到一个存储模式,在警戒值范围内和输入模式 I 匹配,则 ART 网络进入学习阶段。修正和匹配神经元 C 相关的权系数 W_{ic} 和 W_{ci}。

② 搜索了全部模式后,没有一个模式能够和 I 相似匹配,则网络也进入学习阶段。把原来分配模式的神经元 j 赋予输入式 I,构造相应的权系数 W_{ij} 和 W_{ji},并作为样本模式存储。

特别应指出的是:搜索过程包含了识别和比较两个阶段。搜索是识别—比较—识别—比较的多次重复。

严格地说,ART 应分成搜索和学习这两种最主要的过程和功能。

3.4.3 ART 模型的数学描述

在 ART 模型中,F_1 或 F_2 中的神经元用 N_k 表示,神经元被激活后产生的激活值用 X_k 表示,从神经生理学的研究结果,可以知道神经元的激活值,即神经元未经 S 函数处理的输出 X_k 满足下面的微分方程:

$$\varepsilon \frac{dX_k}{dt} = -X_k + (1-AX_k)J_k^+ + (B+CX_k)J_k^- \tag{3.5}$$

其中,ε 是远小于 1 的正实数;J_k^+ 是送到神经元 N_k 的所有激励输入之和;J_k^- 是送到神经元

N_h 的所有抑制输入之和；A、B、C 是非负常数；X_k 的取值范围为 $[-BC-1, A-1]$。

1. F_1 层的数学描述

用 N_i 表示 F_1 的神经元，且 $i=1,2,\cdots,n$，有

$$\varepsilon \frac{\mathrm{d}X_i}{\mathrm{d}t} = -X_i + (1-A_1X_i)J_i^+ + (B_1+C_1X_i)J_i^- \tag{3.6}$$

很明显，F_1 的激活模式如下：

$$X = \{X_1, X_2, \cdots, X_n\}$$

(1) J_i^+ 的形式。由于 F_1 神经元 N_i 的激励输入 J_i^+ 是自下而上的输入 $\boldsymbol{I}_i$ 以及自上而下的输入 $\boldsymbol{V}_i$ 之和，故有 $J_i^+ = \boldsymbol{I}_i + \boldsymbol{V}_i$，其中 $\boldsymbol{I}_i$ 是一个 n 维输入向量，$\boldsymbol{I} = \{I_1, I_2, \cdots, I_n\}$。

$$\boldsymbol{V}_i = D_1 \sum_i f(X_i) W_{ji} \tag{3.7}$$

这里，$f(X_j)$ 是 F_2 中神经元 N_i 的输出；W_{ji} 是 N_j 到 N_i 的连接权系数；D_1 是系数；$V = \{V_1, V_2, \cdots, V_n\}$，也是 n 维向量。

(2) J_i^- 的形式。对 F_1 层，抑制输入 J_i^- 是由注意子系统的增益控制信号来控制，即

$$J_i^- = \sum_i f(X_i), \quad j = n+1, n+2, \cdots, n+m \tag{3.8}$$

当且仅当 F_2 的激活值很高时，$J_i^- = 0$，否则 $J_i^- > 0$。

2. F_2 层的数学描述

用 N_j 表示 F_2 的神经元，且 $j = n+1, n+2, \cdots, n+m$，有

$$\varepsilon \frac{\mathrm{d}X_j}{\mathrm{d}t} = -X_j + (1-A_2X_j)J_j^+ + (B_2+C_2X_j)J_j^- \tag{3.9}$$

则有 F_2 的激活模式：

$$Y = \{X_{n+1}, X_{n+2}, \cdots, X_{n+m}\}$$

选择 F_2 中的激活模式的输入和参数，使到 F_2 中具有来自 F_1 的最大输入的神经元取得竞争的胜利。故而对 J_j^+ 和 J_j^- 考虑应有如下形式。

1) J_j^+ 的形式

$$J_j^+ = g(X_j) + T_j \tag{3.10}$$

其中，$g(X_j)$ 为 N_j 的自反馈信号，T_j 是从 F_1 来的到 F_2 的输入模式：

$$T_j = D_2 \sum_i h(X_i) W_{ji} \tag{3.11}$$

这里的 $h(X_i)$ 是 F_1 中神经元 N_i 的输出；D_2 是系数，W_{ji} 是 F_1 到 F_2 的神经元的连接权系数。

2) J_j^- 的形式

$$J_j^- = \sum_{k \neq j} g(X_k) \tag{3.12}$$

迄今为止，按生物神经网络(Biological Neural Networks,BNN)巨量并行分布方式构造的各种人工神经网络，虽然已经在信息处理中扮演着越来越重要的角色，但是并没有显示出人们所期望的聪明智慧。对以仿效大脑神经系统为目的的人工神经网络的研究历程进行一些分析和反思，探讨下一步可能采取的方法步骤，对今后智能信息科学的进一步发展将是有益的。要让 ANN 更好更快地向 BNN 学习，就有必要对今后 ANN 的主攻方向、研究路线、方法步骤、关键技术和应当采取的措施等方面，作一些考虑和调整。

概括起来，为了使 ANN 向 BNN 学习得更好更快，可以从以下几方面着手。

（1）明确 ANN 的主要智能优势是擅长非精确性信息处理。按照输入和输出特性的不同，可将智能系统最经常处理的信息类型归纳为 4 类。其中，数值计算和逻辑推理所对应的信息处理任务，现行的冯·诺依曼数字计算机有着成熟而巨大的能力，ANN 既无必要也无优势在此等领域中与之竞争。其他三类都在输入信息或输出信息中包含有非精确信息处理的内容，因而它们是 ANN 能发挥作用的领域。人类的绝大部分脑力劳动正是投入在这三类信息处理上。

（2）探索新的 ANN 体系结构。神经解剖学方面的研究表明，在 BNN 中除了有由神经细胞体—轴突—突触—树突构成的神经电位脉冲电路系统外，还有一个在前后突触间约 $0.02\mu s$ 的间隙中释放化学性神经递质（谷氨酸）的调节系统，这个化学递质系统的作用相当于半导体的栅极电路，起着至关紧要的调控放大作用。因此，如何建立神经电脉冲系统和化学递质系统合成的耦合系统数学模型，分析其工作机理并提出可行简便算法，是从建模上使 ANN 更靠近 BNN 的一条值得重视的途径。

（3）寻求新的网络拓扑结构和相应的学习算法。迄今为止，以和-积式神经元为基础的前馈型多层（特别是三层）神经网络，与误差反向传播学习算法相配合的 ANN 结构体制，获得了最广泛的应用。但是，它在性能上仍存在若干待改进的地方。例如，它只能调整权值，不能调整网络拓扑结构，无法实现注意力集中功能；学习新样本时，会"冲乱"原已学好保存下来的旧样本；其学习算法中，包含有较复杂的非线性激活函数的求导运算过程等。

3.5 神经网络集成

1990 年，汉森（L. K. Hansen）和萨拉蒙（P. Salamon）提出了神经网络集成（Neural Network Ensemble）方法。他们证明，可以简单地通过训练多个神经网络并将其结果进行拟合，显著地提高神经网络系统的泛化能力。神经网络集成可以定义为用有限个神经网络对同一个问题进行学习，集成在某输入示例下的输出由构成集成的各神经网络在该示例下的输出共同决定。对神经网络集成的理论分析与其实现方法分为两方面，即对结论生成方法以及对网络个体生成方法。

3.5.1 结论生成方法

汉森和萨拉蒙证明，对神经网络分类器来说，采用集成方法能够有效提高系统的泛化能力。假设集成由 N 个独立的神经网络分类器构成，采用绝对多数投票法，再假设每个网络以 $1-p$ 的概率给出正确的分类结果，并且网络之间错误不相关，则该神经网络集成发生错误的概率 p_{err} 为

$$p_{err} = \sum_{k>N/2}^{N} \binom{N}{k} p^k (1-p)^{N-k} \tag{3.13}$$

在 $p<1/2$ 时，p_{err} 随 N 的增大而单调递减。因此，如果每个神经网络的预测精度都高于 50%，并且各网络之间错误不相关，则神经网络集成中的网络数目越多，集成的精度就越高，当 N 趋于无穷时，集成的错误率趋于 0。在采用相对多数投票法时，神经网络集成的错误率比式（3.13）复杂得多，但是汉森和萨拉蒙的分析表明，采用相对多数投票法在多数情况下能够得到比绝对多数投票法更好的结果。

1995 年，克罗夫（A. Krogh）和弗德尔斯毕（J. Vedelsby）给出了神经网络集成泛化误差计

算公式。假设学习任务是利用 N 个神经网络组成的集成对 $f: \Re^n \to \Re$ 进行近似,集成采用加权平均,各网络分别被赋予权值 w_α,并满足式(3.14)和式(3.15)。

$$w_\alpha > 0 \tag{3.14}$$

$$\sum_\alpha w_\alpha = 1 \tag{3.15}$$

再假设训练集按分布 $p(x)$ 随机抽取,网络 α 对输入 X 的输出为 $V^\alpha(X)$,则神经网络集成的输出为

$$\bar{V}(X) = \sum_\alpha w_\alpha V^\alpha(X) \tag{3.16}$$

神经网络 α 的泛化误差 E^α 和神经网络集成的泛化误差 E 分别为

$$E^\alpha = \int \mathrm{d}x\, p(x)(f(x) - V^\alpha(x))^2 \tag{3.17}$$

$$E = \int \mathrm{d}x\, p(x)(f(x) - \bar{V}(x))^2 \tag{3.18}$$

各网络泛化误差的加权平均为

$$\bar{E} = \sum_\alpha w_\alpha E^\alpha \tag{3.19}$$

神经网络 α 的差异度 A^α 和神经网络集成的差异度 $\bar{A}$ 分别为

$$A^\alpha = \int \mathrm{d}x\, p(x)(V(x) - \bar{V}(x)^2) \tag{3.20}$$

$$\bar{A} = \sum_\alpha w_\alpha A^\alpha \tag{3.21}$$

则神经网络集成的泛化误差为

$$E = \bar{E} - \bar{A} \tag{3.22}$$

式(3.46)中的 $\bar{A}$ 度量了神经网络集成中各网络的相关程度。若集成是高度偏置的,即对于相同的输入,集成中所有网络都给出相同或相近的输出,此时集成的差异度接近 0,其泛化误差接近各网络泛化误差的加权平均。反之,若集成中各网络是相互独立的,则集成的差异度较大,其泛化误差将远小于各网络泛化误差的加权平均。因此,要增强神经网络集成的泛化能力,就应该尽可能地使集成中各网络的误差互不相关。

3.5.2 个体生成方法

1997 年,弗洛德(Y. Freund)和沙皮尔(R. E. Schapire)以 AdaBoost 为代表,对 Boosting 类方法进行了分析,并证明此类方法产生的最终预测函数 H 的训练误差满足式(3.23),其中 ε_t 为预测函数 h_t 的训练误差,$\gamma_t = 1/2 - \varepsilon_t$。

$$H = \prod_t \left[2\sqrt{\varepsilon_t(1 - \varepsilon_t)} \right]$$

$$= \prod_t \sqrt{1 - 4\gamma_t^2} \leqslant \exp\left(-2t \sum_t \gamma_t^2 \right) \tag{3.23}$$

从式(3.23)可以看出,只要学习算法略好于随机猜测,训练误差将随 t 呈指数级下降。

1996 年,布雷曼(L. Breiman)对 Bagging 进行了理论分析。他指出,分类问题可达到的最高正确率以及利用 Bagging 可达到的正确率分别如式(3.24)和式(3.25)所示,其中 C 表示序正确的输入集,C' 为 C 的补集,$I(\cdot)$ 为指示函数(Indicator Function)。

$$r^* = \int \max_j P(j \mid x) P_X(x) \tag{3.24}$$

$$r_A = \int_{x \in C} \max_j P(j \mid x) P_x(\mathrm{d}x) + \int_{x \in C'} \left[\sum_j I(\phi_A(x) = j) P(j \mid x) \right] P_X(x) \tag{3.25}$$

显然,Bagging 可使序正确集的分类正确率达到最优,单独的预测函数则无法做到这一点。

3.6　脉冲耦合神经网络

近年来,随着生物神经学的研究和发展,艾克霍恩(R. Eckhorn)等通过对小型哺乳动物大脑视觉皮层神经系统工作机理的仔细研究,提出了一种崭新的网络模型——脉冲耦合神经网络模型(Pulse-Coupled Neural Network,PCNN)。PCNN 来源于对哺乳动物猫的视觉皮层神经细胞的研究成果,具有同步脉冲激发现象、阈值衰减及参数可控性等特性。由于其具有生物学特性的背景、以空间邻近和亮度相似集群的特点,因此在数字图像处理等领域具有广阔的应用前景。将 PCNN 的最新理论研究成果与其他新技术相结合,开发出具有实际应用价值的新算法是当今神经网络研究的主要方向之一。

1952 年,霍奇金与哈斯利(A. F. Huxley)开始研究神经元电化学特性。1987 年,格雷(C. M. Gray)等发现猫的初生视觉皮层有神经激发相关振荡现象。1989 年,艾克霍恩和格雷研究了猫的视觉皮层,提出了具有脉冲同步发放特性的网络模型。1990 年,艾克霍恩根据猫的大脑皮层同步脉冲发放现象,提出了展示脉冲发放现象的连接模型。对猴的大脑皮层进行的试验中,也得到了相类似的试验结果。1994 年,约翰逊(J. L. Johnson)发表论文,阐述了 PCNN 的周期波动现象及在图像处理中具有旋转、可伸缩、扭曲、强度不变性。通过对艾克霍恩提出的模型进行改进,就形成脉冲耦合神经网络(PCNN)模型。IEEE 神经网络会刊于 1999 年出版了脉冲耦合神经网络专辑。国内也于 20 世纪 90 年代末开始研究脉冲耦合神经网络。

与传统方法相比,源自哺乳动物视觉皮层神经元信息传导模型的脉冲耦合神经网络是一种功能强大的图像处理工具,在解决图像处理具体应用时取得令人满意的性能。

3.6.1　Eckhorn 模型

1990 年,根据猫的视皮层的同步振荡现象,艾克霍恩提出一个脉冲神经网络模型,如图 3.12 所示。这个模型由许多相互连接的神经元构成,每个神经元包括两个功能上截然不同的输入部分:常规的馈接(Feeding)输入和起调制作用的连接(Linking)输入。而这两部分的关系并非像传统神经元那样是加耦合的关系,而是乘耦合的关系。

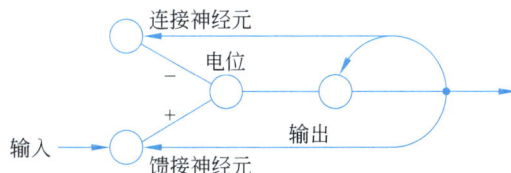

图 3.12　Eckhorn 神经元模型示意图

Eckhorn 模型可用如下方程描述:

$$U_{m,k} = F_k(t)[1 + L_k(t)] \tag{3.26}$$

$$F_k(t) = \sum_{i=1}^{N} \left[w_{ki}^f Y_i(t) + S_k(t) + N_k(t) \right] \otimes I(V^a, \tau^a, t) \tag{3.27}$$

$$L_k(t) = \sum_{i=1}^{N} \left[w_{ki}^l Y_i(t) + N_k(t) \right] \bigotimes I(V^l, \tau^l, t) \tag{3.28}$$

$$Y_k(t) = \begin{cases} 1, & U_{m,k}(t) \geqslant \theta_k(t) \\ 0, & \text{其他} \end{cases} \tag{3.29}$$

这里,一般表示为

$$X(t) = Z(t) \bigotimes I(\upsilon, \tau, t) \tag{3.30}$$

即

$$X[n] = X[n-1] \mathrm{e}^{-t/\tau} + VZ[n], \quad n = 1, 2, \cdots, N \tag{3.31}$$

其中,N 为神经元的个数,w 为突触加权系数。当外部激励为 S 型时,Y 为二值输出。

3.6.2 脉冲耦合神经网络模型

由于 Eckhorn 模型提供了一个简单有效的方法来研究脉冲神经网络中的动态同步振荡活动,Eckhorn 模型的最大创新在于它引入了第二个感受野(Secondary Receptive Field),即连接域(Linking Field)。如果去掉连接输入部分,Eckhorn 模型中的神经元模型与常规的神经元模型没什么不同,而正是连接输入的引入,使我们对神经元如何整合输入有了更深入的认识。通过对模型中神经元的电路进行分析,研究人员证明了神经元的不同输入之间的关系不仅有加耦合的关系,而且有乘耦合的关系。Eckhorn 模型很快被应用到图像处理领域,而它和它的许多变种模型被一起称为脉冲耦合神经网络(PCNN)。

图 3.13 给出了脉冲耦合神经元示意图。神经元主要由两个功能单元构成:馈接输入域和连接输入域,分别通过突触连接权值 M 和 K 与其邻近的神经元相连。两功能单元都要进行迭代运算,迭代过程中按指数规律衰减。馈接输入域多加一个外部激励 S。可以用如下数学公式描述两个功能单元:

$$F_{ij}[n] = \mathrm{e}^{\alpha F \delta_n} F_{ij}[n-1] + S_{ij} + V_F \sum_{kl} \boldsymbol{M}_{ijkl} Y_{kl}[n-1] \tag{3.32}$$

$$L_{ij}[n] = \mathrm{e}^{\alpha L \delta_n} L_{ij}[n-1] + V_L \sum_{kl} \boldsymbol{K}_{ijkl} Y_{kl}[n-1] \tag{3.33}$$

式中,F_{ij} 是第 (i,j) 个神经元的馈接;L_{ij} 是耦合连接;Y_{kl} 是 $(n-1)$ 次迭代时神经元的输出。两个功能单元都要进行迭代运算,迭代过程按指数规律衰减。V_F 和 V_L 分别为 F_{ij}、L_{ij} 的固有电位。这里,$\boldsymbol{M}$ 和 $\boldsymbol{K}$ 为连接权值系数矩阵,表示中心神经元受周围神经元影响的大小,反映邻近神经元对中心神经元传递信息的强弱,M 和 K 有多种取值选择方式,但选择要合适,一般不宜过大。

神经元内部活动项由这两个功能单元按非线性相乘方式共同组成,β 为突触之间的连接强度系数。神经元内部活动项的数学表达式如下:

$$U_{ij}[n] = F_{ij}[n]\{1 + \beta L_{ij}[n]\} \tag{3.34}$$

当神经元内部活动项大于动态阈值 Θ 时,产生输出时序脉冲序列 Y,即

$$Y_{ij}[n] = \begin{cases} 1, & U_{ij}[n] > \Theta_{ij}[n] \\ 0, & \text{其他} \end{cases} \tag{3.35}$$

动态阈值在迭代过程中衰减,当神经元激发兴奋($U > \Theta$)时,动态阈值立刻增大,然后又按指数规律逐渐衰减,直到神经元再次激发兴奋。这个过程可描述为

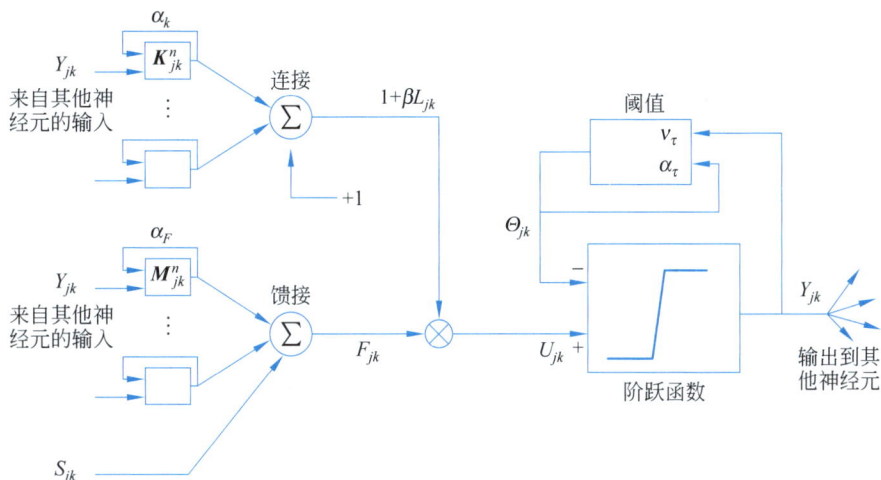

图 3.13 脉冲耦合神经元示意图

$$\Theta_{ij}[n] = e^{\alpha_\Theta \delta n}\Theta_{ij}[n-1] + V_\Theta Y_{ij}[n] \tag{3.36}$$

式中,Θ 一般取一个比较大的值,相比 U 的均值还大一个数量级。

PCNN 由这些神经元排列(通常是矩阵)而成。M 和 K 在神经元间传递信息通常是局部的,并符合高斯正态分布,但不必严格要求这样。矩阵 $\pmb{F}$、$\pmb{L}$、$\pmb{U}$、$\pmb{Y}$ 初始化时,设其所有矩阵元素为零。Θ 元素的初始值可以是 0,也可以根据实际需要设为某些更大值。任何有激励的神经元都将在第一次循环中激发兴奋,结果将生成一个很大的阈值。接下来需要经过几次循环才能使阈值衰减到足以使神经元再次激发兴奋。

本算法循环计算式(3.32)~式(3.36),直到用户决定停止。目前 PCNN 本身还没有自动停止的机制。

与传统神经网络相比,PCNN 具有自己鲜明的特色,其特性如下。

(1)变阈值特性。PCNN 中各神经元之所以能动态发放脉冲,是因为它内部的变阈值函数作用的结果。由式(3.36)可见,它是随时间按指数规律衰减的。当神经元的内部行为 U 大于当前的阈值输出值时就发放。对于无连接耦合的 PCNN 来说,每一时刻的发放图就是对应于该阈值下的二值图像帧。对于存在连接耦合的 PCNN 来说,每一时刻的发放图就是对应于该阈值下带有捕获功能的二值图像帧。

(2)捕获特性。PCNN 的捕获过程就是使亮度强度相似输入的神经元能够同步发放脉冲,而同步的结果就好像把低亮度强度提升至先发放的那个神经元对应输入的亮度强度。这就意味着因捕获可使得某一神经元的先发放,而激励或带动邻近其他神经元提前点火。PCNN 神经元间存在连接但不一定存在影响,存在影响但不一定存在连接,这一现象更加突出 PCNN 对突发事件的处理能力,表现在由于某种原因(如噪声)使得网络原本已经组织起的有序状态,因某个或某些神经元点火状态的改变而被打破时,网络可自动地适应新的变化,实现对信息的重新组织,达到一个新的有序状态。

(3)动态脉冲发放特性。PCNN 动态神经元的变阈值特性是其动态脉冲发放的根源,如果将由输入信号与突触通道的卷积和所产生的信号称为该神经元的(内部)作用信号,则当作用信号超过阈值时,该神经元被激活而产生高电平,又由于阈值受神经元输出控制,因此该神经元输出的高电平又反过来控制阈值的提高,从而作用信号在阈值以下,神经元又恢复为原来的抑制状态(即低电平)。这一过程在神经元输出上明显地形成一个脉冲发放。

(4) 同步脉冲发放特性。PCNN 每个神经元有一个输入,并与其他神经元的输出有连接。当一个神经元发放时,它会将其信号的一部分送至与其相邻的神经元上。从而这一连接会引起邻近神经元比原来更快地点火,这样就导致了在图像的一个大的区域上产生同步振荡:以相似性集群产生同步脉冲发放。这一性质对于图像平滑、分割、图像自动目标识别、融合等具有重要的应用意义。

(5) PCNN 时间序列。在点火捕获及脉冲传播特性的基础上,PCNN 能够由二进制图像生成一维向量信息: $G[n] = \sum Y_{ij}[n]$。 对时间序列信号进行分析,可以达到识别图像的目的。

3.6.3　贝叶斯连接域神经网络模型

与 Eckhorn 模型类似,贝叶斯连接域神经网络(Bayesian Linking Field Network,BLFN)模型也是一个由众多神经元构成的网络模型,而且模型中的神经元都包含两类输入:一类是馈接(Feeding)输入,另一类是连接(Linking)输入,两类输入之间的耦合关系是相乘。与 Eckhorn 模型不同的是:为了解决特征捆绑的问题,还引入了噪声神经元模型的思想、贝叶斯方法和竞争机制。

图 3.14 给出了我们模型中的一个神经元输入耦合方式的示意。由于模型中神经元的输出是发放概率,所以输入的耦合实际上是各传入神经元的发放概率的耦合。

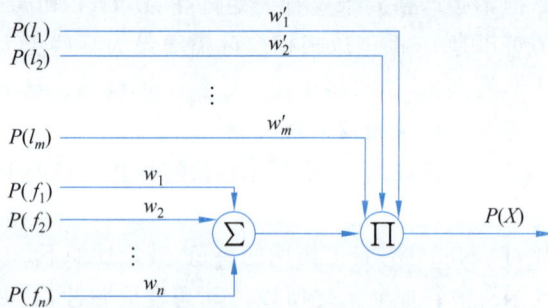

图 3.14　BLFN 模型中神经元输入耦合示意

BLFN 模型是一个由神经元构成的网络,它具有如下特点。

(1) 它采用噪声神经元模型,即每个神经元的输入和输出都是发放概率,而不是脉冲值。

(2) 每个神经元可以包含两部分输入,分别是 Feeding 输入和 Linking 输入。

(3) 神经元之间的连接权反映了它们之间的统计相关性,是通过学习得到的。

(4) 神经元的输出除了受输入影响,还受到竞争的制约。

3.7　功能柱神经网络模型

自 1957 年莫特卡斯勒(V. B. Mountcastle)发现功能柱结构以来,已有许多研究结果表明,在不同物种(鼠、猫、兔、猴和人等)的视皮层、听皮层、体感皮层、运动皮层,以及其他联合皮层当中都存在功能柱结构。这些结果表明,功能柱是皮层中一个普遍的结构,是结构和生理上的基本单元,这些柱的活动构成了整个大脑皮层活动的基础。

为了深刻地理解功能柱的生物学意义和在信息加工中所起的作用,研究者开展许多数学建模研究。模型研究中最常见的是采用 Wilson-Cowan 方程来描述功能柱,例如,舒斯特(H. G. Shuster)等模拟视皮层中发现的同步振荡现象;詹森(B. H. Jansen)等提出了耦合功能柱模型产生了类 EEG 波形和诱发电位;富凯(T. Fukai)设计了功能柱式的网络模型来模拟视觉图样的获取等。另有一些功能柱模型是描述功能柱振荡活动的相位模型。只有少数模型是基于单神经元的,例如,弗朗森(E. Fransén)等把传统网络中的单细胞代换成多细胞构成的功能柱,构建了一个吸引子网络来模拟工作记忆;汉塞勒(D. Hansel)等根据视皮层朝向柱的结构构建了一个超柱模型,研究其中的同步性和混沌特性,并对朝向选择性的功能柱机理做出解释。

李速等采用模型神经元作为基本单元,按皮层功能结构组织起来的功能柱模型,探索这些发放模式与外界输入和网络结构的关系,研究多个功能柱联结起来组成的网络模型,在活动模式上有什么新的特点。

3.7.1 模型与方法

1. 神经元模型

希望从发放的单神经元出发来构建功能柱模型,因此选用了 Rose-Hindmarsh 方程来描述单神经元:

$$\begin{cases} \dot{x} = y + ax^3 - bx^2 - z + I_{syn} + I_{stim} \\ \dot{y} = c - dx^2 - y \\ \dot{z} = r[s(x - x_0) - z] \end{cases} \tag{3.37}$$

其中,x 代表膜电位,y 表示快速回复电流,z 描述慢变化的调整电流,I_{syn} 表示突触电流,I_{stim} 表示外界输入,a、b、c、d、r、s、x_0 均为常数,在这里取值为 $a = 1$,$b = 3$,$c = 1$,$d = 5$,$s = 2$,$x_0 = -1.6$。在 Rose-Hindmarsh 模型中的时间尺度为 5 单位,相当于 1ms。

根据生理试验的结果,皮层功能柱中的神经元按生理特性分主要有两类:规则发放型细胞(Regular-Spiking,RS)和快速发放型细胞(Fast-Spiking,FS)。RS 细胞是兴奋型的,在形态上均为锥体细胞,它的特性是明显而快速的发放频率适应性,对于持续电流刺激下随着时间延长发放频率快速降低。FS 细胞是抑制型的,在形态上通常为非锥体细胞,它的生理特性是对持续电流输入的频率适应性较低。我们采用不同的参数 r 来表现这两种细胞的特征:$r_{RS} = 0.015$,$r_{FS} = 0.001$。在图 3.15(a)中画出了两种神经元的发放图样和频率-时间曲线。

2. 突触模型

模型采用基于电流的突触模型,在突触前细胞的每个动作电位都将触发突触后细胞的 I_{syn} 输入。突触电流 I_{syn} 表示为

$$I_{syn} = g_{syn} V_{syn} (e^{-t/\tau_1} - e^{-t/\tau_2}) \tag{3.38}$$

其中,g_{syn} 为膜电导,τ_1 和 τ_2 是时间常数,V_{syn} 表示突触后电位。用 V_{syn} 来调节突触耦合的强度。RS 细胞之间兴奋型连接的 V_{syn} 用 V_{RR} 表示,同理,从 RS 细胞投射到 FS 细胞、从 FS 细胞投射到 RS 细胞的 V_{syn} 分别表示为 V_{RF} 和 V_{FR}。参数设置为 $g_{RR} = 4$,$\tau_{1(RR)} = 3$,$\tau_{2(RR)} = 2$,$g_{RF} = 8$,$\tau_{1(RF)} = 1$,$\tau_{2(RF)} = 0.7$,$g_{FR} = 4$,$\tau_{1(FR)} = 3$,$\tau_{2(FR)} = 2$。V_{FR} 始终设为 -1。V_{RR} 和 V_{RF} 在模拟过程中从 0.1 到 1 之间变化。几种突触中的电流和突触后电位变化见图 3.15(b)。

3. 网络结构

网络结构不同于以往模型的是,功能柱由发放的单神经元构成,再以功能柱为基本结构模块,构成更大型的网络。作为模块的功能柱,其内部结构是相对固定的,功能柱内部神经元连接也较为丰富,而功能柱与功能柱之间的连接则稀疏得多。

对功能柱中的神经元数量和类型做了简化,按生理资料,兴奋型神经元约占 80%,抑制型

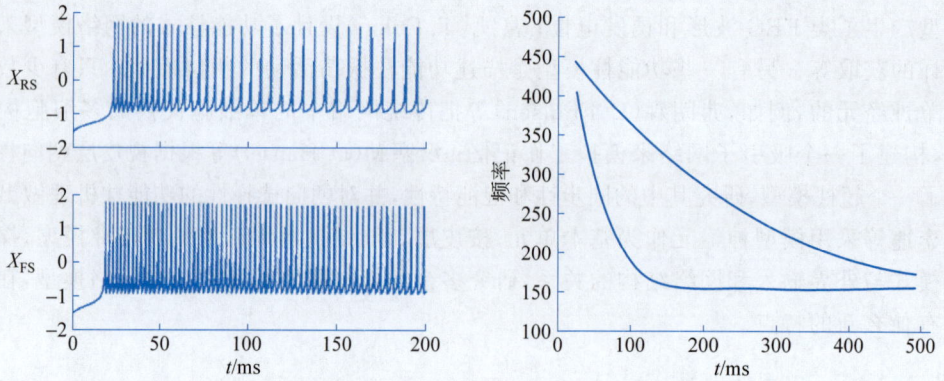

(a) 两种神经元模型：锥体细胞(规则发放型, RS)神经元和抑制型神经元(快速发放型, FS)的不同发放模式
左图：两种神经元在持续电流刺激下的发放模式，输入电流I_{stim}均开始于0时刻，大小为0.23
右图：两种神经元发放的即时频率变化曲线

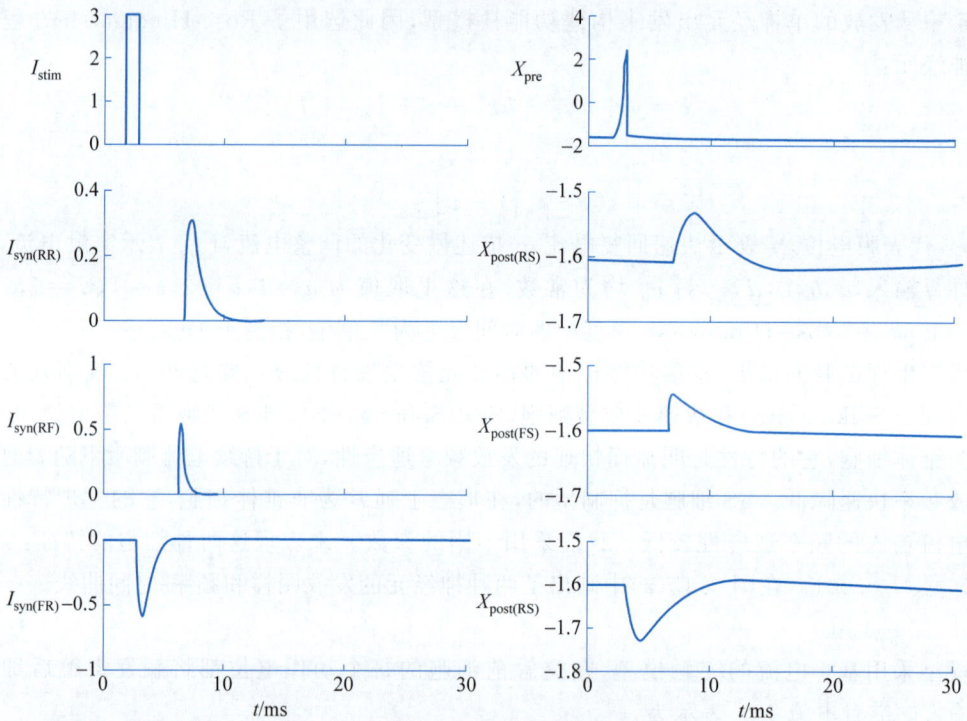

(b) 3种突触模型(自上而下)：给突触前RS神经元一个短暂的电流刺激(I_{stim}=3)引起一个动作电位，通过RR
连接、RF连接中的突触电流(I_{syn})，在突触后的一个RS细胞和FS细胞中分别引起了膜电位(x)变化，
FR型突触电流和突触后RS细胞的膜电位变化(突触前FS神经元未画出)

图 3.15 神经元和突触模型

神经元约占 20%。我们的模型中，一个功能柱由 15 个神经元组成，其中有 12 个 RS 神经元，3 个 FS 神经元。

在功能柱中，锥体细胞的轴突上发出丰富的回返侧枝，投射到同一功能柱内其他锥体细胞，形成兴奋型回路。这种连接把一个功能柱内的锥体细胞耦合成为一个相互兴奋的系统。在本文的模型中，每个 RS 细胞随机连接到其他 6 个 RS 细胞。这种 RS 到 RS 的连接(以下称为 RR)的延时是 1.2 单位时间，标准差为 2.5%。

锥体细胞的轴突侧枝也终止于抑制性中间神经元，抑制性中间神经元则在锥体细胞上形成抑制性突触，这样便形成了功能柱内的抑制性反馈回路。在我们的模型中，每个 FS 神经元接受从 5 个 RS 神经元来的突触,也就是说平均每个 RS 细胞投射到 1.25 个 FS 细胞。对每个 RS 细胞而言,它发出的纤维终止于 RS 细胞和 FS 细胞的比率符合解剖学统计结果。RF 突触连接的延迟是 $0.8\pm2.5\%$ 时间单位。

在形态学观察中,锥体细胞具有较长的轴突,而 FS 细胞往往轴突很短。假定抑制性的 FS 神经元只能作功能柱内的局域投射,而只有 RS 神经元能够将轴突分支投射到其他功能柱内。功能柱之间相互连接。假定功能柱内部的连接较强,功能柱间则连接稀疏而且耦合度弱。在目前的网络模型中,只设定了一种功能柱之间的连接,即从一个功能柱内的 RS 神经元连接到目标柱内的 RS 神经元,形成功能柱之间的兴奋性连接(以下称为 iRR,符号前标注 i 表示功能柱之间,下同)。这种连接的数量是,两个突触前细胞投射到 6 个突触后细胞。可以看出,相对于柱内连接,柱间的连接是非常稀疏的。连接参数为 $g_{iRR}=4,\tau_{1(iRR)}=3,\tau_{2(iRR)}=2$,延迟是 $2\pm2.5\%$ 时间单位。

4. 网络的输入

网络的输入是随机的脉冲输入,模拟功能柱接受来自丘脑和皮层其他区域的脉冲刺激。外界输入只刺激 12 个 RS 细胞,每个细胞的脉冲序列是随机的,并在各细胞间相互独立。每个脉冲都在受刺激的细胞中触发 I_{stim} 电流输入,其方程如下:

$$I_{stim} = g_{stim}V_{stim}(e^{-t/\tau_1} - e^{-t/\tau_2}) \tag{3.39}$$

其中,$g_{stim}=4$;$V_{stim}=0.08$;$\tau_{1(stim)}=3$;$\tau_{2(stim)}=2$。可以看出,外界刺激的幅度比功能柱内部的突触耦合强度要小得多。

外界输入的强度定义为每个 RS 细胞在每个时间间隔中收到一个脉冲刺激的概率 P_{stim}。

注意:时间间隔和 P_{stim} 都很小,可以认为一个细胞在一个时间间隔内至多只能接受一个脉冲刺激。

这里采用了两种刺激方式,一种是恒定刺激,其中 P_{stim} 保持不变,另一种是周期性刺激,P_{stim} 定义为时间的函数:

$$P_{stim}(t) = E_{stim} + A_{stim} * \sin(\omega t \cdot 2\pi/T) \tag{3.40}$$

E_{stim} 和 A_{stim} 分别是 P_{stim} 的均值和振幅。T 等于 5000(在模型中等于 1s),因此 ω 就是脉冲概率振荡的频率。

5. 度量指标和计算方法

功能柱的局部场电位 U 定义为 12 个 RS 细胞膜电位的平均值。功能柱输出的功率普通过场电位自相关函数的傅里叶变换得到。

为衡量功能柱内神经元发放的同步程度,引入同步性 κ 这一度量,它的计算基于功能柱神经元对的相关系数。把一段长的时间 T 按分解为小片断 λ,每一小段内的膜电位加以平均,就得到了一个新的膜电位序列 $X_i(l),l=1,2,3,\cdots,n(n=T/\lambda)$。计算神经元 i 和 $j(1\leq i,j\leq12)$ 之间的相关系数 κ_{ij}:

$$\kappa_{ij} = \frac{\sum_l(x_i(l)-\bar{x}_i)(x_j(l)-\bar{x}_j)}{\sqrt{\sum_l(x_i(l)-\bar{x}_i)^2\sum_l(x_j(l)-\bar{x}_j)^2}} \tag{3.41}$$

群体的相关性 κ 定义为每两个 RS 细胞间 κ_{ij} 的平均值。本书中时间片断 λ 设为 1,即相当于实际的 0.2ms。

为避免网络设定和输入刺激的初始条件的影响,网络输出的前 200ms 舍弃,所有结果都从模拟输出 200ms 以后开始计算。由于网络连接和刺激有随机性,以下结果均是重复 3~5 次的平均值。数值计算的时间步长为 0.01ms。

3.7.2　单功能柱模型的模拟结果

首先对功能柱模型输入恒定刺激,研究功能柱内部的锥体细胞的发放的同步性和整个网络输出的节律现象。

图 3.16 显示了几种不同的节律输出。其中,图 3.16(a)是典型的 alpha 节律,其场电位波形有明显的纺锤形振荡,其振幅增大减小的周期约为 1.5s。场电位的能谱表明振荡频率处于 alpha 频段(14~30Hz)。图 3.16(b)中显示的是处于 beta 频段(8~13Hz)的振荡。图 3.16(c)中的振荡频率为 5Hz 左右的方波,发放期较长而且振幅很大。图 3.16(d)显示的是 40Hz 振荡。在图 3.16(e)中,神经元进入持续发放状态,能谱也没有明显的峰,这种状态上下文中称为持续兴奋。以上各种节律均是由模型在不同参数条件下产生,下文中将详细讨论不同的条件对皮层节律和同步性的影响。

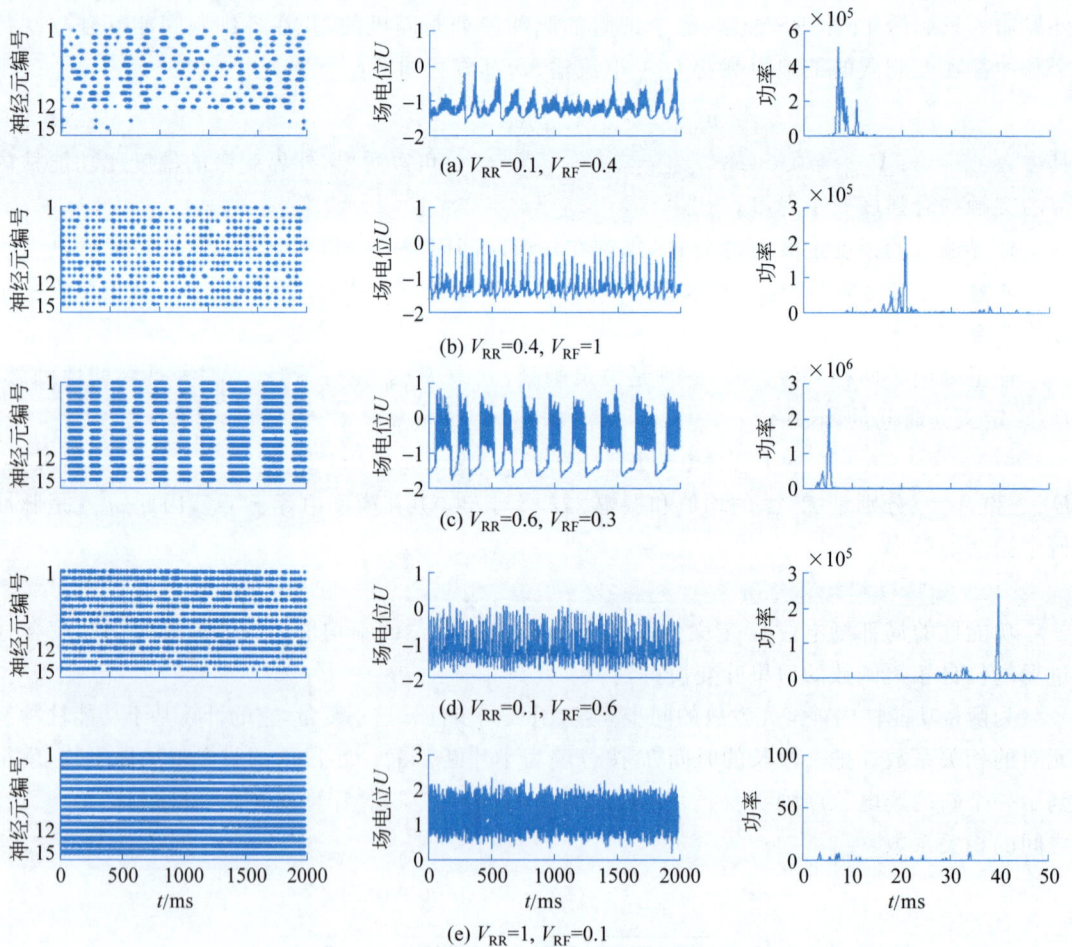

图 3.16　单功能柱模型的几种活动模式

左列:神经元发放图形。纵轴 15 个神经元中,1~12 为 RS 细胞,13~15 为 FS 细胞,每个点表示一个动作电位。中列:功能柱的场电位。右列:场电位的功率谱,表示功能柱的输出频率。(a)$V_{RR}=0.1$,$V_{RF}=0.4$;(b)$V_{RR}=0.4$,$V_{RF}=1$;(c)$V_{RR}=0.6$,$V_{RF}=0.3$;(d)$V_{RR}=0.1$,$V_{RF}=0.6$;(e)$V_{RR}=1$,$V_{RF}=0.1$。除(d)图中 $P_{stim}=0.04$ 外,其余各图 $P_{stim}=0.025$。

1. 同步性与突触耦合强度的关系

为进一步研究同步振荡和突触耦合强度的关系,在模拟过程中改变 V_{RR} 和 V_{RF} 的值。P_{stim} 设定为 0.025 且不变。图 3.17(a)中,网络输出的频率表示在 V_{RR} 和 V_{RF} 构成的二维参数空间中。随着兴奋性连接强度的增大,输出频率先增大,再减小,直到到图的右下角,即兴奋型连接强度大而抑制性连接强度小的区域,输出节律为 0,对应于图 3.16(e)中的持续兴奋状态,此时网络过兴奋。而抑制性回路中耦合强度 V_{RF} 的增强则单调地增加网络的频率,并且使网络更不容易陷入过度兴奋状态。在当前刺激强度下,最高频率(25Hz,beta 节律)出现在 $V_{RR}=0.4$,$V_{RF}=1$ 处。

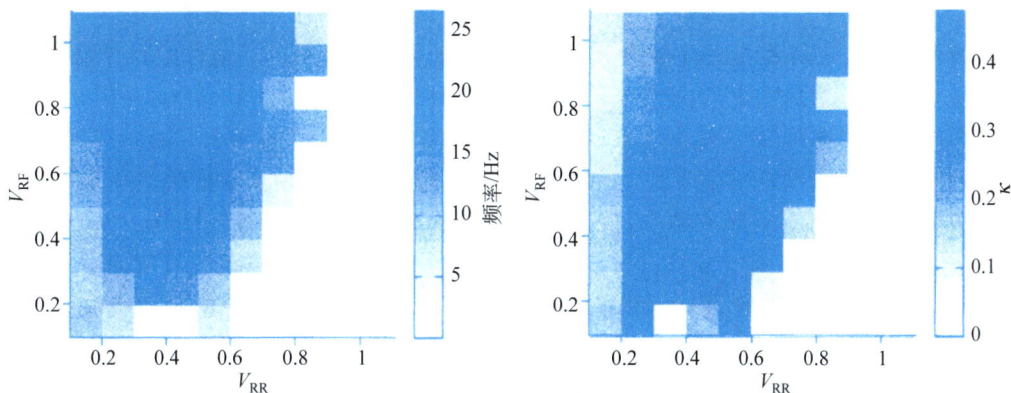

(a) 在不同连接强度下,功能柱活动的振荡频率可在 3~20Hz 变化($P_{stim}=0.025$)

(b) (a)中相应功能柱活动的同步性($P_{stim}=0.025$)

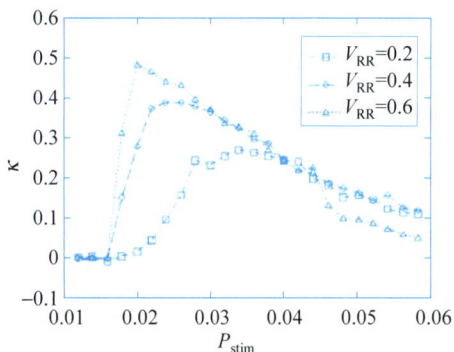

(c) 在不同 V_{RR} 下振荡频率与输入强度的关系,提高刺激强度使功能柱的输出频率增大($V_{RF}=0.4$)

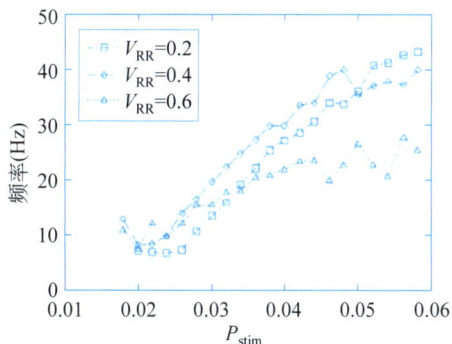

(d) (c)中对应的同步性变化,从图中可以看出,要使功能柱发生同步振荡,需满足有刺激的最小强度($V_{RF}=0.4$)

图 3.17 兴奋性和抑制性回路的耦合强度及输入强度对功能柱同步振荡频率和同步性的影响

图 3.17(b)显示了同步性和连接强度之间的关系。可以看到在图 3.17(a)白色区域的对应处也是白色,说明持续兴奋下的功能柱同步性几乎为 0,除此以外,同步性系数 κ 随着兴奋型连接强度的增加而增加,随着抑制性连接强度的增加而减少。同步性最强的区域总是出现在持续兴奋的边缘,此处对应图 3.17(c)中大振幅的振荡。

2. 同步性与刺激强度的关系

接着探讨网络行为与刺激强度的关系。刺激强度 P_{stim} 从 0.01 到 0.05 逐渐变化,观察网络的周期性和同步性(见图 3.17(c)、(d)),同时在不同 V_{RR} 下刺激强度的作用。在图 3.17(c)和(d)中都可以明显地看到,P_{stim} 必须大于一个临界值约 0.016,才有同步振荡的出现,而且不

同的 V_{RR} 值对这个临界值几乎没有影响,说明使功能柱进入同步状态需要一个刺激的最小强度。当 P_{stim} 超过临界值,则同步性迅速上升,很快达到最大值,V_{RR} 越大,这个爬升的速度就越快,同步性 κ 的峰值出现得就越早,当超过峰值以后,P_{stim} 的增大均使 κ 下降,而且不同的 V_{RR} 下曲线非常接近。说明要使网络较好地同步,需要最佳的 P_{stim}。P_{stim} 过大,将使模型进入持续发放状态,同步性降为 0。网络振荡的频率随着 P_{stim} 增大而单调递增,从 6Hz 变化到 43Hz,覆盖了 α 频率到 γ 频率。

3. 网络对周期性刺激的反应

给网络施加正弦刺激,以考察其行为对周期性输入的反应。P_{stim} 由式(3.40)描述。首先我们选取了以下参数 $V_{RR}=0.3$,$V_{RF}=0.8$,$E_{stim}=0.025$,$A_{stim}=0.01$ 为不变量,当 $\omega=0$Hz 时,即如前面所讨论的恒定刺激,在恒定刺激下的频率称为此参数条件下的功能柱的固有频率。刺激的频率 ω 从 0 到 100Hz 变化,功能柱的输出表现出 3 种反应模式(图 3.18(a))。在图 3.18(b)中输出的功率谱按 ω 排列,表示输出频率和输入频率之间的关系。可以看出,当 $\omega<10$Hz 时,场电位的固有频率叠加在缓慢振荡上。在频谱中,在对角线上的峰表示输出频率中对应输入频率的成分,在 30Hz 处另有频率响应,也就是模型在最大输入 $P_{stim}=E_{stim}+A_{stim}=0.04$ 时的固有频率。当 $\omega>10$Hz 且 <30Hz 时,频谱中只有输入频率可见,网络的固有频率被外界输入同步化。当 ω 大于 30Hz 时,场电位中又可见到两个波叠加的情况。此时频谱中除输入频率外,另有 25Hz 左右的响应,并且随着 ω 增加,该峰逐渐向低频偏移并逼近 20Hz,也就是功能柱在平均输入 P_{stim} 下的固有频率,同时频谱中输入频率的峰值也逐渐减小。

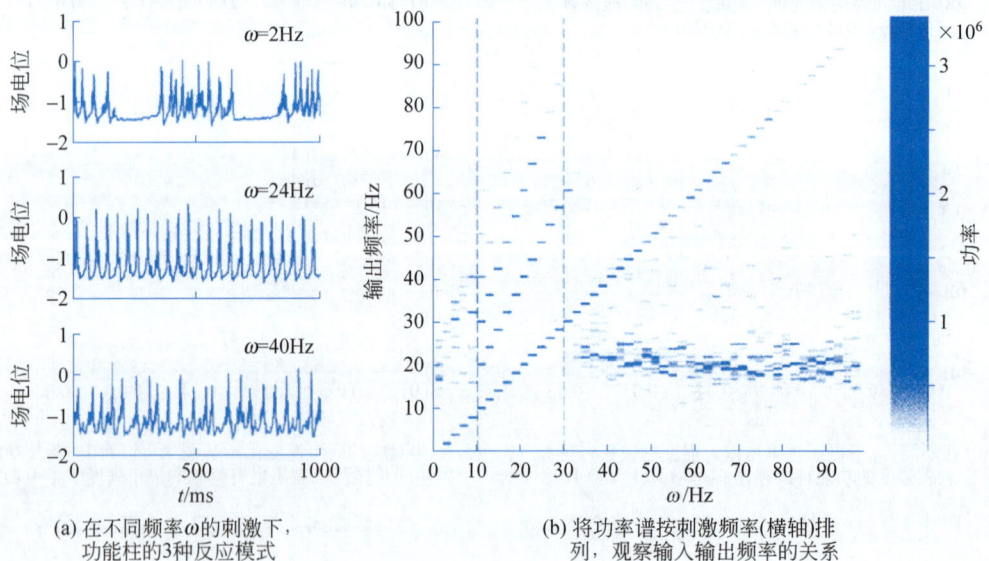

(a) 在不同频率 ω 的刺激下,
功能柱的 3 种反应模式

(b) 将功率谱按刺激频率(横轴)排
列,观察输入输出频率的关系

图 3.18 功能柱对周期性输入的反应

3.8 神经元集群的编码和解码

3.8.1 概述

脑的信息编码研究由来已久,20 世纪 20 年代,阿德里安(Adrian)提出神经动作电位的概念,他在 20 世纪 30 年代进行的实验工作,为揭示大脑信息处理提供了一些基本线索。从

1949年赫布提出的经典细胞群假设,到1972年巴洛(Barlow)的单个神经元的编码假设,以及1996年藤井(Fujii)等提出的动态神经元的集群时空编码假设,不同观点间的争论仍在继续。其中重要的一个问题是:是单个神经元还是神经元集群编码刺激信息是神经元动作电位出现的明确时间还是电位脉冲的平均发放速率携带信息。由于神经系统的高度复杂性,利用现有的实验手段还不能彻底解决神经元信息编码原理。但是现在已有越来越多的实验结果提示我们,神经系统中信息的编码与处理在很大程度上是在特定的发放频率与发放模式的框架下,通过大量神经元构成的集群编码活动完成的。在神经元集群中,每个神经元的活动特性都有其自身的特点,因而存在一定的差异性。然而,它们通过短暂的相关性活动与其他神经元进行相互协调,以神经元群体的整体活动或神经元活动的动态相关关系为特征,来实现对多种信息的并行处理和传递。

目前集群编码作为大脑信息处理的一种通用模型,主要是由于单个神经元对刺激的反应是充满噪声的并且对刺激值的变化缺乏灵敏性这样的实验事实,因此具有代表性的单个神经元所携带的信息是非常低的。大脑要克服这种局限,就必须将信息分配于拥有大量数目的神经元集群来共同携带关于刺激的精确信息。集群编码的一个关键特性在于它的鲁棒性和可塑性,由于信息的编码在许多神经元共同活动的基础上得以完成,因此单个神经元的损伤不至于在太大程度上影响编码过程。集群编码还具有其他一些优点,例如可以降低噪声水平,并有助于短时程信息存储的形成等;同时这种编码方式也具有复杂性和非线性等特性。

神经元集群编码的一种方式是经典放电率模型意义下的群体编码。在早期的研究工作中,人们通过单位时间内动作电位的放电次数,对给定刺激作用下神经元的响应进行描述。这个测量值称为放电率,它一般由刺激诱导的放电率的平均响应(典型情况下呈钟形分布)和叠加于其上的噪声(噪声在每次测量时都有变化)组成。早期人们的注意力主要集中在放电率上,因为该参量较为简单,易于测量且易于理解。虽然不能包含其所代表的各种各样的神经信息,如刺激强度的大小;虽然仍没有完全了解神经信息是如何通过动作电位来编码的,但是动作电位作为神经信息编码的基本单位是无疑的。当然,相应的其他方面的特性,譬如动作电位发生的精确时间关系,即放电序列模式对信息编码来说同样具有重要的意义。

考虑在不同噪声水平和神经元相关性的影响下,通过给定刺激条件下观察记录到的神经元活动,建立描述外界刺激与神经元响应间的对应关系的概率模型已成为研究集群编码的普遍方法,基于这种广泛的共识,产生了大量分析集群编码与解码的研究。有研究如何量化集群编码的信息,罗尔斯(E. T. Rolls)等运用信息理论方法量化猕猴下颞叶可视皮层中神经元集群的编码信息,研究发现编码信息大致随着神经元数目线性增长;佛朗哥(L. Franco)等研究发现编码信息不仅存在于单个神经元的放电次数中,也受神经元活动的互相关性的影响,指出由独立于刺激的神经元互相关性影响产生的基于放电率的编码信息的冗余性是很小的,同时依赖于刺激的互相关性影响对下颞叶可视皮层中的编码信息的贡献也极小。有从熵和互信息来探讨集群编码与解码的特性,康(K. Kang)利用统计动力学方法计算神经元集群的互信息,结果发现在离散刺激下互信息随着集群规模指数饱和,而饱和指数恰恰是不同刺激诱导的神经元响应概率中的Chernoff距离;潘宁斯基(L. Paninski)探讨了集群编码中熵与互信息的非参数估计问题。从计算角度来看,Fisher信息量是衡量编码与解码精度的常用手段和有效指标。例如,阿博特(L. F. Abbott)和戴安(P. Dayan)研究了互相关神经元的放电率差异性对集群编码精度的影响,通过对编码过程的Fisher信息量的计算,指出一般情况下只要集群的规模足够大,相关性并不限制编码精度的增长,并且讨论了某些情形下(例如加性噪声和乘性噪声)相关性怎样提高编码精度；萨默波林斯基(Haim Sompolinsky)等通过 Fisher 信息量的计算发现，相对于不相关的神经元集群，正相关性降低神经网络的估计能力，信息容量随集群中神经元数目增长而趋于饱和，而负相关性则大大提高了集群的信息容量；托约竹米(T. Toyoizumi)研究了对基于峰电位的集群解码(不考虑峰电位发生时刻)中损失的 Fisher 信息量的估计问题。

贝叶斯推理法则是研究神经元集群编码与解码的关键，是量化编码与解码行为的重要方法。早在 1998 年泽梅尔(R. S. Zemel)就给出了贝叶斯原理框架下神经元集群编码与解码活动的概率解释，比较了在外界刺激诱导条件下神经元放电活动的泊松模型、KDE(Kernel Density Estimation)模型与扩展泊松(Extended Poisson)模型的性能，包括编码、解码、似然度与误差分析比较。近年来的理论研究表明，大脑中包括编码与解码的神经计算过程类似于贝叶斯推理过程；目前贝叶斯方法已被成功用于感知与感觉控制的神经计算理论，并且心理物理学上不断涌现的证据也表明大脑的感知计算是贝叶斯最优的，这也导致了尼尔(D. C. Knill)等称之为贝叶斯编码假说。从记录到的神经元放电活动中重构外界刺激或刺激的某些特性，贝叶斯推理为揭示这样的解码过程行为提供了可能。葛杨(Yang Ge)和蒋文新(Wenxin Jiang)探讨了采用逻辑回归混合模型的贝叶斯推断的一致性。

神经元集群编码与解码是神经信息处理的关键问题，是揭示大脑工作机理的理论框架，它的发展能够促进人们对脑的总体功能的认识，为研究更为复杂的高级认知功能提供基本理论与指导方法。基于贝叶斯原理的编码与解码方法能够从总体上大致揭示神经系统信息处理过程的特性，为脑的工作机理作出客观合理的数学解释。

3.8.2　熵编码理论

信息熵是随机事件的不确定性及信息量的量度，又可以反映由偏度、峰度代表的不规律性，因此适合表达非线性的神经元发放编码。熵编码方法包括二值串方法、直接方法、渐近线无偏估计方法、神经元发放间隔方法、神经元发放对数间隔和互信息方法等。

1. 二值串方法

1952 年，麦凯(Mackay)和麦克罗奇(McCulloch)首次把熵的概念用于神经编码的表达，提出了二值串熵编码，该方法的原理是将在 Δt 时间内包含 r 个发放的发放序列离散成多个带宽为 ΔT 的窄带，在每个窄带中根据有无发放分别用"1"和"0"表示编码。这种"1"和"0"序列的熵表达式为

$$S[c] = \log_2({}^{n}C_r) \tag{3.42}$$

$$^{n}C_r = \frac{n!}{r!\,(n-r)!} \tag{3.43}$$

式中，n 为二值串的长度，即窄带 ΔT 的个数；r 为二值串中"1"的个数。

一般二值串都很长，难于计算其长度，所以常用近似公式。当 n、r、$(n-r)$ 都很大，且 $r \ll n$ 时式(3.42)可以转换为

$$S[c \mid M, \Delta\tau] \approx \log_2 \frac{e}{M\Delta\tau} \tag{3.44}$$

式(3.44)中，M 为平均发放频率；ΔT 为窄带的带宽；e 为自然对数。

二值串方法可以近似计算神经元发放序列的熵，但该方法存在"带宽问题"的局限性，即对于不同的发放序列，离散的带宽 $\Delta\tau$ 并没有明确的标准来确定，因此导致计算的熵值可能与实际不符。

2. 直接熵编码

1997 年,普林斯顿大学的史帝文柯(Steveninck)等提出了直接熵编码方法。该编码方法的思路是基于在一个刺激前后的特定时间段内发放的时间之间的联系。编码表达的形式为:将发放序列离散成多个带宽为 Δt 的窄带,在每个窄带中根据有无发放分别用"1"和"0"表示编码,在某一个设定的常数 L 下,由 L 个相邻窄带编码的不同组合表达不同的"词",再根据不同的"词"在整个发放序列中的概率分布计算出发放序列的熵:

$$S = -\frac{1}{L\Delta\tau}\sum_{i=1}^{n}p(w_i)\log_2 p(w_i) \tag{3.45}$$

式中,L 为设定的常数;n 为发放序列中包含的"词"的个数;w 表示长度为 L 的第 i 个"词";$p(w_i)$ 为第 i 个"词"在发放序列中出现的概率。

直接方法的优点是熵与窄带分布和刺激特性无关,但是也同样有如在二值串方法中存在的"带宽问题";同时还存在"数据采样问题",即为了准确估计"词"出现的概率,需要在实验中采集大量的数据,这常常难以实现。

史帝文柯等于 1997 年对苍蝇视觉中枢的运动神经元施加恒定刺激并记录神经元的响应,再应用直接方法用熵定量计算了神经元发放序列的可重复性和变异性,从而研究了在某类特定刺激下神经信息编码的方式。

3. 渐近线无偏估计熵编码

2002 年,维克特(J. Victor)提出了熵编码的渐近线无偏估计方法。方法的基本原理是将神经元发放序列"嵌入"一个矢量空间集,再从欧几里得空间中的有限数据集中估计出此发放序列连续分布的熵。

具体表达编码的方法是将神经元发放序列携带的信息分成两个分布:一个是关于发放计数的分布,即在 Δt 时间内发放个数的分布;另一个是关于发放发生时间的分布。因此可以用离散为窄带的方法来表达发放计数携带的信息编码,用非窄带方法估计发放时间携带的信息编码。该方法使非线性发放序列线性、连续地嵌入矢量空间集,避免了"带宽问题",但是目前该方法的编码结果和实际生理机制相差甚远,与实际应用尚有距离。

4. 神经元发放间隔的熵编码

神经元发放间隔熵编码的主要思路是应用神经元发放脉冲间隔(Inter-Spike Interval,ISI)来表达编码。首先用发放间隔图(Inter-Spike Interval Histogram,ISIH)来表示 ISI 的分布情况,找出合适的间隔概率密度函数 $f_w(w\mid I)$ 来拟合 ISIH,再由 $f_w(w\mid I)$ 计算出 ISI 的熵:

$$S[w] = -\int_{S_w}f_w(w\mid I)\log_e f_w(w\mid I)\mathrm{d}w \tag{3.46}$$

式中,w 表示 ISI 序列;$f_w(w\mid I)$ 为一个合适的条件概率密度函数,例如可以选择 gamma 函数、正态函数或高斯概率密度函数等;S_w 是 $f_w(w\mid I)$ 的定义域。

ISI 熵编码方法可以识别出被"直接方法"所忽略的信息。但是,因为 ISI 的均值就是发放频率的倒数,所以 ISI 熵编码方法在本质上还是一种基于频率的编码方法。目前,应用 ISI 的熵来表达编码已应用于很多神经元和细胞发放序列的分析中,例如 1996 年马修(P. Matthews)用 ISI 熵编码方法分析了人类多种不同肌肉的运动神经元的发放编码,用于解释突触噪声对刺激响应的影响;2001 年凌(G. Leng)等将它用于解释神经元对持续增强的突触输入的抑制效应;2004 年魏特摩(D. Wetmore)和贝克(S. Baker)对猴运动皮质细胞发放编码应用了 ISI 的熵编码方法,得出了猴运动皮质的单个神经元在发放动作电位 30ms 后再次发放的概率逐渐增加的结论;等等。该方法存在的问题是,选择 ISIH 的拟合函数比较困难,拟合精度有待提高。

5. 神经元发放对数间隔的熵编码

神经元发放对数间隔的熵编码在 ISI 熵编码的基础上,用 ISI 的对数值代替 ISI 值作为 ISIH 的横坐标,构造出对数发放间隔图,再用合适的间隔概率密度函数 $f_w(w|I)$ 来拟合对数发放间隔图。布姆勃拉(G. Bhumbra)等提出用双峰高斯函数很好地拟合了多种神经元发放序列的对数间隔。

如果 x 的单位是 $\log_e(\text{ms})$,则双峰函数 $f(x)$ 可以用加权系数 c,两个均值 μ_1 和 μ_2,两个标准差 σ_1 和 σ_2,包含以上 5 个参数的拟合函数如下:

$$f(x) = \frac{c}{\sigma_1\sqrt{2\pi}}e^{-(x-\mu_1)^{2/2\sigma_1^2}} + \frac{1-c}{\sigma_2\sqrt{2\pi}}e^{-(x-\mu_2)^{2/2\sigma_2^2}} \tag{3.47}$$

应用 Levenberg-Marquardt 迭代算法来优化以上 5 个参数,再用 K-S 检验参数 D 来衡量数据和双峰函数的符合程度。式中,D 代表的是期望累积密度和实际累积概率之间的最大差距,期望累积密度函数 $f(x_i \leqslant x)$ 的表达式为

$$f(x_i \leqslant x) = \int_{-\infty}^{x_i} f(x)\mathrm{d}x \tag{3.48}$$

再将 $f(x)$ 代入式(3.46)计算出对数间隔熵。

对数间隔图的局限性是,它不能表达间隔发生次序的信息,因为这些信息可能是很重要的,所以进一步用相邻间隔的互信息来衡量一个发放前后两个间隔之间的信息。计算互信息的过程如下。

(1) 用对数间隔 Y 及其前驱 x 画出对数间隔散点图。

(2) 用一个标准差为对数间隔标准差六分之一的二维高斯核与散点图进行卷积来平滑数据。

(3) 构造联合对数间隔图。

(4) 得出相邻间隔的联合概率质量分布 $P(x_i, y_i)$。

(5) 由 $P(x_i, y_i)$ 计算出前驱间隔 $P(x_i)$ 及后驱间隔 $P(y_i)$ 的边缘概率分布:

$$P(x_i) = \sum_{j=1}^{N_y} P(x_i, y_i) \tag{3.49}$$

$$P(y_i) = \sum_{i=1}^{N_x} P(x_i, y_i) \tag{3.50}$$

式中,N_y 和 N_x 分别是 $P(y_i)$ 和 $P(x_i)$ 的窄带数。$P(x_i)$ 的熵 $S(X)$ 可表示为

$$S(X) = -\sum_{i=1}^{N_y} P(x_i)\log_2 P(x_i) \tag{3.51}$$

(6) 联合概率质量分布 $P(x_i, y_i)$ 的联合熵表示为

$$S(X, Y) = \sum_{i=1}^{N_x}\sum_{j=1}^{N_y} P(x_i, y_i)\log_2 P(x_i, y_i) \tag{3.52}$$

相对熵 $D(X, Y\|XY)$ 表示为

$$D(X, Y\|XY) = S(X) + S(Y) - S(X, Y) \tag{3.53}$$

相对熵 $D(X, Y\|XY)$ 是相邻间隔互信息的近似值。但是此近似值很可能偏高,所以需要引入随机化方法,通过随机和重列进行校正,并可以用 Monte-Carlo 法验证互信息是不是显著的大于 0。

2001 年,菲尔霍(D. Fairhall)将发放对数间隔分析方法应用于苍蝇视觉系统对快速变化

的刺激的响应分析中,揭示了短发放间隔在神经信息表达中的重要性。2004年,布姆勃拉应用发放对数间隔分析方法对鼠视上核神经元核周细胞、抗利尿激素细胞和催产素细胞的发放模式进行了定量比较。该方法也存在对数发放间隔图很难精确拟合的局限性。

上述熵编码方法中,二值串熵编码方法存在对于不同的发放序列,离散的带宽 Δf 没有明确标准,因此导致计算的熵值可能与实际不符的局限性;直接熵编码方法存在为了准确估计"词"出现的概率,需要在实验中大量采集数据,又常常难以实现的局限性;渐近线无偏估计熵编码方法存在与实际应用距离较远的局限性。与以上三种方法相比,应用神经元放电序列对数间隔熵和互信息熵编码方法,通过熵值与互信息的结合,可以更好地表达神经元放电的编码。熵编码方法研究的发展动态之一是结合对数间隔熵和互信息熵,更好地揭示神经元放电编码的机制。

3.8.3 贝叶斯集群编码

在给定的随机模型下,编码与解码通过贝叶斯法则相互联系。这里 r 表征单个神经元或集群神经元在刺激条件下的响应,刺激用相位参量 θ 表示。n 个神经元的响应记为 $r=(r_1, r_2, \cdots, r_i)$,这里 $r_i, i=1, 2, \cdots, N$ 表示用峰电位计数的第 i 个神经元的放电率,当然除了放电率,还有其他描述神经元响应的参量。下面引入描述 N 神经元活动的概率函数。

$P(\theta)$:用参量 θ 表示刺激的概率,它经常被称为先验概率或先验知识。

$P(r)$:实验中记录到的响应 r 的概率。

$P(r, \theta)$:刺激 θ 与记录到的响应 r 的联合分布概率。

$P(r|\theta)$:由刺激 θ 激发响应 r 的条件概率。

$P(\theta|r)$:在响应 r 被记录的条件下刺激为 θ 的条件概率。

这里需要注意的是,$P(r|\theta)$ 是在刺激取值 θ 时观察到放电率为 r 的概率,而 $P(r)$ 表示放电率为 r 时的概率,它不依赖于刺激取的某个特定值,由此 $P(r)$ 可以用 $P(r|\theta)$ 在所有刺激值的概率的权重之和表示,即

$$P(r) = \sum_{\theta} P(r \mid \theta) P(\theta) \qquad (3.54)$$

同理,有

$$P(\theta) = \sum_{r} P(\theta \mid r) P(r) \qquad (3.55)$$

由条件概率的定义,我们知道关于刺激 θ 与响应 r 的联合概率表示为

$$P(r, \theta) = P(r \mid \theta) P(\theta) = P(\theta \mid r) P(r) \qquad (3.56)$$

由此有

$$P(\theta \mid r) = \frac{P(r \mid \theta) P(\theta)}{P(r)} \qquad (3.57)$$

这里假定 $P(r) \neq 0$,此即为从 $P(\theta|r)$ 到 $P(r|\theta)$ 的贝叶斯推理理论。编码可以通过一组关于所有刺激与响应的概率 $P(r|\theta)$ 描述,另一方面,解码某个响应,相当于获取概率 $P(\theta|r)$。由贝叶斯理论,$P(\theta|r)$ 可由 $P(r|\theta)$ 获取,但却需要刺激概率 $P(\theta)$。因此,解码需要用到实验中或自然发生的刺激的统计性质的知识。

3.8.4 贝叶斯集群解码

贝叶斯方法在解码问题上的好处在于促使我们作出明确的假设,在处理似然度时可通过先引入一些简单的假设,然后研究怎样使假设越来越实际。这里先给出刺激 θ 下 n 个神经元

放电率分别为 r_i 的联合似然度为 $P(r_1,r_2,\cdots,r_n|\theta)$。如果知道刺激 θ,并且单个神经元的放电率依赖于 θ 且独立于其他神经元的放电率,则假定不同神经元放电率在刺激 θ 下是条件独立的,则有

$$P(r_1,r_2,\cdots,r_n\mid\theta)=\prod_{i=1}^{n}P(r_i\mid\theta) \tag{3.58}$$

这个假定意味着所有神经元放电率的联合似然度就等于各自似然度的乘积。

从数学意义上讲,编码过程可用在给定刺激 θ 下的条件概率 $P(r|\theta)$ 描述,而解码就是从观察到的集群活动 r 中推断刺激 θ 的值。文献[409]中指出大多数的解码方法可以用极大似然推断(Maximum Likelihood Inference,MLI)或最大化后验估计(Maximize a Posteriori,MAP)来系统的表述,具体通过选择适当的似然函数和关于刺激的先验分布来实现。它们可以归纳为如下的一致方法。

由贝叶斯法则,在给定 r 的条件下关于刺激 θ 的后验分布 $P(\theta|r)$ 为

$$P(\theta\mid r)=\frac{P(r\mid\theta)P(\theta)}{P(r)} \tag{3.59}$$

这里,$P(r|\theta)$ 为似然函数;$P(\theta)$ 为关于 θ 的分布,表征先验知识;$P(r)$ 为标准化因子。MAP 就是通过对后验分布的对数 $\ln P(r|\theta)$ 的最大化来实现对刺激的估计,即

$$\hat{\theta}=\underset{\theta}{\arg\max}\ln P(\theta\mid r)=\underset{\theta}{\arg\max}[\ln P(r\mid\theta)+\ln P(\theta)] \tag{3.60}$$

当先验知识 $P(\theta)$ 未知或平直,MAP 还原为 MLI:

$$\hat{\theta}=\underset{\theta}{\arg\max}\ln P(r\mid\theta) \tag{3.61}$$

注意,在解码阶段,由估计者假定的 $P(r|\theta)$ 如果等于实际的模型 $Q(r|\theta)$,就称该估计者运用了一个可置信模型;当 $P(r|\theta)$ 不等于 $Q(r|\theta)$,则称为非置信模型。运用非置信模型主要基于两个原因,一是解码系统经常不知道编码系统的精确信息,因此不得不使用非置信模型,特别是对实验中的数据分析;二是通过合适的简化的非置信模型,可以在不牺牲太多的解码精度的要求下,实现对计算成本的大幅降低。

极大似然推理类型估计量 $\hat{\theta}$ 的获得可通过最大化似然对数 $\ln P(r|\theta)$ 得到,即解方程 $\nabla\ln P(r|\hat{\theta})=0$,这里 $\nabla P(s)$ 表示 $\mathrm{d}P(s)/\mathrm{d}s$,$P(r|\theta)$ 称为解码模型。这里考虑三种解码模型,它们都采用极大似然推理,定义如下。

(1) 置信模型 $P_F(r|\theta)$(Faithful Model),它用到所有的编码信息,解码模型就是真实的编码模型,即 $P_F(r|\theta)=Q(r|\theta)$,这种方法简记为 FMLI。

(2) 非置信模型 $P_U(r|\theta)$(Unfaithful Model),它运用描述神经元响应活动的调置函数的信息,但是却忽略神经元之间的相关作用,简记为 UMLI。

(3) 矩法(也称为矢量法)模型 $P_C(r|\theta)$,它并不涉及运用编码过程的任何信息,但却对调置函数作出了粗糙的简单假定,同时忽略神经元之间的相关作用,简记为 COM。

这里需要指出的是,利用非置信模型(例如 $P_U(r|\theta)$ 或 $P_C(r|\theta)$)有重要的意义。当实验研究人员从记录到的数据中重建刺激时,它们实际上运用的是非置信模型,因为真实的编码过程是无从知道的。进一步讲,真实的神经元之间的相关性经常是复杂的并且随着时间变化,导致大脑很难存储并利用所有这些信息,因此基于非置信模型的极大似然推理(忽略信息的某些方面)是解决这样的信息"灾难"的关键。

第4章

心 智 模 型

心智(Mind)是人类全部精神活动,包括情感、意志、感觉、知觉、表象、学习、记忆、思维、直觉等,人们用现代科学方法来研究人类非理性心理与理性认知融合运作的形式、过程及规律。建立心智模型的技术常称为心智建模,目的是探索和研究人的思维机制,特别是人的信息处理机制,同时也为设计相应的人工智能系统提供新的体系结构和技术。

4.1　心智建模

智能科学的类脑智能研究与心智的计算理论有密切的关系,一般采用模型表示心智是怎样工作的,理解心智的工作机理。1980年,纽厄尔首先提出了心智建模的标准。1990年,纽厄尔把人类心智描述为一组功能约束,提出心智的13条标准。2003年,在纽厄尔13条标准的基础上,安德森等提出 Newell 测试,判断人类心智模型要满足的标准以及更好工作所需要的条件。2013年,文献[344]分析了心智模型的标准。为了更好地构建心智模型,这里综合讨论心智建模的标准。

1. 灵活的行为

纽厄尔在1990年的《统一的认知理论》一书中,重申第一条标准"行为灵活地作为环境的函数"。在1980年纽厄尔认为,心智的普适性是最重要的标准。对纽厄尔来说,人类行为的灵活性反映心智的普适性;行为是环境的任意函数。

纽厄尔认为人类心智的灵活性与现代计算机的特点相同。他认识到这种能力的创建与普适计算的形式化表示难度相同。例如,记忆有限性使人不能等效于图灵机(具有无限的带子),并且频繁的移动影响人展示完美的行为。不过,纽厄尔认识到人类认知的真正的灵活性应该与计算的普适性相同,就像现在把现代计算机描述为等效的图灵机一样,尽管它有物理限制和偶然的误差。

当计算的普适性是人类认知的事实时,即使计算机具有专业化的处理器,它不应该看作仅执行各种各样具体的认知功能。而且,表明人们学习一些事情比其他设备容易得多。在语言领域里强调"自然语言",自然语言的学习比非自然语言容易得多。常用的人工制品只是非自然系统的一小部分。当人们可能逼近计算普适性,只是获得可计算函数的极小部分,并且给予执行。

评价分级:一种理论是否好,它应该相对直截了当地回答它是否是通用可计算的。这并不是说,该理论会容易发现一切等同的事情,或者说人的表现将永远不会出现错误。

2. 实时性

对于一个认知理论来说,仅有灵活性还是不够的,它必须解释人怎样能在实时的条件下完成,这里"实时"表示人执行的时间。作为对神经网络了解的人,认知增加了限制。实时是对学习和执行同样的限制。如果学习某些事情,需要花费毕生的时间,原则上这种学习是不好的。

评价分级:如果一个理论是特定的约束,可以快速地实现处理的过程,那么对于任何人类认知的特定情况下,它是否能够决定实时实现是不重要的。这不可能证明该理论满足所有人类认知情况的实时约束,能否满足必须看具体情况。

3. 自适应的行为

人类不只是进行奇妙的智力计算,而且要选择满足他们需要的计算。1991年,安德森提出有两级自适应性:一级是系统结构的基本过程和相关的形式,提供有用的功能;另一级是整个系统看作一个整体,它的整个计算是否满足人们的需要。

评价分级:纽厄尔认为短时记忆模型不具备自适应的功能。在SOAR系统中,可以探讨它的机制是否允许行为具有真实世界的功能。

4. 大规模的知识库

人的自适应性关键的一点是可以访问大量的知识。也许人的认知与各种各样的"专家系统"的最大区别在于,大多数情况下人有采取适当行动的必要知识。不过,大规模的知识库会产生问题。不是所有知识都同样可靠或者同等相关。对于当前情况来说,相关的知识能迅速变得不相关。成功地存储全部知识和在合理时间内检索相关的知识可能有严重问题。

评价分级:为了评估这一标准,需要确定性能随知识规模变化的情况。同样,理论是否被良好规定,这个标准遵循实际的分析。当然,系统的规模对性能是有影响的。

5. 动态行为

在现实世界中,不像求解迷宫、河内塔问题那么简单。世界的变化不是我们能期望的,也不能控制。即使人们的行为想控制世界,但会有想不到的效果。处理动态的、无法预测的环境是全部生物体生存的前提。鉴于人们已经为他们自己的环境建立复杂性分析,对动态反应的需要主要是面临认知问题。处理动态行为需要有感知和行动的理论以及认知理论。情景认知的工作强调由于外部世界的结构认知怎样出现。这一立场的支持者争辩说,全部认知是外部世界的反映。这与较早认为认知可以无视外部世界是一个鲜明的对照。

评价分级:怎样才能创建一个系统测试"动态意外"?当然,典型的实验室这种乏味的工作是通过试验进行的。适当的测试需要将这些不受控制的环境插入系统中。在这方面,一个很有前途的类似测试是在这些系统中构建认知智能体,并且插入真实的或合成的环境里。例如,纽厄尔的SOAR系统在空军任务的模拟中成功地模拟飞行员,涉及包括飞行员在内的5000个智能体。

6. 知识集成

纽厄尔称这条标准为"符号和提取"。纽厄尔对这条标准的评论出现在他的《统一的认知理论》一书中:"心智能够使用符号和提取。我们知道,只是观察自己。"他好像从未承认,这个问题有什么争论。纽厄尔认为符号、方程式之类的外部符号,其存在大概很少有争论。他认为符号就是表处理语言的具体事例。许多符号没有直接的意思,与哲学的讨论或者计算的效果不同。在纽厄尔意义上,符号作为分级标准,不可能安装。但是,如果我们注意他的物理符号的定义,就会明白这条标准的合理性。

评价分级:建议评审该理论是否能够产生人们智能活动的能力特点组合,例如推理、归纳、隐喻和类比。操纵系统产生任何特定的推论始终是可能的,是有限制的正常能力的智力结合。系统应该能够重现日常人们显示的智力组合,这源于动作始终发自身体的局部,在有限空间内有限的知识是可编码的,人类心智包含大量的知识。因此,编码知识必须在空间上传播出去,它被存储在处理需要它的地方。符号是实现远程访问所需的工具。符号把人类理性概念有关的最密切知识联系在一起进行推理。

7. 自然语言

自然语言是人类符号操纵的基础。相反,在何种程度上符号操纵是自然语言的基础。纽厄尔认为语言取决于符号操纵。

评价分级:作为测试的一部分,并且是重要的部分,社会上已建立语言处理的测试,有点像读一条消息,并且回答问题。这将涉及语法分析、理解、推理,以及对于有关当前文本的过去知识。

8. 意识

纽厄尔承认意识对整个人类认知的重要性。纽厄尔让我们考虑全部准则,而不是仔细挑选其中之一来考虑。

评价分级:科恩和斯科勒(J. W. Schooler)主编了《意识的科学方法》一书,其中包含了潜意识感知、隐学习和记忆、元认知过程。建议一个理论对这一标准的衡量方法是其在产生这些现象的能力,解释为什么它们是人类的认知功能。

9. 学习

学习好像是人类认知理论的另一个不可控制的标准。一个令人满意的认知理论必须解释人类获得他们竞争力的能力。

评价分级:简单通过询问是否该理论能够学习似乎不够,因为人们必须能够具有许多不同种类的学习能力。建议采取斯奎尔(L. R. Squire)的分类,作为测量理论是否可以解释人类的学习的范围。斯奎尔分类中的主要目录是语义记忆、情景记忆、技巧、启动和条件。他们可能并不明显地区分理论类别,可能有更多种的学习,但是这也代表了大多数人类学习的范围。

10. 发育

发育是纽厄尔最初列出的认知系统结构3条约束的第一条。尽管在假想世界里人们想象相关联的功能与新的认知理论完全成熟,在现实世界中人类的认知被约束在有机体成长和响应体验中展开。

评价分级:与语言标准一样,发育分级也有问题,似乎人类的发育没有很好的整个维度表征。与语言相比,人类发育不是一种能力,而是一种约束,没有公认的测试标准,尽管世界上有很多对儿童发育测试的方法。

11. 进化

人类的认知能力必须通过进化提升。已经提出各种内容-特定的能力,诸如以检测作弊者的能力,或在自然语言的约束,在人类进化史上的特定时间里发生了进化。进化约束的变化是比较约束。人类认知的体系结构与其他哺乳动物有何不同?我们已经将认知可塑性作为人类认知的特征之一,语言也是确定的特征。什么是人类认知系统的基础和独特的认知属性?

评价分级:纽厄尔对采用哪些进化约束表示有些为难。进化约束分级是一个很深的问题,因为关于人类认知发展的数据很少。从对比人类的认知是怎样适应环境(标准3)来看,重建选择性能力的历史可以成为构建标准。最好提出松散的理论,采用进化和比较的方法。

12. 脑

最后的约束是认知的神经实现。最近的研究进展,使可以用作研究认知约束理论的特定脑区的功能数据极大地增加。

评价分级：建立这种理论需要枚举和证明。枚举是把认知体系结构的构成模块映射到脑结构；证明是计算脑结构匹配认知体系结构的模块。令人遗憾的是，脑功能的知识还没有发展到这一步。但是，有足够的知识来部分地实现这样的测试。作为部分的测试，这种测试是相当苛刻的。

心智问题是一个非常复杂的非线性问题，我们必须借助现代科学的方法来研究心智世界。智能科学研究的是心理或心智过程，但它不是传统的心理科学，而是必须寻找神经生物学和脑科学的证据，以便为心智问题提供确定性基础。心智世界与现代逻辑学和数学所描述的可能世界也有明显的区别：逻辑学和数学所描述的可能世界是一个无矛盾的世界，而心智世界则处处充满了矛盾；逻辑和数学对可能世界的认识和把握只能用演绎推理和分析方法，而人的心智对世界的把握则有演绎、归纳、类比、分析、综合、抽象、概括、联想和直觉等多种手段。所以，心智世界比数学和逻辑学所描述的可能世界要复杂、广大得多。那么，我们应该如何从有穷的、无矛盾的、使用演绎法的、相对简单的可能世界进入无穷的、有矛盾的、使用多种逻辑和认知方法的、更为复杂的心智世界呢？这是智能研究要探索的基本问题之一。

总之，智能科学是在当代科学技术发展成就的基础上，为提高人类认知水平，特别是提高人工智能水平而发展起来的一门新兴科学。智能科学的目标就是要揭开人类心智的奥秘，它的研究不仅能够促进人工智能的发展，揭示生命的本质和意义，在促进现代科学特别是心理学、生理学、语言学、逻辑学、认知科学、脑科学、数学、计算机科学甚至哲学等众多学科的发展上，都有非同寻常的意义。

4.2 图灵机

英国科学家图灵(A. M. Turing)于1936年发表著名的《论应用于解决问题的可计算数字》一文。文中提出思考原理计算机——图灵机的概念，推进了计算机理论的发展。1945年，图灵到英国国家物理研究所工作，并开始设计自动计算机。1950年，图灵发表题为《计算机能思考吗？》的论文，设计了著名的图灵测验，通过问答来测试计算机是否具有同人类相等的智力。

图灵提出了一种抽象计算模型，用来精确定义可计算函数。图灵机由一个控制器、一条可无限伸延的带子和一个在带子上左右移动的读写头组成。这个在概念上如此简单的机器，理论上却可以计算任何直观可计算的函数。图灵机作为计算机的理论模型，在有关计算机和计算复杂性的研究方面得到广泛应用。

计算机是人类制造出来的信息加工工具。如果说人类制造的其他工具是人类双手的延伸，那么计算机作为代替人脑进行信息加工的工具，则可以说是人类大脑的延伸。

图灵机是一种无限记忆自动机，如图 4.1 所示。它由以下几部分组成。

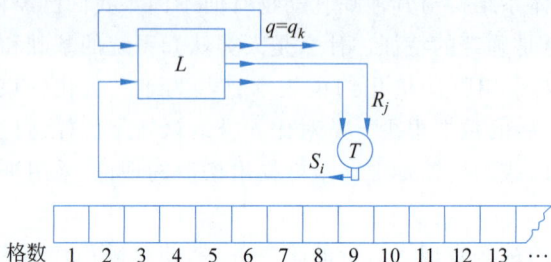

图 4.1 图灵机

（1）一条无限长的纸带。纸带被划分为一个接一个的小格子，每个格子上包含一个来自有限字母表的符号，字母表中有一个特殊的符号表示空白。纸带上的格子从左到右依次被编号为 0，1，2，…，纸带的右端可以无限伸展。

（2）一个读写头。该读写头可以在纸带上左右移动，它能读出当前所指的格子上的符号，并能改变当前格子上的符号。

（3）一个状态寄存器。它用来保存图灵机当前所处的状态。图灵机的所有可能状态的数目是有限的，并且有一个特殊的状态，称为停机状态。

（4）一套控制规则。它根据当前机器所处的状态以及当前读写头所指的格子上的符号来确定读写头下一步的动作，并改变状态寄存器的值，令机器进入一个新的状态。

纸带上的格子可以记录"0"或"1"。在带子上方移动一个读写磁头，它是由有限记忆自动机 L 来控制的。自动机 L 按周期工作，关于符号（0 或 1）的信息，由磁头从带上读出，而馈给 L 的输入。磁头根据在每个周期中从自动机 L 得到的指令而工作，它可以停留不动或向左、向右移动一小格。与此同时，磁头从自动机 L 接收指令，执行收到的指令，它就可以更换记录在磁头下面方格中的符号。

图灵机的工作唯一地决定于带子方格的初始存储和控制自动机的变换算子，这个算子可以表示为转移表的形式。用 S_i（$S_0=0$，$S_1=1$）表示磁头读出的符号；用 R_j[R_0（停止），R_1（左移），R_2（右移）]表示移动磁头的指令；用 q_k（$k=1,2,\cdots,n$）表示控制自动机的状态，则表 4.1 给出了图灵机状态转移表。

表 4.1　图灵机状态转移表

输　入	状　态	
	$S_0=0$	$S_1=1$
q_1	S_0,R_2,q_k	S_1,R_1,q_m
q_2	S_1,R_0,q_s	S_0,R_2,q_1
q_3	S_1,R_1,q_p	S_0,R_2,q_2

从表中看出，自动机 L 的动作依赖于输入 q 和它的状态 S。对于给定值 q 和 S，将有 q、R、S 这三个量的某一组值与之对应。这三个量分别指明，磁头应在磁带上记录什么符号 q，移动磁头的指令 R 是什么，自动机 L 将变到什么新状态 S。在自动机 L 的状态 S 中至少应当有这样一个状态 S^*，对于这个状态来说，磁头不改变符号 q，指令 $R=R_0$（停止），而自动机 L 仍处于停止位置 S^*。

图灵机的结构虽比较简单，但在理论上它却能够模拟现代数字计算机的一切运算，实现任何算法，因此可以看作现代数字计算机的一种数学模型，可以通过对这种模型的研究揭示数字计算机的性质。

4.3　物理符号系统

我们把人看成一个信息加工系统，常称作物理符号系统。用物理符号系统主要是强调所研究的对象是一个具体的物质系统，如计算机的构造系统、人的神经系统、大脑神经元等。所谓符号就是模式，任何一个模式，只要它能和其他模式相区别，它就是一个符号。不同的英文字母就是不同的符号。对符号进行操作就是对符号进行比较，即找出哪几个是相同的符号，哪几个是不同的符号。物理符号系统的基本任务和功能就是辨认相同的符号和区分不同的符号。符号既可以是物理的符号,也可以是头脑中的抽象的符号,可以是计算机中的电子运动模式,也可以是头脑中的神经元的某种运动方式。纸上的文字是物理符号系统,但这是一个不完善的物理符号系统,因为它的功能只是存储符号,即把字保留在纸上。一个完善的符号系统还应该有更多的功能。

图 4.2 给出了物理符号系统的一种框架,它由记忆、一组操作、控制、输入和输出构成。它通过感受器输入,输出是确定部位的修改或建立。那么,它的外部行为就由输出组成,它们的产生是输入的函数。大的环境系统加上物理符号系统就形成封闭系统,因为输出变成后面的输入,或者影响后面的输入。物理符号系统的内部状态由它的记忆和控制的状态构成。它的内部行为由这些内部状态的全部变化构成。

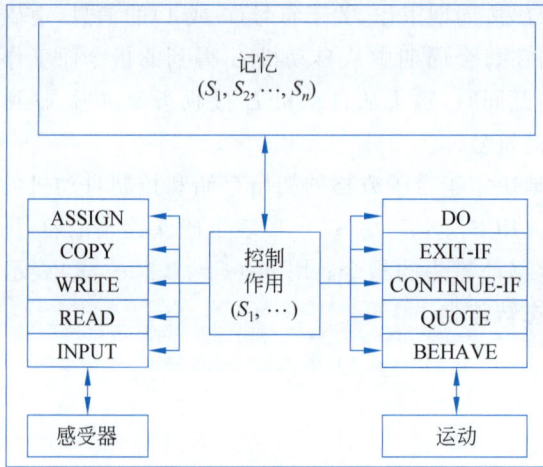

图 4.2　物理符号系统

图 4.2 中,记忆是由一组符号结构 $\{E_1, E_2, \cdots, E_m\}$ 组成的,在整个时间里它们在数量和内容上是变化的。符号结构的内部改变称作表达。为了定义符号结构给出一组抽象符号 $\{S_1, S_2, \cdots, S_n\}$。每种符号结构都具有给定的类型和一些不同的作用 $\{R_1, R_2, \cdots\}$,每种作用包括一个符号。采用显式表示,可以写成

$$(\text{Type}: T\ R_1: S_1, R_2: S_2, \cdots, R_n: S_n)$$

若用隐式表示,则写成

$$(S_1, S_2, \cdots, S_n)$$

纽厄尔规定了 10 种操作符,每一个操作符在图中表示一块。这 10 种操作符的功能如下。

(1) 赋值符号(Assign a Symbol):建立符号与项之间的基本关系。对项赋值,称为存取。符号可以赋给项,而不能赋给表达式。存取一个操作符意味着存取它的输入、输出和唤醒机制。存取给定类型的作用意味着存取作用的符号,这种作用与给定类型的表达式有关,并在那种作用写入新的符号。

(2) 复制表达式(Copy Expression):将表达式和符号加到系统里,新的表达式是输入表达式准确的复制,即在各种作用中具有完全相同的类型和符号。

(3) 写表达式(Write an Expression):建立任何规定内容的表达式。它并不建立任何新的表达式,而是修改它的输入表达式。

(4) 写(Write):在给定的作用下建立一个符号。

（5）读（Read）：在规定作用下读符号。

（6）执行序列（Do Sequence）：使系统按规定的序列执行任何动作。

（7）条件退出和条件继续（Exit-if and Continue-if）：系统行为有条件地继续执行一个序列，或从中退出。

（8）引用符号（Quote a Symbol）：控制自动地解释被运行的表达式。

（9）外部行为（Behave Externally）：符号系统可控的外部行为的集合。

（10）环境输入（Input from Environment）：利用记忆中新建立的表达式将外部环境的输入录入系统中。

系统行为受控制部分管理。这也是一个机器，它的输入包括操作符。控制行为是由连续的解释组成，这些解释就是运行的表达式。图4.3给出了控制操作。控制连续地解释运行的表达式。每个解释结果最终是一个符号。其他影响可以在解释作用时发生，它们也是解释的一部分。

控制解释运行的表达式，首先判断它是否是一个程序符号结构。这样，控制可以感知结构类型。如果它不是一个程序，那么，解释的结果正好是符号本身。

```
Interpret the active expression:
  If it is not a program:
    Then the result is the expression itself.
  If it is a program:
    Interpret the symbol of each role for that role;
    Then execute the operator on its inputs;
    Then the result of the operation is the result.
Interpret the result:
  If it is a new expression:
    Then interpret it for the some role.
  If it is not a new expression:
    Then use as symbol for role.
```

图4.3　符号系统控制操作

如果运行的表达式是程序，那么，控制处理执行程序规定的操作。但是，程序中实际符号对操作符的作用和它的输入本身必须能被解释。这些符号不应是操作符和输入，而解释的程序是这些符号。这样，控制解释程序中的每一个符号，直到它最后得到可用作操作符或输入的实际符号。那么，实际它通过发送输入符号到合适的操作符执行操作，唤醒它，并取回操作符产生的结果。

然后，控制解释结果。如果它是一个新表达式，那么就处理解释；如果不是新的表达式，最终得到符号。

我们可以将物理符号系统的功能简化成如下。

（1）输入符号。

（2）输出符号。

（3）存储符号。

（4）复制符号。

（5）建立符号结构：通过找到各种符号之间的关系，在符号系统中形成符号结构。

（6）条件转移：如果在记忆中已经有了一定的符号系统，再加上外界的输入，就可以继续完成行为。

具备上面6种处理功能的物理符号系统就是一个完整的物理符号系统。人能够输入符号，如用眼睛看、用耳朵听、用手摸等。通过说话、写字、画图等动作输出，人类可以把输入保存在头脑里，叫作记忆。人通过学习接收信息，然后对符号进行不同的组合，得到新的关系，组成新的符号系统，这是第4项和第5项功能，即复制和建立新的结构。一个物理符号系统可以根据原来存储的信息，加上当前的输入而进行一系列活动，这就是条件转移。事实上，现代的计算机都具备物理符号系统的这6种功能。

1976年，纽厄尔和西蒙提出了物理符号系统假设，说明物理符号系统的本质，主要假设内容如下。

(1) 物理符号系统假设：物理系统表现智能行为必要和充分的条件是它是一个物理符号系统。

(2) 必要性意味着表现智能的任何物理系统将是一个物理符号系统的示例。

(3) 充分性意味着任何物理符号系统都可以进一步组织表现智能行为。

(4) 智能行为就是人类所具有的那种智能：在某些物理限制下，实际上所发生的适合系统目的和适应环境要求的行为。

由此可见，既然人具有智能，它就是个物理符号系统。人类能够观察、认识外界事物、接受智力测验、通过考试等，这些都是人的智能的表现。人之所以能够表现出智能，就是基于他的信息加工过程。这是由物理符号系统的假设得出的第一个推论。第二个推论是，既然计算机是一个物理符号系统，它就一定能表现出智能，这是人工智能的基本条件。第三个推论是，既然人是一个物理符号系统，计算机也是一个物理符号系统，那么我们就能用计算机来模拟人的活动。我们可以用计算机在形式上来描述人的活动过程，或者建立一个理论来说明人的活动过程。

1981 年，纽厄尔以物理符号系统为中心，以纯认知功能为基础建立了纯认知系统模型，如图 4.4 所示。

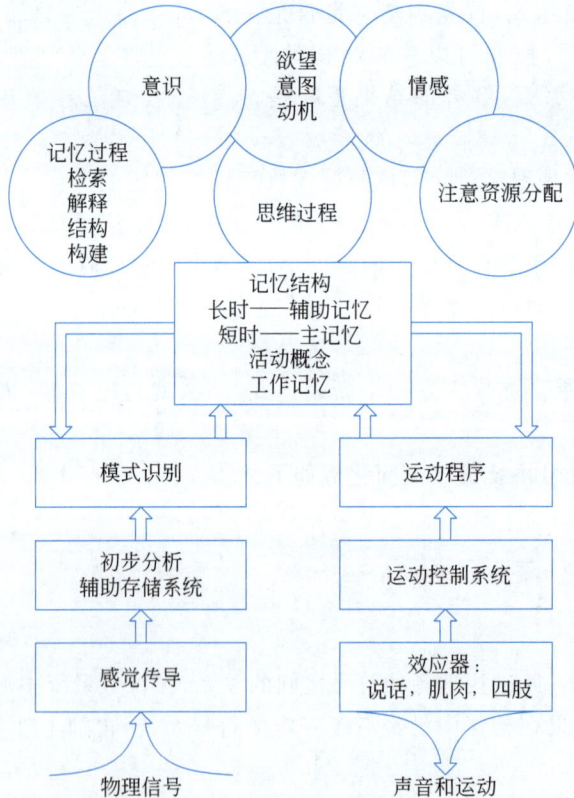

图 4.4 纯认知系统模型

4.4 ACT 模型

美国心理学家安德森于 1976 年提出系统的整合理论与人脑如何进行信息加工活动的理论模型，简称 ACT(Adaptive Control of Thought)模型，原意为"思维的自适应控制"。安德森

介，如记忆库中复制出来。由此一来，记忆中的"我"作为本质上的"我"，可以在计算机里保存，记忆可以被复制、移植和数字化运作，成为真实自我的数字展现。这样，即使在计算机里，"我"仍可以得到同以前完全相同的体验。对作为自我意识的数字化除了可以设想复制后移出外，还可以有一种反向的过程，就是将体外的自我意识——可以是他人的自我意识，也可以是经过机器加工处理后的自我意识——移入自我的头脑，从而形成新的自我意识。

4.7　CAM 心智模型

在人的心智中，记忆和意识是最为重要的两部分。其中记忆存储各种重要信息和知识，意识让人有自我的概念，能根据需求、偏好设定目标，并根据记忆中的信息进行各种认知活动。我们主要基于记忆和意识构建了 CAM(Consciousness and Memory)心智模型。如图 4.7 所示，CAM 包括 10 个主要模块，简单介绍如下。

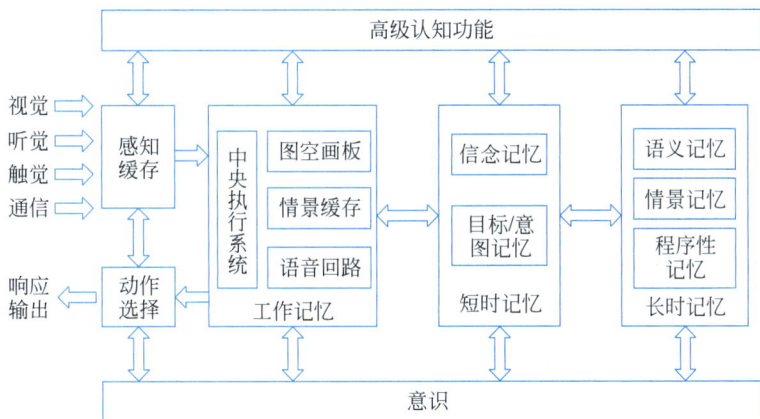

图 4.7　CAM 的系统结构

1. 视觉

人的感觉器官包括视觉、听觉、触觉、嗅觉、味觉。在 CAM 模型中重点考虑视觉和听觉。视觉系统使生物体具有视知觉能力。它使用可见光信息构筑机体对周围世界的感知。根据图像发现周围景物中有什么物体和物体在什么地方的过程，也就是从图像中得到对观察者有用的符号描述的过程。视觉系统具有将外部世界的二维投射重构为三维世界的能力。需要注意的是，不同物体所能感知的可见光处于光谱中的不同位置。

外界的物体在视网膜成像时，实际上是光线这个刺激因素被视网膜的感光细胞(视杆细胞和视锥细胞)转变为电信号，后者经视网膜内双极细胞传到神经节细胞形成神经冲动，即视觉信息。视觉信息再经视神经传向脑。双极细胞可看成视觉传导通路的第 1 级神经元，神经节细胞是第 2 级神经元。很多神经节细胞发出的神经纤维组成较粗大的视神经，视神经在眼球的后端离开眼球向后进入颅腔，这时，左右侧的视神经发生了交叉，交叉的部位称为视交叉。视束在大脑底面向后连于外侧膝状体。外侧膝状体是一个重要的视觉信息传导的中间站，其中含有的第 3 级神经元，它们发出的大量纤维组成所谓的视辐射，视辐射的纤维最后投射到大脑枕叶的视觉中枢，即视皮质。视觉信息只有传到脑的视觉皮层并经过处理、分析，才能最后形成主观的视觉感受。

视觉皮层是指大脑皮层中主要负责处理视觉信息的部分，位于大脑后部的枕叶。人类的视觉皮层包括初级视皮层(V1,也称纹状皮层)以及纹外皮层(V2,V3,V4,V5等)。初级视皮层位于17区。纹外皮层包括18区和19区。

初级视皮层(V1)的输出信息送到两个渠道,分别称为背侧流和腹侧流。背侧流起始于V1,通过V2,进入背内侧区和中颞区(MT,亦称V5),然后抵达顶下小叶。背侧流常被称为"空间通路",参与处理物体的空间位置信息以及相关的运动控制,例如眼跳和伸取。腹侧流起始于V1,依次通过V2、V4,进入下颞叶。该通路常被称为"内容通路",参与物体识别,例如面孔识别。该通路也与长时记忆有关。

2. 听觉

人们之所以能听到声音、理解言语,是依赖于整个听觉通路的完整性,它包括外耳、中耳、内耳、听神经及听觉中枢。听觉通路在中枢神经系统之外的部分称为听觉外周,在中枢神经系统内的部分称为听觉中枢或中枢听觉系统。听觉中枢纵跨脑干、中脑、丘脑的大脑皮层,是感觉系统中最长的中枢通路之一。

声音信息自周围听觉系统传导至中枢听觉系统,中枢听觉系统对声音有加工、分析的作用,像感觉声音的音色、音调、音强、判断方位。此外,还有专门分化的细胞,对声音的开始和结束分别产生反应。传到大脑皮层的听觉信息还与大脑中管理"读""写""说"的语言中枢相联系,有效完成人们经常用到的读书、写字、说话等功能。

3. 感知缓存

感知缓存又称感觉记忆或瞬时记忆,是感觉信息到达感官的第一次直接印象。感知缓存只能将来自各感官的信息保持几十到几百毫秒。在感知缓存中,信息可能受到注意,经过编码获得意义,继续进入下一阶段的加工活动,如果不被注意或编码,它们就会自动消退。

各种感觉信息在感知缓存中以其特有的形式继续保存一段时间并起作用,这些记忆形式就是视觉表象和声音表象,称视象和声象。表象可以说是最直接、最原始的记忆。表象只能存在很短的时间,如最鲜明的视象也不过持续几十秒钟。感觉记忆具有下列特征。

(1) 记忆非常短暂。

(2) 有能力处理像感受器在解剖学和生理学上所能操纵的同样多的物质刺激能量。

(3) 以相当直接的方式进行信息编码,瞬时保存感觉器官传来的各种信号。

4. 工作记忆

工作记忆由中枢执行系统、视觉空间画板、语音回路和情景缓存构成。中枢执行系统是工作记忆的核心,负责各子系统之间以及它们与长时记忆的联系、注意资源的协调和策略的选择与计划等。视觉空间画板主要负责存储和加工视觉空间信息,可能包含视觉和空间两个分系统。语音回路负责以声音为基础的信息的存储与控制,包含语音存储和发音控制两个过程,能通过默读重新激活消退的语音表征防止衰退,而且还可以将书面语言转换为语音代码。情景缓存记忆跨区域的连接信息,以便按时间次序形成视觉、空间和口头信息的集成单元,例如一个故事或者一个电影景物的记忆。情景缓存也联系长时记忆和语义的内容。

5. 短时记忆

短时记忆存储信念、目标和意图的内容。它们响应迅速变化的环境条件和智能体的运作方案。知觉的短时记忆存储相关物体的关系编码方案和经验期望编码的预先知识。

6. 长时记忆

长时记忆的信息保持时间长,容量大。长时记忆按其内容不同,可分为语义记忆、情景记忆和程序性记忆。

（1）语义记忆存储的信息是词、概念、规律，以一般知识做参考系，具有概括性，不依赖于时间、地点和条件，不易受外界因素干扰，比较稳定。

（2）情景记忆的信息是个人亲身经历的、发生在一定时间和地点的事件（情景）的记忆，容易受各种因素的干扰。

（3）程序性记忆是指关于技术、过程或"如何做"的记忆。程序性记忆通常较不容易改变，但可以在不自觉的情况下自动行使，可以只是单纯的反射动作，或是更复杂的一连串行为的组合。程序性记忆的例子包括学习骑脚踏车、打字、使用乐器或是游泳。一旦内化，程序记忆是可以非常持久的。

7. 意识

意识（Consciousness）是一种复杂的生物现象，哲学家、医学家、心理学家对于意识的概念各不相同。从智能科学的角度，意识是一种主观体验，是对外部世界、自己的身体及心理过程体验的整合。意识是一种大脑本身具有的"本能"或"功能"，是一种"状态"，是多个脑结构对于多种生物的"整合"。在心智模型 CAM 中，意识是关注系统的觉知、全局工作空间理论、动机、元认知、注意、内省学习等自动控制的问题。

8. 高级认知功能

脑的高级认知功能包括学习、记忆、语言、思维、决策、情感等。学习是通过神经系统不断接受刺激，获得新的行为、习惯和积累经验的过程，而记忆是指学习得到的行为与知识的保持和再现，是每个人每天都在进行着的一种智力活动。语言和高级思维是人区别于其他动物的最主要因素。决策是指通过分析、比较，在若干可供选择的方案中选定最优方案的过程，也可能是对不确定条件下发生的偶发事件所做的处理决定。情感是人对客观事物是否满足自己的需要而产生的态度体验。

9. 动作选择

动作选择是指由原子动作构建复杂组合动作，以实现特定任务的过程。动作选择可以分为两个步骤，首先是原子动作选择，即从动作库选择相关的原子操作。然后，使用规划策略，将选定的原子动作组成复杂动作。动作选择机制可以基于尖峰基底神经节模型实现。

10. 响应输出

响应输出从总体目标开始运动分级，受外周区域输入的情感和动机的影响。基于控制信号，初级运动皮层运动区直接生成肌肉的运动，实现某种内部给定的运动命令。

关于 CAM 心智模型的详细讨论，请参阅著作 *Mind Computation*。

4.8　PMJ 心智模型

认知心理学和认知神经科学的研究成果为阐明人类认知机理提供了大量的实验证据和理论观点，明确认知过程的主要阶段和通路，即感知、记忆和判断阶段以及快速加工通路、精细加工通路和反馈加工通路，傅小兰等构建了 PMJ（Perception，Memory，and Judgment）心智模型，如图 4.8 所示。图中的虚线框内为心智模型，概括了认知的主要过程，包括感知、记忆和判断 3 个阶段（用齿轮圆表示）与快速加工、精细加工和反馈加工 3 类通路（用数字标注的带箭头的线表示）。在每个阶段，认知系统在各种认知机制的约束下接受其他阶段的信息输入，完成特定的信息加工任务，并将加工结果信息输出到其他阶段。各阶段相互配合，实现完整的信息加工过程。每类加工通路表示加工信息的传递。模型中还给出了认知与计算的对应关系，即感知阶段对应于计算流程中的分析,记忆阶段对应于计算流程中的建模,判断阶段对应于计算流程中的决策。

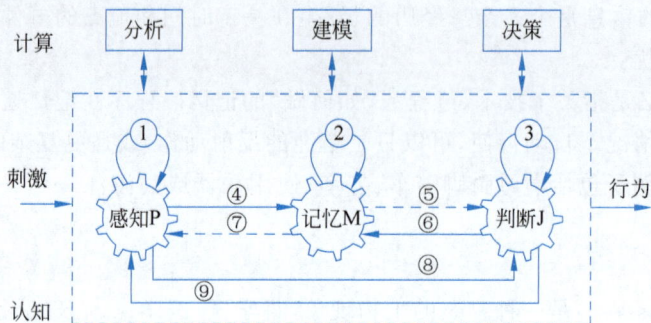

图 4.8 感知、记忆和判断心智模型

根据已有研究成果,PMJ 模型将认知加工的主要通路归纳为快速加工通路(类比于大细胞通路及其关联的皮层通路)、精细加工通路(类比于小细胞通路及其关联的皮层通路)以及反馈加工通路(自上而下的反馈)。

1. 快速加工通路

快速加工通路是指从感知阶段直接到判断阶段的加工过程(如图 4.8 中的⑧),实现基于感知的判断。该过程不需要过多的已有知识经验的参与,主要加工处理刺激输入的整体特征、轮廓以及低空间频率信息,对这些输入信息进行初级粗糙加工,在此基础上进行快速分类判断。视觉显著性特征可以通过快速加工通路进行分类判断。

2. 精细加工通路

精细加工通路是指从感知阶段到记忆阶段,再从记忆阶段到感知和判断阶段的加工过程(如图 4.8 中的④、⑤和⑦),实现基于记忆的感知和判断。该过程依赖于已有的知识经验,主要加工处理刺激输入的局部特征、细节信息以及高空间频率信息,并与长时记忆中存储的知识进行精细匹配,在此基础上进行分类判断。人们对外界的感知通常离不开注意,需要通过注意从众多信息中将有用的信息筛检过滤,存储到记忆系统,继而形成表征。记忆表征自适应的动态记忆系统记忆空间内存储的信息也会随着认知加工活动的进行而动态地建构和变化。

3. 反馈加工通路

反馈加工通路是指从判断阶段到记忆阶段,或者从判断阶段到感知阶段(如图 4.8 中的⑥或⑨)的加工过程,实现基于判断的感知和记忆。认知系统根据判断阶段输出的结果,修正短时或长时记忆中存储的知识;判断阶段输出的结果也会给感知阶段提供线索,使感知阶段的信息加工更加准确高效。

4.9 动力系统理论

随着动力系统理论的研究,认知科学的动力系统基础理论在逐步形成,例如,格罗布斯、罗伯特森(S. S. Robertson)、西伦(E. Thelen)和斯密斯(L. B. Smith)的文章和著作给出了认知的动态理解思路。特别是冯·盖尔德(T. van Gelder)和波特(R. Port)于 1995 年出版了一本关于认知科学的动力理论的书,提出认知科学的动力学研究思路,被作为认知科学第三种竞争范式的宣言。此书引起了较大反响,如华盛顿大学伊莱斯密斯(C. Eliasmith)于 1996 年发表了

《第三种竞争范式：对认知的动力理论的批判性考察》，其后也有其他人的热烈讨论。

冯·盖尔德针对 20 世纪 80 年代以后符号主义、联结主义范式所产生的困难，提出他的动力学假说。对于认知科学中的时间、构架、计算和表征等概念都提出了不同的解释。冯·盖尔德认为纽厄尔、西蒙的计算主义假说或物理符号系统假说：自然的认知系统在物理符号系统的意义上是智能的。

用动态眼光理解认知的还有丘奇兰德(P. S. Churchland)和谢诺沃斯基(Sejnowski)，他们把所拥护的联结主义假说表述为"突现性是以系统的某种方式依赖于低层现象的高层结果"。他们认为通过构架的低层神经网络的作用能达到复杂的认知效果，直觉过程是一种亚概念的联结主义动力系统，它不接受完全的、形式化的、精确的概念层次的描述。用亚概念网络把自然认知系统看作动力神经系统最好的理解。有一种假设认为，人意向性意识涌现于集群系统动力学，并由环境激发。

动力系统类包括任何随时间变化的系统，广泛用于对自然界的描述。动力论者期望勾画一类特殊的能恰当描述认知的动力系统。于是 1995 年冯·盖尔德给出他的动力学假说，认为自然的认知系统是某种动力系统，而且从动力学眼光理解认知系统是最好的理解。动力学假说是以数学的动力系统理论为基础描述认知的，用数学中的状态空间、吸引子、轨迹、确定性混沌等概念来解释与环境相互作用的智能体的内在认知过程。用微分方程组来表达处在状态空间的智能体的认知轨迹。换句话说，认知是作为智能体所有可能的思想和行为构成的多维空间被描述的，特别是通过在一定环境下和一定的内部压力下的认知主体的思想轨迹来详尽考察认知的。认知主体的思想和行为都受微分方程的支配。系统中的变量是不断进化的，系统服从于非线性微分方程，一般来讲是复杂的，是确定的。

下面简单介绍几种动力系统模型。

1. 循环动作行为模型（Cyclical Motor Behavior Model）

罗伯特森曾用动力学方法对新生婴儿的自发的动作行为中的循环做了大致勾画。罗伯特森采集了大量的关于新生婴儿呈现的自发的动作行为的数据。由于这些经验数据的有效性，这个动力系统模型是少有的几个能够充当动力系统模型的。而且许多人认为，这是一种可定量化的生理学行为的一种非隐喻的动力描述，恐怕较临床心理学的研究结果更能让人欣然接受。

罗伯特森后来过滤了观察状态空间，获得了带有少数自由度的一个理想的动力模型，似乎能够模拟循环动作的随机过程。但是至今还没有完美的动力系统模型。距离建立一种使状态变量和参数与生理学和环境因素有清楚对应的关于循环动作的动力系统模型的目标，还有相当长一段距离。

2. 嗅球模型（Olfactory Bulb Model）

1987 年，斯卡德(C. A. Skarde)和弗里曼(W. J. Freeman)的论文"为了了解世界大脑是如何制造混沌的"大致勾勒了这个模型并进行了一定程度的实验，这是一个基于嗅觉的神经过程的考察，借助复杂动力系统理论描述感受器官的神经系统的各种复杂状态，包括描述混沌神经元活动及其有规律的轨迹而提出的精致模型。2000 年，弗里曼提出了"介观脑动力学"，由神经元到脑之间建立桥梁。冯·盖尔德、格罗布斯、巴顿(Bardon)和纽曼等都承认它可以作为动力系统模型。

3. 动力振荡理论模型（Motivational Oscillatory Theory）

动力振荡理论是一个关于循环的动力系统的模型，是冯·盖尔德推荐作为动力论假说范例的一个简化的动力系统模型。但是这个系统最大的问题就是如何正确选择系统的参数。因为对于动力系统而言,是对初值敏感的,"改变动力系统的一个参数就改变了它的整个动力学"。

动力论的认知范式与其他范式的一个重要区别是对表示的不同理解。符号主义模型是以符号表示为基础的。联结主义的表示是以网络中的并行式表示或局部符号表示为基础的。但动力论的认知范式则宣称,一个动力模型应当是"无表示的"。

动力系统理论对认知行为的连续性提供了随时间变化的自然主义的说明。这是其他范式不能说明的,其他范式一般来讲是忽略时间概念的。但人类大脑与环境之间是随时有信息交流的,而且是不断变化的,暂态的连续的认知是随时间变化的。

动力系统理论的优势是对认知的描述是多元的,是一种经验可检验的理论,可以对描述认知系统的微分方程进行分析修正,也可以用已知的技术去求解这些方程,比起其他理论,它是一种定量的分析,是理解认知的一种确定性的观点。另一优势是动力系统的描述可以展示人类行为复杂、混沌的特性。动力论者认为,如此对认知的分析描述,应当是已经找到了替代认知科学中的符号主义、联结主义的新范式。如何保证动力系统的各变量和参数的恰当选择、系统的稳定性和可靠性问题,以及对于表示的理解等,是动力系统理论受到质疑之处。

4.10　大脑协同学

大脑中协同作用的科学研究,最早可以追溯到美国科学家斯佩里发现"裂脑人"不能实现左右脑的合作。以后斯佩里、康德尔和尚格等提出思维的神经回路理论。由于大脑有一千亿个神经元,每个神经元与三万个神经元相联系,形成一百万亿到一千万亿个接触点,因此形成大量的不同类型的神经回路。他们提出不同的回路与不同的思维相关。在著名的大脑功能定位学说中,研究神经元的结构和功能及神经网络的形成,一些神经元只感知个别信息,只有经过复杂的神经元的综合与协同,才能形成知觉。在思维生理学中,研究大脑活动机制,其反映为脑电波,由脑电图、脑磁图的特点和变化可以了解思维。苏联科学家鲁比亚在《神经生理学原理》中提出大脑的 3 个不同功能联合区,它们彼此协作。

哈肯(H. Haken)是协同学的创立者,协同学(即"协同工作之学"——哈肯语)是系统科学和非线性科学的基础理论之一。它把耗散视为自组织的条件,把协同当作自组织的动力,从一个崭新的角度揭示了非平衡态中自组织的形成和发展过程的规律。哈肯特别专注于协同学在脑科学和人工智能等学科中的应用研究,先后发表了《协同计算机和认知——神经网络的自上而下方法》和《大脑工作原理——脑活动、行为和认知的协同学研究》两部最有代表性的专著。前者根据"协同形成结构,竞争促进发展"这一相变过程中的普遍规律,提出了"协同计算机"和"协同神经网络"的新概念,指出模式识别就是模式形成,并描述了自上而下的协同计算机构造方法。后者更直接地将非平衡自组织理论运用于人脑这一最复杂系统机理的探究,提出大脑是一种具有涌现性的复杂自组织巨系统的新见解,并建立了用以详尽阐述以上新见解的大量实验结果的具体模型。正如哈肯教授所说:"这些模型皆用一个统一观点——协同学观点——加以表述",我们不妨称之为"大脑协同学认知模型"。哈肯建立的协同学认知模型,运用协同学的一般原理和方法,提出了大脑工作的新见解——大脑是一种具有涌现性的复杂自组织巨系统,从而对大脑功能做出了协同学的解释。

复杂性是开放的复杂巨系统的一种很重要的特性,研究复杂性离不开系统。Santa Fe(圣塔菲)研究所的代表性工作是提炼出了许多很有意义的概念,例如人工生命与混沌的边缘、基因网络与自催化系统、自组织的临界性、复杂自适应系统等。这些概念共同构成了这个研究机构的哲学基础,它以后的工作都是在这一框架下展开的。圣塔菲的研究并没有对生命起源、涌现等问题做出令人满意的答复,但是它所提出的每一个新概念都代表着一种新的态度、一种看待问题的新角度和一种全新的世界观。

加拿大籍奥地利理论生物学家贝塔朗菲(Luduig von Bertalanffy)开创了现代的系统科学。他提出一般系统论是为了阐明对于有生命的物体来说,"整体大于部分之和"。也就是说,系统的特征是不能由孤立的各部分的特征来说明的,因此复合体的特征与元素的特征相比是"新的"或"突然发生的"。他反对生物学中机械论的思想,强调生物学中有机体概念,主张把有机体当作一个整体或系统来考虑,认为生物学的主要任务应当是发现生物系统中一切层次上的组织原理。贝塔朗菲认为机械论的观点是错误的,其主要错误观点:一是简单相加的观点,即把有机体分解为各要素,并采用简单地相加来说明有机体的属性;二是机械观点,即把生命现象简单地比作机器;三是被动反映的观点,即把有机体看作只有受到刺激时才能反映,否则就静止不动。他概括地吸取了生物机体论的思想,并加以发展,提出了新的机体论思想,其主要观点:一是系统观点,认为有机体都是一个系统,并把系统定义为相互作用的诸要素的复合体;二是动态观点,认为一切生命现象本身都处于积极的活动状态,活的东西的基本特征是组织;主张从生物体和环境的相互作用中说明生命的本质,并把生命机体看成一个能保持动态稳定的系统;三是分层观念,认为各种有机体都是按严格的层级组织起来的,生物系统是分层次的,从活的分子到多细胞个体,再到超个体的聚合体,可谓层次分明,等级森严。

普里高津(Ilya Prigogine)对自组织的研究,以及提出所谓的耗散结构理论是对新的东西如何呈现出来的机理的进一步探讨。在他与尼柯利斯(G. Nicolis)合著的《探索复杂性》中表达了自己的指导思想:他们所反叛的是传统物理学家对世界的经典认识观点。自从牛顿以来,可逆性与决定性是物理学家继续经典研究项目的传统理念。但是,无数的科学发现使得人们认识到发生在自然界中的许许多多的基本过程是不可逆的、随机的,那些描述基本相互作用的决定性和可逆性的定律不可能告诉人们自然界的全部真相。而且研究发现在远离平衡态的情况下,分子之间可以互相传递信息,这样对处于远离平衡态的世界进行研究,就可以跨越自然科学的范围而进入人文科学的领域。而相互通信这一点就是维纳在构造他的理论体系时所用的基本概念之一,通过互传信息实现了控制的产生。基于这些理解和认识,普里高津和尼柯利斯将非线性非平衡态系统的概率分析方法同动力学理论,特别是混沌动力学理论所表达的决定性的系统也可以与初始条件很敏感这一特性相结合,从而解释了在我们所处的环境中还有如此多意想不到的规律性。

哈肯于1971年提出协同的概念,1976年系统地论述了协同理论,发表了《协同学导论》,进一步发展了普里高津对这个问题的研究。他们所考虑都是远离平衡态的相变,但是这种从微观或中观到宏观的转变都是有条件的。协同论认为,千差万别的系统,尽管其属性不同,但在整个环境中,各系统间存在着相互影响而又相互合作的关系。其中也包括通常的社会现象,如不同单位间的相互配合与协作,部门间关系的协调,企业间相互竞争的作用,以及系统中的相互干扰和制约等。协同论指出,大量子系统组成的系统,在一定条件下,由于子系统相互作用和协作,这种系统的研究内容可以概括地认为是研究从自然界到人类社会各种系统的发展演变,探讨其转变所遵守的共同规律。应用协同论方法,可以把已经取得的研究成果,类比拓宽于其他学科,为探索未知领域提供有效的手段,还可以用于找出影响系统变化的控制因素,进而发挥系统内子系统间的协同作用。

哈肯认为宏观是指空间、时间或者功能结构,而这些结构对比于所考虑的每一个微观或者中观粒子的性质来说,只不过是一种累加行为而已,是在概率意义上的累加。对于一个描述动力系统的非线性微分方程组来说,采用线性方法进行稳定性分析得出不稳定结果时,在某些条件下可能通过变换变量或方程的方法将变量和方程组的个数缩减为很少几个,对原动力系统的定性分析完全可以通过分析经过缩减后的方程组得到。哈肯在 1996 年的《大脑工作原理》中,系统阐述了他的脑活动和认知的协同学研究结果。大脑功能的传统实验和理论研究以单个细胞为依据,而协同学的注意力集中在整个细胞网络的活动上。表 4.2 给出了它们对有关术语的不同解释。

表 4.2　大脑功能的传统解释与协同学解释

传 统 解 释	协同学解释
细胞	细胞网络
个体	整体
祖母细胞	细胞集体
引导细胞	细胞集体
定域的	非定域的
兴奋印迹	分布信息
编程计算机	自组织的
算法的	自组织的
序贯的	并行和序贯的
确定性的	确定性事件和偶然事件
稳定的	趋于不稳定点

表 4.2 概括了哈肯研究所取得的一些基本结果,也是理解其"大脑协同学"理论的关键点。简言之,"大脑是遵从协同学规律的复杂巨系统,即系统运转在趋于不稳定点处,由序参量决定宏观模式",即通过各部分的相互作用,系统以自组织方式在宏观层次上涌现出全新的属性。这种属性在微观层次的各细胞中是不存在的。正因如此,哈肯才说:"虽然神经计算机的发展在模拟神经元活动方面确实迈出了非常重要的一步,但我相信,以一般协同学概念为基础的协同计算机,更接近认识脑活动这一目标。"据说,协同计算机的理论设计和模式识别效果都比神经计算机先进许多。他由此提出了协同计算机的三层网络模型,并强调不应把认知系统看作代表外部环境的内部网络,而应当看作内部-外部网络。同时又指出现代计算机距离能够真正思考还很遥远,而脑研究可为我们提供目前意想不到的洞见,主张人工智能与脑科学之间的协作,这正好印证了其"协同学"的第二重含义:"完全不同的学科之间的协作、碰撞,进而产生一些新的科学思想和概念。"

哈肯曾经预言,从长远的观点看,有希望制造出以自组织方式执行程序的协同计算机来模拟人类智能。

第5章

感知智能

感知智能是指通过各种感觉器官,诸如视觉、听觉、触觉等,与环境进行交互的感知能力。视觉系统使生物体具有视觉感知能力。听觉系统使生物体具有听觉感知能力。利用大数据、深度学习的研究成果,机器在感知智能方面已越来越接近人类水平。

5.1 概述

感知是客观外界直接作用于人的感觉器官而产生的。在社会实践中,人们通过眼、耳、鼻、舌、身5个器官能接触客观事物的现象。在外界现象的刺激下,人的感觉器官产生了信息流,沿着特定的神经通道传送到大脑,形成了对客观事物的颜色、形状、声音、冷热、气味、疼痛等的感觉和印象。

感性认识是客观外界直接作用于人的感觉器官而产生的。感性认识在发展中经历感觉、知觉、表象3种基本形式。感觉是客观事物的个别属性、特性在人脑中的反映。知觉是各种感觉的综合,是客观事物整体在人脑中的反映,它比感觉全面和复杂。知觉具备选择性、意义性、恒常性以及整体性等特点。在知觉的基础上,产生表象。表象即印象,是通过回忆、联想使这些印象再现出来。它与感觉、知觉不同,是在过去对同一事物或同类事物多次感知的基础上形成的,具有一定的间接性和概括性。但表象只是概括感性材料的最简单的形式,它还不能揭露事物的本质和规律。

视觉在人类的感觉世界中担负着重要的任务。我们对大部分环境信息作出反应,是经过视觉传入大脑的。它在人类的感觉系统中占主导地位。如果人类用视觉接收一个信息,而另外一个信息是通过另一个感觉器官接收的,又如果这两个信息相互矛盾,人们所反应的一定是视觉信息。

20世纪80年代,按照马尔的视觉计算理论,计算机视觉分3个层次处理。

(1)对图像进行边缘检测与图像分割等底层视觉处理。

(2)求取深度信息、表面朝向等二维半描述,主要方法有:由影调、轮廓、纹理等恢复三维形态;由体视恢复景物的深度信息;由图像序列分析确定物体的三维形状和运动参数;距离图像获取与分析;结构光方法等。

(3)根据三维信息对物体进行建模、表示与识别,可采用基于广义圆柱体的方法。另一常用方法是将物体外形表示为平面或曲面块(简称面基元)的集合,每个面基元的参数以及面基元之间的相互关系用属性关系结构来表示,从而将物体识别问题转化为属性关系结构的匹配问题。

1990 年,阿罗莫讷斯(J. Aloimonos)提出定性视觉、主动视觉等。定性视觉方法的核心是将视觉系统看成执行某一任务的更大系统的子系统,视觉系统所要获取的信息,只是完成大系统任务所必需的信息。主动视觉方法则集感知、规划与控制为一体,通过这些模块的动态调用和信息获取过程与处理过程的相互作用,来更有效地完成视觉任务。该方法的核心是主动感知机制的建立,就是根据当前任务、环境状况、阶段处理结果和有关知识,来规划和控制下一步获取信息的传感器类型及其位姿。实现多视点或多传感器的数据融合,也是其关键技术。

听觉过程包括机械→电→化学→神经冲动→中枢信息加工等环节。20 世纪 80 年代,有关语音识别和语言理解的研究得到了很大的加强和发展。美国国防部高级项目管理局自1983 年开始为期 10 年的 DARPA 战略计算工程项目,其中包括用于军事领域的语音识别和语言理解、通用语料库等。

IBM 使用离散参数 HMM(隐马尔可夫模型)构成一些基本声学模型,然后利用固定的有限个基本声学模型构成字(word)模型。这种方法可以利用较少的训练数据获得较好的统计结果。并且,这种方法可以使训练自动完成。

进入 20 世纪 90 年代,神经网络成为语音识别的一条新途径。人工神经网络(ANN)具有自适应性、并行性、非线性、鲁棒性、容错性和学习特性,在结构和算法上都显示出其实力,它可以联想模式对,将复杂的声学信号映射为不同级别的语音学和音韵学的表示,不必拘束于选取特殊的语音参数,而对综合的输入模式进行训练和识别,可把听觉模型融于网络模型之中。

2006 年,欣顿(G. E. Hinton)等提出深度学习。2010 年,欣顿使用深度学习搭配 GPU 的计算,使语音识别的计算速度提升了 70 倍以上。2012 年,深度学习出现新一波高潮,那年的ImageNet 大赛(有 120 万张照片作为训练组,5 万张作为测试组,要进行 1000 个类别分组)首次采用深度学习,把过去好几年只有微幅变动的错误率,一下由 26% 降低到 15%。而同年微软团队发布的论文中显示,他们通过深度学习将 ImageNet 2012 数据集的错误率降到了4.94%,比人类的错误率 5.1% 还低。2015 年,微软再度拿下 ImageNet 2015 冠军,此时错误率已经降到了 3.57% 的超低水平。微软用的是 152 层深度学习网络。

基于视觉、听觉等感知能力的感知智能近年来取得了重要进展,在业界多项权威测试中,人工智能系统都已经达到甚至超过人类水平,感知智能正迎来它最好的时代。人脸识别、语音识别等感知智能技术如今已运用在图片处理、安防、教育、医疗等多个领域。

5.2　知觉理论

知觉理论是指人类系统地对环境信息加以选择和抽象概括的理论。迄今为止,主要建立了 4 种知觉理论:建构理论、格式塔理论、直接知觉理论、拓扑视觉理论。

5.2.1　建构理论

过去的知识经验主要是以假设、期望或因式的形式在知觉中起作用。人在知觉时接收感觉输入,在已有经验的基础上,形成关于当前的刺激是什么,或者激活一定的知识单元而形成对某种客体的期望。知觉是在这些假设、期望等的引导和规划下进行的。布鲁纳(J. S. Bruner)等发展建构理论,认为所有感知都受到人们的经验和期望的影响。建构理论的基本假设如下。

(1) 知觉是一个活动的、建构的过程,它在某种程度上要多于感觉的直接登记,……其他事件会切入刺激和经验中来。

（2）知觉并不是由刺激输入直接引起的，而是所呈现刺激与内部假设、期望、知识以及动机和情绪因素交互作用的终极产品。

（3）知觉有时会受到不正确的假设和期望的影响，因而知觉也会发生错误。

建构理论关于知觉的看法是把记忆的作用赋予极大的重要性。他们认为先前经验的记忆痕迹，加到此时此地被刺激诱导出来的感觉中，因此就构造出一个知觉象。而且，建构论者主张有组织的知觉基础是从一个人的记忆中选择、分析并添加刺激信息的过程，而不是格式塔论者所主张的大脑组织的天生定律所引起的自然操作作用。

知觉的假设考验说是一种建立在过去经验作用基础上的知觉理论。支持这个理论的还有其他的重要论据。例如，外部刺激与知觉经验并没有一对一的关系，同一刺激可引起不同的知觉，不同的刺激却又可以引起相同的知觉。知觉是定向、抽取特征，与记忆中的知识相对照，然后再定向、再抽取特征并再对照，如此循环，直到确定刺激的意义，这与假设考验说有许多相似之处。

5.2.2 格式塔理论

格式塔（Gestalt）心理学诞生于 1912 年。格式塔心理学家发现的感知组织现象是一种非常有力的关于像素整体性的附加约束，从而为视觉推理提供了基础。格式塔是德文 Gestalt 的译音。英文中常译成 form（形式）或 shape（形状）。格式塔心理学家所研究的出发点是"形"，它是指从由知觉活动组织成的经验中的整体。换言之，格式塔心理学家认为任何"形"都是知觉进行了积极组织或构造的结果或功能，而不是客体本身就有的。它强调经验和行为的整体性，反对当时流行的建构主义元素学说和行为主义"刺激－反应"公式，认为整体不等于部分之和，意识不等于感觉元素的集合，行为不等于反射弧的循环。尽管格式塔原理不只是一种知觉的学说，但它却来源于对知觉的研究，而且一些重要的格式塔原理，大多是由知觉研究所提供的。格式塔派学者们相信大脑中组织之固有和天生的法则。他们辩论说，这些法则就解释了这些重要现象：图形——背景的分化、对比、轮廓线、趋合、知觉组合的原则以及其他组织上的事实。格式塔派学者们认为，在他们所提出的各种知觉因素之后存在着一个"简单性"原则。他们断言，包含着较大的对称性、趋合、紧密交织在一起的单位以及相似的单位的任何模式，对于观察者来说，外表上显得"比较简单"。如果一个构造可以有一种以上的方式看到，例如，一个线条构成的图画可以看成是扁平的或者一个正方块，那个"较简单的"方式会更通常一些。格式塔派学者们并没有忽视潜在经验对于知觉的效应，但是他们的首要着重点是放在成为神经系统不可分的内在机制的作用上。因此，他们假设，似动或 Φ 现象是大脑天生组织起来倾向的结果。

单个图形背景的模式一般很少，典型的模式是几个图形有一个共同的背景。一些单个的图形还倾向于被知觉集聚在一起的不同组合。格式塔心理学创始人之一的韦特海姆系统地阐述了如下"组合原则"。

（1）邻近原则。彼此紧密邻近的刺激物比相隔较远的刺激物有较大的组合倾向。邻近可能是空间的，也可能是时间的。按不规则的时间间隔发生的一系列轻拍响声中，在时间上接近的响声倾向于组合在一起。邻近而组合成的刺激不必都是同一种感觉形式的。例如，夏天下雨时，雷电交加，我们就把它们知觉为一个整体，即知觉为同一事件的组成部分。

（2）相似原则。彼此相似的刺激物比不相似的刺激物有较大的组合倾向。相似意味着强度、颜色、大小、形状等这样一些物理属性上的类似。俗话说，"物以类聚，人以群分"，也就包含这种原则。

(3) 连续原则。人们知觉倾向于知觉连贯或连续流动的形式,即一些成分和其他成分连接在一起,以便有可能使一条直线、一条曲线或者一个动作沿着已经确立的方向继续下去。

(4) 闭合原则。人们知觉倾向于形成一个闭合或更加完整的图形。

(5) 对称原则。人们知觉倾向于把物体知觉为一个中心两边的对称图,导致对称或平衡的整体而不是非对称的整体。

(6) 共方向原则。也称共同命运原则。如果一个对象中的一部分都向共同的方向去运动,那这些共同移动的部分就易被感知为一个整体。这个组合原则本质上是相似组合在运动物体上的应用,它是舞蹈设计中的一个重要手段。

在每一种刺激模式中,一些成分都有某种程度的接近、某种程度的类似以及某种程度适合"好图形"的东西。有时组合的一些倾向在同一方向上起作用,有时它们彼此冲突。例如,图 5.1 给出了格式塔知觉组织原则例图。

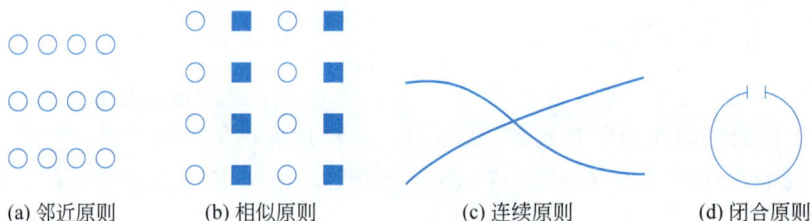

| (a) 邻近原则 | (b) 相似原则 | (c) 连续原则 | (d) 闭合原则 |

图 5.1   格式塔知觉组织原则例图

格式塔心理学家试图根据心脑同形观来解释知觉原则。按照这种心脑同形观,视觉组织经验与大脑中的某一过程严格对应。当我们观察环境时,格式塔心理学家假定大脑中存在一种电场,以帮助产生相对稳定的知觉组织经验。格式塔心理学家主要依赖内省报告或"注视一个图形并从你自己的角度观看"的方法研究知觉。不幸的是,格式塔心理学家对大脑的工作机制知之甚少,而且他们的虚拟生物学解释也没有得到承认。

格式塔理论反映了人类视觉本质的某些方面,但它对感知组织的基本原理只是一种公理性的描述,而不是一种机理性的描述。因此,自从 20 世纪 20 年代提出以来未能对视觉研究产生根本性的指导作用,但是研究者对感知组织原理的研究一直没有停止。特别是在 20 世纪 80 年代以后,威特肯(Witkin)、坦丁鲍姆(Tenenbaum)、劳卫(Lowe)和蓬特兰德(Pentland)等在感知组织的原理,以及在视觉处理中的应用等方面取得了新的重要研究成果。

5.2.3   直接知觉理论

美国心理学家吉布森(J. J. Gibson)因其对知觉的研究而闻名于学术界。1950 年他提出生态知觉理论,认为知觉是直接的,没有任何推理步骤、中介变量或联想。生态学理论(刺激物说)与建构理论(假设考验说)相反,主张知觉只具有直接性质,否认已有知识经验的作用。吉布森认为,自然界的刺激是完整的,可以提供非常丰富的信息,人完全可以利用这些信息,直接产生与作用于感官的刺激相对应的知觉经验,根本不需要在过去经验基础上形成假设并进行考验。根据他的生态知觉理论,知觉是和外部世界保持接触的过程,是刺激的直接作用。他把这种直接的刺激作用解释为感官对之作出反应的物理能量的类型和变量。知觉是环境直接作用的产物这一观点,是和传统的知觉理论相背离的。

吉布森的知觉理论之所以被冠之以"生态知觉理论",原因在于它强调与生物适应最有关系的环境事实。对吉布森而言,感觉是因演进而对环境的适应,而且环境中有些重要现象,如重力、昼夜循环和天地对比等,在进化史上都是不变的。不变的环境带来稳定性,并且提供了个体生活的参照框架。因此,种系演化的成功依靠正确地反映环境的感觉系统。从生态学的观点来看,知觉是环境向知觉者显露的过程,神经系统并非建构知觉,而是萃取它们。

吉布森认为知觉系统从流动的系列中抽取不变性。他的理论现在称作知觉的生态学理论,并形成了一个学派,主要假设如下。

(1) 刺激眼睛的光线模式是一个光学分布(optic array)。这种结构性的光线包含来自环境中的所有投射到眼睛的视觉信息。

(2) 这种光学分布提供关于空间中目标分布特征的明确的或恒定的信息。这种信息存在多种形式,包括结构极差、光流模式和功能承受性。

(3) 知觉是在很少或没有信息加工参与的情况下,通过共振直接从光学分布中提取各种丰富信息。

吉布森把具有结构的表面的知觉称为正常的或生态学的知觉。他认为,与他自己的看法相比,格式塔理论主要以特殊情况下的知觉分析为根据,在这种情况下,结构化减少了或者是毫不相干的,就像这张纸的结构对于印在上面的内容毫不相干一样。

在构造论理论中,知觉常常是被用来自记忆的信息。而吉布森认为具有结构表示的高度结构起来的世界提供了足够丰富而精确的信息,观察者可以从中选择,而无须再从过去储存起来的信息中选择。生态学理论坚信人们都是用相似的方法去看待世界,高度重视在自然环境中可得到的信息的全面复合的重要性。

吉布森的生态知觉理论具有一定的科学依据。他假设知觉反应是天生的观点与新生动物的深度知觉是一致的,同时也符合神经心理学中视觉皮层单一细胞对特定视觉刺激有所反应的研究结论。但是,他的理论过分强调个体知觉反应的生物性,忽视了个体经验、知识和人格特点等因素在知觉反应中的作用,因而也受到了一些研究者的批评。

建构理论与吉布森范式的区别之一是前者重视自上而下加工在知觉中的作用,而后者则强调自下而上加工的重要性。事实上,自上而下加工和自下而上加工对知觉的相对重要性取决于不同因素的影响。当观察条件良好时,视知觉主要由自下而上加工决定,但是当快速呈现刺激或刺激清晰度不够导致观察条件不理想时,视知觉主要涉及自上而下加工过程。与以上分析一致的是,吉布森重点考察优化条件下的视知觉,而建构主义则常常选用一些不太理想的观察条件进行知觉研究。

间接和直接理论存在很大的区别,因为相关的理论家所追求的目标很不相同。如果我们考虑针对识别的知觉和针对行动的知觉之间的区别,这一点就会明朗得多。来自认知神经科学和认知神经心理学的证据也支持二者之间存在区别这一观点。这方面的证据表明一条腹侧加工通路更多地参与针对识别的知觉,而一条背侧加工通路更多地参与针对行动的知觉。绝大多数知觉理论家都集中在探讨针对识别的知觉上,而吉布森则强调针对行动的知觉。

5.2.4 拓扑视觉理论

在视知觉研究200多年的历史中,始终贯穿着"原子论"和"整体论"之争。原子论认为,知觉过程开始于对物体的特征性质或简单组成部分的分析,是从局部性质到大范围性质。而整体论却认为,知觉过程开始于物体的整体性的知觉,是从大范围性质到局部性质。

　　1982年,陈霖在《科学》杂志上就知觉过程从哪里开始的根本问题,原创性地提出了"拓扑性质初期知觉"的假说。这是他在视知觉研究领域的独创性贡献,向半个世纪以来占统治地位的初期特征分析理论提出了挑战。与传统的初期特征分析理论根本不同,拓扑性质初期知觉理论从大范围性质到局部性质的不变性知觉的角度,为理解知觉信息基本表达的问题,为理解知觉和认知过程的局部和整体的关系问题,为理解认知科学的理论基础——认知和计算的关系问题,提出了一个理论框架。

　　一系列视知觉实验表明,视图形知觉有一个功能层次,视觉系统不仅能检测大范围的拓扑性质,而且较之局部几何性质视觉系统更敏感于大范围的拓扑性质,对由空间相邻关系决定的大范围拓扑性质的检测是发生在视觉时间过程的最初阶段。

　　拓扑学研究的是在拓扑变换下图形保持不变的性质和关系,这种性质和关系就称为拓扑性质。所谓拓扑变换是一对一的连接变换,它可以形象地想象成橡皮薄膜的任意变形,只要不把薄膜剪开或不把薄膜的任意两点粘合起来。一张橡皮薄膜可以任意地变形,可以从一个三角形变成一个正方形,三角形可以变成圆形或任意不规则的图形(见图5.2),只要不把它剪开。作为一个连通的整体这个性质,即连通性,仍然保持不变的。所以,连通性是一种拓扑性质。另外,一个连通的图形中有没有洞或者有几个洞,这种性质也是一种典型的拓扑性质。

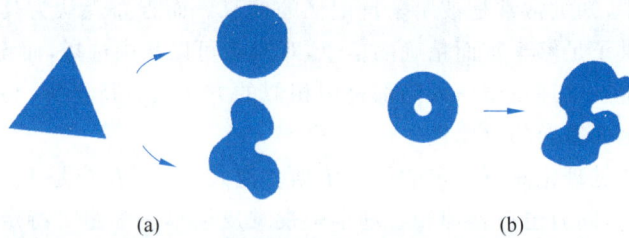

(a)　　　　　　　　　　　　　　　(b)

图5.2　拓扑变换和拓扑性质的图示

　　根据人们的直觉的经验,圆、三角形和正方形看起来是很不相同的图形,但是从拓扑学的角度来看,它们都是拓扑等价的、相同的。而圆和环,由于一个含有一个洞,另一个不含有洞,它们是拓扑不同的。尽管在通常的视觉观察的条件下,从人们在心理学上相似性的角度来说,人们会觉得圆和环比较比圆和三角形、正方形要相像一些,但是如果视觉系统具有初期提取拓扑性质的功能,那么我们应当预计,在不能把圆和三角形、正方形区别开来的短暂呈现的条件下,却仍然有可能把圆和环区别开来。图5.3表示用于这类实验的三组刺激图形,它们分别是实心圆和实心正方形、实心圆和实心三角形、实心圆和环。受实验者被要求注视每幅图的中心的黑点,然后每幅图被呈现短暂的5ms,并且在撤去之后立即呈现另一幅空白的没有图形的蔽掩刺激,来干扰视觉系统对在此以前呈现的图形的知觉。受实验者被要求回答的问题并不是被呈现的在注视点两旁的图形是什么样的图形,而是被呈现的两个图形是一样的或是不一样的。

　　实验的结果也表示在图5.3中。主要的实验发现是,视觉系统确实更敏感于拓扑性质的差异,也就是敏感于具有一个洞的环和没有洞的实心圆的差别。对圆和环一组刺激图形的正确报告率,要显著高于圆和三角形的正确报告率与圆和正方形的正确报告率。而且,拓扑性质等价的两对图形,圆和三角形与圆和正方形,它们的正确报告率的区别却没有达到统计意义,从而作为对照实验加强了视觉系统对圆和环的差别的敏感就是对它们之间

正确识别百分数

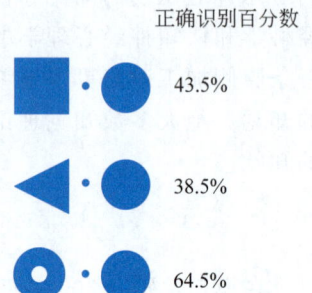

43.5%

38.5%

64.5%

图5.3　视觉系统对拓扑差异的敏感性

的拓扑差异敏感的假设。这个同日常经验不一致却跟拓扑学的解释一致的实验,提供了一个支持拓扑结构假设的较为直接和令人信服的证据。

2005 年,陈霖在 *Visual Cognition* 第四期上发表长达 88 页的"重大主题论文",对拓扑视觉理论概括为:知觉组织的拓扑学研究基于一个核心思想并包括两方面。核心思想是,知觉组织应该从变换(transformation)和变换中的不变性(invariance)知觉的角度来理解。第一方面,强调形状知觉中的拓扑结构,这就是,知觉组织的大范围性质能够用拓扑不变性来描述;第二方面,进一步强调早期拓扑性质知觉,这就是拓扑性质知觉优先于局部特征性质的知觉。"优先"有两个严格的含义:一是由拓扑性质决定的整体组织是知觉局部几何性质的基础;二是基于物理连通性的拓扑性质知觉先于局部几何性质的知觉。

5.3 视觉感知

5.3.1 视觉通路

视觉系统使生物体具有视觉感知能力。它使用可见光信息构筑机体对周围世界的感知。根据图像发现周围景物中有什么物体和物体在什么地方的过程,也就是从图像得到对观察者有用的符号描述的过程。视觉系统具有将外部世界的二维投射重构为三维世界的能力。需要注意的是,不同物体所能感知的可见光处于光谱中的不同位置。

光线进入眼到达视网膜。视网膜是脑的一部分,由处理视觉信息的几种类型的神经元组成的。它紧贴在眼球的后壁上,厚度只有 0.5mm 左右,包括三级神经元:第一级是光感受器,由无数视杆细胞和视锥细胞组成;第二级是双极细胞;第三级是神经节细胞。由神经节细胞发出的轴突形成视神经。这三级神经元构成了视网膜内视觉信息传递的直接通道。

视网膜内有 4 种光感受器:视杆细胞和 3 种视锥细胞。在每一种感受器内都含有一种特殊的色素。当一个这样的色素分子吸收了一个光量子以后,它会在细胞内触发一系列的化学变化;与此同时释放出能量,导致电信号的产生和突触化学递质的分泌。视杆细胞的视色素称"视紫红质",其光谱吸收曲线的峰值波长为 500nm。3 种视锥细胞色素的光谱吸收峰值分别为 430nm、530nm 和 560nm,分别对蓝、绿、红 3 种颜色最敏感。

视神经在进入脑中枢前以一种特殊的方式形成交叉,即从两眼鼻侧视网膜发出的纤维交叉到对侧大脑半球;从颞侧视网膜发出的纤维不交叉,投射到同侧大脑半球。其结果是:从左眼颞侧视网膜来的纤维和从右眼鼻侧来的纤维汇聚成左侧视束,投射到左侧外膝体;再由左外膝体投射到左侧大脑半球,与相应脑区对应的是右侧半个视野。相反地,从左眼鼻侧视网膜来的纤维和从右眼颞侧视网膜来的纤维汇聚成右侧视束,投射到右侧外膝体;再由右侧外膝体投射到右侧半球,相应脑区对应于左侧半个视野。脑两个半球的视皮层通过胼胝体的纤维互相连接。这种相互连接,使从视野两边得来的信息混合起来。

视皮层本身的神经元主要有两种:星形细胞和锥体细胞。星形细胞的轴突与投射纤维形成联系。锥体细胞呈三角形,尖端朝表层,向上发出一个长的树突,基底则发出几个树突作横向联系。

视皮层和其他皮层区一样,包括 6 个细胞层次,由表及里用罗马数字 I～Ⅵ 来代表。皮层神经元的突起(树突和轴突)的主干都沿与皮层表面相垂直的方向分布;树突和轴突的分枝则横向分布在不同层次内。不同皮层区之间由轴突通过深部的白质进行联系,同一皮层区内由树突或轴突在皮层内的横向分枝来联系。

　　近年来,视皮层的范围已扩大到顶叶、颞叶和部分额叶在内的许多新皮层区,总数达25 个。另外,还有 7 个视觉联合区,这些皮层区兼有视觉和其他感觉或运动功能。所有视区加在一起占大脑新皮层总面积的 55%。由此可见视觉信息处理在整个脑功能中所占有的分量。研究各视区的功能分工、等级关系以及它们之间的相互作用,是当前视觉研究的一个前沿课题。确定一个独立的视皮层区的依据是:①有独立的视野投射图,该区与其他皮层区之间有相同的输入和输出神经联系;②该区域内有相似的细胞筑构;③有不同于其他视区的功能特性。

　　韦尼克(Wernicke)和格什温德(Geschwind)认为,视觉识别的神经通路如图 5.4 所示。根据他们的模型,视觉信息由视网膜传至外侧膝状体,从外侧膝状体传至初级视皮层(17 区),然后传至一个更高级的视觉中枢(18 区),并由此传至角回,然后至 Wernicke 区。在 Wernicke区,视觉信息转换为该词的语声(听觉)表象。声音模式形成后,经弓状束传至 Broca 区。

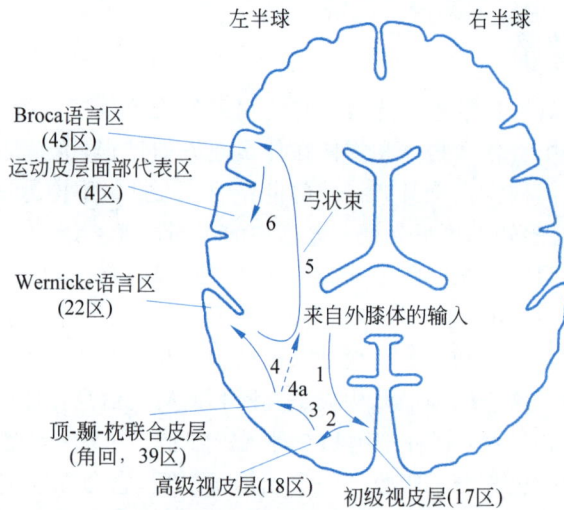

图 5.4　视觉的神经通路

　　视皮层中 17 区被称为第一视区(V1)或纹状皮层。它接受外侧膝状体的直接输入,因此也称为初级视皮层。对视皮层的功能研究大多数是在这一级皮层进行的。除了接受外侧膝状体直接投射的 17 区之外,和视觉有关的皮层还有纹前区(18 区)和纹外区(19 区)。根据形态和生理学的研究,17 区不投射到侧皮层而仅射到 18 区,18 区向前投射到 19 区,但又反馈到17 区。18 区内包括 3 个视区,分别称为 V2、V3 和 V3A,它们的主要输入来自 V1。V1 和 V2是面积最大的视区。19 区深埋在上颞沟后壁,包括第四(V4)和第五视区(V5)。V5 也称作中颞区,已进入颞叶范围。颞叶内其他与视觉有关的皮层区还有内上额区、下颞区。顶叶内有顶枕区、腹内顶区、腹后区和 7a 区。枕叶以外的皮层区可能属于更高的层次。为什么要这样多的代表区?是不是不同代表区检测图形的不同特征(如颜色、形状、亮度、运动、深度等)?或是不同代表区代表处理信息的不同等级?会不会有较高级的代表区把图形的分离特征整合起来,从而给出图形的生物学含义?是不是有专门的代表区负责储存图像(视觉学习记忆)或主管视觉注意?这些都将是在一个更长的时间内视觉研究有待解决的问题。

　　视皮层神经元对光点刺激的反应很弱,只有在感受野内用适当方位(朝向)的光点给予刺激才能引起兴奋。根据皮层神经元感受野结构的不同,休贝尔(Hubel)和维塞勒(Wiesel)对猫和猴的视皮质中单一神经元的激发模式进行了研究,发现有 4 种类型视皮层神经元——简单细胞、复杂细胞、超复杂细胞和极高度复杂细胞。

知觉恒常性是指人能在一定范围内不随知觉条件的改变而保持对客观事物相对稳定特性的组织加工的过程。它是人们知觉客观事物的一个重要的特性。

视觉感知主要有两个功能：一是目标知觉（即它是什么）；二是空间知觉（即它在哪里）。已有确实的证据表明，不同的大脑系统分别参与上述两种功能。如图5.5所示，腹部流从视网膜开始，沿腹部经过侧膝体（LGN）、初级视网皮层区域（V1、V2、V4）、下颞叶皮层（IT），最终到达腹外侧额叶前部皮层（VLPFC），主要处理物体的外形轮廓等信息，即主要负责物体识别；背部流从视网膜开始，沿背部流经过侧膝体（LGN）、初级视皮层区域（V1、V2）、中颞叶区（MT）、后顶叶皮层（PP），最后到达背外侧额叶前部皮层（DLPFC），主要处理物体的空间位置信息等，即处理负责物体的空间定位等。因此，这两条信息流也被称为 what 通路和 where 通路。

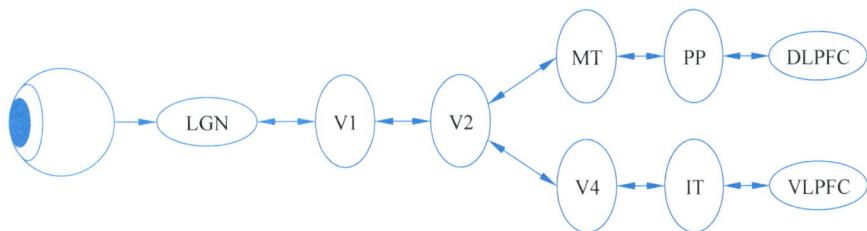

图5.5 视觉感知通路

5.3.2 马尔的视觉计算理论

马尔（D. Marr）在20世纪70年代末80年代初创立了视觉的计算理论，使视觉的研究前进了一大步。马尔的视觉计算理论立足于计算机科学，系统地概括了心理物理学、神经生理学、临床神经病理学等方面已取得的所有重要成果，是迄今为止最系统的视觉理论。马尔理论的出现对神经科学的发展和人工智能的研究产生了深远的影响。

视觉是一个信息处理过程。这个过程根据外部世界的图像产生对观察者有用的描述。这些描述依次由许多不同但固定的、每个都记录了外界的某方面特征的表象（representation）所构成或组合而成。一种新的表象之所以提高了描述是因为新的表象表达了某种信息，而这种信息将便于对信息作进一步解释。按这种逻辑来思考可得到这样的结论，即在对数据作进一步解释以前我们需要关于被观察物体的某些信息，这就是所谓的本征图像。然而，数据进入我们的眼睛是要以光线为媒介的。灰度图像中至少包含关于照明情况、观察者相对于物体位置的信息。因此，按马尔的方法首先要解决的问题是如何把这些因素分解开。他认为低层视觉（即视觉处理的第一阶段）的目的就是要分清哪些变化是由哪些因素引起的。大体上来说，这个过程要经过两个步骤来完成：第一步是获得表示图像中变化和结构的表象。这包括检测灰度的变化、表示和分析局部的几何结构，以及检测照明的效应等处理。第一步得到的结果被称为初始简图（Primal Sketch）的表象；第二步对初始简图进行一系列运算得到能反映可见表面几何特征的表象，这种表象被称为二维半（2.5 D）简图或本征图像。这些运算中包括由立体视觉运算提取深度信息，根据灰度影调、纹理等信息恢复表面方向，由运动视觉运算获取表面形状和空间关系信息等。这些运算的结果都集成到本征图像这个中间表象层次。因为这个中间表象已经从原始的图像中去除了许多的多义性，是纯粹地表示了物体表面的特征，其中包括光照、反射率、方向、距离等。根据本征图像表示的这些信息可以可靠地把图像分成有明确含义

的区域(这称为分割),从而可得到比线条、区域、形状等更为高层的描述。这个层次的处理称
为中层视觉处理(intermediate processing)。马尔视觉理论中的下一个表象层次是三维模型,
它适用于物体的识别。这个层次的处理涉及物体,并且要依靠和应用与领域有关的先验知识
来构成对景物的描述,因此被称为高层视觉处理。

马尔的视觉计算理论虽然是首次提出的关于视觉的系统理论,并已对计算机视觉的研究
起了巨大的推动作用,但还远未解决人类视觉的理论问题,在实践中也已遇到了严重困难。对
此已有不少学者提出改进意见。

马尔首先研究了解决视觉理解问题的策略。他认为视觉是一个信息处理问题,它需要从
3个层次来理解和解决。

(1) 计算理论层次——研究对什么信息进行计算和为什么要进行这些计算。

(2) 表示和算法层次——实际执行由计算理论所规定的处理,输入输出如何表示,以及将
输入变换到输出的算法。

(3) 硬件实现——实现由表示和算法层次所考虑的表示,实现执行算法,研究完成某一特
定算法的具体机构。

例如,傅里叶变换是属于第一层的理论,而计算傅里叶
变换的算法(如快速傅里叶变换算法)是属于第二个层次的。
至于实现快速傅立叶算法的阵列处理机就属于硬件执行的
层次。可以认为,视觉是一个过程,这个过程从外部世界的
图像产生对观察者有用的描述。这些描述依次地由许多不
同的、但是固定的、每个都记录了景物的某方面的表示法所
构成或组合而成。因此选择表示法对视觉的理解是至关重
要的。根据马尔所提出的假设,视觉信息处理过程包括3个
主要表示层次:初始简图、二维半简图和三维模型。根据某
些心理学方面的证据,人类视觉系统的表示法如图5.6所示。

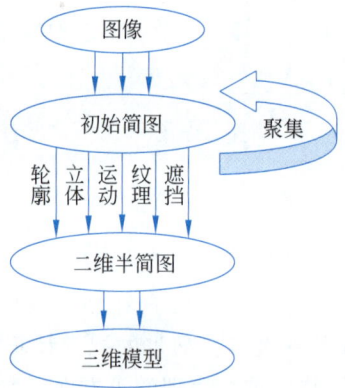

图5.6　视觉系统的表示层次

1. 初始简图

在灰度图像中,包含两种重要的信息:图像中存在的灰度变化和局部的几何特征。初始
简图是一种基元表示法,它可以完全而清楚地表示这些信息。初始简图所包含的大部分信息
集中在与实际的边缘以及边缘的终止点有关的急剧的灰度变化上。每个由边缘引起的灰度变
化,在初始简图上都有相应的描述。这样的描述包括:与边缘有关的灰度变化率,总的灰度变
化,边缘的长度、曲率以及方向。粗略地说,初始简图是以勾画草图的形式来表示图像中的灰
度变化。

2. 二维半简图

图像中的灰度受多种因素的影响,其中主要包括光照条件、物体几何形状、表面反射率以
及观察者的视角等。因此,先要分清上述因素的影响,也就是对景物中物体表面作更充分的描
述,才能着手建立物体的三维模型,这就需要在初始简图与三维模型之间建立一个中间表示层
次,即二维半简图。物体表面的局部特性可以用所谓的内在特性来描述。典型的内在特性包
括表面方向、观察者到表面的距离,反射和入射光照、表面的纹理和材料特性。内在图像由图
像中各点的某项单独的内在特性值,以及关于这项内在特性在什么地方产生不连续的信息所
组成(见表5.1)。二维半简图可以看成某些内在图像的混合物。简而言之,二维半简图完全
而清楚地表示关于物体表面的信息。

表 5.1 二维半简图

信 息 源	信 息 类 型	信 息 源	信 息 类 型
立体视觉	视差,因而可得到 $\delta\gamma, \Delta\gamma$ 和 S	其他遮挡线索	$\Delta\gamma$
方向选择性	$\Delta\gamma$	表面方向轮廓	Δs
从运动恢复结构	$\gamma, \delta\gamma, \Delta\gamma$ 和 S	表面纹理	可能有 γ
光源	γ 和 S	表面轮廓	$\Delta\gamma$ 和 S
遮挡轮廓	$\Delta\gamma$	影调	δs 和 Δs

注:γ 相对深度(按垂直投影),就是观察者到表面点的距离;$\delta\gamma$、γ 的连续或小的变化;$\Delta\gamma$,γ 的不连续点;S 局部表面方向;δ_s,S 的连续或小的变化;ΔS,S 的不连续点。

在初始简图和二维半简图中,信息经常是以和观察者联系在一起的坐标为参考表示的,因此这种表示法被称为是以观察者为中心的表示法。

3. 三维模型

在三维模型表象中,以一个形状的标准轴线为基础的分解最容易得到。在这些轴线中,每条轴线都和一个粗略的空间关系相联系,这种关系对包含在该空间关系范围内的主要的形状组元轴线提供了一种自然的组合方式。用这种方法定义的模块称为三维模型。所以,每一个三维模型具有以下模块。

(1) 一根模型轴,指的是能确定这一模型的空间关系的范围的单根轴线。它是表象的一个基元,能粗略地告诉我们被描述的整体形状的若干性质,例如,整体形状的大小信息和朝向信息。

(2) 在模型轴所确定的空间关系机含有主要组元轴的相对空间位型和大小尺寸可供选择。组元轴的数目不宜太多,它们的大小也应当大致相同。

(3) 一旦和组元轴相联系的形状组元的三维模型被构造出来,那么就可以确定这些组元的名称(内部关系)。形状组元的模型轴对应于这个三维模型的组元轴。

在图 5.7 中,每一个方框都表示一个三维模型,模型轴画在方框的左侧,组元轴则画在右侧。人体三维模型的模型轴是一基元,它把整个人体形状的大体性质(大小和朝向)表达清楚。对应于躯干、头部、肢体的 6 根组元轴各自可以和一个三维模型联系起来,这种三维模型包含着进一步把这些组元轴分解成更小的组元构型的附加信息。尽管单个三维模型的结构很简单,但按照这种层次结构把几个模型组合起来,就能在任意精确的程度上构成一种能抓住这一形状的几何本质的描述。我们把这种三维模型的层次结构称为一个形状的三维模型描述。

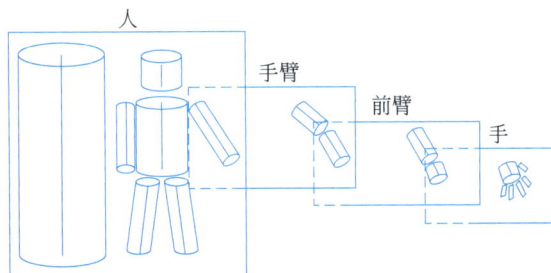

图 5.7 人的三维模型

三维表示法完全而清楚地表示有关物体形状的信息。采用广义柱体的概念虽然很重要,却很简单。一个普通的圆柱可以看成是一个圆沿着通过它的中心线移动而形成的。更一般的情况,一个广义柱体是二维的截面沿着称为轴线移动而成。在移动过程中,截面与轴之间保持固定的角度。截面可以是任何形状,在移动过程中它的尺寸可能是变化的,轴线也不一定是直线。

5.3.3　图像理解

图像理解(image understanding,IU)就是对图像的语义理解,用计算机系统解释图像,实现类似人类视觉系统理解外部世界的对象,理解图像中的目标、关系、场景,能回答该图像的"语义"内容的问题,例如,画面上有没有人? 有几个人? 每个人在做些什么? 图像理解一般可以分为4个层次:数据层、描述层、认知层和应用层。各层的主要功能如下。

(1) 数据层:获取图像数据,这里的图像可以是二值图、灰度图、彩色的和深度图等。主要涉及图像的压缩和传输。数字图像的基本操作如平滑、滤波等一些去噪操作也可归入该层。该层的主要操作对象是像素。

(2) 描述层:提取特征,度量特征之间的相似性(即距离),采用的技术有子空间方法(Subspace),如 ISA、ICA、PCA。该层的主要任务就是将像素表示符号化(形式化)。

(3) 认知层:图像理解,即学习和推理(Learning and Inference),该层是图像理解系统的"发动机"。该层非常复杂,涉及面很广,正确的认知(理解)必须有强大的知识库作为支撑。该层操作的主要对象是符号。具体的任务还包括数据库的建立。

(4) 应用层:根据任务需求实现分类、识别、检测,设计相应的分类器、学习算法等。

图像理解的主要研究内容包括目标识别、高层语义分析及场景分类等。

1. 目标识别

让计算机识别判断场景中有什么物体,在哪儿,解决"what-where"问题,这是计算机视觉的主要任务,也是图像理解的基本任务。场景中的"目标"通常可视为具有较高显著度并符合局部感知一致性的区域,目标识别的过程也是计算机对场景中的物体进行特征分析和概念理解的过程。通常地,目标识别的整个过程包括了目标判断、目标分类和目标定位,目标判断分析场景中是否存在指定类别的目标;目标分类分析划定的目标区域是何种类别;目标定位确定目标在场景中的位置,定位中的目标检测基于区域表述,用规则形状(矩形或圆)标记目标区域,而像素级别的目标定位则通过视觉分割从场景中提取完整的目标区域。

2. 高层语义分析

图像理解是通过计算机对输入场景的计算、分析和推理将场景的相应目标和区域进行语义化标记输出的过程,因此高层语义分析对图像理解的实现具有重要作用。由于对目标和场景进行了认知上的概念划分,因此只要有足够的训练学习均可将其进行简单的名称语义化描述。更通常的语义化描述则涉及通用的概念模型描述,并建立区域特征与语义单词的概率对应关系,体现了数据和知识概念转换,研究侧重于视觉的中低层数据特征的分析提取和概率关系建模,一定程度上实现了自动的语义标记。

由于样本获取和概念描述的多义性等影响,图像语义化研究仅仅处于初始阶段,主要以检索语义化为主,各种语义化的标记过程对概念区域的描述非常有限,数据和知识的对应关系通常设计模型进行参数化学习和概率分析,最大后验概率得到的对应关系就是最终语义化的结果。也可通过建立知识模型对匹配推理得到的结果进行语义化标记。

3. 场景分类

场景分类是图像理解中对整体场景的判断和解释。2006 年在 MIT 首次召开了场景理解研讨会(scene understanding symposium,SUNS),明确了场景分类将会是图像理解一个新的有前途的研究热点。目前,对场景分析的研究集中于视觉心理学和生理学,快速场景感知试验证明人无须感知场景中的目标便可通过空间布局分析语义场景内容,对场景理解仅需很短的时间便获取到大量的信息,从眼睛获取到的视觉感知信号,通过脑皮层视神经"V1区→V2区→V4区→IT区→AIT区→PFC区"的传输通道进行信息分析与过滤,具有视觉选择性和不变性双重特性。

5.3.4　知觉恒常性

知觉恒常性是人们知觉客观事物的一个重要的特性。

知觉该图时,我们会认为图5.8(a)中上面的线比下面的线长,图5.8(b)中上面的木头比下面的木头长,尽管两条线和两根木头长短一样。这是因为在现实的三维世界中,上面的线和木头会更长。

(a) 线段长度　　　　　　　　(b) 木头长度

图 5.8　庞佐错觉

大小恒常性(size constancy)即大小知觉恒常性。人对物体的知觉大小不完全随视像大小而变化,它趋向于保持物体的实际大小。大小知觉恒常性主要是过去经验的作用,例如,同一个人站在离我们3m、5m、15m、30m的不同距离处,他在我们视网膜上的视像随距离的不同而改变着(服从视角定律)。但是,我们看到这个人的大小却是不变的,仍然按他的实际大小来感知。例如,在图5.8中我们看到了庞佐错觉(Ponzo illusion),图中央看起来大小不一的两个线条实际上是一样长的。庞佐错觉是因为两条趋近的线条造成了深度线索而产生的,不同深度的大小相同的图像通常显得大小不同。

形状恒常性(form constancy)即形状知觉恒常性。人从不同角度观察物体,或者物体位置发生变化时,物体在视网膜上的投射位置也发生了变化,但人仍然能够按照物体原来的形状来知觉(见图5.9)。例如,房间门被打开时,它在视网膜上的视像形状与实际形状不完全一样,但看到门的形状仍是不变的。形状恒常性表明,物体的形状知觉具有相对稳定的特性。人的过往经验在形状恒常性中起重要作用。

图 5.9　形状知觉

颜色恒常性(color constancy)即颜色知觉恒常性。在不同的照明条件下,人们一般可正确地反映事物本身固有的颜色,而不受照明条件的影响。例如,不论在黄光还是在蓝光的照射下,人们总是把红旗知觉为红色的,而不是黄色的或是蓝色的。黑林认为,颜色知觉的恒常倾向是由于记忆色的影响。颜色恒常性可保证人对外界物体的稳定的辨认,具有明显的适应意义。

距离恒常性(distance constancy)又称距离的不变性,是指物体与知觉者的距离发生变化时,物体在网膜上造像的大小也发生相应的变化,但人知觉到的距离有保持原来距离的趋势的特性。

明度恒常性(brightness constancy)在不同照明条件下,人知觉到的明度不因物体的实际亮度的改变而变化,仍倾向于把物体的表面亮度知觉为不变。明度知觉恒常性是因人们考虑到整个环境的照明情况与视野内各物体反射率的差异,如果周围环境的亮度结构遭受不正常的变化,明度恒常性就会破坏。通常采用匹配法来研究明度常性,用邵勒斯比率来计算明度常性系数。

5.4　听觉感知

听觉过程包括机械→电→化学→神经冲动→中枢信息加工等环节。从外耳的集声至内耳基底膜的运动是机械运动,毛细胞受刺激后引起电变化,从而产生化学介质的释放、神经冲动的产生等活动。相关信息表传至中枢神经系统后,将发生一连串复杂的信息加工过程。

5.4.1　听觉通路

言语听觉比我们想象的要复杂得多,部分原因是口语速率最高达每秒 12 个音素(基本口语单位)。我们能理解的口语速度最多不能超过每分钟 50～60 个语音。在正常口语中,音素会出现重叠,同时存在一种协同发音现象,即一个语音片段的产生会影响后一个片段的产生,而线性问题是指协同发音引起言语知觉困难的现象。与线性问题相关的问题是非恒定性问题。这一问题是因任何给定的语音成分(如音素)的声音模式并不是恒定不变引起的,声音模式受到前后一个或多个语音成分的影响。这对辅音来说更是如此,因为它们的声音模式常常依赖于紧随其后的元音而定。

口语一般由连续变化的声音模式及少数停顿所组成。这与由独立声音构成的言语知觉形成鲜明对比。言语信号的连续性特征会产生分割问题,即决定一个连续的声音流怎样被分割成词汇。

从耳蜗到听觉皮质的听觉系统是所有感觉系统通路中最复杂的一种。听觉系统的每个水平上发生的信息过程和每一水平的活动都会影响较高水平和较低水平的活动。在听觉通路中,从脑的一边到另一边有广泛的交叉(见图 5.10)。

进入耳蜗神经核后,第八对脑神经听觉分支纤维终止于耳蜗核的背侧和腹侧。从两个耳蜗核分别发出纤维系统,从背侧耳蜗发出的纤维越过中线,然后经外侧丘系上升到皮质。外侧丘系最后终止于中脑的下丘,从腹侧耳蜗核发出的纤维,首先与同侧和对侧的上橄榄体复合体以突触联系,上橄榄体是听觉通路中的第一站,在这里发生两耳的相互作用。

上橄榄体复合体是听觉系统中令人感兴趣的中心,它由几个核组成,其中最大的是内侧上橄榄体和外侧上橄榄体。根据几种哺乳动物的比较研究,发现这两种核的大小与动物的感觉能力之间相互关联,Harrison 和 Irving 指出这两种核有不同的机能。他们指出,内侧上橄榄体和关联到眼球运动的声音定位有关,凡具有高度发展的视觉系统以及能注视声音的方向而做出反应的动物,内侧上橄榄核有着显著的外形。而另一方面,他们推论外侧上橄榄体则与独立于视觉系统以外的声音定位有关。具有敏锐的听觉但视觉能力有限的动物,都有显著的外侧上橄榄核。蝙蝠和海豚的视觉能力有限,但有极其发达的听觉系统,完全没有内侧上橄榄核。

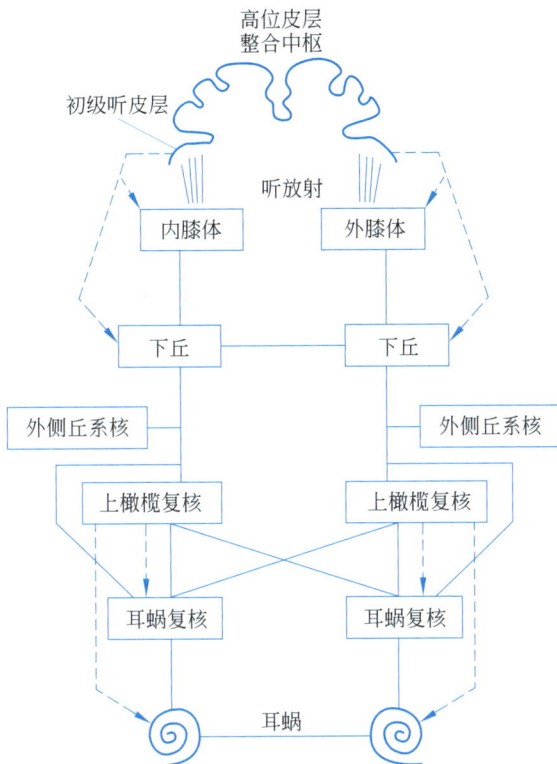

图 5.10　听觉通路

从上橄榄复合体出发的纤维上升经过外侧丘系到达下丘。从下丘系将冲动传达到丘脑的内侧膝状体。连接这两个区域的纤维束,叫作下丘臂。在内侧膝状体,听觉反射的纤维将冲动传导至颞上回(41 区和 42 区),即听觉皮质区。

1988 年,伊里斯(A. W. Ellis)和杨(A. W. Young)提出了一个口语单词加工的模型(参见图 5.11)。这个模型包括以下 5 个成分。

(1) 听觉分析系统:用于从声波中提取音素和其他声音信息。

(2) 听觉输入词典:包含听者知道的关于口语单词的信息,但不包含语义信息。这个词典的目的就是通过恰当地激活词汇单元来识别熟悉单词。

(3) 语义系统:词义被存储于语义系统之中。

(4) 言语输出词典:用于提供单词的口语形式。

(5) 音素反应缓冲器:负责提供可分辨的口语声音。

这些成分可以各种方式组合起来,因此在听到一个单词至说出它之间存在 3 条不同的通路(见图 5.11)。

(1) 通路 1。这条通路利用听觉输入词典、语义系统和言语输出词典。它代表了无脑损伤人群正常识别和理解熟悉单词的认知通路。如果一个脑损伤患者只能利用这条通路(也许加上通路 2),那么他将能够正确地说出熟悉单词。然而,在说出不熟悉单词或非词时将出现严重困难,因为这类材料没有存储于听觉输入词典之中。在这种情况下,患者需要使用通路 3。

(2) 通路 2。如果患者能够使用通路 2,但通路 1 和 3 受到严重损伤,那么他们应该能够重复熟悉的单词,但不能理解这些单词的意义。此外,患者也应该存在对非词的认知障碍,因为通路 2 不能处理非词信息。最后,由于这些患者将使用输入词典,所以他们应该能够区分词与非词。

(3) 通路 3。如果一个患者只损伤通路 3,那么他或她将展示在知觉和理解口语熟悉单词方面的完好的能力,但在知觉和重复不熟悉单词和非词时会出现障碍。这种情况临床上称为听觉性语音失认。然而,他阅读非词语时的能力完好。

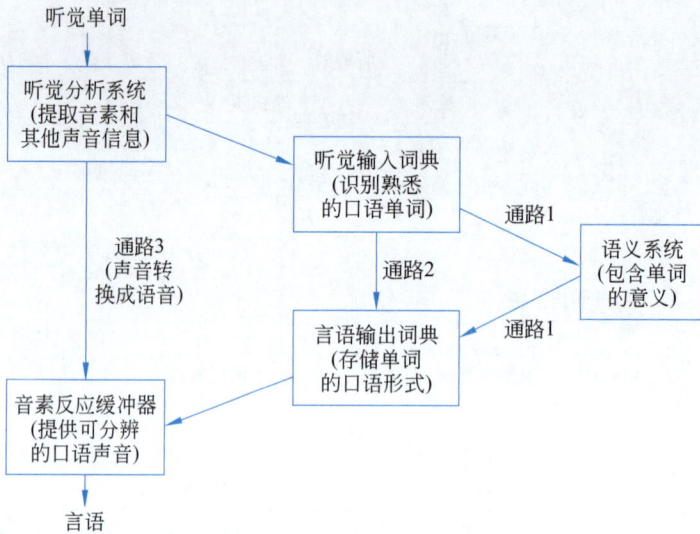

图 5.11　口语通路模型

5.4.2　语音编码

语音数字化的技术基本可以分为两大类:第一类方法是在尽可能遵循波形的前提下,将模拟波形进行数字化编码;第二类方法是对模拟波形进行一定处理,但仅对语音和收听过程中能够听到的语音进行编码。其中,语音编码的 3 种最常用的技术是脉冲编码调制(PCM)、差分 PCM(DPCM)和增量调制(DM)。通常,公共交换电话网中的数字电话都采用这 3 种技术。第二类语音数字化方法主要与用于窄带传输系统或有限容量的数字设备的语音编码器有关。采用该数字化技术的设备一般被称为声码器,声码器技术现在开始展开应用,特别是用于帧中继和 IP 上的语音。

除压缩编码技术外,人们还应用许多其他节省带宽的技术来减少语音所占带宽,优化网络资源。ATM 和帧中继网中的静音抑制技术可将连接中的静音数据消除,但并不影响其他信息数据的发送。语音活动检测(SAD)技术可以用来动态地跟踪噪声电平,并为这个噪声电平设置一个公用的语音检测阈值,这样就使得语音/静音检测器可以动态匹配用户的背景噪声环境,并将静音抑制的可听度降到最小。为了置换掉网络中的音频信号,这些信号不再穿过网络,舒适的背景声音在网络的任一端被集成到信道中,以确保话路两端的语音质量和自然声音的连接。语音编码方法归纳起来可以分成三大类:波形编码、信源编码、混合编码。

1. 波形编码

波形编码比较简单,编码前采样定理对模拟语音信号进行量化,然后进行幅度量化,再进行二进制编码。解码器作数/模变换后再由低通滤波器恢复出现原始的模拟语音波形,这就是最简单的脉冲编码调制(PCM),也称为线性 PCM。可以通过非线性量化,前后样值的差分、自适应预测等方法实现数据压缩。波形编码的目标是让解码器恢复出的模拟信号在波形上尽量与编码前原始波形一致,也即失真要最小。波形编码的方法简单,数码率较高,在 64kb/s～32kb/s 时音质优良,当数码率低于 32kb/s 时音质明显降低,在 16kb/s 时音质非常差。

2. 信源编码

信源编码又称为声码器,是根据人声音的发声机理,在编码端对语音信号进行分析,分解成有声音和无声音两部分。声码器每隔一定时间分析一次语音,传送一次分析的编码有/无声和滤波参数。在解码端根据接收的参数再合成声音。声码器编码后的码率可以做得很低,如1.2kb/s、2.4kb/s,但是也有其缺点。首先是合成语音质量较差,往往清晰度可以而自然度没有,难以辨认说话人是谁,其次是复杂度比较高。

3. 混合编码

混合编码是将波形编码和声码器的原理结合起来,数码率在4kb/s~16kb/s时音质比较好,最近有个别算法所取得的音质可与波形编码相当,复杂程度介乎于波形编码器和声码器之间。

上述的三大语音编码方案还可以分成许多不同的编码方案。语音编码属性可以分为4类,分别是比特速率、时延、复杂性和质量。比特速率是语音编码很重要的一方面。比特速率的范围可以是从保密的电话通信的2.4kb/s到64kb/s的G.711PCM编码和G.722宽带(7kHz)语音编码器。

5.4.3 语音识别

自动语音识别(automatic speech recognition,ASR)是实现人机交互尤为关键的技术,让计算机能够"听懂"人类的语音,将语音转换为文本。自动语音识别技术经过几十年的发展已经取得了显著的成效。近年来,越来越多的语音识别智能软件和应用走入了大家的日常生活,苹果的Siri、微软的小娜(Cortana)、百度度秘(Duer)、科大讯飞的语音输入法和灵犀等都是其中的典型代表。随着识别技术及计算机性能的不断进步,语音识别技术在未来社会中必将拥有更为广阔的前景。

1. 发展历程

以1952年贝尔实验室研制的特定说话人孤立词数字识别系统为起点,语音识别技术已经历了60多年的持续发展。其发展历程可大致分为以下4个阶段。

1)20世纪50年代至70年代

该阶段是语音识别的初级阶段,主要研究孤立词识别。在动态时间规整技术、线性预测编码技术、矢量量化技术等取得进展。IBM公司的杰利内克(F.Jelinek)等在20世纪70年代末提出n-gram统计语言模型,并成功地将trigram模型应用于TANGORA语音识别系统中。此后美国卡内基梅隆大学采用bigram模型应用于SPHINX语音识别系统,大幅提高了识别率。此后一些著名的语音识别系统也相继采用bigram、trigram统计语言模型用于语音识别系统。

2)20世纪80年代至90年代中期

识别算法从模式匹配技术转向基于统计模型的技术,更多地追求从整体统计的角度来建立最佳的话音识别系统。最典型的为隐马尔可夫模型(hidden Markov model,HMM)在大词汇量连续语音识别系统中的成功应用。美国国防部先进研究项目局(defense advanced research projects agency,DARPA)自1983年开始为期10年的DARPA战略计算工程项目,其中包括用于军事领域的语音识别和语言理解、通用语料库等。参加单位包括MIT(麻省理工学院)、CMU(卡内基梅隆大学)、BellLab和IBM公司等。20世纪80年代末,美国卡耐基梅隆大学用VQ-HMM实现了语音识别系统SPHINX,这是世界上第一个高性能的非特定人、大词汇量、连续语音识别系统,开创了语音识别的新时代。至 90 年代中期,语音识别技术进一步成熟,并出现了一些很好的产品。该阶段可以认为是统计语音识别技术的快速发展阶段。

3) 20 世纪 90 年代中期至 21 世纪初

该阶段语音识别研究工作更趋于解决在真实环境应用时所面临的实际问题。美国国家标准技术局和美国国防部先进研究项目局组织了大量的语音识别技术评测,极大地推动了该技术的发展。在此阶段,基于高斯混合模型(Gaussian mixture model,GMM)和 HMM 的混合语音识别框架成为领域内主流技术。而区分度训练技术的提出,进一步提升了系统性能。此外,为提升系统的鲁棒性及实用性,语音抗噪技术、说话人自适应训练(speaker adaptive training,SAT)等技术被相继提出。该阶段可看作 GMM-HMM 混合语音识别技术趋于成熟并应用的阶段。

4) 21 世纪初至今

该阶段的特点是基于深度学习的语音识别技术成为主流,以 2011 年提出的上下文相关-深度神经网络-隐马尔可夫框架为变革开始的标志。基于链接时序分类(connectionist temporal classification,CTC)搭建过程简单,且在某些情况下性能更好。2016 年,谷歌公司提出 CD-CTC-SMBR-LSTM-RNNS,标志着传统的 GMM-HMM 框架被完全替代。声学建模由传统的基于短时平稳假设的分段建模方法变革到基于不定长序列的直接判别式区分的建模。由此,语音识别性能逐渐接近实用水平,而移动互联网的发展同时带来了对语音识别技术的巨大需求,两者相互促进。与深度学习相关的参数学习算法、模型结构、并行训练平台等成为该阶段的研究热点。该阶段可看作深度学习语音识别技术高速发展并大规模应用的阶段。

我国语音识别研究工作起步于 20 世纪 50 年代,而研究热潮是从 20 世纪 80 年代中期开始。在 863 计划的支持下,中国开始了有组织的语音识别技术的研究。语音识别正逐步成为信息技术中人机接口的关键技术,研究水平也从实验室逐步走向实用。

2. 语音识别系统结构

语音识别系统包含 4 个主要模块:信号处理、解码器、声学模型、语言模型(见图 5.12)。

信号处理模块输入为语音信号,输出为特征向量,随着远场语音交互需求越来越大,前端信号处理与特征提取在语音识别中位置越来越重要。一般而言,主要过程为首先通过麦克风阵列进行声源定位,然后消除噪声。通过自动增益控制将收音器采集到的声音放到正常幅值。通过去噪等方法对语音进行增强,然后将信号由时域转换到频域,最后提取适用于 AM 建模的特征向量。

图 5.12　语音识别系统框架

声学模型对声学和发音学知识进行建模,其输入为特征抽取模块产生的特征向量,输出为某条语音的声学模型得分。声学模型是对声学、语音学、环境的变量,以及说话人性别、口音的差异等的知识表示。声学模型的好坏直接决定整个语音识别系统的性能。

语言模型则是对一组字序列构成的知识表示,用于估计某条文本语句产生的概率,称为语言模型得分。模型中存储的是不同单词之间的共现概率,一般通过从文本格式的语料库中估计得到。语言模型与应用领域和任务密切相关,当这些信息已知时,语言模型得分更加精确。

解码器根据声学模型和语言模型,将输入的语音特征矢量序列转换为字符序列。解码器将所有候选句子的声学模型得分和语言模型得分融合在一起,输出得分最高的句子作为最终

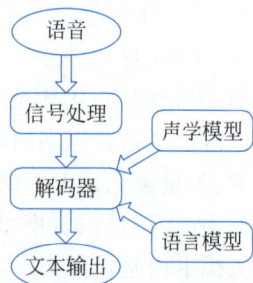

的识别结果。

3. 基于深度神经网络的语音识别系统

基于深度神经网络的语音识别系统框架如图 5.13 所示。相比于传统的基于 GMM-HMM 的语音识别系统,其最大的改变是采用深度神经网络替换 GMM 模型对语音的观察概率进行建模。最初主流的深度神经网络是最简单的前馈型深度神经网络(feedforward deep neural network,FDNN)。DNN 相比 GMM 的优势在于:①使用 DNN 估计 HMM 的状态的后验概率分布不需要对语音数据分布进行假设;②DNN 的输入特征可以是多种特征的融合,包括离散或者连续的;③DNN 可以利用相邻的语音帧所包含的结构信息。

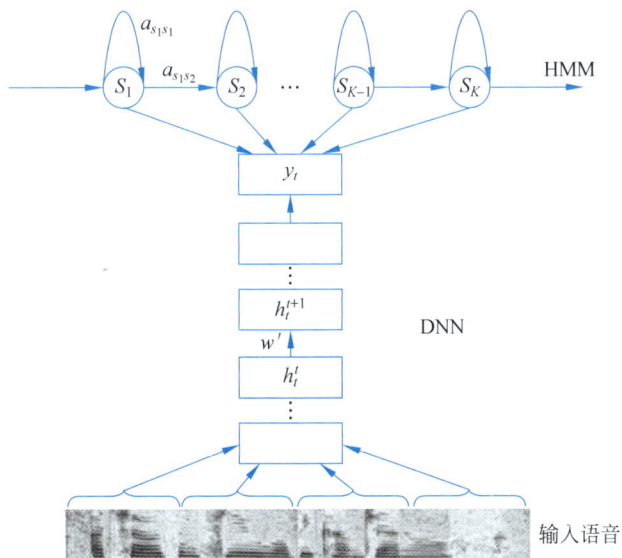

图 5.13 基于深度神经网络的语音识别系统框架

考虑到语音信号的长时相关性,一个自然而然的想法是选用具有更强长时建模能力的神经网络模型。于是,循环神经网络(recurrent neural network,RNN)近年来逐渐替代传统的 DNN 成为主流的语音识别建模方案。如图 5.14 所示,相比于前馈型神经网络(DNN),循环神经网络在隐层上增加了一个反馈连接,也就是说,RNN 隐层当前时刻的输入有一部分是前一时刻的隐层输出,这使得 RNN 可以通过循环反馈连接看到前面所有时刻的信息,这赋予了 RNN 记忆功能。这些特点使得 RNN 非常适合用于对时序信号的建模。而长短时记忆模块(long-short term memory,LSTM)的引入解决了传统简单 RNN 梯度消失等问题,使得 RNN 框架可以在语音识别领域实用化并获得了超越 DNN 的效果,目前已经使用在业界一些比较

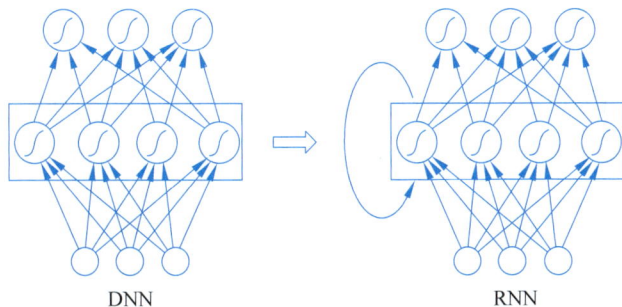

图 5.14 DNN 和 RNN 示意图

先进的语音系统中。除此之外,研究人员还在 RNN 的基础上做了进一步改进工作,如图 5.15 是当前语音识别中的主流 RNN 声学模型框架,主要包含两部分:深层双向 RNN 和链接时序分类 CTC 输出层。其中双向 RNN 对当前语音帧进行判断时,不仅可以利用历史的语音信息,还可以利用未来的语音信息,从而进行更加准确的决策;CTC 使得训练过程无需帧级别的标注,实现有效的"端对端"训练。

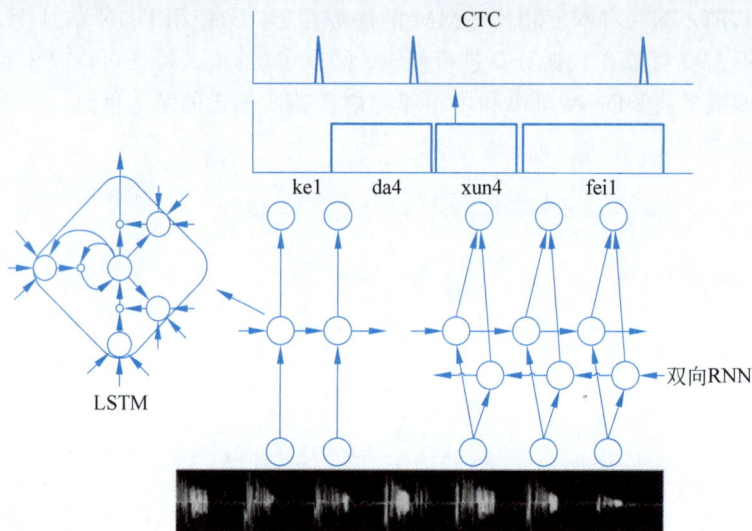

图 5.15   基于 RNN-CTC 的主流语音识别系统框架

语音识别任务是将输入波形映射到最终的词序列或中间的音素序列。声学模型真正应该关心的是输出的词或音素序列,而不是在传统的交叉熵训练中优化、一帧一帧地标注。为了应用这种观点并将语音输入帧映射成输出标签序列,链接时序分类 CTC 方法被引入了进来。为了解决语音识别任务中输出标签数量少于输入语音帧数量的问题,链接时序分类 CTC 引入了一种特殊的空白标签,并且允许标签重复,从而迫使输出和输入序列的长度相同。

链接时序分类 CTC 的一个特点是我们可以选择大于音素的输出单元,如音节和词。这说明输入特征可以使用大于 10ms 的采样率构建。链接时序分类 CTC 提供了一种以端到端的方式优化声学模型的途径。用端到端的语音识别系统直接预测字符而非音素,从而也就不再需要使用的词典和决策树了。

早在 2012 年,卷积神经网络 CNN 就被用于语音识别系统,但始终没有明显的突破。最主要的原因是没有突破传统前馈神经网络采用固定长度的帧拼接作为输入的思维定式,从而无法看到足够长的语音上下文信息。另外一个缺陷是只将 CNN 视作一种特征提取器,因此所用的卷积层数很少,一般只有一到两层,这样的卷积网络表达能力十分有限。

讯飞研发了深度全序列卷积神经网络(deep fully convolutional neural network,DFCNN)的语音识别框架,使用大量的卷积层直接对整句语音信号进行建模,更好地表达了语音的长时相关性。DFCNN 的结构如图 5.16 所示,它直接将一句语音转换成一张图像作为输入,即先对每帧语音进行傅里叶变换,再将时间和频率作为图像的两个维度,然后通过非常多的卷积层和池化(pooling)层的组合,对整句语音进行建模,输出单元直接与最终的识别结果,如音节或者汉字相对应。

DFCNN 直接将语谱图作为输入,与其他以传统语音特征作为输入的语音识别框架相比具有天然的优势。从模型结构来看,DFCNN 与传统语音识别中的 CNN 做法不同,它借鉴了

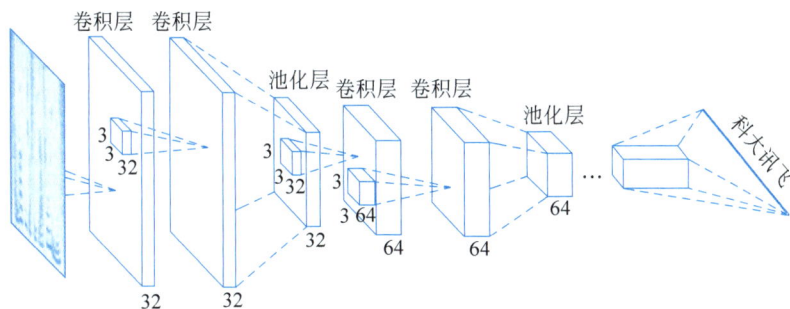

图 5.16 DFCNN 示意图

图像识别中效果最好的网络配置,每个卷积层使用 3×3 的小卷积核,并在多个卷积层之后再加上池化层,这样大大增强了 CNN 的表达能力,与此同时,通过累积非常多的这种卷积池化层对,DFCNN 可以看到非常长的历史和未来信息,这就保证了 DFCNN 可以出色地表达语音的长时相关性,相比 RNN 网络结构在鲁棒性上更加出色。最后,从输出端来看,DFCNN 还可以和近期很热的 CTC 方案完美结合以实现整个模型的端到端训练,且其包含的池化层等特殊结构可以使得以上端到端训练变得更加稳定。

在和其他多个技术点结合后,科大讯飞 DFCNN 的语音识别框架在内部数千小时的中文语音短信听写任务上,相比目前业界最好的语音识别框架双向 RNN-CTC 系统获得了 15% 的性能提升,同时结合科大讯飞的 HPC 平台和多 GPU 并行加速技术,训练速度也优于传统的双向 RNN-CTC 系统。DFCNN 的提出开辟了语音识别的一片新天地。

5.4.4 语音合成

语音合成即让计算机生成语音的技术,其目标是让计算机能输出清晰、自然、流畅的语音。按照人类言语功能的不同层次,语音合成也可以分成 3 个层次,即从文字到语音的合成、从概念到语音的合成、从意向到语音的合成。这 3 个层次反映了人类大脑中形成说话内容的不同过程,涉及人类大脑的高级神经活动。目前成熟的语音合成技术只能够完成从文字到语音 (text-to-speech,TTS) 的合成,该技术也常常被称作文语转换技术。

典型的文字到语音合成系统如图 5.17 所示,该系统可以分为文本分析模块、韵律预测模块和声学模型模块,下面对 3 个模块进行简要的介绍。

文本分析 → 韵律预测 → 声学模型

图 5.17 典型的文字到语音合成系统结构图

1. 文本分析模块

文本分析模块是语音合成系统的前端。它的作用是对输入的任意自然语言文本进行分析,输出尽可能多语言相关的特征和信息,为后续的系统提供必要的信息。它的处理流程依次为:文本预处理、文本规范化、自动分词、词性标注、字音转换、多音字消歧、字形到音素 (grapheme to phoneme,G2P)、短语分析等。文本预处理包括删除无效符号、断句等。其中,文本规范化的任务就是将文本中的非普通文字(如数学符号、物理符号等)字符识别出来,并转换为一种规范化的表达。字音转换的任务是将待合成的文字序列转换为对应的拼音序列。多音字消歧则是解决一字多音的问题。G2P 是为了处理文本中可能出现的未知读音的字词,这在英文或其他单词以字母组成的语言中经常出现。

2. 韵律预测模块

韵律即是实际话流中的抑扬顿挫和轻重缓急,例如重音的位置分布及其等级差异,韵律边界的位置分布及其等级差异,语调的基本骨架及其跟声调、节奏和重音的关系等。由于这些特征需要通过不止一个音段上的特征变化得以实现,通常也称之为超音段特征。韵律表现是一个很复杂的现象,对韵律的研究涉及语音学、语言学、声学、心理学等多个领域。韵律预测模块则接收文本分析模块的处理结果,预测相应的韵律特征,包括停顿、句重音等超音段特征。韵律模块的主要作用是保证合成语音拥有自然的抑扬顿挫,提高语音的自然度。

3. 声学模型模块

声学模型的输入为文本分析模块提供的文本相关特征和韵律预测模块提供的韵律特征,输出为自然语音波形。目前主流的声学模型采用的方法可以概括为两种:一种是基于时域波形的拼接合成方法,声学模型模块首先对基频、时长、能量和节奏等信息建模,并在大规模语料库中根据这些信息挑选最合适的语音单元,然后通过拼接算法生成自然语音波形;另一种是基于语音参数的合成方法,声学模型模块根据韵律和文本信息的指导来得到语音的声学参数,如谱参数、基频等,然后通过语音参数合成器来生成自然语音波形。

语音合成系统的声学模型从所采用的基本策略来看,可以分为基于发音器官的模型和基于信号的模型两大类。前者试图对人类的整个发音器官进行直接建模,通过该模型进行语音的合成,该方法也被称为基于生理参数的语音合成。后者则是基于语音信号本身进行建模或者直接进行基元选取拼接合成。相比较而言,基于信号模型的方法具有更强的应用价值,因而得到了更多研究者和工业界的关注。基于信号模型的方法有很多,主要包括基于基元选取的拼接合成和统计参数语音合成。

5.5　人脸识别

人脸识别技术是指利用分析比较的计算机技术识别人脸。人脸识别技术是基于人的脸部特征,对输入的人脸图像或者视频流,首先判断其是否存在人脸,如果存在人脸,则进一步给出每个脸的位置、大小和各主要面部器官的位置信息,并依据这些信息,进一步提取每个人脸中所蕴含的身份特征,并将其与已知的人脸进行对比,从而识别每个人脸的身份。

人脸识别技术识别过程一般分三步。

(1)首先建立人脸的面像档案。用摄像机采集单位人员的人脸的面像文件或取他们的照片形成面像文件,并将这些面像文件生成面纹(Faceprint)编码存储起来。

(2)获取当前的人体面像。用摄像机捕捉到当前出入人员的面像,或取照片输入,并将当前的面像文件生成面纹编码。

(3)用当前的面纹编码与档案库存的面纹编码比对。将当前的面像的面纹编码与档案库存中的面纹编码进行检索比对。上述的"面纹编码"方式是根据人脸脸部的本质特征工作的。这种面纹编码可以抵抗光线、皮肤色调、面部毛发、发型、眼睛、表情和姿态的变化,具有强大的可靠性,从而使它可以从百万人中精确地辨认出某个人。人脸的识别过程,利用普通的图像处理设备就能自动、连续、实时地完成。

人脸识别系统主要包括4个组成部分,即人脸图像采集(图的左侧)、人脸预处理、特征提取、特征比对(见图5.18)。

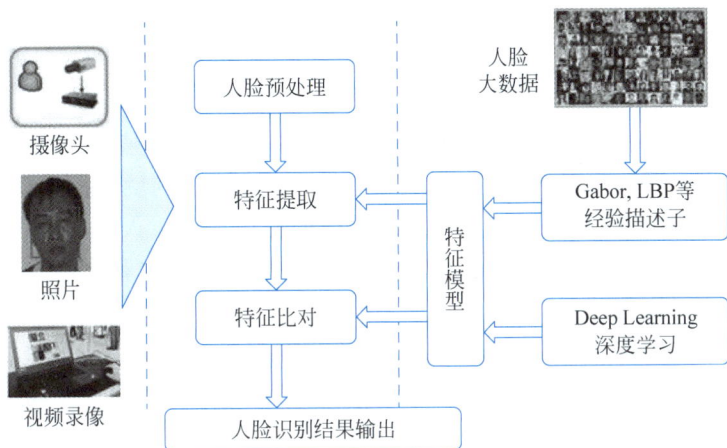

图 5.18　人脸识别系统

1. 人脸图像采集及检测

人脸图像采集：不同的人脸图像都能通过摄像镜头采集下来，例如静态图像、动态图像、不同的位置、不同表情等方面都可以得到很好的采集。当用户在采集设备的拍摄范围内时，采集设备会自动搜索并拍摄用户的人脸图像。

人脸检测：人脸检测在实际中主要用于人脸识别的预处理，即在图像中准确标定出人脸的位置和大小。人脸图像中包含的模式特征十分丰富，如直方图特征、颜色特征、模板特征、结构特征及 Haar 特征等。人脸检测就是把其中有用的信息挑出来，并利用这些特征实现人脸检测。

主流的人脸检测方法基于以上特征采用 Adaboost 学习算法，Adaboost 算法是一种用来分类的方法，它把一些比较弱的分类方法合在一起，组合出新的很强的分类方法。

人脸检测过程中使用 Adaboost 算法挑选出一些最能代表人脸的矩形特征（弱分类器），按照加权投票的方式将弱分类器构造为一个强分类器，再将训练得到的若干强分类器串联组成一个级联结构的层叠分类器，有效地提高分类器的检测速度。

2. 人脸图像预处理

对于人脸的图像预处理是基于人脸检测结果，对图像进行处理并最终服务于特征提取的过程。系统获取的原始图像由于受到各种条件的限制和随机干扰，往往不能直接使用，必须在图像处理的早期阶段对它进行灰度校正、噪声过滤等图像预处理。对于人脸图像而言，其预处理过程主要包括人脸图像的光线补偿、灰度变换、直方图均衡化、归一化、几何校正、滤波以及锐化等。

3. 人脸图像特征提取

人脸识别系统可使用的特征通常分为视觉特征、像素统计特征、人脸图像变换系数特征、人脸图像代数特征等。人脸特征提取就是针对人脸的某些特征进行的。人脸特征提取，也称人脸表征，它是对人脸进行特征建模的过程。人脸特征提取的方法归纳起来分为两大类：一种是基于知识的表征方法；另一种是基于代数特征或统计学习的表征方法。

基于知识的表征方法主要是根据人脸器官的形状描述以及它们之间的距离特性来获得有助于人脸分类的特征数据，其特征分量通常包括特征点间的欧氏距离、曲率和角度等。人脸由眼睛、鼻子、嘴、下巴等局部构成，对这些局部和它们之间结构关系的几何描述，可作为识别人脸的重要特征,这些特征被称为几何特征。基于知识的人脸表征主要包括基于几何特征的方法和模板匹配法。

4. 人脸图像匹配与识别

提取的人脸图像的特征数据与数据库中存储的特征模板进行搜索匹配,通过设定一个阈值,当相似度超过这一阈值,则把匹配得到的结果输出。人脸识别就是将待识别的人脸特征与已得到的人脸特征模板进行比对,根据所提取特征的相似程度对人脸的身份信息进行判断。这一过程又分为两类:一类是确认,是一对一地进行图像比较的过程;另一类是辨认,是一对多地进行图像匹配对比的过程。

人脸识别技术广泛用于政府、军队、银行、社会福利保障、电子商务、安全防务等领域。例如电子护照及身份证,这是规模最大的应用。在国际民航组织(ICAO)已确定,从 2010 年 4 月 1 日起,在其 118 个成员国家和地区,人脸识别技术是首推识别模式,该规定已经成为国际标准。美国已经要求和它有出入免签证协议的国家在 2006 年 10 月 26 日之前必须使用结合了人脸指纹等生物特征的电子护照系统,到 2006 年年底已经有 50 多个国家实现了这样的系统。

第 6 章

语　　言

语言是人类最重要的交际工具,是人们进行沟通交流的各种表达符号。语言是抽象思维的"物质外衣",它是一种社会现象,劳动以及伴随劳动产生及发展起来的语言是产生人类思维的主要推动力量。

6.1　引言

语言是以语音为物质外壳、以词汇为建筑材料、以语法为结构规则而构成的体系。语言通常分为口语和文字两类。口语的表现形式为声音,文字的表现形式为形象。口语远较文字古老,人们学习语言也是先学口语,后学文字。口语的文法比较简单,所用词汇数量也比文字少。

语言是一种特殊的社会现象,它既不属于经济基础,也不属于上层建筑。它是人类在社会生产劳动过程中,由于交流思想的需要而产生的。语言与社会一直有着密切的联系。社会语言学就是研究语言结构变异与社会结构变化之间的相互关系。它的具体研究内容如下。

(1) 语言和社会。探索社会因素对语言的影响,以及语言因素对社会的影响。

(2) 语言变体。探索社会的变化如何引起语言在词汇和语法等方面的变化。

(3) 言语变体。从特定的言语环境中找出交际中言语的各种特点以及差异。

(4) 双语现象。从一个社会团体交替使用两种以上语言的情况中研究社会、心理等因素对语言选择的影响和制约。

(5) 话语分析。分析交际中的对话,探索组织谈话的社会、心理、语言、环境等结构及其内在联系,从而把语言研究扩大到言语领域之中。

(6) 语言功能。主要研究语言在社会中的各种功能,如交际功能、思维功能和传递信息的功能等。

(7) 语言政策。根据社会发展的需要制定出科学的语言政策,进行语言建设。

思维同感觉和知觉一样,是人脑对客观现实的反映。不过,所反映的事物不是个别特征,而是一类事物的共同的、本质的特征。所谓间接的反映,就是说不是直接的,而是通过其他事物的媒介来反映客观事物。

语言和思维的关系问题是语言研究中最有趣、最富有争论性的问题之一,主要有下列观点。

行为主义心理学认为语言和思维是同一东西。华生认为思维与自言自语没有丝毫不同之处,他把思维完全看成无声的语言。后来的新行为主义者斯金纳认为思维是无声的或隐蔽的或微弱的言语行为。

另一种观点是语言决定思维。持这种观点的心理学家强调活动、语言、思维诸因素是相互联系向前发展的,也就是说,劳动及与其一起产生的语言,是思维、人类意识产生的最主要的推动力;各种活动、语言是个体思维产生的基础。这里所指的思维是语言思维,是以词为中介对现实的反映。语言思维是人类思维的基本形态。

20 世纪 30 年代,苏联著名生理学家巴甫洛夫(Иван Петрович Павлов)研究了神经系统的反射机制,提出了大脑中存在两种信号系统的学说。巴甫洛夫把人体在神经系统参与下对体外和体内刺激的反应即反射,区分为无条件反射和条件反射。在条件反射中,又把作用于人的各种条件刺激物分为第一信号系统和第二信号系统。凡是引起暂时神经联系的那些具体的条件刺激物叫第一信号;由第一信号在大脑皮质上所引起的暂时神经联系系统,叫第一信号系统。闻到菜的香味就会感到肚子饿,这就是第一信号系统活动。第一信号系统是人和动物所共有的。但人还有第二信号系统,这就是由语言文字这种信号在大脑皮质上所引起的暂时神经联系系统。如果吃到杨梅时感到酸,那么听别人讲到杨梅时也会引起酸的感觉,这就是第二信号系统活动。在这里,语言代替就是由于在人的大脑中存在上述两种信号系统及它们之间的相互作用。他说:"如果我们对周围环境的感觉和表象对我们来讲是现实的第一信号,是具体的信号,那么言语,首先特别是从言语器官到大脑皮层去的运动刺激则是第二信号,即信号的信号。它们是现实的抽象,并且可以进行概括,这就组成了为人类所特有的高级思维,这种思维首先创立了一般人类的经验,而最后创立了科学,即人类对周围世界和对自己进行最高理解的工具"。

瑞士心理学家皮亚杰(Jean Piaget)从语言和思维的关系发生的起源史,从言语和思维的个体产生、发展趋势,从聋哑儿童与正常儿童的比较研究看到,逻辑思考的发生比语言、言语的发生要早,因此认为思维决定语言,语言是由逻辑所构成,逻辑运算从属于普通的动作协调规律,这些协调控制着所有的活动,包括语言本身在内。皮亚杰也承认语言在动作内化为表象和思维时起着主要作用,但也仅仅是影响内化的许多因素中的一种。

我们认为,思维和语言既是不同的概念,又是一个密切相关的统一体。思维是客观世界的主观映象,语言是对这种映象的表达形式。人类在劳动过程中由于协作的需要产生了语言,随着劳动的发展和社会的交往,人们的语言逐渐发展完善起来,思维也不断地发展和提高。思维的概括是借助于词,借助于语言来实现的。人们运用概念、判断、推理进行思维,反映事物的本质和规律性。有了概括化的语言,不仅可以把一代人联系起来,而且可以把不同世代的人联系起来,形成知识体系,使人的思维不仅是一种概括的反映,而且是一种以知识为中介的间接反映。

6.2　语言认知

人类借助语言交流思想,借助语言进行思维、推理。现已确定,语言功能定位于大脑左半球。与语言功能相关的大脑半球结构不对称在人类进化史上早在 30 万年前就已出现。人的语言潜能似乎在出生时就已存在。语言的普遍特征被认为部分起源于左半球语言相关皮质区域的特殊结构。从生物学意义上来讲,语言不是单一能力,而是一组能力,理解和表达就是其中的两个。语言理解和表达能力定位于左半球大脑皮质的不同区域。

语言学家和心理学家认为,语言习得中普遍性的机制是由人脑的结构决定的。根据这种观点,大脑的发育使人们具备了学习和运用语言的能力,而人们所讲的具体语种、方言和口音则是由社会环境决定的。图 6.1 给出了大脑语言信息处理的 Wernicke-Geschwind 模型。

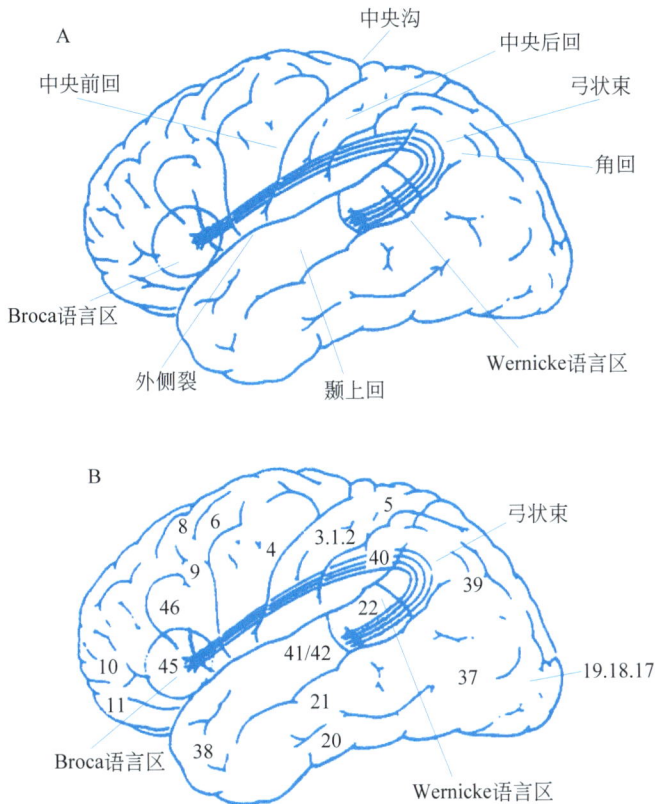

图 6.1 大脑语言信息处理的 Wernicke-Geschwind 模型

在 Wernicke-Geschwind 模型 A 中,给出左半球主要沟回及与语言功能相关的区域。Wernicke 语言区位于颞上回后部,靠近听觉皮层。Broca 语言区靠近运动皮层的面部代表区。连接 Wemicke 区和 Broca 区的通路称为弓状束。在 Wernicke-Geschwind 模型 B 中,给出左半球的 Brodmann 分区。41 区为初级听皮层,22 区为 Wernicke 语言区,45 区为 Broca 语言区,4 区为初级运动皮层。根据最初的 Wernicke-Geschwind 模型,人们听到一个词,信息自耳蜗基底膜经过听神经传至内侧膝状体,继而传至初级听皮层(Brodmann 41 区),然后至高级听皮层(42 区),再向角回(39 区)传递。角回是顶-颞-枕联合皮层的一个特定区域,被认为与传入的听觉、视觉和触觉信息的整合有关。由此,信息传至 Wernicke 区(22 区),进而又经弓状束传至 Broca 区(45 区)。在 Broca 区,语言的知觉被翻译为短语的语法结构,并存储着如何清晰地发出词的声音的记忆。然后,关于短语的声音模式的信息被传至控制发音的运动皮层面部表示区,从而使这个词能清晰地说出。

根据 Wernicke-Geschwind 模型可以做出临床上非常有用的预测。

(1) 该模型预言了 Wernicke 区损伤导致的后果。到达听皮层的语言信息不能激活 Wernicke 区,因而将无法被理解。如果损伤向后方和下方扩展超越了 Wernicke 区,还将影响视觉性语言输入的处理。其结果是,患者对说的或写的语言都无法理解。

(2) 该模型正确地预言了 Broca 区的损伤将不影响对说和写的语言的理解,但引起语言和词句生成的严重障碍,因为语言的声音模式和语言的结构模式不能传至运动皮层。

(3) 该模型预言弓状束损伤中断 Wernicke 区和 Broca 区的联系将扰乱词语生成,因为听觉输入无法传至参与语言生成的脑区。

尽管 Wernicke-Geschwind 模型在临床上仍然有用,但是 Damasio,Raichle 和 Posner 等的认知和脑成像研究表明,Wernicke-Geschwind 模型过于简单化。语言功能涉及多个脑区以及这些脑区之间复杂的相互联系,并非由 Wernicke 区至 Broca 区及它们间的联系所能概括。语言障碍从来不像 Wernicke-Geschwind 模型所预测的那么单纯。图 6.2 是目前为止关于语言信息神经处理的一个较为理想的模型。

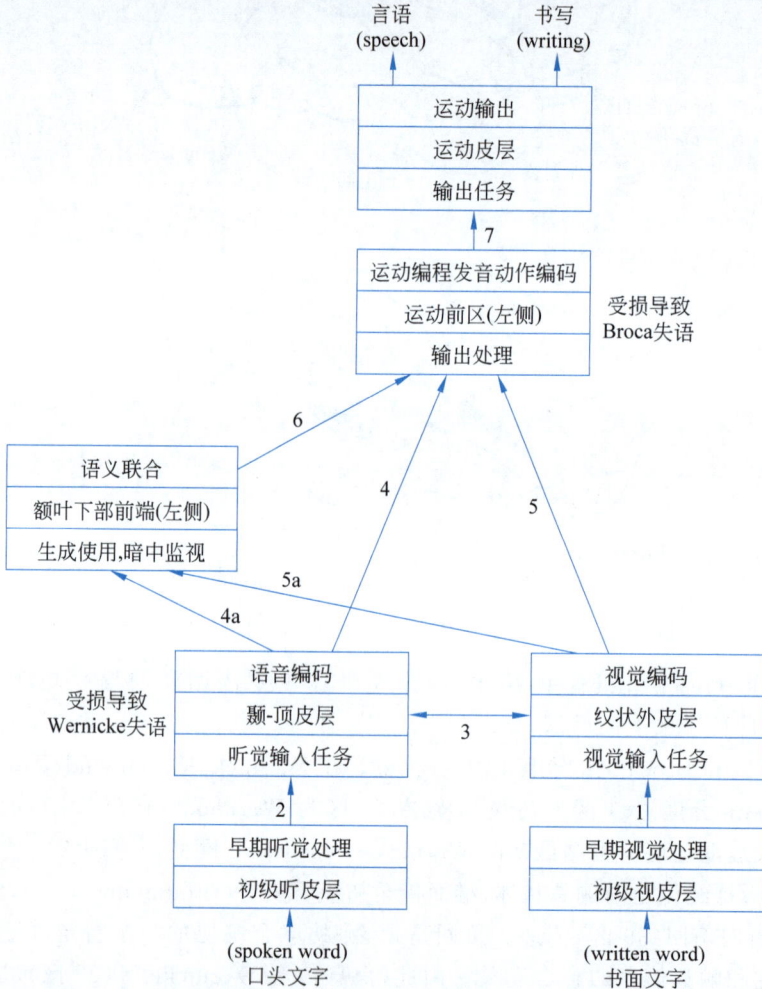

图 6.2　语言信息神经处理模型

根据 2004 年 8 月 1 日出版的美国《神经学》杂志介绍,日本以东京大学助理教授酒井邦义为首的科研小组发现大脑前皮层 Broca 区的一个特殊部分专门负责语法,另一区域则掌管词汇的处理。科研人员在 16 名大学男生接受语法和词汇测验时,使用核磁共振成像技术来监视其脑部的活动。他们发现,Broca 区临近左太阳穴的一部分在语法判断时处于活跃状态,而更靠后的一处区域在记忆单词时受到了刺激。人脑负责语法的部分含有猴脑中不存在的组织,这可能有助于解释为什么只有人类才可以使用复杂的语言。这一发现将帮助人们深入了解失语症和痴呆症等疾病。

心理语言学是在心理学和语言学的结合点上产生的一门新兴学科,至今仅有近半个世纪的历史。其初期的研究主要受行为主义思想的支配,大多从刺激-反应的观点来探讨人类的语言行为,认为语言行为无非是一套习惯,通过刺激、反应和强化而逐渐形成。20 世纪 60 年代,乔姆斯基提出了生成转换语法理论及表层结构和深层结构的概念。此后致力于证明乔姆斯基句法理论的心理现实性的研究,成为心理语言学研究中的主流。

到 20 世纪 70 年代,在继续研究句子的句法结构怎样认知加工的同时,开始注意研究句子的意义。研究问题也逐渐由单个句子发展到段落或课文的认知加工。"句子加工"和"课文加工"构成心理语言学两个最大、最主要的子领域。20 世纪 70 年代和 80 年代,大多数关于课文加工的研究涉及某种推理在阅读时是否得到编码。例如,在阅读"青蛙坐在木板上,鱼在木板下面游。"之后问"鱼在青蛙下面游吗?"这样的推理性问题。但这里存在一个方法学问题,即不能区分推理是在阅读时进行的还是在推理测验时进行的。

福多尔(J. A. Fodor)提出了认知模块理论,与物理符号理论、人工神经网络、心理的生态学理论一样引起了人们的注意。认知模块被定义为一种快速的、强制的和封闭的信息过程。认知模块的最显著的特征是其信息过程的封闭性,即模块的活动与输出不受其他信息的影响。在认知模块理论看来,语言加工系统是由一系列在功能上彼此独立的模块组成的;每个模块是独立的加工单位;加工是自动的、强制的;这个过程不受其他模块的影响。例如,词汇加工或句法加工作为独立的模块,其加工不受句子语境等高层次因素的影响。

鸠斯巴切(M. A. Gernsbacher)提出的结构构建框架是一个较著名的语言理解模型,该理论认为,理解的目的是构造一个连贯的心理表征或结构,表征的建构材料是记忆细胞。这一建造过程包括 3 个步骤:奠基,即根据最初输入的信息形成一个基础结构;映射,即当新输入的信息与先前信息一致时,就映射到这个基础上去,从而发展原来的结构;转移,即当新输入的信息与先前信息不一致时,就开始构建一个新的子结构。因此,大多数心理结构都是由若干分支的子结构组成的。在结构建造过程中,有两种机制控制记忆细胞的激活水平:增强,即与正在建构的结构一致的信息的激活水平的提高;压抑,即与正在建构的结构不一致的信息的激活水平的主动下降。该理论强调,压抑不适当信息和干扰信息是有效理解的基础,压抑机制的效率可能是语言理解能力中个别差异的重要原因。

上面仅讨论了语言的认知成分。然而,人类的交流还具有重要的情感成分。这些成分包括音乐性的语律和情感性的姿态。语言的某些情感成分依赖于右半球的专门处理。与右半球损伤相关的语言情感成分丧失称为语韵缺失。语韵处理在右半球的组织方式与语言的认知方面在左半球的组织方式似乎相对应。右半球前部损伤的患者无论是悲或是喜,讲话时语调总是平的。右半球后部损伤的患者则不能理解别人语言中的情感成分。

6.3 乔姆斯基的形式文法

在计算机科学中,形式语言是某个字母表上一些有限长字串的集合,而形式文法是描述这个集合的一种方法。形式文法之所以这样命名,是因为它与人类自然语言中的文法相似。最常见的文法的分类系统是乔姆斯基于 1950 年发展的乔姆斯基谱系,这个分类谱系把所有的文法分成 4 种类型:短语结构文法、上下文有关文法、上下文无关文法和正规文法。任何语言都可以由无限制文法来表达,余下的三类文法对应的语言类分别是递归可枚举语言、上下文无语言和正规语言。依照排列次序,这 4 种文法类型依次拥有越来越严格的产生式规则,所能表达的语言也越来越少。尽管表达能力比短语结构文法和上下文相关文法要弱,但由于能高效率的实现,上下文无关文法和正规文法成为 4 类文法中最重要的两种文法类型。

6.3.1　短语结构文法

短语结构文法是一种非受限文法,也称为 0 型文法,是形式语言理论中的一种重要文法。一个四元组 $G = (\Sigma, V, S, P)$,其中 Σ 是终结符的有限字母表,V 是非终结符的有限字母表,$S(\in V)$ 是开始符号,P 是生成式的有限非空集,P 中的生成式都为 $\alpha \to \beta$ 的形式,这里 $\alpha \in (\Sigma \bigcup V)^* V (\Sigma \bigcup V)^*$,$\beta \in (\Sigma \bigcup V)^*$。短语结构文法又称为 0 型文法。因对 α 和 β 不加任何限制,故也称其为无限制文法。0 型文法生成的语言类与图灵机接受的语言类相同,称为 0 型语言类(常用 L_0 表示)或递归可枚举语言类(常用 Lre 表示)。

表 6.1　L_0、L_1 在代数运算下的封闭性

代 数 运 算	语 言 类	
	L_0	L_1
求并	√	√
求连接	√	√
求闭包	√	√
求补	×	?
求交	√	√
与正则语言相交	√	√
反演	√	√
置换	√	×

注:√表示封闭,×表示不封闭,?表示尚未解决。

例如,$G = (\{a\}, \{[,], A, D, S\}, S, P)$,其中,$P = \{S \to [A], [\to [D, D] \to], DA \to AAD, [\to \wedge,] \to \wedge, A \to a\}$,显然,$G$ 是短语结构文法,它所生成的语言 $L(G) = \{a^{2^n} | n \geq 0\}$ 是 0 型语言。

0 型语言在一些代数运算下的封闭性如表 6.1 所示,关于判定问题的一些结果如表 6.2 所示。表中,D 表示可判定,U 表示不可判定,G 表示文法,L 表示语言。

表 6.2　L_0、L_1 有关的判定问题

判 定 问 题	语 言 类	
	L_0	L_1
任意字 $x \in L(G)$?	U	D
$L(G_1) \subset L(G_2)$?	U	U
$L(G_1) = L(G_2)$?	U	U
$L(G) = \varnothing$?	U	U
$L(G) =$ 无限集?	U	U
$L(G) = \Sigma^*$?	U	U

短语结构文法的标准型为:$A \to \xi, A \to BC, A \to \wedge, AB \to CD$,其中 $\xi \in (\Sigma \bigcup V)$,$A, B, C, D \in V$,$\wedge$ 是空字。

对短语结构文法中的生成式作某些限制,即得到上下文有关文法、上下文无关文法和正则文法。

6.3.2 上下文有关文法

上下文有关文法是形式语言理论中的一种重要文法。一个四元组 $G=(\Sigma,V,S,P)$,其中 Σ 是终结符的有限字母表,V 是非终结符的有限字母表,$S(\in V)$ 是开始符号,P 是生成式的有限非空集,P 中的生成式都为 $\alpha A\beta \rightarrow \alpha\gamma\beta$ 的形式,这里 $A\in V,\alpha,\beta\in(\Sigma\cup V)^{*},\gamma\in(\Sigma\cup V)^{+}$。上下文有关文法又称为 1 型文法。其生成式的直观意义是:在左有 α,右有 β 的上下文中,A 可以被 γ 所替换。上下文有关文法所生成的语言称为上下文有关语言或 1 型语言。常用 L_1 表示 1 型语言类。

单调文法,若文法 $G=(\Sigma,V,S,P)$ 的所有生成式都为 $\alpha\rightarrow\beta$ 的形式并且 $|\alpha|\leqslant|\beta|$,其中 $\alpha\in(\Sigma\cup V)^{*}V(\Sigma\cup V)^{*},\beta\in(\Sigma\cup V)^{+}$,则称 G 为单调文法。单调文法可简化使 P 中任意生成式的右侧长最大为 2,即,若 $\alpha\rightarrow\beta\in P$,则 $|\beta|\leqslant2$。已经证明:单调文法所生成的语言类与 1 型语言类,即上下文有关语言类相同。因此,有的文献把单调文法的定义作为上下文有关文法的定义。

例如,$G=(\{a,b,c\},\{S,A,B\},S,P)$,其中 $P=\{S\rightarrow aSAB/aAB,BA\rightarrow AB,aA\rightarrow ab,bA\rightarrow bb,bB\rightarrow bc,CB\rightarrow cc\}$,显然,$G$ 是单调文法,因而也是上下文有关文法。它所生成的语言 $L(G)=\{a^{n}b^{n}c^{n}|n\geqslant1\}$ 是上下文有关语言。

上下文有关文法的标准型为 $A\rightarrow\xi,A\rightarrow BC,AB\rightarrow CD$,其中 $\xi\in(\Sigma\cup V),A,B,C,D\in V$。上下文有关语言类与线性有界自动机接受的语言类相同。1 型语言对运算的封闭性以及关于判定问题的一些结果参见短语结构文法中的表 6.1 和表 6.2。特别要指出的是,1 型语言对补运算是否封闭是迄今未解决的一个问题。

6.3.3 上下文无关文法

上下文无关文法是形式语言理论中一种重要的变换文法,在乔姆斯基分层中称为 2 型文法,生成的语言称为上下文无关语言或 2 型语言,在程序设计语言的语法描述中有重要应用。

上下文无关文法(简称 CFG)可以化为两种简单的范式之一,即任一上下文无关语言(简称 CFL)可用如下两种标准 CFG 的任意一种生成:其一是乔姆斯基范式,它的产生式均取 $A\rightarrow BC$ 或 $A\rightarrow a$ 的形式;其二是格雷巴赫范式,它的产生式均取 $A\rightarrow aBC$ 或 $A\rightarrow\alpha$ 的形式。其中 $A,B,C\in V$,是非终结符;$a\in\Sigma$,是终结符;$\alpha\in\Sigma^{*}$,是终结符串。

从文法生成语言,可有多种推导方式。例如,文法 $\{S\rightarrow AB,A\rightarrow a,B\rightarrow b\}$ 可有两种推导:$S\Rightarrow AB\Rightarrow aB\Rightarrow ab$ 及 $S\Rightarrow AB\Rightarrow Ab\Rightarrow ab$。若每次都取最左边的非终结符进行推导,如上例中的前一种方式那样,则称为左推导。如果有两种不同的左推导推出同一结果,则称此文法是歧义的,反之是无歧义文法。对有些歧义文法,可找到一个等价的无歧义文法,生成同一语言。不具有无歧义文法的语言称为本质歧义性语言。例如,$\{S\rightarrow A,S\rightarrow a,A\rightarrow a\}$ 是歧义的文法。$L=\{a^{m}b^{n}c^{n}|m,n\geqslant1\}\cup\{a^{m}b^{m}c^{n}|m,n\geqslant1\}$ 是本质歧义性语言。接受 CFL 的自动机称为下推自动机。确定型和不确定型下推自动机接受的语言分别称为确定型 CFL 和不确定型 CFL,前者是后者的真子集。例如,$L=\{a^{n}b^{n}|n\geqslant1\}\cup\{a^{n}b^{2n}|n\geqslant1\}$ 是一个不确定型 CFL 而不是确定型 CFL。

对任意正整数 n,令 $\Sigma_n=\{a_1,\cdots,a_n\},\Sigma_n'=\{a_1',\cdots,a_n'\}$,定义乔姆斯基变换文法 $G=$

(Σ, V, S, P) 为 $(\Sigma_n \bigcup \Sigma_n', \{S\}, S, \{S \rightarrow, Sa_i Sa_i' S \mid 1 \leqslant i \leqslant n\})$。这个文法生成的语言称为代克集。如果把 a_i 看作开括号,把 a_i' 看作相应的闭括号,则 n 维代克集 D_n 就是由 n 种不同的括号对组成的配对序列之集合。例如,$a_1 a_2 a_2 a_2' a_2' a_1'$ 和 $a_1 a_1' a_2 a_2' a_1 a_1'$ 都属于 D_2。

代克集是把正则语言族扩大成上下文无关语言族的工具。对任一上下文无关语言 L,必存在两个同态映射 h_1 和 h_2,以及一个正则语言 R,使 $L = h_2[h_1^{-1}(D_2) \bigcap R]$,其中 D_2 是二维代克集,反之亦然。

更进一步,上下文无关语言族是包含 D_2,且在同态、逆同态和与正则语言相交三种代数运算下封闭的最小语言族。

由于上下文无关文法被广泛地应用于描述程序设计语言的语法,因此更重要的是从机械执行语法分解的角度取上下文无关文法的子文法,最重要的一类就是无歧义的上下文无关文法,因为无歧义性对于计算机语言的语法分解至为重要。在无歧义的上下文无关文法中最重要的子类就是 $LR(k)$ 文法,它只要求向前看 k 个符号即能作正确的自左至右语法分解。$LR(k)$ 文法能描述所有的确定型上下文无关语言,但是对于任意的 $k > 1$,由 $LR(k)$ 文法生成的语言必可由一等价的 $LR(1)$ 文法生成。$LR(0)$ 文法生成的语言类是 $LR(1)$ 文法生成的语言类的真子类。

6.3.4 正则文法

正则文法来源于 20 世纪 50 年代中期乔姆斯基对自然语言的研究,是乔姆斯基短语结构文法分层里的 3 型文法。正则文法类是上下文无关(2 型)文法类的真子类,已应用于计算机程序语言编译器的设计、词法分析(文本处理中描述触发过程动作的文本模式、文件类型和扫描器、文本工具的标准基础)、开关电路设计、句法模式识别等,是计算机和信息科学、工程、物理、化学、生物、医学、应用数学不可忽视的论题。

正规文法有多种等价的定义,我们可以用"左线性文法"或者"右线性文法"来等价地定义正规文法。"左线性文法"要求产生式的左侧只能包含一个非终结符号,产生式的右侧只能是空串、一个终结符号或者一个非终结符号后随一个终结符号。"右线性文法"要求产生式的左侧只能包含一个非终结符号,产生式的右侧只能是空串、一个终结符号或者一个终结符号后随一个非终结符号。

一个左线性文法可用四元组 $G = (V, \Sigma, P, S)$ 表示,其中 V 是变元的有限集合,Σ 是终结符的有限集合,$S \in V$,称为开始符号,$w \in \Sigma^*$(即 w 为有限个终结符连接成的串或字,可能为空串或空字 ε)。$A, B \in V$ 时,P 是由形为 $A \rightarrow w$ 和 $A \rightarrow wB(A \rightarrow Bw)$ 产生式组成的有限集。右线性文法与左线性文法是等价的,即可生成同样的语言(字集合)类。

正则文法的结构与复杂性测度由变元、产生式的个数及文法有向图的高度、每一层的结点数来确定。$S \mid \frac{*}{G} w$ 表示有限次使用 P 中产生式可派生出字 w,正则文法 G 可作为生成器产生和描述正则语言 $L(G) = \left\{ w \in \Sigma^* \mid S \mid \frac{*}{G} w \right\}$。例如,$G = (\{S, A, B\}, \{0, 1\} P, S)$,$P = \{S \rightarrow 0A \mid 0, A \rightarrow 1B, B \rightarrow 0A \mid 0\}$,$G$ 是一个正则(右线性)文法,$L(G)$ 中含字 $0, (S \rightarrow 0), 01010(S \rightarrow 0A \rightarrow 01B \rightarrow 010A \rightarrow 0101B \rightarrow 01010)$。正则语言也称为正则集,可以用正则表达式表示。对任一正则表达式,可以构造出带 ε 动作的非确定有限自动机(NFA)在线性时间内来接受它,也可构造出不带 ε 动作的确定有限自动机(DFA)在平方时间内来接受它,正则文法生成的语言

也可由双向确定有限自动机(2DFA)来接受,NFA、DFA、2DFA 是等价的,即所接受的语言类是相同的。

正则表达式递归地定义为,设 Σ 为有限集,

(1) $\varnothing$,ε 和 $a(\forall a\in\Sigma)$ 是 Σ 上的正则表达式,它们分别表示空集、空字集 $\{\varepsilon\}$ 和集合 $\{a\}$。

(2) 若 α 和 β 是 Σ 上的正则表达式,则 $\alpha\bigcup\beta$,$\alpha\cdot\beta=\alpha\beta$ 和 α^* 也是 Σ 上的正则表达式,它们分别表示字集 $\{\alpha\}$,$\{\beta\}$,$\{\alpha\}\bigcup\{\beta\}$,$\{\alpha\}\{\beta\}$ 和 $\{\alpha\}^*$。运算符 $\bigcup$、$\cdot$、$*$ 分别表示并、连接和星 $\left(\text{乘幂闭包}\{\alpha\}^*=\left\{\bigcup\limits_{i=0}^{\infty}\alpha^i\right\}\right)$,优先顺序为 $*$、$\cdot$、$\bigcup$。

(3) 只有有限次使用(1)和(2)确定的表达式才是 Σ 上的正则表达式,只有 Σ 上的正则表达式所表示的字集才是 Σ 上的正则集。

正则文法生成的字集,其正则表达式为 0。为了简化正则表达式,常用下列等式。

(1) $\alpha\bigcup\alpha=\alpha$(幂等律)。

(2) $\alpha\bigcup\beta=\beta\bigcup\alpha$(交换律)。

(3) $(\alpha\bigcup\beta)\bigcup\gamma=\alpha\bigcup(\beta\bigcup\gamma)$(结合律)。

(4) $\alpha\bigcup\varnothing=\alpha$,$\alpha\varnothing=\varnothing\alpha=\varnothing$,$\alpha\varepsilon=\varepsilon\alpha=\alpha$(零一律)。

(5) $(\alpha\beta)\gamma=\alpha(\beta\gamma)$(结合律)。

(6) $(\alpha\bigcup\beta)\gamma=\alpha\gamma\bigcup\beta\gamma$(分配律)。

(7) $\varepsilon\bigcup\alpha^*=\alpha^*$。

(8) $(\varepsilon\bigcup\alpha)^*=\alpha^*$。

用(1)至(2)可将 α 变为 β 时,称 α 与 β 相似。

运用正则表达式方程 $X_i=a_{i0}+a_{i1}X_1+\cdots+a_{in}X_n$ 来处理语言有其方便之处,因为这种方程中 $\Delta=\{X_1,\cdots,X_n\}$(未知量的集合)与 Σ 之交为 $\varnothing$,α_{ij} 为 Σ 上正则表达式,当 α_{ij} 为 $\varnothing$、ε 时分别相当于普通线性方程组之系数 0、1,可以按线性方程组的高斯消去法求解,当然,这里的解是一个集合,即解不是唯一的,但该算法能够正确地确定一个极小不动点作解。

由所生成的正则语言来体现。如果 R 为正则语言,则存在一个常数 n,使得 R 中所有字长不小于 n 的字 w 都可写成 xyz 的形式($y\neq\varepsilon$ 且 $|xy|\leqslant n$)并且对所有非负整数 i 必有 $xy^iz\in R$,此为泵引理。它是证明某些语言不正则的有力工具,且有助于建立算法来判断一个给定的正则文法所生成的语言是有限的还是无限的。判断某些语言是否正则还可以利用对语言运算是否封闭来决定。已知正则语言类对布尔运算(并、交、补)、连接、$*$(克林尼闭包)、左右商、替换、同态、逆同态、INIT(求前缀)、FIN(求后缀)、MIN、MAX、CYCLE、Reversal 等封闭。又当 $p(x)$ 为非负整系数多项式,R 为正则语言时,$L_1=\{w|$ 对某个使 $|y|=p(|w|)$ 的 y 有 $wy\in R\}$,$L_2=\{w|$ 对某个使 $|y|=p(|w|)$ 的 y 有 $wy\in R\}$ 也是正则语言。当 R,R_1 和 R_2 是正则语言时下列问题都是可判定的:$w\in R$? $R=\varnothing$? $R=\Sigma^*$? $R_1=R_2$? $R_1\subseteq R_2$? $R_1\bigcap R_2=\varnothing$?

6.4　扩充转移网络

1970 年,美国人工智能专家伍兹(W. Woods)研究了一种语言自动分析的方法,叫作扩充转移网络(Augmented Transition Networks,ATN)。ATN 是在有限状态文法的基础上,做了重要的扩充之后研制出来的。有限状态文法可以用状态图来表示,但这种文法的功能仅在于生成。如果从分析句子的角度出发,也可以用状态图来形象地表示一个句子的分析过程,这样

的状态图叫作有限状态转移图(FSTD)。一个 FSTD 由许多个有限的状态以及从一个状态到另一个状态的弧所组成,在弧上只能标以终极符号(即具体的词)和词类符号(如< Verb >、< Adj >、< Noun >等,分析从开始状态出发,按着有限状态转移图中箭头所指的方向,一个状态一个状态地扫描输入词,看所输入的词与弧上的标号是否相配,如果扫描到输入句子的终点,FSTD 进入最后状态,那么,FSTD 接收了输入句子,分析也就完成了(见图 6.3)。

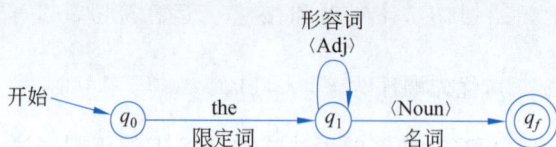

图 6.3　扩充转移网络转移图

扩充转移网络只能识别有限状态语言。我们知道,有限状态文法的重写规则是 A→aQ 或 A→a,这种文法是比较简单的,FSTD 有足够的能力来识别由有限状态文法生成的语言。

例如,我们可以提出这样一个由 FSTD 来分析的名词词组,其中以 the 开头,以< Noun >结尾,开头和结尾可有任意个< Adj >。如:

the pretty picture(美丽的图画)
the old man(老人)
the good idea(好主意)

FSTD 如图 6.3 所示。如果输入的名词词组是 the　pretty　picture,从状态 q_0 开始,沿着标有 the 的弧进行扫描,因为 the 是输入符号串的最左词,二者相匹配,然后进入状态 q_1,而在输入符号串中剩下来应该分析的部分是 pretty picture,在走过标有< Adj >的这个成圈的弧后,我们又进入状态 q_1,而在输入符号串中剩下的部分是 picture,由于该词是名词,与弧上的标号< Noun >相配,故进入最后状态 q_f。这时,输入符号串中的全部的词都检查完毕,分析结果,FSTD 接收了这个符号串。

有限状态文法是不适于处理很复杂的自然语言的,因此,有必要对 FSTD 加以扩充,给它提供一个递归的机制,增加其识别能力,以便处理上下文自由语言。为此,提出递归转移网络(Recursive Transition Networks,RTN)。RTN 也是一个有限状态转移图,不过,其中弧上的标记不仅可以包含终极符号(即具体的词)和词类符号,而且,还可以是词组类型符号(如 NP、S、PP 等)。由于每个词组类型符号又可以用另一个有限状态转移图来表示,这样,RTN 便具有递归的能力,每当扫描到词组类型时,RTN 可临时转移到与该词组类型相应的另一个有限状态转移图中,以便对分析过程进行临时控制。这样,RTN 不仅能识别有限状态语言,而且,还能识别上下文无关语言,扩大了 FSTD 的识别能力(见图 6.4)。

RTN 的操作方式与 FSTD 的操作方式类似。如果弧上的标记是终极符号或词类符号,那么,可以像 FSTD 那样处理该弧。例如 ball 这个词,可与标记为< Noun >的弧相匹配,而不能与标记为< Adj >的弧相匹配。如果弧上的标记是词组类型符号,而这个词组类型符号又与另一个有限状态转移图相对应,那么,就把当前的分析状态置入栈中,控制转移到相应名字的有限状态转移图中,继续处理这个句子。当处理结束或处理失败时,控制又转回来,回到原来的那个状态继续进行处理。

例如,设 RTN 由名字为 S 的网络,以及名字为 NP 及 PP 的两个子网络构成。这里,NP 表示名词词组,PP 表示前置词词组,< Det >是限定词,< Prep >是前置词,< Adj >是形容词,

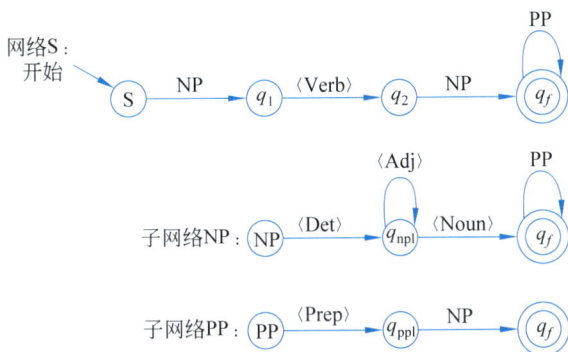

图 6.4 RTN 网络

<Noun>是名词,最后状态标以 q_f。如果输入符号串是 the little boy in the swimsuit kicked the red ball(那个穿游泳装的小男孩踢了那个红色的球),上面的 RTN 将按如下的顺序来进行分析:

```
NP: the little boy in the swimsuit
PP: in the Swimsuit
NP: the Swimsuit
Verb: kicked
NP: the red ball
```

在网络 S 中,从 S 出发,扫描到 NP,于是控制进入名字为 NP 的子网络处理 the little boy in the Swimsuit 这个 NP,当扫描完 the little boy 后,在子网络中还可扫描到 PP,即 in the swimsuit。于是,控制进入名字为 PP 的子网络处理 in the swimsuit 这个 PP 中,在这个子网络中,当扫描完<Prep>即 in 后,就应扫描 NP the swimsuit,于是,控制又进入名字为 NP 的子网络,处理 the swimsuit 这个 NP,进入这个名字为 NP 的子网络的最后状态,于是,名词词组 the little boy in the swimsuit 处理完毕,控制回到网络 S,进入状态 q_1,在状态 q_1 扫描动词 kicked,进入状态 q_2,在状态 q_2 又扫描名词词组 NP,于是,控制又进入名字为 NP 的子网络处理名词词组,the red ball,处理完这个名词词组才进入网络 S 中的最后状态 q_f,句子分析完毕。

RTN 能处理上下文无关语言。但是,我们知道,能生成上下文无关语言的上下文无关文法对于处理自然语言仍然是不完善的。因此,还得进一步扩充 RTN,使之具有更强的识别能力。这样,Woods 便提出了扩充转移网络,即 ATN。ATN 是由 RTN 做了如下 3 方面的扩充而成的。

(1)加一个寄存器,以便存储信息。例如,在不同的子网络之间,可能会局部地形成一些推导树,这样的推导树便可暂时存储于寄存器中。

(2)网络中的弧除了可以标记终极符号、词类符号、词组类型符号之外,还可以检查是否满足进入这个弧的条件。

(3)在弧上还可以执行某些动作,重新安排句子的结构。

由于加上了寄存器、条件及动作,ATN 的功能可提高到图灵机的水平。从理论上说,ATN 有足够的能力来识别可以用计算机识别的任何语言。

ATN 的操作方式与 RTN 类似。不同之处在于:如果在弧上标有"检查",就得首先执行这个"检查",仅当"检查"成功时,才可继续扫描该弧,另外,如果弧上要执行与之相关的动作,那么,在扫描完这个弧后,就得再执行这些动作。目前,ATN已被成功地应用于人机对话的研究中,也可以用于文句生成。

ATN也有一些局限性,它过分地依赖于句法分析,限制了它处理某些含语义但不完全符合语法的话语的能力。

6.5   格文法

格文法(Case Grammar)是由费尔蒙(C. J. Fillmore)提出的,主要是为了找出动词和跟它处在结构关系中的名词的语义关系,同时也扩及动词或动词短语与其他的各种名词短语之间的关系。也就是说,格文法的特点是允许以动词为中心构造分析结果,尽管文法规则只描述句法,但分析结果产生的结构却相应于语义关系,而非严格的句法关系。例如,对于英语句子

```
Mary hit Bill
```

的格文法分析结果可以表示为

```
(hit    (Agent Mary)
        (Dative Bill))
```

这种表示结构称为格文法。在格表示中,一个语句包含的名词词组和介词词组均以它们与句子中动词的关系来表示,称为格。上面的例子中 Agent 和 Dative 都是格,而像(Agent Mary)这样的基本表示称为格结构。

在传统语法中,格仅表示一个词或短语在句子中的功能,如主格、宾格等,反映的也只是词尾的变化规则,故称为表层格。在格文法中,格表示的语义方面的关系,反映的是句子中包含的思想、观念等,称为深层格。和短语结构语法相比,格文法对于句子的深层语义有着更好的描述。无论句子的表层形式如何变化,如主动语态变为被动语态,陈述句变为疑问句,肯定句变为否定句等,其底层的语义关系,各名词成分所代表的格关系不会发生相应的变化。例如,被动句"Bill was hit by Mary"与上述主动句具有不同的句法分析树(如图 6.5 所示),但格表示完全相同,以说明这两个句子的语义相同,并实现多对一的源-目的映射。

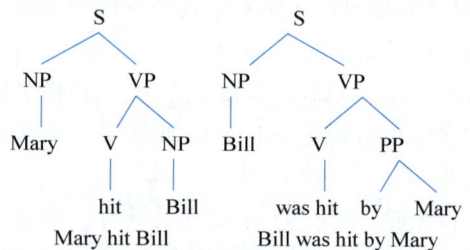

图 6.5   主动句和被动句的句法分析树

格文法和类型层次相结合,可以从语义上对 ATN 进行解释。类型层次描述了层次中父子之间的子集关系,或者说,父结点比子结点更一般。根据层次中事件或项的特化(Specialized)/泛化(Generalized)关系,类型层次在构造有关动词及其宾语的知识,或者确定一个名词或动词的意义时非常有用。

在类型层次中,为了解释 ATN 的意义,动词具有关键的作用。因此可以使用格文法,通过动作实施的工具或手段(Instrument)来描述动作主体(Agent)的动作。例如,动词 laugh 可以是通过动作主体的嘴唇来描述的一个动作,它可以带给自己或他人乐趣。因此,laugh 可以表示为下面的格框架(图 6.6)。

在图 6.6 中,矩形表示世界的描述,两个矩形之间的关系用椭圆表示。为了对 ATN 进行语义解释,需要指出如下几点:

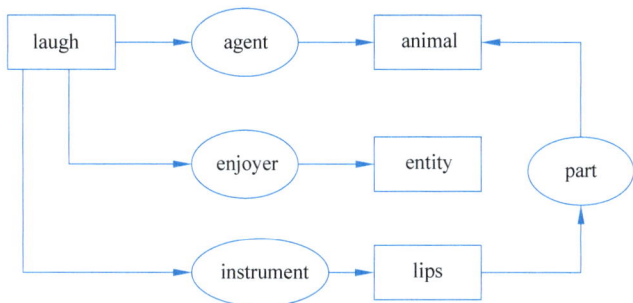

图 6.6 动词 laugh 的格框架

（1）当从 ATN 中的句子 S 开始分析时，需要确定名词短语和动词短语以得到名词和动词的格框架表示。将名词和对应格框架中的主语（动作主体）关联在一起。

（2）当处理名词短语时，需要确定名词；确定冠词的数特征（单数还是复数），并将动作的制造者和名词相关联。

（3）当处理动词短语时，需要确定动词。如果动词是及物的，则找到其对应的名词短语，并说明它为动词的施加对象。

（4）当处理动词时，检索它的格框架。

（5）当处理名词时，检索它的格框架。

格文法是一种有效的语义分析方法，它有助于删除句法分析的歧义性，并且易于使用。格表示易于用语义网络表示法描述，从而多个句子的格表示相互关联形成大的语义网络，以便开发句子间的关系，理解多句构成的上下文，并用于回答问题。

6.6 概念依存理论

1972 年，香克提出了概念依存理论，作为表示短语和句子的意思，为计算机提供常识知识以利于推理，从而达到对语言的自动理解。概念依存理论的基本原理如下。

（1）对于任何两个意思相同的句子，不管何种语言，都该仅有一种概念依存意思的表示。

（2）概念依存表示由非常少量的语义原构成，语义原包括原动作和原状态（与属性值有关）。

（3）隐式句子中的任何信息必须形成表示那个句子意思的显式表示。

概念依存理论有如下 3 个层面。

（1）概念依存层面→动作基元，包括：

① 物理世界的基本动作＝{抓 GRASP，移动 MOVE，传递 TRANS，去 GO，推 PROPEL，吸收 INGEST，撞击 HIT}。

② 精神世界的基本动作＝{心传 MTRANS，概念化 CONCEPTUALIZE，心建 MBUILD}。

③ 手段或工具的基本动作＝{闻 SMELL，看 LOOK-AT，听 LISTEN-TO，说 SPEAK}。

（2）剧本→描写常见场景中的一些基本固定的成套动作（由动作基元构成）。

（3）计划→其每一步由剧本构成。

下面来介绍香克的概念依存关系，他把概念分为下列范畴。

（1）PP：一种概念名词，只用于物理对象，也叫图像生成者。例如人物、物体等都是 PP，还包括自然界的风雨雷电和思维着的人类大脑（把大脑看成一个产生式系统）。

（2）PA：物理对象的属性，它和它的值合在一起描述物理对象。

(3) ACT：一个物理对象对另一个物理对象施行的动作，也可能是一个物理对象自身的动作，包括物理动作和精神动作(如批评)。

(4) LOC：一个绝对位置(按"宇宙坐标"确定)，或相对位置(相对于一个物理对象)。

(5) TIME：一个时间点或时间片，也分绝对或相对时间两种。

(6) AA：一个动作(ACT)的属性。

(7) VAL：各类属性的值。

香克采用下列方法形成新的概念体(Conceptualization)。

(1) 一个演员(能动的物理对象)，加上一个动作(ACT)。

(2) 上述概念加上任选的下列修饰。

① 一个对象(若 ACT 为物理动作，则为一个物理对象，若 ACT 为精神动作，则为另一个概念)。

② 一个地点或一个接收者(如 ACT 发生在两个物理对象之间，表示有某个物理对象或概念体传到了另一个物理对象那里。如 ACT 发生在两个地点之间，表示对象的新地点)。

③ 一个手段(本身也是一个概念)。

(3) 一个对象加上此对象的某一属性的值。

(4) 概念和概念之间以某种方式组合起来，形成新的概念，例如，用因果关系组合起来。

本来香克的目标是要把所有的概念都原子化，但事实上，他只做了对动作(ACT)的原子化。他将 ACT 分为如下 11 种。

(1) PROPEL：应用物理力量于一个对象，包括推、拉、打、踢等。

(2) GRASP：一个演员抓起一个物理对象。

(3) MOVE：演员身体的一部分变换空间位置，如抬手、踢腿、站起、坐下等。

(4) PTRANS：物理对象变换位置，如走进、跑出、上楼、跳水等。

(5) ATRANS：抽象关系的改变，如传递(持有关系改变)、赠送(所有关系改变)、革命(统治关系改变)等。

(6) ATTEND：用某个感觉器官获取信息，如用目光搜索、竖起耳朵听等。

(7) INGEST：演员把某个东西吸入体内，如吃、喝、服药等。

(8) EXPEL：演员把某个东西送出体外，如呕吐、落泪、便溺、吐痰等。

(9) SPEAK：演员产生一种声音，包括唱歌、奏乐、号啕抽泣、尖叫等。

(10) MTRANS：信息的传递，例如交谈、讨论、打电话等。

(11) MBUILD：由旧信息形成新信息，如怒从心头起；恶向胆边生；眉头一皱，计上心来之类。

在定义这 11 种原子动作时，香克有一个基本的思想，这些原子概念主要地不是用于表示动作本身，而是表示动作的结果，并且是本质的结果，因此也可以认为是这些概念的推理，例如，"X 通过 ATRANS 把 Y 从 W 处转到 Z 处"包含着如下推论。

(1) Y 原来在 W 处。

(2) Y 现在到了 Z 处(不再在 W 处)。

(3) 通过 ATRANS 实现了 X 的某种目的。

(4) 如果 Y 是一种好的东西，则意味着事情向有利于 Z，而不利于 W 的方向变化，否则相反。

(5) 如果 Y 是一种好的东西，则意味着 X 做此动作是为了 Z 的利益，否则相反。

一类重要的句子是因果链,香克和他们的同事制订了一些关于用于概念依存理论的规则。5 种重要规则如下。

(1) 动作可以导致状态的改变。

(2) 状态可以启动动作。

(3) 状态可以消除动作。

(4) 状态(或者动作)可以启动精神事件。

(5) 精神事件可以是动作的原因。

这些是关于世界的知识的基本部分,概念依存包括每种(和组合)叫作因果连接的速记表示。在概念依存理论中,隐式句子中的任何信息必须形成表示那个句子意思的显式表示。例如,句子 John eats the ice cream with a spoon(John 用匙吃冰淇淋)的概念依存表示为图 6.7。图中 D 和 I 矢量分别表示方向和使用说明依赖。注意,这个例子中,嘴是作为概念化部分进入图中的,即使它没有出现在原来句子中。这是概念依存和句子语法分析产生的导出树之间的基本差别。

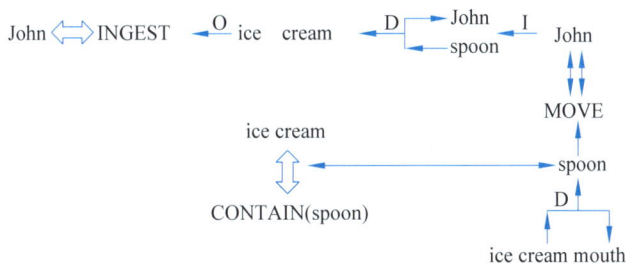

图 6.7　隐式信息的表示

6.7　语言理解

6.7.1　概述

语言理解是指人们借助于听觉或视觉的语言材料,在头脑中构建意义的一种主动、积极的过程。它可以揭示语言材料所蕴含的意义。美国认知心理学家奥尔森(G. M. Olsen)提出了如下语言理解的判别标准。

(1) 能成功地回答语言材料中的有关问题,也就是说,回答问题的能力是理解语言的一个标准。

(2) 在给予大量材料之后,有做出摘要的能力。

(3) 能够用自己的语言,即用不同的词语来复述这个材料。

(4) 从一种语言转译到另一种语言。

自然语言信息处理研究在电子计算机问世之初就开始了,并于 20 世纪 50 年代初开展了机器翻译试验。20 世纪 70 年代,随着认知科学的兴盛,研究者相继提出了语义网络、概念依存理论、格框架等语义表示理论。这些语法和语义理论经过各自的发展,逐渐开始趋于相互结合。到 20 世纪 80 年代,一批新的语法理论脱颖而出,具有代表性的有词汇功能语法(LFG)、功能合一语法(FUG)和广义短语结构语法(GPSG)等。这些基于规则的分析方法可以称为自然语言处理中的"理性主义"。理性主义的基本出发点是追求完美,企图以思辨去百分之百地解决问题。美国著名的语言学家乔姆斯基在 20 世纪 60 年代提出标准理论,70 年代的扩展标准理论,80 年代的管辖与约束理论(Government and Binding Theory),以至 90 年代的最简方案(Minimalist Program),一直进行普遍语法(Universal Grammar)的研究。理性主义所追求的目标是不断地抽象,在语言认知或者纯粹的语言学理论研究中,找到类似元素周期表的一种跨越不同语言的语法通则。现有的手段虽然基本上掌握了单个句子的分析技术,但是还很难覆盖全面的语言现象,特别是对于整个段落或篇章的理解还很困难。

与"理性主义"相对的是"经验主义"的研究思路,主要是指针对大规模语料库的研究。语料库是大量文本的集合。计算机出现后,语料可以被方便地存储起来,利用计算机查找也很容易。随着电子出版物的出现,采集语料也不再困难。最早于 20 世纪 60 年代编制的 Brown 和 LOB 两个计算机语料库,分别具有 100 万个词汇的规模。进入 20 世纪 90 年代可以轻易列举出的语料库有几十个之多,像 DCI、ECI、ICAME、BNC、LDC、CLR 等,其规模最高达到 10^9 数量级。

对语料库的研究分成 3 方面:工具软件的开发、语料库的标注、基于语料库的语言分析方法。采集到以后未经处理的生语料不能直接提供有关语言的各种知识,只有通过词法、句法、语义等多层次的加工才能使知识获取成为可能。加工的方式就是在语料中标注各种记号,标注的内容包括每个词的词性、语义项、短语结构、句型和句间关系等。随着标注程度的加深语料库逐渐熟化,成为一个分布的、统计意义上的知识源。利用这个知识源可以进行许多语言分析工作,如根据从已标注语料中总结出的频度规律可以给新文本逐词标注词性、划分句子成分等。

语料库提供的知识是用统计强度表示的,而不是确定性的,随着规模的扩大,旨在覆盖全面的语言现象。但是对于语言中基本的确定性的规则仍然用统计强度的大小去判断,这与人们的常识相违背。这种"经验主义"研究中的不足要靠"理性主义"的方法来弥补。两类方法的融合也正是当前自然语言处理发展的趋势。

自然语言理解系统的发展可以分为两个阶段:第一代系统建立在对词类和词序分析的基础之上,分析中经常使用统计方法;第二代系统则开始引进语义甚至语用和语境的因素,统计技术处于次要地位。第一代自然语言理解系统又可分为 4 种类型。

1. 特殊格式系统

早期的自然语言理解系统大多数是特殊格式系统,根据人机对话内容的特点,采用特殊的格式来进行人机对话。1963 年,林德赛(R. Lindsay)在美国卡内基技术学院用 IPL-V 表处理语言设计了 SAD-SAM 系统,就采用了特殊格式进行关于亲属关系方面的人机对话,系统内建立了一个关于亲属关系的数据库,可接收关于亲属关系方面的问题的英语句子提问,用英语作出回答。1968 年,波布洛(D. Bobrow)在美国麻省理工学院设计了 STUDENT 系统,这个系统把高中代数应用题中的英语句子归纳为一些基本模式,由计算机来理解这些应用题中的英语句子,列出方程求解,并给出答案。

2. 以文本为基础的系统

某些研究者不满意在特殊格式系统中的种种格式限制,因为就一个专门领域来说,最方便的还是使用不受特殊格式结构限制的系统进行人机对话,这就出现了以文本为基础的系统,1966 年西姆蒙(R. F. Simmons)、布尔格(J. F. Burger)和龙格(R. E. Long)设计的 PROTOSYNTHEX-I 系统,就是以文本信息的存储和检索方式工作的。

3. 有限逻辑系统

有限逻辑系统进一步改进了以文本为基础的系统。在这种系统中,自然语言的句子以某种更加形式化的记号来替代,这些记号自成一个有限逻辑系统,可以进行某些推理。1968 年,拉菲尔(B. Raphael)在美国麻省理工学院用 LISP 语言建立了 SIR 系统,针对英语提出了 24 个匹配模式,把输入的英语句子与这些模式相匹配,从而识别输入句子的结构,在从存储知识的数据库到回答问题的过程中,可以处理人们对话中常用的一些概念,如集合的包含关系、空间关系等,可进行简单逻辑推理,并能在对话中进行学习,记住已学过的知识,从事一些初步的智能活动。

4. 一般演绎系统

一般演绎系统使用某些标准数学符号(如谓词演算符号)来表达信息。逻辑学家们在定理证明工作上取得的全部成就,就可以用来作为建立有效的演绎系统的根据,从而能够把任何一个问题用定理证明的方式表达出来,并实际地演绎出所需要的信息,用自然语言作出回答。一般演绎系统可以表达那些在有限逻辑系统中不容易表达出来的复杂信息,从而进一步提高自然语言理解系统的能力。1968—1969 年,格林和拉菲尔建立的 QA2、QA3 系统,采用谓词演算的方式和格式化的数据进行演绎推理,解答问题,并用英语作出回答,这是一般演绎系统的典型代表。

1970 年以来,出现了第二代自然语言理解系统,这些系统绝大多数是程序演绎系统,大量地进行语义、语境以至语用的分析。其中比较有名的系统是 LUNAR 系统、SHRDLU 系统、MARGIE 系统、SAM 系统、PAM 系统。

LUNAR 系统是伍兹(W. Woods)于 1972 年设计的一个自然语言情报检索系统。这个系统采用形式提问语言来表示所提问的语义,从而对提问的句子作出语义解释,最后把形式提问语言执行于数据库,产生出对问题的回答。

SHRDLU 系统是维诺格拉德(T. Winograd)于 1972 年在美国麻省理工学院建立了一个用自然语言指挥机器人动作的系统。该系统把句法分析、语义分析、逻辑推理结合起来,大大地增强了系统在语言分析方面的功能。该系统对话的对象是一个具有简单的"手"和"眼"的玩具机器人,它可以操作放在桌子上的具有不同颜色、尺寸和形状的玩具积木,如立方体、棱锥体、盒子等,机器人能够根据操作人员的命令把这些积木捡起来,移动它们去搭成新的积木结构,在人机对话过程中,操作人员能获得他发给机器人的各种视觉反馈,实时地观察机器人理解语言、执行命令的情况。在电视屏幕上还可以显示出这个机器人的模拟形象以及它同一个真正的活人在电传机上自由地用英语对话的生动情景。

MARGIE 系统是香克于 1975 年在美国斯坦福人工智能实验室研制出来的。该系统的目的在于提供一个自然语言理解的直观模型。系统首先把英语句子转换为概念依存表达式,然后根据系统中有关信息进行推理,从概念依存表达式中推演出大量的事实。由于人们在理解句子时,总要牵涉到比句子的外部表达多得多的内容,因此,该系统的推理有 16 种类型,如原因、效应、说明、功能等,最后,把推理的结果转换成英语输出。

PAM 系统是威林斯基(R. Wilensky)于 1978 年在美国耶鲁大学建立的另一个理解故事的系统。PAM 系统也能解释故事情节,回答问题,进行推论,作出摘要。它除了"脚本"中的事件序列之外,还提出了"规划"(Plan)作为理解故事的基础。所谓"规划",就是故事中的人物为实现其目的所要采取的手段。如果要通过"规划"来理解故事,就要找出人物的目的以及为完成这个目的所采取的行动。系统中设有一个"规划库"(Plan Box),存储着有关各种目的以及各种手段的信息。这样,在理解故事时,只要求出故事中有关情节与规划库中存储的信息相重合的部分,就可以理解到这个故事的目的是什么。当在一个一个的故事情节与脚本匹配出现障碍时,由于"规划库"中可提供关于一般目的的信息,就不致造成故事理解的失败。例如,营救一个被暴徒抢走的人,在"营救"这个总目的项下列若干子目的,包括到达暴徒的巢穴以及杀死暴徒的各种方法,就可以预期下一步的行为。同时能根据主题来推论目的。例如,输入故事:"约翰爱玛丽。玛丽被暴徒抢走了。"PAM 系统即可预期约翰要采取行动营救玛丽。故事中虽然没有这样的内容,但是,根据规划库中的"爱情主题",可以推出"约翰要采取行动营救玛丽"的情节。

上述的系统都是书面的自然语言理解系统,输入输出都是用书面文字。口头的自然语言理解系统还涉及语音识别、语音合成等复杂的技术,显然是更加困难的课题,口头自然语言理解系统的研究近年来也有进展。

6.7.2　基于规则的分析方法

从语言学和认知学的观念出发,建立一组语言学规则,使机器可以按照这组规则来正确理解它面对的自然语言。基于规则的方法是一种理论化的方法,在理想条件下,规则形成完备系统能够覆盖所有语言现象,于是利用基于规则的方法就可以解释和理解一切语言问题。

自然语言理解系统都不同程度地涉及句法(Syntax)、语义学(Semantic)和语用学(Pragmatics)。句法是把词联结成短语、子句和句子的规则,句法分析是上述 3 个领域中迄今解决得最好的一个。大多数自然语言理解系统都包含一个句法分析程序、生成句法树(见图 6.8)之类的表示来反映输入语句的句法结构,以备进一步分析。图 6.8 给出了"事实证明张三是正确的"的句法树。

例句:事实证明张三是正确的。

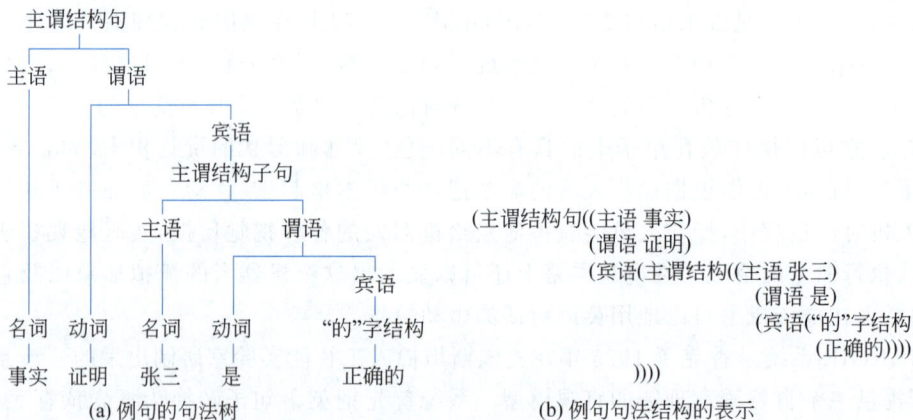

(a) 例句的句法树　　　　　　　(b) 例句句法结构的表示

```
(主谓结构句((主语 事实)
          (谓语 证明)
(宾语(主谓结构((主语 张三)
             (谓语 是)
(宾语("的"字结构
     (正确的))))
))))
```

图 6.8　两种句法结构表示法

考虑到一些句法歧义的句子的存在,同时考虑到许多词在不同的语境(Context)中往往可以充当不同的词类,所以单纯依靠句法分析还往往不能获得正确的句法结构信息。因此有必要借助于某种形式的语义学分析。语义学考虑的是词义以及由词组成的短语、子句和语句所表达的概念。例如:

(1) 他在家。("在"是动词)

(2) 他在家睡觉。("在"是介词)

(3) 他在吃饭。("在"是副词)

同一个"在"字,在不同的语境中可以分别充当不同的词类,而且含义也不同。这些例子可以说明即使在句法分析的过程中,为了尽快地获得正确的分析,往往需要某些语义信息,甚至外部世界知识的干预。在对句法与语义学分析问题上,目前大体上有以下两种不同的做法。

(1) 将句法分析与语义学分析分离的串行处理(如图 6.9(a)所示)。传统的语言学家主张把句法分析和语义分析完全分离开来。但许多著名的自然语言理解系统,如维诺格拉德的SHRDLU 系统等,都允许在对输入语句进行句法分析的过程中调用语义学的解释因函数来辅助分析(如图 6.9(a)中的虚线所示)。尽管如此,它们都将产生某种形式的句法树来作为句法分析的结果。

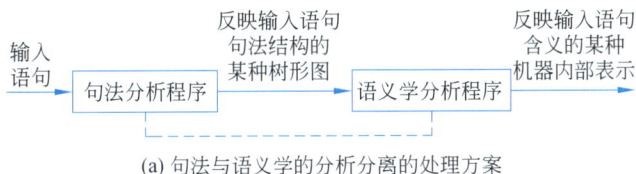

(a) 句法与语义学的分析分离的处理方案

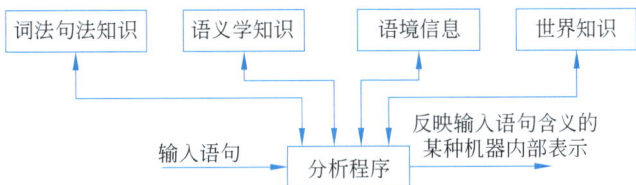

(b) 句法与语义学的一体化处理方案

图 6.9 自然语言分析系统的两种方案

(2) 句法与语义学的一体化处理方案,如图 6.9(b)所示。这是以耶鲁大学教授香克为代表的人工智能学派多年来竭力提倡的一种处理方案。这种方案的特点是取消了相对独立的句法分析模块,因而也不再生成反映输入语句句法结构的中间结果。他们的指导思想是尽可能早地在分析中综合引用包括词法句法、语义学、语境和世界知识在内的各种知识源。他们在分析中不是完全不要句法知识,只是不过分依赖于句法分析而已。不少心理学家也曾论证这种一体化的分析方案更接近人对语言的理解机制。这种方案的代表作是该学派的 ELI 和 CA 等英语分析系统。

20 世纪 80 年代以来,国内外自然语言处理领域中对语义知识工程进行了研究。各语义知识库均以语义关系为重点描写内容;语义知识范畴具有明显的相对性特点;语义知识主要是作为约束条件,在计算机对语言形式做各种变换操作时发挥作用;重视通过系统的语言形式变换手段来界定语义范畴,提取语义约束条件。由此得到的语义知识,能更好更直接地为自然语言处理服务。

把什么人写的句子,以及在什么地点(场合)、什么时间写的等等因素考虑进来,以便对句子作出更全面的解释,这就是语用学的任务之一。这种分析显然要求系统拥有更广泛的语境信息和世界知识。1972 年,维诺格拉德将语言学方法和推理方法结合,恰当处理了语法、语义和语用学的相互作用,在 PDP10 计算机上成功地开发了自然语言处理系统 SHRDLU。它是一个人类语言理解的一种比较有生命力的理论模型,引起了很多研究者的兴趣。

这个系统包括:一个分析程序,一部英语的系统语法,一个语义分析程序,以及一个问题求解器。系统用 LISP 语言和 MICRO-PLANNER 语言写成,后者是一种基于 LISP 的程序语言。系统的设计建立在这样一种信念的基础上,即为了理解语言,程序必须以一种整体的观念来处理句法、语义和推理。计算机系统只有能够理解它所讨论的主题,才能合理地研究语言、系统,给出关于一个特殊领域的详尽模型。而且还有一个关于它自身智力的简单模型,例如它能回忆和讨论它的计划和行动。系统中知识是以过程的方式表示的,而不是以规则表格或模式来表示的。它通过对于句法、语义和推理的专门过程来体现,由于每份知识都可以是一个过程,它便能够直接调用系统中任何其他知识,因此 SHRDLU 系统有能力达到当时前所未有的性能水平。

钟义信提出一种全信息概念。自然语言所表达的信息都是(各种)认识主体所表述的信息,当然属于认识论层次信息的范畴。这里所说的认识主体,一般而言可以是人,可以是各种生物,也可以是人造的机器系统。不过,最有意义的认识主体是人自己。从认识论的观点看,由于正常的认识主体通常都具有观察力、理解力、目的性 3 个基本特性,因此,作为主体所感知或所表述的"事物运动状态及其变化方式",也必然包括如下 3 方面。

(1) 事物运动状态及其变化方式的形式方面,称为事物的语法信息。

(2) 事物运动状态及其变化方式的含义方面,称为事物的语义信息。

(3) 事物运动状态及其变化方式对于认识主体的目的而言的效用方面,称为事物的语用信息。而语法信息、语义信息和语用信息组成一个有机整体,则称为全信息。图 6.10 给出了全信息概念的形象化解释。

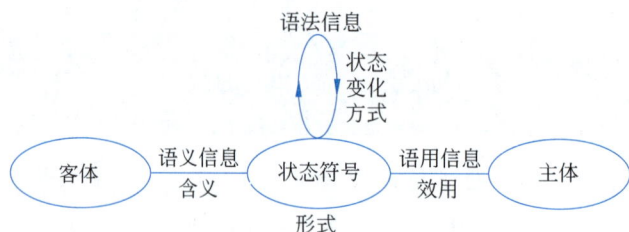

图 6.10   全信息概念图解

图 6.10 中,事物运动状态及状态变化方式的形式(图的中央部分)是事物的语法信息,它是事物运动状态及其变化方式的一种形式表现。一旦这种状态及其变化方式的形式与它相应的实际客体事物联系起来,它就会具有具体的实际含义(图的中央和左边的部分),这就是语义信息,它不再是抽象的东西,而成为十分具体的东西;进一步,如果状态及其变化方式的形式以及它的含义一旦与特定的认识主体联系起来,它就会表现出对主体目的的效用(全图),这就是语用信息。

由此可见,语法信息是一个抽象的信息层次;语义信息是语法信息与其相应客体互相关联的结果;语用信息则是语法信息、语义信息与认识主体相互关联的结果,因而是最具体的层次。语法信息和语义信息只与事物客体的情况有关,语用信息则还与主体的情形有关。可以看出,全信息概念是一个有机的体系。

6.7.3   基于语料的统计模型

语料库语言学研究自然语言机读文本的采集、存储、标注、检索、统计等。目的是通过对客观存在的大规模真实文本中的语言事实进行定量分析,支持语言学研究和鲁棒的自然语言处理系统的开发。应用领域包括语言文字的计量分析、语言知识获取、作品风格分析、词典编纂、全文检索系统、自然语言理解系统以及机器翻译系统等。

现代语料库语言学的起源可追溯到 20 世纪 50 年代美国布罗菲尔德(Leonard Bloomfield)后期的结构主义语言学时代,那时的语言学家在科学的实证主义和行为主义观点影响下,认为语料库是一个规模足够大的语言数据库。1990 年 8 月,在赫尔辛基召开的第 13 届国际计算机语言学大会上,大会组织者提出了处理大规模真实文本将是今后相当长的时期内的战略目标。为实现战略目标的转移,需要在理论、方法和工具等方面实行重大的改革。这种建立在大规模真实文本处理基础上的研究方法将自然语言处理的研究推向一个崭新的阶段。理解自然语言所需的各种知识恰恰蕴涵在大量的真实文本当中,通过对大量真实文本进行分析处理,可以从中获取理解自然语言所需的各种知识,建立相应知识库,从而实现以知识为基础的智能型自然语言理解系统。研究语言知识所用的真实文本称为语料,大量的真实文本即构成语料库。要想从语料库中获取理解语言所需的各种知识,就必须对语料库进行适当的处理与加工,使之由生语料变为有价值的熟语料。这样,就形成了一门新的学科语料库语言学(Corpus Linguistics),可用于对自然语言理解进行研究。

如何建造语料库,并且语料库中都包括什么样的语义信息呢? 这里以 WordNet 为例来说明。WordNet 是 1990 年由 Princeton 大学的米勒(G. A. Miller)等设计和构造的。一部 WordNet 词典将近 95 600 个词形(51 500 个单词和 44 100 个搭配词)和 70 100 个词义,分为 5 类:名词、动词、形容词、副词和虚词,按语义而不是按词性来组织词汇信息。在 WordNet 词典中,名词有 57 000 个,含有 48 800 个同义词集,分成 25 类文件,平均深度 12 层。最高层为根概念,不含有固有名词。

知网(HowNet)是董振东研制的以汉语和英语的词语所代表的概念为描述对象,以揭示概念与概念之间以及概念所具有的属性之间的关系为基本内容的常识知识库。公布的中文信息结构库包含的内容如下。

① 信息结构模式:271 个。

② 句法分布式:49 个。

③ 句法结构式:58 个。

④ 实例:11 000 个词语。

⑤ 总字数:中文 60 000 字。

传统的词典通常是把各类不同的信息放入一个词汇单元中加以解释,包括拼音、读音、词形变化及派生词、词根、短语、时态变换的定义及说明、同义词、反义词、特殊用法注释,偶尔还有图示或插图,包含着相当可观的信息存储。但是,它还有一些不足,特别是用在自然语言理解时更显得不够。

例如,对于名词"树",传统的词典一般解释为:一种大型的、木制的、多年生长的、具有明显树干的植物。基本上是上位词加上辨别特征。但是,这还不够,还缺少一些信息,例如:

(1)它没有谈到树有根,有植物纤维壁组成的细胞,甚至也没有提及它们是生命的组织形式。但是在 WordNet 中,只要查一下它的上位词"植物",就可以找到这些信息。

(2)树的定义没有包括对等词的信息,不能推测其他种类的植物存在的可能性。

(3)对于各种树都感兴趣的读者,除了查遍词典,没有别的办法。

(4)每个人对树都有自己的认识,而词典的编撰者又没有将其写在树的定义中。如树包括树皮、树枝;树由种子生长而成,等等。

可以看出,普通词典中遗漏的信息中大部分是关于构造性的信息而不是事实性的信息。WordNet 是按一定结构组织起来的义类词典,主要特征表现如下。

(1)整个名词组成一个继承关系。

WordNet 有着严格的层次关系,这样一个单词可以把它所有的前辈的一般性的上位词的信息都继承下来,可以提供全局性的语义关系,具有 IS-A 关系。

(2) 动词是一个语义网。

动词大概是最难以研究的词汇,在动词词典中,很少有真正的同义动词。表达动词的意义对任何词汇语言学来说都是困难的。WordNet 不做成分分析,而是进行关系分析。这一点是计算语言学界所热衷的课题,与以往的语义分析方法不同。这种关系讨论的是动词间的纵向关系,即词汇蕴涵关系。

WordNet 基于名词和动词以及其他词性的关系进行词类间的纵向分析,在国际计算语言学界有很大的影响。但是,它也有不足之处,如没有考虑横向关系。

从上面可以看出,传统的词典和语料库是不一样的。为了对自然语言理解进行研究,需要优先考虑的问题主要是大规模真实语料库的建设和大规模、信息丰富的机读词典的编制方法的研究。

大规模真实文本处理的数学方法主要是统计方法,大规模的经过不同深度加工的真实文本的语料库的建设是基于统计性质的基础,如果没有这样的语料库,统计方法只能是无源之水。从真实语料中获取自然语言的有关知识只能是一种理想。所以如何设计语料库,如何对生语料进行不同深度的加工以及加工语料的方法等,正是语料库语言学要深入进行研究的。语料库语言学研究的主要内容如下。

(1) 基本语料库的建设。

(2) 语料加工工具的研究,包括自动分词系统、词性标注系统、句法分析系统、义项标注系统和话语分析系统等。

(3) 通过语料加工建立起各种带有标注信息的"熟"语料库。

(4) 从语料库中获取语言知识的技术与方法。

为了使汉语语料库具有普遍性、实用性和时代性,作为共享的基础设施,提供自然语言处理的重要资源,应该建设由精加工语料库、基础语料库和网络语料库构成的多层次的汉语语料库。那么建设语料库的研究重点将转向如何获取 3 个层次语料库的资源并有效地对它们进行利用。精加工语料库能够为各种语言研究提供好的、大量的语言处理规范和实例。基础语料库是一个覆盖面广、规模大的生语料库,通过它可以提供更翔实的语言分析数据。网络语料库是能够实现动态更新的语言资源,包含了很多新词语、新搭配和新用法,可以用于网络语言、新词语、流行语的跟踪研究,也可以用来观察语言的用法模式随时间的变化情况。可以用通过基于互联网的多层次汉语语料库克服传统语料库中数据稀疏和语料更新问题。在语料库规模上从底向上逐渐减少,但质量上(加工深度)逐渐提高。精加工语料库维持在 1000 万词次规模,而基础语料库在 1 亿词次以上比较合理,底层网络语料库是在线的开放的资源。

6.7.4　机器学习方法

机器学习是根据生理学、认知科学等对人类学习机理的了解,建立人类学习过程的计算模型或认知模型;发展各种学习理论和学习方法,研究通用的学习算法并进行理论上的分析;建立面向任务的具有特定应用的学习系统。这些研究目标相互影响相互促进。目前机器学习方法广泛用于语言信息处理中。

1. 文本分类

分类的目的是学会一个分类函数或分类模型(常称作分类器),该模型能把数据库中的数据项映射到给定类别中的某一个。分类和回归都可用于预测。预测的目的是从利用历史数据记录中自动推导出对给定数据的推广描述,从而能对未来数据进行预测。和回归方法不同的是,分类的输出是离散的类别值,而回归的输出则是连续数值。这里我们将不讨论回归方法。

要构造分类器,需要有一个训练样本数据集作为输入。训练集由一组数据库记录或元组构成,每个元组是一个由有关字段(又称属性或特征)值组成的特征向量,此外,训练样本还有一个类别标记。一个具体样本的形式可为$(v_1, v_2, \cdots, v_n; c)$;其中$v_i$表示字段值,$c$表示类别。

分类器的构造方法有统计方法、机器学习方法、神经网络方法等。统计方法包括贝叶斯法和非参数法(近邻学习或基于案例的学习),对应的知识表示则为判别函数和原型事例。机器学习方法包括决策树法和规则归纳法,前者对应的表示为决策树或判别树,后者则一般为产生式规则。神经网络方法主要是BP算法,它的模型表示是前向反馈神经网络模型(由代表神经元的节点和代表连接权值的边组成的一种体系结构),BP算法本质上是一种非线性判别函数。另外,最近又兴起了一种新的方法:粗糙集(Rough Set),其知识表示是产生式规则。

2. 文本聚类

根据数据的不同特征,将其划分为不同的数据类。它的目的是使得属于同一类别的个体之间的距离尽可能的小,而不同类别上的个体间的距离尽可能的大。聚类方法包括统计方法、机器学习方法、神经网络方法和面向数据库的方法。

在统计方法中,聚类称聚类分析,它是多元数据分析的三大方法之一(其他两种是回归分析和判别分析)。它主要研究基于几何距离的聚类,如欧氏距离、明考斯基距离等。传统的统计聚类分析方法包括系统聚类法、分解法、加入法、动态聚类法、有序样品聚类、有重叠聚类和模糊聚类等。这种聚类方法是一种基于全局比较的聚类,它需要考查所有的个体才能决定类的划分;因此它要求所有的数据必须预先给定,而不能动态增加新的数据对象。聚类分析方法不具有线性的计算复杂度,难以适用于数据库非常大的情况。

在机器学习中聚类称作无监督或无教师归纳;因为和分类学习相比,分类学习的例子或数据对象有类别标记,而聚类的例子则没有标记,需要由聚类学习算法来自动确定。很多人工智能文献中,聚类也称概念聚类;因为这里的距离不再是统计方法中的几何距离,而是根据概念的描述来确定的。当聚类对象可以动态增加时,则称概念聚类是概念形成。

在神经网络中,有一类无监督学习方法:自组织神经网络方法;如Kohonen自组织特征映射网络、竞争学习网络等。在数据挖掘领域里,见报道的神经网络聚类方法主要是自组织特征映射方法,IBM在其发布的数据挖掘白皮书中就特别提到了使用此方法进行数据库聚类分割。

3. 基于案例的机器翻译

基于案例的机器翻译是日本学者长尾真(Makoto Nagao)于20世纪90年代初首先提出来的。该方法以基于案例推理(Case-based Reasoning,CBR)为理论基础。在CBR中,把当前所面临的问题或情况称为目标案例,而把记忆的问题或情况称为源案例。简单地讲,基于案例推理就是由目标案例的提示而获得记忆中的源案例,并由源案例来指导目标案例求解的一种策略。因此,基于实例的类比翻译其大致思路是:预先构造由双语对照的翻译单元对组成的语料库,然后翻译过程选择一个搜索和匹配算法,在语料库中寻找最优匹配单元对,最后根据例句的译文构造出当前所翻译单元的译文。

假设我们要翻译源语言文本S,那么需要从事先已存好的双语语料库中找到与S相近的翻译实例S′,再根据S′的参考译文T′来类比构造出S的译文T。一般地,基于案例的机器翻译系统包括候选实例模式检索、语句相似度计算、双语词对齐和类比译文构造等几个步骤。如何根据源语言文本S找出其最相近的翻译实例S′,是基于实例的翻译方法的关键问题。到目前为止,研究人员还没有找到一种简单通用的方法来计算句子之间的相似度。此外,评价句子相似度问题还需要许多人类工程学、语言心理学等知识来做保障。

基于案例的机器翻译方法几乎不需要对源语言进行分析和理解,只需要一个比较大的句对齐双语语料库,因此其知识获取相对比较容易,结合翻译记忆技术,系统能从零知识自举。如果语料库中有与被翻译句子相似的句子,那么基于案例的方法可以得到很好的译文,而且句子越相似,翻译效果越好,译文质量越高。基于案例的翻译方法,还有一个优点就是,实例模式的知识表示能够简洁方便地表示大量人类语言的歧义现象,而这种歧义现象是精确规则难以处理的。然而,基于案例的机器翻译方法其缺点也是显而易见的。当没有找到足够相似的句子时,翻译将宣布失败,这就要求语料库必须覆盖广泛的语言现象。

基于案例(记忆)的机器翻译软件塔多思(Trados)是由德国 Trados GmbH 公司开发的,2005 年 6 月被语言服务供应商 SDL 收购。2007 年版的塔多思由以下 3 个主要部分组成:Translator's Workbench,一个翻译记忆库创建和管理,可以在内置人工智能语言系统下根据模糊匹配原则自动翻译,可集成到 Microsoft Word 和 TagEditor 中;TagEditor,用于编辑带标记的文本如 HTML 和 XML,可在 Microsoft 和 DTP 格式环境下自动过滤文本;MultiTerm 与 Translator's Workbench 配合使用的术语管理器。套件还有可替换的翻译环境,以及用于翻译图形接口的专用工具,翻译文档校对工具。塔多思的 2009 版还将塔多思和 SDLX 集成在一起。

卡内基梅隆大学的 PanEBMT 系统,其语料库中包含了 280 多万条英法双语句对,尽管建立 PanEBMT 系统的研究人员同时还想了许多其他办法,但对于开放文本测试,PanEBMT 的翻译覆盖面只有 70% 左右。因此,关于基于案例的机器翻译的研究,其主要的一个方面就是应着力于研究在规模相对小的案例模式库的条件下,如何提高翻译系统翻译的覆盖面,或者说在保持系统翻译效果的前提下,如何减小案例模式库的规模。为了达到这个目的,就需要从案例模式库中自动提取尽可能多的语言学知识,包括语法知识、词法知识和语义知识等,并研究其相应的知识表示等。

6.8 脑语言功能区

语言作为人脑的一种高级皮层功能备受关注。自 1861 年布洛卡发现 Broca 区后,神经语言学研究一直是脑科学研究中最热门的领域。一个多世纪以来,对语言的科学性研究已得出两条基本结论:一是脑的不同部位在语言中完成不同的功能;二是不同的脑区损伤产生不同的言语障碍。随着神经功能影像技术及电生理监测技术的进展,脑语言的功能区研究取得了较大的进展。

6.8.1 经典语言功能区

脑语言的功能区可分为运动性语言中枢和感觉性语言中枢,运动性语言中枢在额下回的后部(Brodmann 的 44、45 区,简写为 BA44、45),即 Broca 区。该区也称为前说话区,常描述为额下回后 1/3。用于计划和执行说话,病变损伤该区会导致运动性失语,主要表现为口语表达障碍。辅助运动区 SMA 也称为上语言区,位于中央前回下肢运动区前方,后界为中央前沟,内侧界为扣带沟,外侧延伸至邻近的半球凸面,其前侧与外侧无明显界线。SMA 和初级运动区、运动前区扣带以及前额皮质背外侧、小脑、基底节、顶叶感觉联系区相互联系。这一复杂的解剖功能系统用于发动和控制运动功能和语言表达。进一步将 SMA 分为 SMA 前区和

SMA 固有区,分别参与复杂运动的准备和执行。

优势半球运动前区皮质 PMC 描述为初级运动皮质(Brodmann 4 区)、前方额叶无颗粒皮质区(Brodmann 6 区)。该区又分为两个亚区:腹侧 PMC(中央前回前部 Brodmann6 区的腹侧部分)和背侧 PMC(中央前沟前方的额上、中回后部 Brodmann6 区的背侧部)。研究发现腹侧 PMC 涉及发音,背侧 PMC 涉及命名。神经功能影像研究进一步支持优势半球 PMC 参与不同的语言成分,如阅读任务、复述单词及命名工具图片等。

在其下方额中回后部又有一书写中枢(BA8)。感觉性语言中枢可分为听觉性语言中枢和视觉性语言中枢,这两者之间无明确的界限,即 Wernicke 区。Wernicke 区也称为后说话区,一般指的是优势半球颞上回后部,但也有学者认为该区包括 Brodmann 41 和 42 区后方的颞上回、颞中回后部以及属于顶下小叶的缘上回和角回(BA22、39)。Wernicke 区与躯体感觉(Brodmann 5、7 区)、听(Brodmann 41、42 区)和视(Brodmann 18、19 区)区皮层有着密切的联系,用于分析和识别语言的感觉刺激。该区病变产生感觉性失语,表现为患者的语气和语调均正常,与人交谈时不能理解别人说的话,答话语无伦次或答非所问,听者难于理解。

颞叶中部和内侧部是一复杂的多功能区,具有广泛的视觉和听觉功能。电刺激研究发现,左颞叶中部和内侧部在听觉语言中起重要作用。刺激该处能引起失语性异常,该处病变可引起与语言有关的轻微障碍,包括找词困难、命名缺陷等。

颞底语言区位于优势半球梭状回,距离颞极 3~7cm,是一个 Wernicke 区之外的独立区域。其下方的白质纤维束和 Wernicke 区下方的白质纤维束有直接联系。在电刺激研究中发现颞叶下部皮质的语言作用,主要是感觉性和表达性语言缺失。电刺激颞底语言区后80%的患者出现命名和理解障碍。

随着研究的深入,相继发现了另外一些与语言有关的脑区。左侧颞叶下后部由于其来自大脑前和后动脉的双重供血,因此不易形成缺血损伤模型,被以往损伤灶模型研究所遗漏。后来发现这个区域与词汇的检索有关,被称为基底颞叶语言区。

基底神经节具有语言的皮层下整合中枢的作用,它不仅调节运动、协调锥体系功能,同时支持条件反射、空间扣觉及注意转换等较简单的认知和记忆功能,且有证据表明,基底神经节可能参与和语言有关的启动效应、逻辑推理、语义处理、言语记忆及语法记忆等复杂的认知和记忆功能,有对语言过程进行加工、整理和协调的作用。其他研究还发现,除经典的语言功能区外,左侧顶上小叶、两侧梭状回、左侧枕下回、两侧枕中回、辅助运动区及额下回等都参与了语言的处理。

从心理学的角度来看,语言需要的记忆方式主要有 3 种,即音韵、拼字和语义,即大脑中存在语言的音、形、义的加工。语言感觉传入可通过听、视和触觉(盲文),其传出途径可为发音、书写和绘图。采用不同的刺激方式可能会激活不同的功能区,如视、听和触觉功能区等;受试者的不同的反应方式又可激活一些脑区,如运动区、小脑等,这些区域的激活有时会干扰语言功能区的准确定位。目前,对语言的语义、音韵和拼字研究使得对脑的语言功能区又有了更精细的划分。

6.8.2 语义相关功能区

对词语的语义处理是人脑语言处理的一项基本活动,马默里(C. J. Mummery)等的研究发现,语义任务可激活广泛的区域,包括左侧颞中间后部和颞下部皮质前部。

宾德尔(J. R. Binder)等进行声音传入刺激的研究。刺激任务采用动物的名称,对照任务采用一般的声音刺激和休息状态,要求受试者用鼠标指示该动物是否本土生长和是否供人类使用。研究发现,对词汇语义的理解激活了许多的脑区,具有明显的左侧半球优势,包括两侧颞上回、左侧半球的大部分颞中回,且激活区向腹侧延伸到颞下回、梭状回和海马旁回、额上回和额下回大部、额中回的腹侧和背侧及扣带回的前部、角回以及胼胝体压部周围等区域。

对于额下回更深入的研究发现,音韵处理激活左侧额下回的背侧(BA44,45),而语义处理激活左侧额下回的脑室面(BA45,47)。

6.8.3　音韵相关功能区

对语言的处理中要把某一方面的影响,如语义或音位的因素完全排除是很困难的。行为学研究也表明,在对汉字和英语单词进行语义处理时不可避免地要进行音位处理。因此音位和语义的激活脑区有很多重叠。

海姆(S. Heim)等采用事件相关方法的研究发现,Broca 区(BA44)的上部、左侧额叶(BA45,46)、颞叶(颞上回后部)在音韵任务时有显著的激活,而且这种激活同时表现在音韵的理解和产生两方面。最近的研究发现,左侧颞上回和颞中回在识别语言和非语言的音韵中有明显的激活,并且以左侧为主。

进一步研究音韵结构中的两个基本成分音节和音素,发现它们分别激活左侧额中回和左侧额下回前部区域。

6.8.4　拼字相关功能区

布什(J. R. Booth)等运用视觉输入的词汇拼写任务和听觉输入的词汇音韵任务,观察正常人的语言功能区。结果发现,梭状回(BA19,37)在处理文字的拼字形态时有明显激活;颞上回(BA22,42)则更多在处理文字的音位时激活。利用不同任务形式之间的交叉刺激,则发现缘上回和角回(BA40,39)负责拼字和音位之间的转换。

与英文或其他的西方字母文字相比,由于汉字的独特的方块空间结构,需要更多的关于字符拼写的处理。根据这样的理论,研究发现左侧颞中回(BA9)在汉字的识别上表现更多的激活,推断此脑区可能负责协调和整合汉字的文字形态。

6.8.5　双语者脑语言功能区

人类大脑内不同区域是否代表不同的语言?对这个问题的研究是语言功能成像的一个热点。许多学者把双语或多语个体作为受试者,观察其不同语言的激活表现。虽然得到的结果各有不同,但大多数学者认为,双语者的母语和第二语言有很多重叠的脑激活区域,包括Wernicke 区和 Broca 区。例如,汉语和英语双语者对于视觉刺激在左额和左颞可见高度重叠的激活脑区;西班牙语和(西班牙)加泰罗尼亚语双语者在听故事时,在左颞叶和海马区可见重叠。西班牙和英语双语者在造词时也发现左额叶、颞叶和顶叶广泛的重叠。

除母语和第二语言区有很多重叠的脑激活区城外,经常发现第二语言区比母语激活的范围广,而且激活的强度也大。这种现象经常发生在不太流利的双语者,流利的双语者则无这种表现;与第二语言学习开始的时间无关,而与第二语言使用的频率有关。

第 7 章

大语言模型

大语言模型(Large Language Models,LLMs)通常指包含数千亿(或更多)参数的语言模型,使用大量文本数据训练,可以生成自然语言文本或理解语言文本的含义。这些参数是在大量文本数据上训练的,代表着 AI 领域的重大进步。随着这些模型的复杂程度和规模的增加,其性能也在不断发展。

7.1　概述

从 2019 年的谷歌 T5 到 OpenAI GPT 系列,参数量爆炸的大模型不断涌现。可以说,LLMs 的研究在学术界和产业界都得到了很大的推进。2020 年 9 月,Open AI 公司授权微软使用 GPT-3 模型,微软成为全球首个享用 GPT-3 能力的公司。2022 年 11 月 30 日,美国 Open AI 公司发布聊天机器人程序 ChatGPT(Chat Generative Pre-trained Transformer)。ChatGPT 的出现引起了社会各界的广泛关注,发布仅两个月,就有 1 亿用户参与,成为有史以来用户增长最快的产品。2023 年 3 月 15 日,Open AI 发布了多模态预训练大模型 GPT4.0。

2023 年 2 月,谷歌发布会公布了聊天机器人 Bard,它由谷歌的大语言模型 LaMDA 驱动。2023 年 3 月 22 日,谷歌开放 Bard 的公测,首先面向美国和英国地区启动,未来逐步在其他地区上线。

大模型作为政府和企业推进人工智能产业发展的重要抓手,在识别、理解、决策、生成等 AI 任务的泛化性、通用性、迁移性方面都表现出显著优势和巨大潜力。至 2023 年 8 月 31 日,国内的百度、字节、商汤、中科院旗下紫东太初、百川智能、智谱华章等 8 家企业可正式上线面向公众提供服务。

2023 年 2 月 7 日,百度正式宣布将推出文心一言,3 月 16 日正式上线。文心一言的底层技术基础为文心大模型,底层逻辑是通过百度智能云提供服务,吸引企业和机构客户使用 API 和基础设施,共同搭建 AI 模型、开发应用,实现产业 AI 普惠。

同年 8 月中旬,字节跳动旗下抖音的一款基于云雀大模型开发的 AI 机器人"豆包"开始小范围邀请测试。用户可通过手机号、抖音或者 Apple ID 登录。"豆包"是此前字节内部代号为 Grace 的 AI 项目,目前拥有文生文、文生图的功能。进入默认页,可以发现部分智能体聊天界面,包括 AI 机器人"豆包"、英语老师 Elaine、全能写作助手、超爱聊天的小宁等。这些智能体可以为用户提供多语种、多功能的 AIGC 服务,包括但不限于问答、智能创作、聊天等。此外,豆包还支持语音播放能力,也就是答案不仅仅是以文字的形式将答案列举出来,还可以同时以语音方式播报。用户还可以亲自训练自己的智能体,具体的操作方法则是:选择创建新的对话,并对该对话的智能体命以新的名字,然后可以根据用户的兴趣想法向该智能体提问题,这种模式有点类似当下比较流行的"AI伴侣",即创造一个可以聊天对话的人工智能。

大语言模型的功能包括缩放、训练、能力激发、对齐调优、工具利用等。

(1)缩放。缩放是增加LLMs模型容量的关键因素,最开始GPT-3将模型参数增至1750亿,随后PaLM进一步将模型参数增至5400亿。大规模参数对于涌现能力至关重要。缩放不仅针对模型大小,还与数据大小和总计算量有关。

(2)训练。由于规模巨大,成功训练一个具备强大能力的LLMs非常具有挑战性。因此需要分布式训练算法来学习LLMs的网络参数,经常联合使用各种并行策略。为了支持分布式训练,DeepSpeed和Megatron-LM等优化框架被用来促进并行算法的实现和部署。此外,优化技巧对训练稳定性和模型性能也很重要,例如重新启动训练损失尖峰和混合精度训练。最近的GPT-4开发了特殊的基础设施和优化方法,从而利用小得多的模型来预测大模型的性能。

(3)能力激发。在大规模语料库上经过预训练后,LLMs被赋予了解决一般任务的潜在能力。然而当LLMs执行某个特定任务时,这些能力可能不会显式地表现出来。因此设计适合的任务指令或特定的上下文策略来激发这些能力非常有用,例如思维链prompt有助于通过中间推理步骤等解决复杂推理任务。此外,还可以进一步对具有自然语言任务描述的LLMs进行指令调优,以提高对未见过任务的泛化能力。

(4)对齐调优。由于LLMs被训练用来捕获预训练语料库的数据特征(包括高质量和低质量的数据),它们很可能生成对有毒、有偏见和有害的文本内容。为了使LLMs与人类价值观保持一致,InstructGPT设计了一种利用强化学习和人类反馈的高效调优方法,使得LLMs能够遵循预期指令。ChatGPT是在类似InstructGPT的技术上开发的,在产生高质量、无害的响应方面表现出了强大的对齐能力。

(5)工具利用。LLMs本质上是基于大规模纯文本语料库训练的文本生成器,因此在数值计算等文本表达不佳的任务上表现没那么好。此外LLMs的能力受限于预训练数据,无法捕获最新信息。针对这些问题,人们提出使用外部工具来弥补LLMs的不足,例如可以利用计算器进行精确计算,使用搜索引擎检索未知信息。ChatGPT更是利用外部插件来联网学习新知识,这种机制可以广泛扩展LLMs的能力范围。

LLMs的技术进展对整个AI领域产生了重要影响,并将彻底改变人们开发和使用AI算法的方式。ChatGPT是人工智能技术驱动的自然语言处理工具,它能够通过理解和学习人类的语言来进行对话,还能根据聊天的上下文进行互动,甚至能完成撰写邮件、视频脚本、文案、翻译、代码,写论文等任务。未来5~10年,融合语言、视觉和语音等多模态的超大模型将极大地增强推理和生成的能力,同时通过超大规模知识图谱和知识计算引擎融入人类的先验知识,极大提升人工智能推理决策的准确性。这样的人工智能系统既能够像人一样适应现实世界的不同模态的绝大多数任务,完成任务的水平,甚至超越绝大多数的普通人,又可以在各种富有想象力和创造性的任务上有效地辅助人类。

7.2　变换器网络

2017年,瓦斯瓦尼(A. Vaswani)等发布的变换器网络(Transformer Network),极大地改变了人工智能各细分领域所使用的方法,并发展成为今天几乎所有人工智能任务的基本模型。

变换器网络基于自注意力(self-attention)机制,支持并行训练模型,为大规模预训练模型打下坚实的基础。自此,自然语言处理开启了一种新的范式,并极大地推进了语言建模和语义理解,成就了火爆出圈的 ChatGPT。

如图 7.1 所示,变换器网络由两部分组成,左边是编码部分,由 N 个编码器组成;右边是解码部分,由 N 个解码器组成。编码部分将输入序列(文本)进行编码,解码部分以自回归的方法不断解码下一个词元,最终完成从序列到序列的变换并输出。由于出色的并行化性和容量,变换器网络已成为开发各种 LLM 的主要架构,使得将语言模型扩展到数千亿个参数成为可能。一般来说,现有 LLMs 的主流架构大致可以分为三大类,即编码器-解码器、临时解码器和前缀解码器。自变换器网络出现以来,各种改进被相继提出以提高其训练稳定性、性能和计算效率。研究者讨论变换器网络的相应配置,包括归一化、位置编码、激活函数、注意力机制和偏置。预训练起着十分关键的作用,它将一般知识从大规模语料库编码到大规模模型参数中。对于训练 LLMs,有语言建模和去噪自编码两个常用的预训练任务。

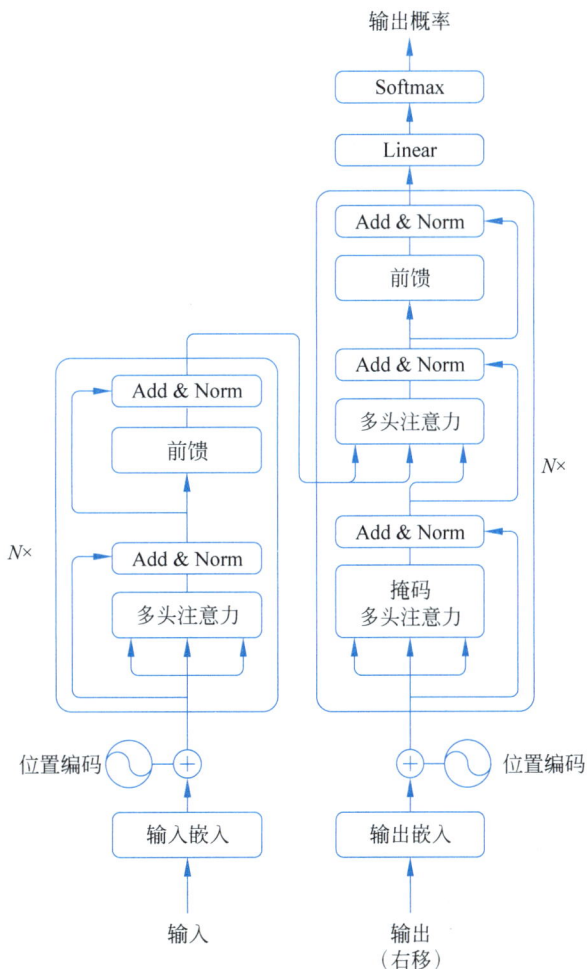

图 7.1 变换器网络架构

用变换器网络进行中译英的实例变换器网络的最大创新是完全使用多头自注意力机制(Multi-Head Self-Attention Mechanism),其架构如图 7.2 所示。自注意力就是模型在处理当前输入序列的某个词元与该序列其他词元的语义相关性,不同的"头"关注了不同方面的语义。

自注意力机制就是通过某种运算来直接计算得到句子在编码过程中每个位置上的注意力权重,然后再以权重和的形式计算得到整个句子的隐含向量表示。自注意力机制的缺陷是模型在对当前位置的信息进行编码时,会过度地将注意力集中于自身的位置,通过多头注意力机制来解决这一问题。

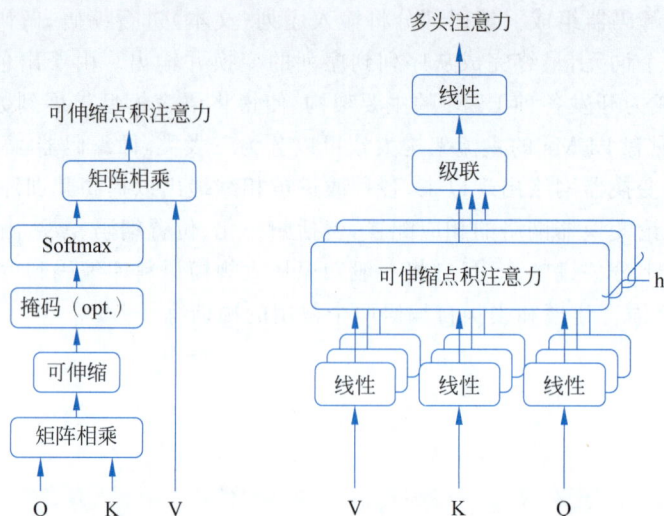

图 7.2 多头自注意力机制

变换器网络完全依赖于注意力机制,支持极大的并行化。变换器网络的编码器和解码器都使用了同样的多头注意力结构,有所不同的是,编码器中,注意力是双向的,而解码器中,注意力只允许关注输出序列中较早的位置。

7.3 人类反馈强化学习

人类反馈强化学习(Reinforcement Learning with Human Feedback,RLHF)是一种人工智能模型在进行预测(推断)的过程中,通过人的反馈来实现模型学习,使得模型输出与人类的意图和偏好保持一致,并在连续的反馈循环中持续优化,进而产生更好的结果。事实上,人工智能发展过程中,模型训练阶段一直都有人的交互,这也被称为人在圈内(Human-in-the-loop,HITL),但预测阶段则更多的是无人参与,即人在圈外(Human-out-of-the-loop,HOOTL)。在这 5 年的奋进中,通过人类反馈强化学习使得自然语言处理在推断阶段能够从人的反馈中学习。这在自然语言处理领域是一个新创举,可谓人与模型手拉手,共建美好新 AI。从技术上看,人类反馈强化学习是强化学习的一种,适用于那些难以定义明确的用于优化模型损失函数,但却容易判断模型预测效果好坏的场景,即评估行为比生成行为更容易。在强化学习的思想中,智能体(Agent)通过与它所处环境的交互中进行学习,常见于各类游戏 AI 中。2016 年,AlphaGo 打败了围棋世界冠军韩国的李世石,其核心技术就是强化学习。人类反馈强化学习并非从自然语言处理开始的,例如,2017 年 OpenAI 和 DeepMind 合作探索人类反馈强化学习系统与真实世界是否能够有效地交互,实验的场景是 Atari 游戏、模拟机器人运动等。这些成果随后被 OpenAI 和 DeepMind 应用到大语言模型上,通过人类反馈来优化语言模型,进而使得模型的输出与预期目标趋于一致,如 InstructionGPT、FLAN 等。这些成果表明,加入人类反馈强化学习使得生成文本的质量明显优于未使用人类反馈强化学习的基线,同时能更好地泛化到新领域。图 7.3 是人类反馈强化学习的框架图,奖励预测器是学习出来的,这点与传统强化学习有所不同。在传统强化学习中,奖励函数是人工设定的。

图 7.3　人类反馈强化学习框架

7.4　语言模型和情境学习

GPT 系列则通过变换器网络的解码器实现了自回归语言模型(autoregressive language model),采用多任务训练的方法训练模型。自回归在时间序列分析中非常常见,如 ARMA、GARCH 等都是典型的自回归模型。在语言模型中,自回归模型每次都是根据给定的上下文从一组词元中预测下一个词元,并且限定了一个方向(通常是正向,即在一个句子中从前往后依次猜下一个字/词)。同样以"一枝红杏出墙来"为例,在回归语言模型中,给定"一枝红"的上下文来预测下一个"杏"字,紧接着给定"一枝红杏"来预测下一个"出"字,然后是根据给定的"一枝红杏出"来预测"墙"字,如此循环,直到完成整个序列的预测并输出。有多种不同的方案来选择模型预测的输出标记序列,例如贪婪解码、集束搜索(beam search)、Top-K 采样、核采样(nucleus sampling)、温度采样(temperature sampling)等。

BERT 使用了多任务学习方法来从大规模语料中训练出模型,并在具体任务中进行微调。ERNIE 采用了 BERT 类似的模型架构之上,加入了知识图谱,使得模型能够用先验知识来更好地理解语义。

情境学习(In-context Learning)是随着 GPT-3 而流行起来。在 GPT-3 中,通过给出仅仅几个示例就能够很好地完成许多自然语言处理任务的方法,被称为情境学习。直观地说,情境学习就是给模型一些包含任务输入和输出的提示,并在提示的末尾附加一个用于预测的输入,模型根据提示和预测输入来预测任务的结果并输出。因此,情境学习有时候也被称为基于提示的学习。

情境学习的预测结果在大模型的情况下效果表现得非常好,但在小模型的情况下表现糟糕。简单地说,大模型使得情境学习变得有用。这是由于情境学习依赖于语言模型所学习到的概念语义和隐含的贝叶斯推理,而这依赖于大规模预训练模型对潜在概念的学习,从文档级语料学习了长距离依赖并保持长距离的连贯性、思维链和复杂推理等。

情境学习能够有效地使模型即时适应输入分布与训练分布有显著差异的新任务,这相当于在推理期间通过"学习"范例来实现对特定任务的学习,进而允许用户通过新的用例快速构建模型,而不需要为每个任务进行微调训练。构建于大语言模型之上的情境学习通常只需要很少的提示示例即可正常工作,这对于非自然语言处理和人工智能领域的专家来说非常直观且有用。

7.5   多模态大模型

多模态大语言模型是当前人工智能领域的一个热点研究方向,它结合了文本、图像、语音等多种数据类型,旨在实现更为全面、智能的理解和生成能力。

7.5.1   图像大模型

上海人工智能实验室联合商汤科技开发有限公司、香港中文大学、上海交通大学,共同发布新一代通用视觉技术体系"书生"(INTERN),该体系旨在系统化解决当下人工智能视觉领域中存在的任务通用、场景泛化和数据效率等一系列瓶颈问题。全新的通用视觉技术体系命名为"书生",意在体现其如同书生一般的特质,可通过持续学习,举一反三,逐步实现通用视觉领域的融会贯通,最终实现灵活高效的模型部署。"书生"通用视觉技术将实现以一个模型完成成百上千种任务,体系化解决人工智能发展中数据、泛化、认知和安全等诸多瓶颈问题。

一个"书生"基模型即可全面覆盖分类、目标检测、语义分割、深度估计四大视觉核心任务。在 ImageNet 等 26 个最具代表性的下游场景中,书生模型广泛展现了极强的通用性,显著提升了这些视觉场景中长尾小样本设定下的性能。相较于当前最强开源模型(OpenAI 于 2021 年发布的 CLIP),"书生"在准确率和数据使用效率上均取得大幅提升。

通用视觉技术体系"书生"(INTERN)由 7 大模块组成,包括通用视觉数据系统、通用视觉网络结构、通用视觉评测基准 3 个基础设施模块,以及区分上下游的 4 个训练阶段模块。"书生"的推出能够让业界以更低的成本,获得拥有处理多种下游任务能力的 AI 模型,并以其强大的泛化能力支撑智慧城市、智慧医疗、自动驾驶等场景中大量小数据、零数据等样本缺失的细分和长尾场景需求。

在"书生"的 4 个训练阶段中,前 3 个阶段位于该技术链条的上游,在模型的表征通用性上发力;第四个阶段位于下游,可用于解决各种不同的下游任务。第一阶段,着力于培养"基础能力",即让其学到广泛的基础常识,为后续学习阶段打好基础。第二阶段,培养"专家能力",即多个专家模型各自学习某一领域的专业知识,让每一个专家模型高度掌握该领域技能,成为专家。第三阶段,培养"通用能力",随着多种能力的融会贯通,"书生"在各技能领域都展现优异水平,并具备快速学会新技能的能力。在循序渐进的前 3 个训练阶段模块,"书生"在阶梯式的学习过程中具备了高度的通用性。当进化到第四阶段时,系统将具备"迁移能力",此时"书生"学到的通用知识可以应用在某一个特定领域的不同任务中,如智慧城市、智慧医疗、自动驾驶等,实现广泛赋能。

图像大模型具体有下列目标。

1. 图像理解

这部分的核心问题是如何预训练一个强大的图像理解架构。根据用于训练模型的监督信号的不同,我们可以将方法分为三类:标签监督、语言监督和只有图像的自监督。其中最后一个表示监督信号是从图像本身中挖掘出来的,流行的方法包括对比学习、非对比学习和蒙版图像建模。

2. 图像生成

这个主题是 AIGC 的核心,不限于图像生成,还包括视频、3D 点云图等。它的用处不止于艺术、设计等领域——还非常有助于合成训练数据,直接帮助我们实现多模态内容理解和生成的闭环。开发一个通用的文生图模型,它可以更好地遵循人类的意图。

3. 统一视觉模型

不同类型的标签注释成本差异很大,收集成本比文本数据高得多,这导致视觉数据的规模通常比文本语料库小得多。计算机视觉领域对于开发通用、统一的视觉系统的兴趣是越来越高涨,还衍生出 3 类趋势。

(1)从闭集(closed-set)到开集(open-set),它可以更好地将文本和视觉匹配起来。

(2)从特定任务到通用能力,这个转变最重要的原因还是因为为每一项新任务都开发一个新模型的成本实在太高了。

(3)从静态模型到可提示模型,LLM 可以采用不同的语言和上下文提示作为输入,并在不进行微调的情况下产生用户想要的输出。我们要打造的通用视觉模型应该具有相同的上下文学习能力。

7.5.2 语音大模型

随着 LLM 在语言理解和推理能力上的逐步增强,指令微调、上下文学习和思维链工具的应用愈加广泛。2016 年,谷歌提出 CD-CTC-SMBR-LSTM-RNNS,标志着传统的 GMM-HMM 框架被完全替代。声学建模由传统的基于短时平稳假设的分段建模方法变革到基于不定长序列的直接判别式区分的建模。由此,语音识别性能逐渐接近实用水平,而移动互联网的发展同时带来了对语音识别技术的巨大需求,两者相互促进。与深度学习相关的参数学习算法、模型结构、并行训练平台等成为该阶段的研究热点。该阶段可看作深度学习语音识别技术高速发展并大规模应用的阶段。

7.6 大语言模型多智能体

大语言模型(LLMs)最近展示了在达到与人类相当水平的推理和规划能力方面的显著潜力。这种能力正好符合人类对自治智能体的期望,这些智能体能够感知周围环境,做出决策,并做出响应。基于单个基于 LLM 的智能体的启发能力,提出了基于 LLM 的多智能体,以利用多个智能体的集体智能和专门的配置和技能。与使用单个 LLM 驱动的智能体的系统相比,多智能体系统通过将 LLMs 专业化为具有不同能力的各个不同的智能体;并使这些多样化的智能体之间进行互动,以有效地模拟复杂的现实世界环境,提供了先进的能力。

这种背景下,多个自治智能体协作参与规划、讨论和决策,反映了人类群体工作在解决问题任务中的合作性质。这种方法利用了 LLMs 的沟通能力,利用它们生成文本进行沟通并响应文本输入的能力。

LLM-MA 系统强调多样化的智能体配置、智能体间的互动和集体决策过程。从这个角度来看,通过多个自治智能体的协作,每个智能体都配备了独特的策略和行为,并相互沟通,可以解决更动态和复杂的任务。

在 LLM-MA 系统中,智能体通过它们的特质、行动和技能来定义,这些都是为了满足特定目标而定制的。在不同的系统中,智能体承担不同的角色,每个角色都有全面描述,包括特征、能力、行为和限制。例如,在游戏中的环境里,智能体可能被配置为具有不同角色和技能的玩家,每个角色都以不同的方式为游戏目标作出贡献。在软件开发中,智能体可能担任产品经理和工程师的角色,每个角色都有指导开发过程的责任和专业知识。同样地,在辩论平台上,智能体可能被指定为支持者、反对者或评委,每个角色都有独特的功能和策略,以有效履行其角色。这些配置对于定义智能体之间的互动和在各自环境中的有效性至关重要。表1列出了近期 LLM-MA 作品中的智能体配置。关于智能体配置方法,我们将它们分为3种类型:预定义、模型生成和数据驱动。在预定义的情况下,智能体配置是由系统设计者明确定义的。模型生成方法通过模型(例如大型语言模型)创建智能体配置。数据驱动方法则基于预先存在的数据集构建智能体配置。

7.6.1　多智能体框架

我们详细介绍了3个开源的多智能体框架——MetaGPT、CAMEL 和 Autogen。它们都是利用语言模型进行复杂任务解决的框架,重点关注多智能体协作,但它们在方法和应用上有所不同。MetaGPT 设计用于将人类工作流程过程嵌入到语言模型 Agent 的操作中,从而减少在复杂任务中经常出现的幻觉问题。它通过将标准操作程序编码到系统中,并使用装配线方法将特定角色分配给不同的 Agent 来实现这一点。CAMEL 旨在促进 Agent 之间的自主协作。它使用了一种称为初始提示的新技术,引导对话 Agent 朝着符合人类目标的任务发展。这个框架还作为生成和研究对话数据的工具,帮助研究人员了解交流 Agent 的行为和互动。AutoGen 是一个多功能框架,允许使用语言模型创建应用程序。它以其高度的可定制性而著称,使开发人员能够使用自然语言和代码编程 Agent,定义这些 Agent 如何互动。这种多功能性使其在从技术领域(如编码和数学)到以消费者为中心的领域(如娱乐)等多个领域中使用。

7.6.2　智能体通信

LLM-MA 系统中智能体之间的通信是支持集体智能的关键基础设施。我们从3个角度剖析智能体通信。

(1) 通信范式:智能体之间互动的风格和方法。

(2) 通信结构:多智能体系统内通信网络的组织和架构。

(3) 智能体之间交换的通信内容。

通信范式:当前的 LLM-MA 系统主要采用3种通信范式:合作、辩论和竞争。合作智能体共同努力实现共享的目标或目标,通常交换信息以增强集体解决方案。辩论范式在智能体进行争论性互动时使用,提出并捍卫自己的观点或解决方案,并批评他人的。这种范式适合达成共识或更精炼的解决方案。竞争智能体则努力实现可能与其他智能体的目标相冲突的自己的目标。

通信结构:LLM-MA 系统中有4种典型通信结构。分层通信是分层结构的,每个层级的智能体都有不同的角色,主要在自己的层级内或与相邻层级互动。文献[220]引入了一个名为动态 LLM-智能体网络(DyLAN)的框架,它将智能体组织在一个多层前馈网络中。这种设置促进了动态互动,包含了诸如推理时智能体选择和早停机制等功能,共同提高了智能体之间合作的效率。去中心化通信在点对点网络上运行,智能体直接相互通信,这种结构在世界模拟应用中常见。集中式通信涉及一个中央智能体或一组中央智能体协调系统的通信,其他智能体主要通过这个中心节点进行互动。共享消息池由 MetaGPT 提出,以提高通信效率,这种通信结构维护了一个共享的消息池,智能体在其中发布消息,并根据它们的配置订阅相关消息,从而提高了通信效率。

通信内容:在 LLM-MA 系统中,通信内容通常以文本形式存在。具体内容差异很大,取决于特定的应用。例如,在软件开发中,智能体可能会就代码段相互通信。在像狼人这样的游戏模拟中,智能体可能会讨论他们的分析、怀疑或策略。

7.6.3 智能体能力获取

智能体能力获取是 LLM-MA 中的一个重要过程,使智能体能够动态学习和进化。在这种情况下,有两个基本概念:智能体应该从哪些类型的反馈中学习以增强其能力,以及智能体为有效解决复杂问题而调整自身的策略。

反馈是智能体关于其行动结果收到的关键信息,帮助智能体了解其行动的潜在影响,并适应复杂和动态的问题。在大多数研究中,向智能体提供的反馈格式是文本。根据智能体接收此类反馈的来源,它可以被分类为 4 种类型。

(1)来自环境的反馈,例如来自现实世界环境或虚拟环境。这在大多数 LLM-MA 问题解决场景中都很普遍,包括软件开发(智能体从代码解释器那里获得反馈)和具身多智能体系统(机器人从现实世界或模拟环境中获得反馈)。

(2)来自智能体互动的反馈意味着反馈来自其他智能体的判断或来自智能体之间的通信。这在像科学辩论这样的问题解决场景中很常见,智能体通过通信学习批判性地评估和完善结论。在世界模拟场景(如游戏模拟)中,智能体根据其他智能体之间的先前互动学习完善策略。

(3)来自人类的反馈直接来自人类,对于使多智能体系统与人类价值观和偏好保持一致至关重要。这种反馈在大多数"人在循环中"的应用中被广泛使用。

(4)没有反馈。在某些情况下,智能体没有收到反馈。这通常发生在专注于分析模拟结果而不是智能体规划能力的模拟工作中。在这种情况下,例如传播模拟,重点是结果分析,因此反馈不是系统的一部分。

智能体对复杂问题的调整:为了增强其能力,LLM-MA 系统中的智能体可以通过 3 种主要解决方案进行调整。

(1)记忆。大多数 LLM-MA 系统利用记忆模块来调整智能体的行为。智能体将来自先前互动和反馈的信息存储在它们的记忆中。在执行行动时,它们可以检索相关的、有价值的记忆,特别是那些包含过去类似目标的成功行动的记忆,这个过程有助于提高它们当前的行动。

(2)自我进化。智能体不仅仅依赖历史记录来决定后续行动,如在基于记忆的解决方案中所见,智能体可以通过修改自己(例如改变初始目标和规划策略)并根据反馈或通信日志对自己进行训练来动态自我进化。自我控制循环过程,允许多智能体系统中的每个智能体自我管理和自我适应动态环境,从而提高多个智能体的合作效率。自我进化使智能体能够在其配置或目标上进行自主调整,而不仅仅是从历史互动中学习。

(3)动态生成。在某些场景中,系统可以在其运行期间即时生成新的智能体。这种能力使系统能够有效地扩展和适应,因为它可以引入专门设计来解决当前需求和挑战的智能体。随着 LLM-MA 系统扩展和智能体数量的增加,管理各种类型的智能体的复杂性已经成为一个关键问题。智能体协同作用作为一项关键挑战开始受到关注。

7.7 大语言模型训练

大模型的训练一般分为 3 个阶段,即有监督学习、奖励模型训练(RW)和强化学习。下面分别给以简单介绍。

7.7.1　有监督学习

在具体实操中,它也是分为了两个步骤:先使用大量语料进行无监督学习,训练出一个语言模型的基座,这就是大模型的 generate 方法,展现的是大模型的续写能力。人工整理问答语料,对大模型进行有监督训练,这是大模型的 chat 方法,展现出了大模型的对话能力。

7.7.2　奖励模型训练

大模型会对一个问题回答出的多个不同答案,我们首先需要对这些答案进行优先级标注排序,不是直接打分,因为绝对分数很难统一,我们能更容易地判断出哪个回答更好,使用相对替代绝对。然后根据这个排序结果训练奖励模型。这个模型的底座就是第一阶段训练出的SFT 模型,只是把最后一层改为一个神经元即可,就是输出的分数,为一个回归模型,后续将用这个模型对每个回答进行打分评估。

奖励模型的核心是它的损失函数:其中 c 代表选择(chosen),是排名较高的回答;r 代表拒绝(reject),是排名较低的回答。最终的目的就是使排名靠前的回答得分相应地变高。

例如提问 Q:苹果是什么?

回答 A1:苹果是一种红色水果,可以润肺、解暑、开胃。

回答 A2:根据颜色、大小、口感和用途等不同特点,苹果可以分为多个品种。有的苹果品种适合鲜食,口感脆甜;有的适合烹饪,如做苹果派或苹果酱;还有的适合制酒或制醋。此外,美国苹果公司是全球知名的科技公司。

回答 A3:苹果是水果。

人工标记员打分 A2>A1>A3,我们把 QA2&QA1、QA2&QA3、QA1&QA3 两两放入模型进行打分,再根据损失函数对模型进行反向传播,最后就可以使 A2 的分数高于 A1,A1的分数高于 A3。根据不同答案的优先级顺序,就可以训练出奖励模型。

7.7.3　强化学习

强化学习的目标就是模型可以自我迭代,希望模型的回答结果最好与之前有监督学习模型的回答分布相近,否则模型可能钻空子,回答一个与有监督答案不符,但是奖励模型给了高分的答案,可以理解为"幻觉问题"。

模型的回答都是高分回答。我们就是想达到以上要求,所以设计出了如下一系列的训练方法,一共有 4 个主要模型。

(1) Actor Model:演员模型,这就是我们想要训练的目标语言模型。

(2) Critic Model:评论家模型,它的作用是预期收益。

(3) Reward Model:奖励模型,它的作用是计算实际收益。

(4) Reference Model:参考模型,它的作用是给语言模型增加一些"约束",防止语言模型训歪,使模型的回答结果最好与之前有监督学习模型的回答分布相近。

Actor Model 与 Reference Model 的初始化模型就是有监督学习模型,Reward Model 与Critic Model 的初始化模型就是 Reward 模型,其中 Actor Model 与 Critic Model 在后续训练中需要更新参数,而 Reward Model 与 Reference Model 是参数冻结的。

7.8 大语言模型应用

大模型将带动新的产业和服务应用范式,在深度学习平台的支撑下将成为产业智能化基座,企业需加快建设人工智能统一底座,融合专家知识图谱,打造可面向跨场景或行业服务的"元能力引擎"。预训练大模型在海量数据的学习训练后具有良好的通用性和泛化性,用户基于大模型通过零样本、小样本学习即可获得领先的效果,同时"预训练+精调"等开发范式,让研发过程更加标准化,显著降低了人工智能应用门槛,成为 AI 走向工程化应用落地的重要手段。

7.8.1 发展产业

大模型最重要的优势在于推动 AI 进入大规模可复制的产业落地阶段,仅需零样本、小样本的学习就可以达到很好的效果,以此大幅降低 AI 开发成本。

目前,我们看到大模型已经开始与领域、行业深度融合,例如,工业质检、蛋白质结构预测等领域的大模型,验证了大模型已不仅在科技企业中应用,也迈出了走向各行各业的步伐。ChatGPT 专注于强化内容创造能力,将生成式 AI 应用到实际业务中,为大模型带来新的产业落地机遇。

微软已经宣布将会全线整合 ChatGPT,将大模型嵌入搜索引擎和办公软件,进一步推动 AI 能力的全面赋能和产业落地。开放、开源是技术逐渐成熟和规模化输出的象征,随着大模型的落地,头部企业将开放技术,赋能中小企业,打造以大模型为底座的生态。

7.8.2 软件开发

考虑到软件开发是一个复杂的任务,需要像产品经理、程序员和测试员这样的各种角色的协作,LLM-MA 系统通常被设置为模仿这些不同的角色并协作解决复杂挑战。遵循软件开发的瀑布流或标准化操作程序(SOPs)的工作流程,智能体之间的通信结构通常是分层的。智能体通常与代码解释器、其他智能体或人类互动,以迭代地改进生成的代码。文献[301]提出了一个端到端的软件开发框架,利用多个智能体进行软件开发,而不包含先进的人类团队工作经验。

7.8.3 智能机器人

大多数具身智能体应用本质上利用多个机器人共同完成复杂的现实世界规划和操作任务,如具有异构机器人能力的仓库管理。因此,LLM-MA 可用于模拟具有不同能力的机器人,并相互协作解决现实世界的物理任务。文献[88]首先探索了使用 LLM 作为嵌入式智能体的动作规划器的潜力。文献[413]引入了 RoCo,这是一种新颖的多机器人协作方法,使用 LLM 进行高级通信和低级路径规划。每个机器人臂都配备了一个 LLM,与逆运动学和碰撞检查合作。实验结果证明了 RoCo 在协作任务中的适应性和成功。

7.8.4 科学研究

LLM-MA 可以设置为科学辩论场景,其中智能体相互辩论以增强集体推理能力,处理诸如大规模多任务语言理解(MMLU)主要思想是每个智能体最初提供自己对问题的分析,然后进行联合辩论过程。通过多轮辩论,智能体达成单一的共识答案。文献[98]利用多智能体辩论过程在 6 种不同的推理和事实准确性任务上,并证明 LLM-MA 辩论可以提高事实性。

LLM-MA 的另一个主要应用场景是世界模拟。这一领域的研究正在迅速增长,涵盖了社会科学、游戏、心理学、经济学、政策制定等多个领域。在世界模拟中使用 LLM-MA 的关键在于它们出色的角色扮演能力,这对于真实地描绘模拟世界中的各种角色和观点至关重要。世界模拟项目的环境通常是为了反映被模拟的特定场景而设计的,智能体设计有各种配置文件以匹配这个上下文。与侧重于智能体合作的问题解决系统不同,世界模拟系统涉及多样化的智能体管理和通信方法,反映了现实世界互动的复杂性和多样性。

在社会模拟中,LLM-MA 模型被用来模拟社会行为,旨在探索潜在的社会动态和传播,测试社会科学理论,以及用真实的社会现象填充虚拟空间和社区。利用 LLM 的能力,具有独特配置文件的智能体进行广泛的沟通,为深入的社会科学分析生成丰富的行为数据。他们开发了社会模拟器 Social Simulacra,它构建了一个由 1000 个角色组成的模拟社区。该系统采用了设计师对社区(目标、规则和成员角色)的愿景,并将其模拟出来,生成了发布、回复甚至反社会行为等行为。在此基础上,后来人们将这一概念推向更高层次,构建了包含 8563 和 17 945 个智能体的大型网络,分别设计用于模拟关注性别歧视和核能话题的社交网络。这一演变展示了最近研究中模拟环境的日益复杂性和规模的增长。最近的研究突出了多智能体系统的复杂性、LLM 对社会网络的影响以及它们融入社会科学研究的情况。

在心理学模拟研究中,与社会模拟类似,多个智能体被用来模拟具有各种特征和思维过程的人类。然而,与社会模拟不同,心理学中的一个方法直接将心理学实验应用于这些智能体。这种方法侧重于通过统计方法观察和分析它们的多样化行为。在这里,每个智能体独立运作,不与其他智能体互动,基本上代表了不同的个体。另一种方法更接近社会模拟,其中多个智能体相互互动和沟通。在这种情况下,心理学理论被用来理解和分析出现的集体行为模式。这种方法促进了对人际动态和群体行为的研究,提供了关于个体心理特征如何影响集体行动的见解。探索使用基于 LLM 的对话智能体进行心理健康支持的心理影响和结果。它强调了从心理学角度仔细评估在心理健康应用中使用基于 LLM 的智能体的必要性。通过 LLM 模拟各种类型的个体,它们表明更大的模型更忠实地复制了人类行为,但它们也揭示了一种超准确性失真,特别是在基于知识的工作中。

7.8.5 发展经济

LLM-MA 用来模拟经济和金融交易环境,主要是因为它可以作为人类的隐式计算模型。在这些模拟中,智能体被赋予了一定的资源和信息,并设定了预定义的偏好,允许探索它们在经济和金融背景下的行动。这类似于经济学家对"经济人"的建模,即在一些经济理论中将人描述为追求自身利益的理性人。有几项研究展示了 LLM-MA 在模拟经济场景中的多样化应用,包括宏观经济活动、信息市场、金融交易和虚拟城镇模拟。智能体在合作或辩论、去中心化环境中互动。文献[211]提出了一个 LLM-MA 框架,用于金融交易,强调了分层记忆系统、辩论机制和个性化交易角色,从而加强了决策制定的稳健性。这些研究共同阐明了在多样化经济模拟场景中使用 LLM 的广泛应用和进步。

7.8.6 生活娱乐

LLM-MA 非常适合创建模拟游戏环境,允许智能体在游戏中扮演各种角色。这项技术使得开发可控、可扩展和动态的设置成为可能,这些设置紧密模仿人类互动,非常适合测试一系列游戏理论假设。大多数由 LLM-MA 模拟的游戏严重依赖于自然语言沟通,提供了不同游戏设置内的沙盒环境,用于探索或测试包括推理、合作、说服、欺骗、领导等在内的游戏理论假设。有人利用行为游戏理论来检验 LLM 在交互式社会设置中的行为,特别是它们在迭代囚徒困境和性别之战等游戏中的表现。文献[109]全面评估了 LLM 作为理性玩家的能力,并确定了 LLM 基础智能体的弱点,即使在明确的游戏过程中,智能体在采取行动时仍可能忽视或修改精细的信念。

7.8.7 医疗卫生

利用 LLM-MA 的社会模拟能力也可用于模拟疾病传播。最新的研究深入探讨了使用基于 LLM 的 Agent 进行疾病传播模拟的用途。该研究通过各种模拟展示了这些基于 LLM 的 Agent 如何准确模拟人类对疾病暴发的反应,包括在病例数量增加时自我隔离和隔离等行为。这些 Agent 的集体行为反映了大流行中通常看到的多波复杂模式,最终稳定到地方性状态。令人印象深刻的是,它们的行动有助于减轻流行病曲线。不同领域专家利用多个基于 LLM 的智能体进行协作讨论,以就医学报告达成共识,用于医学诊断。

第 8 章

学　习

人类通过学习来提高和改进自己的能力。学习的基本机制是设法把成功的表现行为转移到另一种类似的新情况中去。人的认识能力和智慧才能就是在毕生的学习中逐步形成、发展和完善。任何具有智能的系统必须具备学习的能力。学习能力是学习的方法与技巧，是人类智能的根本特征。

8.1　概述

1983 年，西蒙对学习下了一个比较好的定义："系统为了适应环境而产生的某种长远变化，这种变化使得系统在今后能够更有成效地完成同一或同类的工作。"学习是一个系统中所发生的变化，它可以是系统作业的长久性的改进，又可以是有机体在行为上的持久性的变化。在一个复杂的系统中，由学习引起的变化是多方面的，也就是说，在同一个系统中可能包含着不同形式的学习过程，它的不同部分会有不同的改进。人在学习中获得新的产生式，建立新的行为。

学习的原理是学习者必须知道最后的结果，即其行为是否能得到改善。最好他还能得到关于他的行为中哪些部分是满意的，哪些部分是不满意的信息。对于学习结果的肯定的知识本身就是一种报酬或鼓励，它能产生或加强学习动机。关于学习结果的信息和动机的共同作用在心理学中叫作强化，其关系如下：

$$强化 = 结果的知识 + 报酬$$
$$（信息）\quad（动机）$$

强化不一定是外在的，它也可以是内部的。强化可以是积极的，也可以是消极的。学习时必须有一个积极的学习动机。强化能给学习动机以支持。教师在教育中要注意学习材料的选择，以吸引学生的注意，激励他们的学习。学习材料太简单，学生的精力不容易集中，容易产生厌烦情绪；学习材料太复杂，学生不容易理解，也会产生疲劳。可见，在学习中影响学习动机的因素是多方面的，其中包括学习材料的性质和构成等。

作者提出了一种学习系统模型（见图 8.1）。椭圆形表示信息单元，而长方形表示处理单元。箭头表示学习系统中数据流的方向。

影响学习系统最重要的因素是提供系统信息的环境，特别是这种信息的水平和质量。环境对学习单元提供信息。学习单元利用这些信息改善知识库。执行单元利用知识库执行它的任务。最后，执行任务时所获得的信息可以反馈给学习单元。若是人的学习，则通过内省学习机产生学习的效用信息，反馈给学习单元。

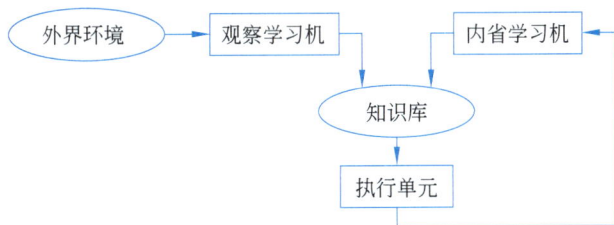

图 8.1　学习系统模型

一百多年来,心理学家在探讨学习理论的过程中,由于各自的哲学基础、理论背景、研究手段的不同,自然形成了各种不同的理论观点,并形成了各种不同的理论派别,主要包括行为学派、认知学派和人本主义学派。

8.2　行为学习理论

有些心理学家用刺激与反应的关系,把学习解释为习惯的形成,认为通过练习使某一刺激与个体的某种反应建立一种前所未有的关系,此种刺激反应间联结的过程,就是学习。因此,此种理论被称为刺激反应论,或称为行为学派。行为学习理论强调可观察的行为,认为行为的多次愉快或痛苦的后果改变了个体的行为。巴甫洛夫经典条件反射学说、华生(J. B. Watson)的行为主义观点、桑代克(Thorndike)的联结主义、斯金纳(B. F. Skinner)的操作条件反射学说以及班图拉(A. Bandura)的社会学习理论可作为行为派的代表学说。

另外有些心理学家不同意学习即习惯形成的看法,他们特别强调理解在学习过程中的作用。他们认为,学习是个体在其环境中对事物间关系认知的过程。因此,这种理论被称为认知论。

8.2.1　条件反射学习理论

俄国生理学家巴甫洛夫是经典条件反射学说的创立者。巴甫洛夫在研究狗的消化生理现象时,把食物呈现在狗面前,并测量其唾液分泌。通常狗吃食物时才会分泌唾液。然而,巴甫洛夫偶然发现狗尚未吃到食物,只是听到送食物的饲养员的脚步声,便开始分泌唾液。巴甫洛夫没有放过这一现象。他开始做一个实验。先给狗听一个铃声,狗没有反应,然而在给狗铃声之后紧接着呈现食物,并经反复多次结合后,单独听铃声而没有食物,狗也"学会"了分泌唾液。铃声与无条件刺激(食物)的多次结合从一个中性刺激变成了一个条件性刺激,引起了分泌唾液的条件性反应,巴甫洛夫将这一现象称作条件反射,即经典条件反射。巴甫洛夫认为条件反射的生理机制是暂时神经联系的形成,并认为学习就是暂时神经联系的形成。

巴甫洛夫的经典条件反射学说的影响是巨大的。在俄国,以巴甫洛夫的经典条件反射学说为基础的理论在心理学界相当长的时间内曾占统治地位。在美国,行为派的心理学家华生、斯金纳等均受到巴甫洛夫的条件反射学说的影响。

8.2.2　行为主义的学习理论

行为主义由美国心理学家华生于 1913 年创立。该理论的特征有以下 4 点。

(1) 强调心理学是一门科学,因此在方法上重视实验、观察,在研究题材上只重视可观察记录的外显行为。

(2) 解释构成行为的基础是个体表现于外的反应,而反应的形成与改变是由制约作用的历程。

(3) 重视环境对个体行为的影响,不承认个体自由意志的重要性,故而被认为是决定论。

(4) 在教育上主张奖励与惩罚兼施,不重视内发性的动机,强调外在控制的训练价值。

行为学派盛行在美国,影响扩及全世界,20 世纪 20 年代至 50 年代,期间四十多年,心理学界几乎全为行为主义的天下。行为主义也称为行为心理学。行为主义演变到后来,因对行为解释的观点不同,又有激进行为主义(Radical Behaviorism)与新行为主义(Neo-behaviorism)之分。

华生是第一位将巴甫洛夫的经典条件反射学说作为学习的理论基础的美国心理学家。他主张一切行为都以经典条件反射学说为基础。他认为学习就是以一种刺激代替另一种刺激建立条件反射的过程,除了出生时具有的集中条件反射(如打喷嚏、膝跳反射)外,人类所有的行为都是通过条件反射建立新的刺激、反应联结(即 S-R 联结)而形成的。

华生运用条件反射的原理,做了一个婴儿恐惧形成的实验以证明他的观点。实验的对象是原来对兔子无任何恐惧的婴儿。在实验中,当兔子在婴儿面前出现时,同时发出一种可怕的声音,经多次重复后,婴儿见到兔子就会感到害怕,甚至会泛化到对任何有毛的东西感到恐惧。

8.2.3　操作学习理论

操作学习理论是美国新行为主义心理学家斯金纳在《语言行为》中提出的言语学习理论。这一理论以对动物进行的操作性条件反射实验为基础,认为儿童获得言语主要靠后天学习,也与学习其他行为一样,是通过操作性条件反射来实现的。

1938 年,斯金纳在特制的实验箱内研究了白鼠的学习。箱内装有一个杠杆,杠杆与传递事物的机械装置相连,只要杠杆被压动,一颗食丸便滚进食盘。白鼠被放进箱内,自由活动,当它踏上杠杆时,有食丸放出,于是吃到食物。它再按压杠杆,食丸又滚出,反复几次,白鼠就学会了按压杠杆来取得食物的条件反射。斯金纳将这种条件反射叫作操作性条件反射。此外,斯金纳还做了鸽子啄圆窗反应的实验。

斯金纳认为条件反射有两种,即巴甫洛夫的经典性条件反射和操作性条件反射。巴甫洛夫的经典条件反射是应答性(或刺激性)条件反射过程,是先由已知刺激物引起的反应,是强化物和刺激物相结合的过程,强化是为了加强刺激物的。斯金纳的操作性条件反射是反应型条件反射的过程,没有已知的刺激,是由有机体本身自发出现的反应,是强化物和反应相结合的过程,强化是为了增强反应的。

斯金纳认为一切行为都是由反射构成的,反射有两种,行为也必然有两种,即应答性行为和操作性行为。因此,学习也分为两种,即反射学习和操作学习。斯金纳更重视操作学习,他认为操作行为更能代表人在现实中的学习情况,认为人的学习几乎都是操作学习。因此,行为科学最有效的研究途径是研究操作行为的形成及其规律。

斯金纳认为强化是操作性行为形成的重要手段。强化在斯金纳的学习理论中占有极其重要的地位,是他学习理论的基石和核心,有人称他的学习理论为强化理论或强化说。操作学习的基本规律是:如果一个操作发生后,接着呈现一个强化刺激,则这个操作的强度(反应发生的概率)就增加。认为学习和行为的变化是强化的结果,控制强化就能控制行为。强化是塑造行为和保持行为强度的关键。塑造行为的过程就是学习过程。教育就是塑造行为。只要安排好强化程序,就可以随意地塑造人和动物的行为。

1953年秋天,斯金纳旁听了自己孩子所在小学四年级的课程。这就是他日后设计程序学习的开始。课堂教学是由一名教师讲解,许多儿童在这一位教师指导下进行学习。儿童存在着很大的个体差异,但教学却只能按照班里的平均水平进行。总之,班级教学很难按照每个儿童的个体差异进行教学。因此,他设计了适应个体差异教学的"教学机器"。

1954年,斯金纳在《学习科学与教学的艺术》(*The Science of Learning and the Art of Teaching*)一文中,根据他的强化理论,对传统教学进行了批评,指出:

(1) 传统教学在控制学生行为的手段上是消极的,多为负强化(如发脾气、惩罚、训斥等)。

(2) 行为和强化之间的时间间隔太长。

(3) 缺乏连续的强化程序。

(4) 强化太少。传统教学的最主要缺点就是强化太少。一位教师要对一个班几十名学生提供足够数量的强化机会是做不到的。

由此,斯金纳强力主张改变传统的班级教学,实行程序教学和机器教学。根据操作性条件反射原理把学习的内容编制成"程序"安装在机器上,学生通过机器上的程序显示进行学习。后来还发展了不用教学机器,只使用程序教材的程序学习。

程序学习的过程是将要学习的大问题分解成若干小问题,按一定顺序呈现给学生,要求学生一一回答,然后学生可得到反馈信息。问题相当于条件反射形成过程中的"刺激",学生的回答相当于"反应",反馈信息相当于"强化"。程序学习的关键是编制出好的程序。为此,斯金纳提出了编制程序的5条基本原理(原则)。

(1) 小步子原则:把学习的整体内容分解成由许多片段知识所构成的教材,把这些片段知识按难度逐渐增加排成序列,使学生循序渐进地学习。

(2) 积极反应原则:要使学生对所学内容作出积极的反应,否认"虽然没有表现出反应,但是的确明白"的观点。

(3) 及时强化(反馈)原则:对学生的反应要及时强化,使其获得反馈信息。

(4) 自定步调原则:学生根据自己的学习情况,自己确定学习的进度。

(5) 低的错误率:使学生尽可能每次都作出正确的反应,使错误率降到最低限度。斯金纳认为程序教学有如下优点:循序渐进;学习速度与学习能力一致;及时纠正学生的错误,加速学习;利于提高学生学习的积极性;培养学生的自学能力和习惯。

斯金纳认为程序教学有如下优点:循序渐进;学习速度与学习能力一致;及时纠正学生的错误,加速学习;利于提高学生学习的积极性;培养学生的自学能力和习惯。程序学习并非尽善尽美。由于它主要是以掌握知识为目标的个体化学习方式,因此,人们对它的非议主要有3方面:使学生学习比较刻板的知识;缺少班集体中的人际交往,不利于儿童社会化;忽视了教师的作用。

8.3 认知学习理论

与行为主义学习理论相对立,源自于格式塔学派的认知学习理论,经过一段时间的沉寂之后,再度复苏,从20世纪50年代中期之后,随着布鲁纳、奥苏伯尔等一批认知心理学家的大量创造性的工作,使学习理论的研究自桑代克之后又进入了一个辉煌时期,他们认为,学习就是面对当前的问题情境,在内心经过积极的组织,从而形成和发展认知结构的过程,强调刺激反应之间的联系是以意识为中介的,强调认知过程的重要性。因此,使认知学习论在学习理论的研究中开始占据主导地位。

认知是指认识的过程以及对认识过程的分析。美国心理学家吉尔伯特(G. A. Gilbert)认为,认知是一个人了解客观世界时所经历的几个过程的总称。它包括感知、领悟和推理等几个比较独特的过程,这个术语含有意识到的意思。认知的构造已成为现代教育心理学家试图理解的学生心理的核心问题。认知学派认为学习在于内部认知的变化,学习是一个比 S-R 联结要复杂得多的过程。他们注重解释学习行为的中间过程,即目的、意义等,认为这些过程才是控制学习的可变因素。认知派学习理论的主要贡献如下。

(1) 重视人在学习活动中的主体价值,充分肯定了学习者的自觉能动性。

(2) 强调认知、意义理解、独立思考等意识活动在学习中的重要地位和作用。

(3) 重视了人在学习活动中的准备状态。即一个人学习的效果,不仅取决于外部刺激和个体的主观努力,还取决于一个人已有的知识水平、认知结构、非认知因素。准备是任何有意义学习赖以产生的前提。

(4) 重视强化的功能。认知学习理论由于把人的学习看成一种积极主动的过程,因而很重视内在的动机与学习活动本身带来的内在强化的作用。

(5) 主张人的学习的创造性。布鲁纳提倡的发现学习论就强调学生学习的灵活性、主动性和发现性。它要求学生自己观察、探索和实验,发扬创造精神,独立思考,改组材料,自己发现知识、掌握原理原则,提倡一种探究性的学习方法。强调通过发现学习来使学生开发智慧潜力,调节和强化学习动机,牢固掌握知识并形成创新的本领。

认知学习理论的不足之处,是没有揭示学习过程的心理结构。我们认为学习心理是由学习过程中的心理结构,即智力因素与非智力因素两大部分组成的。智力因素是学习过程的心理基础,对学习起直接作用;非智力因素是学习过程的心理条件,对学习起间接作用。只有将智力因素与非智力因素紧密结合,才能使学习达到预期的目的。而认知学习理论对非智力因素的研究是不够重视的。

格式塔学派的学习理论、托尔曼的认知目的理论、皮亚杰的图式理论、维果斯基的内化论、布鲁纳的认知发现理论、奥苏伯尔的有意义学习理论、加涅的信息加工学习理论以及建构主义的学习理论均可作为认知派的代表性学说。认知主义学习理论的代表人物是皮亚杰、纽厄尔等。

8.3.1　格式塔学派的学习理论

格式塔学派又名完形学派,1912 年产生于德国,代表人物韦特海默、考夫卡、苛勒(K. Kohler)。这一学派的学习理论是研究知觉问题时,针对桑代克的学习理论提出来的。他们强调经验和行为的整体性,反对行为主义的"刺激-反应"公式,于是他们重新设计了动物的学习实验。

苛勒从 1913—1917 年在一个岛上进行黑猩猩的学习实验。在一个典型的实验中,把黑猩猩关在笼中,笼外放有香蕉和一长一短的两只木杆。黑猩猩在笼内不能直接够到香蕉。黑猩猩用"手"够香蕉失败后,停止活动,四处张望,若有所思。之后,它突然起身,用短杆取得长杆,再用长杆够到了香蕉。这一系列动作是一气呵成的。由此,苛勒认为,黑猩猩对问题的解决是由于突然领悟即顿悟而实现的,学习不是逐渐地试误过程,而是对知觉经验的重新组织,是对情境关系的顿悟。

格式塔学派的基本观点如下。

(1) 学习是组织一种完形。

完形派认为,学习是组织一种完形。完形或称"格式塔"指的是事物的式样和关系的认知。

学习过程中问题的解决,是由于对情境中事物关系的理解而构成一种完形来实现的。学习即黑猩猩在实验情境中发现关系(木杆是获得香蕉的工具),从而弥合缺口,构成完形。完形派认为,无论是运动的学习、感觉的学习、感觉运动的学习和观念的学习,都在于发生一种完形的组织,并非各部分间的联结。

(2)学习是通过顿悟实现的。

完形派认为学习的成功和实现完全是"顿悟"的结果,即突然地理解了,而不是"试误"、"尝试与错误"。顿悟是对情境全局的知觉,是对问题情境中事物关系的理解,也就是完形的组织过程。

完形派用来证明学习过程是领悟而非试误的主要证据:①从不能到能之间突然转变;②学到的东西能良好的保持,而不是重复出现错误。他们指出,由于桑代克所设置的问题情境不明确,从而导致了盲目的尝试错误学习。

对完形派学习理论的评价如下。

(1)完形派学习理论具有辩证的合理因素,主要表现在它肯定了意识的能动作用,强调了认知因素(完形的组织)在学习中的作用。由此弥补了桑代克学习理论的缺陷,认为刺激与反应之间的关系是间接的,不是直接的,是以意识为中介的。完形派对试误说的批判,也促进了学习理论的发展。

(2)完形派在肯定顿悟的同时,否定试误的作用,是片面的。试误与顿悟是学习过程的不同阶段,或不同的学习类型。试误往往是顿悟的前奏,顿悟又往往是试误的必然结果,二者不是相互排斥、对立的,而应是相互补充的。完形派的学习理论不够完整,也不够系统,其影响在当时远不及桑代克的联结说。

8.3.2 认知目的理论

托尔曼(E. C. Tolman)认为自己是一名行为主义者。他对各派采取兼容并包的态度,以博采众家之长而著称。他既欣赏联结派的客观性和测量行为方法的简便,又受到格式塔整体学习观的影响。他的学习理论有很多名称,如符号学习说、学习目的说、潜伏学习说、期待学习说。他坚持主张理论要用完全客观的方法检验。然而许多人认为他是研究动物学习行为最有影响的认知主义者。受格式塔学派的影响,他强调行为的整体性。他认为整体行为是指向一定目的的,而有机体对环境的认知是达到目的的手段。他不同意把情境(刺激)与反应之间看成是直接的联系,即 S-R。他提出"中介变量"的概念,认为中介变量是介于实验变量和行为变量之间并把二者联系起来的因素。具体来说,中介变量就是心理过程,由心理过程把刺激与反应联结起来。因此 S-R 的公式应 S-O-R,O 即代表中介变量。他的学习理论就是从上述观点出发,通过对动物学习行为全过程的考察而提出的。

托尔曼于1930年设计并进行了白鼠高架迷津方位实验。在这种迷津中设置了白鼠通向食物箱的长短不等的3条通道(见图8.2)。

首先让白鼠在迷津内经过探索,熟悉这3条通道,然后将白鼠放进起点箱内,观察它们的行为。结果发现,白鼠首先选择通向食物距离最短的通道1,当通道在 A 处堵塞时,它们便在通道2和通道3中选择了较短的通道2;而通道2必经

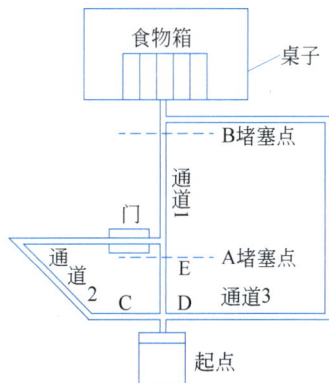

图 8.2 白鼠迷津实验

的 B 处也被堵塞时,它们才不得不选择较漫长的通道 3。

托尔曼认知目的理论的基本观点如下。

(1) 学习是有目的的。

托尔曼认为动物学习是有目的的,其目的就是获得食物。他不同意桑代克等认为学习是盲目的观点。动物在迷津中的试误行为是受目标指引的,是指向食物的,是不达目的不罢休的。他认为学习就是期望的获得。期望是个体关于目标的观念。个体通过对当前的刺激情境的观察和已有的过去经验而建立起对目标的期望。

(2) 对环境条件的认知是达到目的的手段或途径。

托尔曼认为有机体在达到目的的过程中,会遇到各式各样的环境条件,他必须认知条件,才能克服困难,达到目的。所以,对环境条件的认知是达到目的的手段或途径。(托尔曼用"符号"代表有机体对环境条件的认知。)学习不是简单地、机械地形成运动反映,而是学习达到目的的符号,形成"认知地图"。所谓认知地图是动物在头脑中形成的对环境的综合表象,包括路线、方向、距离,甚至时间关系等信息。这是个较模糊的概念。

总之,目的和认知是托尔曼学习理论中的两个重要中介变量,所以称他的学习理论为认知目的理论。

托尔曼认知目的理论中重视行为的整体性、目的性,提出中介变量的概念,重视在刺激与反应之间的心理过程,强调认知、目的、期望等在学习中的作用,是进步,应给予肯定。托尔曼理论中的一些术语,如"认知地图"没有明确的界定;对人类的学习与动物的学习也没有从本质上进行区分,使得他的理论不能成为一个完整的合理的体系。

8.3.3   信息加工学习理论

加涅(R M Gagne)是美国佛罗里达州大学的教育心理学教授。他的学习理论是在行为主义和认知观点相结合的基础上,在 20 世纪 70 年代之后,运用现代信息论的观点和方法,通过大量实验研究工作建立起来的。他认为学习过程是信息的接收和使用过程。学习是主体和环境相互作用的结果,学习者内部状况与外部条件是相互依存、不可分割的统一体。

加涅认为,学习是学习者神经系统中发生的各种过程的复合。学习不是刺激反应间的一种简单联结,因为刺激是由人的中枢神经系统以一些完全不同的方式来加工的,了解学习也就在于指出这些不同的加工过程是如何起作用的。在加涅的信息加工学习论中,学习的发生同样可以表现为刺激与反应,刺激是作用于学习者感官的事件,而反应则是由感觉输入及其后继的各种转换而引发的行动,反应可以通过操作水平变化的方式加以描述。但刺激与反应之间,存在着"学习者""记忆"等学习的基本要素。学习者是一个活生生的人,他们拥有感官,通过感官接受刺激;他们拥有大脑,通过大脑以各种复杂的方式转换来自感官的信息;他们有肌肉,通过肌肉动作显示已学到的内容。学习者不断接受到各种刺激,被组织进各种不同形式的神经活动中,其中有些被存储在记忆中,在作出各种反应时,这些记忆中的内容也可以直接转换成外显的行动。加涅将学习过程看作信息加工流程。1974 年,他描绘出一个典型的学习结构模式图(见图 8.3)。

加涅的学习结构模式分两部分。第一部分是右边的结构叫操作记忆,是一个信息流。来自环境的刺激作用于学习者的感受器,然后到达感觉记录器,信息在这里经过初步的选择处理,停留的时间还不到一秒,便进入短时记忆,信息在这里也只停留几秒,然后进入长时记忆。以后当需要回忆时,信息从长时记忆中提取而回到短时记忆中,然后到达反应发生器,信息在这里经过加工便转化为行为,作用于环境,这样就发生了学习。第二部分是左边的结构,包括预期事项(期望)和执行控制两个环节。预期环节起着定向的作用,使学习活动沿着一定方向进行。执行环节起调节、控制作用,使学习活动得以实现。第二部分的功能是使学习者引起学习、改变学习,加强学习和促进学习,同时使信息流激化、削弱或改变方向。

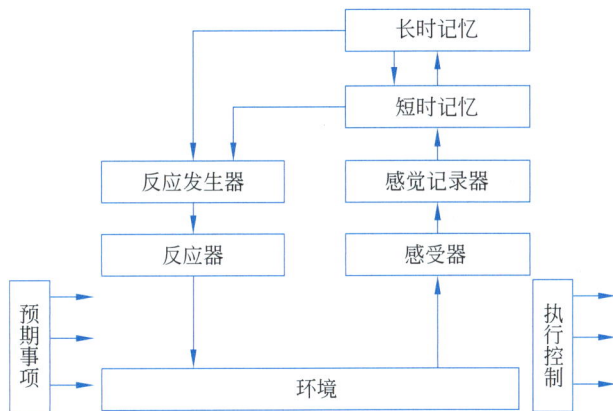

图 8.3　学习结构模式图

加涅根据信息加工理论提出了学习过程的基本模式,认为学习过程就是一个信息加工的过程,即学习者对来自环境刺激的信息进行内在的认知加工的过程,并具体描述了典型的信息加工模式。认为学习可以区别出外部条件和内部条件,学习过程实际上就是学习者头脑中的内部活动,与此相应,把学习过程划分为 8 个阶段:动机阶段、了解阶段、获得阶段、保持阶段、回忆阶段、概括阶段、作业阶段和反馈阶段(见图 8.4)。

图 8.4　加涅的 8 个学习阶段及其相应的心理过程图

(1)动机产生阶段,与之相应的心理过程是期望。学习要先有动机,动机可以与学习者的期望建立联系。期望是目标达到时所能得到的报酬、结果或奖励,是完成任务的动力,能给学习者指明方向和道路。

（2）了解阶段，与之相应的心理过程是注意、选择性知觉。加涅认为注意是一个短暂的内部状态，对学习有定势作用，也起着执行控制作用。教学要引起学生这种注意，通过口头指导语把注意引向学习有关的某一方面，可使学生有选择地感知其所处情况中的某些刺激。

（3）获得阶段，与之相应的心理过程是编码、存入。在这一阶段，所学知识到达短时记忆，并转入长时记忆。编码就是对获得的信息进行加工整理，以便和原有信息相联系并形成系统，存入长时记忆。

（4）保持阶段，与之相应的心理过程是记忆存储。知识到达长时记忆后，还要对材料继续加工，使之能永久保持。

（5）回忆阶段，与之相应的心理过程是检索。回忆是指能将所学材料准确地重现出来，是通过检索实现的。检索是在外部刺激作用下，按一定方向进行的寻找过程。

（6）概括阶段，与之相应的心理过程是迁移。对学习材料进行总结、整理、归纳，形成体系或结构，并能将知识和技能应用到各种新的情境中，其实质为学习迁移。

（7）作业阶段，与之相应的心理过程是反应。是学习者将学习付诸行动，通过新作业和新操作的完成，表现出学习者学到了什么。

（8）反馈阶段，与之相应的心理过程是强化的。在这一阶段，学习者完成了新作业并意识到自己已达到预期目标，从而使第一阶段所建立的预期和动机，在最后阶段得到证实和强化。加涅认为，强化主宰着人类的学习。

加涅认为新的学习一定要适合学习者当时的认知发展水平，即学习者已经发展形成认知结构。认为学习要在学习者内在认知结构和新输入的信息之间，建立起相互联系和相互配合的新结构。学习的理想条件是要把新输入的信息与学习者已有认知结构之间所存在的矛盾或差距，给以适当调整。这样，新信息能纳入已有认知结构中去，并建立新的认知结构。新的认知结构又作为高一级学习的基础，这样认知结构得到逐级发展和提高。

所谓指导结果是指教师要给学生以最充分地指导，使学生沿着仔细规定的学习程序，引导学生一步一步地循序渐进地进行学习。指导法是依据他对教学目标和能量的理解而提出来的。加涅认为教学的主要目标是发展能量（即能力），而发展能量的关键在于掌握大量有组织的知识是一个金字塔型的知识系统。教学目标确定之后，教师首先应进行任务分析，任务分析是自上而下进行的。为使学生获得终极行为，学生需要学会做哪些事，必须表现出什么起点行为，这些构成了层次学习图。

加涅的学习理论注重学习的内部条件和学习的层次，重视系统知识的系统教学及教师循序渐进的指导作用，为控制教学提供了一定的依据。他的理论直接涉及课堂教学，因而对实际教学都有积极的意义和一定的参考价值。加涅运用信息论、控制论的观点和方法对学习问题进行有意义的探索。他试图兼收行为主义和认知派学习理论中的一些观点来建立自己的学习理论，反映了西方学习理论发展的一种趋势。他的学习理论把能力（他所说的能量）仅仅归结为大量有组织的知识，具有一定的片面性，忽视了思维和智力技能的作用及其培养。

8.3.4　建构主义的学习理论

建构主义(Constructivism)是学习理论中行为主义发展到认知主义以后的进一步发展，即向着与客观主义更为对立的另一方面发展。建构主义的核心观点认为：第一，认识并非主体对于客观实在的简单的、被动的反映（镜面式反映），而是一个主动的建构过程，即所有的知识都是建构出来的；第二，在建构的过程中主体已有的认知结构发挥了特别重要的作用，而主体的认知结构亦处在不断的发展之中。皮亚杰和维果斯基是寻构主义的先驱者。尽管皮亚杰高度强调每个个体的新创造；而维果斯基更关心知识的工具即文化和语言的传递，但在基本方向上，皮亚杰和维果斯基都是建构主义者。

现代的建构主义又可以区分为极端建构主义和社会建构主义。极端建构主义有两个基本特征：首先是突出强调认识活动的建构性质，认为一切知识都是主体的建构，我们不可能具有对外部世界的直接认识，认识活动就是一个"意义赋予"(Sense Making)的过程，即是主体依据自身已有的知识和经验建构出对外部世界的意义；其次是对认识活动的"个体性质"的绝对肯定，认为各主体必然地具有不同的知识背景和经验基础（或不同的认知结构），因此，即使就同一个对象的认识而言，相应的认识活动也不可能完全一致，而必然地具在个体的特殊性。在极端建构主义者看来，个人的建构有其充分的自主性，即是一种高度自主的活动，也就是说"一百个人就是一百个主体，并会有一百个不同的建构"。也正是在这样的意义上，极端建构主义也常常被称作"个人建构主义"。社会建构主义的核心在于对认识活动的社会性质的明确肯定，认为社会环境、社会共同体对于主体的认识活动有重要作用，个体的认识活动是在一定的社会环境中得以实现的，所谓的"意义赋予"包含有"文化继承"的意义，即经由个体的建构活动所产生的"个体意义"事实上包含了对于相应的"社会文化意义"的理解和继承。

建构主义认为学习是学习者运用自己的经验去积极地建构对自己富有意义的理解，而不是去理解那些用已经组织好的形式传递给他们的知识。学习者对外部世界的理解是他或她自己积极建构的结果，而不是被动地接受别人呈现给他们的东西。建构主义者认为知识是个体对现实世界建构的结果。根据这种观点，学习发生于对规则和假设的不断创造，以解释所观察到的现象。而当学习者对现实世界的原有观念与新的观察之间出现不一致，原有观念失去平衡时，便产生了创造新的规则和假设的需要。可见，学习活动是一个创造性的理解过程。相对于一般的认识活动而言，学习主要是一个"顺应"的过程，即认知结构的不断变革或重组，而认知结构的变革或重组又正是新的学习活动与认知结构相互作用的直接结果。按照建构主义的观点，"顺应"或认知结构的变革或重组正是主体主动的建构活动。建构主义强调学习者的积极主动性、强调新知识与学习者原有知识的联系、强调将知识应用于真实的情境中而获得理解。美国心理学家维特罗克(M. C. Wittrock)提出的学生学习的生成过程模式较好地说明了学习的这种建构过程。维特罗克认为学习的生成过程是学习者原有的认知结构即已经存储在长时记忆中的事和脑的信息加工策略，与从环境中接受的感觉信息（新知识）相互作用，主动地选择信息和注意信息，以及主动地建构信息的意义的过程。

学生的学习是在学校这样一个特定的环境中，是在教师的直接指导下进行的，主要是一种文化继承的行为，即学习这一特殊的建构活动具有明显的社会性质，是一种高度社会化的行为。学习并非一种孤立的个人行为，适当的环境不仅是学习的一个必要条件，而且也在很大程度上决定了智力的发展方向。

根据建构主义的基本立场，教师和学生与学生和学生之间的相互作用对学习活动有重要影响。小组合作学习近年来受到普遍的重视，因为它为更充分地去实现"社会相互作用"提供了现实的可能性。正是基于这样的认识，人们提出了"学习共同体"的概念，即认为学习活动是由教师和学生所组成的共同体共同完成的。也就是说，学习不能被看作孤立的个人行为，而是"学习共同体"的共同行为，或者说共同行为与个人行为之间存在着一种相互依赖、相互促进的辩证关系。此外，我们还应看到整体性的社会环境和文化传统对于个人的学习活动亦有十分重要的影响。

传统的认知派学习理论认为,学习的结果是形成认知结构,这是高度结构化的知识,是按概括水平的高低分层次排列的。

建构主义认为学生学习的结果是建构围绕着关键概念的网络结构知识,包括事实、概念、概括化以及有关的价值、意向、过程知识、条件知识等。其中关键概念是结构性知识,而网络的其他方面含有非结构性知识。因此,建构主义学习理论认为学习的结果既包括结构性知识,也包括非结构性知识,而且认为这是高级学习的结果。

斯皮罗(Spiro)等认为学习可以分为初级学习和高级学习。初级学习是学习的低级阶段,在该阶段,学生知道一些重要的概念和事实,在测验中能将所学的东西按原样再生出来,这里所涉及的内容主要是结构良好的领域(Well-Structured Domains)。高级学习要求学生把握概念的复杂性,并广泛而灵活地运用到具体情境中,这时所涉及的是大量结构不良领域(Ill-Structured Domains)的问题。概念的复杂性和概念实例间的差异性是结构不良领域的两个主要特点。斯皮罗认为结构不良领域是普遍存在的,只要将知识运用到具体情境中去,都有大量的结构不良的特征。因此,在解决实际问题时,往往不能靠简单地提取出某一个概念原理,而是要通过多个概念原理以及大量的经验背景的共同作用而实现。

建构主义学习理论是学习理论的一种新的发展。该理论强调学习过程中的积极主动性、对新知识的意义的建构性和创造性的理解,强调学习是社会性质,重视师生之间和学生与学生之间的社会相互作用对学习的影响,将学习分为初级学习和高级学习,强调学生通过高级学习建构网络结构知识,并在教学目标、教师的作用、促进教学的条件以及教学方法和设计等方面提出了一系列新颖而富有创见的主张,这些观点和主张对于进一步认识学习的本质,揭示学习的规律,深化教学改革都具有积极意义。

建构主义学习理论是在吸收了各种学习理论观点基础上形成和发展起来的,其中一些观点的论述往往失之偏颇,甚至相互对立,这在一定程度上暴露了该理论的不足之处,有待于进一步发展和完善。

8.4 人本学习理论

人本主义心理学是 20 世纪 50—60 年代在美国兴起的一种心理学思潮,其主要代表人物是马斯洛(A. Maslow)和罗杰斯(C. R. Rogers)。人本主义的学习与教学观深刻地影响了世界范围内的教育改革,是与程序教学运动、学科结构运动齐名的 20 世纪三大教学运动之一。

人本主义心理学家认为,要理解人的行为,就必须理解行为者所感知的世界,即要知道从行为者的角度来看待事物。在了解人的行为时,重要的不是外部事实,而是事实对行为者的意义。如果要改变一个人的行为,首先必须改变他的信念和知觉。当他看问题的方式不同时,他的行为也就不同了。换言之,人本主义心理学家试图从行为者,而不是从观察者的角度来解释和理解行为。下面介绍人本主义学习理论代表人物——罗杰斯的学习理论。

罗杰斯认为,可以把学习分成两类。一类学习类似于心理学上的无意义音节的学习。罗杰斯认为这类学习只涉及心智,是一种"在颈部以上"发生的学习。它不涉及感情或个人意义,与完整的人无关。另一类是意义学习。所谓意义学习,不是指那种仅仅涉及事实累积的学习,而是指一种使个体的行为、态度,个性以及在未来选择行动方针时发生重大变化的学习。这不仅仅是一种增长知识的学习,而且是一种与每个人各部分经验都融合在一起的学习。

罗杰斯认为,意义学习主要包括如下 4 个要素。

（1）学习具有个人参与（Personal Involvement）的性质，即整个人（包括情感和认知两方面）都投入学习活动。

（2）学习是自动自发的（Self-initiated），即便在推动力或刺激来自外界时，要求发现、获得、掌握和领会的感觉也是来自内部的。

（3）全面发展，也就是说，它会使学生的行为、态度、人格等获得全面发展。

（4）学习是由学生自我评价的（Evaluated by the Learner），因为学生最清楚这种学习是否满足自己的需要、是否有助于获得他想要知道的东西、是否明了自己原来不甚清楚的某些方面。

罗杰斯认为，促进学生学习的关键不在于教师的教学技巧、专业知识、课程计划、视听辅导材料、演示和讲解、丰富的书籍，等等，而在于教师和学生之间特定的心理气氛因素。那么，好的心理气氛因素包括什么呢？罗杰斯给出了自己的解释：①真实或真诚：教师作为学习的促进者，表现真我、没有任何矫饰、虚伪和防御；②尊重、关注和接纳：教师尊重学习者的意见和情感，关心学习者的方方面面，接纳作为一个个体的学习者的价值观念和情感表现；③移情性理解：教师能了解学习者的内在反应，了解学生的学习过程。在这种心理气氛下进行的学习，是以学生为中心的，教师是学习的促进者、协作者或者说是伙伴、朋友，学生才是学习的关键，学习的过程就是学习的目的所在。

总之，罗杰斯等人本主义心理学家从他们的自然人性论、自我实现论出发，在教育实际中倡导以学生经验为中心的"有意义的自由学习"，对传统的教育理论造成了冲击，推动了教育改革运动的发展。这种冲击和促进表现在：突出情感在教学中的地位和作用，形成了一种以情感作为教学活动的基本动力的新的教学模式；以学生的"自我"完善为核心，强调人际关系在教学过程中的重要性；把教学活动的重心从教师引向学生，把学生的思想、情感、体验和行为看作教学的主体，从而促进了个别化教学的发展。

可以看到，人本主义学习理论中的许多观点都是值得我们借鉴的。例如，教师要尊重学生、真诚地对待学生；让学生感到学习的乐趣，自动自发地积极参与到教学中；教师要了解学习者的内在反应，了解学生的学习过程；教师要作为学习的促进者、协作者或者说是学生的伙伴、朋友，等等。但是，我们也需要看到，罗杰斯过分否定教师的作用，这是不太正确的。在教学中，既要强调学生的主体地位，也不能忽视教师的主导作用。

8.5 观察学习理论

班图拉对心理学的杰出贡献在于他发掘了前人所忽视的学习形式——观察学习，给予观察学习以应有的重视和地位。他提出的观察学习模式同经典条件反射和操作条件反射一起被称为解释学习的三大工具。观察学习理论有时也称为社会学习理论。班图拉的学习理论不回避人的行为的内部原因，相反，它重视符号、替代、自我调节所起的作用。因此，班图拉的社会学习论被称为认知行为主义。

班图拉在其观察学习的研究中注重社会因素的影响，改变了传统学习理论重个体轻社会的思想倾向，把学习心理学的研究同社会心理学的研究结合在一起，对学习理论的发展做出了独树一帜的贡献。班图拉吸收认知心理学的研究成果，把强化理论与信息加工理论有机地结合起来，改变了传统行为主义重刺激-反应和轻中枢过程的思想倾向，使解释人的行为的理论参照点发生了一次重要的转变。由于他强调学习过程中的社会因素和认知过程在学习中的作用,因而在方法论上,班图拉必然注重以人为被试的实验。改变了行为主义以动物为实验对象,把由动物实验中得出的结论推广到人类学习现象的错误倾向。班图拉认为儿童通过观察他们生活中重要人物的行为而学得社会行为,这些观察以心理表象或其他符号表征的形式存储在大脑中,来帮助他们模仿行为。班图拉的这一理论接受了行为主义理论家们的大多数原理,但是更加注意线索对行为、对内在心理过程的作用,强调思想对行为和行为对思想的作用。他的观点在行为派和认知派之间架起一座桥梁,并对认知行为治疗作出了巨大的贡献。

班图拉的概念和理论建立在丰富坚实的实验验证资料的基础上,其实验方法比较严谨,结论比较有说服力。他的具有开放性的理论框架,在坚持行为主义立场的同时,积极吸取现代认知心理学的研究成果与研究方法,并受人本主义心理学若干思想的启发,涉及了观察学习、交互作用、自我调节、自我效能等重大课题,突出了人的主动性、社会性,受到心理学界的广泛赞同。认为个体、环境和行为是相互影响、彼此联系的。三者影响力的大小取决于当时的环境和行为的性质。在社会认知理论中,行为和环境都是可以改变的,但谁也不是行为改变的决定因素,例如攻击性强的儿童期望其他儿童对他产生敌意反应,这种期望使该儿童的攻击行为更有攻击性,从而又强化了该儿童的最初期望。

观察学习不要求必须有强化,也不一定产生外显行为。班图拉把观察学习分为以下 4 个过程。

1. 注意过程

注意和知觉榜样情景的各方面。榜样和观察者的几个特征决定了观察学习的程度:观察者比较容易观察那些与他们自身相似的或者被认为是优秀的、热门的和有力的榜样。有依赖性的、自身概念低的或焦虑的观察者更容易产生模仿行为。强化的可能性或外在的期望影响个体决定观察谁、观察什么。

2. 保持过程

记住他们从榜样情景了解的行为,所观察的行为在记忆中以符号的形式表征,个体使用两种表征系统——表象和言语。个体存储他们所看到的感觉表象,并且使用言语编码记住这些信息。

3. 复制过程

复制从榜样情景中所观察到的行为。个体将符号表征转换成适当的行为,个体必须:①选择和组织反应要素;②在信息反馈的基础上精炼自己的反应,即自我观察和矫正反馈。自我效能感是影响复制过程的一个重要因素,所谓自我效能感,即一个人相信自己能成功地执行产生一个特定的结果所要求的行为。如果学习者不相信自己能掌握一个任务,他们就不能继续做一个任务。

4. 动机过程

因表现所观察到的行为而受激励。观察学习论区分获得和表现,因为个体并不模仿他们所学的每一件事,强化非常重要,但并不是因为它增强行为,而是提供了信息和诱因,对强化的期望影响观察者注意榜样行为,激励观察者编码和记住可以模仿的、有价值的行为。

除了这种直接强化外,班图拉还提出了另外两种强化:替代性强化和自我强化。替代性强化指观察者因看到榜样受强化而受到的强化。例如,当教师强化一名学生的助人行为时,班上的其他人也将花一定时间互帮互助。此外替代性强化还有一个功能,就是情绪反应的唤起。例如,当电视广告上某明星因穿某种衣服或使用某种洗发精而风度迷人时,如果你感觉到或体验到因明星受到注意而感觉到的愉快,对于你这是一种替代性强化。自我强化依赖于社会传递的结果。社会向个体传递某一行为标准,当个体的行为表现符合甚至超过这一标准时,他就对自己的行为进行自我奖励。此外,班图拉还提出了自我调节的概念。班图拉假设,人们能观察他们自己的行为,并根据自己的标准进行判断,并由此强化或惩罚自己。

8.6 内省学习

内省是指对一个人自己的思想或情感进行考察,即自我观察;也指对自己在受控制的实验条件下进行的感觉和知觉经验所做的考察。内省是与外观相对的。外观是对自身以外的情况进行的研究和观察。内省法是早期心理学的一种研究方法,它根据被试者报告或描述的自己的体验来研究心理现象和过程。内省学习则是将内省概念引入机器学习中,即通过检查和关心智能系统自身的知识处理和推理方式,从失败或低效中发现问题,形成修正自身的学习目标,由此改进自身处理问题方法的一种学习方式。

具备内省能力的学习系统也将提高学习效率。内省学习能使系统在分析执行任务成功和失败的基础上决定它的学习目标,而不是依靠系统设计者或用户给学习系统提供一个学习目标或目标概念。系统能明确地决定在什么地方出错的基础上需要学习什么。换而言之,内省学习系统能够理解在执行系统的运行中的失败及与之相关的系统推理和知识方面的原因。系统具有关于自己的知识和检查自己推理能力的本领,这样才能有效地学习。没有这种内省的愿望,学习是低效的。因此,对于有效内省学习是必要的。

8.7 强化学习

8.7.1 强化学习模型

强化学习不是通过特殊的学习方法来定义的,而是通过在环境中和响应外界环境的动作来定义的。任何解决这种交互的学习方法都是一个可接受的强化学习方法。强化学习也不是监督学习,在有关机器学习的部分我们都可以看出来。在监督学习中,"教师"用实例来直接指导或者训练学习程序。在强化学习中,学习智能体自身通过训练、误差和反馈,学习在环境中完成目标的最佳策略。

强化学习技术是从控制理论、统计学、心理学等相关学科发展而来的,最早可以追溯到巴甫洛夫的条件反射实验。但直到20世纪80年代末、90年代初,强化学习技术才在人工智能、机器学习和自动控制等领域中得到广泛研究和应用,并被认为是设计智能系统的核心技术之一。

强化学习的模型如图8.5所示,通过智能体与环境的交互进行学习。智能体与环境的交互接口包括行动(Action)、奖励(Reward)和状态(State)。交互过程可以表述为如下形式:每一步,智能体根据策略选择一个行动执行,然后感知下一步的状态和即时奖励,通过经验再修改自己的策略。智能体的目标就是最大化长期奖励。

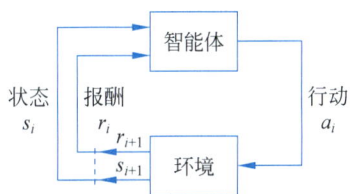

图8.5 强化学习模型

强化学习系统接受环境状态的输入 s,根据内部的推理机制,系统输出相应的行为动作 a。环境在系统动作作用 a 下,变迁到新的状态 s'。系统接受环境新状态的输入,同时得到环境对于系统的瞬时奖惩反馈 r。对于强化学习系统来讲,其目标是学习一个行为策略 $\pi: S \rightarrow A$,使系统选择的动作能够获得环境奖励的累计值最大。在学习过程中,强化学习技术的基本原理是:如果系统某个动作导致环境正的奖励,那么系统以后产生这个动作的趋势便会加强;反之系统产生这个动作的趋势便减弱。这和生理学中的条件反射原理是接近的。

$$\sum_{i=0}^{\infty} \gamma^i r_{t+i}, \quad 0 < \gamma \leqslant 1 \tag{8.1}$$

如果假定环境是马尔可夫型的,则顺序型强化学习问题可以通过马尔可夫决策过程建模。下面首先给出马尔可夫决策过程的形式化定义。

马尔可夫决策过程由四元组 $<S, A, R, P>$ 定义。包含一个环境状态集 S,系统行为集合 A,奖励函数 R:$S \times A \rightarrow \mathcal{R}$ 和状态转移函数 P:$S \times A \rightarrow PD(S)$。记 $R(s, a, s')$ 为系统在状态 s 采用 a 动作使环境状态转移到 s' 获得的瞬时奖励值;记 $P(s, a, s')$ 为系统在状态 s 采用 a 动作使环境状态转移到 s' 的概率。

马尔可夫决策过程的本质是:当前状态向下一状态转移的概率和奖励值只取决于当前状态和选择的动作,而与历史状态和历史动作无关。因此在已知状态转移概率函数 P 和奖励函数 R 的环境模型知识下,可以采用动态规划技术求解最优策略。而强化学习着重研究在 P 函数和 R 函数未知的情况下,系统如何学习最优行为策略。

为解决这个问题,图 8.6 中给出强化学习 4 个关键要素之间的关系,即策略 π、状态值映射 V、奖励函数 R 和一个环境的模型(通常情况)。四要素关系自底向上呈金字塔结构。策略定义在任何给定时刻学习智能体的选择和动作的方法。这样,策略可以通过一组产生式规则或者一个简单的查找表来表示。像刚才指出的,特定情况下的策略可能也是广泛搜索,查询一个模型或计划过程的结果。它也可以是随机的。策略是学习智能体中重要的组成部分,因为它自身在任何时刻足以产生动作。

奖励函数 R_t 定义了在时刻 t 问题的状态/目标关系。它把每个动作,或更精细的每个状态-响应对,映射为一个奖励量,以指出那个状态完成目标的愿望的大小。强化学习中的智能体有最大化总的奖励的任务,这个奖励是它在完成任务时所得到的。

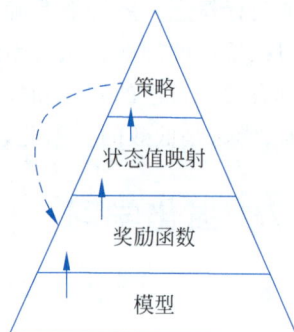

图 8.6 强化学习四要素

状态值映射 V 是环境中每个状态的一个属性,它指出对从这个状态继续下去的动作系统可以期望的奖励。奖励函数度量状态-响应对的立即的期望值,而赋值函数指出环境中一个状态的长期的期望值。一个状态从它自己内在的品质和可能紧接着它的状态的品质来得到值,也就是在这些状态下的奖励。例如,一个状态/动作可能有一个立即的奖励,但有一个较高的值,因为通常紧跟它的状态产生一个较高的奖励。一个低的值可能同样意味着状态不与成功的解路径相联系。

如果没有奖励函数,就没有值,估计值的唯一目的是获取更多的奖励。但是,在做决定时,是值最使我们感兴趣,因为值指出带来最高的回报的状态和状态的综合。但是,确定值比确定奖励困难。奖励由环境直接给定,而值是估计得到的,然后随着时间推移根据成功和失败重新估计值。事实上,强化学习中最重要也是最难的方面是创建一个有效的确定值的方法。

强化学习的环境模型是抓住环境行为的方面的一个机制。模型让我们在没有实际试验它们的情况下估计未来可能的动作。基于模型的计划是强化学习案例的一个新的补充,因为早期的系统趋向基于纯粹的一个智能体的试验和误差来产生奖励和值参数。

系统所面临的环境由环境模型定义,但由于模型中 P 函数和 R 函数未知,系统只能够依赖于每次试错所获得的瞬时奖励来选择策略。但由于在选择行为策略过程中,要考虑到环境模型的不确定性和目标的长远性,因此在策略和瞬时奖励之间构造值函数(即状态的效用函数），用于策略的选择。

首先通过式(8.2)构造一个返回函数 R_t，用于反映系统在某个策略 π 指导下的一次学习循环中，从 s_t 状态往后所获得的所有奖励的累计折扣和。由于环境是不确定的，系统在某个策略 π 指导下的每一次学习循环中所得到的 R_t 有可能是不同的。因此在 s 状态下的值函数要考虑不同学习循环中所有返回函数的数学期望。因此在 π 策略下，系统在 s 状态下的值函数由式(8.3)定义，其反映了如果系统遵循 π 策略，所能获得的期望的累计奖励折扣和。

$$R_t = r_{t+1} + \gamma r_{t+2} + \gamma^2 r_{t+3} + \cdots = r_{t+1} + \gamma R_{t+1} \tag{8.2}$$

$$V^\pi(s) = E_\pi\{R_t \mid s_t = s\} = E_\pi\{r_{t+1} + \gamma V(s_{t+1}) \mid s_t = s\} = \sum_a \pi(s,a) \sum_{s'} P_{ss'}^a [R_{ss'}^a + \gamma V^\pi(s')] \tag{8.3}$$

根据 Bellman 最优策略公式，在最优策略 π^* 下，系统在 s 状态下的值函数由式(8.4)定义。

$$V^*(s) = \max_{a \in A(s)} E\{r_{t+1} + \gamma V^*(s_{t+1}) \mid s_t = s, a_t = a\} = \max_{a \in A(s)} \sum_{s'} P_{ss'}^a [R_{ss'}^a + \gamma V^*(s')] \tag{8.4}$$

在动态规划技术中，在已知状态转移概率函数 P 和奖励函数 R 的环境模型知识前提下，从任意设定的策略 π_0 出发，可以采用策略迭代的方法(式(8.5)和式(8.6))逼近最优的 V^* 和 π^*。式(8.5)和式(8.6)中的 k 为迭代步数。

$$\pi_k(s) = \operatorname{argmax}_a \sum_{s'} P_{ss'}^a [R_{ss'}^a + \gamma V^{\pi_{k-1}}(s')] \tag{8.5}$$

$$V^{\pi_k}(s) \leftarrow \sum_a \pi_{k-1}(s,a) \sum_{s'} P_{ss'}^a [R_{ss'}^a + \gamma V^{\pi_{k-1}}(s')] \tag{8.6}$$

但由于强化学习中 P 函数和 R 函数未知，系统无法直接通过式(8.5)、式(8.6)进行值函数计算。因而实际中常采用逼近的方法进行值函数的估计，其中最主要的方法之一是蒙特卡罗(Monte Carlo)采样，如式(8.7)所示。其中 R_t 是指当系统采用某种策略 π，从 s_t 状态出发获得的真实的累计折扣奖励值。保持策略 π 不变，在每次学习循环中重复地使用式(8.7)，下式将逼近式(8.3)。

$$V(s_t) \leftarrow V(s_t) + \alpha[R_t - V(s_t)] \tag{8.7}$$

结合蒙特卡罗方法和动态规划技术，式(8.8)给出强化学习中时间差分学习(Temporal Difference，TD)的值函数迭代公式。

$$V(s_t) \leftarrow V(s_t) + \alpha[r_{t+1} + \gamma V(s_{t+1}) - V(s_t)] \tag{8.8}$$

8.7.2　Q学习

在 Q 学习中，Q 是状态-动作对到学习到的值的一个函数。对所有的状态和动作：

Q: (state x action) → value

对 Q 学习中的一步：

$$Q(s_t, a_t) \leftarrow (1-c) \times Q(s_t, a_t) + c \times [r_{t+1} + \gamma \max_a Q(s_{t+1}, a) - Q(s_t, a_t)] \tag{8.9}$$

其中，c 和 γ 都小于或等 1，r_{t+1} 是状态 s_{t+1} 的奖励。

在 Q 学习中，回溯从动作结点开始，最大化下一个状态的所有可能动作和它们的奖励。在完全递归定义的 Q 学习中，回溯树的底部结点一个从根结点开始的动作和它们的后继动作的奖励的序列可以到达的所有终端结点。联机的 Q 学习，从可能的动作向前扩展，不需要建立一个完全的世界模型。Q学习还可以脱机执行。可以看到,Q学习是一种时序差分的方法。

算法8.1 Q学习算法。

```
Initialize Q(s,a) arbitrarily
Repeat (for each episode)
  Initialize s
  Repeat (for each step of episode)
  Choose a from s using policy derived from Q (e.g., ε - greedy)
   Take action a, observer r, s'
      Q(s,a)←Q(s,a) + α[r + γmaxₐ' Q(s',a') - Q(s,a)]
      s←s'
Until s is terminal
```

8.7.3　部分感知强化学习

在实际应用中,学习系统往往难以完全准确地观察到环境的真实状态,而只能观察到真实状态的某一个或某几方面。这种状态观察上的不确定性为动作评估带来了更多的不确定性,从而直接影响所选动作的好坏。图8.7给出了部分感知状态马尔可夫模型。在经典的马尔可夫模型上增加状态预测,并对每个状态设置一个信度b,用于表示该状态的可信度,在决定动作时使用b作为依据,同时根据观察值进行状态预测,这样能解决一些非马尔可夫模型的问题。

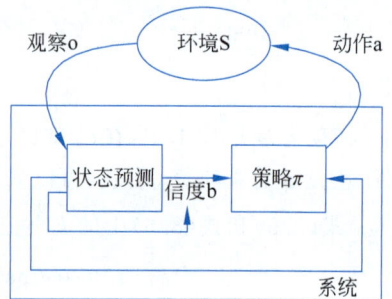

图8.7　部分感知状态马尔可夫模型

由于部分感知问题的核心是观测状态的不确定性,因此部分感知强化学习研究的核心是在学习过程中消除不确定性。理论上,这种不确定性可以通过概率来表示(信度),然后构建基于信度的马氏决策过程。但由于实际中信度是一个连续值,问题转成大规模顺序决策任务,需要用函数估计强化学习技术来解决,效果并不理想。实际解决方法采用以下思路。

(1)通过一系列历史的观测来构造状态。使所构造的状态满足马尔可夫属性。该类方法的代表有 K-历史窗口方法。

(2)通过对观测分析,如通过预测下一观测的能力、预测行为的奖赏,对观测进行分割,以期分割成实际的状态。该类方法的代表有 NSM 和 USM 方法。

在预测状态表示模型中,无须系统隐藏的实际状态,而利用动作-观测值序列来构建系统的模型。基于预测状态表示模型的规划和学习比基于部分感知马氏决策模型更有优势。

8.8　深度学习

8.8.1　概述

1981 年的诺贝尔医学奖颁发给了休伯(David Hubel)和威塞尔(Torsten Wiesel),以及斯佩里(Roger Sperry)。前两位的主要贡献是发现了视觉系统的信息处理:可视皮质是分级的,如图8.8所示。从低级的 V1 区提取边缘特征,再到 V2 区的形状或者目标的部分等,再到更高层,整个目标、目标的行为等。

深度学习通过组合低层特征形成更加抽象的高层表示属性类别或特征,以发现数据的分布式特征表示。含多隐层的多层感知器就是一种深度学习结构。深度学习是机器学习研究中的一

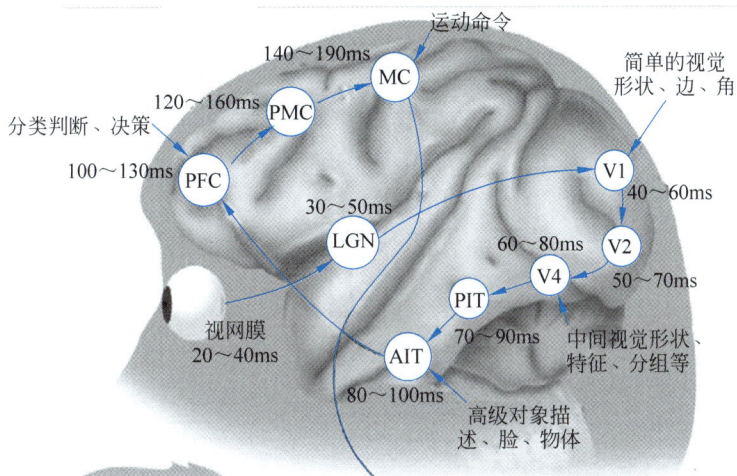

图 8.8　人脑视觉系统

个新的领域,其核心思想在于模拟人脑的层级抽象结构,通过无监督的方式分析大规模数据,发掘大数据中蕴藏的有价值信息。深度学习应大数据而生,给大数据提供了一个深度思考的大脑。

深度学习的概念由 Hinton 等于 2006 年提出。基于深度置信网络(DBN)提出非监督贪心逐层训练算法,为解决深层结构相关的优化难题带来希望,随后提出多层自动编码器深层结构。杨立昆(Y. Lecun)等提出的卷积神经网络是第一个真正多层结构学习算法,它利用空间相对关系减少参数数目以提高训练性能。

8.8.2　深度信念网络

受限玻尔兹曼机是一个单层的随机神经网络(通常我们不把输入层计算在神经网络的层数里),本质上是一个概率图模型。输入层与隐层之间是全连接,但层内神经元之间没有相互连接。每个神经元要么激活(值为 1)要么不激活(值为 0),激活的概率满足 sigmoid 函数。RBM 的优点是给定一层时另外一层是相互独立的,那么做随机采样就比较方便,可以分别固定一层,采样另一层,交替进行。

2006 年,辛顿等在文献[162]中提出了一种深度信念网络(Deep Belief Nets,DBN),如图 8.9 所示。一个深度神经网络模型可被视为由若干 RBM 堆叠在一起,这样一来,在训练的时候,就可以通过由低到高逐层训练这些 RBM 来实现。由于 RBM 可以通过 CD 算法进行快速训练,因此,这一框架绕过了直接从整体上训练深度神经网络的高度复杂性,而将其化简为对多个 RBM 的训练问题。辛顿建议,经过这种方式训练后,可以再通过传统的全局学习算法(例如反向传播、Wake-Sleep 算法)对网络进行微调,从而使模型收敛到一个局部最优点上。这种学习算法,本质上等同于先通过逐层 RBM 训练将模型的参数初始化为一个较优的值,然后再通过少量的传统学习算法进一步训练。这样,一方面解决了模型训练慢的问题,另一方面,大量实验也证明,这种方式能够产生非常好的参数初始化值,从而也提升了最终参数的质量。

图 8.10 的左边图给出一个例子。这个网络有 4 层,将一个高维的图像信号压缩到 30 维,即最顶层的神经元个数为 30。我们还可以将这个网络对称展开,从 30 维回到原来的高维信号,这样就有了一个 8 层的网络(见图 8.10(b))。如果该网络用于信号压缩,那么可以令该网络的目标输出等于输入,再用 BP 算法对权值进行微调(见图 8.10(c))。

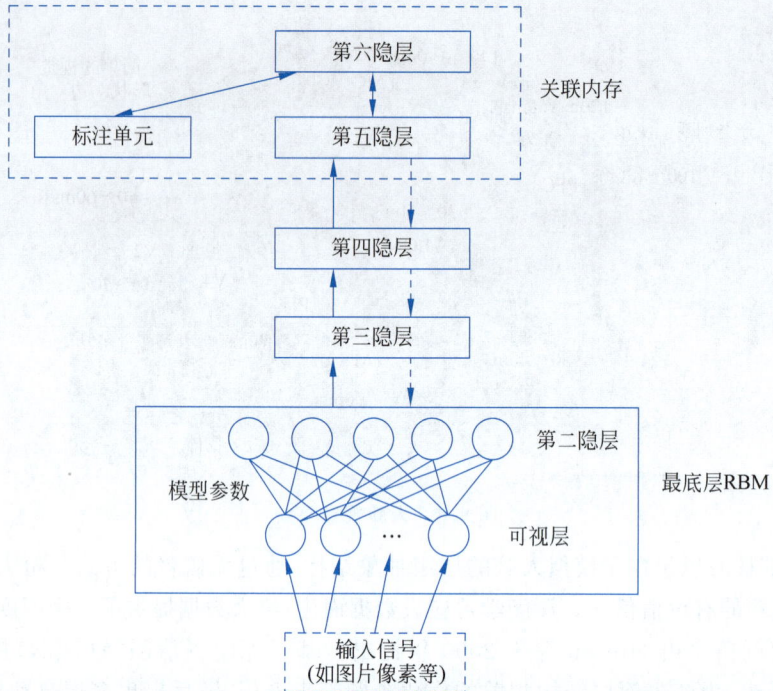

图 8.9　深度信念网络

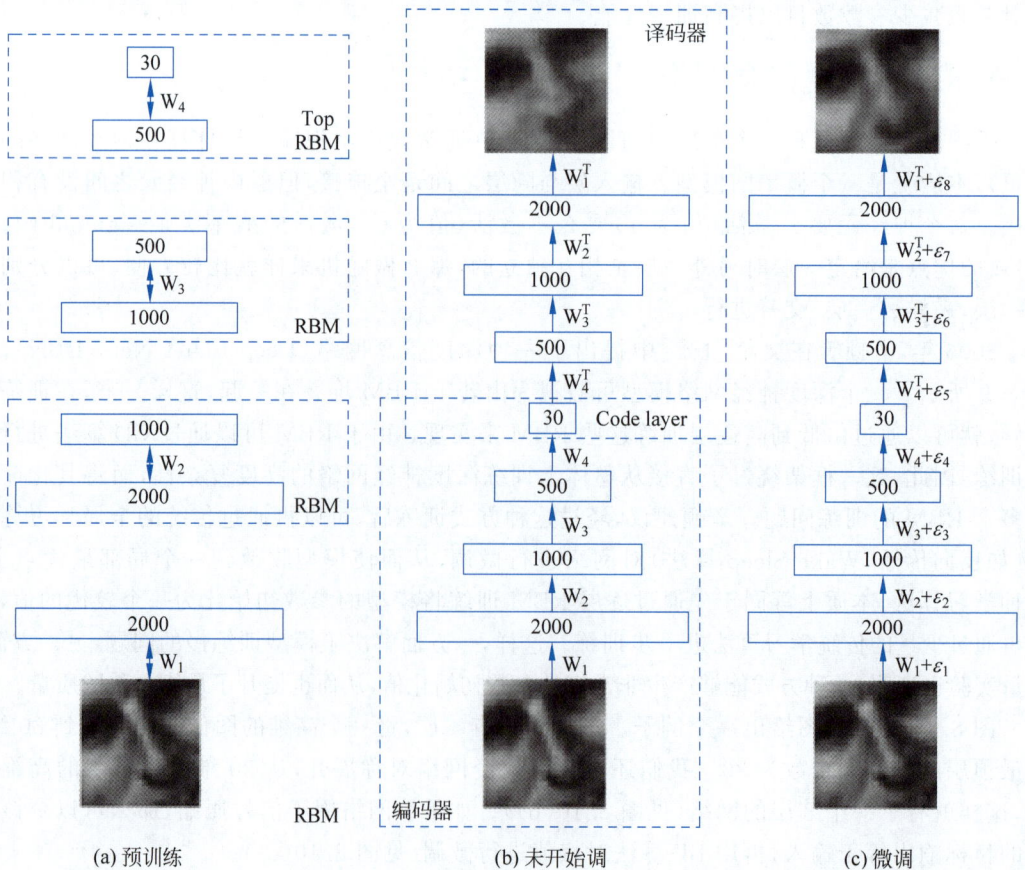

(a) 预训练　　　　　　　　　(b) 未开始调　　　　　　　　　(c) 微调

图 8.10　一个深度信念网络的例子

8.8.3 卷积神经网络

卷积神经网络是一种多阶段、全局可训练的人工神经网络模型,它可以从经过少量预处理、甚至原始数据中学习到抽象的、本质的和高阶的特征,在车牌检测、人脸检测、手写体识别、目标跟踪等领域得到了广泛的应用。

卷积神经网络在二维模式识别问题上,通常表现得比多层感知器好,原因在于卷积神经网络在结构中加入了二维模式的拓扑结构,并使用 3 种重要的结构特征:局部接受域、权值共享和子采样来保证输入信号的目标平移、放缩和扭曲一定程度上的不变性。卷积神经网络主要由特征提取和分类器组成,特征提取包含多个卷积层和子采样层,分类器一般使用一层或两层的全连接神经网络。卷积层具有局部接受域结构特征,子采样层具有子采样结构特征,这两层都具有权值共享结构特征。图 8.11 是一个用于手写体识别的卷积神经网络的结构。

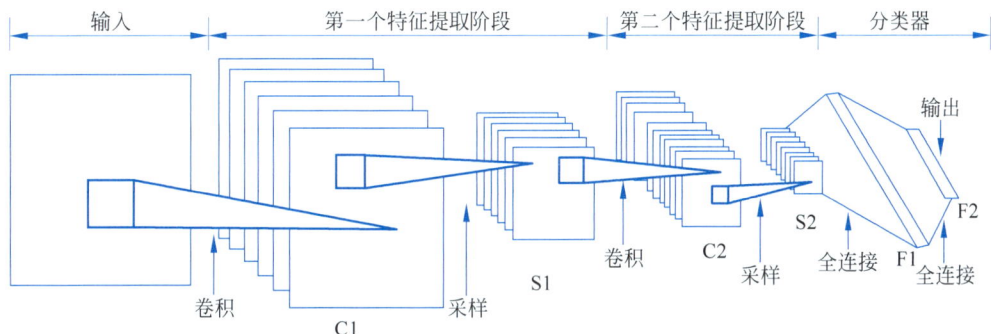

图 8.11 手写体识别的卷积神经网络的结构示意图

图 8.11 中,卷积神经网络共有 7 层:一个输入层,两个卷积层,两个子采样层和两个全连接层。输入层每个输入样本包含 $32 \times 32 = 1024$ 个像素。C1 为卷积层,包含 6 个特征图,每个特征图包含 $28 \times 28 = 784$ 个神经元。C1 上每个神经元通过 5×5 的卷积核与输入层相应 5×5 的局部接受域相连,卷积步长为 1,所以 C1 层共包含 $6 \times 784 \times (5 \times 5 + 1) = 122\ 304$ 个连接。每个特征图包含 5×5 个权值和一个偏置,所以 C1 层共包含 $6 \times (5 \times 5 + 1) = 156$ 个可训练参数。

S1 为子采样层,包含 6 个特征图,每个特征图包含 $14 \times 14 = 196$ 个神经元。S1 上的特征图与 C1 层上的特征图一一对应,子采样窗口为 2×2 的矩阵,子采样步长为 1,所以 S2 层共包含 $6 \times 196 \times (2 \times 2 + 1) = 5880$ 个连接。S1 上的每个特征图含有一个权值和一个偏置,所以 S2 层共有 12 个可训练参数。

C2 为卷积层,包含 16 个特征图,每个特征图包含 $10 \times 10 = 100$ 个神经元。C2 上每个神经元通过 k 个($k \leqslant 6$,6 为 S1 层上的特征图个数)5×5 的卷积核与 S1 上 k 个特征图中相应 5×5 的局部接受域相连。使用全连接的方式时 $k = 6$。所以实现的卷积神经网络 C2 层共包含 41 600 个连接。每个特征图包含 $6 \times 5 \times 5 = 150$ 个权值和一个偏置,所以 C1 层共包含 $16 \times (150 + 1) = 2416$ 个可训练参数。

S2 为子采样层,包含 16 个特征图,每个特征图包含 5×5 个神经元,S2 共包含 400 个神经元。S1 上的特征图与 C2 层上的特征图一一对应,S2 上特征图的子采样窗口为 2×2,所以 S2 层共包含 $16 \times 25 \times (2 \times 2 + 1) = 2000$ 个连接。S2 上的每个特征图含有一个权值和一个偏置,所以 S2 层共有 32 个可训练参数。

F1 为全连接层,包含 120 个神经元,每个神经元都与 S2 上 400 个神经元相连,所以 F1 包含连接数与可训练参数都为 $120\times(400+1)=48\,120$。F2 为全连接层,也是输出层,包含 10 个神经元、1210 个连接和 1210 个可训练参数。

从图 8.13 中可以看出,卷积层特征图数目逐层增加,一方面是为了补偿采样带来的特征损失,另一方面,由于卷积层特征图是由不同的卷积核与前层特征图卷积得到,即获取的是不同的特征,这就增加了特征空间,使提取的特征更加全面。

卷积神经网络在有监督的训练中多使用误差反向传播(BP)算法,采用基于梯度下降的方法,通过误差反向传播不断调整网络的权值和偏置,使训练集样本整体误差平方和最小。BP训练算法可以分为 4 个过程:网络初始化,信息流的前向传播,误差反向传播,权值和偏置更新。在误差反向逐层传递过程中,还需计算权值和偏置的局部梯度改变量。

在训练阶段的开始,需要为各层神经元随机初始化权值。权值的初始化对网络的收敛速度有很大影响,所以如何初始化权值是非常重要的。权值的初始化与网络选取的激活函数有关,为了加快收敛速度,权值尽量取到激活函数变化最快的部分,初始化的权值太大或太小都将导致权值的变化量很小。

在信息流的前向传播中,卷积层首先提取输入中的初级基本特征,形成若干特征图,然后子采样层降低特征图的分辨率。卷积层和子采样层交替完成特征提取阶段之后,这时,网络获取了输入中的高阶的不变性的特征。然后,这些高阶的不变性特征前向反馈到全连接神经网络,由全连接神经网络对这些特征进行分类。经过全连接神经网络隐层和输出层信息变换和计算处理,就完成了一次学习的正向传播处理过程,最终结果由输出层向外界输出。

当实际输出与期望输出不符合时,网络进入误差反向传播阶段。误差从输出层传递到隐层,从隐层再传递到特征提取阶段的子采样层和卷积层。各层神经元都获取到自己的输出误差之后,开始计算每个权值和偏置的局部改变量,最后进入权值更新阶段。

1. 卷积层前向传播

卷积层的每一个神经元提取前一层全部特征图中相同位置局部接受域中的特征,并且,同一特征图上的神经元共享一个权值矩阵。卷积过程可看作卷积层神经元通过权值矩阵对前层特征图逐行逐列无缝扫描。第 l 层卷积层第 k 个特征图中第 x 行第 y 列的神经元的输出 $O^{(l,k)}_{(x,y)}$ 可由式(8.10)求得,其中,$\tanh(\cdot)$ 是激活函数。

$$O^{(l,k)}_{(x,y)} = \tanh\left(\sum_{t=0}^{f-1}\sum_{r=0}^{kh}\sum_{c=0}^{kw} W^{(k,t)}_{(r,c)} O^{(1-l,t)}_{(x+r,y+c)} + \text{Bias}^{(l,k)}\right) \tag{8.10}$$

从式(8.10)可以看出,计算卷积层一个神经元的输出需要遍历前层各特征图中相应卷积窗口中的神经元。全连接层的前向传播与卷积层前向传播类似,可以看作卷积权值矩阵与输入大小相同的卷积操作。

2. 子采样层前向传播

子采样层的特征图与前层卷积层特征图数目相同且一一对应。每一个神经元通过子采样窗口与前层相应特征图中大小相同但互不重叠的子区域相连。第 l 层子采样层第 k 个特征图中第 x 行第 y 列神经元的输出 $O^{(l,k)}_{(x,y)}$ 如式(8.11)所示。

$$O^{(l,k)}_{(x,y)} = \tanh\left(W^{(k)}\sum_{r=0}^{sh}\sum_{c=0}^{sw} O^{(l-1,t)}_{(x\text{sh}+r,y\text{sw}+c)} + \text{Bias}^{(l,k)}\right) \tag{8.11}$$

3. 子采样层误差反向传播

误差反向传播从输出层开始,经过隐层传入子采样层。输出层的误差反向传播首先计算误差关于输出层神经元输出的偏导数。假设训练样本 d 在输出层第 k 个神经元的输出为 o_k,而样本 d 在输出层第 k 个输出单元的期望输出为 t_k,那么样本 d 在输出层的误差 $E=1/2\Sigma_k(o_k-t_k)^2$。误差 E 关于输出 o_k 的偏导数为 $\partial E/\partial o_k=o_k-t_k$,类似可以求得误差关于输出层所有神经元的偏导数。之后,需要求出误差关于输出层各神经元输入的偏导数。设输出层误差关于第 k 个神经元输入的偏导数为 $d(o_k)$,可由式(8.12)得出,其中 $(1+o_k)(1-o_k)$ 为激活函数 $\tanh(\cdot)$ 对该神经元的输入求偏导,然后开始计算误差关于隐层各神经元输出的偏导数。假设隐层的一个神经元为 j,w_{kj} 为神经元 j 与输出层神经元之间的连接权值,那么误差关于神经元 j 的输出的偏导数 $d(o_j)$ 可由式(8.13)求得。将误差关于隐层各神经元的输出的偏导数求出之后,误差就从输出层反向传播到了隐层,隐层经过相似的过程将误差反向传播到子采样层。为表述方便,这里将误差关于神经元输出的偏导数称为神经元的输出误差,将误差关于神经元输入的偏导数称为神经元的输入误差。

$$d(o_k)=(o_k-t_k)(1+o_k)(1-o_k) \tag{8.12}$$

$$d(o_j)=\Sigma d(o_k)w_{kj} \tag{8.13}$$

子采样层特征图个数与卷积层特征图个数相同且一一对应,所以误差从子采样层传播到卷积层比较直观。先利用式(8.12)计算子采样层各神经元的输入误差,然后将神经元输入误差传播到子采样层的前层神经元。设子采样层为第 l 层,则第 $l-1$ 层第 k 个特征图中第 x 行第 y 列神经元的输出误差可由式(8.14)得到:

$$d\left(O_{(x,y)}^{(l-l,k)}\right)=d\left(O_{(\lfloor x/xh\rfloor,\lfloor y/xw\rfloor)}^{(l,k)}\right)W^{(k)} \tag{8.14}$$

子采样层的一个特征图中所有神经元共享一个权值和一个偏置,所以权值和偏置的局部梯度改变量与子采样层所有神经元相关。子采样层 l 第 k 个特征图的权值改变量 $\Delta W^{(k)}$ 和偏置改变量 $\Delta \mathrm{Bias}^{(l,k)}$ 分别可由式(8.15)和式(8.16)所得。在式(8.16)中,f_h 和 f_w 代表子采样层 l 中特征图的高和宽。

$$\Delta W^{(k)}=\sum_{x=0}^{\mathrm{fn}}\sum_{y=0}^{\mathrm{fw}}\sum_{t=0}^{\mathrm{sh}}\sum_{c=0}^{\mathrm{sw}}O_{(x,y)}^{(l-l,k)}d\left(O_{(\lfloor x/\mathrm{sh}\rfloor,\lfloor y,\mathrm{sw}\rfloor)}^{(l,t)}\right) \tag{8.15}$$

$$\Delta \mathrm{Bias}^{(l,k)}=\sum_{x=0}^{\mathrm{fh}}\sum_{y=0}^{\mathrm{fw}}d\left(O_{(x,y)}^{(l,k)}\right) \tag{8.16}$$

4. 卷积层误差反向传播

卷积层的误差反向传播主要有"推"和"拉"两种方式。"推"的方式(见图 8.12(a))可理解为卷积层神经元主动将误差传给前层神经元,这种方式比较适合串行实现,但在并行实现时存在"写冲突"问题;"拉"的方式(见图 8.12(b))可理解为后层神经元主动从前层各神经元获取误差,这种方式实现起来比较复杂,由于卷积操作的边缘效应,需要先确定当前层神经元与前层特征图中的哪些神经元相连。

采用"拉"的方式描述卷积层误差反向传播过程。先利用式(8.12)计算卷积层各神经元的输入误差,然后将神经元输入误差传播到卷积层的前层神经元,如式(8.17)所示。

$$d\left(O_{(x,y)}^{(l-l,k)}\right)=\sum_{t=0}^{m-1}\sum_{(p,q)\in A}d\left(O_{p\cdot q}^{(l,t)}\right)w \tag{8.17}$$

其中,A 为第 $l-1$ 层第 k 个特征图中第 x 行第 y 列神经

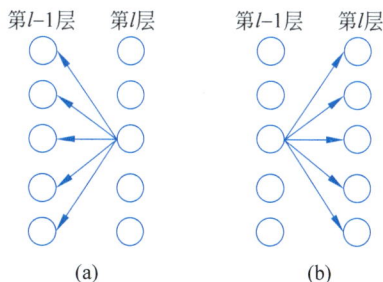

图 8.12 误差反向传播的两种方式

元与第 l 层相连的神经元坐标的集合, w 表示两个神经元相应的连接权值。

卷积层误差向前层子采样层反向传播的串行计算过程如下。

```
for 卷积层前层各神经元
    确定该神经元与卷积层哪些神经元相连
    利用式(8.17)从卷积层相关神经元"拉"取误差
end for
```

卷积层第 k 个特征图与前层第 t 个特征图相连的权值矩阵中第 r 行第 y 列权值的局部梯度改变量可由式(8.18)计算。

$$\Delta w_{(t,c)}^{(k,t)} = \sum_{x=r}^{fh-kh+r} \sum_{y=c}^{fw-kw+c} d\left(O_{(x,y)}^{(l,k)}\right) O_{(r+x,x+y)}^{(l-l,t)} \tag{8.18}$$

卷积层一个特征图上的所有神经元共享一个偏置,与子采样层一样,计算方法也相同。需要解决的问题复杂化和对卷积神经网络性能要求的提高,导致需要的训练数据越来越完备,数据量越来越多,相应地,就需要学习能力更强的网络,而学习能力强的网络需要更多的可训练参数。例如,著名的 ImageNet 数据集包含 14 197 122 幅有标签的高清图片,文献[388]用于 ImageNet 数据集分类的卷积神经网络包含 650 000 个神经元,60 000 000 个可训练参数。大量的训练数据和学习参数导致计算量大幅增加,串行算法往往需要几个月的训练时间。因此人们研究并行化卷积神经网络。卷积神经网络的训练算法至少存在 5 种并行方式,即训练样本的并行性、前反向层间的并行性、同层特征图的并行性、特征图中神经元的并行性和神经元权值的并行性。

8.9　学习计算理论

学习计算理论主要研究学习算法的样本复杂性和计算复杂性。对于建立机器学习科学,学习计算理论非常重要,否则无法识别学习算法的应用范围,也无法分析不同方法的可学习性。收敛性、可行性和近似性是本质问题,它们要求学习的计算理论给出一种令人满意的学习框架,包括合理的约束。这方面的早期成果主要是基于哥尔德(E. M. Gold)框架。在形式语言学习的上下文中,哥尔德引入收敛的概念,有效地处理了从实例学习的问题。学习算法允许提出许多假设,无须知道什么时候它是正确的,只要确认某个点它的计算是正确的假设。由于哥尔德算法的复杂性很高,因此这种风范并没有在实际学习中得到应用。

基于哥尔德学习框架,萨皮罗提出了模型推理算法研究形式语言与其解释之间的关系,也就是形式语言的语法与语义之间的关系。模型论把形式语言中的公式、句子理论和它们的解释模型当作数学对象进行研究。萨皮罗(E. Y. Shapiro)模型推理算法只要输入有限的事实就可以得到一种理论输出。

1984 年,瓦伦特(L. G. Valiant)提出一种新的学习框架。它仅要求与目标概念具有高概率的近似,而并不要求目标概念精确的辨识。豪斯勒(Haussler)应用 Valiant 框架分析了变型空间和归纳偏置问题,并给出了样本复杂性的计算公式。

8.9.1　哥尔德学习理论

哥尔德语言学习理论研究引入两个基本概念,即极限辨识和枚举辨识,这对早期的归纳推理的理论研究起了非常重要的作用。极限辨识把归纳推理看作一种无限过程,归纳推理方法的最终或极限行为可以看作它的成功标准。假设 M 是一种归纳推理方法,它企图正确地描述未知规则 R。假设 M 重复运行,R 的实例集合则越来越大,形成 M 推测的无限序列 g_1, g_2, $\cdots$。如果存在某个数 m,使得 g_m 是 R 的正确描述:

$$g_m = g_{m+1} = g_{m+2} = \cdots \tag{8.19}$$

那么 M 在这个实例序列的极限正确地辨识 R。M 可以看作对未知规则 R 学习越来越多,成功地修改它关于 R 的推测。如果有限次后 M 停止修改它的推测,最后的推测就是 R 的正确描述,那么在这个实例序列的极限 M 正确地辨识 R。注意,M 不能确定它是否会收敛到一个正确的假设,因为新的数据与当前的推测是否会发生矛盾并不知道。

枚举辨识是第一种方法推测多项式序列的抽象,即对可能的规则空间进行系统搜索,直到发现与迄今为止的所有数据相一致的推测。假设规定了规则的具体领域,有一个描述枚举,即 d_1, d_2, d_3, $\cdots$ 以至于领域中的每一条规则在枚举中有一种或多种描述。给定一条规则的某个实例集合,枚举辨识方法将通过这个表,找到第一个描述 d_1,即与给定的实例相容,那么推测为 d_1。这种方法不能确定是否会达到正确的极限辨识。如果实例表示和相容关系满足下面两个条件,那么枚举方法保证极限辨识该领域中的全部规则。

(1)一个正确假设总是与给定的实例相容。

(2)任何不正确的假设与实例足够大的集合或与全部集合不相容。

为了枚举方法是可计算的,枚举 d_1, d_2, d_3, $\cdots$ 必须是可计算的,它必须能够计算给定的描述与给定的实例集合是相容的。

算法 8.2 枚举辨识算法。

输入:

- 一组表达式的集合 $E = e_1, e_2, \cdots$。
- 谕示(Oracle)TE 提供足够的目标实例集。
- 排序信息的谕示 LE。

输出:

一系列假设断言 H_1, H_2, $\cdots$,每个假设 H_i 都在 E 中,并与第 i 个实例一致。

过程:

1. 初始化,$i \leftarrow 1$;
2. examples ←mptyset;
3. Loop:
       3.1 调用 TE(),将 example 加到集合 examples;
       3.2 While LE(e_i, $+ x$) = no, 对正例集 $+ x$, 或者
               LE(e_i, $- x$) = yes, 对反例集 $- x$,
         $i \leftarrow i + 1$;
4. 输出 e_i.

8.9.2 模型推理系统

模型推理问题是科学家所面临的问题抽象,他们在具有固定概念框架的某种领域里工作,进行试验,试图找到一种理论可以解释他们的结果。在这种抽象中研究的领域是对给定的一阶语言 L 某种未知模型 M 的领域,实验是检测 M 中 L 语句的真值,目标是寻找一组正确假设,它们包含全部正确的可测试的句子。

L 语句分成两个子集:观测语言 L_o 和假设语言 L_h。假设

$$\square \in L_o \subset L_h \subset L'$$

其中,□是空语句。那么模型推理问题可以定义如下：假设给定一阶语言 L 两个子集：观测语言 L_o 和假设语言 L_h。另外对 L 的未知模型 M 给定一种处理机制 Oracle。模型推理问题是寻找 M 的一种有限的 L_o——完备公理化。

求解模型推理问题的算法称为模型推理算法。模型 M 的枚举是一个无限序列 $F_1,F_2,F_3,\cdots$，其中 F_i 是关于 M 的事实，L_o 的每个语句 α 发生在事实 $F_i=<\alpha,V>,i>0$。模型推理算法一次读入给定观测语言 L_o 的模型的一种枚举、一个事实，产生假设语言 L_h 的语句的有限集称为算法的推测。一种枚举模型推理算法如下。

算法 8.3　枚举模型推理算法。

```
h 是整个递归函数.
设 S_false 为{□},S_true 为{ },k 为 0.
repeat
    读入下一个事实 F_n = <α,V>
    α 加到 Sv
    while 有一个 α∈S_false 以至于 T_k ⊢_n α
        或有一个 α_i ∈S_true 以至于 T_k ¬⊢_n(i) α_i do
        k = k + 1
        输出 T_k.
    forever
```

上面算法中，$T \vdash_n \alpha$ 表示在推导 n 步或少于 n 步时，假设语句 T 可以推导出 α。$T \neg \vdash_{n(i)} \alpha_i$ 表示在推导 n 步或少于 n 步时，假设语句 T 不能推出 α。推导中假设是单调的。萨皮罗(E Y Shapiro)证明这种算法是极限辨识。这种算法功能强且灵活，可以从事实推出理论，是一种递增算法。

8.9.3　大概近似正确学习理论

瓦伦特认为一个学习机必须具备下列性质。

(1) 机器能够证明地学习所有类的概念。更进一步,这些类可以特征化。

(2) 对于通用知识概念类是合适的和不平常的。

(3) 机器演绎所希望的程序的计算过程要求在可行的步数内。

学习机由学习协议和演绎过程组成。学习协议规定从外部获得信息的方法。演绎过程是一种机制,学习概念的正确识别算法是演绎的。从广义来看,研究学习的方法是规定一种可能的学习协议,使用这种协议研究概念类,识别程序可以在多项式时间内演绎。具体协议允许提供两类信息。第一种是学习者对典型数据的访问,这些典型数据是概念的正例。要确切地说,假设这些正例本质上有一种任意确定的概率分布。调用子程序 EXAMPLES 产生一种这样的正例。产生不同例子的相对概率是分布确定的。第二个可用的信息源是 ORACLE。在最基本的版本中,当提交数据时,它将告诉学习该数据是否是概念的正例。

假设 X 是实例空间,一个概念是 X 的一个子集。如果实例在概念中则为正例,否则为反例。概念表示是一种概念的描述,概念类是一组概念表示。学习模型是概念类的有效的可学习性。大概近似正确 PAC(Probably Approximately Correct)学习理论仅要求对目标概念的近似具有极高的概率。允许学习者产生的概念描述与目标概念有一个小的偏差 ε,它是学习算法的一个输入参数。并且允许学习者失败的概率为 δ,这也是一个输入参数。两种概念之间的差别采用在实例空间 X 的分布概率 D 来评测：

$$\text{diff}_D(c_1,c_2) = \sum_{x \in X, c_1(x) \neq c_2(x)} D(x) \tag{8.20}$$

根据协议,一个概念类 C 是可学习的当且仅当有一种算法 A,使用协议,对所有的目标概念表示 $c^* \in C$ 和全部分布 D,

(1) 执行时间是与 $\frac{1}{\varepsilon}$,$\frac{1}{\delta}$,c^* 数目和其他相关参数有关的多项式。

(2) 输出 C 中的概念 c 具有概率 $1-\delta$,

$$\text{diff}_D(c,c^*) < \varepsilon \tag{8.21}$$

PAC 学习理论中,有两种学习复杂性测度。一种是样本复杂性,这是随机实例的数目,用以产生具有高的概率和小的误差。第二种性能测度是计算复杂性,定义为最坏情况下以给定数目的样本产生假设所要求的计算时间。PAC 学习理论,仅要求学习算法产生的假设能以高的概率很好接近目标概念,并不要求精确地辨识目标概念。这种学习理论是"大概近似正确"辨识。PAC 学习理论比 Gold 学习理论更有实际意义。

第 9 章

记　　忆

记忆是人脑对经历过事物的识记、保持、再现或再认,它是进行思维、想象等高级心理活动的基础。由于记忆,人才能保持过去的反映,使当前的反映在以前反映的基础上进行,使反映更全面、更深入。有了记忆,人才能积累经验,扩大经验。记忆是心理在时间上的持续。有了记忆,先后的经验才能联系起来,使心理活动成为一个发展的过程,使一个人的心理活动成为统一的过程,并形成他的心理特征。记忆是反映机能的一个基本方面。

9.1　概述

记忆是在人脑中积累、保存和提取个体经验的心理过程。运用信息加工的术语,就是人脑对外界输入的信息进行编码、存储和提取的过程。人们感知过的事物,思考过的问题,体验过的情感和从事过的活动,都会在头脑中留下不同程度的印象,这个就是记的过程;在一定的条件下,根据需要,这些存储在头脑中的印象又可以被唤起,参与当前的活动,得到再次应用,这就是忆的过程。从向脑内存储到再次提取出来应用,这个完整的过程总称为记忆。

记忆包括 3 个基本过程:信息进入记忆系统(编码),信息在记忆中存储(保持),信息从记忆中提取出来(提取)。编码是记忆的第一个基本过程,它把来自感官的信息变成记忆系统能够接收和使用的形式。一般来说,我们通过各种感觉器官获取的外界信息,首先要转换成各种不同的记忆代码,即形成客观物理刺激的心理表征。编码过程需要注意的参与。注意使编码有不同的加工水平,或采取不同的表现形式。例如对于一个汉字,你可以注意它的字形结构、字的发音或字的含义,形成视觉代码、声音代码或语义代码。编码的强弱直接影响着记忆的长短。当然,强烈的情绪体验也会加强记忆效果。总之,如何对信息编码直接影响到记忆的存储和以后的提取。一般情况下,对信息采用多种方式编码会收到更好的记忆效果。

已经编码的信息必须在头脑中得到保存,在一定时间后才可能被提取。但信息的保存并不都是自动的,在大多数情况下,为了日后的应用,我们必须想办法努力将信息保存下来。已经存储的信息还可能受到破坏,出现遗忘。心理学家研究记忆主要关心的就是影响记忆存储的因素,以便与遗忘做斗争。

保存在记忆中的信息,只有在被提取出来加以应用时才有意义的。提取有两种表现方式:回忆和再认。日常所说"记得"指的就是回忆。再认较容易,原因是原刺激呈现在眼前,你有各种线索可以利用,需要的只是确定它的熟悉程度。一些学习过的材料无法回忆或者再认出来,它们是否在头脑里完全消失了呢? 不是的。记忆痕迹并不会完全消失,用再学习可以很好地证明这一点。即让被试先后两次学习同一材料,每次达到同样的熟练水平,再次学习所需要的练习次数或时间必定要少于初次学习,两次所用时间或次数之差就表示了保存的数量。

根据记忆的内容,可以把记忆分成如下 4 种。

(1)形象记忆。以感知过的事物形象为内容的记忆叫作形象记忆。这些具体形象可以是视觉的,也可以是听觉的、嗅觉的、触觉的或味觉的形象,如人们对看过的一幅画,听过的一首乐曲的记忆就是形象记忆。这类记忆的显著特点是保存事物的感性特征,具有典型的直观性。

(2)情绪记忆。以过去体验过的情绪或情感为内容的记忆。如学生对接到大学录取通知书时的愉快心情的记忆等。人们在认识事物或与人交往的过程中,总会带有一定的情绪色彩或情感内容,这些情绪或情感也作为记忆的内容而被存储进大脑,成为人的心理内容的一部分。情绪记忆往往是一次形成而经久不忘的,对人的行为具有较大的影响作用。情绪记忆的印象有时比其他形式的记忆印象更持久,即使人们对引起某种情绪体验的事实早已忘记,但情绪体验仍然保持着。

(3)逻辑记忆。以思想、概念或命题等形式为内容的记忆。如对数学定理、公式、哲学命题等内容的记忆。这类记忆是以抽象逻辑思维为基础的,具有概括性、理解性和逻辑性等特点。

(4)动作记忆。以人们过去的操作性行为为内容的记忆。凡是人们头脑里所保持的做过的动作及动作模式,都属于动作记忆。这类记忆对于人们动作的连贯性、精确性等具有重要意义,是动作技能形成的基础。

以上 4 种记忆形式既有区别,又紧密联系在一起。如动作记忆中具有鲜明的形象性。逻辑记忆如果没有情绪记忆,其内容是很难长久保持的。

9.2 记忆系统

根据记忆操作的时间长短,人类记忆有 3 种类型:感觉记忆、短时记忆和长时记忆。三者的关系可以由图 9.1 表示出来。来自环境的信息首先到达感觉记忆。如果这些信息被注意,它们则进入短时记忆。正是在短时记忆中,个体把这些信息加以改组和利用并作出反应。为了分析存入短时记忆的信息,你会调出存储在长时记忆中的知识。同时,短时记忆中的信息如果需要保存,也可以经过复述存入长时记忆。在图 9.1 中,箭头表明信息流在 3 种存储模型中的运行方向。

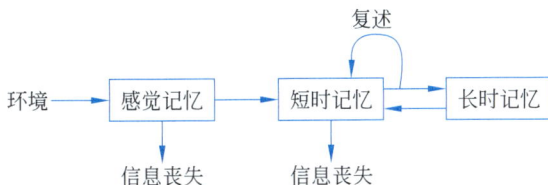

图 9.1 记忆系统

阿特金森(R. Atkinson)和雪芙林(R. M. Shiffrin)在 1968 年对其记忆系统模型进行扩充,扩展的模型如图 9.2 所示。从图 9.2 中可以看出,记忆系统的模型主体由感觉记忆(感觉登记)、短时记忆(短时存储)和长时记忆(长时存储)3 部分构成,所不同的是,他们加入了控制过程这一内容,认为控制过程在 3 种存储过程都起作用。该模型还有一个值得关注的要点就是它对长时记忆信息的认识。模型认为长时记忆中的信息是不会消失的,其信息是不消退的自寻地址库。

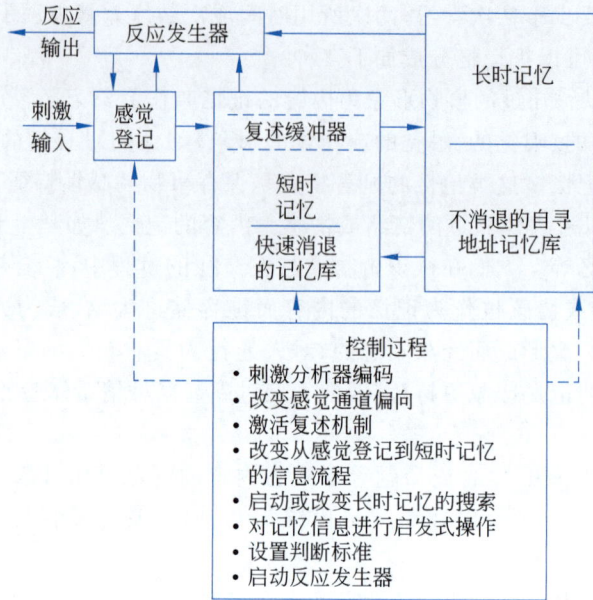

图 9.2　记忆系统模型

9.2.1　感觉记忆

感觉记忆又称感觉寄存器或瞬时记忆,是感觉信息到达感官的第一次直接印象。感觉寄存器只能将来自各感官的信息保持几十到几百毫秒。在感觉寄存器中,信息可能受到注意,经过编码获得意义,继续进入下一阶段的加工活动,如果不被注意或编码,它们就会自动消退。

各种感觉信息在感觉寄存器中以其特有的形式继续保存一段时间并起作用,这些存储形式就是视觉表象和声音表象,称视象和声象。表象可以说是最直接、最原始的记忆。表象只能存在很短的时间,如最鲜明的视象也不过持续几十秒。感觉记忆具有下列特征。

(1) 记忆非常短暂。

(2) 有能力处理像感受器在解剖学和生理学上所能操纵的同样多的物质刺激能量。

(3) 以相当直接的方式把信息编码。

斯伯林(George Sperling)的研究证实了独立感觉记忆存储的概念。在这些研究中,他利用了一种叫作速示器的工具,对被试者以非常短和精确的时间呈现视觉刺激。呈现可以控制到接近 1/1000s。当斯伯林以 1.5/1000~500/1000s 时间呈现符号(字母或数字)时,他注意到不管在一次特定呈现中只呈现少量符号,还是大量符号,他的被试者只能准确报告 4~5 个符号。为了表明被试者所能报告的符号是有限制的,而不是他看到的符号有限制,采用部分报告技术。给被试者呈现 12 个符号,排成 3 排,每排 4 个符号。每个刺激呈现 50/1000s,跟着立即发出 3 个不同音中的一个。指示被试者如果他们听到第一个音,报告第一排符号;如果听到第二个音,报告第二排符号;如果听到第三个音,报告第三排符号。

采用这个技术,被试者平均能准确地报告任何一排中所要求的字母的 76%,如果他们在报告全显示的 12 个符号时能达到同样的百分比,可以指望大约有准确报告 9 个符号的平均数。但是,不管呈现多少符号,准确报告的符号只有 4 个或 5 个。

为什么有这种不一致?斯伯林提出,被试经验到全显示的视觉映像,这个映像就用作视觉记忆存储。但是这个映像很快消失,如果被试者从这个映象捡取一排报告,当他回到下一排时,映像已经消失。他能够很好地报告他们所捡取的第一排,但是之后就报告得很少。实际上,他看到的符号比能报告得多。

目前关于感觉记忆的研究主要在听觉和视觉通道上进行。视觉的感觉记忆被称为图像记忆(Iconic Memory),听觉的感觉记忆被称为声象记忆(Echoic Memory)。

9.2.2 短时记忆

在感觉记忆中经过编码的信息,进入短时记忆后经过进一步的加工,再从这里进入可以长久保存的长时记忆。信息在短时记忆中一般只保持 $20 \sim 30\mathrm{s}$,但如果加以复述,便可以继续保存。复述保证了它的延缓消失。短时记忆中存储的是正在使用的信息,在心理活动中具有十分重要的作用。首先,短时记忆扮演着意识的角色,使我们知道自己正在接收什么以及正在做什么。其次,短时记忆使我们能够将许多来自感觉的信息加以整合构成完整的图像。再次,短时记忆在思考和解决问题时起着暂时寄存器的作用。最后,短时记忆保存着当前的策略和意愿。这一切使得我们能够采取各种复杂的行为直至达到最终的目标。正因为发现了短时记忆的这些重要作用,在当前大多数研究中被改称为工作记忆。和感觉记忆中可用的大量信息对比,短时记忆的能力是相当有限的。如果给被试者一个数字串,例如 6—8—3—5—9,他能立即背出来。如果是 7 个以上数字的数字串,一般人就不能很好背出来。1956 年,美国心理学家米勒明确提出,短时记忆容量为 7 ± 2 个组块(Chunk)。组块是指将若干较小单位联合成熟悉的、较大的单位的信息加工,也指这样组成的单位。组块既是过程,也是单位。知识经验与组块:组块的作用在于减少适时记忆中的刺激单位,而增加每一单位所包含的信息。人的知识经验越丰富,组块中所包含的信息越多。与组块相似,但它不是意义分组,各成分之间不存在意义联系。为了能记忆较长的数字串,把数字分组,从而有效地减少数字串中独立成分的数量,是个有效的办法。这种组织称作组块,在长时记忆中发挥巨大作用。

有人曾经指出,刺激信息是根据它的听觉特性存储在短时记忆中的。这就是说,即使是凭视觉接收的信息,将按听觉的声学的特性编码。例如你看到一组字母 B—C—D,你是根据它们的读音[bi:]-[si:]-[di:]编码,而不是根据它们的字形编码。

人类的短时记忆编码也许具有强烈的听觉性质,但也不能排除其他性质的编码。不会说话的猴子,也能够做短时记忆的工作。例如,给它们看过图形的一个样本以后不久,它们会在两个彩色几何图形中挑选出一个。

图 9.3 给出了短时记忆复述缓冲器。短时记忆由若干槽构成。每一个槽相当于一个信息通道。来自感觉记忆的信息单元分别进入不同的槽。缓冲器的复述性加工有选择地将槽中的信息进行复述。被复述的槽中的信息将进入长时记忆中。而没有被复述的槽中的信息将被清除出短时存储区而丧失。

各槽中的信息保持的时间是不一样的。信息在槽中保持的时间越长,越有可能进入长时记忆中,也越有可能被来自感觉记忆的新的信息冲挤掉。相对而言,长时记忆才是一个真正的信息存储库,但其中的信息也有可能因消退、干扰和强度丧失等原因而产生遗忘。

短时记忆信息提取过程是相当复杂的。它涉及许多问题,并且引出不同的假说,迄今没有一致的看法。

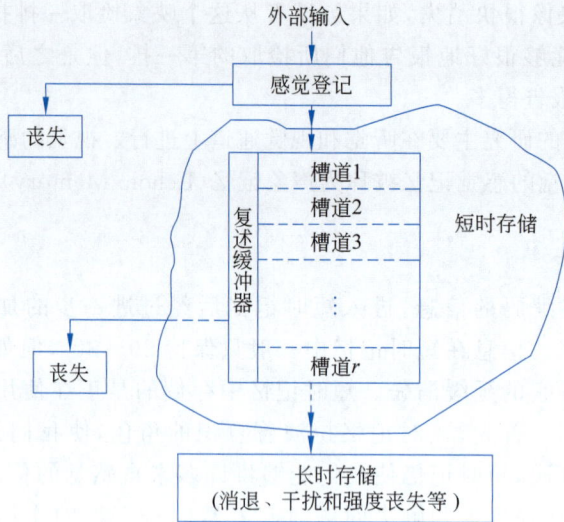

图 9.3　短时记忆复述缓冲器

1. 斯特恩伯格的经典研究

斯特恩伯格(Saul Sternberg)的研究表明,短时记忆中信息的提取是通过系列扫描,即从头至尾扫描方式来实现的,可以将之理解为扫描模型。

斯特恩伯格的实验可以说是一个经典的研究范式。其实验假设为,如果被试者要对短时记忆集中所有识记项目进行全部扫描后才能对测试项目进行"是"或"否"判断,那么被试者进行正确判断所需的反应时间不应随记忆集的大小而变化(如图 9.4(a)所示)。而实验结果却如图 9.4(b)所示,被试的反应时间会随短时记忆集的增大而延长。这说明,短时记忆的扫描不是进行全部的扫描,而是进行有序的系列扫描。

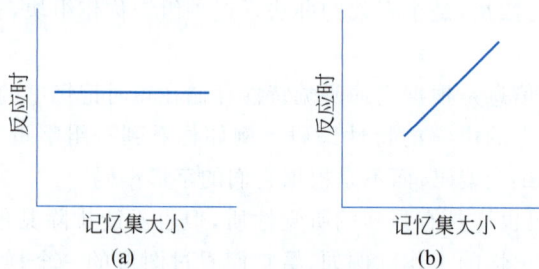

图 9.4　斯特恩伯格的扫描实验

斯特恩伯格的理论必须要解决的另一个问题是如果说短时记忆中信息的提取是通过系列扫描而不是平行扫描实现的,那么,这种扫描是从什么地方开始,又是怎样结束的。他认为,自顾不暇时记忆信息提取是以从头至尾的系列扫描方式进行的。同时,判断过程包括比较过程和决策过程两个阶段,因此,进行判断时也不进行自我停止扫描。

2. 直接存取模型

维克勒格林(Wickelgren)认为短时记忆中的各项目不是通过比较来提取的,人可直接通往所要提取的项目在短时记忆中的位置,进行直接提取。

直接存取模型(Direct Access Model)认为,短时记忆中信息的提取并不是通过扫描的方式进行的,大脑可以直接存取所要提取的项目在短时记忆中的位置,进行直接提取。该模型认为,短时记忆中的每一个项目都有一定的熟悉值或痕迹强度,可以据此作出某种判定。在大脑内部有一个判断标准,当熟悉值高于这一标准,则作出"是"反应,低于这一标准则作出"否"反应。熟悉值与标准的偏离程度越高,作出是或否反应的速度也越快。

直接存取模型可以解除系列位置效应(首因效应和近因效应),但是短时记忆是如何知道识记项目的位置的? 如果信息的提取是直接存取的,那么为什么反应时间会随着识记项目的增加而呈线性增加?

3. 双重模型

阿特金森(R. Atkinson)和鸠拉(J. Juola)认为,短时记忆过程中信息的提取既包含扫描方式,也存在直通方式,简言之就是两头直通、中间扫描(见图9.5)。

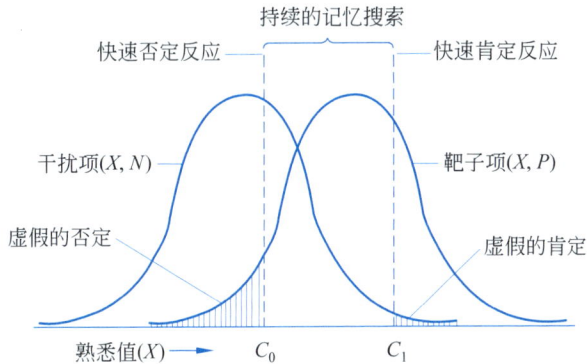

图 9.5 双重模型示意图

由于搜索模型和直接存取模型都有其合理的一面,同时又都有不足,因此有人企图将两者结合起来。阿特金森和鸠拉提出的短时记忆信息提取双重模型就是一个尝试。他们设想,输入的每个字词可按其知觉维量来编码,称为知觉代码;字词还有意义,即有概念代码。知觉代码和概念代码共同构成一个概念结。每个概念结有不同的激活水平或熟悉值。

在大脑内部有两个判定标准:一个是"高标准"(C1),如果某一探测词的熟悉值达到或高于这个标准,人便可迅速地作出"是"反应;另一个是"低标准"(C0),如果某一探测词的熟悉值达到或低于这个标准,人就可迅速地作出"否"反应。在阿特金森和鸠拉看来,这是一个直接存取过程。但是,对于一个熟悉值低于"高标准"而高于"低标准"的探测词,则要进行系列搜索,才能作出反应,所需反应时间也较多。

短时记忆的研究还发现,信息的加工速率与材料性质或信息类型有一定关系,即加工速率随着记忆容量的增大而提高,容量越大的材料,扫描越快。

已有的实验结果表明,短时记忆信息提取的加工速率与材料性质或信息类型有一定关系。1972年,卡凡诺夫(Cavanaugh)通过统计不同的研究对某类材料的平均实验结果,得出扫描一个项的平均时间,并与相应的短时记忆容量(广度)加以对照,见表9.1。从表中可以看出一个有趣的现象:加工速率随着记忆容量的增大而提高,容量越大的材料,扫描越快。现在还难以清楚地解释这个现象。曾经设想,在短时记忆中,信息是以特征来表征的,而短时记忆的存储空间有限,则每个刺激的平均特征数量越大,那么短时记忆能够存储的刺激数量就越小。卡凡诺夫进而认为,每个刺激的加工时间与其平均特征数量成正比,平均特征数量大的刺激需要的加工时间多,反之需要的加工时间则少。这种解释还存在不少疑点。但它却把短时记忆的信息提取、记忆容量和信息表征都联系起来。这确实是一个重要的问题。加工速率反映加工过程的特点,在不同材料的加工速率差别的背后,可能由于记忆容量乃至信息表征等因素的作用而存在着不同的信息提取过程。

表9.1　不同类别材料的加工速率与记忆容量

	加工速率/ms	记忆容量/项
数　字	33.4	7.70
颜　色	38.0	7.10
字　母	40.2	6.35
字　词	47.0	5.50
几何图形	50.0	5.30
随机图形	68.0	3.80
无意义音节	73.0	3.40

短时记忆中的信息遗忘,通过干扰作业法(Peterson-Peterson方法)发现如下规律。

(1) 短时记忆中信息可以保持15~30s。

(2) 如果得不到复述,那么短时记忆中的信息将会迅速遗忘,如图9.6所示。

(3) 只要短时记忆识记项的数量不变,识记材料性质的改变对短时记忆的遗忘就没有什么大的影响。

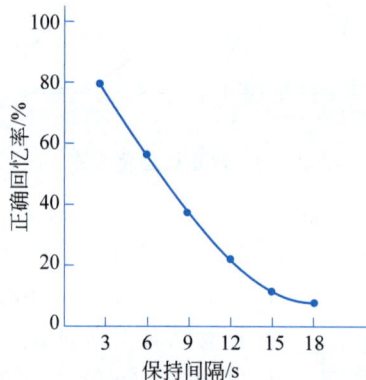

图9.6　阻止复述后的短时记忆的遗忘速率

9.2.3　长时记忆

长时记忆是指保持时间在1min以上的信息存储。长时记忆的能力,是一切记忆系统中最大的一个。关于长时记忆的容量、存储、恢复及持续时间,都要用实验说明。一项信息被记住以后能持续多长时间,测量的结果是不定的。因为注意力不稳定,保持时间就短;如果加以复述,保持时间就可以很长。长时记忆的容量是无限的。每个组块的存入时间需要8s。长时记忆里的东西要先转入短时记忆,然后才能恢复和应用。长时记忆的恢复,第一个数字用2s,以后每个数字用200~300s。我们可以用不同位数的数字来做实验,如使用34、597、743218 3个数目,测量恢复不同位数的数字所需的时间。实验结果表明,恢复两位数字用2200ms,3位数字用2400ms,6位数字用3000ms。

蔡卡尼克(Bluma Zeigarnik)效应是让被试者把一些工作做完,另一些工作没做完就中断。过一段时间让他回忆都做过哪些工作。结果,他回忆未完成的工作比回忆已完成的工作要好些。这说明有些活动还没做完就搁下来时,在另一空间还在继续进行活动。在长时记忆里,有些东西比另一些东西容易被提取,因为它们的阈限低。有些阈限高,需要多一些线索才能提取出来。没有完成的工作阈限很低,容易激活和扩散。扩散随网络进行,达到该事件所在的位置时就提取出来了。

很多心理学家已经提出感觉记忆和短时记忆的迅速的、被动的消失,但是很少心理学家赞成长时记忆有这样简单的衰退机制,因为很难解释为什么有些材料比另一些材料被遗忘得快些? 遗忘是否与原来的学习材料的完善程度有关? 遗忘是否受学习材料时间和回忆材料时间之间发生的事情的影响? 研究这些问题的很多心理学家相信,长时记忆的消失是由于干扰。这是一种被动的观点。有一些关于遗忘的观点提出一个比较主动的过程,作为干扰的一种补充或替代。弗洛伊德提出由于压抑而遗忘的观点。如果记住一种材料在心理上会是极其痛苦和有威胁的,那么,这种材料就难于回忆。另一个主动遗忘观点来自巴特莱特(Bartlett)的"创见性的遗忘"。当没有得到精确的记忆时,模仿创造一点与记忆相像的东西,你就在接近这个记忆。表 9.2 给出了记忆系统中 3 种不同类型的记忆的特点。

表 9.2　3 种记忆类型的比较

记 忆 系 统	操作的时间间隔	能　力	组织或编码类型	遗 忘 机 制
感觉记忆	一秒的几分之几	只限于感受器所能记下的多少	物质刺激的相当直接的后像	消极的衰退
短时记忆	少于 1min	只有少数项(5~9 个)	间接的编码包括大量听觉组织	消极的衰退
长时记忆	1min 以上到许多年	很大,几乎无限	很复杂的编码	干扰和忘却,压抑,创建性的遗憾

人类的记忆系统与计算机的存储系统极其相似。在计算机系统中存储层次可分为高速缓冲存储器、主存储器、辅助存储器三级,构成速度由快到慢、容量由小到大的多级层次存储器,以最优的控制调度算法和合理的成本,构成其有可接受性能的存储系统。

9.3　长时记忆

长时记忆的存储形式是指信息在人脑中的内部表示。这方面的研究有一定的困难,因为信息存储的内部结构不能为人所观察,只能通过间接的办法进行研究。我们可以用计算机模拟的方法来研究信息的内部结构,逐渐加深对人类记忆的认识。

9.3.1　长时记忆的类型

人类的记忆可以分为程序性记忆和命题记忆。程序性记忆是保持有关操作的技能,主要由知觉运动技能和认知技能组成。命题记忆是存储用符号表示的知识,反映事物的实质。程序性记忆和命题记忆都是反映某个人现在的经验和行动受到以前的经验和行动的影响的记忆,这一点是相同的。同时,它们之间又有区别。第一,程序性记忆中表示的方法只有一种,要进行技能的研究;命题知识的表示可以各种各样,与行动完全不同。第二,关于知识的真假问题,熟练的过程没有真假之分;真假问题只是出现在对世界的认识以及自身与世界的关系的知识方面。第三,两种信息习得的形式不同。过程信息必须通过一定的练习,而命题信息只要一次机会的学习。第四,熟练的行动是"自动"执行的,命题信息的表达要加以注意。

命题记忆更进一步分为情景记忆和语义记忆。前者是存储个人发生的事件和经验的记忆形式。后者是存储个人理解的事件的本质的知识,即记忆关于世界的知识。两种记忆的差别如表 9.3 所示。

表 9.3　情景记忆和语义记忆的比较

区 分 特 性	情 景 记 忆	语 义 记 忆
信息		
输入源	感觉	理解
单位	事件、情景	事实、观念概念
体制化	时间的	概念的
参照	自己	万物(世界)
真实性	个人的信念	社会的一致
操作		
记忆内容	经验的	符号
时间的符号化	有,直接的	无,间接的
感情	较重要	并不那么重要
推理能力	小	大
文脉依存性	大	小
被干涉性	大	小
存取	按意图	自动的
检索方法	按时间或场所	按对象
检索结果	记忆结构变化	记忆结构不变
检索原理	协调的	开放式
想起内容	被记忆的过去	被表示的知识
检索报告	觉得	知道
发展顺序	慢	快
小儿健忘症	受到障碍	不受障碍
应用		
教育	无关系	有关系
通用性	小	大
人工智能	不清理	非常好
人类智能	无关系	有关系
经验证据	忘却	言语分析
实验室课题	特定的情景	一般的知识
法律证词	可以,目击者	不行,鉴定人
记忆丧失	有关系	无关系
杰恩斯(J Jaynes)的二分心理	无	有

　　情景记忆(Episodic Memory)是加拿大心理学家图尔文(Endel Tulving)提出来的。1983 年出版了图尔文的专著 *Elements of Episodic Memory*,专门讨论情景记忆的原理。

　　情景记忆的基本单位是个人的回忆行为。这种回忆行为是开始于事件或情景生成的经验的主观再现(想起经验),或者变换到保持信息的其他形式,或者采用它们两者的结合。关于回忆,有许多构成要素和构成要素间的关系。构成要素分两类,一类是观察可能的事件,另一类是假说的构成概念。这种构成要素是情景记忆的要素。情景记忆的要素可以分成两类,即编码和检索。编码是关于某时某种情况的经验的事件的信息,指出变换到记忆痕迹的过程。检索要素主要与检索方式和检索技术有关。图 9.7 给出了情景记忆的要素和它们的关系。

　　奎连(Quillian)于 1968 年提出的语义记忆是认知心理学中的第一个语义记忆模型。在认知心理学方面,安得森(Anderson)和鲍威(Bower),鲁梅哈特(Rumelhart)和诺尔曼(Norman)都提出过基于语义网络的各种记忆模型。在这个模型中,语义记忆的基本单元是概念,每个概念具有一定的特征。这些特征实际上也是概念,不过它们是说明另一些概念的。在一个语义网中,信息被表示为一组结点,结点通过一组带标记的弧彼此相连;带标记的弧代表结点间的

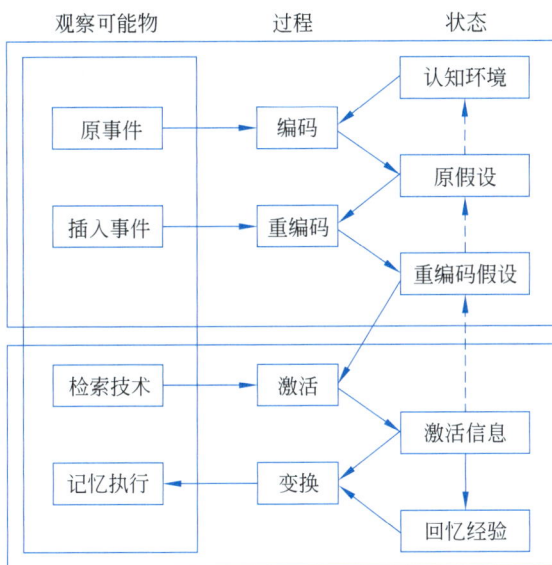

图 9.7 情景记忆的要素和它们的关系

关系。图 9.8 是一个典型的语义网络。我们用 ISA 链接表示概念结点之间的层次关系,有时还用 ISA 链接把表示具体对象的结点与其相关概念关联起来。ISPART 链接整体与部分的概念结点。例如图 9.8 中,椅子是座位的一部分。

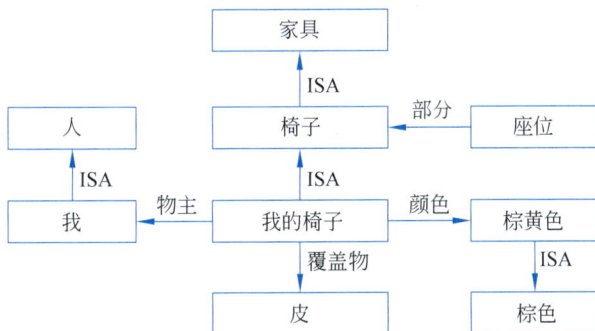

图 9.8 语义网络

从信息编码的角度将长时记忆分为两个系统,即表象系统和言语系统。表象系统以表象代码来存储关于具体的客体和事件的信息。言语系统以言语代码来存储言语信息。两个系统彼此独立又互相联系。因此,人们也把其理论称为两种编码说或双重编码说。

9.3.2 长时记忆的模型

1. 层次网络模型

奎连等提出了语义记忆的层次网络模型(Hierarchical Network Model)。该模型认为,长时记忆中的基本单元是概念,概念在记忆系统是有联系的,形成一个有层次的结构。图 9.9 中小圆圈为结点,代表一个概念;带箭头的连线表示概念之间的从属关系。例如,"鸟"这个概念的上级概念为"动物",其下级概念为"金丝雀"和"鸵鸟"。连线还表示概念与特征的关系,指明各级概念分别具有的特征,如"鸟"所具有的特征是"有翅膀""能飞""有羽毛"。连线把代表各级概念的结点联系起来,并将概念与特征联系起来,构成一个复杂的层次网络。连线在这个网络中实际上是具有一定意义的联想。这个层次网络模型对概念的特征相应的实行分级存储。在每一级概念的水平上,只存储该级同水平的概念,同一级每个概念所具有的共同特征则存储于上一级概念组水平上。图9.9是概念体系的一个片断,位于最下层的"金丝雀""鲨鱼"等叫作0级概念,"鸟""鱼"等叫作1级概念,"动物"叫作2级概念。概念的级别越高越抽象,加工所需要的时间也越长。在每一个级别上,只存储该级概念独有的特征。因此一个概念的意义或内涵由该概念与其他相关联的概念的特征来决定。

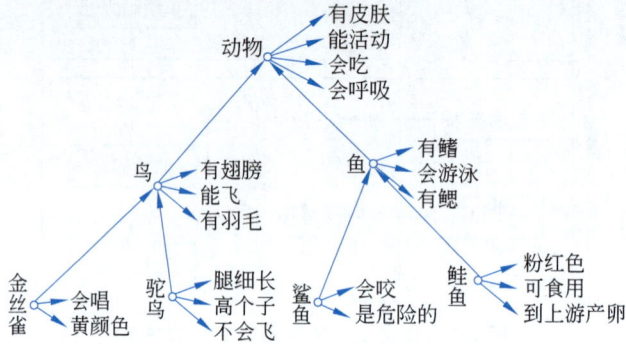

图 9.9 语义记忆的层次网络模型

2. 激活扩散模型

激活扩散模型(Spreading Activation Model)是卡林斯(J. Collins)等提出的。它也是一个网络模型。但与层次网络模型不同,它放弃了概念的层次结构,而以语义联系或语义相似性将概念组织起来,图9.10是激活扩散模型的一个片断。图中方框为网络的结点,代表一个概念。概念之间的连线表示它们的联系,连线的长短表示联系的紧密程度,连线越短,表明联系越紧密,两个概念有越多的共同特征;或者两个结点之间通过其共同特征有越多的连线,则两个概念的联系越紧密。

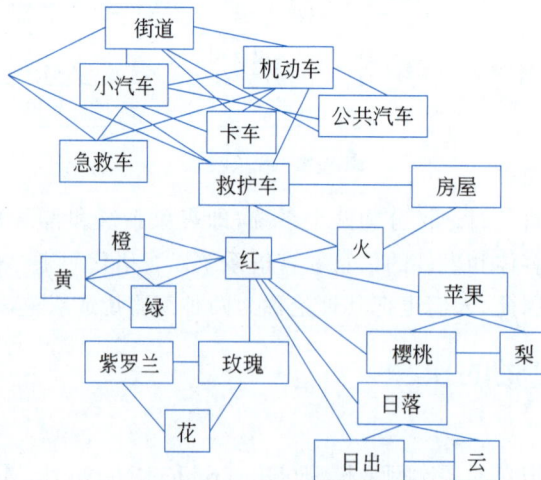

图 9.10 激活扩散模型片断

当一个概念受刺激或被加工,该概念所在的网络节点便被激活,然后激活便沿连线向四周扩散。这种激活的数量是有限的,一个概念越是长时间受到加工,释放激活的时间也越长,从而有可能形成熟悉效应;另一方面,激活也遵循能量递减的规律。该模型是对层次网络模型的修正,它认为诸概念的特征可以在同一层级上也可以不在同一层级上,概念间的联系是激活扩散的方式,它以连线的长短说明范畴大小效应,而且也可以说明其他效应,可以认为它是"人化了"的层次网络模型。

3. 集理论模型

集理论模型是梅叶尔(D. E. Meyer)提出的。在这个模型中(见图9.11),基本的语义单元仍为概念。每个概念都由一集(Set)信息或要素来表征。这些信息集可分为样例集和属性集或特征集。样例集是指一个概念的一些样例,如"鸟"概念的样例集包括"知更鸟""金丝雀""鸽子""夜莺""鹦鹉"等。属性集或特征集是指一个概念的属性或特征,如"鸟"概念的特征为"是动物""有羽毛""有翅膀""会飞"等。这些特征称作语义特征。这样来看,语义记忆是由无数的这种信息集构成的。然而,这些信息集或概念之间没有现成的联系。当要从语义记忆中提取信息来对句子作出判断时,如判断"金丝雀是鸟"这个句子的真伪,就可以分别搜索"金丝雀"和"鸟"的属性集,再对这两个属性集进行比较,根据这两个属性集的重叠程度作出决定。两个集的共同属性越多,重叠程度就越高。重叠程度高时,就可以作出肯定判断;反之则作出否定判断。由于"金丝雀"与"鸟"的属性集高度重叠,所以可迅速作出肯定判断。而对"金丝雀是动物"这个句子的判断,因"金丝雀"与"动物"的属性集也有相当高的重叠,故也可作出肯定判断,但其重叠程度低于"金丝雀"与"鸟"的属性集的重叠,因为"金丝雀"与"动物"的共同属性少于"金丝雀"与"鸟"的共同属性,所以作出判断就要慢些。可见,集理论模型也能说明范畴大小效应。但它是用两个概念的属性集的重叠程度来说明的,这与层次网络模型和激活扩散模型应用逻辑层次或连线都不同。

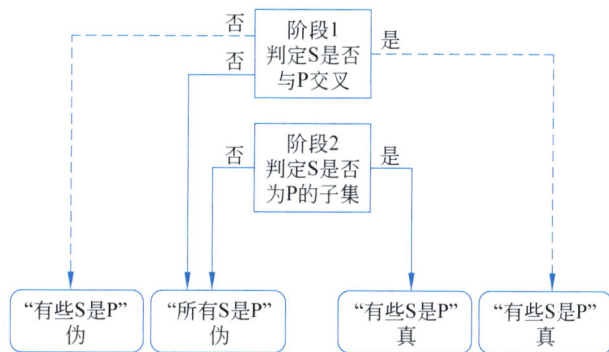

图9.11 谓语交叉模型

4. 特征比较模型

特征比较模型是史密斯(E. E. Smith)等提出来的。它同样被认为,概念在长时记忆中是由一集属性或特征来表征的。但它与集理论模型有一个很大的区别。集理论模型对一个概念的诸属性或特征没有按照其重要性加以区分,实际上,将它们看成对这个概念是同等重要的。特征比较模型则将一个概念的诸语义特征分成两类。一类为定义性特征,即定义一个概念所必需的特征。另一类为特异性特征,它们对定义一个概念并不必要,但也有一定的描述功能。图9.12列出"知更鸟"和"鸟"两个概念的特征及其比较。图9.12中所列特征是按其重要性自上而下排列的,位置越高也越重要。从图中可以看出,上级概念("鸟")具有的定义性特征比下级概念("知更鸟")要少,但下级概念的定义性特征必然要包含上级概念的全部定义性特征,此外还有自己独有的特征。定义性特征和特异性特征可看作一个语义特征连续体的两端,语义特征的"定义性"即重要性的程度是连续变化的,可以任意选择一点将重要的特征与不太重要的特征分开来。特征比较模型强调定义性特征的作用。

特征比较模型认为,概念之间共同的语义特征特别是定义性特征越多,则其联系越紧密。

图 9.13 给出特征比较模型信息加工过程的两个阶段。第一阶段:提取命题的主语和谓语两个概念的特征,将两者的全部特征包括定义性特征和特异性特征加以总体比较,并确定两者的相似程度。如果两者高度相似则作出肯定反应,如果两者极不相似则作出否定反应。如果二者中等相似则进入第二阶段。第二阶段:撇开主语和谓语概念的特异性特征,只对两者的定义性特征进行比较、加工,如果两者匹配,则作出肯定反应,否则作出否定反应。两个加工阶段各有特点:第一阶段为总体比较,带有启发性质,常发生错误;第二阶段加工为计算,较少发生错误。

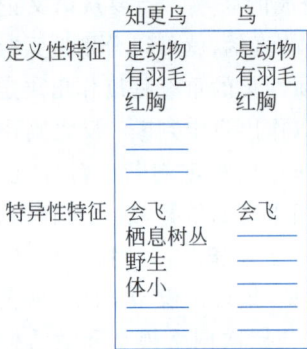

图 9.12   概念特征

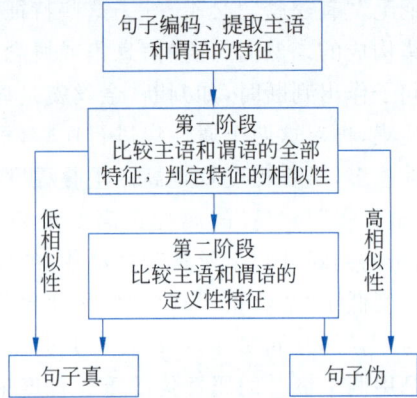

图 9.13   特征比较模型的加工阶段

特征比较模型可以解释典型性效应,以语义特征的相似性对各种实验结果进行解释,显得简明扼要、效果显著。但它也有一个问题,即如何分清诸概念中定义特征与特异性特征的区别,而且也有一反例对该模型提出了质疑。语义记忆模型研究的困难在于语义记忆无法直接观察,需要通过操作过程才能推论出来。这种操作总表现在结构和过程两方面。正因为对两者的关注点不同,才出现了众多的模型。

5. 人联想记忆模型

人联想记忆(Human Association Memory,HAM)模型的最大优点是既可以表征语义记忆,也可以表征情景记忆,既可以加工言语信息,也可以加工非言语信息,可以解释练习效应,也成功地实现过计算机模拟。但不能解释熟悉效应等现象,而其匹配过程是按阶段进行的思想,也受到质疑。认为语义记忆的基本表征单元是命题,而不是概念。

一个命题是由一小集联想构成的,每个联想将两个概念结合在一起。联想有 4 种类型:①上下文-事实联想,事实是指发生了什么事情,上下文是指何时何地发生了"何事",它们结合而成上下文;②主语-谓语联想,主语说明事实的主体,谓语说明主体的特性;③关系-宾语联想,这是构成谓语的联想,关系是指主体的某种行动或与其他事物的联系,宾语则指行动的对象;④概念-实例联想,如家具-桌子。这几种联想的适当结合,就可以形成一个命题。用树形图可以很好地表明多种联想怎样结合而成一个命题。这种图可称作命题树。图 9.14 给出"教授在教室里问过了比尔"这个句子的命题树。从图中可以看到,命题树由结点(圆)和指针构成,结

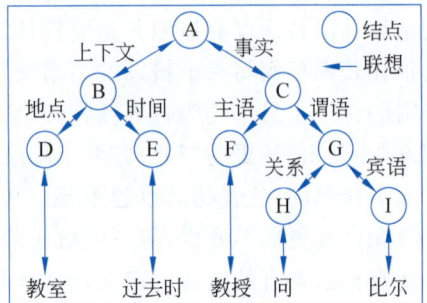

图 9.14   HAM 模型的命题树

点代表命题、上下文、事实等概念,指针代表联想。图 9.14 的顶部结点 A 代表命题,称作命题结点,它是由事实和上下文之间的联想构成的。下面则是上下文结点 B,它又包含地点结点 D 和时间结点 E(过去时,因为句中说教授问过了)。事实结点 C 也可分为两部分,即主语结点 F 和谓语结点 G;谓语结点再分为关系结点 H 和宾语结点 I。这个树形图的最底部则是终极结点,它们是长时记忆中的概念,即"教室""过去""教授""问""比尔"。因它们不可再分解,故称为终极结点。任何一个命题树必须连接它们才能获得一定意义。但是,概念不是按其本身的特性或概念的语义距离,而是按命题结构组织起来的,具有网络的性质,形成命题树。因此,长时记忆也就像一个庞大的命题树网络。从这里可以看到 HAM 模型的一个最大的特点和优点,这就是它既可以表征语义记忆,又可以表征情景记忆,能将两者结合起来。说来简单,只要情景记忆信息是以命题来表征的,在这种有层次的命题树网络中,就可以容纳个人经历的各种事件。这是前面谈过的几个语义记忆模型做不到的。HAM 的命题树结构还可使一个命题嵌进另一个命题,把几个命题有机地结合在一起,构成一个复杂的命题。例如,可将"教授在教室里问过了比尔"和"这使考试按时结束"两个命题合成一个复杂的命题。这时前一个命题就是主语,后一个命题就是谓语,成为"教授在教室里问过了比尔而使考试按时结束"。这个复杂命题同样可以用命题树来表征。

HAM 模型认为,当需要从长时记忆中提取信息来回答一个问题或理解一个句子,其操作过程可分为 4 个阶段。

(1)输入句子。

(2)对输入的句子进行分析,构成一个命题树。

(3)从长时记中的每个相应结点出发来搜索,以找到一个与输入的命题树相匹配的命题树。

(4)搜索到的命题树与输入的命题树成功地匹配。

6. ELINOR 模型

ELINOR 模型取自该理论提出者 Lindsay、Norman 和 Rumelhart 3 个人姓的头字母。该理论认为,长时记忆中存在 3 种信息类型:概念、事件和情景。概念指特定的思想,它由"是一个""有(是、会)""是一种(逆向)"3 种关系来定义;事件是一个由行动、行动者和对象等构成的场景;事件是以行动为中心,围绕行动而展开的各种联系。由此,人的记忆是以事件为中心而组织起来的。概念是构成事件的成分。在 ELINOR 模型,所有的概念、事件和情景都用命题来表征。数个事件按一定时间关系结合而成情景,时间关系说明这些事件的先后顺序。例如,"母亲为孩子做早餐,孩子吃完早餐,背着书包上学"。在前面叙述的这 3 种类型的信息中,实际上起核心作用的是事件。可以说,ELINOR 模型的基本单元是事件。人的记忆是以事件为中心而组织起来的,概念是构成事件的成分。ELINOR 包含丰富的连线,除概念的 3 种关系以外,还有围绕行动而展开的各种关系。这使 ELINOR 可以表征复杂事物,对信息进行深入的加工,并且将语义记忆与情景记忆混合在一起。

ELINOR 模型是一个网络模型,其优点在于它可以容纳多种多样的联系,可表征各种信息,但它的加工过程尚不清楚,无法对其操作的结果作出预测。因而难以将它与其他模型作具体比较。

9.3.3 长时记忆的信息提取

长时记忆的信息提取有两种基本形式,即再认和回忆。

1. 再认

再认(Recognition)是指人们对感知过、思考过或体验过的事物,当它再度呈现时,仍能认识的心理过程。再认与回忆没有本质的区别,但再认比回忆简单和容易。从个体心理发展来看,再认比回忆出现得早。孩子生后半年内,便可再认,而回忆的发展却要晚一些。日本学者清水曾用图画材料研究了小学生再认与回忆能力的发展。结果表明,幼儿园及小学低年级儿童的再认成绩明显优于回忆,而到五六年级时,两者的差别就逐渐趋向接近了。再认有感知和思维两种水平,并表现为压缩的和开展的两种形式。感知水平的再认往往以压缩的形式表现出来,它的发生是迅速而直接的。例如,对一首熟悉的歌,只要听见几个旋律就能立即确认无疑。思维水平的再认是以开展的形式进行的,它依赖于某些再认的线索,并包含了回忆、比较和推理等思维活动。再认有时会出现错误,对熟悉的事物不能再认或认错对象。发生错误的原因是多方面的。如接收的信息不准确、对相似的对象不能分化、有的错误则是由于情绪紧张或疾病等原因。

再认是否迅速和准确,要受到主客观方面许多因素的影响。重要的因素有以下几方面。

(1) 再认依赖于材料的性质和数量。相似的材料,再认时容易发生混淆,如披与被,己与已等。材料的数量对再认也有影响。研究发现,在再认英文单词时,每增加一分词,再认时间就要增加 38%。

(2) 再认依赖于时间间隔。再认的效果随再认时间的间隔而变化。间隔越长效果越差。

(3) 再认依赖于思维活动的积极性。对于不熟悉的材料进行再认时,积极的思维活动可以帮助进行比较、推论、提高效果。例如,对一位多年不见的老朋友,可能记不起来了,这时根据现有线索,回忆过去的生活情景,能帮助对他的再认。

(4) 再认依赖于个体的期待。再认的速度和准确性不仅取决于对刺激信息的提取,而且依赖于主体的经验、定势和期待等。

(5) 再认依赖于人格特征。心理学家威特金(Witkinet)等将人分为场依存性和场独立性。经过实验证实,具有场独立性的人不易受周围环境的影响,而具有场依存性的人易受周围环境的影响。这两种人在识别镶嵌图形,即从复杂图形中识别简单图形时,有明显的差异。一般地说,场独立性的人比场依存性的人有较好的再认成绩。

2. 回忆

回忆是人们过去经历过的事物的形象或概念在人们的头脑中重新出现的过程。例如,考试时,人们根据考题回忆起学习过的知识;节日的情景,使人们想起远方的亲人。

在回忆过程中,人们所采取的策略将直接影响回忆的进程和效果。

(1) 联想是回忆的基础。客观世界的各种事物不是孤立的,而是相互联系和相互制约的。人脑对客观事物的反映,在头脑中所保存的知识经验也不是孤立的和零散的,而是彼此有一定的联系的,这样人们在回忆某一事物时,也会连带地回忆起其他有关的事物。例如,想到"阴天"就会想到"下雨";想到一个朋友的名字,就会想到他的音容笑貌;等等。这种由一个事物想到另一个事物的心理活动称为联想。联想具有以下几个规律。

① 接近律:时间、空间相近的事物容易形成联想。例如,人们看到"颐和园"就会想到"昆明湖""万寿山""十七孔桥";背诵外文单词时由形会联想到它的音和义;由元旦会想到春节等。

② 相似律:形式相似和性质相似的事物容易形成联想。例如,人们提起春天,就会想到生机与繁荣;从苍松翠柏就会想到意志坚强;等等。

③ 对比律:事物间相反的特征也容易形成联想。例如,人们可能由白想到黑;由高想到矮;等等。

④ 因果律：事物间的因果关系也容易形成联想。例如，人们看到阴天就会想到下雨；看到冰雪就会想到寒冷；等等。

（2）定势和兴趣直接影响回忆的方向和效果。定势对回忆有很大的影响，由于个人的心理准备状态不同，同一个刺激物可以使人回忆起不同的内容，产生不同的联想。另外，兴趣和情感状态也可以使人们对某一类事物的联想处于优势。

（3）双重提取。寻找关键支点是回忆的重要策略。在回忆过程中，借助表象和词语的双重线索可以提高回忆的完整性和准确性。例如，问"家里有几扇窗户"，首先在头脑中出现家中的窗户的形象，然后再提取窗户的数目，效果较好。在回忆中，寻找回忆材料的关键点，也有利于信息的提取。例如，回忆英文字母表，如果问字母表 B 后面的字母是什么？大部分人都能回忆起来，如果问 J 后面的字母是什么，回答就比较困难。在这种情况下，有的人从 A 开始通读字母表，知道 J 后面的字母是 K；而更多的人只从 G 或 H 开始，因为 G 在整个字母表上，形象比较突出，可能成为记忆材料的关键点。

（4）暗示回忆和再认有助于信息的提取。在回忆比较复杂的和不熟悉的材料时，呈现与回忆内容有关的上下文线索，将有助于材料的迅速恢复。若暗示与回忆内容有关的事物，也能帮助回忆。

（5）与干扰做斗争。在回忆过程中，经常会发生提取信息的困难，这可能是由于干扰所引起的。例如，考试时，有人明知考题的答案，但是由于当时情绪紧张，一时想不起来，这种明明知道而当时又回忆不起来的现象叫"舌尖现象"，即话到嘴边又说不出来。克服这种现象的简便方法是当时停止回忆，经过一段时间后再进行回忆，要回忆的事物便可能油然而生。

9.4　工作记忆

1974 年，巴德勒（A. D. Baddeley）等在模拟短时记忆障碍的实验基础上提出了工作记忆的概念。传统的 Baddeley 模型认为工作记忆由语音回路、视觉空间画板两个附属系统和中枢执行系统组成。语音回路负责以声音为基础的信息的存储与控制，包含语音存储和发音控制两个过程，能通过默读重新激活消退着的语音表征防止衰退，而且还可以将书面语言转换为语音代码。视觉空间画板主要负责存储和加工视觉空间信息，可能包含视觉和空间两个分系统。中枢执行系统是工作记忆的核心，负责各子系统之间以及它们与长时记忆的联系、注意资源的协调和策略的选择与计划等。大量行为研究和神经心理学上的许多证据表明了 3 个子成分的存在，有关工作记忆的结构和作用形式的认识也在不断地丰富和完善。

9.4.1　工作记忆模型

所有的工作记忆模型可以大致分成两大类，一类是欧洲传统的工作记忆模型，其突出代表就是巴德勒的多成分模型，强调把工作记忆模型分成多种具有独立资源的附属系统，突出通道特异性加工和存储。另一类是北美传统的工作记忆模型，以 ACT-R 模型为代表，强调工作记忆模型的整体性，突出一般性的资源分配和激活。前者的研究主要集中在工作记忆模型的存储成分，即语音回路和视空画板。如巴德勒明确指出，应该在探讨更复杂的加工问题之前，先把比较容易操作的短时存储问题研究清楚。而北美传统注重探讨工作记忆模型在复杂认知任务中的作用，如阅读和言语理解。因此北美传统所指的工作记忆模型类似于欧洲传统中一般性的中央执行系统。现在两种研究传统正越来越多地相互认同一些东西，并在各自的理论建构上产生相互影响。如情境缓冲区的提出与 Barnard 的"认知交互模型"中的命题表征系统很相似。因此,两大研究传统已表现出一定的整合和统一趋势。

巴德勒近年来有关工作记忆最大的发展是在传统模型的基础上,增加了一个新的子系统,即情境缓冲区。巴德勒认为,传统的模型没有注意到不同类型的信息是怎样整合起来的,而且其整合结果是怎样保持的,因此不能解释随机的单词记忆任务中,被试者只能即时回忆出 5 个左右单词,但如果根据散文内容进行记忆,则能够回忆出 16 个左右的单词。情境缓冲区是一个能用多种维度代码存储信息的系统,为语音回路、视觉空间画板和长时记忆之间提供了一个暂时信息整合的平台,通过中央执行系统将不同来源的信息整合成完整连贯的情境。情境缓冲区与语音回路、视觉空间画板并列,受中央执行系统控制。虽然不同类型信息的整合本身由中央执行系统完成,但是情境缓冲区能保存其整合结果,并支持后续的整合操作。该系统独立于长时记忆,但却是长时情境学习中的一个必经阶段。情境缓冲区可用于解释系列回忆中的列表间位置干扰的问题、言语和视觉空间过程间的相互影响问题、记忆组块问题和统一的意识经验问题等。新增情境缓冲区之后的四成分模型如图 9.15 所示。

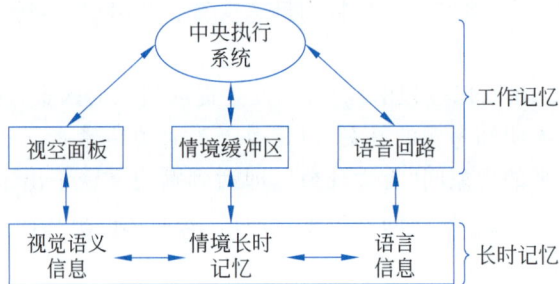

图 9.15 工作记忆的四成分模型

罗夫特(Lovett)等的 ACT-R 模型则可用于解释大量个体差异方面的研究数据。该模型把工作记忆资源看成一种注意激活,叫作源激活。源激活从当前的注意焦点扩散到与当前任务相关的记忆节点,并保存那些处于可获得状态的节点。ACT-R 是一个产生式系统,根据产生式规则的激活进行信息加工;强调加工活动对目标信息的依赖性,当前目标越强烈,相关信息的激活水平就越高,信息加工就越迅速准确。该模型认为工作记忆容量的个人差异实际上反映了"源激活"总量的差异,用参数 W 表示。而且这种源激活具有领域普遍性和单一性,语言和视觉空间信息的源激活基于相同的机制。该模型的明显缺陷在于只是用一个参数去说明复杂认知任务中的个体差异,因为工作记忆的个体差异还可能与加工速度、认知策略、已有知识技能有关,但 ACT-R 模型强调工作记忆的单一性,以详细阐明共同结构作为主要任务,能弥补强调工作记忆多样性的模型的不足。

9.4.2 工作记忆和推理

工作记忆与推理关系密切,工作记忆在推理中基本上有两个作用:一是保持信息;二是在工作记忆中形成初步的心理特征,中央执行系统的表征形式比两个子系统更为抽象一些。工作记忆是推理的核心,推理是工作记忆能力的总和。

根据工作记忆系统的概念,研究工作记忆各成分和推理之间关系一般采用"双重任务"实验范式。双重任务指的是同时进行两种任务,一个是推理任务,另一个是可以干扰工作记忆各成分的任务,称之为次级任务。干扰中央执行系统的活动是要求被试者随机产生字母或数字,或者利用声音吸引被试者的注意并做出相应行动,干扰语音环路采取的方法是要求被试者不断地发音,例如 the,the…或者按一定顺序数数,例如按 1,3,6,8 顺序数数等;对视觉空间初步加工系统干扰任务是持续的空间活动,例如被试者不看键盘,按一定顺序盲打。所有的次级任务都要保证一定的速率和正确率,并且与推理任务同时进行。双重任务的原理是两个任务同时竞争同一有限的资源。例如,对语音环路的干扰使得推理任务和次级任务同时占用工作记忆子系统语音环路的有限资源,在这种条件下如果推理的正确率下降,时间延长,我们就可以确定语音环路参与了推理过程。有一系列的研究表明次级任务对工作记忆各成分的干扰是有效的。

吉尔霍利(Gilhooly)等研究了演绎推理和工作记忆的关系。实验之一,发现呈现句子的方式会影响演绎推理的正确率,在视觉方式下的正确率比听觉方式时高,这是因为视觉方式对记忆的负荷低于听觉方式。实验之二,采用的是双重实验范式和视觉同时呈现句子的条件下,发现当有记忆负荷,即对中央执行系统进行干扰的情况下,演绎推理最容易受到影响和损害,次之是语音环路,视空加工系统最少参与。这表明在演绎推理中的表征是一种更为抽象的形式,符合推理的心理模型理论,导致了中央执行系统参与了推理活动。有可能语音环路也起了作用,因为与推理任务同时进行的语音活动减慢了,表明两种任务可能在竞争同一有限资源。在此实验中,吉尔霍利等发现被试者在演绎推理中可能运用一系列的策略,可以根据推理结果来推测被试使用的哪种策略。次级任务不同,被试使用的策略也可能不同,其对记忆的负荷也就不同;增加任务的负荷也会引起策略的变化,因为变化策略后对记忆的负荷也就降低了。1998 年,吉尔霍利等又用序列视觉呈现句子的方式采用双重任务实验范式研究工作记忆各成分和演绎推理的关系。序列呈现句子的方式比同时呈现句子的方式要求更多的存储空间。结果发现视觉空间系统和语音环路都参与了演绎推理,而且中央执行系统仍然在其中起着重要的作用。从以上结果可以得出结论,无论是序列呈现方式还是同时呈现方式,中央执行系统都参与了演绎推理;当记忆负荷增加时,有可能视觉空间系统和语音环路也参与推理过程。

9.4.3 工作记忆的神经机制

经过多年来,特别是近十年来脑科学的研究进展,已经发现思维过程涉及两类不同的工作记忆:一类用于存储言语材料(概念),采用言语类编码;另一类用于存储视觉或空间材料(表象),采用图形编码。进一步的研究表明,不仅概念和表象有各自不同的工作记忆,而且表象本身也有两种不同的工作记忆。事物的表象有两种:一种是表征事物的基本属性,用于对事物进行识别的表象,一般就称为"属性表象"或"客体表象";另一种是用于反映事物空间结构关系(与视觉定位有关)的表象,一般称之为"空间表象",或"关系表象"。空间表象不包含客体内容的信息,只包含确定客体空间位置或空间结构关系所需的特征信息。这样,我们就有 3 种不同的工作记忆。

(1) 存储言语材料的工作记忆(简称言语工作记忆):适用于时间逻辑思维。

(2) 存储客体表象(属性表象)的工作记忆(简称客体工作记忆):适用于以客体表象(属性表象)作为加工对象的空间结构思维,即通常所说的形象思维。

(3) 存储空间表象(关系表象)的工作记忆(简称空间工作记忆):适用于以空间表象(关系表象)作为加工对象的空间结构思维,即通常所说的直觉思维。

当代脑神经科学的研究成果已经证明,这 3 种工作记忆以及它们各自对应的思维加工机制,均可在大脑皮层中找到各自对应的区域(尽管有些工作记忆的定位目前还不很准确)。根据目前脑科学研究的新进展,布朗大学的布隆斯腾(S. E. Blumstein)指出,言语功能并不是定位在一个狭小的区域上(按传统观念,言语功能只涉及左脑的布洛卡区和威尼科(Wernicke)区,而是广泛地分布于左脑外侧裂周围区域上,并向额叶前部和后部延伸,包括布洛卡区、紧邻脸运动皮层的下额叶和左侧中央前回(但不包括额极和枕极)。其中布洛卡区受损将影响言语表达功能,沃尼科区受损将影响言语理解功能。但是和言语理解与表达有关的加工机制并不仅仅限于这两个区。用于暂存言语材料的工作记忆一般都认为是在"左前额叶",但具体是在左前额叶中的哪一部位,目前尚未精确定位。

与言语工作记忆相比,客体工作记忆与空间工作记忆的定位情况要准确得多。1993年,密歇根大学心理系的钟尼兹(J. Jonides)等运用当代研究脑科学的最先进测量技术之一正电子发射断层显像(Positron Emission Tomography,PET),对客体表象与空间表象的生成过程做了深入研究,得到了关于这两种表象生成机制与工作记忆定位的、富有价值的成果。PET是通过发射正电子的同位素作为标记物,将其引入脑内某一局部区域参与已知的生化代谢过程,然后用计算机断层扫描技术,将标记物参与代谢过程的代谢率以立体成像形式表达出来,因此具有定位准确、对大脑无损伤,适合于大量被试进行测试的优点。

9.5　遗忘理论

记忆是一种高级心理过程,受许多因素影响。旧联想主义者只是从结果推论原因,没有给予科学的论证。而艾宾浩斯(Hermann Ebbinghaus)则冲破冯特认为不能用实验方法研究记忆等高级心理过程的禁区,从严格控制原因来观察结果,对记忆过程进行定量分析,为此他专门创造了无意义音节和节省法。

旧联想主义者之间争论虽多,但对联想本身的机制结构从不进行分析。艾宾浩斯用字母拼成无意义音节作为实验材料,这就使联想的内容结构划一,排除了成年人用意义联想对实验的干扰。这是一项创造性工作,对记忆实验材料的数量化是一种很好的手段和工具。例如,他先把字母按一个元音和两个辅音拼成无意义的音节,构成zog、xot、gij、nov等共2300个音节,然后由几个音节合成一个音节组,由几个音节组合成一项实验的材料。由于这样的无意义音节只能依靠重复的诵读来记忆,这就创造出各种记忆实验的材料单位,使记忆效果一致,便于统计、比较和分析。例如,研究不同长度的音节组(7个、12个、16个、32个、64个音节的音节组等)对识记、保持效果的影响以及学习次数(或过度学习)与记忆的关系等。

为了从数量上检测每次学习(记忆)的效果,艾宾浩斯又创造了节省法。它要求被试者把识记材料一遍一遍地诵读,直到第一次(或连续两次)能流畅无误地背诵出来为止,并记下诵读到能背诵所需要的重读次数和时间。然后过一定时间(通常是24小时)再学再背,看看需要重读次数和时间就能背诵,把第一次和第二次的次数和时间比较,看看节省了多少次数和时间,这就叫作节省法或重学法。节省法为记忆实验创造了一个数量化的统计标准。例如,艾宾浩斯的实验结果证明:7个音节的音节组,只要诵读一次即能成诵,这就是后来被公认的记忆广度。12个音节的音节组需要读16.6次才能成诵,16个音节的音节组则要30次才能成诵。如果识记同一材料,诵读次数越多,记忆越巩固,以后(第二天)再学时节省下的诵读时间或次数就越多。

为了使学习和记忆尽量少受旧的和日常工作经验的影响,他应用了无意义音作为学习、记忆的材料。他以自己作受试者,把识记材料学到恰能成诵,过了一定时间,再行重学,以重学时节约的诵读时间或次数,作为记忆的指标。他一般以 10～36 个音节作为一个字表,在七、八年间先后学了几千个字表。他的研究成果《记忆》发表于 1885 年。表 9.4 给出了他的实验结果的一例。利用表内材料可以画成一条曲线,一般称为遗忘曲线(图 9.16)。

表 9.4　不同时间间隔后的记忆成绩

时 间 间 隔	重学节省诵读时间百分数
20 分钟	58.2
1 小时	44.2
8 小时	35.8
1 日	33.7
3 日	27.8
6 日	25.4
31 日	21.1

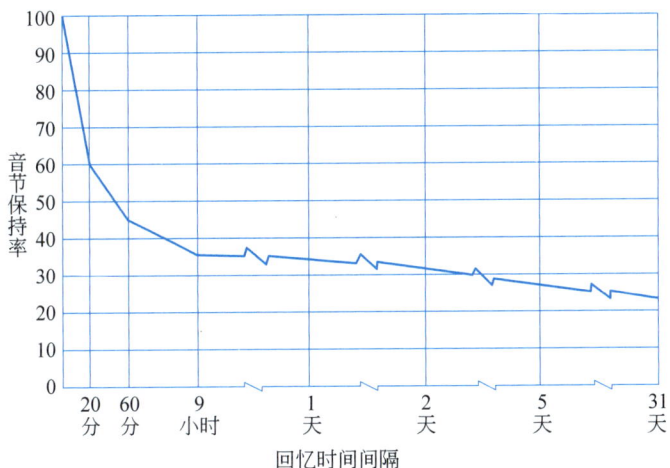

图 9.16　艾宾浩斯遗忘曲线

从艾宾浩斯的遗忘曲线中可以看到,一个明显的结果是,遗忘的过程是不均衡的:在第一个小时内,保存在长时记忆中的信息迅速减少,然后,遗忘的速度逐渐变慢。在艾宾浩斯的研究中,甚至在距初学 31 天以后,仍然存在着某种程度的节省,对所记的信息仍然有所保存。艾宾浩斯的开创性研究引发了两个重要的发现。一个是描述遗忘进程的遗忘曲线。心理学家后来用单词、句子甚至故事等各种材料代替无意义音节进行了研究,结果发现,不管要记的材料是什么,遗忘曲线的发展趋势都与艾宾浩斯的结果相同。艾宾浩斯的第二个重要发现是揭示了在长时记忆中的保存能够持续多长时间。通过研究发现,在长时记忆中信息可以保留数十年。因此,儿童时期学过的东西,即使多年没有使用,一旦有机会重新学习,都会较快地恢复到原有水平。如果不再使用,可能被认为是完全忘记,但事实上遗忘绝不是完全彻底的。

遗忘和保持是记忆矛盾的两方面。记忆的内容不能保持或者提取时有困难就是遗忘,如识记过的事物,在一定条件下不能再认和回忆,或者再认和回忆时发生错误。遗忘有各种情况:能再认不能回忆叫不完全遗忘;不能再认也不能回忆叫完全遗忘;一时不能再认或重现叫临时性遗忘;永久不能再认或回忆叫永久性遗忘。

对遗忘的原因,有各种不同的看法;归纳起来有下述 4 种。

1. 衰退说

衰退理论认为,遗忘是记忆痕迹得不到强化而逐渐减弱,以致最后消退的结果。这种说法易为人们所接受。因为一些物理的、化学的痕迹有随时间衰退甚至消失的现象。在感觉记忆和短时记忆的情况下,未经注意或重述的学习材料,可能由于痕迹衰退而遗忘。但衰退说很难用实验证实,因为在一段时间内保持量的下降,可能由于其他材料的干扰,而不是痕迹衰退的结果。有些实验已证明,即使在短时记忆的情况下,干扰也是造成遗忘的重要原因。

2. 干扰说

干扰理论认为,长时记忆中信息的遗忘主要是因为在学习和回忆时受到了其他刺激的干扰。一旦干扰被解除,记忆就可以恢复。干扰又可分前摄干扰与倒摄干扰两种。前摄干扰指已学过的旧信息对学习新信息的抑制作用,倒摄干扰指学习新信息对已有旧信息回忆的抑制作用。一系列研究表明,在长时记忆里,信息的遗忘尽管有自然消退的因素,但主要是由信息间的相互干扰造成的。一般来说,先后学习的两种材料越相近,干扰作用越大。对于不同内容的学习如何进行合理安排,以减少彼此干扰,在巩固学习效果方面是值得考虑的。

3. 压抑说

压抑理论认为,遗忘是由于情绪或动机的压抑作用引起的,如果这种压抑被解除了,记忆也就能恢复。这种现象首先是由弗洛伊德在临床实践中发现的。他在给精神病人施行催眠术时发现,许多人能回忆起早年生活中的许多事情,而这些事情平时是回忆不起来的。他认为,这些经验之所以不能回忆,是因为回忆它们时,会使人产生痛苦、不愉快和忧愁,于是便拒绝它们进入意识,将其存储在无意识中,也就是被无意识动机所压抑。只有当情绪联想减弱时,这种被遗忘的材料才能回忆起来。在日常生活中,由于情绪紧张而引起遗忘的情况也是常有的。例如,考试时,由于情绪过分紧张,致使一些学过的内容怎么也想不起来。压抑说考虑到个体的需要、欲望、动机、情绪等在记忆中的作用,这是前面两种理论所没有涉及的。因此,尽管它没有实验材料的支持,也仍然是值得重视的一种理论。

4. 提取失败

有的研究者认为,存储在长时记忆中的信息是永远不会丢失的,我们之所以对一些事情想不起来,是因为我们在提取有关信息的时候没有找到适当的提取线索。例如,我们常常有这样的经验,明明知道对方的名字,但就是想不起来。提取失败的现象提示我们,从长时记忆中提取信息是一个复杂的过程,而不是一个简单的"全或无"的问题。如果没有关于某一件事的记忆,即使给我们很多的提取线索我们也想不出来。但同样,如果没有适当的提取线索,我们也无法想起曾经记住的信息。这就像在一个图书馆中找一本书,我们不知道它的书名、著者和检索编号,虽然它就放在书库中,我们也很难找到它。因此,在记忆一个词义的同时,尽量记住单词的其他线索,如词形、词音、词组和语境等,会帮助我们在造句时想起这个词。

在平常进行阅读时,信息的提取非常迅速,几乎是自动化过程。但有些时候,信息的提取需要借助于特殊的提取线索。提取线索使我们能够回忆起已经忘记的事情,或再认出存储在记忆中的东西。当回忆不起一件事情时,应该从多方面去寻找线索。一个线索对提取的有效性主要依赖于以下条件。

(1) 与编码信息联系的紧密程度。在长时记忆中,信息经常是以语义方式组织的,因此,与信息意义紧密联系的线索往往更有利于信息的提取。例如,触景生情,我们之所以浮想联翩是因为故地的一草一木都紧密地与往事联系在一起,它们激发了昔日的回忆。

(2)情境和状态的依存性。一般来说,当努力回忆在某一环境下学习的内容时,人们往往能够回忆出更多的东西。因为事实上我们在学习时,不仅将要记的东西予以编码,也会将许多发生在同时的环境特征编入了长时记忆。这些环境特征在以后的回忆中就成为有效的提取线索。环境上的相似性有助于或有碍于记忆的现象叫作情境依存性记忆。

同外部环境一样,学习时的内在心理状态也会被编入长时记忆,作为一种提取线索,叫作状态依存性记忆。例如,如果一个人在饮酒的情况下学习新的材料,而且测试也在饮酒的条件下进行,回忆结果一般会更好些。在心情好的情况下,人们往往回忆出更多美好的往事;而当人们心绪不佳时,往往更多记起的是倒霉事。

(3)情绪的作用。个人情绪状态和学习内容的匹配也影响记忆。在一项研究中,让一组被试者阅读一个包含有各种令人高兴和令人悲伤事件的故事,然后在不同条件下让他们回忆。结果显示当人感到高兴时,回忆出来的更多的是故事中的快乐情境,而在悲哀时则相反。已有研究表明,心境一致性效应既存在于对信息的编码中,也包含在对信息的提取里。情绪对记忆的影响强度取决于情绪类型、强度和要记的信息内容。一般来说,积极情绪比消极情绪更有利于记忆,强烈的情绪体验能导致异常生动、详细、栩栩如生的持久性记忆。此外,当要记的材料与长时记忆中保持的信息没有多少联系时,情绪对记忆的作用最大。这可能是由于在这种情况下情绪是唯一可用的提取线索。

艾宾浩斯的研究是心理学史上第一次对记忆的实验研究,它是一项首创性的工作,为实验心理学打开了一个新局面,即用实验法研究所谓高级心理过程,如学习、记忆、思维等。在方法上力求对实验条件进行控制和对实验结果进行测量;激起了各国心理学家研究记忆的热潮,大大促进了记忆心理学的发展。艾宾浩斯虽然对记忆实验作出了历史性的贡献,但它也和任何新生事物一样,不可能是完美无缺的。其主要缺点是:艾宾浩斯对记忆过程的发展只作了定量分析,对记忆内容性质上的变化没有进行分析;他所用的无意义音节是人为的,脱离实际,有很大的局限性;他把记忆当作机械重复的结果,没有考虑到记忆是个复杂的主动过程。

9.6 记忆-预测理论

霍金斯相信智能是大量群集的神经元涌现的行为,用基于记忆的世界模式产生连续不断地对未来事件的一系列预测。2004 年,他提出了记忆-预测理论,认为智能是以对世界模式的记忆和预测能力来衡量的,这些模式包括语言、数学、物体的物理特性以及社会环境。大脑从外界接收模式,将它们存储成记忆,然后结合它们以前的情况和正在发生的事情进行预测。

大脑的记忆模式为预测创造了充分条件,可以说智能就是基于记忆的预测行为。大脑皮层的记忆具有如下属性。

(1)存储的是序列模式。

(2)以自联想方法回忆模式。

(3)以恒定的形式存储模式。

(4)按照层次结构存储模式。

9.6.1　恒定表征

图 9.17 显示了识别物体的前 4 个视皮质区域,分别用 V1、V2、V4、IT 表示。V1 表示条纹状视觉皮层区域,它对图像很少进行预处理,但包含着丰富的图像细节信息。V2 进行视觉映射,视觉图谱信息少于 V1。视觉输入用向上的箭头表示,始于视网膜,从图 9.17 中的底部开始传递到 V1 区。这个输入表示随时间变化的模式,由大约 100 万个神经轴突组成的视觉神经传输。

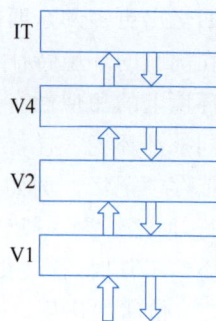

图 9.17　识别物体的前 4 个视皮质区域

在从视网膜到 IT 区的 4 个不同层次的区域中,细胞从快速变化、空间相关、能识别细微特征的细胞,逐渐变成了稳定激活、空间无关、能识别物体的细胞。例如,IT 细胞的"人脸细胞",只要有人脸,就会被激活,不管出现的人脸是倾斜的、旋转的还是部分被遮盖的,这是"人脸"的恒定表征。

当考虑预测时反馈连接很重要,大脑需要将输入信息送回到最初接收输入的区域。预测需要比较真正发生的事情和预期发生的事情。真正发生的事情的信息会自下而上流动,而预期发生的事情的信息会自上而下流动。

9.6.2　大脑皮层区的结构

大脑皮层的细胞密度和形状从上到下是有差异的,这种差异造成了分层。最顶部的第一层是 6 层中最独特的,包含的细胞很少,主要由一层平行于皮质表面的神经轴突组成。第 2、3 层比较类似,主要由很多紧挨在一起的金字塔形细胞组成。第 4 层由星形细胞组成。第 5 层既有一般的金字塔形细胞,还有一种特别大的金字塔形细胞。最下面的第 6 层也有几种独特的神经元细胞。

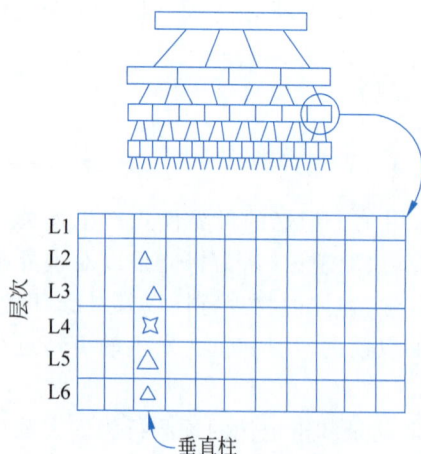

图 9.18　脑区的层次和垂直柱

图 9.18 展示脑区的层次,同时一起协同工作的纵向细胞单元组成的垂直柱。每个垂直柱中的不同分层都通过上下延伸的轴突互相连接,并形成神经突触。在 V1 区的垂直柱有些对某方向的倾斜的线段(/)发生反应,而另一些会对朝另一个方向倾斜的线段(\)发生反应。每个垂直柱中的细胞都紧密互联,它们整体会对相同刺激产生反应。第 4 层的激活细胞会让在它之上的第 3、2 层的细胞激活。然后又会让它之下的第 5、6 层的细胞激活。信息在同一个垂直柱的细胞中上下传播。霍金斯认为,垂直柱是进行预测的基本单元。

运动皮层(M1)中的第 5 层细胞与肌肉以及脊髓中的运动分区存在着直接的联系。这些细胞高度协同地不断激活和抑制,让肌肉收缩,驱动运动。在大脑皮质的每个区域中都遍布第 5 层细胞,在各种类型的运动中都发挥作用。

第 5 层细胞的轴突进入丘脑区,连接到某类非特定的细胞上。这些非特定的细胞又会将轴突投射回大脑皮质不同区域的第 1 层中。这个回路正像自联想记忆中能够学会形成序列的延时反馈。第 1 层承载着大量信息,包括序列的名字以及在序列中的位置。利用第 1 层的这两种信息,一个皮层区域就能够学习和回忆模式序列了。

9.6.3 大脑皮层区如何工作

大脑皮层具有 3 种回路:沿皮层体系向上的模式会聚,沿皮层体系向下的模式发散,以及通过丘脑形成延时反馈,对大脑皮层区完成所需的功能极为重要。这些功能包括如下内容。

(1)大脑皮层区如何将输入模式分类?

(2)如何学习模式序列?

(3)如何形成一个序列的恒定模式或者名字?

(4)如何做出具体的预测?

大脑皮质的垂直柱中,来自较低区的输入信息激活了第 4 层细胞,导致该细胞兴奋。接着第 4 层细胞激活了第 2、3 层细胞,然后是第 5 层,进而导致第 6 层细胞被激活。这样,整个垂直柱就被低层区输入信息激活了。当其中一些突触随着第 2、3、5 层的激活而激活时,这些突触就会得到加强。如果这种情况发生足够多次,第 1 层的这些突触就会变得足够强,能够让第 2、3、5 层的细胞在第 4 层细胞没有激活的情况下也被激活。这样,第 2、3、5 层细胞就能根据第 1 层的模式预测应该何时激活。在这种学习前,垂直柱细胞只能被第 4 层细胞激活。而在学习之后,垂直柱细胞能够根据记忆获得部分的激活。当垂直柱通过第 1 层中的突触激活时,它就是在预测来自下方较低区的输入信息,这就是预测。

第 1 层接收的输入信息一部分来自相邻垂直柱和相邻区的第 5 层细胞,这些信息代表了刚刚发生的事件。另一部分来自第 6 层细胞,是稳定的序列名字。如图 9.19 所示,第 2、3 层细胞的轴突通常会在第 5 层形成突触,而从较低区到第 4 层的轴突也会在第 6 层形成突触。这两种突触在第 6 层的交集同时接收两种输入信息就会被激活,根据恒定记忆作出具体预测。

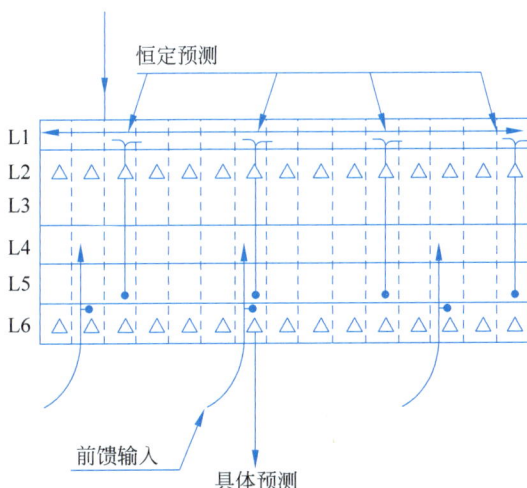

图 9.19 根据恒定记忆大脑皮层区作出具体预测

作为普遍规律,沿着大脑皮层向上流动的信息是通过细胞体附近的突触传递的。因此,向上流动的信息在传递过程中越来越确定。同样,作为普遍规律,沿着大脑皮层向下流动的反馈信息是通过细胞体远处的突触传递的。远距离的细树突上的突触能够在细胞激活中扮演积极且具有高度特异性的角色。通常情况下,反馈的轴突纤维要比前馈的多,反馈信息能够迅速准确地引起大脑皮层第 2 层中多组细胞激活。

9.7　互补学习记忆

9.7.1　海马体

一般认为,记忆的生理基础与新皮质和海马有关。端脑表面所覆盖的灰质称为大脑皮层。依据进化,大脑皮层分为古皮层(Archeocortex)、旧皮层(Paleocortex)和新皮层。古皮层与旧皮层与嗅觉有关,是三层的皮层,总称为嗅脑。人类新皮层高度发达,约占全部皮层的 96%。

新皮层发展为 6 层,如图 9.20 所示。第一层是皮质内部神经元投射信息交汇的地方。底下 L2/3 和 L5 层的锥体细胞投射上来轴突和顶树突,在这里交汇,这里的神经元细胞很少,其中大部分都是抑制性的。L2/3 层有各种神经元,主要是小锥体细胞,构建皮层内的局部回路,这些锥体细胞主要连接是在皮质内部,但也有连到胼胝体的。L4 主要是颗粒性细胞,胞体较小而密集,负责接收丘脑传递的感觉信号。L5 主要负责传出信号,包含了最大的锥体细胞,将轴突投射到其他不同的脑区。L6 也是主要负责传出信号,但也接收丘脑传入的反馈信号。

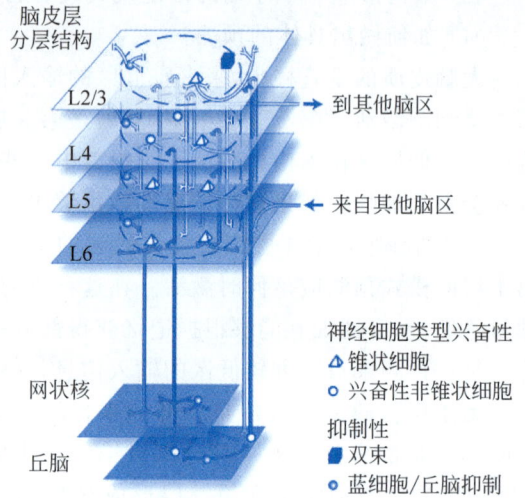

图 9.20　新皮层的分层结构

新皮层记忆结构化的知识,存储在新皮层神经元之间的连接中。当多层神经网络训练时,逐渐学会提取结构,通过调整连接权值,使网络输出的误差最小化,成为相对稳定的长时记忆。

海马体是大脑内部一个大的神经组织,它处于大脑半球内侧面皮层和脑干连接处。海马体由海马、齿状回和海马台组成。海马呈层形结构,没有攀缘纤维,而有许多侧枝。构成海马的细胞有两类,即锥体细胞和蓝细胞。在海马中,锥体细胞的细胞体组成层状并行的锥体细胞层,它的树突是沿海马沟的方向延伸。蓝细胞的排列非常有序。图 9.21 给出了海马体的构造。

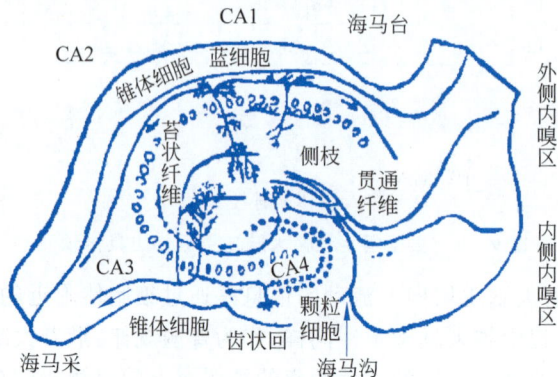

图 9.21　海马体的构造

海马区在存储信息的过程中扮演着至关重要的角色。短时记忆存储在海马体中。如果一个记忆片段,例如一个电话号码或者一个人在短时间内被重复提及的话海马体就会将其转存入大脑皮层,成为长时记忆。存入海马体的信息如果一段时间没有被使用,就会自行被"删除",也就是被忘掉了。而存入大脑皮层的信息也并不是完全永久的,当你长时间不使用该信息的话大脑皮层也许就会把这个信息给"删除"掉了。有些人的海马体受伤后就会出现失去部分或全部记忆的状况。记忆在海马体和大脑皮层之间的传递过程要持续几周,并且这种传递可能在睡眠期间仍然进行。

一些研究者运用 PET 技术来研究与陈述性记忆或外显记忆有关的大脑结构。当被试者完成陈述性记忆任务时右侧海马的脑血流量要比完成程序性记忆任务时的更高一些。这一发现支持海马结构在陈述性记忆中起到重要作用的观点。

9.7.2 互补学习系统

根据马尔早期的想法,斯坦福大学心理学教授麦克莱伦德(James L. McClelland)于 1995 年提出了互补学习系统(Complementary Learning Systems,CLS)理论。该理论认为人脑学习是两个互补学习系统的综合产物。一个是大脑新皮层学习系统,通过接受体验,慢慢地对知识与技能进行学习。另一个是海马体学习系统,记忆特定的体验,并让这些体验能够进行重放,从而与新皮层学习系统有效集成。2016 年,谷歌深度思维的库玛拉(Dharshan Kumaran)、哈萨比斯(Demis Hassabis)和斯坦福大学的麦克莱伦德在《认知科学趋势》刊物上发表文章,拓展互补学习系统理论。大脑新皮层学习系统是结构化知识表示,而海马体学习系统则迅速地对个体体验的细节进行学习。文章对海马体记忆重放的作用进行了拓展,指出记忆重放能够对体验统计资料进行目标依赖衡量。通过周期性展示海马体踪迹,支持部分泛化形式,新皮层对于符合已知结构知识的学习速度非常迅速。最后,文章指出了该理论与人工智能的智能体设计之间的相关性,突出了神经科学与机器学习之间的关系。

图 9.22 给出大脑半球的侧视图。其中虚线表示大脑内或深处的区域内侧表面,主要感觉和运动皮层显示为浅灰色。内侧颞叶(Medial Temporal Lobe,MTL)包围虚线,海马以深灰色和周围的内侧颞叶皮质浅灰色(大小和位置是近似的)。灰色箭头表示整合的新皮层关联区域内和之间,以及在这些区域和模态特定区域之间的双向连接。黑色箭头表示新皮质区域和内侧颞叶之间的双向连接。黑色和灰色连接是互补学习系统理论中结构敏感的新皮层学习系统的一部分。内侧颞叶内的黑色箭头表示海马内的连接,较浅灰色的

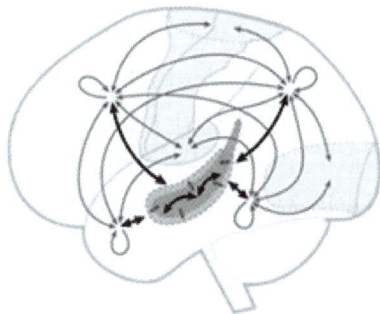

图 9.22 大脑半球的侧视图

箭头表示海马之间的连接和周围的内侧颞叶皮质:这些连接表现出快速突触可塑性,这对将事件的元素快速结合成整合的海马表示非常重要。系统级合并涉及重播期间通过用蓝色箭头指示的途径扩散到新皮层关联区域的海马活性,从而支持在新皮层内连接(绿色箭头)内的学习。系统级合并是在记忆检索时完成,重新激活相关的新皮层表示集成,可以在无海马情况下完成。

图 9.23 给出海马子区域、连通性和表示示意图,其中圆形或三角形表示神经元细胞体,淡灰色线条表示高可塑性突触的投影,而灰色显示相对稳定的可塑性突触的投影。互补学习系统理论框架内的工作依赖于内侧颞叶分区的生理特性。在体验期间,来自新皮层的输入在内

嗅皮层(Entorhinal Cortex,ERC)中产生激活的模式,可以被认为是压缩描述的贡献皮层区域中的模式。图 9.23 中内嗅皮层的说明性活动神经元以蓝色显示。内嗅皮层神经元产生投射到海马体的 3 个分区:齿状回(Dentate Gyrus,DG)、CA1 和 CA3。

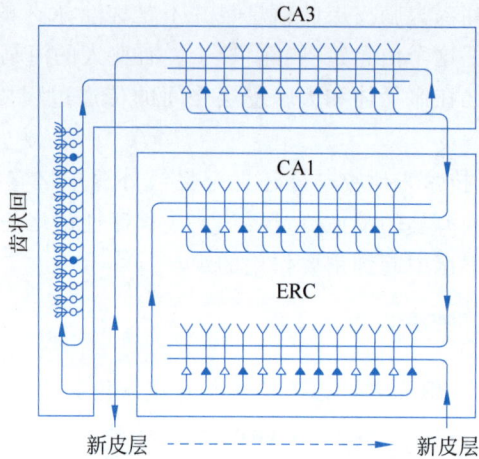

图 9.23　海马的子区域、连通性和表示的示意图

海马体学习系统实现模式选择和模式分离。新的内嗅皮层模式激活一组以前未提交的齿状回神经元,图 9.23 中显示红色,这些神经元可能是相对年轻的神经元,通过神经发生创建。这些神经元,反过来,通过大的"引爆突触"选择 CA3 中的神经元的随机子集。在从齿状回投影到 CA3 表示为红点,用作 CA3 中的记忆表示,确保新 CA3 模式与用于其他记忆的 CA3 模式尽可能不同,包括用于经验的模式,类似于新的经验。来自活动的 CA3 神经元反复连接到其他活动 CA3 神经元上,表示体验增强,使得相同神经元的子集稍后变为活动,其余的模式将被重新激活。从内嗅皮层到 CA3 的直接连接也得到加强,允许内嗅皮层输入在检索期间直接激活 CA3 中的模式,而不需要齿状回参与。

从内嗅皮层到 CA1 和背部的连接改变相对缓慢,允许 CA1 和内嗅皮层之间的模式相对稳定对应。在记忆编码期间,当 CA1 模式与相应的 CA3 模式被重新激活时,从活动的 CA3 神经元到活动的 CA1 神经元连接加强。从 CA1 到 ERC 的稳定连接则允许适当的模式有待重新激活,内嗅皮层和新皮层区域之间稳定的连接传播模式到大脑皮层。重要的是,CA1 和内嗅皮层之间,以及内嗅皮层和新皮层之间的双向投影,支持内嗅皮层和新皮层模式的可逆CA1 表示的形成和解码,并允许重复计算。这些连接不应该快速改变给定的记忆中海马的扩展作用,否则在海马中存储的记忆在新皮层中难以恢复。

图 9.24 解释了海马的连接编码、模式分解和合成。图 9.24 (a)给出有 5 个输入端连接 10个输出端,每个输出端连接 2 个不同模式的输入。每个连接单元检测相邻输入单元的活动。齿状回可以使用高阶的连接,放大这些影响。图 9.24 (b)说明模式分离函数的一般形式,显示在输入和输出之间的关系重叠。箭头表明图 9.24(a)中输入和输出的重叠。图 9.24(c)表示模式分解和合成的情况与 CA3 相关,在那里输入低的重叠减小少,而较高的输入重叠减小多。

模式分解和合成是根据影响神经活动模式之间的重叠或相似性的变换来定义的。模式分解使得类似模式通过连接编码更清晰,其中每个输出神经元仅响应于有效输入神经元的特定组合。图 9.24(a)和图 9.24(b)显示了这种情况如何发生。模式分解是在齿状回中实现的,使用高阶连接减少重叠。

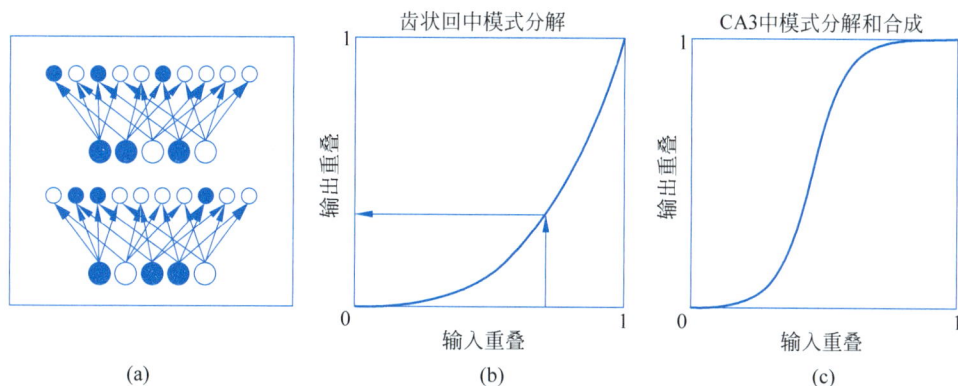

图 9.24 海马体连接的编码、模式分解和合成

模式合成是一个过程,需要采集模式的片段和填补其余的功能。采集与熟悉模式相似的模式,使它更加类似于它。计算模拟已经表明 CA3 区域组合分离的模式特征和合成,使得中等和高度重叠,导致模式合成并保存在记忆中,而重叠较少的模式导致创建一个新的记忆,如图 9.24(c)所示。这种情况下,当环境输入在内嗅皮层中产生类似于先前模式的模式时,CA3输出更接近其先前已在内嗅皮层模式的模式。然而,当环境在内嗅皮层上产生与以前记忆模式重叠低的输入时,齿状回在 CA3 中创建新的、统计独立的细胞群。新出现的证据建议模式合成(以及海马处理的其他特征)所需的重叠量可以发生在海马近端末梢和背腹侧轴,并可能由神经调节因子(如乙酰胆碱)形成。研究指出,CA3 和 CA1 分区之间的差异在于它们的神经活动模式对环境变化的响应。广义上讲,CA1 分区倾向于反映来自在内嗅皮质的输入重叠程度,而 CA3 更多显示反映模式分解或合成的不连续响应。

第 10 章

思　　维

　　思维是客观现实的反映过程,这个过程构成了人类认识的高级阶段。思维提供关于客观现实的本质的特性、联系和关系的知识,在认识过程中实现着"从现象到本质"的转换。与感觉和知觉,即与直接感性反映过程不同,思维是对现实的非直接的、经过复杂中介的反映。思维以感觉作为自己唯一的源泉,但是它超越了直接感性认识的界限,并使人能够得到关于它的感觉器官所不可能感知的现实的那些特性、过程、联系和关系的知识。

10.1　概述

　　思维是具有意识的人脑对于客观现实的本质属性、内部规律性的自觉的、间接的和概括的反映。思维的本质是具有意识的头脑对于客体的反映。"具有意识的头脑"的含义是有知识的头脑,又是具有自觉摄取知识的习性的头脑。"对于客体的反映"是反映客体的内在联系和本质属性,而不是表面现象的反映。

　　思维最显著的特性是概括性。思维之所以能揭示事物的本质和内在规律性的关系,主要来自抽象和概括的过程,即思维是概括的反映。所谓概括的反映,是指所反映的不是个别事物或其个别特征,而是一类事物的共同的本质的特性。思维的概括性不只表现在它反映客观事物的本质特征上,也表现在它反映事物之间本质的联系和规律上。例如,地球围绕太阳旋转,通过感知,人只能反映地球和太阳在空间上的关系。而像地球围绕太阳旋转这类事物内部的联系,则是通过思维活动才能获得的,是人经过实践活动,通过概括、判断、推理,才能获得的反映,这就是著名的万有引力定律。万有引力公式

$$F = G\frac{m_1 m_2}{r^2} \tag{10.1}$$

定量地表述了宏观世界中两个物体间相互作用的图景,即相互作用的力与两个物体的质量乘积成正比,与它们之间的距离的平方成反比。

　　所谓间接的反映,是指不是直接地,而是通过其他事物的媒介来反映客观事物。首先,思维凭借着知识经验,能对没有直接作用于感觉器官的事物及其属性或联系加以反映。例如,中医专家通过望、闻、问、切四诊所获得的种种信息就可以确定病人的症状和体征,通过现象揭示事物的本质和内在规律性的关系。

　　正是由于思维的概括的、间接的性质,通过思维、人就可以认识那些没有直接作用于人的种种事物或事物的属性,也可以预见事物的发展变化进程。人不能直接感知光的运动速度,但通过实验可以间接地推算出光速 30 万千米每秒,人可以掌握直接感觉领域以外的东西,思考

的东西的领域比感知的东西的领域要广阔。假设、想象都是通过思维的间接性作为基础的。思维的这种间接性使思维能够反作用于实践，指导实践，变成科学和理论，并揭示事物发展的可能性。

思维之所以有间接性，关键在于知识与经验的作用。没有知识经验作为中介，思维的间接性就无法产生。思维的间接性是随着主体知识经验的丰富而发展起来。当然，思维的间接性问题，也反映了思维与记忆的相互关系，有了记忆，人才能积累知识，丰富经验，为思维提供材料。

在心理学史上，真正把思维当作心理学专门研究课题的则是从冯特的学生丘尔佩(O Kulpe)开始。他和他的学生在符兹堡大学对思维心理学进行了大量的研究，形成了符兹堡学派，也叫作思维心理学派。

格式塔心理学着重研究了思维，并且开始研究儿童思维。他们提出课题在思维活动中的作用。他们认为思维是一个过程，是由问题情境中的紧张而产生的。在问题情境中能否产生紧张，也就是能否构成思维过程的课题，这在思维活动中起动力作用。顿悟是重要的学习理论之一。格式塔心理学认为，思维过程从紧张到解除紧张，是由问题情境的不断改组而最后取得解决的。用他们的术语说，就是"完形"的不断改组，直到领悟了问题内在的相互关系，就产生了"顿悟"。

顿悟学说是格式塔心理学借以对抗桑代克的尝试错误学说的。柯勒在对黑猩猩学习的实验中，发现一系列特点：①黑猩猩常常出现很长的停顿，它们表现出迟疑不决，并环顾四周的环境；②停顿表现为它们前后行动的转折点，停顿前的盲目行动，犹豫困惑，与停顿后的顺序前进，目的明确，造成强烈的对比；③停顿或转折后出现了一个不间断的动作序列，形成了一个连续完整体，正确地解决了问题，取得了目的物。于是柯勒等认为高等动物和人类的学习、思维，根本不是对个别刺激作个别反应，而是对整个情境作有组织的反应的过程；不是由于盲目的尝试，而是由于对情境有所顿悟而获得成功的。所谓顿悟，就是领会到自己的动作为什么和怎样进行，领会到自己的动作和情境，特别是和目的物的关系。对创造性思维也进行了一定的研究。

行为主义认为思维是无声的语言，是行为。华生认为，思想只是自己对自己说话。斯金纳认为，思想仅仅是一种行为，语词的或非语词的，隐蔽的或公开的。行为主义并不承认思维是脑的机能，而是全身肌肉，特别是喉头肌肉的内隐的活动。在对儿童思维或学习的研究方法上，行为主义反对内省，提倡实验。行为主义采用条件反射研究儿童的再现性思维的发展，说明思维、学习等是通过条件反射习得的。

瑞士"日内瓦学派"的创始人皮亚杰是当代一位最著名的儿童心理学家或发生认识论专家。皮亚杰一生从事儿童思维活动的研究，发表了30多本著作，100多篇论著。他把认知、智力、思维、心理视为同义语。他把生物学、数理逻辑、心理学、哲学等方面的研究综合起来，建立了自己的结构主义的儿童心理学或者发生认识论。1955年，他集合各国著名的心理学家、逻辑学家、语言学家、控制论学者、数学家、物理学家等共同研究儿童认知的发生发展问题，在日内瓦建立了"发生认识论国际研究中心"。

维果斯基是苏联"维列鲁"心理学派的创始人。他的《思维和语言》一书，是苏联思维发展心理学的一本指导性著作；在这本书中，他指出了思维的生活制约性，客观现实对思维的决定作用，并提出思维是人的过去经验参与解决面临的新问题，是人脑借助于言语实现的分析综合活动；在这本著作中，他对儿童，特别是学龄前早期儿童的思维形成条件提出了一些见解。他指出，儿童的脑所具有的自然的思维发展的可能性，是在成年人的调节下与环境发生相互作用的过程中实现的。儿童对实体世界的关系是以对教育他的人们的关系为中介的。主要利用言语实现与人们的交际,是儿童思维发展的特殊条件。维果斯基指出,学生理解的发展表现在概念形成过程的完善化中,真正的概念的形成似乎只是从少年时期开始的。他注意到思维与其他心理现象的关系,特别是思维与情绪、情感因素的联系。维列鲁学派对皮亚杰的发生认识论进行了研究。维果斯基肯定了皮亚杰在儿童的言语和思维的发展理论上的贡献,对皮亚杰关于儿童的自我中心言语的观点提出批评。维果斯基和他的学生列昂节夫(А. Н. Леонтъев)和鲁利亚(А. Р.Лурия)合作,对儿童的自我中心言语的功能与作用问题进行了实验和临床研究,证明自我中心言语产生的原因和它的作用,指出自我中心言语是为解决困难服务的,是形式上的外部言语与功能上的内部言语的结合。这种自我中心言语通过社会言语——自我中心言语——内部言语的图式,逐渐从外部言语向内部言语过渡,它在儿童对周围环境中的定向与调节自己的活动中起着重要的作用。

瑞士"日内瓦学派"的创始人皮亚杰是当代一位最著名的儿童心理学家或发生认识论专家。皮亚杰一生从事儿童思维活动的研究,发表了 30 多本著作,100 多篇论著。他把认知、智力、思维、心理视为同义语。他把生物学、数理逻辑、心理学、哲学等方面的研究综合起来,建立了自己的结构主义的儿童心理学或者发生认识论。1955 年,他集合各国著名的心理学家、逻辑学家、语言学家、控制论学者、数学家、物理学家等共同研究儿童认知的发生发展问题,在日内瓦建立了"发生认识论国际研究中心"。

1995 年,美国加州大学心理学系的若宾(Nina Robin)等发表了一篇题为"前额叶皮层的功能和关系复杂性"的论文,从"前额叶皮层"是控制人类最高级思维形式的神经生理基础出发,试图探索出人类最高级思维模型与脑神经机制之间的联系。若宾等认为,人类思维对于事物的本质属性和事物之间内在联系规律性所做的反映,实际上可看成对事物之间存在的各种关系所作出的反映。根据数理逻辑中谓词逻辑的表述方式,事物本身所具有的本质属性也可看成一种最简单的关系——一元关系;事物之间的相互联系则可看成 n 元关系。n 是关系的维度,n 越大,关系的复杂程度越高。换言之,n 可作为描述关系复杂性的指标。在此基础上,若宾等提出了一种用于确定关系复杂性的理论框架。然后,又根据当代脑神经科学所取得的成就,对前额叶皮层结构与机能的新认识,把对不同水平关系复杂性的处理和前额叶皮层中不同部位的控制机能联系起来,从而使我们对人类高级思维过程的认识,不仅建立在心理学的基础之上,而且深入到大脑内部的神经生理机制,因而有更为科学、更为坚实的基础。若宾等在其论文中并未使用创造性思维这个术语,而是采用"最高级思维形式""最独特思维形式"或"高水平认知"等概念。从该论文力图处理最高复杂程度的关系以及对"最高级""最独特"的强调来看,作者所说的"最高级思维"其本意应当是指"创造性思维"。不过,就该论文中关于"最高级思维"的实际含义来看,若宾等所提出的、用于处理关系复杂性的理论框架,实质上是一种建立在脑神经科学基础上的逻辑思维。尽管它还不是创造性思维模型,但是它对真正创造性思维模型的建立将具有一定的启迪意义。

若宾等的高级思维模型建立在他们提出的"关系复杂性"的理论框架基础上。所谓"关系复杂性"是由关系中独立变化维数的数量 n 来决定,因而根据 n 的大小值即可给出不同关系的复杂性水平。

水平 1——一维函数关系,描述事物具有某种属性(若宾称之为"归因图式")。

水平 2——二维函数关系,描述两种事物之间的二元关系(若宾称之为"关系图式")。

水平 3——三维函数关系,描述三种事物之间的三元关系(若宾称之为"系统图式")。

水平 4——n 维函数关系($n>3$)，描述 n 种事物之间的 n 元关系(若宾称为"多系统图式")。

若宾等认为，人类用来解决实际问题的各种知识不外乎两大类：明确的关系知识和内隐的关系知识。明确的关系知识以有意识的、可一步步进行逻辑推理的思维加工为基础；内隐的关系知识则以无意识(即潜意识)的、快速的直觉思维加工为基础。若宾等通过脑神经解剖和电生理测量证实，前额叶皮层的主要功能就是获取和运用"明确的关系知识"(换句话说，前额叶皮层是实现逻辑推理的主要神经生理基础)。"关系复杂性理论"则是专门处理"明确的关系知识"的理论，所以下面只对这类知识进行讨论。

若宾指出，即使是婴儿也能根据客观的整体相似性而把一个苹果同另外一个苹果归为一类；但是如果要求按事物相同的颜色(只考虑颜色属性而忽略其他属性)，把红苹果和红积木归为一类，那就需要在年龄稍大一些才有可能。若宾认为，这是因为前者是使用"内隐的关系知识"的潜意识加工，后者则要求儿童应能把角色与角色的填充符区分开才能做到。如上所述，区分角色就是按某种属性对某一类事物进行概括的过程，这实际上是一种逻辑思维(尽管是最初步的逻辑思维)过程。婴儿出生不久可以具有整体、直觉思维，但是逻辑思维则要到少年时代乃至 16～17 岁才能最后形成。正是在这个意义上，若宾等把逻辑思维称为"最高级的思维形式"。

所谓关系复杂性理论框架，就是建立在谓词逻辑基础上、专门用于表征"明确的关系知识"的一套知识表征系统，利用该系统可以方便地确定当前所处理知识的复杂性水平(由最简单到最复杂分成 1、2、3、4 四个等级)。

在上述"关系复杂性"理论框架的基础上，若宾等根据当代神经解剖学和脑细胞电生理测量的证据，对前额叶皮层的结构与功能作了较深入的研究，指出前额叶皮层主要包括主沟及其周围的背侧部、弓沟及其周围部位及眶额部等 3 个组成部分，每一部分所具有的功能都是处理事物之间的复杂关系，即实现逻辑思维所必不可少的。

(1) 主沟及其周围的背侧部：负责控制注意、工作记忆，制定计划，并对刺激-反应这类偶然性事件的学习有一定影响。换言之，若大脑的这一部位受损伤，这几种与逻辑思维密切相关的心理操作将无法执行。

(2) 弓沟及其周围部位：这一部位对于刺激-反应这类条件性偶然事件的学习起决定作用，尤其是对突发事件的反应及处理更是至关重要。

(3) 眶额部：负责选择性反应和情绪控制。这一部位受损，将影响选择性作业(从背景中选出目的物和抵制干扰的能力)，使情绪波动、情感障碍乃至人格变异。

对于具有时间顺序性和目标指向性的行为控制，则需上述 3 部分协同工作才有保证。若宾等还对思维过程中不同信息加工情况的关系复杂性水平作了具体分析。例如，如果必须在一定时间内顺序地对多种信息进行整合，就势必会增加作业的关系复杂性：首先，顺序性即时间上的分离有碍于将不同信息组成更大的组块，于是就需要将原来的信息分为若干独立而相关的单元来进行加工，这就会出现二元关系(关系图式)、三元关系(系统图式)甚至 n 元关系(多系统图式)。与此同时，在思维加工过程中，还要为每一维度的信息提供暂时的工作记忆，以便等待该 n 元关系中最后一个维度信息的到来(这时才能对该 n 元关系作出处理)。显然，这将会大幅增加前额叶皮层关于工作记忆和注意分配的负担。此外，若宾等运用关系复杂性理论还对"顺序回忆作业"和"非顺序回忆作业"的关系复杂性水平作了定量的对比分析，其结论是前者远远高于后者。

总之，若宾等建立在关系复杂性理论框架基础上的高级思维模型，由于有神经解剖学和电生理测量证据的有力支持,使人类对整个逻辑思维的心理操作过程有了更为深刻的认识。这是到目前为止,在基于脑神经科学的逻辑思维模型中给人印象较深的一个模型。

在国内,20 世纪 80 年代初,钱学森倡导开展思维科学的研究。"思维科学"(Noetic Science)这一概念在中国近代最早是南叶青于 1931 年在一篇题为《科学与哲学》的文章中提出来的。他把自然、社会和思维 3 种现象放在同一层面上进行了严格的界定,然后指出,自然、科学和思维的根本区别就在于"自然现象是不经过人的行为就已经存在的,社会现象是要经过人的行为才能够存在的。思维现象是未经过人的行为,因而未外化成事实的观念作用和观念形态"。

1984 年,钱学森提出思维科学的研究,研究思维活动规律和形式,并把思维科学划分为思维科学的基础、思维科学的技术科学和思维科学的工程技术 3 个层次。思维科学的基础科学研究思维活动的基本形式——逻辑思维、形象思维和灵感思维,并通过对这些基本思维活动形式的研究,揭示思维的普遍规律和具体规律。因此,思维科学的基础科学可有若干分支,如逻辑思维学、形象思维学等。个体思维的累积和集合,构成社会群体的集体思维。研究社会群体集体思维的是社会思维学。

10.2　思维的形态

人类思维的形态主要有感知思维、形象(直感)思维、抽象(逻辑)思维和灵感(顿悟)思维。感知思维是一种初级的思维形态。在人们开始认识世界时,只是把感性材料组织起来,使之构成有条理的知识,所能认识到的仅是现象。在此基础上形成的思维形态即是感知思维。人们在实践过程中,通过眼、耳、鼻、舌、身等感官直接接触客观外界而获得的各种事物的表面现象的初步认识,它的来源和内容都是客观的、丰富的。

形象思维主要是用典型化的方法进行概括,并用形象材料来思维,是一切高等生物所共有的。形象思维是与神经机制的连接论相适应的。模式识别、图像处理、视觉信息加工都属于这个范畴。

抽象思维是一种基于抽象概念的思维形式,通过符号信息处理进行思维。只有语言的出现,抽象思维才成为可能,语言和思维互相促进,互相推动。可以认为物理符号系统是抽象思维的基础。

对灵感思维至今研究甚少。有人认为,灵感思维是形象思维扩大到潜意识,人脑有一部分对信息进行加工,但是人并没有意识到。也有人认为,灵感思维是顿悟。灵感思维在创造性思维中起重要作用,有待进行深入研究。

人的思维过程中,注意发挥重要作用。注意使思维活动有一定的方向和集中,保证人能够及时地反映客观事物及其变化,使人能够更好地适应周围环境。注意限制了可以同时进行思考的数目。因此在有意识的活动中,大脑更多地表现为串行的,而看和听是并行的。

根据上述讨论,作者提出人类思维的层次模型(参见图 10.1)。图中感知思维是极简单的思维形态,形成初级的思维。形象思维以神经网络的连接论为理论基础,可以高度并行处理。抽象思维以物理符号系统为理论基础,用语言表述抽象的概念。由于注意的作用,其处理基本上是串行的。

思维模型就是要研究这 3 种思维形式的相互关系,以及它们之间的相互转换的微观过程。人们可以用神经网络的稳定吸引子来表示联想记忆、图像识别的问题。但是要解决从形象思维到逻辑思维的过渡的微过程,还需要作进一步的长期研究。

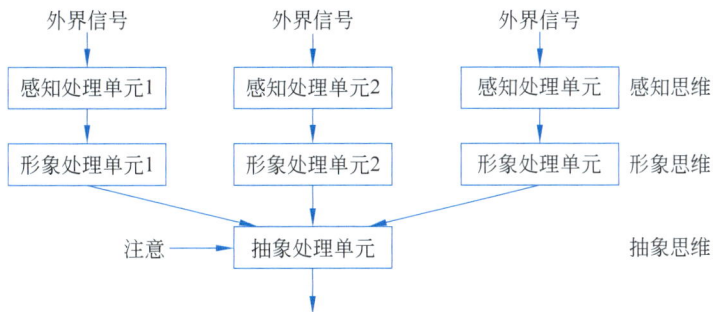

图 10.1　思维的层次模型

10.2.1　抽象思维

抽象思维凭借科学的抽象概念对事物的本质和客观世界发展的深远过程进行反映,使人们通过认识活动获得远远超出靠感觉器官直接感知的知识。科学的抽象是在概念中反映自然界或社会物质过程的内在本质的思想,它是在对事物的本质属性进行分析、综合、比较的基础上,抽取出事物的本质属性,撇开其非本质属性,使认识从感性的具体进入抽象的规定,形成概念。空洞的、臆造的、不可捉摸的抽象是不科学的抽象。科学的、合乎逻辑的抽象思维是在社会实践的基础上形成的。

抽象思维深刻地反映着外部世界,使人能在认识客观规律的基础上科学地预见事物和现象的发展趋势,预言"生动的直观"没有直接提供出来的、但存在于意识之外的自然现象及其特征。它对科学研究具有重要意义。

在感性认识的基础上,通过概念、判断、推理,反映事物的本质,揭示事物的内部联系的过程是抽象思维。概念是反映事物的本质和内部联系的思维形式。概念不仅是实践的产物,同时也是抽象思维的结果。通过对事物的属性进行分析、综合、比较的基础上,抽取出事物的本质属性,撇开非本质属性,从而形成对某一事物的概念。例如,"人"这个概念,就是在对千差万别的人进行分析、综合、比较的基础上,撇开他们非本质属性(肤色、语言、国别、性别、年龄、职业等),抽取出他们的本质属性(都是能够进行高级思维活动,能够按照一定目的制造和使用工具的动物)而形成的,这就是抽象。概括是指在思想中把某些具有若干相同属性的事物中抽取出来的本质属性,推广到具有这种相同属性的一切事物,从而形成关于这类事物的普遍概念。任何一个科学的概念、范畴和一般原理,都是通过抽象和概括而形成的。一切正确的、科学的抽象和概括所形成的概念和思想,都是更深刻、更全面、更正确地反映着客观事物的本质。

判断是对事物情况有所肯定或否定的思维形式。判断是展开了的概念,它表示概念之间的一定联系和关系。客观事物永远是具体的,因此,要作出恰当的判断,必须注意事物所处的时间、地点和条件。人们的实践和认识是不断发展的,与此相适应,判断的形式也不断变化,从低级到高级,即从单一判断向特殊判断,再向普遍判断转化。

由判断到推理是认识进一步深化的过程。判断是概念之间矛盾的展开,从而使它更深刻地揭露了概念的实质。推理是判断之间矛盾的展开,它揭露了各判断之间的必然联系,即从已有的判断(前提)逻辑地推论出新的判断(结论)。判断构成推理,在推理中又不断发展。这说明,推理与概念、判断是相互联系,相互促进的。

10.2.2 形象思维

形象思维是凭借头脑中储有的表象进行的思维。这种思维活动是右脑进行的,因为右脑主要负责直观的、综合的、几何的、绘画的思考认识和行为。

一个典型的例子是,爱因斯坦这样描述他的思维过程:"我思考问题时,不是用语言进行思考,而是用活动的跳跃的形象进行思考,当这种思考完成以后,我要花很大力气把它们转换成语言。"形象思维或叫直感思维,主要采用典型化的方式进行概括,并用形象材料来思维。形象是形象思维的细胞。形象思维具有以下 4 个特征。

(1) 形象性,形象材料的最主要特征是形象性,即具体性、直观性。这同抽象思维所使用的概念、理论、数字等显然是不同的。

(2) 概括性。通过典型形象或概括性的形象把握同类事物的共同特征。科学研究中广泛使用的抽样试验、典型病例分析,各种科学模型等,均具有概括性的特点。

(3) 创造性。创造性思维所使用的思维材料和思维产品绝大部分都是加工改造过或重新创造出来的形象。艺术家构思人物形象时和科学家设计新产品时的思维材料都具有这样的特点。既然一切有形物体的创新与改造,一般都表现在形象的变革上,那么设计者在进行这种构思时就必须对思维中的形象加以创造或改造。不仅在创造一个新事物时是如此,而且在用形象思维方式来认识一个现有事物时也不例外。科学家卢瑟福在研究原子内部的结构时,根据粒子散射实验,设想出原子内部像是一个微观的太阳系。原子核居中,电子则在各自的特定轨道上运行,如群星绕日旋转。这便产生了著名的原子行星模型。

(4) 运动性。形象思维作为一种理性认识,它的思维材料不是静止的、孤立的、不变的。提供各种想象、联想与创造性构思,促进思维的运动,对形象进行深入地研究分析,获取所需的知识。

这些特性使形象思维既超出了感性认识进入了理性认识的范围,却又不同于抽象思维,是另一种理性认识。模式识别是典型的形象思维,它用计算机进行模式信息处理,对文字、图像、声音、物体进行分类、描述与分析、理解。目前模式识别已在一定程度上直接或间接地得到应用。已经设计出各种模式信息系统、光学文字识别机、细胞或血球识别机、声音识别装置等,这些在国外已成为商品。模式识别技术也开始用于设计,以利用图像信息为基础的自动检验系统。序列图像分析、计算机视觉、语音理解和图像理解系统的研究与实现已成为普遍感兴趣的方向。

模式识别方法一般分为统计(决策理论)模式识别与句法(结构)模式识别两大类。统计模式识别着眼于找出一组能反映模式特点的特征,首先把模式进行数据压缩以抽取特征,并考虑到对于通常遇到的干扰和畸变来说,所选的特征具有不变性或者至少是很不敏感。如果抽取 N 个特征能够基本描述原来的模式,那么就用 N 个特征构成的一个向量来代表原来的模式。于是模式识别的统计法就以高维随机向量分析为基础。模式分类就相当于把特征空间划分成若干部分,每一部分与一个模式类相对应。当出现一个新的模式时,就根据描述这个模式的向量位于特征空间的哪一部分而判定属于哪一类;句法模式识别方法,则完全从不同的途径来解决模式识别问题,它着眼于把模式的构成与语言的生成加以类比,借鉴数理语言学的方法与结果。这样,就把识别方法建立在数理语言的基础上。前面介绍过的短语结构文法,稍加修改就可以用来描述和识别图像模式。只要着眼于一幅图像如何由比较简单的子图像构成,子图像又如何由更简单的子图像构成等,就像同英文字句由分句构成,分句又由短语构成,一幅图像就相当于由某种文法规则产生的子句。模式的表达形式可以像语言由符号构成的链那样，是一条由某些特征或基本单元组成的链，也可以是一种树状结构或者是图的形式。识别模式可以体现为描述模式的特征链为某种类型的自动机所接受，或者是对描述模式的特征链（句子）进行句法分析，分析一个句子对于某个文法来说，在句法上是否正确，从而决定这个句子所描述的模式属于哪一类，不仅决定了模式的类别，也给出了一种描述。句法模式识别的研究不像统计模式识别那样透彻，它是最近 15 年才逐渐发展起来的。1974 年，美国普渡大学傅京孙教授发表了第二本专著《模式识别中的句法方法》，奠定了句法模式识别的基础。句法方法抓住了图像模式与语言两者之间在结构方面的共性，加以沟通，给模式识别打开了一个新局面。

图像理解是模式识别领域中受到重视和引起兴趣的问题。例如在一幅图像中或者一系列图像中，是否有所要寻找的目标。图像理解也是一个主动的过程，需要利用知识。最终的要求是对图像作出分析与解释。图像理解系统的一般概念如图 10.2 所示。

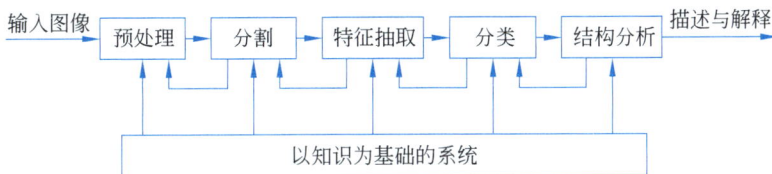

图 10.2 图像理解系统

系统中的预处理，包括图像的增强、复原和编码等。分割是把图像中灰度级不同的部分分开，然后在分开了的各部分找出能描述该部分性质的特征。特征抽取的目的是进行分类；分类的目的是希望对整个图像作结构上的分析；进行结构分析在于给出图像的一种描述，并对图像中的重要信息给予解释。系统中每个环节都对前面的环节有一种反馈作用。在进行图像信息处理与识别的过程中，还需要来自外界的信息。例如来自一个知识库，或者以知识为基础的系统，以知识为基础指的就是人的经验。

平克（Daniel H Pink）在《全新思维》一书中指出：我们的大脑分为两个半球。左半球表示顺序、逻辑和分析能力，右半球则是非线性的、直觉的和整体的。平克认为我们的经济和社会正在从以逻辑、线性、类似计算机的能力为基础的信息时代向概念时代转变，概念时代的经济和社会建立在创造性思维、共情能力和全局能力的基础上。《全新思维》介绍了 6 种基本的能力，即"六大感知"，包括设计感（Design）、故事感（Story）、交响能力（Symphony）、共情能力（Empathy）、娱乐感（Play）、探寻意义（Meaning）等。

10.2.3 灵感思维

灵感思维也称作顿悟。它是人们借助直觉启示所猝然迸发的一种领悟或理解的思维形式。诗人、文学家的"神来之笔"，军事指挥家的"出奇制胜"、思想战略家的"豁然贯通"、科学家、发明家的"茅塞顿开"等，都说明了灵感的这一特点。它是在经过长时间的思索，问题没有得到解决，但是突然受到某一事物的启发，问题一下子解决的思维方法。"十月怀胎，一朝分娩"，就是这种方法的形象化的描写。灵感来自于信息的诱导、经验的积累、联想的升华、事业心的催化。

人脑是个复杂系统。复杂系统经常采取层级结构构成。层级结构是由相互联系的子系统组成的系统，每个子系统在结构上又是层级式的，直到我们达到某个基本子系统的最低层次。在人的中枢神经系统里是有层次的，而灵感可能是多个自我，是脑子里的不同部分在起作用，忽然接通，问题就解决了。

10.3　推理

推理是从已有的知识得出新知识的思维形式,在推理中可以清楚地看到人类思维的创造性。人们用推理的方法去认识那些本能直接观察到的现实过程时,只要能够在实践中证实推理的复杂链条中的必需的重要环节,并且合乎逻辑地进行推论,那么所做出的新判断(结论)、提出的新概念就是科学的。

作为心理学最古老的研究领域之一,推理研究表明人是理性的,思维的原则就是逻辑原则。这一基本思想已经被应用到了推理心理学的研究中。推理心理学的研究主要包括两方面的内容:演绎推理和归纳推理。当人们进行演绎推理时,通常是假设在某些表述或者前提成立的条件下推测必然会出现什么结果。在进行归纳推理时,人们从描述个别例子的前提中概括出一般结论。下面扼要介绍演绎推理、归纳推理、反绎推理、类比推理、因果推理、非单调推理,以及常识性推理。

10.3.1　演绎推理

演绎推理是前提与结论之间有蕴涵关系的推理,或者说,前提与结论之间有必然联系的推理,由一般推演出特殊。

A 是 Γ(即 Γ 中公式)的逻辑推理,记作 $\Gamma \vdash A$,当且仅当任何不空论域中的任何赋值 φ,如果 $\varphi(\Gamma)=1$,则 $\varphi(A)=1$。

给定不空论域 S。当 S 中任何赋值 φ 都使得

$$\varphi(\Gamma) \Rightarrow 1 \Rightarrow \varphi(A)=1$$

成立时,我们说在 S 中 A 是 Γ 的逻辑推理,记作在 S 中 $\Gamma \vdash A$。

数理逻辑中研究推理,通过形式推理系统研究演绎推理。可以证明,凡是形式推理所反映的前提与结论之间的关系在演绎推理中都是成立的,因此形式推理没有超出演绎推理的范围,形式推理可靠地反映了演绎推理;凡是在演绎推理中成立的前提与结论之间的关系,形式推理都是能反映的,因此形式推理在反映演绎推理时并没有遗漏,形式推理对于反映演绎推理来说是完备的。

经常应用的一种推理形式是三段论。它由且只由 3 个性质判断组成,其中两个性质判断是前提,另一性质判断是结论。就主项和谓项说,它包含而且只包含 3 个不同的概念,每个概念在两个判断中各出现一次。这 3 个不同的概念,分别叫作大项、小项与中项。大项是作为结论的谓项的那个概念,用 P 表示。小项是作为结论的主项的那个概念,用 S 表示。中项是在两个前提中都出现的那个概念,用 M 表示。由于大项、中项与小项在前提中位置不同而形成的各种不同的三段论形式,叫作三段论的格。三段论有下面 4 个格。

第一格：　M—P

S—M

——

S—P

第二格：　P—M

S—M

——

S—P

第三格： M—P

           M—S

           ————

           S—P

第四格： P—M

           M—S

           ————

           S—P

基于规则的演绎系统中,一般分为正向系统、逆向系统和双向综合系统。在基于规则的正向演绎系统中,作为 F 规则用的蕴涵式对事实的总数据库进行操作运算,直至得到该目标公式的一个终止条件为止。在基于规则的逆向演绎系统中,作为 B 规则用的蕴涵式对目标的总数据库进行操作运算,直至得到包含这些事实的终止条件为止。在基于规则的正向逆向综合系统中,分别从两个方向应用不同的规则(F 规则或 B 规则)进行操作运算。这种系统是一种直接证明系统,而不是归结反演系统。

10.3.2 归纳推理

归纳推理是由个别的事物或现象推出该类事物或现象的普遍性规律的推理,这种推理反映前提与结论之间有或然性联系。这是由特殊推出一般的思维过程。

近数十年来国外归纳逻辑的研究在两个方向上进行着,一个是在培根归纳逻辑的古典意义上继续寻找从经验事实导出相应的普遍原理的逻辑途径;另一个是运用概率论和形式化、合理化的手段来探索有限经验事实对适应于一定范围的普遍命题的“支持”或“确证”的程度,这种逻辑实际上是一种理论评价的逻辑。

培根关于归纳法的主要思想如下。

(1) 感官必须得到帮助和指导以克服感性认识的片面性和表面性。

(2) 构成概念时要经过适当的归纳程序。

(3) 公理的构成应当用逐步上升的方法。

(4) 必须重视反演法和排斥法等在归纳过程中的作用。

这些思想构成了后来穆勒(John S. Mill)提出的归纳法四条规则的基础。穆勒在《逻辑体系》一书中提出了有关归纳的契合法、差异法、共变法和剩余法。他认为,“归纳可定义为发现和证明一般命题的操作”。

概率逻辑是 20 世纪 30 年代兴起的。莱欣巴哈以相对频率为基础,利用概率论的数学工具来求出一个命题的频率极限,并以此来预测未来事件。21 世纪四五十年代,卡尔纳普建立以合理信念为基础的概率逻辑。他采取贝叶斯主义的立场,把合理信念直接地描绘成概率函数,并把概率看作代表一个陈述和另一个证据陈述之间的逻辑关系。贝叶斯定理可表示为

$$P(h \mid e) = P(e \mid h)\frac{P(h)}{P(e)} \tag{10.2}$$

其中,P 为概率;h 为假设,e 为证据。这个公式就是说 h 相对于 e 的概率等于 h 相对于 e 的似然值,也就是如果 h 为真 e 的概率乘以 h 的先验概念与 e 的先验概率之比。这里,先验概率是指在这次试验前已经知道的概率。如 A_1,A_2,$\cdots$,是导致试验结果的“原因”,$P(A_i)$ 就称先验概率。若试验产生了事件 B,这个信息将有助于探讨事件发生的“原因”。条件概率 $P(A_i \mid B)$ 就称为

后验概率。所以,卡尔纳普在采取了贝叶斯的立场之后,就要对先验概率作出合理的解释。卡尔纳普不同意把先验概率仅仅理解为个人的主观的相信度,而力求对合理信念作出比较客观的解释。

卡尔纳普把他的概率的逻辑概念理解为"确定程度"。他用符号 C 表示他所理解的概率概念,用"$C(h,e)$"表示"假设 h 相对于证据 e 的确定程度",并进一步引入可信任函项 $Cred$ 和信念函项 Cr 来解决怎样将归纳逻辑应用于合理的决策。确定度 C 定义为

$$C(h,e_1,e_2,\cdots,e_n)=r \tag{10.3}$$

即陈述(归纳前提)$e_1,e_2,\cdots,e_n$ 联合起来将逻辑概率 r 给予陈述(归纳结论)h。这样,卡尔纳普又依据某人 x 在 t 时对某一条件概率所寄予的价值的期望定义了信念函项等概念。他把假设陈述 H 相对于证据陈述 E 的信念函项 Cr 定义为

$$C_{rx,t}(H/E)=\frac{C_{rx,t}(E\cap H)}{C_{rx,t}(E)} \tag{10.4}$$

进一步,他定义了可信任函项 $Cred$,某观察者 x,在 T 时所有的观察知识是 A,则他在 T 时对 H 的信任程度是 $Cred(H/A)$。信念函项是以可信任函项为基础的,即

$$C_{rT}(H_1)=Cred(H_1/A_1) \tag{10.5}$$

卡尔纳普认为有了这两个概念,我们就能从规范的决策理论过渡到归纳逻辑,并将信念函项和可信任函项与纯逻辑概念相对应。相应于 Cr 他称为 m-函项,即归纳量度函项。相应于 $Cred$ 他称为 C-函项,即归纳确证函项。这样就可把概率演算的通用公理作为对 m 的归纳逻辑的基本公理。他指出:"在归纳逻辑中,C-函项较 m-函项更重要,因为某一 C 值表示信念的合理程度并能帮助在合理决策中作出决定。m-函项则是主要作为定义 C-函项并决定其值的方便手段。m-函项在公理的概率演算的意义上公理(绝对的)概率函项;而 C-函项则是一个条件的(相对的)概率函项。"他说,如果我们把 C 作为原始词项,则对 C 的公理可以这样来阐述:

(1) 下限公理:$C(H/E)\geqslant 0$ \hfill (10.6)

(2) 自我确证公理:$C(H/E)=1$ \hfill (10.7)

(3) 互补公理:$C(H/E)+C(-H/E)=1$ \hfill (10.8)

(4) 一般乘法公理:若 $E\cap H$ 是可能的

$$C(H\cap H'/E)=C(H/E)C(H'/E\cap H) \tag{10.9}$$

卡尔纳普正是在这些公理的基础上来构建他的归纳逻辑的形式化体系的。

关于归纳逻辑的合理性是哲学史上长期争论的问题。休谟提出归纳疑难,其核心思想就是不能依据过去而推断未来,不能依据个别而推断一般。休谟认为,"根据经验来的一切推论都是习惯的结果,而不是理性的结果"。从而就可以得出归纳法的合理性是不可证明的,与之相联系的经验科学也没有合理性的不可知论的结论。

波普尔在《客观知识》一书中,将归纳疑难表达为:

(1) 归纳能否被证明?

(2) 归纳原理能否被证明?

(3) 能否证明这样一些归纳原理,如"未来与过去一样"或证明所谓的"自然齐一律"。

10.3.3 反绎推理

反绎推理(Abduction)也称为溯因推理。在反绎推理中,我们给定规则 $p\Rightarrow q$ 和 q 的合理信念。然后希望在某种解释下得到谓词 p 为真。

基于逻辑的办法则是建立在解释的更高级的概念的基础上。莱维斯克(Levesque)于1989年定义某些前面无法解释的现象集合 O 为假设集 H 中与背景知识 K 的最小集合。假设 H 连同背景知识 K 必须能推导解释出 O。更形式化一点:

$$\textbf{abduce}(K,O) = H$$

当且仅当

(1) K 不能推导解释(entail)出 O;

(2) $H \cup K$ 能推导解释出 O;

(3) $H \cup K$ 是一致的;

(4) 不存在 H 的子集有性质1、2 和 3。

需要指出的是,总的来说,可能会存在许多假设集,也就是说,对一个给定的现象可能会有很多潜在的解释集。

基于逻辑的反绎解释的定义暗示了发现知识库系统中的内容的解释有相应的机制。如果可解释的假设必须能推导解释出现象 O,则建立一个完整的解释的方式就是从 O 向后推理。

10.3.4 类比推理

依据两个对象之间存在着某种类似或相似的关系,从已知这一对象有某种性质而推出另一对象具有某一相应的性质的推理过程称为类比推理。类比推理的模式可以表示为

如果　A 有属性 abcd

　　　　B 有属性 abc

则　　　B 可能有属性 d

所以,类比推理是依据早先获得的关于某一系统的知识,作为推测另一类似的系统的信息的手段。这种类比推理的客观基础在于事物、过程和系统之间各要素的普遍联系,以及这种联系之间所存在着的可比较的客观基础。

当我们把解决某个问题取得的经验用来解决类似的问题时,关键就要善于发现不同问题之间的类似的地方。波兰数学家巴拿赫曾说:"一个人是数学家,那是因为他善于发现判断之间的类似;如果他能判明论证之间的类似,他就是个优秀的数学家;要是他能识破理论之间的类似,那么,他就成了杰出的数学家。可是,我认为还应当有这样的数学家,他能够洞察类似之间的类似。"不仅数学如此,物理学、化学、生物学、天文学、遗传学、地学也是如此。不仅学科内部有相似性,学科之间也有相似性。认知科学正是在人脑的信息加工与计算机处理相似的基础上建立起来的。在社会科学、文学、艺术、音乐等也离不开相似。相似就是客观事物的存在的同与变异矛盾的统一。变异就是事物发展过程中的差异。根据相似的因素,可以把相似现象分为功能相似、结构相似、动力相似、几何相似等。邦格(M. Bunge)在《方法、模型和物质》一文中将类比进行分类,如表10.1所示。其中 N 表示事物,A 表示人工事物,C 表示结构,$\approx$ 表示相似。

类比推理的原理如图10.3所示,图中 β_i 和 α 是 S_1 成立的事实。β_i' 是 S_2 中成立的事实。φ 是对象之间关系的相似性;所谓类比推理,即 $\beta_i \varphi \beta_i' (1 \leqslant i \leqslant n)$ 时,$\alpha \varphi \alpha'$ 的 S_2 中将推论得出 α'。为了实现这样的类比推理,给出下列条件是必要的。

对象　S_1:前提 $\beta_1, \cdots, \beta_n \rightarrow$ 结论 α

相似性 φ

对象　S_2:前提 $\beta_1', \cdots, \beta_n' \rightarrow$ 结论 α'?

图 10.3 类比推理的原理

① 相似性 φ 的定义。

② 从所给对象 S_1 和 S_2 求出 φ 的方法。

③ 为了推出 $\alpha\varphi\alpha'$ 的 α' 的操作。

首先,相似性 φ 的定义应该与对象的表现和它的意义有关。这里,类推的对象是判断子句的有限集合 S_i。定义子句 A,β_i 作为文字常量,构成"if-then 规则"。不含 S_i 的变元的项 t_i,表示对象的个体,谓词符号 P 表示个体间的关系,不含变元的原子逻辑式 $P(t_i,\cdots,t_n)$ 表示个体 t_i 间的关系 P。以后,不含变元的原子逻辑式简称为原子。由全部原子构成的集合用 β_i 表示。S_i 的最小模型 M_i 是由 S_i 逻辑地推出的原子的集合。

表 10.1 邦格的类比分类

符 号	种 类	例 子
$\approx_1 \subset N \times N$	物——物相似	有机体——社会
$\approx_2 \subset N \times A$	物——人工物相似	细胞——工厂
$\approx_3 \subset N \times C$	物——结构相似	有机体——理论
$\approx_4 \subset A \times N$	人工物——物相似(与 $\approx_2$ 同)	电子枪——枪
$\approx_5 \subset A \times A$	人工物——人工物相似	
$\approx_6 \subset A \times C$	人工物——结构相似	
$\approx_7 \subset C \times N$	结构——物相似(与 $\approx_3$ 同)	计算机——自动机理论
$\approx_8 \subset C \times A$	结构——人工物相似(与 $\approx_6$ 同)	
$\approx_9 \subset C \times C$	结构——结构相似	理论 * ——理论

$$M_i = \{\alpha \in \beta_i : S_i \vdash \alpha\} \tag{10.10}$$

这里,$\vdash$ 在谓词逻辑中表示逻辑推理,并且,将 M_i 的个体称为 S_i 的事实。

为了确定 M_i 间的类比关系,考虑 M_i 的对应关系是必要的。为此,给 S_i 的项的对应定义如下。

(1) $U(S_i)$ 作为 S_i 不含变元的集合,这时,$\varphi \subseteq U(S_1) \times U(S_2)$ 的有限 φ 称为配对,而 $\times$ 表示集合的直积。

因为项表示对象 S_i 的个体,配对可以解释为表示个体间某种对应关系。S_i 一般不是常数,而具有函数符号,因此对应对 φ 可以扩充为 $U(S_i)$ 间对应关系 φ^+。

(2) 由 φ 生成的项的关系 φ^+,若满足下列关系,则定义为最小关系:

① $\varphi \subseteq \varphi^+$ $\tag{10.11}$

② $<t_i,t_i'> E\varphi^+ (1 \leqslant i \leqslant n) \Rightarrow <f(t_1,\cdots,t_n), f(t_1',\cdots,t_n') \in \varphi^+$ $\tag{10.12}$

其中,f 是 S_1 和 S_2 共同表示的函数符号。

可是,对于所给的 S_1 和 S_2,可能的配对一般存在多个。各配对 φ 每个关系一致,即谓词符号一致的类比可以按下面方法确定。

(3) 设 $t_j \in U(S_i)$,φ 是配对,α,α' 分别是 S_1,S_2 的事实,这时 α 和 α' 由 φ 看成相同,是指对于谓词符号 P,写成

$$\alpha = P(t_1,\cdots,t_n)$$
$$\alpha' = P(t_1',\cdots,t_n')$$

并且 $<t_j,t_j'> \in \varphi^+$。依据 φ,α 和 α' 看成相同,将写成 $\alpha\varphi\alpha'$。根据类推,为了求得原子 α',首先将规则

$$R': \alpha' \leftarrow \beta_1', \cdots, \beta_n'$$

利用 φ，由规则
$$\boldsymbol{R}:\alpha \leftarrow \beta_1,\cdots,\beta_n$$
作出。由 $\alpha' \leftarrow \beta_1',\cdots,\beta_n'$ 和已知事实 $\beta_1',\cdots,\beta_n'$，经用三段论就可推出 α'。

在基本图式中，例示和三段论法是属演绎推理。如果规则变换可以在演绎系统内实现，那么类比推理就可以在演绎系统中统一处理。

10.3.5　因果推理

2011 年，ACM 授予珀尔(Judea Pearl)图灵奖，以表彰他"通过发展概率和因果推理演算对人工智能做出的基础性贡献"。珀尔与麦肯合作，在 2018 年出版了一本新著《为什么：关于因果关系的新科学》，系统总结了自己近 25 年关于"因果推断"探索的思想结晶、研究成果。

在《为什么》这本书中，珀尔围绕"因果关系之梯"的三个层级来描述。他认为："我在机器学习方面的研究经历告诉我，因果关系的学习者必须熟练掌握至少三种不同层级的认知能力：观察能力(Seeing)、行动能力(Doing)和想象能力(Imagining)。珀尔在《为什么》一书中将因果关系分为三个层次，他称之为"因果关系之梯"，自底向上分别是关联、干预、反事实推理。最底层的是关联(Association)，也就是我们通常意义下所认识的深度学习在做的事情，通过观察到的数据找出变量之间的关联性。这无法得出事件互相影响的方向，只知道两者相关，例如我们知道事件 A 发生时，事件 B 也发生，但我们并不能挖掘出，是不是因为事件 A 的发生导致了事件 B 的发生。第二层级是干预(Intervention)，也就是我们希望知道，当我们改变事件 A 时，事件 B 是否会跟着随之改变。最高层级是反事实(Conterfactuals)，也可以理解为"执果索因"，也就是我们希望知道，如果我们想让事件 B 发生某种变化，能否通过改变事件 A 来实现。

研究因果关系最大的一个目标，就是找出事物之间真正的因果关系，去掉那些混杂的伪因果关系。几十年来，因果推理的研究涉及了统计学、计算机科学、教育、公共政策和经济学等多个领域的重要研究课题。

10.3.6　非单调推理

经典逻辑，如形式逻辑、演绎逻辑等，对人类认识世界的处理是单调的。设 $\boldsymbol{A}$ 表示推理规则集，则单调逻辑的语言 $\text{Th}(\boldsymbol{S})=\{\boldsymbol{P}\mid \boldsymbol{S}\rightarrow \boldsymbol{P}\}$ 具有如下单调性。

（1）$\boldsymbol{A}\subseteq\text{Th}(\boldsymbol{A})$。

（2）如果 $\boldsymbol{A}\subseteq\boldsymbol{S}$，则 $\text{Th}(\boldsymbol{A})\subseteq\text{Th}(\boldsymbol{S})$。

（3）$\text{Th}(\text{Th}(\boldsymbol{A}))=\text{Th}(\boldsymbol{A})$。

单调推理规则的显著特征之一就是它的语言是封闭的最小固定点，亦即
$$\text{Th}(\boldsymbol{A})=\bigcap\{s\mid \boldsymbol{A}\rightarrow \boldsymbol{S} \text{ 且 } \text{Th}(\boldsymbol{A})=\boldsymbol{S}\}$$

具体来说，设有知识系统 A，如果已知 A 蕴涵着知识 S，即 $A\rightarrow S$，则就可推理得出知识 S。但是，在这种基础上建立起来的推理系统与人类对客观世界的认识过程往往是不一致的。基于经典逻辑的推理是人们推理的理想化模型，在日常生活中或是在某些人工智能应用系统中，人们经常要依据某些一般来说是正确的但并非绝对正确的规则进行推理，或者在信息不完全的情况下进行推理，这种推理所得的结论是暂时的，可能会修改的，因而不具有单调性，因此人们称之为非单调推理。

在一阶逻辑中，用 $\forall x\boldsymbol{P}(x)=1$ 表示"所有 x 都具有性质 $\boldsymbol{P}$"这一事实。可是实际生活中，这类句子都是近于真实而不是绝对正确的，即大多数 x 具有性质 $\boldsymbol{P}$，但偶然也可能会遇见某些

例外。例如,所有的鸟儿都能飞,但企鹅和鸵鸟等例外。所有的橘子是黄的,但未熟的和变异的品种例外。由于这类综合性概括语句不是绝对正确的,采用这些语句进行的推理也不可避免地要产生错误。解决这个问题的一种办法是完全抛弃这类语句,这样虽然不会产生错误,但同时也失去了近于真实的东西和许多本来可以得到的结论。另一种办法是修改这类语句,待它完全正确时再使用,可是这种修改相当困难,即使修改好了,句子的结构已变得相当复杂,无法灵活地使用。一种简便而又妥善的处理办法就是先假定这类语句是正确的,并依据它们进行推理,如果在获取了新的事实后发现原来的结论有问题,推理就具有了非单调性。

为了使非单调推理得到强有力的逻辑支持,人们提出了各种不同的非单调逻辑。其中较为著名的工作有 R Reiter 的默认逻辑,J McCarthy 的限制逻辑,Doyle 的真值维护系统以及 R C Moore 的自认知逻辑,等等。

1. 默认逻辑

基本思想是在推理过程中一些真假不能确定而又必须确定的命题,如果假定为真,不产生矛盾,则默认这些命题成立。

一个默认理论定义为二元式(D,W),其中 D 是默认集,W 是封闭的合适公式集。默认规则的一般形式表示为

$$\frac{\alpha(X):\ M\beta_1(X),\cdots,M\beta_m(X)}{W(X)} \tag{10.13}$$

其中,$\alpha(X)$,$\beta_1(X)$,$\cdots$,$\beta_m(X)$ 都是合适公式,自由变量处在 $X=x_1,\cdots,x_n$ 之中。$\alpha(X)$ 称为前件,$W(X)$ 称为结论。如果 $\alpha,\beta_1,\cdots,\beta_m,W$ 不包含自由变量,就称默认是封闭的。

2. 限定逻辑

限定逻辑及其推理系统是 McCarthy 最早提出的。最初的限定推理主要处理的是"谓词限定",其基本方法是极小化特定谓词的扩展。在限定逻辑中只有当证明事物满足性质 P 时,才认为它具有性质 P。

3. 真值维护系统(Truth Maintenance System)

Doyle 的真值维护系统是一个已经实现了的非单调推理系统。它用于协助其他推理程序维护系统的正确性。它的作用并不是生成新的推理,而是在其他程序所产生的命题之间保持相容性。一旦发现某个不相容,它就调出自己的推理机制,面向从属关系的回溯,并通过修改最小的信任集来消除不相容。

10.3.7　常识性推理

常识性推理是人工智能的一个领域,旨在帮助计算机更自然地理解人的意思以及跟人进行交互,其方式是收集所有背景假设,并将它们教给计算机。常识性推理具有代表性的系统是 Cycrop 公司的 Cyc 系统,它运营着一个基于逻辑的常识知识库。

Cyc 系统是由莱纳特(Doug Lenat)在 1984 年开始研制的。该项目最开始的目标是将上百万条知识编码成机器可用的形式,用于表示人类常识。CycL 是 Cyc 项目专有的知识表示语言,这种知识表示语言是基于一阶关系的。1986 年,莱纳特预测如果想要完成 Cyc 这样庞大的常识知识系统,将涉及 25 万条规则,并将要花费 350 个人年才能完成。1994 年,Cyc 项目从该公司独立出去,并以此为基础,在美国得克萨斯州奥斯丁成立了 Cycorp 公司。

2009 年 7 月发布了 OpenCyc 2.0 版,涵盖了完整的 Cyc 本体,其中包含了 47 000 个概

念、306 000 个事实,主要是分类断言,并不包含 Cyc 中的复杂规则。这些资源都采取 CycL 语言进行描述,该语言采取谓词代数描述,语法上与 Lisp 程序设计语言类似。CycL 和 SubL 解释器(允许用户浏览并编辑知识库、具有推理功能)是免费发布给用户的,但是仅包含二进制文件,并不包含源代码。OpenCyc 具有针对 Linux 操作系统及微软 Windows 操作系统的发行版。开源项目 Texai 项目发布了 RDF 版本的 OpenCyc 知识库。

Cyc 中的概念被称为"常量"(Constants)。常量以"♯ $"开头并区分大小写。常量主要分为以下几类。

(1) 个体(Individuals):例如♯ $ BillClinton,又如♯ $ France。

(2) 集合(Collections):例如♯ $ Tree-ThePlant (包含所有的树),又如♯ $ EquivalenceRelation (包含所有的等价关系)。集合中的个体被称为该集合的实例(Instance)。

(3) 真值函数(Truth Functions):该函数可被应用于一个或多个概念,并返回"真"或"假"。例如♯ $ siblings 表示兄弟姐妹关系,若两个参数对应的内容为兄弟姐妹关系,则该概念返回真值。约定真值函数以小写字母开头,并且可以被拆分为若干逻辑连接词(例如♯ $ and、♯ $ or、♯ $ not、♯ $ implies)、量词(♯ $ forAll,♯ $ thereExists 等)以及谓词。

(4) 函数(Functions):用于以现有术语为基础产生新的术语。例如,♯ $ FruitFn 具有以下作用:若接收到用于描述一种(或一个集合)植物的声明,则会返回其果实。约定函数常量以大写字母开头,并以"Fn"作为结尾。

Cyc 中的谓词最重要的是♯ $ isa 以及♯ $ genls。♯ $ isa 表示某个对象是某集合的实例,♯ $ genls 表示某个集合是另外一个集合的子集合。由概念构成的事实采用 CycL 语言描述的"句子"表示。谓词则写在与其相关的对象之前,并以括号括起来:

(♯ $ isa ♯ $ BillClinton ♯ $ UnitedStatesPresident)表示"Bill Clinton 属于美国总统集合";

(♯ $ genls ♯ $ Tree-ThePlant ♯ $ Plant)表示"所有的树都是植物";

(♯ $ capitalCity ♯ $ France ♯ $ Paris)表示"巴黎是法国的首都"。

句子中可以包含变量,变量字符串以"?"开头,这些句子被称为"规则"。与♯ $ isa 谓词有关的一条规则如下所示:

(♯ $ isa ? OBJ ? SUBSET)

(♯ $ genls ? SUBSET ? SUPERSET)

(♯ $ isa ? OBJ ? SUPERSET)

上面的规则可解释为:若 OBJ 为集合 SUBSET 中的一个实例,并且 SUBSET 是 SUPERSET 的子集,则 OBJ 是集合 SUPERSET 的一个实例。下面再给出另外一个典型的示例:

(♯ $ relationAllExists ♯ $ biologicalMother ♯ $ ChordataPhylum ♯ $ FemaleAnimal)上面的规则可解释为:对于脊索动物(Chordate)集合♯ $ ChordataPhylum 中的所有实例,都存在一个母性动物(为♯ $ FemaleAnimal 的实例)作为其母亲(通过谓词♯ $ biologicalMother 描述)。

Cyc 知识库是由许多 microtheories(Mt)构成的,概念集合和事实集合一般与特定的 Mt 关联。与整体的知识库有所不同的是,每一个 Mt 相互之间并不矛盾,每一个 Mt 具有一个常量名,Mt 常量约定以字符串"Mt"结尾。例如,♯ $ MathMt 表示包含数学知识的 Mt,Mt 之间可以相互继承得到并组织成一个层次化的结构。例如,♯ $ MathMt 特化到更为精细的层次便包含了如♯ $ GeometryGMt,即有关几何的 Mt。

Cyc 推理引擎是从知识库中经过推理获取答案的计算机程序。Cyc 推理引擎支持一般的逻辑演绎推理,包括肯定前件假言推理(Modus Ponens)、否定后件假言推理(Modus

Tollens)、全称量化(Universal Quantification)、存在量化(Existential Quantification)。

2011年2月14日,IBM公司"沃森"超级计算机(Watson)在美国著名老牌智力游戏节目《危险边缘》(*Jeopardy*!)中与肯·詹宁斯和布拉德·鲁特尔比赛。2月16日,经历三轮比赛,智能计算机沃森(Watson)最终赢得问答节目《危险边缘》的冠军,勇夺100万美元大奖。智能计算机沃森成功地采用了常识性推理Cyc系统。

10.4 决策理论

决策过程是一个信息流动和再生的过程:在决策的各阶段,信息在信息源(通过信息载体)和决策者之间交互,将知识、数据、方法等传递给决策者,影响决策的制定;同时,决策形成过程中产生的新知识、新数据、新方法又回流到信息源,经过信息载体的整理加工生成新的信息记录下来,并同时完成信息载体中错误、陈旧信息的修改更新工作;信息对决策的影响还体现在决策实施过程中,信息流可以随时把出现的情况和问题反馈给信息载体,经过信息再生过程后记录下来,用于指导新的决策工作。

管理学家西蒙认为,科学的决策过程至少包括以下4个步骤:找出存在问题,确定决策目标;拟定各种可行的备择方案;分析比较各备择方案,从中选出最合适的方案;决策的执行。信息的高效流动是科学决策的前提条件。图10.4表示的是决策过程中的信息流动过程。

信息源是指信息的出处。常见的信息源包括各种类型的出版物、档案资料、会议记录、传媒工具以及重要人物的讲话等。在计算机技术飞速发展的信息时代,各种类型的计算机情报检索数据库的建立,使得远距离快速获取信息成为可能。信息载体包括人脑、语言、文献资料和实物等。信息附着在信息载体上,并通过信息载体发挥作用。

在决策的各阶段,信息在信息源(通过信息载体)和决策者之间交互,将知识、数据、方法等传递给决策者,影响决策的制定;同时,决策形成过程中产生的新知识、新数据、新方法又回流到信息源,经过信息载体的整理加工生成新鲜的信息记录下来,并同时完成信息载体中错误的、陈旧的信息的修改更新工作。信息对决策的影响还体现在决策实施过程中,信息流可以随时把出现的情况和问题反馈给信息载体,经过信息再生过程后记录下来,用于指导新的决策工作。

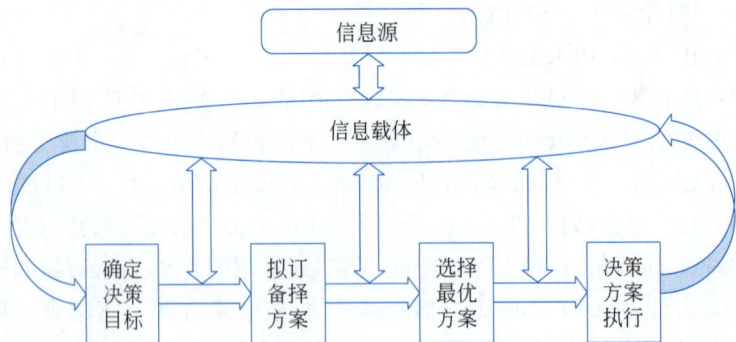

图 10.4 决策过程中的信息流动

信息流动的最终目的是要方便人们作出科学的决策以解决实际问题。信息是决策的基础,但并不是说只要有了信息,就一定可以作出正确的决策,关键在于如何对信息进行科学的加工处理。实际上,整个信息的流动过程也就是一个信息处理和再生的过程。只有在对充分的信息进行适当处理的基础上,才能产生新的、用于指导行动的策略信息。

10.4.1　决策效用理论

关于决策最早的理论称为"经典决策理论",它们反映了经济学的观点。这些理论假设决策者:

(1) 知晓所有可能的选择,以及每项选择可能带来的后果。

(2) 对各选项之间的细微差异无限敏感。

(3) 在确定选择哪个选项时完全是理性的。

决策效用理论主要考虑每个决策者的心理学成分,测出各决策结果的效用值,并按效用期望值的大小来评价、选择方案。在进行一次性决策(或重复性不大)的风险决策时,应该求出各决策结果的效用值,而效用值可通过效用函数给出。典型的效用函数曲线如图 10.5 所示。

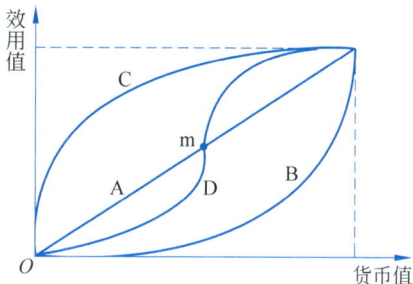

图 10.5　典型的效用函数曲线

曲线 A(中间型):该效用值与货币值呈线性关系。具有这种效用函数的决策者对决策风险持中立态度,或者决策者认为该项决策可以重复进行,因此不必对决策的不利后果特别关注而谨慎从事。由于该效用函数是线性的,效用函数曲线与期望货币曲线重合。

曲线 B(稳妥型):这是减速递增型效用函数,即虽随着货币额的增多效用也递增,但递增的速度越来越慢。具有这种效用函数的决策者对于亏损特别敏感,而大量的收益对他的吸引力却不大,即宁可不赚大钱也不愿意承担大风险。

曲线 C(冒险型):这是加速增加型效用函数,即随着货币额的增多效用也随着递增,而且递增的速度越来越快。具有这种效用函数的决策者十分关注收益而不太顾及风险,敢于冒险,乐于做孤注一掷的大胆尝试。

曲线 D(组合型):这是存在拐点的效用函数。具有这种效用曲线的决策者在货币量不大时具有一定的冒险胆略,但货币量增至一定数量时,决策者就转为采用稳妥策略了。曲线上的拐点 m 就是这一变化的分界线。

人们作出各种合理的决定是根据:

(1) 对所有可能知晓选项都考虑到了,这里假设某些选项是未能预见到的。

(2) 最大程度地利用了已知信息,假设某些相关信息或许未能了解到。

(3) 如果是主观的,仔细地衡量每一选项的潜在代价(风险)和利益。

(4) 仔细地计算各种结果发生的概率,假设结果的必然性不可知。

(5) 在考虑到上述所有因素的基础上最大限度地进行合理推理。

10.4.2　满意原则

诺贝尔经济学奖获得者西蒙指出,不是说人类必定无理性,而是有限理性。西蒙提出满意原则的决策策略。在满意原则中,我们并不需要考虑所有可能的选项,也不需要并仔细计算整个选项库中哪一个选项可以最大限度地实现我们的目标,同时使损失最小。相反,我们只是一个接一个地考虑各选项,一旦我们发现有一个选项可以令我们满意,或者它已经足够好,可以达到我们能够接受的最低水平,此时便立即做出选择。因此,我们只是考虑了最少数量的备择项目便可以做出一个决定,它足以使我们相信它能满足我们的最低要求。

10.4.3   逐步消元法

在 20 世纪 70 年代,特沃斯基(Amos Tversky)在西蒙有限理性思想的基础上观察到,当我们面临的选项远远多于我们感觉自己能够合理应对的选项数目时,我们有时会采用另外一种策略。在这种情况下,我们并不会试图对所有可能选项的各属性都予以考虑。相反,我们会采用逐步消元法:首先集中关注这些选项的某一方面(属性),并且在这方面制定一个最低标准。对于那些不符合这一标准的选项,便可以排除它们了。在剩下的选项,继续选择第二方面并制定其最低标准,以此再去掉一些选项。以此类推,通过从一系列的角度继续使用逐步消元法,直到最后只有一个选项剩下。

特沃斯基观察到,我们经常是在非最优策略的基础上作出决定。他和助手一起经过再三研究最终发现,我们在作决定的时候经常采用某些心理捷径甚至可能是偏见。这些捷径和偏见会限制甚至有时会扭曲我们作出理性决定的能力。我们利用心理捷径的一条关键途径是以我们的概率估计为中心。

10.4.4   贝叶斯决策方法

利用贝叶斯定理求得后验概率,据以进行决策的方法称为贝叶斯决策方法。贝叶斯定理是关于随机事件 A 和 B 的条件概率和先验概率的概率判断。

$$P(A \mid B) = \frac{P(B \mid A)P(A)}{P(B)} \tag{10.14}$$

式(10.14)中,$P(A \mid B)$ 是在 B 发生的情况下 A 发生的可能性。$P(A)$ 是 A 的先验概率,是根据历史资料或主观判断,未经实验证实所确定的概率,不考虑任何 B 方面的因素。$P(B \mid A)$ 是已知 A 发生后 B 的条件概率,也由于得自 A 的取值而被称作 B 的后验概率。$P(B)$ 是 B 的先验概率,也称作标准化常量。$P(A \mid B)$ 是已知 B 发生后 A 的条件概率,由于得自 B 的取值而被称作 A 的后验概率。按这些术语,Bayes 定理可表述为

后验概率＝(相似度×先验概率)/标准化常量

也就是说,后验概率与先验概率和相似度的乘积成正比。另外,比例 $P(B \mid A)/P(B)$ 也有时被称作标准相似度,Bayes 定理可表述为

后验概率＝标准相似度×先验概率

10.5   智能决策支持系统

10.5.1   智能决策支持系统

决策支持系统(Decision Support System,DSS)是运筹学、管理科学和计算机科学等结合的产物。智能决策支持系统(Intelligent Decision Support System,IDSS)是人工智能技术和决策支持系统的集成,应用专家系统技术,使 DSS 能够更充分地应用人类的知识,如关于决策问题的描述性知识,决策过程中的过程性知识,求解问题的推理性知识,通过逻辑推理来帮助解决复杂的决策问题的辅助决策系统。智能决策支持系统具有定量分析和定性分析相结合支持决策的能力,能更有效地解决半结构化问题和非结构化问题。

智能决策系统开发平台 IDSDP 是中科院计算所智能科学实验室开发的一种功能强、实用性好的软件工具,为建造大规模管理和决策信息系统提供良好的开发环境。该系统具有下列特点。

（1）该系统是一个基于多主体的开放系统,每个主体具有自治能力和协同工作方式,系统的可扩展性、可伸缩性好。

（2）采用客户/服务器（Client/Server）的逻辑连接方式和网络技术,资源共享程度高,性能价格比好。

（3）该系统将数据库、模型库、知识库、案例库等集成于一体,支持定性与定量分析相结合的科学决策。

（4）在符号计算和神经计算研究成果的基础上,提供多种分析、预测、决策方法,将多种智能技术融合一体,智能化程度高。

（5）利用面向对象技术,研制了一种模型描述语言,为用户建立模型提供了一种有用的工具。系统能根据用户需要自动选择模型。

（6）提供自然语言、图形、远程访问等人机界面,具有友好的人机交互环境,实现人机共存的决策模式。

智能决策系统开发平台 IDSDP 可以分成 5 个层次,即通信层、信息源层、管理层、决策层、应用层(见图 10.6)。通信层是支持开放分布处理的重要环节。我们要在 TCP/IP 通信协议的基础上建立客户/服务器（Client/Server）的系统结构,以支持分布式决策。信息源层包括多种形式的信息资源,即数据、模型、知识、案例等。数据是信息系统的基础,IDSDP 系统中的数据库是基于 Access、SQLServer 2000、Oracle 等关系数据库基础上完成的;主要研究交互式数据分析和快速的信息检索。模型是支持决策的核心,模型库是 DSS、IDSS 区别于其他信息系统的重要特征,是进行定量分析所必需的;以研究知识信息处理为对象的知识工程使决策支持系统进入智能决策的新阶段,把领域专家处理问题的经验和知识通过知识获取,建成知识库,运用各种推理策略进行问题求解,使系统可以像专家那样处理问题,实现定性和定量分析相结合的科学决策。所以,知识是智能决策的关键;利用已有的经验,处理当前的问题是一种成功的方法本系统的范例库将为用户提供尽可能多的有用信息。管理层主要实现对各种信息资源的有效管理。在数据库系统中主要研究了交互式数据分析和快速的信息检索,在模型库

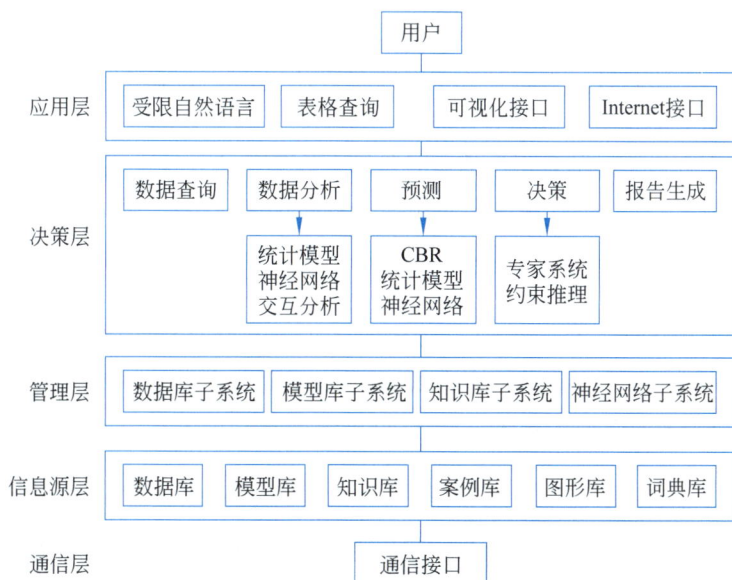

图 10.6 IDSDP 逻辑结构

系统中采用面向对象技术,研制了模型描述语言,用户可以方便地建立所需要的模型。决策层包括分析、预测、决策和报告生成。应用层的重点是提供友好的人机交互环境,研究和开发受限自然语言接口、图形系统、多媒体系统等,使人和机器在决策时协调工作。

　　分布式智能群决策支持系统是一种主体网格智能平台(Agent Grid Intelligent Platform,AGrIP),如图 10.7 所示。主体网格智能平台自低向上可以分为信息资源层、管理层、决策层和应用层。

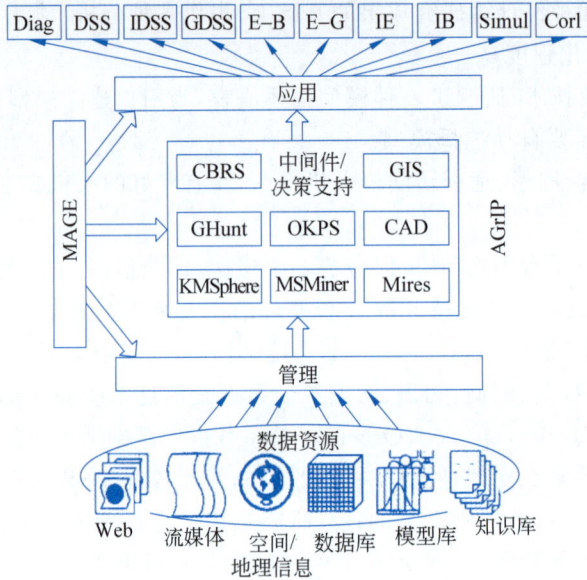

图 10.7　分布式智能群决策支持系统

　　信息资源层包括所有的数据资源,如 Web 信息、流媒体信息、空间/地理信息等,以及各类数据库、模型库、知识库。数据是信息系统的基础,本系统支持交互式数据分析和快速的信息检索;模型是支持决策的核心,是进行定量分析所必需的;以研究知识信息处理为对象的知识工程使决策支持系统进入智能决策的新阶段,把领域专家处理问题的经验和知识通过知识获取,建成知识库,运用各种推理策略进行问题求解,使系统可以像专家那样处理问题,实现定性和定量分析相结合的科学决策。

　　管理层主要实现对各种信息资源的有效管理。在数据库系统中主要研究了交互式数据分析和快速的信息检索;在模型库系统中采用面向对象技术,研制了模型描述语言,用户可以方便地建立所需要的模型;在知识库系统中提出了面向对象的知识表示方法,以及基于约束的推理机制。

　　决策层提供各种支持决策的中间件,具有自主版权的面向对象的专家系统工具 OKPS、数据挖掘平台 MSMiner、基于范例的推理系统 CBRS、多媒体信息检索系统 Mires、智能搜索引擎 GHunt,以及知识管理平台 KMSphere,也可以兼容常用的地理信息系统 GIS 和计算机辅助设计系统 CAD 等系统。

　　应用层的重点是提供友好的人机交互环境。有了中间件的强有力支持,基于分布式智能群决策支持系统的二次开发就可以只关注于用户的决策问题和环境需求,无须考虑具体的执行过程。此外,由于该平台对图形系统、多媒体系统等的支持,使人和机器在决策时可以更好地协调工作。

当前大数据、云计算、深度学习成为研究热点。云计算是运用计算机网络的传输能力,将信息处理过程从独立的计算机或服务器转移到云端,将网络连接的资源形成资源池,进行统一管理和调度。云计算的软件即服务模式为决策支持的应用与推广提供了良好的平台。

10.5.2 综合集成研讨厅

20世纪80年代,钱学森提出了开放的复杂巨系统(Open Complex Giant Systems,OCGS)的概念,以及对几类开放的复杂巨系统进行了深入的探讨,提出"从定性到定量的综合集成法"作为处理开放的复杂巨系统的方法论,着眼于人的智能与计算机的高性能两者结合,以思维科学与人工智能为基础,用信息技术和网络技术构建"综合集成研讨厅"(Hall for Workshop of Metasynthetic Engineering)体系。

综合集成研讨厅体系可以视为一个由专家体系、机器体系、知识体系三者共同构成的虚拟工作空间,如图10.8所示。

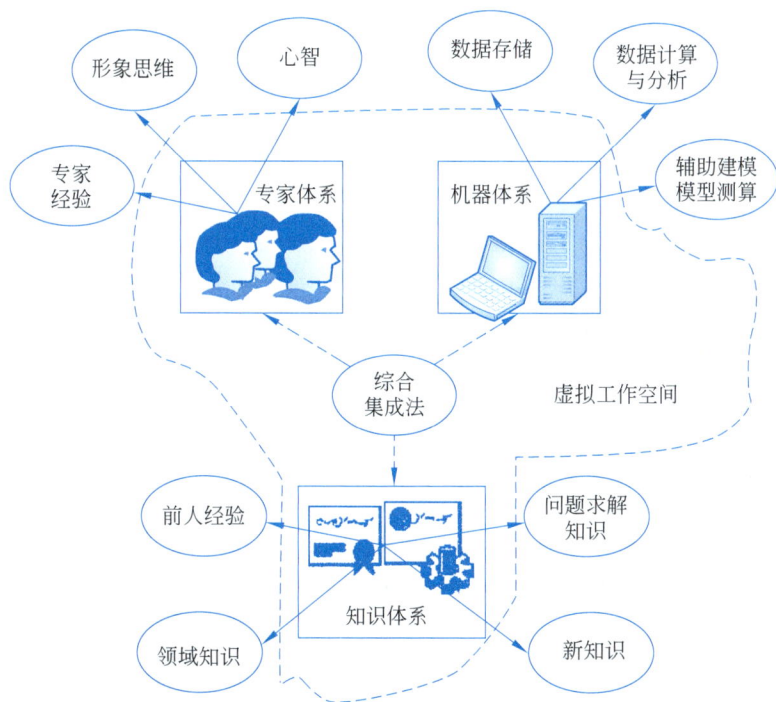

图10.8 综合集成研讨厅框架结构示意图

在综合集成研讨厅中专家的心智、经验、形象思维能力及由专家群体互相交流、学习而涌现出来的群体智慧在解决复杂问题中起着主导作用;另一方面,机器体系的数据存储、分析、计算以及辅助建模、模型测算等功能是对人心智的一种补充,在问题求解中也起着重要作用。知识体系则可以集成不在场的专家以及前人的经验知识、相关的领域知识、有关问题求解的知识等,还可以是由这些现有知识经过提炼和演化,形成新的知识,使得研讨厅成为知识的生产和服务体系。

综合集成研讨厅是一类巨型智能工程系统。在这个系统中,参加研讨的人与人、人与计算机、计算机与计算机密切合作、借助网络与数据仓库等技术,对所要解决的复杂问题进行研讨与论证。在互联网基础上,通过专家群体的有效互动,使群体的智能涌现出来,从而给出在一定程度上能满足要求的解决方案。

第 11 章

智力发展

智力发展是智能科学研究的重要内容之一。本章首先说明智力的实质、智力的差异、智商以及智力的发展特征,然后介绍不同心理学家如何看待智力,讨论智力能否测量以及如何做到精确和客观的评估。最后还要谈到哪些因素决定了一个人的智力高低,以及智力在多大程度上取决于遗传基因或环境条件等。皮亚杰(J. Piaget)对儿童认知发展领域,如语言、思想、逻辑、推理、概念形成、道德判断等长期的临床研究,创立了以智力发展阶段理论为核心的智力发展理论。

11.1 引言

人类认知是一个处于互动过程中的复杂系统,认知系统产生、编码、转换或者处理各种不同类型的信息。在研究认知发展的理论方面,皮亚杰的理论可谓是该领域的出发点。他提出了许多其他理论家迄今还在探究的重要问题。他通过 4 个阶段描述认知质的变化:感知运动阶段、前运算阶段、具体运算阶段和形式运算阶段。某种动作逻辑变成心理的逻辑运算,这种逻辑运算应用于越来越抽象的表征中。在同化和顺化过程中,系统在大量的环境经历过程中主动地创造了一个关于现实世界的心理结构,而不仅仅是对所经历事物做一个简单的心理复制。与环境世界间的每一次认知冲突常具有两方面,即同化与顺化。同化实质上是按照个体已有的认知系统对外在资料的解释或分析;环境际遇经过认知转换,从而与系统已拥有的知识和思考方式相一致。顺化意味着对认知系统作出稍微的改变,以便顾及外在资料的结构。

皮亚杰之后,并且正是由于皮亚杰的影响,认知发展学家沿着 5 个主要方向开展工作。新的观点探究:

(1) 比阶段更为有限的认知结构的可能性。

(2) 儿童的表现随同一领域内的不同任务而变化,或随不同领域而变化的原因。

(3) 变化过程。

(4) 生物影响和过程。

(5) 认知的社会方面。

新皮亚杰主义融合了皮亚杰的观点、信息加工理论,有时还包括社会文化理论。与皮亚杰不同,他们研究的是认知技能的领域特殊性,心理容量发展的变化,以及对认知活动的社会支持。例如,凯斯(R. Case)强调的是心理容量和问题解决策略在认知发展中的作用。导致认知发展的过程包括对环境中更多元素的加工和协调、对信息的区分,以及将设置次级目标作为达成最终目标的手段。一组领域特殊性的核心概念结构,负责调集诸如对客体的探索,对他人的观测和模仿,以及在解决诸如人或社会认知等某一特定领域的问题时与他人的合作等活动。

信息加工理论的出发点是信息在一个类似于计算机的系统内的流动。人类注意信息,将其转化为某种信息表征,将其与系统已有的信息加以比较,赋予一定的含义并加以存储。儿童加工速度的提高,以及由此导致的容量的增长,促进了认知的发展。儿童对刺激编码的灵活性和全面性的提高,以及各种新策略的获得,也是重要的变化来源。然而,能够加工多少信息的限制严重束缚了儿童的发展。研究者通过计算机模拟或者对行为进行详细而精确的描述,对认知发展的各种假设进行检验。西格勒的叠波模型反映了儿童思维的可变性和连续的认知变化。信息加工连接主义或神经计算,各种各样强度的连接模式的变化构成了认知变化。连接主义者强调对大脑的类比。

各种生物理论有望揭示大脑发展的作用。新近在神经成像方面的进展,激发人们对认知神经发展科学产生相当浓厚的兴趣。大脑变化和行为变化之间的相关,暗示着两者之间的双向影响,在某一个发展时刻大脑制约和促进思维,行为反过来决定着大脑接收的刺激的性质。先天模块论采纳的是相当激进的观点,认为某些基本的概念是先天具有的。每个模块是某一个特定领域所特有的,诸如语言、面孔再认或物理客体,并且只是相当松散地与其他模块相联系。

目前,理论观点十分活跃,特别在心理理论领域。研究者研究儿童非正式的直觉的关于世界的"理论",或连贯的因果解释框架。各概念包含于这些较大的理论中。越后面的理论越复杂。幼儿可能只有一些理论,而年长儿童可能具有各种各样领域的理论。一个理论包含一组关于某一领域内的实体和这些实体之间关系的信念。特别是,理论不同于其他类型的心理表征,因为理论是解释性的,它们可以回答"为什么"的问题。

动力系统框架理论试图把整个认知系统结合起来。因为这种系统是自组织的,所以系统根据自身的当前状态和系统所处的特定环境现场装配某个概念和行动。一个新的行为出现于或"脱落"于这一母体。该理论考查了系统每一时刻的变化,正是这种变化构成了认知变化。

源自维果茨基的社会文化理论,将处于社会情境中的儿童作为分析的主要单元。社会文化历史的综合影响和邻近的社会影响,尤其是父母和其他具有重要意义的成人,是认知变化的主要来源。成人和年长的同伴对儿童解决问题进行指导、支持、鼓励和纠正,从而推动儿童跨越最近发展区。通过使儿童参与指导性的活动,社会帮助儿童达到他们认知功能的最高水平。通过观察具有较高认知能力的他人,以及在成人的指导下尝试新的技能,儿童像学徒那样主动地学习许多内容。

所有这些目前均十分活跃的各种不同理论,为我们提供了更加全面的视野,表明儿童如何通过主动建构类别、规则、认知结构、技能、理论和程序而认识世界。生物和环境既促发又制约这种发展。儿童通过同化、顺化、编码以及与成人或同伴的协同建构,而建构知识。

限于篇幅,本书仅以皮亚杰的理论及其相关概念为主,讨论有关智力发展问题。

11.2 智力理论

智力(Intelligence)是什么?迄今为止,心理学家尚未能提出一个为众人所接受的明确定义。有人认为,智力主要是抽象思维的能力;也有心理学家将智力解释为"适应能力""学习能力""获得知识的能力""认识活动的综合能力"。更有某些智力测验的先驱者认为："智力就是智力测验的那个东西。"心理学家对智力所下的定义,大致可分为三类。

(1) 智力是个体适应环境的能力。个体对其所生活的环境,尤其对变化莫测的新环境越能适应的人,则其智力越高。

(2) 智力是个体学习的能力。凡个体能对新事物的学习较易、较快,又能利用经验解决困难问题的人,则其智力较高。这种定义在学校教育上具有实际的意义。

(3) 智力是个体抽象思维的能力。凡个体能由具体事物获得概念,能运用概念作逻辑推理、判断,则表示其智力较高。

当代著名测验学家魏斯勒(Wechsler)综合上面 3 种意见,将智力定义为:智力是个体有目的的行为,合理的思维,以及有效适应环境的综合能力。

以上各种定义,尽管有的强调某一侧面,有的重视全体,但有两方面是共同的。

(1) 智力是一种能力,而且是属于潜在的能力。

(2) 这种能力通过行为表现。表现方式,或者是适应环境、学习、抽象思维等行为的单独表现,或由此 3 种行为的综合表现。换言之,智力可被看作个体对事、物、情景各方面表现的功能,而此种功能是由行为而表现。

11.2.1　智力的因素论

1. 智力的二因论

英国心理学家斯皮尔曼(C. Spearman)在 20 世纪初最早对智力问题进行了探讨。他发现,几乎所有心理能力测验之间都存在正相关。斯皮尔曼提出,在各种心理任务上的普遍相关是由一个非常一般性的心理能力因素或称 g 因素所决定。在一切心理任务上,都包括一般因素(g 因素)和某个特殊因素(或称 s 因素)两种因素。g 因素是人的一切智力活动的共同基础,s 因素只与特定的智力活动有关。一个人在各种测验结果上所表现出来的正相关,是由于它们含有共同的 g 因素;而它们之间又不完全相同,则是由于每个测验包含着不同的 s 因素。斯皮尔曼认为,g 因素就是智力,它不能直接由任何一个单一的测验题目度量,但可以由许多不同测验题目的平均成绩进行近似的估计。

2. 流体智力和晶体智力说

20 世纪中期以后,卡特尔(Raymond Cattell)提出了流体智力和晶体智力理论。他认为,一般智力或 g 因素可以进一步分成流体智力和晶体智力两种。流体智力指一般的学习和行为能力,由速度、能量、快速适应新环境的测验度量,如逻辑推理测验、记忆广度测验、解决抽象问题和信息加工速度测验等。晶体智力指已获得的知识和技能,由词汇、社会推理以及问题解决等测验度量。

卡特尔认为,流体智力的主要作用是学习新知识和解决新异问题,它主要受人的生物学因素影响;晶体智力测量的是知识经验,是人们学会的东西,它的主要作用是处理熟悉的、已加工过的问题。晶体智力一部分是由教育和经验决定的,一部分是早期流体智力发展的结果。

到 20 世纪 80 年代,进一步的研究发现,随着年龄的增长,流体智力和晶体智力经历不同的发展历程。和其他生物学方面的能力一样,流体智力随生理成长曲线的变化而变化,在 20 岁左右达到顶峰,在成年期保持一段时间以后,开始逐渐下降;而晶体智力的发展在成年期不仅不下降,反而在以后的过程中还会有所增长。由于流体智力影响晶体智力,它们彼此相关,因此,我们可以假想,不管人的能力有多少种,也不论要处理的任务性质如何,在一切测验分数或成绩的背后,存在一种类似于 g 因素的一般心理能力。在大多数智力测验中,均包括偏重于测量晶体智力和流体智力的两类题目。

3. 智力多因素论

美国心理学家瑟斯顿(L. L. Thurstone)于 1938 年对芝加哥大学的学生实施了 56 个能力测验,他发现,某些能力测验之间具有较高的相关,而与其他测验的相关较低,它们可归为 7 个不同的测验群:字词流畅性、语词理解、空间能力、知觉速度、计数能力、归纳推理能力和记忆能力。瑟斯顿认为,斯皮尔曼的二因素理论不能很好地解释这种结果,而且过分强调 g 因素也达不到区分个体差异的目的。因此,他提出智力由以上 7 种基本心理能力构成,并且各基本能力之间彼此独立,这是一种多因素论。根据这种思想,瑟斯顿编制了基本心理能力测验。研究结果发现,7 种基本能力之间都有不同程度的正相关,似乎仍可以抽象出更高级的心理因素,也就是 g 因素。

11.2.2 多元智力理论

多元智力理论是由美国心理学家加德纳(Gardner)提出的。他认为,智力的内涵是多元的,由 7 种相对独立的智力成分构成。每种智力成分都是一个单独的功能系统,这些系统可以相互作用,产生外显的智力行为。这 7 种智力如下。

(1) 言语智力,渗透在所有语言能力之中,包括阅读、写文章以及日常会话能力。

(2) 逻辑——数学智力,包括数学运算与逻辑思维能力,如做数学证明题及逻辑推理。

(3) 空间智力,包括导航、认识环境、辨别方向的能力,如查阅地图和绘画等。

(4) 音乐智力,包括对声音的辨别与韵律表达的能力,如拉小提琴或作曲等。

(5) 身体运动智力,包括支配肢体完成精密作业的能力,如打篮球和跳舞等。

(6) 人际智力,包括与人交往且能和睦相处的能力,如理解别人的行为、动机或情绪。

(7) 内省智力,对自身内部世界的状态和能力具有较高的敏感水平,包括认识自己并选择自己生活方向的能力。

11.2.3 智力结构论

美国心理学家吉尔福特(J. P. Guilford)认为,智力活动可以区分出 3 个维度,即内容、操作和产物,这 3 个维度的各成分可以组成一个三维结构模型。智力活动的内容包括听觉、视觉(所听到、看到的具体材料,如大小、形状、位置、颜色)、符号(字母、数字及其他符号)、语义(语言的意义概念)和行为(本人及别人的行为)。它们是智力活动的对象或材料。智力操作指智力活动的过程,它是由上述种种对象引起的,包括认知(理解、再认)、记忆(保持)、发散思维(寻找各种答案或思想)、聚合思维(寻找最好、最适当、最普通的答案)和评价(做出某种决定)。智力活动的产物是指运用上述智力操作所得到的结果。这些结果可以按单元计算(单元),可以分类处理(分类),也可以表现为关系、转换、系统和应用。由于 3 个维度的存在,人的智力可以在理论上区分为 $5 \times 5 \times 6 = 150$ 种(见图 11.1)。

吉尔福特的三维智力结构模型同时考虑到智力活动的内容、过程和产物,这对推动智力测验工作起了重要的作用。1971 年,吉尔福特宣布,经过测验已经证明了三维智力模型中的近百种能力。这一成就对智力测验的理论与实践,无疑是巨大的鼓舞。

视觉
听觉
符号 } 思考内容
语义
行为

单位
类别
关系 } 思考结果
系统
转换
应用

评价
聚合思考
发散思考 } 思考运作
记忆
认知

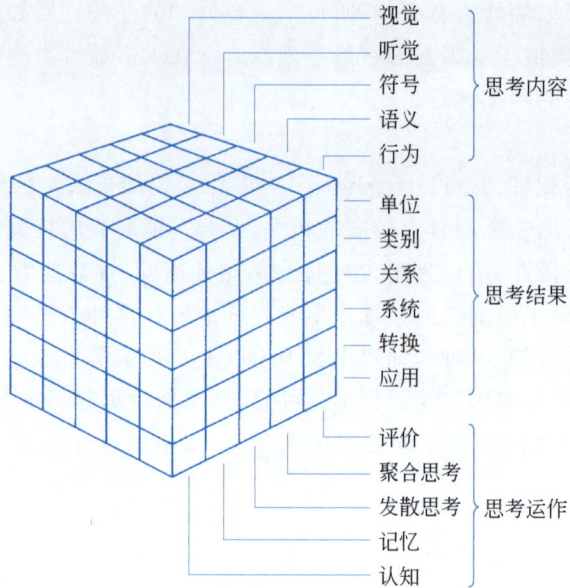

图 11.1　三维智力结构模型

11.3　智力的测量

从智力测验的观点看,这种行为表现智力的观念是极为重要的。因此,有些心理学家干脆把智力定义为:智力乃是一种智力测验的对象。如果进一步追问:智力测验所测量的对象是什么? 这个问题虽不易回答,但有一点是肯定的,即所测的对象绝非智力本身,而仍是个体表现在外的行为。间接的测量个体表现在外的行为特征并量化,以推估其智力的高低,这是智力测量的基本原则。智力本身只是一个抽象的概念,无法直接测量,这正如物理学上的"能",必须经由物体运动所做的功予以衡量是同样的道理。

在 20 世纪初,法国心理学家比奈(A. Binet)受巴黎教育当局的委托,承担编制一套测验用来鉴定智力缺陷的学生,让他们能够进入不教授标准课程的学校。从那以后智力测验就首先用来帮助预测儿童和学生的能力,预测他们在"智力"训练中获益多少。现在越来越倾向于编制和应用智力测验去测定人的能力的不同方面。对于智力测验的主要要求就是要把人有益于准确地按照能力的类别进行分组。这也有赖于智力理论的研究和新智力测验的创造。

智力测验有许多不同的种类。如按被试人数分成个人测验和团体测验;以限定时间内做出正确反应的数目决定分数的为速度测验,而以成功地完成的作业的难度决定分数的为才能测验;要求以言语回答问题的言语测验,非言语的动作反应的作业测验。不管哪种类型的智力测验,一般都包括数量较大、内容不同的测验项目或作业。智力测验的分数就根据成功地完成作业的数目来确定。

智力测验的每一项目都能提供与之适合的年龄水平值。当测试一个儿童时,他所得到的分数是以他通过的项目的数目为依据的。因此他的分数可以用年龄来表示。例如,特曼·梅里尔的要求给每一个词下定义的测验作业,有 60% 的 13 岁儿童能做对,就将这一项目在测验中规定给 13 岁。

假设一个孩子通过了 10 岁儿童测试过的测验的全部项目,他还通过了 11 岁的和 12 岁的某些项目。首先以他 10 岁以前的所有项目(10 岁的包括在内)记分。11 岁的项目则通过一半,12 岁的项目通过了四分之一,那么,他的记分就再加上六个月(11 岁的)和三个月(12 岁的)。把他的分数全部加在一起为 10 年 9 个月,这就是智龄(MA)。因此,智龄是根据智力测验的作业成绩换算而得的,它是由所通过的测验项目的难度水平决定的。

智商(IQ)的定义是智龄除以实足年龄,然后乘以 100,公式如下:

$$智商(IQ) = \frac{智龄(MA)}{实足年龄(CA)} \times 100 \tag{11.1}$$

公式中乘以 100 的目的一方面可以消去小数,使所得的智商成为整数;另一方面可显示出智力的高低。这种确定智商的方法是假定智力年龄是同实际年龄一起增长的。如果相反,在到达某一实际年龄时智力年龄不再增长,那么一个人若已到此年龄,此后他的年龄再增长时,则他所得的智商就越来越小。但实际上他的智力并未减少。人到达一定的实际年龄之后,智力年龄的发展就停留在相对稳定的水平。由于在 15 岁时智力不再与实际年龄成正比增加,因此对 15 岁及 15 岁以上的人所用求智商的公式为

$$IQ = \frac{MA}{15} \times 100 \tag{11.2}$$

这种方法也不能取得满意的结果。韦克斯勒(D Wechsler)提出成人智力量表主要内容如下。

(1) 性质及内容:在性质上,这个测验项目分为言语和作业两类。前者包括常识、理解、算术、类同、记忆广度、词汇 6 个分测验,共计 84 题。后者包括物形配置、填图、图系排列、按照图案搭积木、符号替换 5 个分测验,共计 44 题。两者合起来为 128 题。题目性质广泛,所测者为个人普通能力。

(2) 适用范围:适用于 16 岁以上的成人。

(3) 实施程序:个别实施,全测验约需 1 小时。

(4) 记分与标准:各分测验的原始分数经过换算手续变为加权分数。前 6 个分测验的加权分数之和即为言语量表的总分。后 5 个分测验的加权分数之和即为作业量表的总分。两个量表的总分相加即为全测验的总分。量表总分可再按年龄组别查对照表而求得标准分数智商。

本测验标准之建立是根据具有代表性的 700 人所组成的标准化样本。在此样本中对性别(男女各半)、年龄(16~64 岁)、地域、种族、职业以及教育程度等因素均有适当分配,故其代表性甚高。

(5) 信度与相关系数:由折半法求得信度系数是:言语量表为 0.96,作业量表为 0.93,全量表为 0.97。相关系数的研究以斯坦福-比奈量表(简称"斯比量表")为标准,求得相关系数为:言语量表为 0.83,作业量表为 0.93,全量表为 0.85。

个体智力存在差异。如对大量未经选择的人施以智力测验,得到的智商分布如表 11.1 所示。这是采用 1973 年修订的斯比量表,对 2~18 岁的 2904 人进行智力测验的结果。由智商分布表看出,智商极高及极低的均占少数,大多数人的智力属于中等或接近中等。

表 11.1　智商分布

智　　商	类　　别	百　分　比
140 及以上	极优	1
120~139	优异	11
110~119	中上	18

续表

智　　商	类　　别	百　分　比
90～109	中等	46
80～89	中下	15
70～79	临界	6
70 以下	弱智	3

美国心理学家特尔门(L. M. Terman)采用追踪观察的方法来研究智力超常儿童的才能发展。在 1921—1923 年间,特尔门选择了 1528 名智商超过 130 的中小学生,其中男生 857 人,女生 671 人。他对所有对象都做了学校调查和家庭访问,详细了解老师和家长对他们智力的评价,还对三分之一的人作了体格检查。1928 年,他回访这些学生所在的学校和家庭,了解他们进入青少年时期以后的智力发展和变化情况。1936 年,这些研究对象都已经长大成人,各自走上了不同岗位。特尔门继续采用通信的方式进行随访,掌握他们的才能发展状况。1940 年,他特地把这些研究对象邀集到斯坦福大学来座谈,并且做了一次心理测验。以后,他仍旧坚持每隔 5 年做一次通信调查,直到 1960 年。

特尔门逝世以后,美国心理学家西尔斯等继续进行这项研究。1960 年,这些研究对象的平均年龄已达 49 岁。西尔斯作了一次通信调查,人数是原先的 80%。1972 年,他再次进行了通信随访,被调查的人数仍旧保持在原先的 67%。这时,他们的平均年龄已经超过 60 岁。

这样研究前后持续了半个世纪,积累了大量的宝贵资料。研究表明:早期智力超常并不能保证成年以后具备杰出的才能,卓有建树;一个人的能力大小同儿童期的智力高低关系不大;有才能、有成就的人并不都是老师和家长认为十分聪明的人,而是那些长年锲而不舍、精益求精的人。由于这项研究成果在心理学上具有重大意义,美国心理学协会在 1976 年把卓越贡献奖授予这项研究。

怎样鉴别优秀儿童和学生呢?美国学者里思提出以下 17 项作为进行鉴别的心理学准则。

(1) 知识和技能:具有基本技巧和知识,能够适当应用这些技巧解决具体问题。

(2) 注意力集中:不容易分心,能在充分的时间里对一个问题集中注意力来求得解决的办法。

(3) 热爱学习:喜欢探讨问题和做作业。

(4) 坚持性:把指定的任务作为重要目标,用急切的心情去努力完成它。

(5) 反应性:容易受到启发,对成人的建议和提问都能作出积极反应。

(6) 理智的好奇心:从自己解答问题中得到满足,并且能够提出新的问题。

(7) 对挑战的反应:乐意处理比较困难的问题、作业和进行争论。

(8) 敏感性:具有超过年龄的机灵性和敏锐的观察力。

(9) 口头表达的熟练程度:善于正确地应用众多的词汇。

(10) 思维流畅:能够形成许多概念,善于适应新的比较深刻的概念。

(11) 思维灵活:能够摆脱自己的偏见,用他人的观点看问题。

(12) 独创性:能够用新颖的或者异常的方法去解决问题。

(13) 想象力:能够独立思考,富有想象力。

(14) 推理能力:能够把给定的概念推广到比较广泛的关系中去,能够从整体的关系中去理解给定的材料。

(15) 兴趣广泛:对各种学问和活动都感兴趣,如艺术、戏剧、书法、阅读、数学、科学、音乐、体育活动和社会常识。

（16）关心集体：乐于参加各种集体活动，助人为乐，和他人融洽相处，对别人不吹毛求疵。

（17）情绪稳定：经常保持自信、愉快和安详，有幽默感，能够适应日常变化，不暴怒。

11.4 皮亚杰认知发展理论

1882年，德国生理学家和心理学家普莱尔（W. Preyer）的《儿童心理》一书问世，标志了科学儿童心理学的诞生。在这之后一百多年来，各国心理学家们对儿童智力成长过程进行了大量观察和研究，在这些人当中有盖塞尔（A. Gesell，自然成熟论）、弗洛伊德、华生（J. B. Watson，行为主义）以及埃里克森（E. H. Erikson，人格发展渐成说）等，他们的工作增进了人们对儿童智力发展的理解，同时也构成了当今儿童发展心理的主要流派，其影响是巨大而深远的。

皮亚杰的心理学，从实验到理论，都有自己独到之处。皮亚杰学派对儿童的语言、判断、推理、因果观、世界观、道德观念、符号、时间、空间、数、量、几何、概率、守恒、逻辑等问题进行了大量的实验研究，为儿童心理学、认知心理学或思维心理学开辟了新园地，提出了一套全新的学说。对当代儿童心理学产生广泛而又深刻的影响。

根据皮亚杰的推论，人类生来就有组织和适应倾向，人类将事物予以系统地组合使之成为系统严密的整体，称为组织倾向。人类对环境适应或调整称为适应倾向。人类的智能过程将经验转换成适应新情境所需的认知结构，与生物学过程将食物消化并转换成身体所需的能量一样。人类的认知过程力求均衡作用，与生物学过程维持平衡相同。均衡作用是一种自动调节作用，它使人类所获的概念得到稳定。适应倾向是通过调整和同化两种相互配合的作用。调整是改变自己的认知结构或认知模式，以适应新的经验。同化是融合新的经验于现存的认知结构里。皮亚杰却对孩子是如何犯错误的思维过程进行了长期的探索，皮亚杰发现分析一个儿童对某问题的不正确回答比分析正确回答更具有启发性。采用临床法（Clinical Method），皮亚杰先是观察自己的三个孩子，之后与其他研究人员一起对成千上万的儿童进行观察，他找出了不同年龄儿童思维活动质的差异以及影响儿童智力的因素，进而提出了独特的儿童智力阶段性发展理论，引发了一场儿童智力观的革命，虽然这一理论在很多方面目前也存在争论，但正如一些心理学家所指出的：这是"迄今被创造出来的唯一完整系统的认知发展理论"。

11.4.1 图式

皮亚杰认为智慧是有结构基础的，而图式（Schema）就是他用来描述智慧（认知）结构的一个特别重要的概念。皮亚杰对图式的定义是"一个有组织的、可重复的行为或思维模式"。凡在行动可重复和概括的东西我们称之为图式。简言之，图式就是动作的结构或组织。图式是认知结构的一个单元，一个人的全部图式组成一个人的认知结构。初生的婴儿，具有吸吮、哭叫及视、听、抓握等行为，这些行为是与生俱来的，是婴儿能够生存的基本条件，这些行为模式或图式是先天性遗传图式，全部遗传图式的综合构成一个初生婴儿的智力结构。遗传图式是图式在人类长期进化的过程中所形成的，以这些先天性遗传图式为基础，儿童随着年龄的增长及机能的成熟，在与环境的相互作用中，通过同化、顺应及平衡化作用（后述），图式不断得到改造，认知结构不断发展。在儿童智力发展的不同阶段，有着不同的图式。如在感知运动阶段，其图式被称为感知运动图式，当进入思维的运算阶段，就形成了运算思维图式。

　　图式作为智力的心理结构,是一种生物结构,它以神经系统的生理基础为条件,目前的研究还无法指出这些图式的生理性质和化学性质。相反,这些图式在人的头脑中的存在是可以根据观察到的行为推测的。事实上,皮亚杰是根据大量的,通过临床法所观察到的现象,结合生物学、心理学、哲学等学科的理论,运用逻辑学以及数学概念(如群、群集、格等)来分析描述智力结构的。由于这种智力结构符合逻辑学和认识论原理,因此图式不仅是生物结构,更重要的是一种逻辑结构(主要指运算图式)。尽管诸如前述视觉抓握动作的神经生理基础是新神经通路髓鞘形成,而髓鞘形成似乎是遗传程序的产物。包含着遗传因素的自然成熟也确实在使儿童智慧发展遵循不变的连续阶段的次序方面起着不可缺少的作用,但在从婴儿到成人的图式发展中,成熟并不起决定作用。智慧演变为一种机能性的结构,是诸多因素共同作用的结果,儿童成长过程中智力结构的完整发展不是由遗传程序决定的。遗传因素主要为发展提供了可能性,或是说对结构提供了门径,在这些可能性未被提供之前,结构是不可能演化的。但是在可能性与现实性之间,还必须有一些其他因素,例如练习、经验和社会的相互作用。

　　还必须指出,皮亚杰所提出的智力结构具有三要素:整体性、转换性和自动调节性。结构的整体性指结构具有内部融贯性,各成分在结构中的安排是有机的联系,而不是独立成分的混合,整体和部分都由一个内在规律决定。一个图式有一个图式的规律,由全部图式所构成的儿童的智力结构并非各图式的简单相加。结构的转换性指结构并不是静止的,而是有一些内在的规律控制着结构的发展,儿童的智力结构,在同化、顺应、平衡化作用下不断发展,体现了这种转换性。结构的自调性是指结构由于其本身的规律而自行调节,结构内的某一成分的改变必将引起结构内部其他成分的变化。只有作为一个自动调节的转换系统的整体,才可被称为结构。

　　同化与顺应是皮亚杰用于解释儿童图式的发展或智力发展的两个基本过程。皮亚杰认为,"同化就是外界因素整合于一个正在形成或已形成的结构",也就是把环境因素纳入机体已有的图式或结构之中,以加强和丰富主体的动作。也可以说,同化是通过已有的认知结构获得知识(本质上是旧的观点处理新的情况)。例如,学会抓握的婴儿当看见床上的玩具,会反复用抓握的动作去获得玩具。当他独自一个人,玩具又较远婴儿手够不着(看得见)时,他仍然用抓握的动作试图得到玩具,这一动作过程就是同化,婴儿用以前的经验来对待新的情境(远处的玩具)。从以上解释可以看出,同化的概念不仅适用于有机体的生活,也适用于行为。顺应是指"同化性的格式或结构受到它所同化的元素的影响而发生的改变"。也就是改变主体动作以适应客观变化。也可以说,改变认知结构以处理新的信息(本质上即改变旧观点以适应新情况)。例如上面提到那个婴儿为了得到远处的玩具,反复抓握,偶然地,他抓到床单一拉,玩具从远处来到了近处,这一动作过程就是顺应。

　　皮亚杰以同化和顺应释明了主体认知结构与环境刺激之间的关系,同化时主体把刺激整合于自己的认知结构内,一定的环境刺激只有被个体同化(吸收)于他的认知结构(图式)之中,主体才能对之作出反应。或者说,主体之所以能对刺激作出反应,也就是因为主体已具有使这个刺激被同化(吸收)的结构,使得这个结构具有对之作出反应的能力。认知结构由于受到被同化刺激的影响而发生改变,这就是顺应,不作出这种改变(顺应),同化就无法运行。简言之,刺激输入的过滤或改变叫作同化,而内部结构的改变以适应现实就叫作顺应。同化与顺应之间的平衡过程,就是认识的适应,也是人的智慧行为的实质所在。

　　同化不能改变或更新图式,顺应则能起到这种作用。但皮亚杰认为,对智力结构的形成主要有功的机能是同化。顺应使结构得到改变,但却是同化过程中主体动作反复重复和概括导致了结构的形成。

运算是皮亚杰理论的主要概念之一。在这里运算指的是心理运算。什么是运算？运算是动作，是内化了的、可逆的、有守恒前提、有逻辑结构的动作。从这个定义中可看出，运算或心理运算有 4 个重要特征。

（1）心理运算是一种在心理上进行的、内化了的动作。例如，把热水瓶里的水倒进杯子里去，倘若我们实际进行这一倒水的动作，就可以见到在这一动作中有一系列外显的、直接诉诸感官的特征。然而对于成人和一定年龄的儿童来说，可以用不着实际去做这个动作，而在头脑里想象完成这一动作并预见它的结果。这种心理上的倒水过程，就是所谓"内化的动作"，是动作能被称为运算的条件之一。可以看出，运算其实就是一种由外在动作内化而成的思维，或是说在思维指导下的动作。新生婴儿也有动作，如哭叫、吸吮、抓握等，这些动作都是一些没有思维的反射动作，所以不能算做运算。事实上，由于运算还有其他一些条件，儿童要到一定的年龄才能出现有称为运算的动作。

（2）心理运算是一种可逆的内化动作。这里又引出可逆的概念。可以继续用上面倒水过程的例子加以解释，在头脑中我们可以将水从热水瓶倒入杯中，事实上我们也能够在头脑中让水从杯中回到热水瓶去，这就是可逆性（Reversibility），是动作成为运算的又一个条件。一个儿童如果在思维中具有了可逆性，可以认为其智慧动作达到了运算水平。

（3）运算是有守恒性前提的动作。当一个动作已具备思维的意义，这个动作除了是内化的可逆的动作，它同时还必定具有守恒性前提。所谓守恒性（Conservation），是指认识到数目、长度、面积、体积、重量、质量等尽管以不同的方式或不同的形式呈现，但保持不变。装在大杯中的 100 毫升水倒进小杯中仍是 100 毫升，一个完整的苹果切成 4 小块后其重量并不发生改变。自然界能量守恒、动量守恒、电荷守恒都是具体的例子。当儿童的智力发展到了能认识到守恒性，则儿童的智力达到运算水平。守恒性与可逆性是内在联系着的，是同一过程的两种表现形式。可逆性是指过程的转变方向可以为正或为逆，而守恒性表示过程中量的关系不变。儿童思维如果具备可逆性（或守恒性），则差不多可以说他们的思维也具备守恒性（或可逆性）。否则两者都不具备。

（4）运算是具有逻辑结构的动作。前面介绍过，智力是有结构基础的，即图式。儿童的智力发展到运算水平，即动作已具备内化、可逆性和守恒性特征时，智力结构演变成运算图式。运算图式或者说运算不是孤立存在的，而是存在于一个有组织的运算系统之中。一个单独的内化动作并非运算而只是一种简单的直觉表象。而事实上动作不是单独的、孤立的，而是互相协调的、有结构的。例如，人们为了达到某种目的而采取动作，这时一般需要动作与目的有机配合，而在达到目的的过程中形成动作结构。在介绍图式时，已说过运算图式是一种逻辑结构，这不仅因为运算的生物学生理基础目前尚不清楚而是由人们推测而来，更重要的是因为这种结构的观点是符合逻辑学和认识论原理的。因为是一种逻辑结构，故心理运算又是具有逻辑结构的动作。

以运算为标志，儿童智力的发展阶段可以分为前运算时期和运算时期；继之又可将前者分为感知运动阶段和表象阶段；后者区分为具体运算阶段和形式运算阶段。

11.4.2　儿童智力发展阶段

皮亚杰将儿童从出生后到 15 岁智力的发展划分为 4 个发展阶段。对于发展的阶段性，皮亚杰概括了 3 个特点。

（1）阶段出现的先后顺序固定不变，不能跨越，也不能颠倒。它们经历不变的、恒常的顺序，并且所有的儿童都遵循这样的发展顺序，因而阶段具有普通性。任何一个特定阶段的出现不取决于年龄而取决于智力发展水平。皮亚杰在具体描述阶段时附上了大概的年龄只是为了表示各阶段可能出现的年龄范围。事实上，由于社会文化不同，或文化相同但教育不同，各阶段出现的平均年龄有很大差别。

（2）每一阶段都有独特的认知结构，这些相对稳定的结构决定儿童行为的一般特点。儿童发展到某一阶段，就能从事水平相当的各种性质的活动。

（3）认知结构的发展是一个连续构造（建构）的过程，每一个阶段都是前一阶段的延伸，是在新水平上对前面阶段进行改组而形成新系统。每阶段的结构形成一个结构整体，它不是无关特性的并列和混合。前面阶段的结构是后面阶段结构的先决条件，并为后者取代。

1. 感知运动阶段（出生至 2 岁左右）

自出生至 2 岁左右，是智力发展的感知运动阶段。在此阶段的初期即新生儿时期，婴儿所能做的只是为数不多的反射性动作。通过与周围环境的感觉运动接触，即通过他加以客体的行动和这些行动所产生的结果来认识世界。也就是说，婴儿仅靠感觉和知觉动作的手段来适应外部环境。这一阶段的婴儿形成了动作格式的认知结构。皮亚杰将感知运动阶段根据不同特点再分为 6 个分阶段。从刚出生时婴儿仅有的诸如吸吮、哭叫、视听等反射性动作开始，随着大脑及机体的成熟，在与环境的相互作用中，到此阶段结束时，婴儿渐渐形成了随意有组织的活动。下面简单介绍六个分阶段。

第一分阶段（反射练习期，出生至 1 个月）：婴儿出生后以先天的无条件反射适应环境，这些无条件反射是遗传决定的，主要有吸吮反射、吞咽反射、握持反射、拥抱反射及哭叫、视听等动作。通过反复地练习，这些先天的反射得到发展和协调。发展与协调意味着同化与顺应的作用。皮亚杰详细观察了婴儿吸吮动作的发展，发现吸吮反射动作的变化和发展。例如母乳喂养的婴儿，如果又同时给予奶瓶喂养，可以发现婴儿吸吮橡皮奶头时的口腔运动截然不同于吸吮母亲乳头的口腔运动。由于吸吮橡皮奶头较省力，婴儿会出现拒绝母乳喂养的现象，或是吸母乳时较为烦躁。在推广母乳喂养过程中应避免给婴儿吸橡皮奶头可能正是这一原因。从中也可以看出婴儿在适应环境中的智力增长：他愿吸省力的奶瓶而不愿吸费力的母乳。

第二分阶段（习惯动作和知觉形成时期，1～4 个月）：在先天反射动作的基础上，通过机体的整合作用，婴儿逐渐将个别的动作联结起来，形成一些新的习惯。例如婴儿偶然有了一个新动作，便一再重复。如吸吮手指，手不断抓握与放开，寻找声源，用目光追随运动的物体或人，等等。行为的重复和模式化表明动作正在同化作用中，并开始形成动作的结构，反射运动在向智慧行动过渡。由于行为并没有什么目的，只是由当前直接感性刺激来决定，所以还不能算作智慧行动。但是婴儿在与环境的相互适应过程中，顺应作用也已发生，表现为动作不完全是简单的反射动作。

第三分阶段（有目的动作逐步形成时期，4～9 个月）：从 4 个月开始，婴儿在视觉与抓握动作之间形成了协调，以后儿童经常用手触摸、摆弄周围的物体，这样一来，婴儿的活动便不再限于主体本身，而开始涉及对物体的影响，物体受到影响后又反过来进一步引起主体对它的动作，这样就通过动作与动作结果造成的影响使主体对客体发生了循环联系，最后渐渐使动作（手段）与动作结果（目的）产生分化，出现了为达到某一目的而行使的动作。例如一个多彩的响铃，响铃摇动发出声响引起婴儿目光寻找或追踪。这样的活动重复数次后，婴儿就会主动地用手去抓或是用脚去踢挂在摇篮上的响铃。显然可以看出，婴儿已从偶然地、无目的地摇动玩具过渡到了有目地反复摇动玩具,智慧动作开始萌芽。但这一阶段目的与手段的分化尚不完全、不明确。

第四分阶段(手段与目的分化协调期,9~12个月):这一时期又称图式之间协调期。婴儿动作目的与手段已经分化,智慧动作出现。一些动作格式(图式)被当作目的,另一些动作格式则被当作手段使用。如儿童拉成人的手,把手移向他自己够不着的玩具方向,或者要成人揭开盖着玩具的布。这表明儿童在做出这些动作之前已有取得物体(玩具)的意向。随着这类动作的增多,儿童运用各动作格式之间的配合更加灵活,并能运用不同的动作格式来对付遇到的新事物,就像以后运用概念来了解事物一样,婴儿用抓、推、敲、打等多种动作来认识事物。表现出对新的环境的适应,儿童的行动开始符合智慧活动的要求。不过这阶段婴儿只会运用同化格式中已有的动作格式,还不会创造或发现新的动作顺应世界。

第五分阶段(感知动作智慧时期,12~18个月):皮亚杰发现,这一时期的婴儿能以一种试验的方式发现新方法达到目的。当婴儿偶然地发现某一感兴趣的动作结果时,他将不只是重复以往的动作,而是试图在重复中作出一些改变,通过尝试错误,第一次有目的地通过调节来解决新问题。例如婴儿想得到放在床上枕头上的一个玩具,他伸出手去抓却够不着,想求助爸爸妈妈可又不在身边,他继续用手去抓,偶然地他抓住了枕头,拉枕头过程中带动了玩具,于是婴儿通过偶然地抓拉枕头得到了玩具。以后婴儿再看见放在枕头上的玩具,就会熟练地先拉枕头再取玩具。这是智慧动作的一大进步。但婴儿不是自己想出这样的办法,他的发现来源于偶然的动作。

第六分阶段(智慧综合时期,18~24个月):这一时期,婴儿除了用身体和外部动作来寻找新方法之外,还能开始"想出"新方法,即在头脑中有"内部联合"方式解决新问题,例如把婴儿玩的链条放在火柴盒内,如果盒子打开不大,链条能看得见却无法用手拿出,婴儿于是便会把盒子翻来覆去看,或用手指伸进缝道去拿,如手指也伸不进去,这时他便会停止动作,眼睛看着盒子,嘴巴一张一合做了好几次这样的动作之后突然他用手拉开盒子口取得了链条。在这个动作中,婴儿的一张一合的动作表明婴儿在头脑里用内化了的动作模仿火柴盒被拉开的情形,只是他的表象能力还比较差,必须借助外部的动作来表示。这个拉开火柴盒的动作是婴儿"想出来的"。当然婴儿此前看过父母类似的动作,而正是这种运用表象模仿别人做过的行为来解决眼前的问题,标志着婴儿智力已从感知运动阶段发展到了一个新的阶段。

感知运动阶段,婴儿智慧的成长突出地表现在3方面。

(1)逐渐形成物体永久性(不是守恒)的意识,这与婴儿语言及记忆的发展有关,物体永久性具体表现在:当一个物体(如爸爸妈妈、玩具)在他面前时,婴儿知道这个人或物,而当这个物体不在眼前时,他能认识到此物尽管当前摸不着、看不见也听不到,但仍然是存在的。爸爸妈妈离开了,但婴儿相信他们还会出现,被大人藏起的玩具还在什么地方,翻开毡子,打开抽屉,还应该可以找到。这标志着稳定性客体的认知格式已经形成。近年的研究表明,婴儿形成母亲永久性的意识较早,并与母婴依恋有关。

(2)在稳定性客体永久性认知格式建立的同时,婴儿的空间-时间组织也达到一定水平。因为婴儿在寻找物体时,他必须在空间上定位来找到它。又由于这种定位总是遵循一定的顺序发生的,故儿童又同时建构了时间的连续性。

(3)出现了因果性认识的萌芽,这与物体永久性意识的建立及空间-时间组织的水平密不可分。婴儿最初的因果性认识产生于自己的动作与动作结果的分化,然后扩及客体之间的运动关系。当婴儿能运用一系列协调的动作实现某个目的(如拉枕头取玩具)时,就意味着因果性认识已经产生了。

2. 前运算阶段(2~7岁)

与感知运动阶段相比,前运算阶段儿童的智慧在质方面有了新的飞跃。在感知运动阶段,儿童只能对当前感觉到的事物施以实际的动作及思维,在阶段中、晚期,形成物体永久性意识,并有了最早期的内化动作。到前运算阶段,物体永久性的意识巩固了,动作大量内化。随着语言的快速发展及初步完善,儿童频繁地借助表象符号(语言符号与象征符号)来代替外界事物,重视外部活动,儿童开始从具体动作中摆脱出来,凭借象征格式在头脑里进行"表象性思维",故这一阶段又称为表象思维阶段。前运算阶段,儿童动作内化具有重要意义。为说明内化,皮亚杰举过一个例子:有一次皮亚杰带着3岁的女儿去探望一个朋友,皮亚杰的这位朋友家也有一个1岁多的小男孩,正放在婴儿围栏(Playben)中独自嬉玩,嬉玩过程中婴儿突然跌倒在地下,紧接着便愤怒而大声地哭叫起来。当时皮亚杰的女儿惊奇地看到这情景,口中喃喃有声。三天后在自己的家中,皮亚杰发现3岁的小姑娘似乎照着那1岁多小男孩的模样,重复地跌倒了几次,但她没有因跌倒而愤怒啼哭,而是咯咯发笑,以一种愉快的心境亲身体验着她在三天前所见过的"游戏"的乐趣。皮亚杰指出,三天前那个小男孩跌倒的动作显然早已经内化于女儿的头脑中了。

在表象思维的过程中,儿童主要运用符号(包括语言符号和象征符号)的象征功能和替代作用,在头脑中将事物和动作内化。而内化事物和动作并不是把事物和动作简单地全部接受下来而形成一个摄影或副本。事实上内化是把感觉运动所经历的东西在自己大脑中再建构,舍弃无关的细节(如上例皮亚杰的女儿并没有因跌倒而愤怒啼哭),形成表象。内化的动作是思想上的动作而不是具体的躯体动作。内化的产生是儿童智力的重大进步。

皮亚杰将前运算阶段又划出两个分阶段:前概念或象征思维阶段和直觉思维阶段。

1) 前概念或象征思维阶段(2~4岁)

这一阶段的产生标志是儿童开始运用象征符号。例如在游戏时,儿童用小木凳当汽车,用竹竿做马,木凳和竹竿是符号,而汽车和马则是符号象征的东西。即儿童已能够将这二者联系起来,凭着符号对客观事物加以象征化。客观事物(意义所指)的分化,皮亚杰认为就是思维的发生,同时意味着儿童的符号系统开始形成了。

语言实质上也是一种社会生活中产生并约定的象征符号。象征符号的创造及语言符号的掌握,使儿童的象征思维得到发展。但这时期的儿童语词只是语言符号附加上一些具体词,缺少一般性的概念,因而儿童常把某种个别现象生搬硬套到另一种现象之上,他们只能作特殊到特殊的传导推断,而不能作从一般到特殊的推理。从这个时期儿童常犯的一些错误可以看出这点。例如,儿童认识了牛,他也注意到牛是有四条腿的大动物,并且儿童已掌握"牛"。又如儿童看到别人有一顶与他同样的帽子,他会认为"这帽子是我的"。他们在房间看到一轮明月,而一会儿之后在马路上看到被云雾遮掩的月亮,便会认为天上有两个月亮。

2) 直觉思维阶段(4~7岁)

这一阶段是儿童智力由前概念思维向运算思维的过渡时期。此阶段儿童思维的显著特征是仍然缺乏守恒性和可逆性,但直觉思维开始由单维集中向二维集中过渡。守恒即将形成,运算思维就要到来。有人曾用两个不同年龄孩子挑选量多饮料的例子对此加以说明:一位父亲拿来两瓶可口可乐(这两瓶可口可乐瓶的大小形状一样,里面装的饮料也是等量),准备分别给他一个6岁和一个8岁的孩子,开始两个孩子都知道两瓶中的可乐是一样多的。但父亲并没有直接将两瓶可乐分配给孩子,而是将其中一瓶倒入了一个大杯中,另一瓶倒入了两个小杯中,再让两个孩子挑选。6岁孩子先挑,他首先挑选了一大杯而放弃两小杯,可是当他拿起大杯看着两个小杯,又似乎犹豫起来,于是放下大杯又来到两小杯前,仍是拿不定主意,最后他还是拿了一大杯,并喃喃地说:"还是这杯多一点。"这个6岁的孩子在挑选饮料时表现出了犹豫地选择了大杯。在6岁孩子来回走动着挑选量较多的可乐时,他那8岁的哥哥却在一旁不耐烦而鄙薄地叫道:"笨蛋,两边是一样多的""如果你把可乐倒回瓶中,你就会知道两边是一样多的",他甚至还亲自示范了将可乐倒回瓶中以显示其正确性。从这个6岁孩子身上可以充分体现出直觉思维阶段儿童思维或智力的进步和局限性。数周前毫不犹豫地挑选大杯说明他的思维是缺乏守恒性和可逆性的,他对量的多少的判断只注意到了杯子大这一方面,而当他此次挑选过程中所表现出的迷惘则说明他不仅注意到了杯子的大小,也开始注意到杯子数量,直觉思维已开始从单维集中向两维集中过渡。但他最后挑选大杯表明守恒和可逆意识并未真正形成。

6岁儿童挑选可乐过程中表现出的迷惘和犹豫其实也是一种内心的冲突或不平衡,即同化与顺应之间的不平衡。过去的或是说现存的认知结构或图式(同化性认知结构)已不能解决当前问题,新的认知结构尚未建立。不平衡状态不能长期维持,这是智力的"适应"功能所决定的,平衡化因素将起作用,不平衡将向着平衡的方向发展,前运算阶段的认知结构将演变成具体运算思维的认知结构。守恒性和可逆性获得是这种结构演变的标志。8岁男孩的叫喊和示范动作充分体现了这一点。

总结起来,前运算阶段的儿童认识活动有以下几个特点:①相对的具体性,借助于表象进行思维,还不能进行运算思维。②思维的不可逆性,缺乏守恒结构。③自我中心性,儿童站在自己经验的中心,只有参照他自己才能理解事物,他认识不到他的思维过程,缺乏一般性。他的谈话多半以自我为中心。④刻板性,表现为在思考眼前问题时,其注意力还不能转移,还不善于分配;在概括事物性质时缺乏等级的观念。

皮亚杰将此阶段的思维称为半逻辑思维,与感知运动阶段的无逻辑、无思维相比,这是一大进步。

3. 具体运算阶段(7~11岁)

以儿童出现了内化了的、可逆的、有守恒前提的、有逻辑结构的动作为标志,儿童智力进入运算阶段,首先是具体运算阶段。

说运算是具体的运算意指儿童的思维运算必须有具体的事物支持,有些问题在具体事物帮助下可以顺利获得解决。皮亚杰举了这样的例子:爱迪丝的头发比苏珊淡一些,爱迪丝的头发比莉莎黑一些,问儿童:"三个中谁的头发最黑"。这个问题若是以语言的形式出现,则具体运算阶段儿童难以正确回答。但如果拿来三个头发黑白程度不同的布娃娃,分别命名为爱迪丝、苏珊和莉莎,按题目的顺序两两拿出来给儿童看,儿童看过之后,提问者再将布娃娃藏起来,再让儿童说谁的头发最黑,他们会毫无困难地指出苏珊的头发最黑。

具体运算阶段儿童智慧发展的最重要表现是获得了守恒性和可逆性的概念。守恒性包括有质量守恒、重量守恒、对应量守恒、面积守恒、体积守恒、长度守恒等。具体运算阶段儿童并不是同时获得这些守恒的,而是随着年龄的增长,先是在7~8岁获得质量守恒概念,之后是重量守恒(9~10岁)、体积守恒(11~12岁)。皮亚杰将质量守恒概念达到时作为儿童具体运算阶段的开始,而将体积守恒达到时作为具体运算阶段的终结或下一个运算阶段(形式运算阶段)的开始。

具体运算阶段儿童所获得的智慧成就有以下几方面。

（1）在可逆性（互反可逆性）形成的基础上，借助传递性，能够按照事物的某种性质如长短、大小、出现的时间先后进行顺序排列。例如给孩子一组棍子，长度（从长到短为 A、B、C、D……）相差不大。儿童会用系统的方法，先挑出其中最长的，然后依次挑出剩余棍子中最长的，逐步将棍子正确地顺序排列（这种顺序排列是一种运算能力），即 A>B>C>D……当然，孩子不会使用代数符号表示他的思维，但其能力实质是这样的。

（2）产生了类的认识，获得了分类和包括的智慧动作。分类是按照某种性质来挑选事物，例如他们知道麻雀（用 A 表示）少于鸟（用 B 表示），鸟少于动物（C），动物少于生物（D），这既是一种分类包括能力，也是一种运算能力，即 A（麻雀）<B（鸟）<C（动物）<D（生物）。

（3）把不同类的事物（互补的或非互补的）进行序列的对应。简单的对应形式为一一对应。例如给学生编号，一个学生对应于一个号，一个号也只能对应于一个学生，这便是一一对应。较复杂的对应有二重对应和多重对应。二重对应的例子，如一群人可以按肤色而且按国籍分类，每个人就有双重对应。

（4）自我中心观进一步削弱，即去中心的，在感知运动阶段和前运算阶段，儿童是以自我为中心的，他以自己为参照系来看待每件事物，他的心理世界是唯一存在的心理世界，这妨碍了儿童客观地看待外部事物。在具体运算阶段，随着与外部世界的长期相互作用，自我中心逐渐克服。有研究者曾经做过这样一个实验：一个 6 岁的孩子（前运算阶段）和一个 8 岁的孩子（具体运算阶段）一起靠墙坐在一个有四面墙的房间里，墙的四面分别挂着区别明显的不同图案（A、B、C、D），同时这些图案被分别完整地拍摄下来制成四张照片（a、b、c、d）。让两个儿童先认真看看四面墙的图案，然后坐好，将四张照片显示在孩子面前，问两个儿童：哪一张照片显示的是你所靠坐墙对面的图案？两位孩子都困难地、正确地答出（a）。这时继续问孩子：假设你靠坐在那面墙坐，这四张照片中的那一张将显示你所靠坐墙（实际没有靠坐在那面墙、乃假设）对面的图案？6 岁的前运算阶段儿童仍然答的是他实际靠坐墙对面的图片（a），而 8 岁的具体运算阶段儿童指出了正确的图案照片（c）。为了使 6 岁的男孩对问题理解无误，研究者让 8 岁男孩坐到对面去，再问 6 岁孩子：8 岁孩子对面的墙的图案照片是哪一张？6 岁孩子仍然选了他自己靠坐墙对面的照片（a）。

概括起来，进入具体运算阶段的儿童获得了较系统的逻辑思维能力，包括思维的可逆性与守恒性；分类、顺序排列及对应能力，数的概念在运算水平上掌握（这使空间和时间的测量活动成为可能）；自我中心观削弱等。

4. 形式运算阶段（12～15 岁）

上面曾经谈到，具体运算阶段，儿童只能利用具体的事物、物体或过程进行思维或运算，不能利用语言、文字陈述的事物和过程为基础来运算。例如爱迪丝、苏珊和莉莎头发谁黑的问题，具体运算阶段不能根据文字叙述进行判断。而当儿童智力进入形式运算阶段，思维不必从具体事物和过程开始，可以利用语言文字，在头脑中想象和思维，重建事物和过程来解决问题。故儿童可以不很困难地答出苏珊的头发黑而不必借助于娃娃的具体形象。这种摆脱了具体事物束缚，利用语言文字在头脑中重建事物和过程来解决问题的运算就叫作形式运算。

除了利用语言文字外，形式运算阶段的儿童甚至可以概念、假设等为前提进行假设演绎推理，得出结论。因此，形式运算也往往称为假设演绎运算。由于假设演泽思维是一切形式运算的基础，包括逻辑学、数学、自然科学和社会科学在内。因此，儿童是否具有假设演绎运算能力是判断他智力高低的极其重要的尺度。

当然，处于形式运算阶段的儿童，不仅能进行假设演绎思维，皮亚杰认为他们还能够进行一切科学技术所需要的一些最基本运算。这些基本运算,除具体运算阶段的那些运算外,还包括这样的一些基本运算:考虑一切可能性;分离和控制变量,排除一切无关因素;观察变量之间的函数关系,将有关原理组织成有机整体等。

形式运算思维是儿童智力发展的最高阶段。在此有两个问题应加以说明。

(1) 并非儿童成长到 12 岁以后就都具备形式运算思维水平,近些年在美国的研究发现,在美国大学生(一般为 18~22 岁)中,有约半数或更多的学生,其智力水平仍处于具体运算阶段,或者处于具体运算和形式运算两个阶段之间的过渡。

(2) 15 岁以后人的智力还将继续发展,但总的来说属于形式运算水平。可以认为,形式运算阶段还可分出若干阶段,有待进一步研究。皮亚杰认为智力的发展是受若干因素影响的,与年龄没有必然的联系。所以,达到某一具体阶段的年龄即使有很大的差异并不构成皮亚杰理论的重大问题。

综上可知,在皮亚杰的发生认识论中运算思维结构是认识活动或智力活动的主要结构。他认为运算结构不仅是一种生物结构,而更重要的是一种逻辑结构。运算思维的基本特点是守恒性。所谓守恒,就是内化的、可逆的动作,守恒是通过逆反性和相互性实现的。

目前,国内外对儿童青少年思维的发展一般分为 3 个阶段。

(1) 直观(感知)行动思维。

(2) 具体形象思维。

(3) 抽象逻辑思维。

抽象逻辑思维又可以分为初步逻辑思维、经验型逻辑思维、理论型逻辑思维。

认识的问题是一个复杂的问题,每一个认识主体都处于复杂的社会联系之中,认识的产生和发展不可能不受到社会联系的制约。皮亚杰的发生认识论没有把儿童心理发展的研究放在社会联系之中并予以考察,因此也存在一定的缺陷。

11.4.3　新皮亚杰主义

新皮亚杰主义者是指这样一群研究者、理论家,他们持有与皮亚杰相同或相近的发展观,但在处理皮亚杰理论中的一些问题时,采取了某种更灵活的态度,采纳了许多其他理论的观念,特别是信息加工理论的一些观念。特定的材料、任务、社会信境及指导语似乎影响着儿童的表现,但皮亚杰从未对这种变化过程作出系统解释。

该学派的重要代表之一是凯斯(R. Case)的理论。凯斯将认知变化视为对某个问题中越来越多的特征加以处理的过程。不同的发展水平,表现为达到最终目标而建立次级目标的不同能力水平;认知的发展,就是这类目标分化、协调和重新设定活动的不断重演。凯斯的认知发展理论把儿童比作问题解决者,认知发展好比是一系列功能不断强大的问题解决程序的更新,由此导致儿童理性认识的功效日益强大;这种发展外在地表现为达到次级目标和最终目标,儿童逐渐能够建构新的策略或利用合适的已有策略。凯斯还以儿童信息处理能力的增长来解释认知的发展,认为信息处理能力的增长是由神经系统的髓鞘化及与任务相关的运算实践所引起的。

新皮亚杰理论试图克服皮亚杰理论的不足,为认知发展寻求一种新的理论依据,以符合现代认知心理研究的总体趋势。他们把信息加工的观点与皮亚杰理论相结合,出现了 3 个新的趋势。

(1) 以研究儿童智力发展的共性转而解释其特殊形式,强调个体差异。他们认为儿童认知能力的发展并不是以阶段形式出现的,而是随个体知识和经验的增长不断发展。他们提出的"风格"研究,引起了许多认知心理学家的兴趣。他们认为风格的本质就是适应、选择和塑造环境的不同方式。他们不但探讨个体如何形成"风格",如何使"风格"导致某些态度和策略的偏爱,也探讨认知发展的普遍规律与个体变化之间的连接。这有助于帮助我们理解个体心理发展差异,重视社会环境(教育)的作用。

(2)更加强调认知的情境性特征。情境观点认为,很大程度上知识依赖于背景,因此不能把它们独立于背景。因此在认知发展的不同领域,发展的模式和速率存在着个体间与个体内的差异。这一点与信息加工理论相符,为情境教学与情境实验提供了理论依据。

(3)强调特定领域内的有关概念变化的过程与知识。随着时间的推移,儿童的知识逐渐独立于背景,但并不超出一定的学科领域。研究者更注重的是一般领域知识与特定领域知识之间的连接点。

近年来,新皮亚杰学派不仅在理论方面有了新的发展,而且在实践领域,特别是在教育实践领域也获得了日益广泛的应用。在婴儿教育方面,心理学工作者根据皮亚杰的感知运动阶段理论,指导婴儿摆弄物体,操作智力玩具等,帮助孩子形成对物体的特性(如色、形状、体积、质地等)的认识;在幼儿教育方面,设计了各种智力玩具和教具(如图片、积木等),为儿童能提早形成数概念、空间概念及时间概念打下基础。

11.5 智力发展的影响因素

在儿童智力由低级向高级的演变过程中究竟有些什么影响因素呢?对这一问题传统上归为3个经典因素,即成熟、经验和社会环境。皮亚杰充分肯定这些因素在儿童智力发展的重要作用,认为这些因素是必不可少的。但他同时提出了第四种因素——不断成熟的内部组织和外部环境的相互作用因素,即平衡(又称调节),并指出平衡化和自动调节是智力发展的决定因素。以下分别介绍这4个因素。

11.5.1 成熟因素

所谓成熟,即指在遗传程序控制下,机体、神经系统和内分泌系统逐渐发育成长的过程。在有的学者看来,儿童之所以随着年岁的增加而表现出心理和智慧的发展,乃是这种成熟的结果。即人的遗传基因型决定了其心理、智慧的发展水平,儿童的智力何时达到何种水平似乎早有安排,后天表现只不过是先天遗传因素的逐渐显露。这种观点的极端形式是"遗传决定论",代表人物是优生学创始人英国的高尔顿(F. Galton)。而"自然成熟论"(代表人物是盖塞尔)虽也不忽视环境因素的作用,但始终认为儿童智能的发展有一定的生物内在进度表。

皮亚杰认为神经系统的成熟对智力发展有着重要作用。因为智力作为人类的一种高级机能,它必然依赖于一定的神经及内分泌系统的生理基础。因此生理机能的成熟无疑就成为智慧发展的必要因素。这种成熟因素在使儿童心理及智慧的发展遵循不变的连续的阶段方面起着不可缺少的作用。例如,新生婴儿的吸吮反射、拥抱反射的生理基础是反射弧,无反射便不可能有这些反射。当神经系统的锥体束中的神经纤维髓鞘化后(相当于婴儿四个半月),婴儿便有了视觉与抓握反射的协调(感知运动阶段的第三分阶段)。但皮亚杰认为智力的成长过程中,成熟不是决定条件,神经系统的成熟只能决定某一给定阶段的可能性与不可能性。环境因素对于实现这些可能性是始终不可少的。可以这样认为,即使在心理或智力发展的初级阶段,一些简单的初级心理机能(如感知、动作以及初始言语),虽然遗传成熟的制约因素较大,但亦需要最低限度的习得经验和机能练习。而一些较复杂的高级心理机能的获得与发展,则更多的是受环境因素与机体成熟因素之间动态交互影响的结果。皮亚杰说:"我们不能设想有一种作为人类智力发展基础的遗传程序存在。"成熟不能说明计算 $2+2=4$ 的能力和演绎推理是如何形成的。智力不是天生。概念也不是天生的,就拿与年龄有密切关系的语言来说,如果一个儿童不处于人类社会中,就不会在任何年龄获得人类语言。

概括起来,成熟是影响智力发展的一个因素,它为智力结构的演化提供了可能,但是在可能性和现实性之间,还必须有一些其他因素,例如练习、经验和社会的相互作用。

11.5.2　经验因素

传统上说明认知发展的第二个因素是经验。皮亚杰认为经验对人的智力发展是不可缺少的。经验因素包括物理环境和自然环境。他非常重视经验,指出经验是知识的来源,是智力增长的重要条件,但是经验因素也是不充分的,不能决定心理及智慧的发展。所谓物理经验,是通过一种简单的抽象过程从客体本身中引出的。例如,儿童关于物体的重量、物体的颜色、物体表面的光滑程度、声音的高低、木块浮在水面、水结成冰等经验是通过儿童的触觉、视觉、听觉等从上述物体中抽出来的。这种经验最本质的特点是来源于物体本身,这些物体的性质(重量大小、声音高低)是客观存在的,即使儿童不去看、不去摸或不去作用于这些物体,这些物体的性质依然存在。

逻辑数理经验虽也来源于主体与客体的相互作用中,但这种经验不是由物体抽出,而是产生于主体客体所施的动作及协调。皮亚杰举过一个例子解释这种逻辑数理经验:他有一位数学家朋友,小时在沙滩上玩卵石,他把 10 个卵石排成一行,发现不论从那端开始数都是 10 个,然后他又把卵石排成另外的形状,如排成圆形、四方形,数出来的数目仍然不变。于是他得出"和与顺序无关"的结论。皮亚杰认为,这件事对于成人来说极为平常,但对儿童来说却是一件了不起的发现。在玩卵石的时候,可以感受到卵石的重量、形状及大小等,这是物理经验。而"和与顺序无关"也是经验,但它不是由感知的直觉获得,反映的也不是卵石的物理性状,故不是物理经验。儿童是通过计数卵石的动作得到的这种经验,它是关于数和数的交换性的概念,这就是逻辑数理经验。

物理经验和逻辑数理经验是本质上完全不同的两种经验。由物理经验可以认识物理性质,但物理性质不依赖于物理经验。有物理性质无物理经验(无动作)也存在;逻辑数理经验来源于动作,而不依赖于物理性质,无动作则无逻辑经验来源于动作,而不依赖物体的物理性质,无动作则无逻辑数理经验。两种经验包含着性质不同的两种抽象过程,物理经验是一种简单的本义的抽象,只考虑物体某一性质(如重量),不考虑其他,即只把"重量"抽象出来;而逻辑数理经验是一种反省的抽象,这种抽象由于是对自身动作的抽象,这就不仅要求不考虑其他特性,还需要一个新的再建过程。

前面介绍过,一切运算都是动作,所形成的经验都是逻辑数理经验。逻辑数理经验对于认知结构的形成有极其重要的意义,智力主要表现在具有最必要的逻辑数理经验。任何一个动作都可以抽出物理经验和逻辑数理经验,但人们一般容易注意获得物理经验而不容易注意获得逻辑数理经验。因而在儿童智力培养中,一方面应该注意丰富儿童的生活,提供各种的自然环境材料,使儿童获得物理经验;在另一方面,也许是更重要的,应该在上述活动环境中,指导孩子通过分析、综合、思索和探究事物之间的内在联系和规律,获得逻辑数理经验。

但皮亚杰提出两点理由认为经验不能说明一切,也不是儿童智力发展的决定因素。

(1) 有些概念不能从经验中抽出,即概念不完全取决于经验。例如,儿童往往是先获得质量守恒概念,而后获得重量及体积守恒概念,重量和体积通过儿童对物体测量得以理解,但儿童没有通过经验获得守恒概念。皮亚杰问,在尚无重量守恒和体积守恒时,质量守恒概念从何处来?

(2) 经验这一概念是有歧义和含糊的。

11.5.3　社会环境因素

社会环境因素主要涉及社会生活、教育、学习及语言等方面。很显然,这些因素对儿童智能发展的作用是巨大的。首先是社会生活。人的一生就浸润于社会生活环境中,婴儿自出生的一刹那起就开始了其社会化的一生。社会生活对儿童智力发展的影响是明显的。例如有人研究发现,儿童在 2 岁前与父母亲之间的关系(或称家庭情感气氛)与孩子长到 18 岁时的智力是呈正相关的,关系较好,智力较高;否则就低。另外,从儿童"自我中心观"的发展也可以看出,随着儿童与家庭成员及小伙伴、老师之间的接触,儿童将出现"去中心化",这也是儿童智力发展的一个表现。其次是教育,事实上当强调经验因素在促进儿童思维发展中的作用时,实际上已孕育着对教育因素的重视。因为系统的教育(学习和训练)可以使儿童更好地感受外部世界,获得经验(包括物理经验和逻辑数理经验),也正是因为这一点,教育因素才能促进儿童智慧的发展。

皮亚杰十分强调教育必须符合于儿童的认知结构。他说:"即使在主体似乎非常被动的社会传递例如学校教育的情况下,如果缺少儿童的主动同化作用,这种社会作用无效,而儿童主动的同化作用则是以适当的运算结构为前提的"。又说:"只是当所教的东西可以引起儿童积极从事再造和再创的活动,才能有效地被儿童所同化"。教育可在一定程度上加速儿童智力发展阶段的过渡,但并不能超越或改变发展的顺序,任何儿童(包括天才),也是绝无例外的。在对儿童实施早期教育时,应充分重视这一点。

再谈语言,语言在动作内化于表象和思想方面起主导作用,在介绍前运算阶段儿童的思维发展中,已经可看出语言对儿童智力的作用。但语言不是唯一起作用的因素,语言是一种符号系统。但它不是唯一的符号系统。尽管它可能是最佳的符号系统,属于符号系统之列的还有:图画、造型、模仿动作、内化的模仿、特异的手势和姿态等。虽然语言与智力关系密切,但两者的发展并不平行,有的人语言流畅,但智力平平;而有的人思维能力极其优异,却可能不善于辞令。

可以说没有社会传递就不会有人类社会的全部科学文化的继承和发展。皮亚杰十分强调社会环境因素在儿童智力发展中的重要作用。但是儿童智力发展具有连续性这一事实又说明社会环境因素不是发展的充分因素。从上述对语言、教育等的分析中也可以看出这一点。

11.5.4　平衡化因素

生理成熟、自然环境和社会环境都是儿童智慧发展必不可少的前提和条件。然而各自都不是充分的条件。儿童智慧成长也不是这些因素简单机械相加的结果。皮亚杰提出了平衡化因素的概念并认为平衡化是儿童智力发展的决定因素。在皮亚杰看来,既然成熟、经验及社会环境各自都不能完全解释发展的根本原因,那么必然存在其他因素,这个因素在原有三种因素之间起着协调或调节作用,这个协调者或调节者就是平衡化。

皮亚杰的智力观前已述及,他认为"智慧是生物适应性的一种特殊表现"。智力是一切认知结构趋于平衡的形式之一。智力是有结构基础的,智力的提高就是智力结构的不断发展,同化与顺应是智力不断建构发展的两个基本过程。个体在遇到外部刺激(自然环境与社会环境)时,首先与之发生作用的是现存的图式,这种图式,在婴儿初生时是遗传决定的先天图式,这个先天图式随着成熟及成熟的机体与外界的交互作用而逐渐演变成现存图式。按照现存图式,机体吸收外界的信息并做出反应,此即是同化过程,反复的同化使图式或认知结构得到巩固。人们在认识事物、解决问题时总是利用原有的思维和行为模式,这就是同化的表现。当一个新刺激到来,机体仍用原有的或现存的图式去应付,但结果可能是不成功的(如前运算阶段向具体运算过滤时期儿童挑选可乐饮料时感到迷惘和犹豫),于是新刺激在被主体同化的认知格式吸纳的同时,将使这一认知格式发生改变,即为顺应。改变同化性认知格式并不是瞬间完成的,而需经历一定的过程。过程进行中同化与顺应处于一种不平衡状态,旧的图式与将形成的新图式之间存在冲突,表现在人们认知方面即是旧观念与新观念的斗争。如果新图式终于建成,即宣告同化与顺应的不平衡状态结束,平衡已经实现,儿童智力获得了发展。以此新图式为基础,儿童又开始了新的同化,同化中建构,又遇到新刺激,出现新的顺应,儿童智力正是这样一步一步由低级向高级发展的。成熟、自然环境和社会环境都在发展中起作用,而平衡化因素则调节着这3个因素使儿童智力向着一定的方向发展。

11.6 智力发展的人工系统

随着计算机科学技术的发展,人们试图通过计算机或其他人工系统对于生物学的机理进行深入的理解,用计算机复制自然和自然生命的现象和行为,于1987年建立了人工生命的新学科。人工生命是指用计算机和精密机械等生成或构造表现自然生命系统行为特点的仿真系统或模型系统,体现自然生命系统的组织和行为过程,自然生命系统的行为特点和动力学原则表现为自组织、自修复、自复制的基本性质,以及形成这些性质的混沌动力学,环境适应性及其进化。

研究人工生命的智力发展,使人工生命也像人一样通过自主学习变得越来越聪明。最根本或者说是最本质的问题是:开发人工生命像人一样的学习能力。这是机器智能研究的一个巨大挑战。在过去的几十年里,人们主要采用4种方法来研究机器智力发育。

(1)基于知识的方法。对机器进行直接编程从而完成预定的任务。

(2)基于行为的方法。用行为模型来取代传统的世界模型,智能程序开发者针对不同层次的行为状态和所期望的行为编写程序。这种方法的特点是基于行为的手动建模和基于行为的手动编码。

(3)遗传搜索方法。在计算机模拟的虚拟世界中,机器按照适者生存的原则进化。但没有一种方法使得机器能像成年人一样,具有处理复杂、多变事务的综合能力。

(4)基于学习的方法。机器在具体任务学习程序的控制下,输入人类编辑好的感知数据,如有教师学习和强化学习。但由于学习过程是非自动的,训练系统时的开销比较大。

传统手工机器智能开发的具体过程是:首先让人类专家弄清楚所需求解问题(或任务)的具体内容,接着由人类专家根据具体问题设计其知识表示方法,然后利用设计好的知识表示进行具体问题的程序设计,最后运行所谓的"智能"程序。在程序执行的过程中,如果利用感知数据对上述预先设计的知识及有关参数进行修改,这就是机器学习。在传统机器智能开发方式下,机器只会做事先设计好的事情。事实上,机器根本搞不清自己在做什么。

自主机器智力开发程式不同于传统的机器智能开发程式,主要包含下列内容:首先根据机器的生态工作条件(如陆地、水下等环境)设计合适的机器,然后在此基础上设计机器智力开发程序,并在机器投入使用时(或者说"出生"时)运行机器智力开发程序。为达到开发机器智力之目标,人类需要不断地与机器实时交互来培养正在进行智力开发的机器。由此可见,机器的智力发育也是一个漫长的过程,其本质是使机器自主地生活并使它越来越聪明。

我们将自主学习机制引入智能体(Agent),目标是为了让智能体具有像人类一样的自主学习能力,其结构如图 11.2 所示。其中控制中枢和自主智力发展(Autonomous Mental Development,AMD)是智能体的根本,知识库、通信机制、感知器和效应器也是一个具有自主学习能力的智能体的必不可少的组件。控制中枢类似于人脑的神经中枢,对其他各组件起控制和协调作用,反应智能体的功能也在控制中枢中得到体现。AMD 是智能体的自主学习系统,其功能体现为一个智能体的自主学习能力。通信机制采用通信语言(如 ACL)直接与智能体所处的环境进行信息交互,它是一个特殊的感知器或效应器。感知器就如同人的眼睛和耳朵等感觉器官,用于感知智能体所处的环境。效应器就如同人的手脚、嘴等器官,用于完成智能体所要做的事情。智能体通过执行 AMD 的 AA 学习(英文全称为 Automated Animal—like learning)算法不断地增长自己的知识,提高自己的能力,主要体现在功能模块数量的不断增加和功能的不断增强上。知识库相当于人的大脑的记忆部件,用于存储信息。自主机器智力开发的一个非常重要的功能就是信息的自动存储,因此如何有效地自动组织并存储各种类型的信息(如图像、声音、文本等)是一个 AMD 成功的关键。

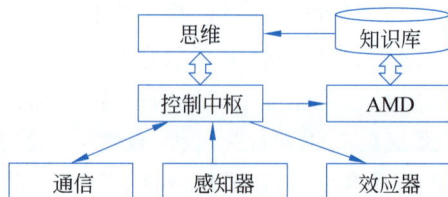

图 11.2　自主智力发展

第 12 章

情绪与情感

情绪是对外界事物态度的主观体验,是人脑对客观外界事物与主体需求之间关系的反应,是多种感觉、思想和行为综合产生的心理和生理状态。在智能科学研究中,要想真正的或者更大程度上模拟真实的人类高级功能,还必须深入考虑情感因素的作用。机器智能只有被赋予了情感的成分,才能实现有效的人机交互。

12.1 概述

人类在认识外界事物时,会产生喜与悲、乐与苦、爱与恨等主观体验。我们把人对客观事物的态度体验及相应的行为反应称为情绪。这里,概要介绍情绪的构成要素、基本形式和功能。

12.1.1 情绪的构成要素

情绪的构成包括 3 种层面:在认知层面上的主观体验,在生理层面上的生理唤醒,在表达层面上的外部行为。当情绪产生时,这 3 种层面共同活动,构成一个完整的情绪体验过程。

1. 主观体验

情绪的主观体验是人的一种自我觉察,即大脑的一种感受状态。人有许多主观感受,如喜、怒、哀、乐、爱、惧、恨等。人们对事物的态度不同会产生不同的感受。人对自己、对他人、对事物都会产生一定的态度,如对朋友遭遇的同情,对敌人凶暴的仇恨,事业成功的欢乐,考试失败的悲伤。这些主观体验只有个人内心才能真正感受到或意识到,如我知道"我很高兴",我意识到"我很痛苦",我感受到"我很内疚",等等。

2. 生理唤醒

生理唤醒是指情绪与情感产生的生理反应。它涉及广泛的神经结构,如中枢神经系统的脑干、中央灰质、丘脑、杏仁核、下丘脑、蓝斑、松果体、前额皮层,及外周神经系统和内、外分泌腺等。生理唤醒是一种生理的激活水平。不同情绪、情感的生理反应模式是不一样的,如满意、愉快时心跳节律正常;恐惧或暴怒时,心跳加速、血压升高、呼吸频率增加甚至出现间歇或停顿;痛苦时血管容积缩小等。脉搏加快、肌肉紧张、血压升高及血流加快等生理指数,是一种内部的生理反应过程,常常是伴随不同情绪产生的。

3. 外部行为

在情绪产生时,人们还会出现一些外部反应过程,这一过程也是情绪的表达过程。如人悲伤时会痛哭流涕,激动时会手舞足蹈,高兴时会开怀大笑。情绪所伴随出现的这些相应的身体姿态和面部表情,就是情绪的外部行为。它经常成为人们判断和推测情绪的外部指标。但由于人类心理的复杂性,有时人们的外部行为会出现与主观体验不一致的现象。例如在一大群人面前演讲时,明明心里非常紧张,还要做出镇定自若的样子。

主观体验、生理唤醒和外部行为作为情绪的 3 个组成部分,在评定情绪时缺一不可,只有三者同时活动,同时存在,才能构成一个完整的情绪体验过程。例如,当一个人佯装愤怒时,他只是愤怒的外在行为,却没有真正的内在主观体验和生理唤醒,因而也就称不上有真正的情绪过程。因此,情绪必须是上述三方面同时存在,并且有一一对应的关系,一旦出现不对应,便无法确定真正的情绪是什么。这也正是情绪研究的复杂性,以及对情绪下定义的困难所在。

在现实生活中,情绪与情感是紧密联系在一起的,但二者却存在着一些差异。

(1) 从需要的角度看差异。

情绪更多的是与人的物质或生理需要相联系的态度体验。如当人们满足了饥渴需要时会感到高兴,当人们的生命安全受到威胁时会感到恐惧,这些都是人的情绪反应。情感更多地与人的精神或社会需要相联系。如友谊感的产生是由于我们的交往需要得到了满足,当人们获得成功时会产生成就感。友谊感和成就感就是情感。

(2) 从发生早晚的角度看差异。

从发展的角度来看,情绪发生早,情感产生晚。人出生时会有情绪反应,但没有情感。情绪是人与动物所共有的,而情感是人所特有的,它是随着人的年龄增长而逐渐发展起来的。如人刚生下来时,并没有道德感、成就感和美感等,这些情感反应是随着儿童的社会化过程而逐渐形成的。

(3) 从反映特点看差异。

情绪与情感的反映特点不同。情绪具有情境性、激动性、暂时性、表浅性与外显性,如当我们遇到危险时会极度恐惧,但危险过后恐惧会消失。情感具有稳定性、持久性、深刻性、内隐性,如大多数人不论遇到什么挫折,其民族自尊心不会轻易改变。父辈对下一代殷切的期望、深沉的爱都体现了情感的深刻性与内隐性。

实际上,情绪和情感既有区别又有联系,它们总是彼此依存,相互交融在一起。稳定的情感是在情绪的基础上形成起来的,同时又通过情绪反应得以表达,因此离开情绪的情感是不存在的。而情绪的变化也往往反映了情感的深度,而且在情绪变化的过程中,常常包含着情感。

12.1.2　情绪的基本形式

人类具有 4 种基本的情绪:快乐、愤怒、恐惧和悲哀。快乐是一种追求并达到目的时所产生的满足体验。它是具有正性享乐色调的情绪,具有较高的享乐维和确信维,使人产生超越感、自由感和接纳感。愤怒是由于受到干扰而使人不能达到目标时所产生的体验。当人们意识到某些不合理的或充满恶意的因素存在时,愤怒会骤然发生。恐惧是企图摆脱、逃避某种危险情景时所产生的体验。引起恐惧的重要原因是缺乏处理可怕情景的能力与手段。悲哀是在失去心爱的对象或愿望破灭、理想不能实现时所产生的体验。悲哀情绪体验的程度取决于对象、愿望、理想的重要性与价值。

在以上 4 种基本情绪之上,可以派生出众多的复杂情绪,如厌恶、羞耻、悔恨、嫉妒、喜欢、同情等。

12.1.3　情绪状态

依据情绪发生的强度、速度、紧张度、持续性等指标,可将情绪分为心境、激情和应激。

1. 心境

心境是一种具有感染性的、比较平稳而持久的情绪状态。当人处于某种心境时,会以同样的情绪体验看待周围事物。如人伤感时,会见花落泪,对月伤怀。心境体现了"忧者见之则忧,喜者见之则喜"的弥散性特点。平稳的心境可持续几小时、几周或几个月,甚至一年以上。

2. 激情

激情是一种爆发快、强烈而短暂的情绪体验。如在突如其来的外在刺激作用下,人会产生勃然大怒、暴跳如雷、欣喜若狂等情绪反应。在这样的激情状态下,人的外部行为表现比较明显,生理的唤醒程度也较高,因而很容易失去理智,甚至做出不顾一切的鲁莽行为。因此,在激情状态下,要注意调控自己的情绪,以避免冲动性行为。

3. 应激

应激是指在意外的紧急情况下所产生的适应性反应。当人面临危险或突发事件时,人的身心会处于高度紧张状态,引发一系列生理反应,如肌肉紧张、心率加快、呼吸变快、血压升高、血糖增高等。例如,当遭遇歹徒抢劫时,人就可能会产生上述的生理反应,从而积聚力量以进行反抗。但应激的状态不能维持过久,因为这样很消耗人的体力和心理能量。若长时间处于应激状态,可能导致适应性疾病的发生。

12.1.4　情绪的功能

1. 情绪的动机作用

情绪与动机的关系十分密切,情绪能够以一种与生理性动机或社会性动机相同的方式激发和引导行为。有时我们会努力去做某件事,只因为这件事能够给我们带来愉快与喜悦。从情绪的动力性特征看,分为积极增力的情绪和消极减力的情绪。快乐、热爱、自信等积极增力的情绪会提高人们的活动能力,而恐惧、痛苦、自卑等消极减力的情绪则会降低人们活动的积极性。有些情绪同时兼具增力与减力两种动力性质,如悲痛可以使人消沉,也可以使人化悲痛为力量。

情绪也可能与动机引发的行为同时出现,情绪的表达能够直接反映个体内在动机的强度与方向。所以,情绪也被视为动机潜力分析的指标,即对动机的认识可以通过对情绪的辨别与分析来实现。动机潜力是在具有挑战性环境下所表现出的行为变化能力。例如,当个体面对一个危险的情境时,动机潜力会发生作用,促使个体做出应激的行为。对这个动机潜力的分析可以由对情绪的分析获得。当面对应激场面时,个体的情绪会发生生理的、体验的以及行为的3方面的变化,这些变化会告诉我们个体在应激场合动机潜力的方向和强度。当面临危险时,有的人头脑清晰,沉着冷静地离开;而有些人则惊慌失措,浑身发抖,不能有效地逃离现场。这些情绪指标可以反映出人们动机潜能的个体差异。

2. 情绪是心理活动的组织者

情绪对认知活动的作用,只用"驱动"来描述是不够的,情绪可以调节认知的加工过程和人的行为。诸如情绪自身的操作可以影响知觉中对信息的选择,监视信息的流动,因此情绪可以驾驭行为,支配有机体同环境相协调,使有机体对环境信息作出最佳处理。同时,认知加工对信息的评价通过神经激活而诱导情绪。在这样的相互作用中,无论情绪或认知,作为心理的东西,都以其内容而起作用。所不同的是,认知是以外界情境事件本身的意义而起作用;而情绪则以情境事件对有机体的意义,通过体验快乐或悲伤、愤怒或恐惧而起作用。它们之间的根本性质上的区别所导致的后果,在于情绪具备动机的作用而能激活有机体的能量,从而制约认知和行动。就此而言,情绪似乎是脑内的一个监测系统,调节着其他的心理过程。

近年来,情绪心理学家把情绪对其他心理过程的作用具体化为组织作用。其含义包括组织的功能和破坏的功能。一般来说,正情绪起协调的、组织的作用,而负情绪起破坏的、瓦解的或阻断的作用。叶克斯-道森规律标示情绪在不同唤醒水平对手工操作的效果有所不同,而呈现为一个倒"U"字模式。

3. 情绪的健康功能

人对社会的适应是通过调节情绪来进行的,情绪调控的好坏会直接影响到身心健康。常听人们叹息"人生苦短",在一般人的情绪生活中,常是苦多于乐。在喜怒哀乐爱惧恨中,正面情绪占 3/7,反面情绪占 4/7。情绪对健康的影响作用是众所周知的。积极的情绪有助于身心健康,消极的情绪会引起人的各种疾病。我国古代医书《内经》中就有"怒伤肝,喜伤心,思伤脾,忧伤肺,恐伤肾"的记载。有许多疾病与人的情绪失调有关,如溃疡、偏头痛、高血压、哮喘、月经失调等。有些人患癌症也与长期心情压抑有关。一项长达 30 年的关于情绪与健康关系的追踪研究发现,年轻时性情压抑、焦虑和愤怒的人患结核病、心脏病和癌症的比例是性情沉稳的人的 4 倍。所以,积极而正常的情绪体验是保持心理平衡与身体健康的条件。曾有人说过,一个小丑进城胜过一打医生,就非常形象地说明了情绪对人身体健康的影响。

4. 情绪的信号功能

情绪是人们社会交往中的一种心理表现形式。情绪的外部表现是表情,表情具有信号传递作用,属于一种非言语性交际。人们可以凭借一定的表情来传递情感信息和思想愿望。心理学家研究了英语使用者的交往现象后发现,在日常生活中,55%的信息是靠非言语表情传递的,38%的信息是靠言语表情传递的,只有 7%的信息才是靠言语传递的。表情是比言语产生更早的心理现象,在婴儿不会说话之前,主要是靠表情来与他人交流的。表情比语言更具生动性、表现力、神秘性和敏感性。特别是在言语信息暧昧不清时,表情往往具有补充作用,人们可以通过表情准确而微妙地表达自己的思想感情,也可以通过表情去辨认对方的态度和内心世界。所以,表情作为情感交流的一种方式,被视为人际关系的纽带。

12.2 情绪理论

12.2.1 詹姆斯-兰格情绪学说

19 世纪的美国心理学家威廉·詹姆斯(W. James)和丹麦生理学家卡尔·兰格(C. Lange)分别于 1884 年和 1885 年提出了相似的情绪理论。该理论基于情绪状态和生理变化的直接联系,提出情绪是对机体变化的感知,是机体各种器官变化时所引起的感觉的总和。詹姆斯说:"我认为,当我们一知觉到使我们激动的对象时,立刻就引起身体上的变化。在这些变化出现之时,我们对这些变化的感觉,就是情绪。""我们因为哭,所以愁;因为动手打人,才生气;因为发抖,所以怕。并不是我们愁了才哭,生气了才打,怕了才发抖。"兰格认为:"任何作用凡能引起广泛的血管神经系统功能的变化的,都会有情绪表现。"詹姆斯·兰格情绪学说强调生理变化对情绪的作用,有一定的历史意义,但它片面夸大了外围性变化对情绪的作用,而忽略了中枢对情绪的主导作用。

12.2.2 情绪评估-兴奋学说

美国心理学家阿诺德(M. B. Arnold)在 20 世纪 50 年代提出的情绪评估-兴奋学说,强调来自外界环境的影响要经过人的评价与估量才产生情绪,这种评价与估量是在大脑皮层上产生的。例如,在森林里看到一只熊会引起惧怕,但在动物园里看到一只关在笼子里的熊却并不惧怕,这就是个体对情境的认识和评价在起作用。阿诺德给情绪下的定义是:情绪是趋利避害的一种体验倾向。他认为情绪反应包括机体内部器官和骨骼肌的变化,也认为对外围变化的反馈是情绪的基础。阿诺德认为皮质兴奋是情绪的主要机制。

12.2.3 情绪三因素说

20 世纪 70 年代,美国心理学家沙赫特(S. Schachter)提出了情绪三因素说,认为情绪的产生不是单纯地决定于外界刺激和机体内部的生理变化,而把情绪的产生归因于 3 个因素的综合作用,即刺激因素、生理因素和认知因素。他认为,认知因素中对当前情境的估计和过去经验的回忆在情绪形成中起着重要作用。例如,某人在过去经验中遇到的某种危险的情境,但能平安度过,当他再次经历这种险境时,回忆起过去的经验,便能泰然自若。也就是说,当现实情境与过去建立的经验模式相一致,相信能加以应付,人就没有明显情绪;当现实情境与预期和愿望不一致,感到无力应付时,就会产生紧张情绪。这种学说更加强调人的认知过程对情绪的调控作用。

12.2.4 基本情绪论

基本情绪论认为情绪在发生上有原型形式,即存在着数种泛人类的基本情绪类型,每种类型各有其独特的体验特性、生理唤醒模式和外显模式,其不同形式的组合形成了所有的人类情绪。从个体发展角度来看,基本情绪的产生是有机体自然成熟的结果,而不是习得的。从生物进化的观点看,情绪原型是适应和进化的产物,也是适应和进化的手段;从猿到人类的进化、古皮质到新皮质的发展,面部肌肉系统的分化和面部血管的分布,以及情绪的发生和分化,都是同步进行和获得的。对于有哪些基本情绪则有不同看法,最常被提到的是厌恶、愤怒、高兴、悲伤、害怕等。

支持基本情绪理论的最著名的研究是埃克曼(Ekman)和伊扎德(Izard)进行的面部表情和运动反应的研究。埃克曼等要求新的被试者设想自己是某个故事情节中的人物,并且尽可能地表现出故事中人物的面部表情;同时研究人员对他们的面部表情进行了录像;最后让美国学生观看这些表情,并要求进行识别,结果美国学生能够从六种表情中识别出 4 种(快乐、愤怒、厌恶、悲伤)。孟昭兰等的实验也证明,中国婴儿和西方标准化基本情绪表情模式是一致的;同样,中国婴儿同中国成年人的基本情绪的表情模式也是一致的,社会化了的成人表情中仍然保留着基本表情模式。列文森(Levenson)等以西苏门答腊的年轻人作为被试,指导他们运动面部特定肌肉以外显基本情绪,并进行一系列生理学测量,最后把测量结果与美国大学生被试比较,结果发现与基本情绪相联系的自主神经系统的生理反应模式具有很大的跨文化一致性,这样的实验结果趋向证实各基本情绪存在着泛人类的特定生理唤醒模式。

对基本情绪论的反对意见主要如下。

(1) 尽管上述实验证实了情绪的泛文化模式,但这方面的研究也显示了某些跨文化的差异。

（2）心理学和语言学研究已经发现,基本情绪词的含义在不同语言之间具有显著差异。

（3）没有足够证据证明各基本情绪具有各自不同的神经生理机制。

（4）面部表情识别的基础也许并不是基本情绪类型,而是面部表情在情绪体验的双极维度上的位置,或者是面部表情诱发的行为预备模式等。

12.2.5　维度论

维度论认为几个维度组成的空间包括了人类所有的情绪。维度论把不同情绪看作逐渐的、平稳的转变,不同情绪之间的相似性和差异性是根据彼此在维度空间中的距离来显示的。最近二十年,维度途径得到了许多研究人员的青睐,但是对采用哪些维度也有许多争论。最广为接受的维度模式是如下两个维度组成的二维空间：①效价(Valence)或者愉悦度(Hedonic Tone),其理论基础是正负情绪的分离激活；②唤醒度(Arousal)或者激活度(Activation),指与情感状态相联系的机体能量激活的程度,唤醒的作用是调动机体的机能,为行动做准备。目前大家已经倾向于把激活维度和综合生理唤醒或者情绪体验的强度相联系。早在20世纪70年代,曼德勒(Mandle)受到信息加工理论的影响,提出自主性唤醒的知觉决定情绪体验的强度,认知评价决定情绪的性质,两者的整合上升到意识,从而产生情绪体验。国际情绪图片系统(IAPS)很好地体现了上述二维空间,在愉悦度和唤醒度构成的二维坐标空间中,被试者对情绪图片的平均评定值呈现规律性分布。

脑成像研究证实了正性和负性情绪的分离,即两者各自具有特定的大脑加工系统,分别与左半球和右半球活动相联系,或者说分别是左半球和右半球优势。电生理学研究表明,电影诱发厌恶和恐惧时,右侧额叶和颞叶活动增强,而正性情绪时则显示左半球相应脑区的活动增强。PET研究也显示了类似的结果,给被试者呈现情绪图片诱发其特定情绪,结果发现负性情绪时右额叶等脑区的代谢率增加,正性情绪时则左侧占优势。

勃莱德列(Bradley)等给被试者观看图片(选自IAPS),同时测量生理反应,以及在每次图片呈现后用自我评价模式去获得愉悦度、激活度、优势度的等级评定。实验结果发现,尽管并不是所有的生理反应与情感自我评价发生一致的变化,但总的来说,情绪的生理反应模式与情绪自我报告的二维模式是一致的。例如,惊反射(Startle Reflex)与情绪评价的效价密切相关：在正性效价,惊反射强度随着快乐程度的增加而下降,对于负性效价,惊反射强度随着负性程度的增加而增加；而皮肤的电反应与唤醒度一致：随着唤醒度的下降,皮肤的导电性也下降。这在某种程度上说明了惊反射是愉悦度的生理指标,皮电反应是唤醒度的生理指标。

愉悦度/唤醒度二维情绪空间的局限是并不能区分所有的情绪,例如,对于同样是高唤醒低效价的愤怒和恐惧就无法明确区分,两者在空间中的位置相当接近。最近几年,人们开始热衷于用趋近/逃避(Approach-Withdrawal)来代替愉悦度。趋避度的优越性在于：①它更具有生物学基础,所有生物对于环境事件的行为反应都可以用趋避性来表示,而行为反应又是与情绪反应紧密相关的；②趋避度能够对于愉悦度无法区分的愤怒和恐惧作出区分,愤怒与正情绪一样导致趋近事物,恐惧导致逃避。愤怒和正性情绪都与趋近行为有关,这使人感到困惑,因为愤怒是一种负性情绪。然而我们必须记住,当面临一个有害事件,与愤怒有关的趋近会导致进攻行为以祛除有害事物,这符合生物适应意义。与愤怒属于趋近维度一致,哈门(Harmon)等的研究证明愤怒与左侧前额叶的活动增强有关。但是趋避维度的反对者认为,趋近维度和快乐维度的差异也说明行为趋近系统并不完全与正性情绪相关,情绪和行为是两回事。从狭义的情绪定义来说,趋避行为不属于情绪范畴,起码它一定不属于情绪体验的范畴,而是情绪体验后发生的动机和行为趋向。正性情绪不一定导致趋近行为,例如,如果爱夹杂着害羞或者不安全感,就导致逃避行为;负性情绪也不一定导致逃避行为,例如,尽管看恐怖电影会令人产生恐惧和厌恶,但这并不妨碍许多人对此的热衷;而对于中性或者不熟悉的刺激,更可能会采取轻微的趋近行为,这有利于探索未知世界,也符合自然生存法则。对于维度途径的不同意见主要如下。

(1)情绪评价具有个体差异,某些人以维度的方式去感受并报告情绪,而有些人体验和报告情绪的方式则更符合基本情绪理论。

(2)尽管一些研究证实正负情绪的半球差异,但是也有一些研究却并没有得到类似结果。瓦杰(Tor D. Wager)等综合分析了在 1992 年到 2002 年 2 月进行的 65 项不同脑成像研究结果,得到的结论是:并没有充分的和一致的实验证据支持正负情绪加工的半球差异;分析认为情绪活动半球差异是很复杂的,并且具有很大的区域特殊性。

(3)有证据表明激活维度和体验强度也并不是完全关联的。

12.2.6 非线性动态策略

情绪是一个随时间不断演变的多维度现象,用简单的线性模式去表达这样的多维系统,就必然会导致某些信息的损失,这妨碍了对于作为一个复杂过程的情绪的更全面的理解,于是特劳希(Tracy)等提出了情绪研究的非线性动态策略。

情绪不但包括许多互相联结的子系统,而且这些子系统的活动也是动态变化的。情绪是神经生理、外显表情和内在体验的综合过程,情绪的神经基础又包括了中枢神经系统、外周神经系统和自主神经系统的活动。例如我们恐惧时,伴随着恐惧体验,我们同时会表现出恐惧的表情,以及一系列生理反应,如肌肉紧张、面色苍白、腹中空虚感、血液更多的流向四肢。所以在我们的情绪研究中,不能只从一个侧面研究情绪过程,也无法只凭借一种测量方法就能揭示情绪的科学规律,我们必须把这 3 方面结合起来。

情绪是过程而不是状态,人们对于同一事件的情绪反应会随着时间而发生着动态变化,比如,对于一件新鲜事物,我们最初的反应是由于感到新奇而靠近,然而随着了解的深入,我们逐渐对其产生好感或者讨厌的情绪。谢莱(Schere)认为,情绪是"各子系统的同步活动和动态联结"。特劳希等对由于看到蛇而诱发的恐惧情绪进行了血压、面部表情和恐惧体验的同步动态测量。测量结果是三者都呈现一定的波形,并最终回到稳态。这些反应的发生并不是彼此孤立的,各反应之间彼此联结——它们一起发生并互相影响。就像马歇尔(Marshall)和齐姆伯多(Zimbardo)曾经证明的那样,生理激活能够导致恐惧体验;情绪的行为表现(尤其是面部表情)又能导致生理唤醒和情绪体验。情绪是一个复杂的巨系统,只凭对各成分的了解无法对整个体系作出解释。

不同情绪之间彼此易感且相互作用,每次情绪都有可能受到在其前面发生的情绪的影响,同样也可能影响着下一次情绪。在心理生理研究中,早就引入了初始值原则(The Law of Initial Value,LIV),而对于情绪事件来说,一个重要的初始条件便是心境。心境本身也与先前的情绪事件密切相关。心境的主要功能是影响着特定情绪兴奋的阈值。一个冷刺激作用于皮肤会有两种不同情况,如果皮肤原本过热,该冷刺激就诱发快乐情绪,生理反应表现为皮肤毛细血管的收缩程度大;相反,如果原先皮肤就很冷,那么该冷刺激就成了负性刺激,而皮肤毛细血管的收缩程度较小;如果该冷刺激的温度高于初始的皮肤温度,那么反而会导致毛细血管舒张。同样,一个偶然事件(如在公交车上别人不小心踩了你一下)发生于快乐心境时,情绪系统不会被激活；然而如果该事件发生于愤怒心境时，则会激活情绪系统。这些都显示情绪的动态性依赖于系统的初始状态。

12.3   情绪加工

人类存在基本情绪，但是有关情绪加工的理论和研究主要还是针对焦虑和抑郁这两种情绪状态完成的，针对快乐的研究只有很少一部分，而对愤怒和厌恶的研究则几乎没有。一些情绪加工理论强调心境对情绪加工的作用，而另一些理论则关注人格因素对情绪加工的影响。然而，这两种理论之间实际上是存在重叠的。例如，我们可能想研究特质焦虑的影响因素。如果我们要做一个研究，那么那些具有高特质焦虑的被试很可能比低特质焦虑的被试处于更焦虑的心境状态。在这种情况下，我们很难分清人格和心境的作用。下面将介绍由鲍尔(G. H. Bower)、贝克(A. T. Beck)以及威廉斯(J. M. G. Williams)等提出的理论。

12.3.1   情绪语义网络理论

鲍尔与其助手所提出的网络理论的主要特点见图 12.1，可以归纳为以下 6 个假设。

(1) 情绪是语义网络中的单元或者结点，这些情绪结点与相关的观念、生理系统、事件、肌肉和表达模式等存在大量连接。

(2) 情绪材料以命题或主张的形式存储于语义网络之中。

(3) 思维通过激活语义网络中的结点而产生。

(4) 结点可以被外部刺激或者内部刺激所激活。

(5) 被激活的结点把激活扩散到与其相连的其他结点上。这个假设是相当关键的，因为这意味着一个情绪结点(如悲伤)的激活会引起语义网络中与情绪相关的结点或概念(如失落、绝望)的激活。

(6) "意识"是指网络中所有被激活结点的总激活量超过某一阈限值。

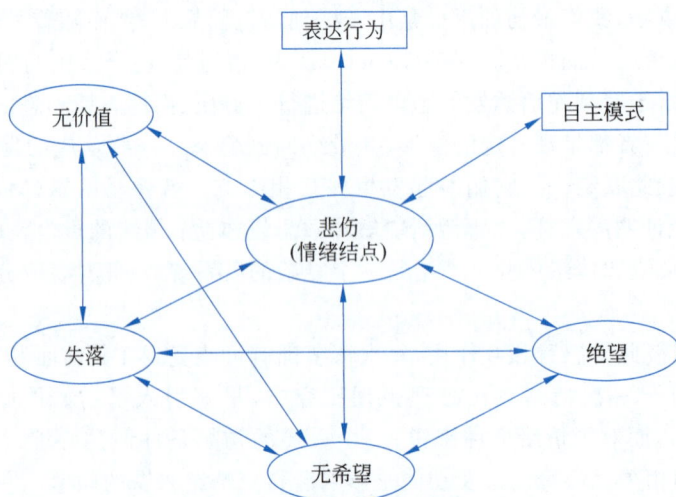

图 12.1   情绪语义网络理论

鲍尔的网络理论显得过于简单。这一理论把情绪或者心境以及认知概念都表征为语义网络中的结点。然而，心境和认知实际上差别很大。例如，心境在强度方面改变很慢，而认知往往是全或无的,常常是从一种认知加工迅速转变为另一种认知加工。

12.3.2　贝克的图式理论

贝克提出了一个图式理论,核心内容是,某些人比其他一些人具有更高的易感素质(Vulnerability),易发展出抑郁或者焦虑障碍。这种易感素质取决于个体在早期生活经验中形成的某些图式或有组织的知识结构。贝克和克拉克的假设图式会影响大部分认知加工过程,如注意、知觉、学习和信息提取等。图式会引起加工偏向,即对图式一致性或情绪一致性信息的加工更受欢迎。如此一来,拥有焦虑相关图式的个体应该选择加工威胁性信息,而拥有抑郁相关图式的个体则选择加工负性情绪信息。虽然贝克和克拉克强调图式对加工偏向的作用,但他们认为只有当个体处于焦虑或者抑郁状态时,图式才会被激活并且会影响加工过程。

贝克的图式理论最初是为了给理解临床焦虑症和抑郁症提供一个理论框架。然而,该理论也可以应用于人格研究。某些个体拥有一些使他们表现出临床焦虑或抑郁症状的图式。这一观点是很有价值的。然而,要证明这种图式是引起焦虑障碍或者抑郁症的原因却是很困难的。这种方法存在如下一些缺陷。

(1) 图式的核心理论架构是模糊的,它常常不过是一种信念而已。

(2) 特定图式存在的证据常常是基于循环论证的。在焦虑症患者中,关于认知偏向的行为数据被用来推导图式的存在,然后这些图式又被用来解释所观察到的认知偏向。换句话说,通常不存在直接或独立的证据证明图式的存在。

12.3.3　威廉斯的情绪加工理论

威廉斯等关注的是焦虑和抑郁对情绪加工的影响。他们是基于启动和精细加工之间的区别开始研究的。启动是一个自动加工过程。在启动条件下,一个刺激词激活长时记忆中该词的各组成成分。而精细加工则是一个后期的策略加工过程,它涉及相关概念的激活。根据他们的理论,焦虑个体表现出对威胁刺激的初始启动效应,因此他们对威胁存在注意偏向。相反,抑郁个体表现出对威胁刺激的精细加工,所以他们对威胁刺激表现出记忆偏向,即发现他们提取威胁信息比提取中性信息要容易。

威廉斯等所做的一些主要预测是关于焦虑和抑郁对外显记忆和内隐记忆的影响作用。外显记忆是指有意识地回忆过去事件,这涉及精细加工。相反,内隐记忆不涉及有意识回忆,它主要依赖启动和自动加工过程。抑郁的个体应该表现出外显记忆偏向,喜欢以外显的记忆方式提取威胁性材料。而焦虑的个体则表现出内隐记忆偏向,喜欢以内隐的记忆方式提取威胁性信息。

研究结果更多地支持威廉斯等的理论范式,而支持鲍尔的网络理论和贝克的图式理论的证据则相对较少一些。例如,有很有力的证据证明焦虑与注意偏向有关,而证明抑郁与注意偏向相关的证据则弱得多。根据网络理论和图式理论,心境抑郁的个体对与心境状态一致的刺激的加工(和注意)应该更快,而且应该表现出对这类刺激材料的注意偏向。相反,威廉斯等认为抑郁个体不会给予威胁刺激过多的知觉加工,所以对这类刺激不会表现出注意偏向。威廉斯等的理论也可以较好地解释外显和内隐记忆偏向的研究结果。焦虑个体表现出对内隐记忆的偏向,抑郁的个体表现的是对外显记忆的偏向,这一预测得到一些研究的证实。

12.4　情感智能

智商测验不能全面衡量一个人的综合水准。对于智商高的人,他的其他智能并不一定成熟,其他的智能方面包括情感、艺术和体育等。换句话说就是,智商高并不能保证他的未来就一定前途无量。过分强调先天的智慧,会把后天重要的能力培养部分忽略掉。

智力测验的缺陷主要是它太注重于语言和数理逻辑能力的重要性了。其实智能是多元的,它至少应该包括以下 7 种不同的智力:①言语智力;②数理逻辑智力;③空间智力;④音乐智力;⑤体能智力;⑥人际智力;⑦自知智力。这是嘉德纳初步对情感智能的概念的概述,为以后探讨情感智能做了有力的铺垫。

1990 年,萨拉维(P. Salovey)和梅耶尔(J. D. Mayer)正式提出了情感智能(Emotional Intelligence,EI)和情商(Emotional Quotient,EQ)的概念。他们将情感智能定义为一种社会智能,包括监督自己和他人情绪的能力、区分自己和他人情绪的能力,以及运用情绪信息去指导思维和行动的能力。情感智能包括以下 5 方面内容。

(1) 了解和表达自己情感的能力,真正知道自己确实感受的能力。

(2) 控制自己感情和延缓满足自己欲望的能力。

(3) 了解别人的情感以及对别的情感作出适当反应的能力。

(4) 能否以乐观态度对待挑战的能力。

(5) 处理人际关系的能力。

正如智商被用来反映传统意义上的智力一样,情商也被用来衡量一个人的情感商数的高低,主要是指人在情绪、意志、耐受挫折等方面的品质。如果说智商分数更多的是被用来预测一个人的学业成就,那么情商分数则被认为是用于预测一个人能否取得职业成功或生活成功的更有效的东西,它更好地反映了个体的社会适应性。

情商绝对无法用智商测验得知。为什么学校里成绩最优异的学生后来走入社会却难以成功。20 世纪 90 年代,戈乐曼(D Goleman)指出,智商的高低并不是决定一个人胜败的关键,而他本身具备的情商才是最为重要的因素。因为情商反映了我们的自觉程度、冲动控制、坚持耐力、感染魅力、灵活程度和处事能力等方面。

一般来说,智商高者会被录用,但是情商高者往往更容易被提升。特别是在美国,许多大公司里藏龙卧虎,有无数顶尖大学毕业出来的高才生。然而这些人,由于一直很优秀,所以也容易过于独断高傲,难以与人相处。所以提升时,当然是那些平易近人、善解人意的部下会优先被考虑。这些人观察周围,观察人,把自己协调到合适的状态。

情商高的人能够控制自己的感情冲动,不求一时的痛快和满足;懂得如何激发自己不断努力;与人交往中善于理解别人的暗示,这样的人能了解人生遇到的荣辱成败。如果父母具备这些素质并能给予指导,孩子很容易具备这些素质。家长可以从以下几方面培养孩子的情感智能。

(1) 培养孩子正确的情绪反应,使孩子提早形成正确的情绪习惯。

(2) 学会准确表达自己的感觉。与人沟通往往因为不能准确表达各自的感觉和想法,而造成偏见和误会。

(3) 帮助孩子学会控制自己的欲望。家长可以通过生活中的事例让孩子明白,一个人想实现自己的愿望必须要经过不懈的努力,克服种种困难,否则是不可能的。

有关情感智能的研究可以参阅马特休斯(G. Matthews)等的著作。

12.5 情感计算

有关人类情感的研究,早在19世纪末就进行了,但是极少有人将"感情"和无生命的机器联系起来。让计算机具有情感能力是由美国麻省理工学院明斯基在1985年提出的,问题不在于智能机器能否有任何情感,而在于机器实现智能时怎么能够没有情感。2006年,明斯基发表专著《情感机器》。他指出,情感是人类的一种特殊思维方式,提出了塑造智能机器的6大维度:意识、精神活动、常识、思维、智能、自我。

MIT媒体实验室皮卡德(R. W. Picard)在1997年提出情感计算(Affective Computing)。她指出,情感计算是关于情感、情感产生以及影响情感方面的计算。传统的人机交互,主要通过键盘、鼠标、屏幕等方式进行,只追求便利和准确,无法理解和适应人的情绪或心境。而如果缺乏这种情感理解和表达能力,就很难指望计算机具有类似人一样的智能,也很难期望人机交互做到真正的和谐与自然。由于人类之间的沟通与交流是自然而富有感情的,因此,在人机交互的过程中,人们也很自然地期望计算机具有情感能力。情感计算就是要赋予计算机类似于人一样的观察、理解和生成各种情感特征的能力,最终使计算机像人一样能进行自然、亲切和生动的交互。

情感计算的目的是通过赋予计算机识别、理解、表达和适应人的情感的能力来建立和谐人机环境,并使计算机具有更高的、全面的智能。研究的重点就在于通过各种传感器获取由人的情感所引起的生理及行为特征信号,建立"情感模型",从而创建感知、识别和理解人类情感的能力,并能针对用户的情感做出智能、灵敏、友好反应的个人计算系统,缩短人机之间的距离,营造真正和谐的人机环境。情感计算主要研究内容如下。

(1)情感机理的研究。情感机理的研究主要是情感状态判定及与生理和行为之间的关系。涉及心理学、生理学、认知科学等,为情感计算提供理论基础。人类情感的研究已经是一个非常古老的话题,心理学家、生理学家已经在这方面做了大量的工作。任何一种情感状态都可能会伴随几种生理或行为特征的变化;而某些生理或行为特征也可能起因于数种情感状态。因此,确定情感状态与生理或行为特征之间的对应关系是情感计算理论的一个基本前提,这些对应关系目前还不十分明确,需要作进一步的探索和研究。

(2)情感信号的获取。情感信号的获取研究主要是指各类有效传感器的研制,它是情感计算中极为重要的环节,没有有效的传感器,可以说就没有情感计算的研究,因为情感计算的所有研究都是基于传感器所获得的信号。各类传感器应具有如下基本特征:使用过程中不应影响用户(如重量、体积、耐压性等),应该经过医学检验对用户无伤害;数据的隐私性、安全性和可靠性;传感器价格低、易于制造等。MIT媒体实验室的传感器研制走在了前面,已研制出多种传感器,如脉压传感器、皮肤电流传感器、汗液传感器及肌电流传感器等。皮肤电流传感器可实时测量皮肤的导电系数,通过导电系数的变化可测量用户的紧张程度。脉压传感器可时刻监测由心动变化而引起的脉压变化。汗液传感器是一条带状物,可通过其伸缩的变化时刻监测呼吸与汗液的关系。肌电流传感器可以测得肌肉运动时的弱电压值。

(3)情感信号的分析、建模与识别。一旦由各类有效传感器获得了情感信号,下一步的任务就是将情感信号与情感机理相应方面的内容对应起来,这里要对所获得的信号进行建模和识别。由于情感状态是一个隐含在多个生理和行为特征之中的不可直接观测的量,不易建模,部分可采用诸如隐马尔可夫模型、贝叶斯网络模式等数学模型。MIT 媒体实验室给出了一个隐马尔可夫模型,可根据人类情感概率的变化推断得出相应的情感走向。研究如何度量人工情感的深度和强度,研究定性和定量的情感度量的理论模型、指标体系、计算方法、测量技术。

(4)情感理解。通过对情感的获取、分析与识别,计算机便可了解其所处的情感状态。情感计算的最终目的是使计算机在了解用户情感状态的基础上作出适当反应,去适应用户情感的不断变化。因此,这部分主要研究如何根据情感信息的识别结果,对用户的情感变化作出最适宜的反应。在情感理解的模型建立和应用中,应注意以下事项:情感信号的跟踪应该是实时的和保持一定时间记录的;情感的表达是根据当前情感状态、实时的;情感模型是针对个人生活的,并可在特定状态下进行编辑;情感模型具有自适应性;通过理解情况反馈调节识别模式。

(5)情感表达。前面的研究是从生理或行为特征来推断情感状态。情感表达则是研究其反过程,即给定某一情感状态,研究如何使这一情感状态在一种或几种生理或行为特征中体现出来,例如如何在语音合成和面部表情合成中得以体现,使机器具有情感,能够与用户进行情感交流。情感的表达提供了情感交互和交流的可能,对于单个用户来讲,情感的交流主要包括人与人、人与机器、人与自然和人类自己的交互、交流。

(6)情感生成。在情感表达基础上,进一步研究如何在计算机或机器人中,模拟或生成情感模式,开发虚拟或实体的情感机器人或具有人工情感的计算机及其应用系统的机器情感生成理论、方法和技术。

到目前为止,有关研究已经在脸部表情、姿态分析、语音的情感识别和表达方面获得了一定的进展。

1. 脸部表情

在生活中,人们很难保持一种僵硬的脸部表情,通过脸部表情来体现情感是人们常用的较自然的表现方式,其情感表现区域主要包括嘴、脸颊、眼睛、眉毛和前额等。人在表达情感时,只稍许改变一下面部的局部特征(如皱一下眉毛),便能反映一种心态。1972 年,著名的学者埃克曼提出了脸部情感的表达方法(脸部运动编码系统 FACS)。通过不同编码和运动单元的组合,即可在脸部形成复杂的表情变化,譬如幸福、愤怒、悲伤等。该成果已经被大多数研究人员所接受,并被应用于人脸表情的自动识别与合成(图 12.2)。

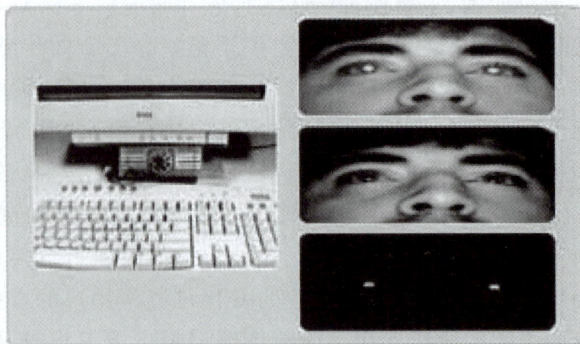

图 12.2 表情的识别与合成

随着计算机技术的飞速发展,为了满足通信的需要,人们进一步将人脸识别和合成的工作融入通信编码中。最典型的便是 MPEG4 V2 视觉标准,其中定义了 3 个重要的参数集:人脸定义参数、人脸内插变换和人脸动画参数。表情参数中具体数值的大小代表人激动的程度,可以组合多种表情以模拟混合表情。

在目前的人脸表情处理技术中,多侧重于对三维图像的更加细致的描述和建模。通常采用复杂的纹理和较细致的图形变换算法,达到生动的情感表达效果。在此基础上,不同的算法形成了不同水平的应用系统。

2. 姿态变化

人的姿态一般伴随着交互过程而发生变化,它们表达着一些信息。例如,手势的加强通常反映一种强调的心态,身体某一部位不停地摆动,则通常具有情绪紧张的倾向。相对于语音和人脸表情变化来说,姿态变化的规律性较难获取,但由于人的姿态变化会使表述更加生动,因而人们依然对其表示了强烈的关注。科学家针对肢体运动,专门设计了一系列运动和身体信息捕获设备,例如运动捕获仪、数据手套、智能座椅等。国外一些著名的大学和跨国公司,例如麻省理工学院、IBM等则在这些设备的基础上构筑了智能空间。同时也有人将智能座椅应用于汽车的驾座上,用于动态监测驾驶人员的情绪状态,并提出适时警告。意大利的一些科学家还通过一系列的姿态分析,对办公室的工作人员进行情感自动分析,设计出更舒适的办公环境。

3. 语音理解

在人类的交互过程中,语音是人们最直接的交流通道,人们通过语音能够明显地感受到对方的情绪变化,例如通过特殊的语气词、语调发生变化等。在人们通电话时,虽然彼此看不到,但能从语气中感觉到对方的情绪变化。例如同样一句话"你真行",在运用不同语气时,可以使之成为一句赞赏的话,也可以使之成为讽刺或妒忌的话。

目前,国际上对情感语音的研究主要侧重于情感的声学特征的分析这一方面。一般来说,语音中的情感特征往往通过语音韵律的变化表现出来。例如,当一个人发怒的时候,讲话的速率会变快,音量会变大,音调会变高等,同时一些音素特征(共振峰、声道截面函数等)也能反映情感的变化。中国科学院自动化研究所模式识别国家重点实验室的专家们针对语言中的焦点现象,首先提出了情感焦点生成模型。这为语音合成中情感状态的自动预测提供了依据,结合高质量的声学模型,使得情感语音合成和识别率先达到了实际应用水平。

4. 多模态的情感计算

虽然人脸、姿态和语音等均能独立地表示一定的情感,但人在相互交流的过程中却总是通过上面信息的综合表现来进行的。所以,唯有实现多通道的人机界面,才是人与计算机最为自然的交互方式,它集自然语言、语音、手语、人脸、唇读、头势、体势等多种交流通道为一体,并对这些通道信息进行编码、压缩、集成和融合,集中处理图像、音频、视频、文本等多媒体信息。目前,多模态技术本身也正在成为人机交互的研究热点,而情感计算融合多模态处理技术,则可以实现情感的多特征融合,能够有力地提高情感计算的研究深度,并促使出现高质量、更和谐的人机交互系统。

5. 情感计算与个性化服务

随着情感计算研究的进一步深入,人们已经不仅仅满足于将其应用在简单的人机交互平台中,而要拓展到广泛的界面设计、心理分析、行为调查等各方面,以提高服务的质量,并增加服务的个性化内容。在此基础上,有人开始专门进行情感主体(Affective Agent)的研究,以期通过情感交互的行为模式,构筑一个能进行情感识别和生成的类生命体,并以这个模型代替传统计算中的有些应用模型中(例如电脑游戏的角色等),使电脑和应用程序更加鲜活起来,使之能够产生类似于人的一些行为或思维活动。这一研究还将从侧面上对人工智能的整体研究产生较大的推动作用。

6. 情感理解模型

情感状态的识别和理解,则是赋予计算机理解情感并做出恰如其分反应的关键步骤。这个步骤通常包括从人的情感信息中提取用于识别的特征,例如从一张笑脸中辨别出眉毛等,接着让计算机学习这些特征以便日后能够准确地识别其情感。

为了使计算机更好地完成情感识别任务,科学家已经对人类的情感状态进行了合理而清晰的分类,提出了几类基本情感。目前,在情感识别和理解的方法上运用了模式识别、人工智能、语音和图像技术的大量研究成果。例如,在情感语音的声学分析的基础上,运用线性统计方法和神经网络模型,实现了基于语音的情感识别原型;通过对面部运动区域进行编码,采用HMM等不同模型,建立了面部情感特征的识别方法;通过对人姿态和运动的分析,探索肢体运动的情感类别等。

不过,受到情感信息的捕获技术的影响,并缺乏大规模的情感数据资源,有关多特征融合的情感理解模型的研究还有待深入。随着未来的技术进展,还将提出更有效的机器学习机制。

情感计算与智能交互技术试图在人和计算机之间建立精确的自然交互方式,将会是计算技术向人类社会全面渗透的重要手段。未来随着技术的不断突破,情感计算的应用势在必行,其对未来日常生活的影响将是方方面面的,目前我们可以预见的有以下影响。

(1) 情感计算将有效地改变过去计算机呆板的交互服务,提高人机交互的亲切性和准确性。一台拥有情感能力的计算机,能够对人类的情感进行获取、分类、识别和响应,进而帮助使用者获得高效而又亲切的感觉,并有效减轻人们使用电脑的挫败感,甚至帮助人们便于理解自己和他人的情感世界。

(2) 情感计算还能帮助我们增加使用设备的安全性(例如,当采用此类技术的系统探测到司机精力不集中时可以及时改变车的状态和反应)、使经验人性化、使计算机作为媒介进行学习的功能达到最佳化,并从我们身上收集反馈信息。例如,一个研究项目在汽车中用电脑来测量驾车者感受到的压力水平,以帮助解决所谓驾驶者的"道路狂暴症"问题。

(3) 情感计算和相关研究还能够给涉及电子商务领域的企业带来实惠。已经有研究显示,不同的图像可以唤起人类不同的情感。例如,蛇、蜘蛛和枪的图片能引起恐惧,而有大量美元现金和金块的图片则可以使人产生非常强烈的积极反应。如果购物网站和股票交易网站在设计时研究和考虑这些因素的意义,将对客流量的上升产生非常积极的影响。

(4) 在信息家电和智能仪器中,增加自动感知人们的情绪状态的功能,可以提供更好的服务。在信息检索应用中,通过情感分析的概念解析功能,可以提高智能信息检索的精度和效率。在远程教育平台中,情感计算技术的应用能增加教学效果。

(5) 利用多模式的情感交互技术,可以构筑更贴近人们生活的智能空间或虚拟场景,等等。情感计算还能应用在机器人、智能玩具、游戏等相关产业中,以构筑更加拟人化的风格和更加逼真的场景。

12.6 情感与认知

对刺激进行认知加工是情感反应发生改变的必要前提吗?这个问题在理论上具有重要意义。如果人类对一切刺激的情感反应都取决于认知加工,那么所有情绪理论都必须带有显著的认知特色。相反,如果认知加工在情感反应的发展过程中不是必需的,那么我们就没有必要把认知范式运用到情绪研究中去。

12.6.1 情感优先假说

扎琼克(R. B. Zajonc)认为对刺激的情感评价可以不依赖认知加工而独立进行。按照他的观点,情感与认知是分开的,是部分独立的两个系统。

根据情感优先假说,加工刺激的简单情感属性要比加工更高级的认知属性在速度上要快得多。墨菲(S. T. Murphy)和扎琼克通过一系列实验研究对这一假说提供了一些支持。实验范式是,在启动刺激呈现4ms或1s后,紧接着呈现第二个刺激。在一个研究中,启动刺激是一些高兴或生气的面孔。同时,实验者还设计了一个无启动刺激的控制条件。启动刺激之后的第二个刺激是一个象形汉字。刺激呈现完毕后,被试需要对这些汉字的偏好度进行等级评定。当启动刺激的呈现时间为4ms时,被试对汉字的偏好度受到情感性启动刺激的影响,但是当启动刺激的呈现时间为1s时,这些启动刺激就没有影响。这可能是因为在后一种呈现条件下,被试认识到自己的情感反应源自启动刺激,因此情感反应没有影响他们对第二个刺激的评价。墨菲和扎琼克所获得的一系列结果支持下述结论。

(1)情感加工有时候会比认知加工更快。

(2)对一个刺激的早期情感加工与后期认知加工之间存在很大差异。

12.6.2 认知评价观点

拉扎勒斯(R. S. Lazarus)认为某些认知加工是情感反应发生的必要先决条件,认为认知评价对情绪体验起关键作用。认知评价可以细分为3种更为具体的评价形式。

(1)初级评价:把周围情境看成积极的、有压力的或者是与幸福无关的。

(2)次级评价:根据个体可以利用的情景资源来进行评价。

(3)重新评价:刺激情境及相应的应付策略得到监控,必要时还要修改初级评价和次级评价。

拉扎勒斯通过一系列研究发现,各种心生理指标揭示否定式和理智式的指导语确实都减少了被试所承受的压力。因此,在个体面临应激事件时操控被试的认知评价会对他们的生理应急反应造成重要影响。认知评价总是发生在情感反应之前,不过这种评价可能并不一定发生在意识水平之上。然而,前意识的认知加工决定情感反应这一观点通常只不过是一个个人信仰问题。不过有关意识下知觉的研究文献表明前意识认知加工确实存在,而且具有重要意义。

12.6.3 图式命题联想和类比表征系统

普尔(M. Power)和达格莱希(T. Dalgleish)提出一个图式命题联想和类比表征系统(Schematic Propositional Associative and Analogical Representational System,SPAARS),具体结构见图12.3。模型中的各种成分阐述如下。

(1)类比系统:这一系统涉及对环境刺激进行基本的感觉信息加工。

(2)命题系统:这一系统不涉及情绪因素,它只包含对外界和自我的信息。

(3)图式系统:在这一系统中,来自命题系统的事实与来自个体近期目标的有关信息结合在一起,生成一个针对情境的内部模型,从而引起情绪反应。

(4)联想系统:如果同一个事件在图式水平以相同的方式不断地被加工,那么一个联想表征就会形成。当将来遇上同一事件时,个体的相关情绪就会被自动引发出来。

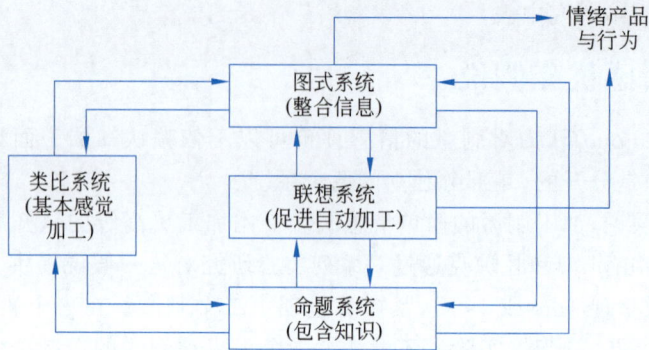

图 12.3　图式命题联想和类比表征系统 SPAARS

普尔和达格莱希认为,情绪的产生主要有两种方式。首先,当图式系统参与信息加工时,情绪完全是认知加工的结果。第二,当联想系统参与信息加工时,情绪可以在不涉及有意识加工的情况下自动发生。

12.7　情绪的脑机制

情绪是人脑的高级功能,保证着有机体的生存和适应,对个体的学习、记忆、决策有着重要的影响。情绪的脑机制——大脑回路,包括前额皮层、杏仁核、海马、前部扣带回、腹侧纹状体等。前额皮层中的不对称性与趋近和退缩系统有关,左前额皮层与趋近系统和积极感情有关,右前额皮层与消极感情和退缩有关。杏仁核易被消极的感情刺激所激活,尤其是恐惧。海马在情绪的背景调节中起着重要作用。前额皮层和杏仁核激活不对称性的个体差异是情绪个体差异的生理基础。

情绪由大脑中的一个回路所控制,包括前额皮层、杏仁核、海马、前部扣带回、腹侧纹状体等。它们整合加工情绪信息,产生情绪行为。许多文献表明,有两个基本的情绪和动机系统或者积极和消极感情形式,分别是趋近和退缩。1999 年,戴维森(R. J. Davidson)等把趋近系统描述为促进欲求行为和产生特定的与趋近有关的积极感情类型,如愉快、兴趣等。退缩系统有利于有机体从厌恶刺激源撤退或者组织对威胁线索的适当反应,产生与撤退有关的消极情绪,如厌恶和恐惧等。各种证据表明,趋近和退缩系统是由部分独立的回路执行的。

1. 前额皮层

灵长类动物的前额皮层可分为 3 个子分区:背侧 PFC (DLPFC)、腹内侧 PFC(vmPFC)、眶额皮层(OFC)。前额皮层的各部分与情绪有关。左前额皮层与积极感情有关,右前额皮层与消极感情有关。

在已有研究的基础上,米勒(E. K. Miller)和科恩提出了一个综合的前额机能理论,认为前额皮层 PFC 维持对目标的表征和达到目标的方法。腹内侧前额皮层与对未来积极和消极感情后果的期待有关。贝卡拉(A. Bechara)等于 1994 年报告腹内侧前额皮层两侧损伤的病人在期待未来的积极和消极后果中有困难。这样的病人与控制组相比,在期待冒险选择中,表现出皮肤电活动水平的降低。

2. 杏仁核

杏仁核对知觉、产生消极感情和联想厌恶学习很重要。对恐惧面部表情的反应中杏仁核激活。许多研究报告在厌恶条件作用的早期阶段杏仁核激活。对几个诱发消极感情实验程序的反应中也可观察到杏仁核激活,包括厌恶嗅觉线索和厌恶味觉刺激等。

双侧杏仁核损伤病人对恐惧和愤怒声音的识别有困难,表明这一缺陷并不限于面部表情。杏仁核损伤病人对厌恶刺激无反应。总之,研究结果表明,双侧杏仁核受破坏的病人加工消极情绪任务的能力被损害,表明杏仁核对识别威胁或危险线索是重要的。

利铎克斯(J E LeDoux)关注焦虑这一情绪反应,他强调杏仁核的作用,把它看作大脑的"情绪计算机",负责计算出刺激的情绪价值。根据利铎克斯的观点,情绪刺激的感觉信息是从丘脑同时传送到杏仁核和大脑皮质的。在此基础上,利铎克斯提出焦虑存在两条不同的情绪回路。

(1) 一条是"丘脑→大脑皮质→杏仁核"这一慢回路,它负责对感觉信息进行详细分析。

(2) 另一条是"丘脑→杏仁核"这一快回路,它负责对刺激的简单特征(如刺激强度)进行加工。这条回路无须经过大脑皮质。

来自大脑新皮质的信号对杏仁核的激活与情绪加工发生在认知加工之后这一传统观点是吻合的,而来自丘脑的信号对杏仁核的激活与情感优先假说是一致的,即情绪加工可以发生在前意识水平而且是发生在认知加工之前的。丘脑→杏仁核回路使我们能够对危险情景做出快速反应,因而这条回路在保障我们的生存方面很有价值。相反,皮质回路使我们可以详细评价情境的情绪意义,让我们能以最佳方式对情境做出反应。

3. 海马和前扣带回

海马在情绪中的作用近年来才开始研究。海马是大脑中有很高葡萄糖皮质激素类受体密度的部位,在情绪调节中很重要。戴维森等提出海马在情绪行为的背景调节中起关键作用。如果海马损害则个体正常背景的调节作用受到损害,因而在不适当的背景中表现出情绪行为。研究发现,对赢钱和输钱左和右杏仁核有不同的激活,左侧杏仁核对赢钱显示激活的提高,而右侧杏仁核对输钱显示激活的提高。

神经成像方法的研究表明前扣带回在情绪反应中激活。对情绪单词的 Stroop 任务(一个刺激的两个不同维度发生相互干扰的现象)的反应中,观察到背侧前扣带回激活。

4. 腹侧纹状体

PET 研究中观察到,在图片诱发感情期间,听神经核的腹侧纹状体区域被激活。发现被试在看愉快的录相游戏时,这一区域中的多巴胺水平提高。

情绪是人脑的高级功能,是人类生存适应的第一心理工具。它具有组织、调节和动机的功能,是个性的核心内容,也是控制心理病理的关键成分。因此对情绪发生、发展脑机制规律的揭示,有利于促进个体智力的发展、身心的健康,使个体形成良好的个性。

5. Papez's 环

起源于海马的神经通路,经乳头体、丘脑前核和扣带回的中继,返回海马,构成一封闭环路。此环路能作为情绪表达的神经基础。边缘环路又名 Papez 环。

1878 年,法国神经学家和人类学家布罗卡(P. Broca)注意到构成每侧大脑半球的一圈组织,如胼胝体下回、扣带回、钩回、腹海马等结构,在解剖上相互联系,形成一个环形,他称之为大脑边缘叶(limbiclobe),但他没有提出该叶的功能。1937 年,康乃尔大学的比较解剖学家James Papez 提出情绪的认知和产生的脑回路的假设。他观察到,狂犬病的病人有强烈的情绪表现,尤其是恐惧和攻击性行为,解剖发现脑病灶主要在边缘系统,因此认为边缘系统在情绪扮演非常重要的角色。Papez 的理论对情绪的研究,掀开了可以用脑科学的角度去探索的大门。1952 年,麦克林(P. D. MacLean)正式提出"边缘系统"这一术语,就是指那些由前脑古皮质,旧皮质演变而来的结构,以及与这些结构具有密切组织学联系并位于附近的神经核团。

第 13 章

意　识

意识的起源与本质是最重大的科学问题之一。在智能科学中,意识问题具有特别的挑战意义。存在如何决定意识,客观世界如何反映到主观世界中去,既是哲学研究的主题,也是当代自然科学研究的重要课题。意识涉及知觉、注意、记忆、表征、思维、语言等高级认知过程,其核心是觉知(Awareness)。近年来,由于认知科学、神经科学和计算机科学的发展,特别是新的无损伤性实验技术的出现,意识的研究再度被提到日程上来,并且开始成为众多学科共同研究的热点。在 21 世纪,意识问题将是智能科学力图攻克的难题之一。

13.1　概述

意识(Consciousness)是一种复杂的生物现象,哲学家、医学家、心理学家对于意识的概念各不相同,迄今尚无定论。当代著名思想家丹尼特(D. C. Dennett)认为:"人类的意识大概是最后一个难解的谜……对意识,我们至今如坠五里云雾中,时至今日,意识是唯一常常使最睿智的思想家张口结舌、思维混乱的论题。"

意识的哲学概念是高度完善、高度有组织的特殊物质——人脑的机能,是人所特有的对客观现实的反映。意识也作为思维的同义词,但意识的范围较广,包括认识的感性和理性阶段,而思维则仅指认识的理性阶段。辩证唯物主义认为意识是物质高度发展的产物,是存在的反映,又对存在起着巨大的能动作用。

医学上,不同学科对意识的认识也略有差异。在临床医学领域,意识的概念是指病人对周围环境及自身的认识和反应能力,分为意识清楚、意识模糊、昏睡、昏迷等不同的意识水平;在精神医学中,意识又有自我意识和环境意识的分别。意识障碍表现为意识浑浊、嗜睡、昏睡、昏迷、谵妄、朦胧状态、梦样状态和意识模糊。

心理学对意识的观点是对外部环境和自身心理活动,例如感觉、知觉、注意、记忆、思想等客观事物的觉知或体验。进化生物学家、理论神经科学家威廉·卡尔文(William H. Calvin)在《大脑如何思维》一书中列出了一些意识的定义。

从智能科学的角度,意识是一种主观体验,是对外部世界、自己的身体及心理过程体验的整合。意识是一种大脑本身具有的"本能"或"功能",是一种"状态",是多个脑结构对于多种生物的"整合"。广义的意识是高等生物与低等生物都具有的一种生命现象。随着生物的进化,进行意识加工的器官也在不断进化。人类进行意识活动的器官主要是脑。为了揭示意识的科学规律,构建意识的脑模型,不仅需要研究有意识的认知过程,而且需要研究无意识的认知过程,即脑的自动信息加工过程,以及这两种过程在脑内的相互转化机制。意识研究是认知神经科学不可缺少的内容,意识及其脑机制的研究是自然科学的重要内容。哲学所涉及的是意识的起源和意识存在的真实性等问题,意识的智能科学研究的核心问题是意识产生的脑机制——物质的运动如何变成意识的。

历史上最早使用意识这个词的是培根(Francis Bacon)。他的定义是意识就是一个人对自己思想里发生了什么的认识。所以,意识问题一直是哲学家研究的领域。德国心理学家冯特(Wundt)于1879年建立了第一个心理学实验室,明确提出心理学主要是研究意识的科学,以生理学方法研究意识,报告在静坐、工作和睡眠条件下的意识状态。从此心理学以一门实验科学的身份进入了一个新的历史时期,一系列心理现象的研究都得到了迅速发展,但是意识的研究因缺少非意识的直接客观指标而进展迟缓。1902年,加米斯(James)提出意识流的概念,指出意识就像流水一样波浪起伏,渊源不断。Freud认为,人的感觉和行为受非意识需要、愿望和冲突的影响。根据Freud的观点,意识流具有深度,意识与非意识加工有不同的认识水平。它不是全或无的现象。但是,由于当时科学不够发达,用内省法进行,缺乏客观指标,只能停留在描述性初级水平上而无法前进。但是自从华生宣告心理学是一门行为科学之日起,意识问题被打入冷宫。所以有很长一段时间,神经科学因其太复杂而不敢问津,心理学又不愿染指被人遗忘的科学。

在20世纪50—60年代,科学家们通过解剖学、生理学实验来理解意识状态的神经生理学基础。例如,1949年莫罗兹(G. Moruzzi)与马戈恩(H. Magoun)发现了觉知的网状激活系统;1953年,阿塞林斯基(E. Aserinsky)与克雷特曼(N. Kleitman)观察了快速眼动睡眠的意识状态;20世纪60—70年代,进行了对割裂脑病人的研究,支持在大脑两半球中存在独立的意识系统。上述研究结果开创并奠定了意识的认知神经科学研究基础。

现代认知心理学始于20世纪60年代,对于认知心理学家来说,阐明客观意识的神经机制始终是一个长期的挑战。迄今关于意识客观体验与神经活动关系的直接研究还非常少见。近年,随着科学技术的突飞猛进,利用现代电生理技术(脑电图EEG,事件相关电位ERP)和放射影像技术(正电子断层扫描PET,功能磁共振成像FMRI),意识研究已迅速成为生命科学和智能科学的新生热点。

关于意识脑机制的研究虽然非常复杂,任务艰巨,但意义重大,已引起了全世界认知科学、神经生理、神经成像和神经生物化学等神经科学、社会科学以及计算机科学诸多领域学者们的极大兴趣。1997年,国际意识科学研究学会(Association for the Scientific Study of Consciousness,ASSC)成立,连续召开意识问题国际学术会议。会议主题分别是:内隐认知与意识的关系(1997年);意识的神经相关性(1998年);意识与自我知觉和自我表征(1999年);意识的联合(2000年);意识的内容:知觉、注意和现象(2001年);意识和语言(2002年);意识的模型和机理(2003年);意识研究中的经验和理论问题(2004年)。

研究意识问题的科学家所持的观点是多种多样的。从人的认识能力最终是否有可能解决意识问题考虑,有神秘主义和还原论(Reductionism)之分。持神秘主义观点的人认为我们永远无法理解意识。例如,当代著名哲学家Fodor参加第一次Towards to science of consciousness会时公开怀疑:任何一种物理系统怎么会具有意识状态呢? 在意识问题研究中十分活跃的美国哲学家查尔莫斯(D. J. Chalmers)认为,意识应当分为"容易问题"(Easy Problem)和"艰难问题"(Hard Problem),他对意识问题的总看法是:"没有什么严谨的物理理论(量子机制或神经机制)可以理解意识问题。"

克里克(F. Crick)在《惊人的假设》一书中公开申明对意识问题的看法是还原论的,他和他的年轻的追随者 Koch 在许多文章中陈述这一观点。他们把这个复杂的意识问题"还原"成神经细胞及其相关分子的集体行为。美国著名的计算神经科学家索诺斯基(Terrence J. Sejnowski)和美国哲学家丹尼特(Daniel C. Dennett)等所持观点大体上与克里克相同。

在研究意识问题时,从所持的哲学观点考虑,历来就有两种相反的观点:一种是一元论,认为精神(包括意识)是由物质(脑)产生的,是可以从脑来研究和解释精神现象的;另一种是二元论,认为精神世界独立于人体(人脑)。二者之间没有直接的联系。笛卡儿(René Descartes)是典型的二元论者,他认为每个人都有一个躯体和一个心灵(Mind)。人的躯体和心灵通常是维系在一起的,但心灵的活动不受机械规律的约束。躯体死亡后,心灵将继续存在,并且还发挥作用。一个人的心灵所进行的种种活动是无法被他人察知的,因此只有我才能直接知觉我个人的内心的状态和过程。如果把身体比拟为"机器",按照物理规律运行,那么,心灵就是"机器中的灵魂"。笛卡儿是伟大的数学家,所以他有正视现实的一面,在科学上明确地提出"人是机器"的论断,但他受古代哲学思想和当代社会环境的影响较深,所以他把脑的产物(精神)看成是与人体截然分开的东西。

在当代从事自然科学研究的科学家中间,有不少相信二元论的。诺贝尔奖获得者埃克尔斯(John Carew Eccles),热衷于意识问题的研究。他本人是神经科学家,研究神经细胞的突触结构和功能取得重大成果。他不讳言他的意识观是二元论的。他本人以及与人合作的关于脑的功能方面的著作有 7 本之多,他在与哲学家 Popper 的著作中提出"三个世界"的理论,其中第一世界是物理世界,包括脑的结构和功能,第二世界是所有主观精神和经验,第三世界是社会、科学和文化活动。他在后期的著作中,根据神经系统的结构和功能,提出"树突子"的假设,树突子是神经系统的基本结构和功能单元,由 100 个左右顶部树突构成。估计在人脑中有 40 万个树突子。他进而又提出"心理子"的假设,第二世界的心理子与第一世界的树突子相对应。由于树突中的微结构与量子尺度相近,所以量子物理有可能用于意识问题。

意识问题的研究需要靠人来进行,特别需要用人脑去研究,这就涉及人脑能否理解人脑的问题,因此有人说,用手把自己头发拉起是不可能做到脱离地球的。实际上意识问题上的一元论者和二元论者之间,可知论与不可知论之间,唯物论与唯心论之间,均不是界限截然分明的。

13.2 意识的基本要素和特性

法伯(I. B. Farber)和丘奇朗德(P. S. Churchland)在其《意识与神经科学,哲学与理论问题》一文中,从 3 个层次讨论了意识概念。第一个层次是意识觉知,包括感觉觉知(指通过感觉通道对外部刺激的觉知)、概括性觉知(是指与任一感觉通道都不相连的对身体内部状态的觉察,如疲劳、眩晕、焦虑、舒服、饥饿等)、元认知觉知(是指能觉察到自己认知范围内的所有事物,包括当前的和过去的思维活动)和有意识回忆(能觉察到过去发生的事情)4 种。这里所说的能觉察到某事物的标志,即能用言语报告该事物。这样既便于检测,也可以把不能说话的动物排除在外。第二个层次是高级能力,即不仅能被动地感知和觉知信息,还具有能动作用或控制等高级功能,这些功能包括注意、推理和自我控制(如理性或道德观念对生理冲动的抑制作用)。第三个层次是意识状态,可理解为一个人正在进行的心理活动,包括意识概念中最常识性的也是最困难的环节,这种状态可以分为不同的层次,如有意识与非意识、综合性调节、粗略的感觉等。法伯的前两个层次对意识给出的定义是颇有启发性的,但第三层次却缺乏实质性内容。

1977 年,奥恩斯泰(R. E. Ornstein)提出意识存在的两种模式——主动-言语-理性模式

(Active-verbal-rational Mode)与感知-空间-直觉-整体模式(Receptive-spatial-intuitive-holistic Mode),分别简称为主动模式和感知模式。他认为两种模式分别被一侧大脑半球所控制,对主动模式的评价是自动进行的,人类限制了觉知的自动化以阻挡与其生存能力无直接相关的经验、事件和刺激。当人们需要加强正在进行的归纳与判断时,通过感知模式增加了正常的觉知。根据奥恩斯泰(R. E. Ornstein)的观点,静坐、生物反馈、催眠,甚至试验某些特异性药物也能有助于学习使用感知模式来平衡主动模式。智力活动是主动发生的,具有左半球优势,而直觉行为是感受性的,为右半球优势的。两种模式的整合构成了人类高级功能的基础。

意识功能是由哪些要素构成的? 关于这一问题,克里克认为意识至少包括两个基本功能部件,一是注意,二是短时记忆。注意一直是意识的主要功能,这已为大家所公认。巴尔斯(B J Baars)的"剧场"隐喻中,把意识比喻为一个舞台,不同的场景轮流上场。平台上的聚光灯可比喻为注意机制,这是一个流行的比喻。克里克也认可这个比喻。没有记忆的人肯定没有"自我意识"。没有记忆的人或机器,看过即忘,或听过即忘,也不能妄谈意识。但记忆的时间长短可以讨论,长时记忆固然重要,克里克认为短时记忆更显必要。

美国哲学家与心理学家詹姆士(William James)认为意识有如下特点。

(1)意识是个人的,不能与他人共享。

(2)意识是永远变化的,不会长久停留在某一种状态。

(3)意识是连续的,一个内容包含着另一个内容。

(4)意识是有选择性的。

总之,詹姆士认为意识不是一个东西,而是一种过程,或一种"流",是一种可以在几分之一秒内变化的过程。这种"意识流"概念,很生动地刻画他关于意识的一些特性,这一概念在心理学中受到重视。

埃德尔曼(G. M. Edelman)强调意识的整合性和分化性。依据脑的生理病理和解剖学上的事实,埃德尔曼认为丘脑-皮质系统在意识的产生方面起关键作用。

美国心脑问题的哲学家丘奇兰德(P. S. Churchalnd)为意识问题列出一张特性表。

- 与工作记忆有关。
- 不依赖感觉输入,即我们能思考并不存在的东西和想象非真实的东西。
- 表现出可驾驭的注意力。
- 有能力对复杂或模棱两可的资料作出各种解释。
- 在深睡时消失。
- 在梦中重新出现。
- 在单次统一的经验中能包容若干感觉模态的内容。

2012 年,巴尔斯和埃德尔曼在文章中阐述他们关于意识的自然观,列出了意识状态的 17 个特性。

(1)意识状态的 EEG 标记。

脑的电生理活动呈现不规则、低幅度和快速的电活动,频率范围为 $0.5 \sim 400 \text{Hz}$。意识 EEG 看起来与无意识状态(类同沉睡情况)显著不同,癫痫患者和全身麻醉的意识状态呈现规则、高幅度、慢变化的电压。

(2)大脑和视丘。

意识取决于是视丘的复杂性,开启和关闭通过脑干调制,并且与脑皮层下区域没有交互作用,不直接支持意识经验。

(3) 广泛的大脑活动。

可报告意识事件与广泛的具体脑活动内容有关。无意识的刺激只唤起局部的脑活动。意识瞬间也对外边专注意识内容引发广泛的影响,表现为隐性学习、情景记忆、生物反馈训练等。

(4) 大范围的可报告内容。

意识有特别广泛的不同内容——各种感觉的知觉、内生的形象化描述、感情感觉、内部语言、概念、有关行动的想法和像熟悉的感觉那样的外部经验。

(5) 信息性。

当信号变得多余时意识可以消失;信息损失可以导致意识访问的丢失。选择性注意的研究也显示对信息更丰富的意识刺激的强烈偏爱。

(6) 意识事件的适应性和飞逝的本质。

立即经历感觉输入可以维持到几秒,我们短暂认知的持续存在不到半分钟。相反,庞大的无意识知识可以驻存在长时记忆中。

(7) 内部一致性。

意识以一致约束为特征。一般同时给予两个不一致刺激时,只有一个能变得有意识。当一词多义时,只有一个意义变得有意识。

(8) 有限能力和顺序性。

意识的能力在任何规定的片刻好像限制在仅对一个一致景象,和直接同时观察时脑形成的大量并行处理相反,这样的意识景象流是串行的。

(9) 感觉捆绑。

感觉大脑就其功能作用是分块的,从而不同的脑区对不同的特征(如形状、颜色或者目标运动)作出反应。一个基本的问题是这些就其功能作用分开的脑区怎样协调它们的活动,产生普遍的有意识的综合完形知觉。

(10) 自我特性。

意识经验总是以自我经历为特点,威廉·詹姆士将其称为“观察自我”。自我功能看起来与中央脑区有关,人脑包括脑干、楔前叶(Precuneus)和前额叶(Orbitofrontal)皮层。

(11) 准确可报告性。

意识的大多数使用的行为迹象是准确可报告的。全范围的意识内容因为大范围自愿的反应是可报告的,经常有非常高的准确性。可报告不要求完全明确的词汇,因为主体能自动地对意识事件进行比较、对比、指向和发挥作用。

(12) 主观特性。

意识以事件私有流方式提供给经历主体为特征。这样的隐私没有违反立法。这表明自我物体综合是有意识认知的关键。

(13) 关注非主流结构。

意识被认为倾向于专注明白清楚的内容,“非主流意识”事件,如亲情感、舌尖经验、直觉等同样重要。

(14) 促进学习。

几乎没有证据表明学习无须意识。相反,意识经验促进学习的证据是压倒一切的,即使隐性(间接的)学习也需要有意识的注意。

(15) 内容的稳定性。

意识内容给人深刻印象是稳定的。例如,读者经常使用眼睛运动扫描句子。即使像自身的信念、概念和专题一样的抽象意识内容,可能在几十年内也会非常稳定。

（16）关注特性。

意识的景象和目标一般来说是关注外部的来源,虽然它们的形成严重依赖无意识的框架。

（17）意识知道和决策。

意识对于我们知道周围世界,以及一些我们的内部过程是有用的。意识的表达,包括感觉、概念、判断和信仰,可能特别适于自如的决策。但是,并非全部有意识事件都涉及大范围的无意识设施。这样,意识报告的内容绝不是仅需要被解释的特征。

13.3　心理学的意识观

认知科学家主要想用标准的心理学方法对理解意识作出贡献。他们把大脑视为一个不透明的"黑箱",我们只知道它的各种输入（如感觉输入）所产生的输出（它产生的行为）。他们根据对精神的常识性了解和某些一般性概念建立模型。该模型使用工程和计算术语表达精神。

普林斯顿大学心理系教授约翰逊-莱尔德（Philip Johnson-Laird）是一位杰出的英国认知心理学家。他主要的兴趣是研究语言,特别是字、语句和段落的意义。约翰逊-莱尔德确信,任何一台计算机,特别是高度并行的计算机,必须有一个操作系统用于控制（即使不是彻底的控制）其余部分的工作,他认为,操作系统的工作与位于脑的高级部位的意识之间存在着紧密的联系。

布兰迪斯大学语言学和认知学教授杰肯道夫（Rav Jackendoff）是一位著名的美国认知科学家。他对语言和音乐具有特殊的兴趣。与大多数认知科学家类似,他认为最好把脑视为一个信息加工系统。但与大多数科学家不同的是,他把"意识是怎样产生的"看作心理学的一个最基本的问题。他的意识的中间层次理论认为,意识既不是来自未经加工的知觉单元,也不是来自高层的思想,而是来自介于最低的周边（类似于感觉）和最高的中枢（类似于思想）之间的一种表达层次。他恰当地突出了这个十分新颖的观点。他还认为,意识与短时记忆之间存在紧密的联系。他所说的"意识需要短时记忆的内容来支持"这句话就表达了这样一种观点。但还应补充的是,短时记忆涉及快速过程,而慢变化过程没有直接的现象学效应。谈到注意时,他认为注意的计算效果就是使被注意的材料经历更加深入和细致的加工。他认为这样就可以解释为何注意容量如此有限。

加利福尼亚州伯克利的赖特研究所的巴尔斯教授写了《意识的认知理论》一书,虽然巴尔斯也是一位认知科学家,但与杰肯道夫或约翰逊-莱尔德相比,他更关心人的大脑。他把自己的基本思想称为全局工作空间。他认为,在任一时刻存在于这一工作空间内的信息都是意识的内容。作为中央信息交换的工作空间,它与许多无意识的接收处理器相联系。这些专门的处理器只在自己的领域之内具有高效率。此外,它们还可以通过协作和竞争获得工作空间。巴尔斯以若干种方式改进了这一模型。例如,接收处理器可以通过相互作用减小不确定性,直到它们符合一个唯一有效的解释。广义上讲,他认为意识是极为活跃的,而且注意控制机制可进入意识。我们意识到的是短时记忆的某些项目而非全部。

这三位认知理论家对意识的属性大致达成了三点共识。他们都同意并非大脑的全部活动都直接与意识有关,而且意识是一个主动的过程;他们都认为意识过程有注意和某种形式的短时记忆参与;他们大概也同意,意识中的信息既能够进入长时情景记忆中,也能进入运动神经系统的高层计划水平,以便控制随意运动。除此之外,他们的想法存在一些分歧。

13.4 意识的剧场模型

关于意识问题,最经典的一个假设即所谓"剧场中的亮点"隐喻。在这一个隐喻中,把多个感觉输入综合成一个有意识的经验,比拟为在黑暗的剧场内舞台上有聚光灯打出一个光亮点照到某个地方,然后传播给大量的无意识的观众。在认知科学中,关于意识和选择性注意的假设多数来自于这个基本的隐喻。巴尔斯是"剧场隐喻"最主要的继承和发扬光大者。

巴尔斯将心理学和脑科学、认知神经科学紧密结合起来,把一个从柏拉图和亚里士多德时代开始就一直被用于理解意识的剧场隐喻改造成意识的剧场模型,并运用大量引人注目的神经影像学的先进研究成果,阐述人类复杂的心灵世界(见图 13.1)。

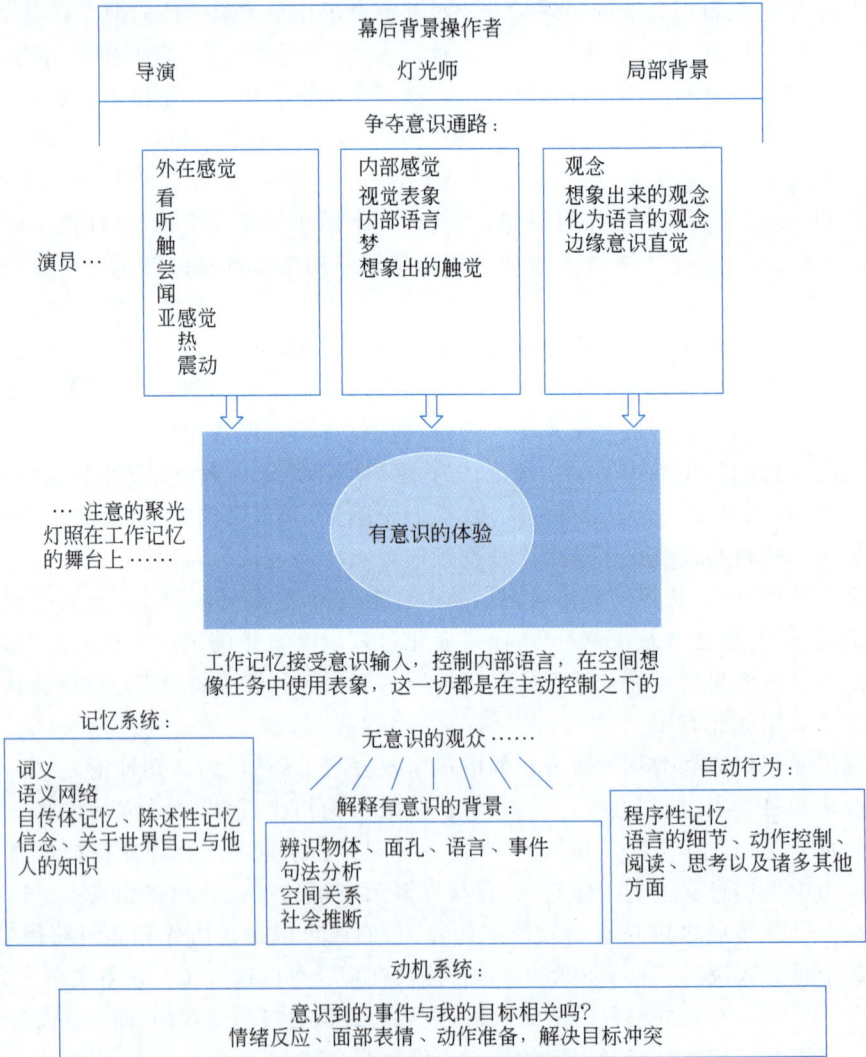

图 13.1 意识的剧场模型

这一模型的基本观点是:人的意识活动是一个容量有限的舞台,需要一个中央认知工作空间,它与剧场的舞台非常类似。意识作为一种大认识现象的心理状态,基本上有 5 种活动类型。

（1）工作记忆就像剧场的舞台，主要包括"内心语言"和"视觉想象"这两种成分。

（2）意识体验的内容好比前台演员，在不同的意识体验内容之间显示出竞争和合作的关系。

（3）注意如同聚光灯，它照在工作记忆这个舞台上的演员身上时，意识的内容便出现了。

（4）幕后的背景操作由布景后面的背景操作员系统来执行，其中"自我"类似幕后背景操作的导演，许多普遍存在的无意识活动也构成了类似舞台的背景效应，背景操作员则是大脑皮层上的执行、控制系统。

（5）无意识自动活动程序和知识资源组成了剧场中的"观众"系统。

按照他的观点，尽管人的意识能力有限，但人的优势却在于可以接触大量的信息资料，并具有某种潜在的计算能力。这些能力包括多感官输入、记忆、先天与后天习得技能等。巴尔斯同时还提出，意识的脑工作是广泛分布式的，就像同时有许多角色在演出的剧场，共有4种脑结构空间维度、4类脑功能模块系统来支撑，它们同时投射在时间轴上，形成一种超立体的空间、时间活动维度的一体化的类似剧场舞台式的心智模型。其中脑结构的4个空间维度同时投射在时间轴上：①从脑的深层到皮层的皮层化维度；②从后头部向前头部发展的前侧化维度；③大脑两半球功能的左右侧化发展维度；④脑背侧和腹侧发展维度，从而组成一种超立体的空间时间维度。

脑功能系统由4类模块组成：①与本能相关的功能模块——具有明确的功能定位；②人类种属特异的本能行为模块——自动化的功能定位；③个体习得的习惯性行为模块——半定位的自动化系统；④高级意识活动——没有明确的定位系统，意识的内容似乎可以整个地传播到遍布大脑的神经网络上，从而形成一个分布式的结构系统。人类意识经验是个统一体，自我是这个统一体的"导演"。

巴尔斯还在"意识剧场模型"的基础上提出"意识与无意识相互作用模型"，简洁地隐喻了意识与无意识之间相互转化的动态过程，即多种形式的意识活动和有意识与无意识活动的相互转化，形成一种复杂的脑内整体工作信息处理、意识内容和丰富多彩的主观自身感受经验约束。根据巴尔斯的观点，在无意识过程建构基础的背后隐藏着一个专门特殊的处理器，功能是统一的或者模块的。特别需要强调的是，无意识处理器十分有效而且快捷，它们很少有错误，同时，这样的处理器可能在操作上与其他系统汇集在一起，专门的处理器是分离和独立的，它们能够对主要的信息进行机动处理。这种专门的处理器的特征十分类似于认知神经心理学上所讲的"模块"。

意识的形成是否由特定的脑过程引起？是否可以用复杂系统来为脑过程的意识形成建立模型？这些是意识研究关心的问题。对于意识活动的神经机制的探索发现，意识的清醒状态是心理活动得以进行的基本条件，而意识的清醒程度明显与脑干的网状结构、丘脑等边缘系统的神经通路存在密切联系。一般来讲，脑干网状结构系统的兴奋性则与注意的强度有关，感官输入的大量信息在经过网状结构系统时需要进行初级的分析整合，许多无关或次要的信息被有选择性地过滤掉，只有引起注意的有关信息才能到达网状结构系统。因此，有学者提出，意识活动主要体现在以网状结构为神经基础的注意机制之上，只有注意到的刺激才能引起我们的意识，而很多非注意的刺激没能达到意识水平就不会被意识到，变成意识的活动依赖一种确定的精神机能——注意的介入。当然，意识与无意识有着不同的生理基础和运行机制。大量的无意识活动是并行处理的过程，而意识活动是串行处理的过程。不同的意识状态可以在非常短的时间内进行快速的转换，意识的开启就是指从无意识状态向意识状态的转换过程。

这一模型比较准确地阐述了意识、无意识、注意、工作记忆和自我意识等的相互联系与区别,也得到了许多神经生物学证据的支持,在学术界的影响越来越大。著名学者西蒙曾说,巴尔斯"为我们提供了关于意识的令人兴奋的解释,将这个问题从哲学的桎梏中解脱出来,将它稳固地置于实验研究的领地之中"。也有的学者认为,巴尔斯的意识剧场模型为当前的意识研究提供了一种核心假设。他比较了无意识与意识心理过程之间的差异,核心思想是讲存在分离的意识与非意识两种有区别的过程。在这样的分析基础上,巴尔斯提出意识与无意识事件是可以被认识的,在神经系统中有着各种不同的建构过程。克里克等的研究认为,视觉意识产生于大脑枕叶上的皮层投射区,其可能提供了某种"剧场舞台"的探照灯,它会由于注意的激活而照亮起来,从而显示出连贯的意识信息。"观众"是指无意识的脑区,像部分皮层、海马、基底核、杏仁核以及运动执行系统和解释系统。意识的"剧场假设"隐含着在舞台上同时有许多角色在演出,正像人脑同时接受内外感受器的多种刺激,但是只有少量角色接收聚光灯的照射,这中间有个选择问题,而且聚光灯不是停留在一个地方、一个角色身上,而是随着时间流动。

意识的剧场隐喻也受到一些学者的反对。如丹尼特(D. C. Dennett)认为,这个假设一定要有个"舞台"才能有"意识"演出,那么就是说,大脑中有一个专门地方作为意识的舞台。这种假设很容易落入 17 世纪笛卡儿关于精神的灵魂之源"松果体"假说的案臼。反对者认为,大脑中没有一个专门的地方集中所有的输入刺激。

13.5 意识的还原论理论

诺贝尔奖获得者,DNA 双螺旋结构的提出者克里克是还原论意识理论的典型代表之一。他认为意识问题是整个神经系统高级功能中的关键问题,所以他于 1994 年出版了一本高级科普书,名为 *The Astonishing Hypothesis*(惊人的假设),副标题为"用科学方法探索灵魂"。他大胆地提出了一个基于"还原论"的"惊人的假说"。他认为"人的精神活动完全由神经细胞、胶质细胞的行为和构成及影响它们的原子、离子和分子的性质所决定"。他坚信,意识这个心理学的难题可以用神经科学的方法来解决。他认为意识问题与短时记忆和注意的转移有关,他还认为意识问题虽然牵涉到人的许多感觉,但他想从视觉意识着手,因为人是视觉性动物,视觉注意容易进行心理物理实验,而且神经科学在视觉系统研究方面积累了许多资料。20 世纪 80 年代末 90 年代初在视觉生理研究方面有一个重大的发现:从不同的神经元的发放中记录到同步振荡现象,这种大约 40 Hz 的同步振荡现象被认为是联系不同图像特征之间的神经信号。克里克等提出视觉注意的 40 Hz 振荡的模型。并推测神经元的 40 Hz 同步振荡可能是视觉中不同特征进行"捆绑"的一种形式。至于"自由意志",克里克认为它与意识有关;涉及行为和计划的执行。克里克分析了一些"意志"丧失者的情况,认为大脑中负责"自由意志"的部位在于前扣带回,靠近 Brodmanm 区(24 区)。

克里克和科赫(C Koch)认为研究意识的最困难问题是感受性问题,即如何感受到红颜色、痛苦的感觉等。这是由意识的主观性和不可表达性决定的,因而,他们转向研究意识的神经相关物(NCC),即了解意识的某些方面神经活动的一般性质。克里克和科赫列举了意识研究中神经相关物的 10 条框架。

(1) 无意识的侏儒(Homunculus)。

首先考虑脑整体的工作方式,大脑的前部注视着感觉系统,感觉系统的主要工作是在脑的后部进行的。而人并不直接知道他们的想法,而只知道意象中的感觉表象。这时,前脑的神经活动是无意识的。脑中有一个"侏儒的假设",现在已不再时髦,但是,离开这个假设,人如何想象他们自己呢?

(2)刻板(Zombie)方式和意识。

对于感觉刺激,许多反应是快速的、瞬态的、刻板的和无意的,而意识处理的东西更慢、更广,且需要更多时间决定合适的想法和更好的反应。进化上发展出这两种策略以相互补充,视觉系统的背侧通道(大细胞系统)执行刻板的快速反应;腹侧系统(小细胞系统)执行的是有意识的识别任务。

(3)神经元联盟。

此处联盟是 Hebb 集群加上它们之间的竞争。联盟中的神经元并非固定不变,而是动态的。竞争中获得优势的联盟会保持一段时间占据统治地位,这就是我们意识到什么东西的时候。这个过程犹如国家的选举,选举中获胜的政党会执政一段时间,并影响下一阶段的政局。"注意"机制相当于舆论界和选情预测者的作用,试图左右选举形势。皮质第Ⅴ层上的大锥体细胞好像是选票。但是,每次选举之间的时间间隔并不是有规律的。当然这仅仅是比喻。

联盟的大小和特性方面是有变动的。清醒时的意识联盟与做梦时不一样,闭眼想象时与睁眼观看时也不一样。脑前部分联盟可能反映"快感""统治感"等自由意志方面的意识,而脑后部的联盟可能以不同方式产生,前后脑的联盟可能不止一个,会相互影响和作用。

(4)显性表象。

视场中某一部分的显性表象意味着存在一小组神经元,它们对应着这一部分的特性,可以像检测器那样做出反应,而无须复杂的加工。在一些病例中,某些显性神经元的缺失造成某种功能的丧失,如颜色失认症、面孔失认症、运动失认症。这些患者的其他视觉功能仍保持正常。

在猴子实验中,运动皮质(MT/VS区)一小部分受损,造成运动感知的丧失。损伤部位较少,几天内仍可恢复,若大范围的损伤则造成永久性丧失。必须注意,显性表象是意识的神经相关物的必要条件而非充分条件。

(5)高层次优先。

一个新的视觉输入来到后,神经活动首先快速地无意识地上行到视觉系统的高层,可能是前脑,然后信号反馈到低层次,所以,达到意识的第一阶段在高层次,再把意识信号发送到额叶皮质,随后在较低层次上引起相应活动,当然这是过于简单的描述。整个系统中还有许多横向联系。

(6)驱动性和调制性联系。

了解神经联络的本质很是重要,不能认为所有兴奋性联系都是同一类型。可以把皮质神经元的联系粗略地分为两大类;一类是驱动性的;另一类是调制性的。对皮质锥体细胞而言,驱动性联系多半来自基底树突,而调制性输入来自丛状树突,它们包括反向投射,弥散状投射,特别是丘脑的层间核。从侧膝体到 V1 区的联系是驱动性的。从背脑到前脑的联系是驱动性的。而逆向联系多半是调制性的。皮质第五层上的细胞(它投射到丘脑)是驱动性的,而第六层则是调制性的。

(7)快照。

神经元可能以某种方式超过意识的阈值,或者保持高发放率或某种类型的同步振荡,或者某种簇发放。这些神经元可能是锥体细胞,它投射到前脑。如何维持高于阈值的神经活动呢?这涉及神经元的内部动力学,诸如 Ca^{2+} 等化学物质的积聚,或者皮质系统中再入线路的作用。

也可能正反馈环的作用使得神经元的活性不断增加,达到阈值,并维持高活性一段时间。关于阈值问题也可能出现某种复杂性,它可能依赖于达到阈值的速率,或者输入维持多长时间。

视觉觉知过程由一系列静态的快照组成,也就是感知出现在离散的时间内。视皮质上有关神经元的恒定发放率,代表有某种运动发生,运动是发生在一个快照与另一个快照之间,每个快照停留的时间并不固定。对于形状和颜色的快照时间可能碰巧一样,它们的停留时间与 α 节律或 δ 节律有关。快照的停留时间依赖开启信号、关闭信号、竞争和适应等因素。

(8) 注意和绑定。

把注意分成两类是有用的:一类是快速的、显著性驱动的和自下而上的;另一类是缓慢的、自主控制的和自上而下的。注意的作用为了左右那些正在竞争的活跃的联盟。自下而上的注意从皮质第五层的神经元出发,投射到丘脑和上丘。自上而下的注意从前脑出发,分散性地反投射到皮质Ⅰ、Ⅱ和Ⅲ层上神经元顶树突,可能途经丘脑的层间核。普遍认为丘脑是注意的器官。丘脑的网状核的功能在于从一个广宽的对象中作出选择。注意的作用是在一群竞争的联盟中作出倾向性作用,从而感受到某个对象和事件,而不被注意的对象却瞬间消逝了。

什么是绑定?所谓绑定是把对象或事件的不同方面,如形状、颜色和运动等联系起来。绑定可能有几种类型。如果它是后天造成的或者经验学得的,它可能具体化在一个或几个节点上,而不需要特殊的绑定机制。如果需要的绑定是新的,那么那些分散的基本结点的活动需要联合起来一起活动。

(9) 发放风格。

同步振荡可以在不影响平均发放率情况下增加一个神经元的效率。同步发放的意义和程度仍有争议。计算研究表明其效果取决于输入的相关程度。我们不再把同步振荡(如 40Hz)作为神经相关物的足够条件。同步发放的目的可能是在于支持竞争中的一个新生联盟。如果视刺激非常简单,如空场上的一个条形物,此时没有有意义的竞争,同步发放可能不出现。同样,一个成功的联盟达到意识状态,这种发放也可能不必要了。正如你获得一个永久职位后,你可能放松一阵子。在一个基本结点上,一个先期到达的脉冲可能获得的好处大于随后的脉冲。换言之,脉冲的准确时间可能影响到竞争的结果。

(10) 边缘效应和意义。

考虑一小堆群神经元,它们对面孔的某些方面有反应。实验者知道这一小群细胞的视觉特性,但是大脑怎么知道这些发放代表的是什么呢?这就是"意义"问题。神经相关物只是直接关系到所有锥体细胞的一部分,但是它会影响到许多其他神经元,这就是边缘效应。边缘效应由两部分组成,一是突触效应,二是发放率。边缘效应并不是每个基本结点效应的总和,而是作为神经相关物整体的结果。边缘效应包括神经相关物神经元过去的联合,神经相关物期望的结果,与神经相关物神经元有关的运动等。按定义,边缘效应本身不能被意识到,显然它的部分可能变为神经相关物的一部分。边缘效应的神经元的某些成员可能反馈投射到神经相关物的部分成员,支持神经相关物的活动。边缘神经元可能是无意识的启动的部位。

克里克和科赫的意识框架把神经相关物的想法从哲学、心理和神经的角度编织在一起,其关键性的想法是竞争性联盟。猜测一个结点的最小数量的神经元群可能是皮质功能柱。这种大胆的假设无疑给意识的研究指出了一条道路,那就是通过研究神经网络、细胞、分子等各层次的物质基础,最终将找到意识问题的答案。但是这个假设面临着一个核心问题——到底谁有"意识"?如果是神经细胞,那么"我"又是谁?

13.6　神经元群组选择理论

诺贝尔奖获得者埃德尔曼依据脑的生理病理和解剖学上的事实,强调意识的整合性和分化性。他认为丘脑-皮质系统在意识的产生方面起关键作用。这里,丘脑特指丘脑层间核,网状核和前脑的底部,统称为"网状激活系统",这部位的神经元弥散性地投射到丘脑和皮质,它的功能是激发丘脑-皮质系统,使整个皮质处于清醒状态。近年来的一些无损伤实验表明,皮质的多个脑区同时激发,而不是单一脑区的单独兴奋。

2003年,埃德尔曼在美国科学院系列(PNAS)上发表一篇论文,一开始就主张摒弃二元论。他分析了意识的特性后,指出意识研究必须考虑如下几方面。

(1) 意识状态的可变性,分化性与联合统一后出现个体性之间的反差,其统一性又需要把来自各感觉通道的信息绑定在一起。

(2) 意向性,表明意识是一般的,同时,意识又受注意调制,并与记忆和意象有广泛的联系。

(3) 主观感觉和感受性。神经科学表明,意识不是单个脑区或某些类型神经元的性质,而是广泛分布的神经元群体(Group)中动态相互作用的结果。对意识活动起主要作用的系统是丘脑-皮质系统。意识经验的整合动态性认为丘脑-皮质系统的行为像一种功能性簇(Cluster),其相互作用主要发生在其本身,当然,与其他系统也有一些相互作用,例如,与基底核的相互作用。在这些神经结构中活动的阈值受到上行价值系统的支配,如中脑的网状系统与丘脑层间核的相互作用,去甲肾上腺素能、五羟色胺能、胆碱能和多巴胺能核团。丘脑掌控了意识状态的水平,来自层间核的输入改变皮质活动的阈值。此外,在睡眠时,脑干对丘脑的作用影响意识状态起重要作用。

埃德尔曼认为脑是一个选择性系统,后天产生大量可变的线路,在经验中选择出某个特殊的线路。在这个选择系统中,结构不同的线路可能进行相同的功能或产生相同的输出。这就是神经元群组选择理论(Theory of Neuronal Group Selection,TNGS)。在这个理论中有一重要概念,即再入(Re-entry),它是一个过程,也是意识涌现的中心环节。这是埃德尔曼一贯主张的观点,再入是脑皮质内区域之间众多平行互逆纤维中进行的循环信号。再入是平行进行的选择性过程,它不同于反馈,后者是指令性的,涉及误差函数,而且是信号通道中序列式传递。竞争性神经元群组之间相互作用加上再入,在广泛分布的脑区中的同步活动,都会由于再入而决定选择的取向。这也可能为绑定问题提出一个解决方案,即在缺少操作程序和上级协调者的情况下,如何把不同脑区的活动相关起来。把功能上分离的脑区活动联系起来是感觉分类的一个中心问题。

按神经元群组选择理论,脑中选择性事件受到上行的弥散的价值系统的约束。价值系统用调制或改变突触阈值的办法影响到选择过程。价值系统包括蓝斑(Locus Coeruleus)、缝核(the Raphe Nucleus)、胆碱能、多巴胺能、组胺能核。边缘系统和脑干价值系统会作用到突触强度的改变。这一系统极大地影响前脑、顶叶和颞叶皮层的活动,也是意识涌现的关键。

埃德尔曼提出的神经元群组选择理论(或神经达尔文主义)是他的意识理论框架的中心,主要体现在以下两点:①从本质上来说,一个选择性神经系统有十分巨大的多样性,这一点是脑意识状态复杂性所必需的;②再入在此起关键作用,它把分散的多个脑区的活动联系起来,然后在感觉分类时动态地改变。因此,多样性和再入两者是意识经验的基本性质。

埃德尔曼把意识分为两类:一类是初级意识;另一类是高级意识。初级意识只考虑眼下的事件,高级意识只是在进化的后期才出现,在人类达到最高级阶段,可以使用语言交流,并可对行为做出计划。但神经活动在这两类意识中应当是类似的。埃德尔曼认为,爬行类进化到哺乳类,大量新的互逆性联系发展出来,使得丰富的再入活动在前后脑之间发生,而后脑主要对感觉分类负责,前脑对价值系统负责。这种再入活动为感觉综合提供神经基础,也为眼前的复杂场景与过去经历的事件的记忆进行联系。在进化的最后期,再入通路把语义和行为联系起来,并形成概念。从而出现高级意识。

在此基础上,埃德尔曼引入"再入性动态核心"的概念。在一个复杂系统中,由许多小区域组成,它们之间半独立地活动,又通过相互作用形成较大的集群以产生整合性功能。丘脑-皮质系统就是这种复杂系统。再入性动态核心是一种过程,在 500ms 或少于这个时间内形成一种功能簇堆,然后向其他再入性动态核心转移,再入性动态核心就是功能簇。这发生在复杂系统中,以产生多样化的统一状态,这一点与克里克的"竞争性联盟"有许多共同之处。

13.7　意识的量子理论

量子论揭示了微观物质世界的基本规律,是所有物理过程、生物过程和生理过程的微观基础。量子系统超越了粒子与波或相互作用与物质的分别,以不可分割的并行分布式处理综合起作用的。非局域性和远距相关性是量子特性,量子整体可能与意识密切相关。

量子波函数坍缩是一种变迁,指量子波函数从众多量子本征态线性组合的描述态向一个本征纯态的变迁,简单地说就是众多量子图式的叠加波变换成单一的量子图式。波函数坍缩意味着一种从亚意识记忆到显式记忆的意识表象的选择性投射。有两种可能的记忆和回忆的理论,上面提到的量子理论,或经典(神经)理论,记忆可能是突触连接系统的一种并行分布图式,但也可能是更精细的结构,如由埃弗里特(H. Everett)提出的多世界解释量子理论的并行世界及玻姆的隐次序等。

澳大利亚国立大学脑意识研究中心主任、哲学家查尔默斯(David Chalmers)提出了多种量子力学方式来解释意识。他认为,坍塌的动力机制为相互作用论者的解释提供了开放余地。查尔默斯认为问题在于我们如何解释。我们想知道的不仅仅是关联,我们想要解释大脑过程如何产生意识、为什么产生意识,这才是神秘之处。最有可能的解释是,在意识状态不可能被叠加的条件下,意识状态和系统的整体量子状态有关。大脑作为意识的物理系统,在非叠加的量子状态中,该系统的物理状态和精神现象相互关联。

美国数学家和物理学家彭罗斯(Roger Penrose)从歌德尔定理发展了自己的理论,认为人脑有超出公理和正式系统的能力。他在第一部有关意识的书《皇帝新脑》中提出,大脑有某种不依赖于计算法则的额外功能,这是一种非计算过程,不受计算法则驱动;而算法却是大部分物理学的基本属性,计算机必须受计算法则的驱动。对于非计算过程,量子波在某个位置的坍塌,决定了位置的随机选择。波函数坍缩的随机性,不受算法的限制。人脑与电脑的根本差别,可能是量子力学不确定性和复杂非线性系统的混沌作用共同造成的。人脑包含了非确定性的自然形成的神经网络系统,具有电脑不具备的"直觉",正是这种系统的"模糊"处理能力和效率极高的表现。而传统的图灵机则是确定性的串行处理系统,虽然也可以模拟这样的"模糊"处理,但是效率太低下了。而正在研究中的量子计算机和计算机神经网络系统才真正有希望解决这样的问题,达到人脑的能力。

彭罗斯又提出了一种波函数坍缩理论,适用于不与环境相互作用的量子系统,却可能自行坍缩。他认为,每个量子叠加有自身的时空曲率,当它们距离超过普朗克长度(10^{-35} m)时就会坍缩,称为客观还原(Objective Reduction)。彭罗斯认为,客观还原所代表的既不是随机,也不是大部分物理所依赖的算法过程,而是非计算的,受时空几何基本层面的影响,在此之上产生了计算和意识。

1989 年,彭罗斯在撰写第一部关于意识的书《皇帝新脑》时,还缺乏对量子过程在大脑中如何作用的详细描述。从事癌症研究和麻醉学的哈梅罗夫(S. R. Hameroff)读了彭罗斯的书,提出了微管结构以支持大脑量子过程。支持神经元的细胞骨架蛋白主要由一种微管构成,而微管由微管蛋白二聚体亚单位组成,其功能包括传输分子、联系神经突触的神经传导素、控制细胞生长等。每个微管蛋白二聚体都有一些憎水囊,彼此间距约 8nm,里面含有离域 π 电子。微管蛋白还有更小的非极性域,含有 π 电子富集吲哚环,相隔约 2nm。哈梅罗夫认为这些电子之间距离很近,足以形成量子纠缠。

哈梅罗夫进一步提出,这些电子能形成一种玻色-爱因斯坦凝聚态,而且一个神经元中的凝聚态能通过神经元之间的间隙接点扩展到其他多个神经元,由此在扩展脑区形成宏观尺度的量子特征。当这种扩展的凝聚波函数坍塌时,就形成了一种非计算性的影响,而这种影响与深植于时空几何中的数学理解和最终意识体验有关。而这种凝聚态的活动性造成了大脑中的伽马波同步,传统神经科学认为这种同步与意识和间隙接点的功能有关。

彭罗斯和哈梅罗夫合作,在 20 世纪 90 年代早期共同建立了广受争议的"和谐客观还原模型(Orch-OR 模型)"。按照 Orch-OR 规定的量子叠加态进行运算之后,哈梅罗夫的团队宣布新的量子退相干所需的时间尺度要比泰格马克(Max Tegmark)的结果大 7 个级数。但这个结果依然比所需的时间少了 25ms——如果想要使量子过程如同 Orch-OR 所描述的那样,能够和 40Hz 的伽马同步产生关联。为了弥补这一环节,哈梅罗夫等做了一系列假设和提议。首先他们假设微管内部可以在液态和凝胶态之间互相转换。在凝胶状态下,他们进一步假设水的电偶极子会沿着微管外围的微管蛋白同向排列。哈梅罗夫认为这种有序排列的水将会屏蔽微管蛋白中任何量子退相干过程。每个微管蛋白还会从微管中延伸出一条带负电荷的"尾巴",从而可以吸引带正电荷的离子。这可以进一步屏蔽量子退相干的过程。除此之外,还有推测认为微管可在生物能的驱使下进入相干态。

佩罗斯(M Perus)将神经计算与量子意识相结合的设想。在神经网络理论中神经元系统的状态是由一个向量描述的,正好反映的是神经元系统的随时间变化的活动性分布。特定的神经元图式代表一定的信息。在量子理论中量子系统的状态则可以用随时间变化的波函数描述。这样一来,神经元状态是神经元图式的一种叠加,就可以变为是量子本征波函数的一种迭加了,并且迭加的量子本征波函数通常具有正交性和正则性。在本征态的线性组合中,每一种本征态有一个对应的系数,描述在系统的实际状态中一种特定意义表达的可能性程度。神经元信号的时空整合可以用薛定锷方程的 Feynman 形式来描述。神经系统从潜意识到意识转变对应到"波函数坍缩",是从隐序到显序转变的结果。神经系统模型是以显式方式来给出神经系统的空间信息编码的,而对于时间信息编码则要来得间接。不过通过傅里叶变换,我们同样很容易建立起具有显式时间结构信息的描述方程。如果神经激活图式代表意识对象的描述,那么傅里叶变换后的神经激活频谱,代表的神经元激活振荡频率分布就与意识本身相关联了。这就是意识活动互补性的两方面,共同给出意识过程整体性时空编码。

13.8　综合信息理论

托诺尼(G. Tononi)与埃德尔曼等发表了一系列论文,阐明意识的综合信息理论。文献[37,35]提出意识量是由复杂元素生成的综合信息量,并由它生成的信息关系规定的体验质量。托诺尼提出综合信息的两个测度。

1. 测度Φ_1

神经系统静态性质的度量。如果托诺尼是正确的,它会测量在一个系统中类似的意识潜力。它不能是系统当前的意识水平,因为它是一个固定的神经结构的固定值,不管系统当前的发放率(例如,响应于输入或内部动态变化)。托诺尼的第一项测度的工作原理是考虑所有的各种双分区的神经系统(分裂成两部分):综合信息的能力被称为Φ,并且由双分区子集可以交换的最小有效信息给定。托诺尼的方法需要检查所考虑的系统每个子集。每个双分区分为两个不重叠的部分。假设子集 S,可二分为 A 和 B,托诺尼定义了一个测度,称为有效信息(EI)。有效信息使用信息论中的标准度量互信息(MI)。这不是标准的互信息测度,而是考虑A 和 B 之间的连通性的信息增益互信息测度。托诺尼的 EI 是一个衡量累积的信息增益测度,当 A 的输出在所有可能的值随机变化时,考虑对 B 的效果。其目的是将因果关系的一些因素结合起来。互信息 MI 可以用下面的公式描述:

$$MI(A:B) = H(A) + H(B) - H(AB)$$

其中,H(…)是熵,反映不确定性的测度。如果 A 和 B 之间没有交互,则互信息为零,否则它是正值。

2. 测度Φ_2

托诺尼和合作者提出 Φ 的修订测度,那就是 Φ_2。该修订测度 Φ_2 比前面的测度优越,因为它可以处理随时间变化的系统,提供一个瞬时到瞬时变化的 Φ_2 测度,对应于衡量瞬时到瞬时的意识水平。

Φ_2 也被定义为有效信息,但是有效信息现在的定义与 Φ_1 版本的完全不同。在这种情况下,有效信息是通过已知的因果结构中,系统在离散的时间步长下演变定义。考虑系统在时间 t_1 时的状态 x_1。给定该系统的体系结构,只有某些状态可能导致 x_1。托诺尼称这种状态的集合(其相关概率)为后验项。托诺尼还需要一个系统可能状态(和它们的概率)的测度,在这种情况下,我们不知道时间 t_1 时状态的情况,托诺尼称之为先验项。在我们不知道所有关于它的因果架构的情况下,必须把每一个神经元的所有可能的激活值看成同样可能,计算先验项。先验和后验项将有各自相应的熵值。例如,如果先验项包括 4 个同样可能的状态,和后验项有两个同样可能的状态,那么熵值将分别为两比特和一比特。这意味着,在时间 t_1 发现系统的状态为 x_1,获得了较早一个时间步的系统状态的信息。

托诺尼认为,这是系统变成状态 x_1 时生成多少信息的测度。在定义该系统有多少信息生成的测度时,托诺尼再次要求如何"整合"这个信息测度。因此,他观察了可以任意地分解系统的可能性。对于每部分(单独考虑)给定的当前状态只能来自某些可能的父状态。因此,我们可以问,有没有可能分解成几部分,使系统整体的信息大于单独的部分的信息?如果有可能,那么我们已经找到一种方法来将系统分解成完全独立的部分。

在系统不能分解成完全独立的部分的情况下,我们可以寻找整体相对于部分最低的附加信息的分解。托诺尼称这是最小信息划分。最小信息划分的有效信息(由整个系统给定的附加信息,而不是部分)是该系统的 Φ_2 值。

最后,通过对所有的子系统和所有的分区进行穷举搜索来定义复杂性。复杂性是系统具有给定的 Φ_2 的值,这不包含在任何具有较高 Φ 的大系统内。类似地,整个系统的主复杂性用最高的 Φ_2 复杂性表示,系统 Φ_2(或意识)的真正测度是主复杂性的 Φ_2。

在研究 Φ_2 时,我们注意到,很多 Φ_1 的问题仍然适用。EI 和 Φ_2 本身在这方面是紧密联系在一起的,特别是检查特定的系统时。虽然 Φ_1、Φ_2 和 EI 是通用的概念,目前的数学没有这样广泛适用的标准信息论测度。对于信息综合理论的不足之处的进一步讨论,可以参考文献[40]。

托诺尼认识到,信息综合理论被用来研究系统维持状态的能力,可以说是"智能"。他在文献[370]中描述这种状态质量的方法,并与巴勒杜兹(D Balduzzi)仔细推敲了感受性(Qualia)。感受性原来主要用于哲学家,以便说明内部体验的质量,如玫瑰的红色。

托诺尼宣布已经找到感受性的信息机制,勇敢地面对周围的争议。托诺尼以几何的方式引入形状,体现由系统相互作用产生的一整套信息关系作为感受性的概念。文献[35]探讨了感受性涉及底层系统的特征和体验的基本特征,提供关于感受性几何神经生理学和现象学几何的初始数学词典。感受性空间(Q)是每个具有复杂性可能状态(活动模式)的轴线空间。在 Q 内,每个子机制规定一个点对应系统状态。在 Q 内,项目之间的箭头定义信息的关系。总之,这些箭头规定感受性的形状,反映意识体验的质量具有完全和明确的特点。形状的高度 W 是与体验相关的意识量。

13.9 对抗性合作研究

2019 年,邓普顿世界慈善基金会基于对抗性合作的理念,出资 2000 万美元,发起了一项名为"加速意识研究"的计划。目前,加速意识研究计划主要针对全局工作空间理论(GNWT)和综合信息理论(IIT)开展对抗性合作的实验检验,项目命名为"加速意识研究:对抗性合作检验 GNWT 和 IIT 的相矛盾的预测"。项目选择了全球 6 个实验室共同设计实验检验方案,其中包括北京大学罗欢实验室。

2021 年 6 月召开的第 24 届世界意识大会(ASSC24)上,北京大学罗欢实验室报告历经 8 个月工作,已完成 50 名受试者的脑磁实验。除了正在进行的 GNWT 与 IIT 对抗性合作外,加速意识研究计划还有筹划开展另外 4 个对抗性合作项目,其中一项是 GNWT 与 IIT 的动物模型实验,而另外三组意识理论的对抗性合作分别是:①FOT(一阶理论)与 HOT(高阶理论),包括 RPT(循环加工理论)与 HOT;②Orch OR Theory(协调客观还原理论)与 IIT,暂未确定适合的对抗性合作方案;③IIT 与 PPT(预测加工理论)。加速意识研究计划自实施以来收获了许多支持和赞誉的声音。

学界普遍认为,对抗性合作研究践行的这种竞争合作、独立验证、数据开放共享的科学研究方式,对意识理论的全面发展有重要的推动作用。科赫认为,通过这一系列对抗性合作,神经科学家将更接近理解意识,以及意识如何适应物质世界,同时促进科学实践的发展。无论结果如何,神经科学领域都可以利用这些结果,在构建关于意识的新思想和以同样的方式检验其他潜在理论方面取得进展。法国神经学家利昂内尔·纳卡什(Lionel Naccache)认为,我们还没有一个完整的意识理论。超越我们现有知识的最好方法就是引发这些理论之间的碰撞,以检验各自的核心思想,并以新的思想继续前进。邓普顿世界慈善基金会"发现科学"项目主任大卫·波特吉特(Dawid Potgieter)认为,这种方式的成功关键在于找到善于倾听、真正想要了解对方主张的对抗者。他甚至期待：如果解决意识之谜原本需要一百年,我希望我们能缩短到五十年。

13.10 机器意识系统

图 13.2 给出了心智模型 CAM 的机器意识系统,它由觉知模块、全局工作空间、注意模块、动机模块、元认知模块、内省学习模块构成。

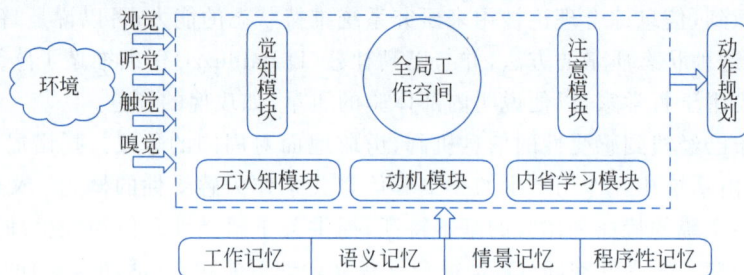

图 13.2　CAM 的意识系统

觉知模块开始于外界刺激的输入,激活感知系统的初级特征检测器。输出信号被发送到感觉记忆中,在那里更高层次的功能探测器用于更抽象的实体,如对象、类别、行动、事件等的检测。所产生的知觉移动到工作区,在那里产生本地联系的短暂情景记忆和陈述性记忆会被做线索标记。这些本地联系与知觉结合,产生当前情景模型,用于表示智能体对当前正在发生的事情的理解。

全局工作空间模块是处在工作记忆部位,在这个记忆里不同的系统可以执行它们的活动。全局意味着这个记忆中的符号通过众多的处理器被分配、传递开来。当然,每一个处理器都可能产生一些局部的变量并运行。但它对全局性的符号、信息却是相当敏感的,可以及时做出感应。当面对全新的以及与习惯性刺激存在差异的事物时,我们的各种感官都会产生定向反应,同时各种智能处理器会通过合作或竞争的方式在全局工作空间中展示它们对该新事物的认知分析方案,直到获得最佳的结果。全局工作空间可以看作信息共享的黑板系统,通过使用黑板,各处理器试图传播全局性的信息,联合建立问题解决的办法。

全局工作空间通过竞争选出最突出、最相关、最重要和最紧迫的事件,它们的内容就成为意识的内容。然后,这些意识的内容被广播到全空间,启动行动的选择阶段。

注意是复杂的认知功能,这是人类行为的本质。注意是一个外部选择过程(声音、图像、气味……)或内部(思维)事件都必须保持一定水平的觉知。根据给定的语境情况下,选择性或集中注意力的选择在信息上应优先处理。选择性注意使你专注于一个项目,而明智地识别和区分不相关信息。CAM 采用兴趣度策略来实现注意选择。

动机是直接推动个体活动以达到一定目的的内在动力和主观原因,是个体活动的引发和维持的心理状态。在心智模型 CAM 中,动机模块的实现通过短时记忆系统完成。在 CAM 系统中,信念记忆存储智能体当前的信念,包含了动机知识。愿望是目标或者说是期望的最终状态。意图是智能体选择的需要现在执行的目标。目标/意图记忆模块存储当前的目标和意图信息。在 CAM 中,目标是由子目标组成的有向无环图,执行时分步处理。一个个子目标按照有向无环图所表示的路径完成,当所有的子目标都完成之后,总目标完成。对于一个动机执行系统来说,最关键的就是智能体内部的规划部分。通过规划,每个子目标通过一系列的动作来完成,从而,最终实现我们所希望看到的任务。规划主要处理内部的信息和系统新产生的动机。

元认知模块为智能体提供关于自己思维活动和学习活动的认知和监控,其核心是对认知的认知。元认知模块具有元认知知识、元认知自我调节控制和元认知体验的功能。元认知知识包括关于主体的知识,任务的知识以及策略的知识。元认知体验指的是对于自己认知过程的体验。在认知过程中,通过元认知自我调节控制,选择合适的策略,实现策略的使用,进程与目标的比较,策略的调整,等等。

内省学习模块是通过检查和关注智能系统自身的知识处理和推理方式,从失败或低效中发现问题,形成修正自身的学习目标,由此改进自身处理问题的方法。在一般内省学习模型的基础上,采用本体技术构建知识库。内省学习系统中的一个重要问题就是失败的分类问题。失败的分类是诊断任务的基础,同时它为解释失败和构建修正学习目标提供重要的线索。失败分类需要考虑两个重要的因素,一个是失败分类的粒度,另一个是失败分类、解释失败及内省学习目标的关系。基于本体的知识库是将基于本体的知识表示方式同专家系统的知识库相结合,从而知识库具有概念化、形式化、语义明确、共享等优点。通过利用基于本体的知识库方法解决内省学习中的失败分类问题,使得失败分类更加清晰、检索过程更加有效。

关于心智模型 CAM 的机器意识系统的详细内容,请参阅作者的著作《心智计算》。

第 14 章

认 知 结 构

认知结构是指认知活动的组织形态和操作方式,包含了在认知活动中的组成成分及成分之间的相互作用等一系列的操作过程,即心理活动的机制。认知结构理论以认知结构为研究核心,强调认知结构建构的性质、认知结构与学习的互动关系。

14.1 概述

智能科学探索智能的机理,要研究认知结构的组织形态和操作方式。纵观认知结构的理论发展,主要有皮亚杰的图式理论、格式塔的顿悟理论、托尔曼的认知地图理论、布鲁纳的归类理论、奥苏伯尔的认知同化理论等。

(1)皮亚杰的图式理论。

皮亚杰认为图式是主体的认知结构,图式的建构过程是在同化和顺应两种共同作用中完成的。皮亚杰从主-客体关系入手,认为主体认知结构根源是主体动作基础上的内化建构。动作是认知结构的根源。认知结构经历了从感知运动图式→表象图式→直觉思维图式→运演思维图式的发展。

(2)格式塔的顿悟理论。

韦特海默(M. Wertheimer)认为学习是知觉的重新组织,是构造一种"完形",即格式塔。学习过程中问题的解决,都是由于对环境中事物关系的理解而构成一种"完形"所实现的,学习的成功与实现完全是由顿悟决定的。

(3)托尔曼的认知地图理论。

托尔曼坚持学习的符号-格式塔模式,有机体习得的是关于周围环境、目标位置以及达到目标的手段和途径的知识,也就是形成认知地图的过程,而不是简单、机械的反应。所谓认知地图,是关于某一局部环境的综合表象,它不仅包括事件的简单顺序,而且包括方向、距离甚至时间关系等。在认知地图的不断改造重组的过程中,有机体不断地获得关于环境的知识,形成综合的表象,达到目标符号。

(4)布鲁纳的归类理论。

布鲁纳认为认知结构就是归类后的类别(概念、知识经验等)按层次水平的高低组成的编码系统。学习的实质就在于主动地形成认知结构。布鲁纳提出了认知结构发展的 3 个阶段:动作表征、映象表征和符号表征。儿童最初的认知结构就是动作表征,他们"从动作中认知",即他们的认知多数是通过行为而产生的。

（5）奥苏伯尔的认知同化理论。

奥苏伯尔认为，所谓认知结构，是指个体具有知识的数量、清晰度和组织方式，它由事实、概念、命题、理论等构成。它是个体对世界的知觉、理解和思考的方式。关于认知结构中的内容，奥苏伯尔做了创造性的分析，称为认知结构变量，它是指个体认知结构中的概念或观念有其组织方面的特征。

认知结构理论认为存在于人头脑中的认知结构始终处于变动与建构之中，学习过程就是认知结构不断变化和重组的过程，其中，环境和学习者的个体特征是决定性因素。皮亚杰用同化、顺应、平衡等过程表征认知结构建构的机制，强调了外在整体环境的重要性，认为环境为学习者提供的丰富、良好的多重刺激是促使认知结构完善和发生变化的根本条件。现代认知心理学家奈瑟认为，认知过程是建构性质的，它包括两个过程：个体对外界刺激产生反应的过程和学习者有意识地控制、转换和建构观念和映象的过程。认知结构就是在外在刺激和学习者个体特征相结合的情况下进行具有渐进性的自我建构的过程。

为了研究认知结构的无矛盾性问题，需要以逻辑系统为基础。在莱布尼茨的思想中，数理逻辑、数学和计算机三者均出于一个统一的目的，即思维过程的演算化、计算化，以至在计算机上实现。早在 20 世纪 30 年代，数理逻辑将推理化为一些简单机械的动作，提出了图灵机这一计算机的抽象模型，并证明了存在通用图灵机，这正是 20 世纪 40 年代出现的存储程序计算机（即冯·诺依曼计算机）的理论原型。

符号逻辑倡导的形式化方法已广泛渗入到各个领域。程序逻辑、算法逻辑、动态逻辑、时态逻辑在形式化方法中有许多应用。在儿童心理学的研究中，皮亚杰改造了数理逻辑并用来描述儿童不同智力水平的认知结构。这种用来刻画儿童不同智力阶段认知结构的逻辑在目的、特点和作用等方面都不同于经典的数理逻辑，形成心理逻辑系统。

14.2 谓词演算

在命题演算中，每个原子符号（P、Q 等）表示某种复杂度的一个命题。没有办法访问断言的各部分，谓词演算提供了解决这一问题的能力。例如，不再是让一个命题符号 P 表示整个句子"星期二下了雨"，而是创建一个谓词 weather 来描述日子和天气的关系：weather(Tuesday, rain)。通过推理规则我们可以操纵谓词演算表达式，访问它的每个组成成分，而且推理出新的语句。

谓词演算还允许表达式中含有变量。变量使我们可以建立关于实体类的通用断言。例如，我们可以声明对于所有的 X 值，其中 X 是某一周的一天，陈述 weather(X, rain) 是真的；也就是说这一周一直下雨。全称量词 $\forall$ 指出其后的语句对于变量的所有值为真。例子中，$\forall X$ likes(X, ice_cream) 对于 X 定义域中所有值为真。存在量词 $\exists$ 指出至少对于定义域中的一个值语句为真。

谓词演算的语义为逻辑推理的正规理论提供了基础。从一系列真实断言推理出新的正确表达式的能力是谓词演算一个重要功能。这些新的表达式正确的标准是它们与对原始表达式集合的所有以前解释是一致的。

研究由个体、函数及关系构成的命题以及由这些命题经使用量词和命题联结词构成的更复杂的命题和这类命题之间的推理关系的逻辑。在一阶逻辑中，量词仅作用于个体变元。一阶逻辑是数理逻辑中发展得最为成熟的部分。在为数学的语言和推理建立形式系统的过程中,它处于核心地位,又称谓词逻辑。

传统逻辑主要是指古代希腊的亚里士多德逻辑,在中世纪被认为是金科玉律,完美无缺,不容许有任何更改。但是到了 19 世纪,人们觉得它有很多缺点,需要改革。传统逻辑仅限于讨论主宾式语句和三段论形式的推理,并且缺乏对于量词的研究。德·摩根(A. De Morgan)研究和发展了关系逻辑,提出了论域的概念。哈密顿(W. Hamilton)对量词进行了研究。弗雷格(G. Frege)于 1897 年建立了第一个谓词逻辑的形式系统。罗素(B. Russell)和怀特海(A. Whitehead)于 1910 年在他们的数学名著《数学原理》中总结了前一段的成果,建立了一个完全的谓词演算。1930 年,哥德尔(K. Godel)证明了谓词演算的完备性。

在命题逻辑中,不进一步分析原子命题的内部结构,原子命题被看作不可分割的最小单位,因而不能包括某些正确的推理。例如以下的推理:

每个有理数都是实数,1 是有理数,所以,1 是实数。

在一阶逻辑中描述一个数学理论,首先会涉及这个理论所讨论的对象、定义在这些对象上的函数以及这些对象之间的关系。数学理论所讨论的对象称为个体,由个体组成的非空集合称为论域或个体域。相等关系是经常需要用到的,在一阶逻辑中用一个特殊的符号,即等号"="表示它。

为了表达每个个体都有某性质,在一阶逻辑中引进了全称量词任意取。为了表达至少有一个个体有某性质,在一阶逻辑中引进了存在量词。例如,设论域是整数集,$N(x)$ 表示 x 是自然数。$\forall x N(x)$ 表示命题"每个整数都是自然数",这是一个假命题。$\exists x N(x)$ 表示命题"至少有一个整数是自然数",这是一个真命题。

一阶逻辑使用的形式语言称为一阶语言,它的符号包括以下几类。

(1) 个体变元 $x, y, z, \cdots$,简称为变元。

(2) 函数符号 $f, g, h, \cdots$; 个体常元 $a, b, c, \cdots$,谓词符号 $P, Q, R, \cdots$,其中包括二元谓词符号"="。

(3) 命题连接词 ¬ ,→和全称量词 ∀。

通常称函数符号、个体常元、除等号"="之外的谓词符号为非逻辑符号,而称其余符号为逻辑符号。不同的一阶语言有不同的非逻辑符号,而所有一阶语言的逻辑符号都是相同的。因为 ∧,∨ 可用 ¬ ,→定义,所以可取 ¬ ,→为基本联结词(参见命题逻辑)。因为存在量词 ∃ 可用 ∀ 和 ¬ 定义,$\exists x N(x)$ 与 ¬ ∀ x ¬ $N(x)$ 表达的命题之真假意义相同,所以仅取 ∀ 为基本量词。

项的形成规则如下。

(1) 变元和个体常元是项。

(2) 若 f 是 n 元函数符号,$x_1, \cdots, x_n$ 是项,则 $f(x_1, \cdots, x_n)$ 是项。

(3) 每个项都可以通过有穷次应用(1)和(2)获得。

公式的形成规则如下。

(1) 若 P 是 n 元谓词符号,$x_1, \cdots, x_n$ 是项,则 $P(x_1, \cdots, x_n)$ 是公式,也称为原子公式。

(2) 若 A 是公式,则 ¬ A 是公式。

(3) 若 A, B 是公式,则 $(A \rightarrow B)$ 是公式。

(4) 若 A 是公式,x 是变元,则 $\forall x A$ 是公式。

(5) 每个公式都可以通过有穷次应用(1)~(4)获得。

如果变元 x 出现在公式 A 中形如 $\forall x B$ 的部分,则称 x 在 A 中的这次出现为约束出现,否则称为自由出现。例如,在公式 $P(x) \rightarrow \forall x Q(x)$ 中,第一个 x 是自由出现,后两个 x 是约束出现。如果变元 x 在公式 A 中有自由出现,则称 x 为 A 的自由变元。没有自由变元的公式称为闭公式。常用 $[t]$ 表示将公式 A 中 x 的所有自由出现代之以项 t 所得到的公式。如果 $[t]$ 和 A 中的变元的约束出现数相同,则称 t 对 A 中的 x 是可代入的。例如,$f(z)$ 对于 $P(x) \rightarrow \forall y Q(x,y)$ 中的 x 是可代入的,而 $f(y)$ 对于 $P(x) \rightarrow \forall y Q(x,y)$ 中的 x 不是可代入的。

设 L 是一个一阶语言。可指定一个非空集合为论域,将等号"＝"解释为论域上的相等关系,为 L 的每个个体常元指定论域中的一个个体,为 L 的每个 n 元函数符号指定论域上的一个 n 元函数,为 L 的每个非逻辑的 n 元谓词符号指定论域上的一个 n 元关系,就得到 L 的一个结构。闭公式在一个结构中的解释是一个命题。例如,指定论域为正整数集,个体常元 a 解释为 2,$P(x)$ 解释为 x 是素数,$L(x,y)$ 解释为 $x \leqslant y$,则闭公式 $P(a) \wedge \forall y (P(y) \rightarrow L(a,y))$ 就解释为真命题:2 是最小的素数。有自由变元的公式在一个结构中的解释还不是一个命题,因为自由变元值不确定。例如,在上面所给的结构中,如果给变元 z 赋值 2,则公式 $P(z) \wedge \forall y (P(y) \rightarrow L(z,y))$ 解释为真命题;如果给变元 z 赋值 3,则该公式解释为假命题。设给定一个结构 U,如果给自由变元赋予论域中任何个体,公式 A 都被解释为真命题,则称 A 在 U 中有效,记为 U $\vDash A$。如果公式 A 在每个结构中有效,就称 A 为逻辑有效式或永真式,记为 $\vDash A$。例如,公式 $\forall x P(x) \rightarrow P(y)$ 是逻辑有效式,而 $P(y) \rightarrow \forall x P(x)$ 不是逻辑有效式。

谓词演算把逻辑有效式组成了一个完全形式化的公理系统。在谓词演算中,取某些逻辑有效式为公理,并规定了一些推理规则,以推导出所有的逻辑有效式。人们给出了许多等价的谓词演算系统,这里介绍其中一个。取以下 7 种形式的公式为公理。

(1) $A \rightarrow (B \rightarrow A)$。

(2) $(A \rightarrow (B \rightarrow C)) \rightarrow ((A \rightarrow B) \rightarrow (A \rightarrow C))$。

(3) $(\neg B \rightarrow \neg A) \rightarrow (A \rightarrow B)$。

(4) $x = x$。

(5) $x = y \rightarrow (A \rightarrow [y])$,其中 y 对于 A 中的 x 可代入。

(6) $\forall x A \rightarrow [t]$,其中项 t 对于 A 中的 x 可代入。

(7) $\forall x (A \rightarrow B) \rightarrow (A \rightarrow \forall x B)$,其中 x 不是 A 的自由变元。

推理规则有以下两条。

(1) 分离规则:由前提 A 和 $A \rightarrow B$ 推出结论 B。

(2) 概括规则:由前提 A 推出结论 $\forall x A$。

谓词演算的定理是这样定义的。

(1) 每个公理都是定理。

(2) 如果 A 和 $A \rightarrow B$ 是定理,则 B 是定理。

(3) 如果 A 是定理,则 $\forall x A$ 是定理。

(4) 每个定理都可以通过有穷次应用(1)~(3)获得。

若公式 A 是定理,则记为 $\vdash A$。

谓词演算的公理都是逻辑有效式。推理规则保证,当前提都在某结构中有效时,结论也在该结构中有效。因此,谓词演算的定理都是逻辑有效式。这个性质称为谓词演算的可靠性。反之,每个逻辑有效式都是谓词演算的定理。这是谓词演算的完备性,是由哥德尔于 1930 年证明的。

公式是不是逻辑有效式是半可判定的,不是可判定的(参见可计算性理论)。可以用一阶逻辑刻画数学理论,常把谓词演算的公理称为逻辑公理。除了逻辑公理之外,数学理论还需要非逻辑公理,它们刻画了该数学理论的研究对象的共同性质。这样的数学理论称为一阶理论。如果一阶理论 T 的每个非逻辑公理都在结构 U 中有效,就称 U 是 T 的模型。下面举出几个常见的一阶理论。

全序理论只有唯一的非逻辑符号,即二元谓词符号≤。它有以下 4 个非逻辑公理。

(1) $x \leqslant x$。

(2) $(x \leqslant y \wedge y \leqslant x) \rightarrow x = y$。

(3) $(x \leqslant y \wedge y \leqslant z) \rightarrow x \leqslant z$。

(4) $x \leqslant y \vee y \leqslant x$。

每个全序结构都是它的模型。

群论有两个非逻辑符号:个体常元 e 和二元函数符号 · 。它有以下 3 个非逻辑公理。

(1) $\forall x \forall y \forall z((x \cdot y) \cdot z = x \cdot (y \cdot z))$。

(2) $\forall x(x \cdot e = x \wedge e \cdot x = x)$。

(3) $\forall x \exists y(x \cdot y = e \wedge y \cdot x = e)$。

每个群都是它的模型。

初等数论的非逻辑符号有:个体常元 0,一元函数符号 S,两个二元函数符号＋和 · 。它的非逻辑公理如下。

(1) $\forall x \neg (S(x) = 0)$。

(2) $\forall x \forall y(S(x) = S(y) \rightarrow x = y)$。

(3) $\forall x(x + 0 = x)$。

(4) $\forall x \forall y(x + S(y) = S(x + y))$。

(5) $\forall x(x \cdot 0 = 0)$。

(6) $\forall x \forall y(x \cdot S(y) = (x \cdot y) + x)$。

(7) $A_x[0] \wedge (\forall x(A \rightarrow A_x S(x)])) \rightarrow \forall x A$。

自然数系统是它的一个模型。

一阶逻辑有很强的表达能力,用一阶理论能够刻画许多数学结构。但是,一阶逻辑不是万能的,其表达能力受到一定的限制。如果一阶理论 T 的模型的类恰好是结构的类 S,就称 T 刻画 S。例如,全序理论刻画全序结构的类,群论刻画群的类。常把论域是有穷集的结构称为有穷结构。

一阶逻辑有可靠且完全的公理系统,有许多良好的性质,是数理逻辑中发展得最为成熟的部分。在计算机科学和人工智能的各领域,如数据结构理论、程序设计语言的形式语义,程序正确性证明、软件规范、程序变换、逻辑程序设计、定理的机器证明、常识表示和推理等方面,都广泛地应用了一阶逻辑的概念、理论和方法。

推理规则实质上是一种从其他语句产生新的谓词演算语句的机械方式。换句话说,推理规则是基于给定逻辑断言的语法形式来产生新的语句。当推理规则从逻辑表达式集合 S 产生的每一条语句都逻辑派生自 S 时,我们就说这个推理规则是可靠的。

为了应用推理规则,如假言推理,推理系统必须能够判断两个表达式何时相同,也就是匹配。在命题演算中,这是显而易见的:两个表达式是匹配的,当且仅当它们在语句构成上相同。在谓词演算中,表达式中变量的∃使匹配两个表达式的过程变得复杂。全称量化允许用定义域中的项来替换全称量化变量。这需要一个决策处理来判断是否可以使变量替换产生的两个或更多个表达式相同(通常是为了应用推理规则)。

合一是一种判断什么样的替换可以使产生的两个谓词演算表达式匹配的算法。例如,$\forall X(man(X) \rightarrow mortal(X))$ 中的 X 替换成了 $man(socrates)$ 中的 socrates。合一的另一个例子是在前面讨论哑元时看到的。因为 $p(X)$ 和 $p(Y)$ 是相同的,所以可以是用 Y 替换 X 使语句匹配。

对合一算法的要求是合一式要尽可能的通用,也就是要发现两个表达式的最一般合一式 mgu。如果 s 是表达式 E 的合一式,g 是这个表达式集合的最一般表达式,那么对于应用到 E 的 s,$\exists$ 另一个合一式 s' 使 $Es = Egs'$,其中 Es 和 Egs' 是应用到表达式 E 的合一式的组合。

合一对于任何使用谓词演算作为表示的人工智能解决器都是很重要的。合一确定了两个(或更多)谓词演算表达式等价的条件。这允许我们通过逻辑表示来使用像归结这样的推理规则,归结是经常需要回溯已找到所有可能解释的一种过程。下面给出合一函数 unify 的算法。

算法 14.1 function unify(E_1,E_2)。

```
begin
    case
        E₁ 和 E₂ 都是常量或链表为空:                    % 递归停止
            if E₁ = E₂ then return {}
            else return FAIL
        E₁ 是一个变量:
            if E₁ 出现在 E₂ 中,then return FAIL
            else return {E₂/E₁};
        E₂ 是一个变量:
            if E₂ 出现在 E₁ 中,then return FAIL
            else return {E₁/E₂};
        无论 E₁ 或 E₂ 是空的 then return FAIL            % 链表是不同大小的
        otherwise:
            begin
                HE₁:= E₁ 的第一个元素;
                HE₂:= E₂ 的第一个元素;
                SUBS₁:= unify(HE₁,HE₂);
                if SUBS₁:= FAIL then return FAIL;
                TE₁:= apply(SUBS₁,E₁ 的其余部分);
                TE₂:= apply(SUBS₁,E₂ 的其余部分);
                SUBS₂:= unify(TE₁,TE₂);
                if SUBS₂:= FAIL then return FAIL;
                else return composition(SUBS₁,SUBS₂)
            end
    end
end                                                     % end case
```

Horn 逻辑是一阶逻辑的子部分。原子公式称为正文字,原子公式的否定称为负文字,它们统称为文字。例如,$P(a)$,$P(f(x))$ 是正文字,$\neg Q(a, f(x))$ 是负文字。形式为 $L_1 \vee \cdots \vee L_m$ 的公式称为子句,其中 $L_1, \cdots, L_m$ 是文字。用 □ 表示不包含任何文字的空子句。它是一个永假式,即总是解释为假命题的公式。至多包含一个正文字的子句称为 Horn 子句,是逻辑学家霍恩(A Horn)于 1951 年首先研究的。例如,$P(a)$,$\neg P(a) \vee \neg Q(a, f(x))$,$P(a) \vee \neg P(x)$ 都是 Horn 子句,而 $P(a) \vee P(f(a))$ 却不是 Horn 子句。

Horn 逻辑是由 Horn 子句组成的一阶逻辑的子部分。它是逻辑程序设计的理论基础。在逻辑程序设计中采用了一种特殊的子句记号,用 $A_1, \cdots, A_k \leftarrow B_1, \cdots, B_n$ 表示子句 $A_1 \vee \cdots \vee A_k \vee \neg B_1 \vee \cdots \vee \neg B_n$。Horn 子句分为以下 4 种形式。

① $A \leftarrow B_1, \cdots, B_n$。

② $A \leftarrow$ ，。

③ $\leftarrow B_1, \cdots, B_n$。

④ 空子句□。

其中①称为过程，②称为事实，③称为目标。

Horn 子句可以表达知识库和对知识库的询问。Prolog 语言是以 Horn 逻辑为基础的高级程序设计语言。一个 Prolog 程序实际上就是一个由事实和过程组成的 Horn 子句集，询问就是一个目标。运行一个 Prolog 程序就是通过计算机判断由程序和目标组成的 Horn 子句集是否有模型。

14.3　动态描述逻辑

14.3.1　描述逻辑

描述逻辑是一种基于对象的知识表示的形式化，也叫概念表示语言或术语逻辑。它是一阶逻辑的一个可判定的子集，具有合适定义的语义，并且具有很强的表达能力。一个描述逻辑系统包含 4 个基本组成部分：表示概念和关系的构造集；TBox 包含断言；ABox 实例断言；TBox 和 ABox 上的推理机制。一个描述逻辑系统的表示能力和推理能力取决于对以上几个要素的选择以及不同的假设。

描述逻辑中有两个基本元素，即概念和关系。概念解释为一个领域的子集；关系则表示在领域中个体之间所具有的相互关系，是在领域集合上的一种二元关系。

在一定领域中，一个知识库 $K = <T, A>$ 由两部分组成：TBox T 和 ABox A。其中 TBox 是一个关于包含断言的有限集合，也称为术语公理的集合。包含断言的一般形式为 $C \sqsubseteq D$，其中 C 和 D 都是概念。ABox 是实例断言的有限集合，形为 $C(a)$，其中 C 是一个概念，a 是一个个体的名字；或者形为 $P(a, b)$，其中 P 为一个原始关系，a, b 为两个个体的名字。

一般地，TBox 是描述领域结构的公理的集合，它具有两方面的作用，一是用来引入概念的名称，二是声明概念间的包含关系。引入概念名称的过程即可以表示为 $A \doteq C$ 或者 $A \sqsubseteq C$，其中 A 即为引入的概念。概念间的包含关系的断言可以表示为 $C \sqsubseteq D$。对于概念定义和包含关系，有 $C \doteq D \Leftrightarrow C \sqsubseteq D$ 且 $C \sqsubseteq D$。

ABox 是实例断言的集合，用于指明个体的属性或者个体之间的关系。它有两种形式的断言，一是指明个体与概念间的属于关系，二是指明两个个体之间所具有的关系。在 ABox 中，对于论域中任意个体对象 a 和概念 C，关于对象 a 是否为概念 C 中的元素的断言称为概念实例断言，简称概念断言。若 $a \in C$，则记为 $C(a)$；若 $a \notin C$，则记为 $\neg C(a)$。

对于两个对象 a, b 和关系 R，如果 a 和 b 满足关系 R，则称 aRb 为关系实例断言，表示为 $R(a, b)$。关系断言是用来指明两个对象之间所满足的基本关系或者对象的属性，构成二元关系。

一般地，描述逻辑依据提供的构造算子，在简单的概念和关系上构造出复杂的概念和关系。通常描述逻辑至少包含以下算子：交（$\cap$），并（$\cup$），非（$\neg$），存在量词（$\exists$）和全称量词（$\forall$）。这种最基本的描述逻辑称为 ALC。在 ALC 的基础上再添加不同的构造算子，则构成不同表达能力的描述逻辑。例如,若在 ALC 上添加数量约束算子"$\leqslant$"和"$\geqslant$",则构成描述逻辑 ALCN,这里不做详细介绍。ALC 的语法和语义如表 14.1 所示。

表 14.1 ALC 的语法和语义

构 造 算 子	语 法	语 义	例 子
原子概念	A	$A^I \subseteq \Delta^I$	Human
原子关系	P	$P^I \subseteq \Delta^I \times \Delta^I$	has-child
顶部	$\top$	Δ^I	True
底部	$\bot$	Φ	False
交	$C \cap D$	$C^I \cap D^I$	Human $\cap$ Male
并	$C \cup D$	$C^I \cup D^I$	Doctor $\cup$ Lawyer
非	$\neg C$	$\Delta^I - C^I$	$\neg$ Male
存在量词	$\exists R.C$	$\{x \mid \exists y, (x, y) \in R^I \wedge y \in C^I\}$	$\exists$ has-child. Male
全称量词	$\forall R.C$	$\{x \mid \forall y, (x, y) \in R^I \Rightarrow y \in C^I\}$	$\forall$ has-child. Male

ALC 语义将概念解释为一定领域的子集,关系是该领域上的二元关系。形式上,一个解释 $I = (\Delta^I, \cdot^I)$ 由解释的领域 Δ^I 和解释函数 $\cdot^I$ 构成,其中解释函数把每个原子概念 A 映射到 Δ^I 的子集,而把每个原子关系 P 映射到 $\Delta^I \times \Delta^I$ 的子集。

(1) 一个解释 I 是包含断言 $C \subseteq D$ 的模型,当且仅当 $C^I \subseteq D^I$。

(2) 解释 I 是 $C(a)$ 的模型,当且仅当 $a \in C^I$;I 是 $P(a, b)$ 的模型,当且仅当 $(a, b) \in P^I$。

(3) 解释 I 是知识库 $\mathcal{K}$ 的模型,当且仅当 I 是 $\mathcal{K}$ 中每个包含断言和实例断言的模型。

(4) 若 $\mathcal{K}$ 有模型,则称 $\mathcal{K}$ 是可满足的。

(5) 若断言 δ 对于 $\mathcal{K}$ 的每个模型是满足的,则称 $\mathcal{K}$ 逻辑蕴含 δ,记为 $\mathcal{K} \models \delta$。

(6) 对概念 C,若 $\mathcal{K}$ 有一个模型 I 使得 $C^I \neq \varnothing$,则称 C 是可满足的。知识库 $\mathcal{K}$ 中的概念 C 的可满足性可以逻辑表示为 $\mathcal{K} \not\models C \subseteq \bot$。

关于描述逻辑中的基本推理问题,主要包括概念的可满足性、概念的包含关系、实例检测、一致性检测等,其中概念的可满足性问题是最基本的问题,其他的推理基本上都可以转换为概念的可满足性问题。

在描述逻辑中,可以利用下述性质对推理问题进行约简,转换为概念的可满足性问题,进而将推理问题进行简化。对于概念 C、D,有如下命题成立。

(1) $C \subseteq D \Leftrightarrow C \cap \neg D$ 是不可满足的。

(2) $C \doteq D$ 是等价的 $\Leftrightarrow (C \cap \neg D)$ 与 $(D \cap \neg C)$ 都是不可满足的。

(3) C 与 D 是不相交的 $\Leftrightarrow C \cap D$ 是不可满足的。

14.3.2 动态描述逻辑(DDL)

由于动态描述逻辑是在传统描述逻辑的基础上扩充得到的,而传统描述逻辑有很多种类,本节以最小的描述逻辑 ALC 为基础来研究动态描述逻辑 DDL。

1. DDL 的语法

定义 14.1 在 DDL 的语言中包括以下基本符号。

- 概念名:$C_1, C_2, \cdots$
- 关系名:$R_1, R_2, \cdots$
- 个体常元:$a, b, c, \cdots$

- 个体变元：x，y，z，…
- 概念运算：¬，∩，∪以及量词：∃，∀
- 公式运算：¬，∧，→以及量词∀
- 动作名：A_1，A_2，…
- 动作构造：如；(合成)，∪(交替)，*（反复),?（测试)
- 动作变元：α，β，…
- 公式变元：φ，ψ，π，…
- 状态变元：u，v，w，…

定义 14.2　在 DDL 中,概念定义如下。

(1) 原子概念 P、全概念 ⊤ 和空概念 ⊥ 都是概念。

(2) 如果 C 和 D 是概念,则¬C,$C \cap D$,$C \cup D$ 都是概念。

(3) 如果 R 为关系,C 为概念,则∃$R.C$,∀$R.C$ 都是概念。

(4) 如果 C 是概念,α 是动作,则[α]C 也是概念。

定义 14.3　DDL 的公式定义如下,其中 C 为任意概念,R 为关系,a、b 为个体常元,x、y 为个体变元,α 是动作。

(1) 形如 $C(a)$,$R(a,b)$ 和[α]$C(a)$ 的表达式称为断言公式,它们是不带变元的。

(2) 形如 $C(x)$,$R(x,y)$ 和[α]$C(x)$ 的表达式称为一般公式,它们是带变元的。

(3) 断言公式和一般公式都是公式。

(4) 如果 φ 和 ψ 是公式,则¬φ,$\varphi \wedge \psi$,$\varphi \rightarrow \psi$,∀$x\varphi$ 都是公式。

(5) 如果 φ 是公式,则[α]φ 也是公式。

定义 14.4　形如$\{a_1/x_1,\cdots,a_n/x_n\}$的有穷集合称为一个实例代换,其中 $a_1,\cdots,a_n$ 为个体常元,称为代换项,$x_1,\cdots,x_n$ 为个体变元,称为代换基,它们满足 $x_i \neq x_j$,$i,j \in \{1,\cdots,n\}$。

定义 14.5　设 φ 为一公式,$x_1,\cdots,x_n$ 为出现在 φ 中的个体变元,$a_1,\cdots,a_n$ 为个体常元,令 φ'为 φ 通过实例代换$\{a_1/x_1,\cdots,a_n/x_n\}$而得到的公式,则称 φ'为公式 φ 的实例公式。

定义 14.6　DDL 中条件(Condition)定义如下,其中 N_C 表示个体常元的集合,N_X 表示个体变元的集合,N_I 是 N_C 和 N_X 的并,即 $N_I = N_C \cup N_X$:

∀C,$C(p)$,$R(p,q)$,$p = q$,$p \neq q$。其中,$p,q \in N_I$,C 是 DDL 的概念,R 是 DDL 的关系。

定义 14.7　一个动作描述是一个形如 $A(x_1,\cdots,x_n) \equiv (P_A,E_A)$ 的表达形式,其中:

(1) A 为动作名:指示动作表示符。

(2) $x_1,\cdots,x_n$ 为个体变元,指定动作的操作对象,因此也称为操作变元。

(3) P_A 为前提公式集(Pre-conditions),指定动作执行前必须满足的前提条件,即 $P_A = \{con \mid con \in condition\}$。

(4) E_A 为结果公式集(Post-conditions),指定动作执行后得到的结果集,E_A 是序对 head/body 的集合,其中 head$=\{con \mid con \in condition\}$,body 是一个条件。

说明:

(1) 动作定义了状态间的转换关系,即一个动作 A 将一个状态 u 转换成状态 v,如果在状态 u 下应用动作 A 则产生状态 v。这种转换关系依赖于状态 u，v 是否分别满足动作 A 的前提公式集(pre-conditions)和结果公式集(post-conditions),记作 uT_Av。

(2) 因为动作 A 发生以前的状态也可以影响动作 A 的结果,因而前提公式与结果公式在描述上有些不同。对于结果公式 head/body,如果 head 中的每个条件在状态 u 中满足,则 body 中的每个条件在状态 v 中满足。例如,卖自行车的动作(Bicycle-selling)可以描述如下:$(\{owns(a_1,b), wants(a_2,b), owns(a_2,p), bicycle(b)\}, \{\Phi/owns(a_2,b), \{bad(b)\}/\neg happy(a_2), \Phi/owns(a_1,p), \{bad(b)\}/happy(a_1)\})$。

定义 14.8 设 $A(x_1,\cdots,x_n)\equiv(P_A,E_A)$ 为一个动作描述,$A(a_1,\cdots,a_n)$ 是在 $A(x_1,\cdots,x_n)$ 上经过实例代换 $\{a_1/x_1,\cdots,a_n/x_n\}$ 而得到的,则称 $A(a_1,\cdots,a_n)$ 为 $A(x_1,\cdots,x_n)$ 的动作实例,并称 $A(a_1,\cdots,a_n)$ 为原子动作,$P_A(a_1,\cdots,a_n)$ 称为动作 $A(a_1,\cdots,a_n)$ 的前提集,$E_A(a_1,\cdots,a_n)$ 称为动作 $A(a_1,\cdots,a_n)$ 的结果集。

定义 14.9 DDL 的动作定义如下。

(1) 原子动作 $A(a_1,\cdots,a_n)$ 是动作。

(2) 如果 α 和 β 为动作,则 $\alpha;\beta,\alpha\bigcup\beta,\alpha*$ 都是动作。

(3) 如果 φ 为断言公式,则 $\varphi?$ 也是动作。

有关动态描述逻辑 DDL 的语义请参阅文献[933]。

14.4 归纳逻辑

一般来说,演绎推理的前提蕴涵结论,前提为真,结论就一定为真。归纳推理的前提与结论之间不具有这种蕴涵关系,归纳推理的结论超出了前提的范围,因而当前提为真时,结论不一定为真。归纳逻辑是关于或然性推理的逻辑。

归纳逻辑最早的思想萌芽可以追溯到古代。在古代中国、古代印度、古希腊的逻辑研究中都曾经涉及归纳。就西方逻辑传统而言,最早接触归纳的是德谟克利特。据记载,德谟克利特有一部叫《规范》的著作,其中研究了归纳、类比等问题。可惜这部著作已失传。德谟克利特之后,苏格拉底(Soocrates)、柏拉图(Plato)都使用了归纳的认识方法。亚里士多德对归纳做了较为详细的研究。他研究了完全归纳推理,简单枚举归纳推理和作为科学认识方法的归纳法。

16 世纪末到 18 世纪初,古典归纳逻辑应运而生。古典归纳逻辑的奠基人是英国哲学家弗兰西斯·培根。培根主要的哲学逻辑著作是《新工具》。培根把归纳法分别介绍。第一步,尽量全面地搜集经验材料,归纳法要以丰富的客观材料为基础,观察和实验则是收集经验材料的方法,因而也是归纳法的基础。第二步,对搜集来的材料进行整理、排列。这里,培根提出了著名的"三表法"。三表法是整理、分析、比较材料的方法,也是寻求因果联系的方法。第一表是"存在和具有表",给定存在的一个性质,首先要把所有已知的,虽然在材料上很不相同,但在这个性质上是一致的例证收集起来,排列出来。也就是从某些不同的事物中找出它们的共同点,以便发现所考察性质的原因。第二表是"缺乏表"。列出给定性质不存在的各种例证。当给定性质不存在时,它的原因也应当不存在。第三表是"程度表",或"比较表"。列出给定性质出现的程度不同的各种例证,找出随性质的增减而增减的现象,这才是确立该性质的真正原因。培根用"三表法"来整理经验材料,判明因果联系,但他并不认为三表法就是归纳法,而是把它作为归纳推理的准备,作为归纳推理的一个环节。第三步,进行真正的归纳。

19 世纪的英国逻辑学家穆勒是古典归纳逻辑的集大成者。他继承并发展了培根、赫舍尔、惠威尔的归纳学说,在其名著《逻辑体系》中论述了确定现象间因果联系的 5 种方法,即归纳五法。它们是契合法、差异法、契合差异并用法、剩余法和共变法。这 5 种方法是培根"三表法"和赫舍尔因果决定法的精密化与规范化。

正当古典归纳逻辑向前发展的时候,18 世纪的英国哲学家休谟对归纳推理的合理性提出了质疑。休谟提出的问题是:归纳法具有理性的依据吗？如何为归纳法的合理性进行辩护？休谟本人的回答是:为归纳法的合理性进行辩护是不可能的,因此归纳法没有合理性,只不过是人的一种心理本能。休谟的理由大致是,一切推理可以分为两类:一类是关于观念间的推理,具有必然性;另一类是关于经验事实的推理,具有或然性。归纳法是要根据过去发生的事情推断将来要发生的事情,既然过去和将来之间没有逻辑上的必然性,所以不能用前一种推理为它进行辩护,但也不能用后一种推理为它进行辩护,否则就会出现循环论证。

除了休谟问题外,现代归纳逻辑还面临若干悖论,其中包括认证悖论(乌鸦悖论)、绿蓝悖论(新归纳之谜)和抽彩悖论,它们分别由当代逻辑学家和哲学家亨佩尔(C. G. Hempel)、古德曼(N. Goodman)和凯伯格(H. E. Kyburg)提出。这些悖论的共同特点是,从人们通常公认的原则或原理出发,却得出逻辑矛盾或与常识相违的结论。对于这些悖论能否给出恰当的解决,是衡量一种归纳理论是否恰当的重要标志。

1921 年,英国著名的经济学家凯恩斯(J. M. Keynes)将概率理论与归纳逻辑相结合,建立了第一个概率逻辑系统,这标志着现代归纳逻辑的产生。此后,逻辑学家们纷纷提出各自的归纳逻辑系统。现代归纳逻辑的特点是,第一,把概率概念引进归纳逻辑,人们充分认识到归纳推理的或然性,试图从量上刻画这种或然性,很自然地采用了概率概念,现代归纳逻辑的研究几乎都是结合概率、统计理论进行的;第二,不再把归纳看作发现和证明普遍性命题(规律、定律)的活动,而把它看作检验假说的活动,归纳法的职能不是发现全称命题更不能证明它,归纳法主要是通过检验来决定一个假说是否可被接受;第三,数理逻辑即现代演绎逻辑的方法对归纳逻辑的研究产生很大影响,公理化形式化的方法被引入归纳逻辑的研究,产生了许多不同类型的形式化的归纳逻辑系统。

20 世纪 60 至 70 年代出现了一种新的思潮即局部归纳逻辑。局部归纳逻辑不同于整体归纳逻辑的地方在于,它不要求对一切非演绎的原则或知识进行辩护,而只要求对那些在科学家们看来已经成为问题的原则或知识进行辩护。尽管局部归纳逻辑对于现代归纳逻辑的发展起了相当大的促进作用,但是如此宽泛的局部化使其哲学价值受到怀疑。主观主义亦即贝叶斯主观概率归纳逻辑走了一条介于局部归纳逻辑和整体归纳逻辑之间的道路,贝叶斯主观概率归纳逻辑代表着现代归纳逻辑的发展趋势。下面就对有关问题分别加以简要的讨论。

14.4.1　经验主义概率归纳逻辑

经验主义概率归纳逻辑主要是由莱欣巴赫(H. Reichenbach)于 20 世纪 30 年代提出的,后由萨尔蒙(W. Salmon)等给以进一步的发展。在此理论中,概率被定义为相对频率的极限。莱欣巴赫在 1935 年发表的《概率理论》一书中构造了一个概率逻辑系统,他的目的是要论证归纳推理的合理性,解决休谟问题。莱欣巴哈首先建立了一个概率演算的公理系统,这个系统是以狭谓词演算为基础,增加新的符号和公式构造出来的。他引进一个新的概念——概率蕴涵,用符号 $\ni_p$ 表示之。p 是一个变元,取[0, 1]区间的任何有理数为值。利用这个符号可以构成表达概率语句的公式:

$$(i)(x_i \in A \ni_p y_i \in B) \tag{14.1}$$

其中,(i)是全称量词,A、B 表示类,概率蕴涵可以看作类之间的一种关系。他把类 A 称为参考类,把类 B 称为属性类。让类 A 和类 B 的元素都排成序列,并约定两个序列的元素之间有一一对应关系。上述概率语句可以简写为

$$P(A,B) = p \tag{14.2}$$

莱欣巴赫的概率演算有五条关于概率的公理,在狭谓词演算中加入这 5 条公理,可以推演出数学概率论中的全部结果。

接着莱欣巴赫对概率作了频率解释。相对频率用 $F^n(A,B)$ 表示:

$$F^n(A,B) = \frac{N^n(A \cdot B)}{N^n(A)} \tag{14.3}$$

其中

$$N^n(A) =_{df} N_{i=1}^n(x_i \in A)$$

$$N^n(A \cdot B) =_{df} N_{i=1}^n(x_i \in A) \cdot (y_i \in B)$$

它们分别定义为序列 $x_1, x_2, \cdots, x_n$ 中属于参考类 A 的数目,以及由序列 $x_1, x_2, \cdots, x_n$ 与序列 $y_1, y_2, \cdots, y_n$ 的对应元素组成的 $x_1, x_2, \ldots, x_n$ 序对 $x_1 y_1, x_2 y_2, \cdots, x_n y_n$ 中满足 $x_i \in A$ 且 $y_i \in B$ 的序对数目。就序对 $x_i y_i$ 而言,当 $n \to \infty$,相对频率 $F^n(A,B)$ 趋于极限 P,就称该序对中由 A 到 B 的概率表示为

$$P(A,B) = \lim_{n \to \infty} F^n(A,B) \tag{14.4}$$

莱欣巴赫用概率的频率解释来处理归纳推理。实际上,概率演算和概率逻辑都是演绎性质的,唯有求初始概率的过程本质上是归纳的过程。如何求初始概率?在频率解释下,概率是相对频率的极限,亦即极限频率,莱欣巴哈主张通过考察相对频率来认定(Posit)极限频率,即通过考察相对频率 $F^1(A,B), F^2(A,B), \cdots, F^n(A,B)$,认定极限频率随 $n \to \infty$ 将趋于其中的某个 $F^i(A,B), 1 \leqslant i \leqslant n$。这样做出的认定有可能不正确,这时需要继续考察,重新认定某个 $F^i(A,B)$ 是极限频率。莱欣巴赫把简单枚举法的合理性描述为,如果极限频率 $\lim_{n \to \infty} F^n(A)$ 存在,那么坚持运用简单枚举法,不断修改原有结论,作出新的认定,就能由相对频率求出极限频率。但是极限频率是否存在?莱欣巴赫认为,我们不能说它存在,也不能说它不存在。如果极限频率存在,坚持运用归纳推理,就一定能找到它。如果极限频率不存在,运用归纳法会出错,但这时别的方法也会出错。与别的方法相比,归纳法是最简单最好的方法。这就是莱欣巴赫为解决休谟问题而提出的方案。

14.4.2 概率逻辑理论

逻辑贝叶斯派中最有影响的是卡尔纳普(R. Carnap)的概率逻辑理论。卡尔纳普把概率区分为概率1和概率2。概率2是频率解释,概率1是逻辑概率,表示证据对假说的确证程度。卡尔纳普认为,逻辑概率概念是一切归纳推理的基础,如果能找到一种令人满意的逻辑概率的定义和理论,那么就可以为最终解决归纳推理的争论提供一个清楚而合理的基础。卡尔纳普以严密的逻辑形式,构造了一个概率逻辑系统。他假定一个语言 L 的初始命题函项具有形式 $P_i(x_i)$,把 L 的所有初始谓词和个体常元分别代入这个函数项,就可以形成 L 的所有基本句子。再构造这样的合取式,使得 L 中的每一个基本句子或其否定在其中出现,这样的合取式称为状态描述。任何两个状态描述都是互不相容的。如果以某种方式将非负的数值赋予每一个状态描述,并且使得这些数值的总和为1,那么就可以得到状态描述的量度。一个命题 P 的值域定义为使命题 P 成立的所有那些状态描述的集合。命题 P 可以表示为所有这些状态描

述的析取,该命题的量度等于这些状态描述的量度之和。用 $m(e)$ 表示命题 e 的量度,称 $m(e)$ 为 e 的先验概率。用 $c(h,e)$ 表示命题 e 对命题 h 的确证度,就有

$$c(h,e) = \frac{m(h \wedge e)}{m(e)} \tag{14.5}$$

也就是说,h 在 e 基础上的确证度定义为 h 与 e 的合取的先验概率除以 e 的先验概率所得的商。称 $c(h,e)$ 为确证函数或 c 函数。现在,问题的关键是如何给状态描述指派量度。一种做法是,根据无差别原则,给 L 语言中的每一个状态描述以同等的量度。但如果这样做,那么将永远是 $c(h,e)=m(h)$,即 h 在证据 e 基础上的确证度永远等于它的先验概率。这显然是卡尔纳普不希望得到的结果,于是他引进"结构描述"这一概念。所谓结构描述,是通过交换个体常元的名称就能够互相转换的所有不同的状态描述的析取。运用无差别原则,先赋予所有的结构描述以同样的量度,然后再次运用无差别原则,把这一度量平分给这一结构描述中所包含的状态描述。这种做法避免了前两种做法的困难。但这种方法也远不是理想的。起初卡尔纳普相信只有一种 c 函数是合理的,后来他发现,若引进参数 λ,λ 取 0 到 $+\infty$ 的任意值,则每一个 λ 值确定一种 c 函数,根据 λ 的不同取值,可以得到确证函数的连续集合。

14.5　范畴论

范畴论(Category Theory)是抽象地处理数学结构以及结构之间联系的一门数学理论,以抽象的方法来处理数学概念,将这些概念形式化成一组组对象及态射。1945 年,艾伦伯格(S. Eilenberg)和麦克兰恩(S. MacLane)引入范畴、函子和自然变换。这些概念最初出现在拓扑学,尤其是代数拓扑学里,在同态(具有几何直观)转换成同调论(公理化方法)的过程中起了重要作用。范畴自身亦为一种数学结构。函子(Functor)将一个范畴的每个对象(Object)和另一个范畴的对象相关联起来,并将第一个范畴的每个态射(Morphism)和第二个范畴的态射相关联起来。一个范畴 C 包含两部分:对象和态射。

态射是两个数学结构之间保持结构的一种过程抽象。在集合论中,态射就是函数;在群论中,它们是群同态;而在拓扑学中,它们是连续函数;在泛代数(Universal Algebra)的范围,态射通常就是同态。

常见的态射类型如下。

(1) 同构(Isomorphism):令 $f: X \to Y$ 为一个态射,若存在态射 $g: Y \to X$ 使得 $f \circ g = \mathrm{id}_Y$ 和 $g \circ f = \mathrm{id}_X$ 成立,则 f 称为一个同构。g 称为 f 的逆态射,逆态射 g 如果存在就是唯一的,而且显而易见 g 也是一个同构,其逆为 f。两个对象之间有一个同构,那么这两个对象称为同构的或者等价的。同构是范畴论中态射的最重要的种类。

(2) 满同态(Epimorphism):一个态射 $f: X \to Y$ 称为一个满同态,如果对于所有 $Y \to Z$ 的态射 $g_1, g_2 g_1 \circ f = g_2 \circ f \Rightarrow g_1 = g_2$ 成立。这也称为 epi 或 epic。具体范畴中的满同态通常是满射(Surjective)函数,虽然并不总是这样。

(3) 单同态(Monomorphism):态射 $f: X \to Y$ 称为单同态,如果对于所有 $Z \to X$ 的态射 $g_1, g_2, f \circ g_1 = f \circ g_2 \Rightarrow g_1 = g_2$ 成立。它也称为 mono 或者 monic。具体范畴中的单同态通常为单射(Injective)函数。

(4) 双同态(Bimorphism):若 f 既是满同态也是单同态,则称 f 为双同态(Bimorphism)。

如果在一个范畴中每个双同态都是同构,则这个范畴称为一个平衡范畴。例如,集合是一

个平衡范畴。

（5）自同态（Endomorphism）：任何态射 $f:X\rightarrow X$ 称为 X 上的一个自同态。

（6）自同构（Automorphism）：若一个自同态也是同构的，那么称为自同构。

（7）若 $f:X\rightarrow Y$ 和 $g:Y\rightarrow X$ 满足 $f\circ g=\mathrm{id}_Y$ 可以证明 f 是满的而 g 是单的，而且 $g\circ f:X\rightarrow X$ 是幂等的。这种情况下，f 和 g 称为分割（Split），f 称为 g 的收缩（Retraction），而 g 称为 f 的截面。任何既是满同态又是分割单同态的态射，或者既是单同态又是分割满同态的态射必须是同构。

每个态射 $f:A\rightarrow B$，其中 A，B 是 C 中的对象。A 是 f 的定义域，记为 $\mathrm{dom}\,f$；B 是 f 的值域，记为 $\mathrm{cod}\,f$。如果两个态射 f，g 适合 $\mathrm{dom}\,g=\mathrm{cod}\,f$，则可以结合 g 和 f 得到 $g\,\square\,f:A\rightarrow B'$，这里，$A=\mathrm{dom}\,f$，$B'=\mathrm{cod}\,g$。有时把 $g\square f$ 记为 gf。

定义 14.10 范畴 C。

（1）一族对象 obC。

（2）任意一对对象 A，B，对应一个集合 $C(A,B)$，其元素称为态射使得当 $A\neq A'$ 或者 $B\neq B'$ 时，$C(A,B)$ 与 $C(A',B')$ 不交。

它们满足下面的条件。

（a）复合律：若 $A,B,C\in\mathrm{ob}C$，$f\in C(A,B)$，$g\in C(B,C)$，则存在唯一的 $gf\in C(A,C)$，称为 f 与 g 的复合。

（b）结合律：若 $A,B,C,D\in\mathrm{ob}C$，$f\in C(A,B)$，$g\in C(B,C)$，$h\in C(C,D)$，则有 $h(gf)=(hg)f$。

（c）单位态射：每一个对象 A，存在一个态射 $1_A\in C(A,A)$，使得对任意的 $f\in C(A,B)$ 及 $g\in C(C,A)$ 有

$$f1_A=f,\quad 1_Ag=g$$

关于范畴的定义在一些文献中有着不同的表达形式，一些文献中的范畴定义不要求任意两个对象之间的态射的全体是一个集合。在范畴论中记号约定如下：用花体字母如 $\mathscr{D}$，$\mathscr{C}$ 等表示范畴，范畴中的对象用大写英文字母表示，而态射用小写英文字母或小写希腊字母表示。设 $\mathscr{C}$ 是一个范畴，$\mathscr{C}$ 的态射的全体记作 $\mathrm{Mor}\mathscr{C}$。

下面列出一些范畴例子，这里只给出对象和态射。

- 集合范畴 Set（在某个给定的集合论模型中），其对象为集合，态射为映射。
- 群范畴 Gp，其对象为群，态射为群同态。类似地有 Abel 群范畴 AbGp，环范畴 Rng 和 R 模范畴 Mod_R。
- 拓扑空间范畴 Top，其对象为拓扑空间，态射为连续映射。类似地有拓扑群范畴 TopGp，其对象为拓扑群，态射为连续的群同态。可微流形为对象光滑，映射为态射的范畴 Diff。
- 拓扑空间同伦范畴 Htop，其对象为拓扑空间，态射为连续映射的同伦等价类。
- 点拓扑空间范畴 Top*，其对象为序对 (X,x)，其中 X 是非空拓扑空间，$x\in X$，态射为保点连续映射（$f:(X,x)\rightarrow(Y,y)$ 称为保点连续映射当且仅当 $f:X\rightarrow Y$ 是连续映射并且满足 $f(x)=y$）。

定义 14.11 对偶。

设 $\mathscr{C}$ 是一个范畴，以 $\mathscr{C}$ 的对象为对象，以 $\mathscr{C}$ 的态射的反向为态射形成一个新范畴，称为 $\mathscr{C}$ 的对偶，记作 C^{op}（即 $f\in C^{op}(A,B)$ 当且仅当 $f\in\mathscr{C}(B,A)$）。

对偶原理(Duality Principle)：设 P 是一个关于所有范畴的真命题,则将命题 P 中所有的态射反向得到的新命题 P^* 也是一个关于所有范畴的真命题。对范畴论中的任意一个命题 P,有 $(P^*)^* = P$ 成立。由对偶原理可知,命题 P 成立当且仅当其对偶命题 P^* 成立,因此对于范畴论中的任意一对对偶命题,只需要证明其中一个命题成立,另一个即成立。

定义 14.12 同构。

设 A,B 是范畴 $\mathscr{C}$ 中的两个对象,$f:A \to B$,如果存在态射 $g:B \to A$ 使得

$$gf = 1A, \quad fg = 1B$$

则称态射 f 是同构。如果存在同构 $f:A \to B$,则称 A 与 B 是同构的对象(Isomorphic Object)。容易验证,同构是 $\mathrm{ob}\mathscr{C}$ 上的一个等价关系。

在范畴论中,我们不仅关注对象,而且更关注对象之间的对应关系,即范畴之间的映射函子。

定义 14.13 函子。

设 $\mathscr{C}$ 和 $\mathscr{D}$ 是范畴。函子 $F:\mathscr{C} \to \mathscr{D}$ 由两个映射组成：

$$\mathrm{ob}\mathscr{C} \to \mathrm{ob}\,\mathscr{D}: A \to F(A)$$
$$\mathrm{Mor}\mathscr{C} \to \mathrm{Mor}\,\mathscr{D}: f \to F(f)$$

满足 $\mathrm{dom}(F(f)) = F(\mathrm{dom}(f))$,$\mathrm{cod}(F(f)) = F(\mathrm{cod}(f))$,$F(1_A) = 1_{F(A)}$,并且若 $\mathrm{dom}(g) = \mathrm{cod}(f)$,则 $F(gf) = F(g)F(f)$。

定义 14.14 反变(Contravariant)函子 G。

将 $\mathscr{C}$ 中由 A 到 B 的态射 f 送到 $\mathscr{D}$ 由 $G(B)$ 到 $G(A)$ 的态射 $G(f)$ 的,并将 $F(gf) = F(g)F(f)$ 换为 $G(gf) = G(f)G(g)$,其他与上述定义相同。

C^{op} 是一个范畴,具有与 C 同样的对象；C^{op} 中的态射仍是 C 中的态射,但逆转了方向。如 C^{op} 中态射 $f^{op}:B \to A$,即是 C 中态射 $f:A \to B$。这样,C 到 D 的反变函子 G 就是 C^{op} 到 D 的共变函子 $G:C^{op} \to D$。

函子是用来研究范畴之间的对应关系,自然变换是研究函子之间的对应关系。

定义 14.15 自然变换。

设 C 与 D 是范畴,$F:C \to D$ 与 $G:C \to D$ 是两个函子,自然变换(Natural Transformation)$\alpha:F \to G$ 是一个映射 $\mathrm{ob}C \to \mathrm{Mor}D$：

$$A \to (\alpha_A:F(A) \to G(A)), \quad A \in \mathrm{ob}C$$

使得对 C 中的任意态射 $f:A \to B$,$G(f)\alpha_A = \alpha_B F(f)$ 成立,即图 14.1 中的变换。

如果自然变换 $\alpha:F \to G$ 满足对任意的 $A \in \mathrm{ob}C$,$\alpha_A:F(A) \to G(A)$ 是一个同构,则称 α 是一个自然同构(Natural Isomorphism)。

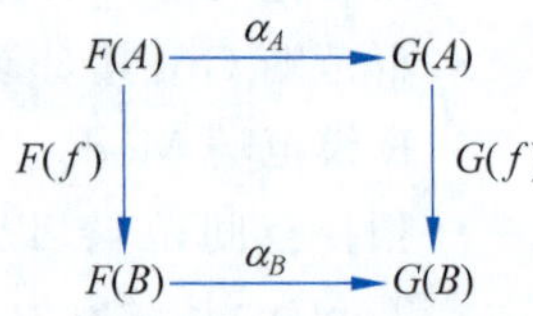

图 14.1 自然变换

14.6 Topos

20 世纪 60 年代早期,格罗滕迪克(Grothendieck)用希腊词 Topos(拓扑斯)表示数学对象的通用框架,提出用拓扑空间 X 上的集值层(Set Valued Sheaf)的全体做成的范畴 Sh(X) 作为推广了的拓扑空间 X,用以研究空间 X 上的上同调。他把拓扑的概念推广到小范畴(Small Category) C 上,称为一个景(Site)(或称为 Grothendieck 拓扑)。

劳维尔(Francis W. Lawvere)研究了 Grothendieck Topos 和布尔值模型构成的范畴,发现它们都具有真值对象 D。1969 年夏,劳维尔和蒂尔尼(Tierney)决定合作研究层论(Sheaf Theory)的公理化问题。20 世纪 70 年代初,他们发现了一个比层(Sheaf)更广的类可以用一阶逻辑刻画,同时这也是一个泛化了的集合论,他们提出了初级 Topos(Elementary Topos)的概念。这样,$Sh(X)$,$Sh(C,J)$ 以及布尔值模型构成的范畴是初级 Topos,但后者还包括了在层(Sheaf)之外的其他范畴。初级 Topos 同时具有几何和逻辑的特性。Topos 的核心思想是用连续变化的集合来代替传统的不变的常量的集合,为研究可变结构(Variable Structure)提供一个更为有效的基础。

14.6.1　Topos 的定义

定义 14.16　Topos(拓扑斯)或者初级 Topos 是满足下列等价条件之一的范畴。

(1) 具有指数和子对象分类的完全范畴。

(2) 具有子对象分类和它的幂对象的完全范畴。

(3) 具有等价类和子对象分类的笛卡儿闭范畴。

1969 年,劳维尔和蒂尔尼最初给出了上述初级 Topos 的定义,具有完备性。Topos 不仅都有有限范围,而且都有有限的上极限,以及子对象分类、指数和幂对象。这意味着,Topos 范畴特别是终端对象、等价类、回调、所有其他限制、指数对象和子对象分类。

一般来说,终端对象允许我们考虑对象的全局元素(全局部分);子对象分类 Ω 让我们考虑子对象,正如我们将看到的断言广义真值;指数可以考虑从一个对象到所有其他对象的箭头。结合幂对象的笛卡儿封闭性和存在性,这些特性允许在 Topos 对象中处理箭头,某种程度上与范畴集合的常见属性非常相似。所以,在集合范畴中真正需要做的任何事情都可以在任何 Topos 中完成。

14.6.2　Topos 之间的态射

(1) 逻辑函子 E、F 是两个 Topos,一个函子 $j:E \to F$ 称为逻辑的,如果 f 保持有限极限、函数空间以及真值对象 Ω。例如,inclusion 函子 $S_f \hookrightarrow S$ 就是逻辑函子。

(2) 几何态射:一个从 F 到 E 的几何态射 f 由两个函子$(f^*,f*)$组成,这里,$f^*:E \to F$,$f*:F \to E$,并且 f^* 是 $f*$ 的 left adjoint,f^* 保持有限极限。

如果 $f(f^*,f*)$,$g(g^*,g*)$ 是两个从 F 到 E 的几何态射,一个自然变换 $\tau:f \to g$ 是一个从 f^* 到 $g*$ 的自然变换,或者是从 $g*$ 到 $f*$ 的自然变换。这样,Topos 几何态射以及自然变换构成一个二维范畴,即对每两个 Topos F 和 E,F 和 E 之间的所有几何态射以及它们之间的自然变换也构成一个范畴。

几何态射的名称来自层论。如果 X 和 Y 是两个拓扑空间,f 是 X 到 Y 的一个连续映射,那么 f 导致 $f*:Sh(X) \to Sh(Y)$ 以及 $f^*:Sh(Y) \to Sh(X)$,它们构成一个几何态射。

14.6.3　Sheaf 理论

Sheaf 理论(层论)源于代数拓扑,是作为构造上同调(Cohomology)的工具,但是随着对它的进一步研究,sheaf 思想开始影响到不同数字领域,如微分几何、代数几何及逻辑等。Sheaf 理论是一种数学术语,提供从局部到整体的一个有力工具,层论作为一个理论,其基本内容是层系数上同调论,这正好为流形上的整体分析提供了强有力的工具。

考虑一个小范畴2,如图14.2所示。

有两个要素1：$id_1 \in {}_1$、$2 \in {}_0$，1和1个要素0：$id_0 \in 0$。在范畴论中,我们可以问要素1什么时间(属于哪个阶段)属于要素0,而不是全局集合论问题。这个问题更为普遍,因为它回答不需要集合 $\{0,1\} \cong \{true, false\}$。答案可以是部分为真。图14.3给出了范畴2对象的全部 sheaf。

图 14.2　小范畴 2

object	sheafs on it
0	$\{id_0\} = \uparrow 0$
0	$\varnothing$
1	$\{\{id_1\},\{2\}\} = \uparrow 1$
1	$\{2\}$
1	$\varnothing$

图 14.3　范畴 2 对象的全部 sheaf

X 是一个拓扑空间,T 是所有开集构成的集合。T 是一个偏序集,因而 T 是一个范畴,具有末端对象 X ,始端对象 $\varnothing$(空集)。

定义 14.17 Presheaf。

P 是 T 上的一个 presheaf,如果 P 是 T 到 S 的一个反变函子,即对任一开集 U ,$P(U)$ 是一个集合。若 $U \leqslant V$,那么有一个集合映射 $P_U^V : P(V) \to P(U)$ 如果 $U \leqslant V \leqslant W$,那么 $P_U^V \circ P_V^W = P_U^W$。

定义 14.18 Sheaf。

P 是 T 上的一个 presheaf,$\{Ua\}_{a \in A}$ 是任一开集 U 的任一开覆盖,如果一族 $\{a_\alpha \in P(U_a) \mid a \in A\}$ 具有性质：对任意 $\alpha,\beta \in A$,$P_{U_a u_\beta}^{U_a}(a_\alpha) = P_{U_a u_\beta}^{U_\beta}(a_\beta)$ 成立(具有此性质的一族 $\{a_\alpha\}$ 称为一个相容族(Compatible Family),则存在唯一 $\alpha \in P(U)$,使得 $P_{U_a}^U(\alpha) = a_\alpha$ 任意 $\alpha \in A$,那么称 P 为一个 Sheaf。

定义 14.19 Grothendieck 拓扑。

C 是一个小范畴,对 C 的任一对象 c,$J(c)$ 是 c 上的一些 sieve 的集合(c 上的一个 sieve,即 c 在 S^{Cop} 中的一个子对象),称为 c 的一个覆盖 sieve。J 是 C 上的一个 Grothendieck 拓扑,如果 f 满足以下条件：

(1) 对任意 c,极大 sieve$\{a \mid codomain(a) = c\} \in J(c)$。

(2) $f: c' \to c$ 是 C 中任一以 c 为 codomain 的态射,如果 $R \in J(c)$,那么
$$f^*(R) = \{c''\beta \to c' \mid f \circ \beta \in R\} \in J(c')$$

这里,图14.4是 S^{Cop} 中的 pullback 图形。

(3) $R \in J(c)$,s 是 c 上的一个 sieve,如果对 R 中任意 $f: c' \to c$,$f^*(s) \in J(c')$,那么 $s \in J(c)$。

J 是 C 上的一个 Grothendieck 拓扑,F 是 C 上的一个 presheaf,即 F 是 S^{Cop} 中的一个对象。如果对任意 $R \in J(c)$,τ 是 $R \to F$ 在 S^{Cop} 中的一个态射。那么存在唯一 S^{Cop} 中态射 $\bar{\tau}$：$h_c \to F$,使得三角形 τ $\begin{smallmatrix} R \rightarrow h_c \\ \searrow \downarrow \bar{\tau} \\ F \end{smallmatrix}$ 在 S^{Cop} 中可换,即 $\bar{\tau}$ 是 τ 的一个扩张。这样,称 F 是 C 上的一个 J-sheaf。

记 $Sh(C,J)$ 为由 C 上 J-sheaf 以及它们之间的自然变换构成的 S^{Cop} 的子范畴。$Sh(C,J)$ 是一个 topos。

$$\mathrm{Sh}(C,J) \underset{i}{\overset{L}{\rightleftarrows}} S^{\mathrm{Cop}}$$

inclusion 函子 i 的 left adjoint L 称为 sheaf 化函子(Sheafification Functor)。L 保持有限极限,所以(i,L)构成一个从 $\mathrm{Sh}(C,J)$ 到 S^{Cop} 的几何态射。

14.6.4　Topos 的内逻辑

1973 年,迪亚科尼斯库(Diaconescu)提出了内范畴的概念,进而开始了对 Topos 内结构的研究。在某种意义上说,Topos 是一个推广了的集合论。

一个小范畴 C,令 C_0 表示 C 中全体对象,C_1 表示 C 中的全体态射,则 $C_0,C_1 \in S$,即 C_0,C_1 是集合。描述 C 是一个范畴的公理就可以重新用 S 中的某些映射及交换图形来代替。例如,每一对象 c 有一个单位元(恒等映射) $1c$,即存在映射(S 中态射) $i\colon C_0 \to C_1$,$c \to 1c$。对任意 $f \in C_1$,domain 和 codomain 是两个映射,$d_0,d_1\colon C_1 \to C_0,d_0(f)=\mathrm{dom}(f),d_1(f)=\mathrm{cod}(f)$。映射的结合描述为图 14.5 所示的 S 中的 pullback 图形。

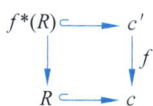

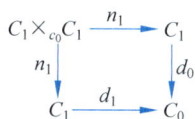

图 14.4　S^{Cop} 中的 pullback 图形　　　　　图 14.5　S 中的 pullback 图形

这里,$C_1 \times_{c_0} C_1 = \{(f,g) \mid d_0(g)=d_1(f)\}$ 是 C_1 中的可结合映射对。映射的结合 $m\colon C_1 \times_{c_0} C_l \to C_1,rn(f,g)=g \circ f \circ i,d_0,d_1,m$ 需要满足 $d_0 \circ i=d_1 \circ i=1_{c_0}$;$d_0 \circ m=d_0 \cdot \Pi_1,d_1 \circ m=d_1 \cdot \Pi_2,m \circ (1_{c1} \times m)=m \circ (m \times 1_{c1}),m \circ (1_{c1} \times i)=m \circ (i \times 1_{c1})=1_{c1}$。

以上给出了有有限极限的范畴 E 的内范畴的定义。同样,从内范畴 C 到 D 的内函子 F,可以定义为 E 中两个态射 $F_0\colon C_0 \to D_0,F_1\colon C_1 \to D_1$,满足某些条件(即反映 $F(g \circ f)=F(g) \circ F(f)$ 及 $F(1_c)=1_{F(C)}$ 的可换图形)。

范畴 S 中的逻辑是建立在元素的从属关系上的。在 Topos E 中,元素以及逻辑运算等都成为态射。若 X 是一个集合,X 的一个元素 $x(x \in X)$ 可以看作一个映射 $x\colon 1 \to X$。这样,可以定义在有末端对象 1 的范畴 E 中任一对象 X 的一个元素为一个从 1 到 X 的态射。例如,取 M 是一个 monoid,$E=S^{\mathrm{Mop}}$ 是右 M-集的范畴,X 是 E 中一个对象,即 X 是一个右 M-集,一个映射 $1 \to X$ 则是右 M-集 X 的一个固定点(Fixed Point)。如果 X 没有固定点,则 X 没有元素。所以这样定义的元素不能确定所给的对象。元素的概念必须加以推广。

定义 14.20　广义元素(Generalized Element)。

E 中对象 X 的一个广义元素是以 X 为 codomain 的 E 中任一态射。

这样,通常基于元素从属关系的集合论的一些概念、语言等就可以用到 Topos 中来。一般来说,一个 Topos 的内逻辑是直觉类型理论(Intuitive Type Theory)。

在 Topos E 中,对每一个对象 A,可以结合变量 $a,a',a'',\cdots$。一个具有自由变量 $a_1,\cdots,a_n$,type A 的项是一个态射 $A_1 \times \cdots \times A_n \to A$,这里 $A_i(i=1,\cdots,n)$ 是 A_i 的 type,常记为 $a_i\colon A_i$(a_i 具有 type A_i)。

一个公式或 propositional function φ 是一个具有 typeΩ 的项。这样,如果 φ 具有自由变量 $a_1,\cdots,a_n$,那么 φ 的解释是 $A_1 \times \cdots \times A_n$ 的子对象$\{A_1 \times \cdots \times A_n \mid \varphi\}$(有时记为$\{(a_1,\cdots,a_n) \in A_1 \times \cdots \times A_n \mid \varphi(a_1,\cdots,a_n)\}$),它具有特征函数 φ。称 φ 为普效的,如果$\{A_1 \times \cdots \times A_n \mid \varphi\}=A_1,\cdots,A_n$。

逻辑运算是 Ω 之间的态射。

$\urcorner: \Omega \rightarrow \Omega$ 是 $0 \hookrightarrow \Omega$（0 是始端对象）的特征函数。

$\wedge: \Omega \times \Omega \rightarrow \Omega$ 是 $(t,t): 1 \hookrightarrow \Omega \times \Omega$ 的特征函数。

$\Rightarrow: \Omega \times \Omega \rightarrow \Omega$：先取 equalizer $\Omega_1 \hookrightarrow \Omega \times \Omega \underset{n_2}{\overset{A}{\rightrightarrows}} \Omega$，$\Omega_1$ 是一个顺序关系，"$a \leqslant b$ 当且仅当 $a \wedge b = a$"。这样，Ω_1 是 $\Omega \times \Omega$ 一个子对象，它的特征函数就是 $\Rightarrow: \Omega \times \Omega \rightarrow \Omega$。"$\Rightarrow$"的解释是这样的：令 φ_1, φ_2 是两个公式，φ_1, φ_2 分别是 $X_1 \hookrightarrow X$ 和 $X_2 \hookrightarrow X$ 的特征函数。那么 $\varphi_1 \Rightarrow \varphi_2$ 是 $Y \hookrightarrow X$ 的特征函数，这里 Y 是 X 的最大的具有性质 $Y \cap X_1 \leqslant X_2$ 的子对象。

φ_1, φ_2 是两个公式，假设都具有自由变量 $a_1, \cdots, a_n$，则 $A_1 \times \cdots \times A_n$ 的子对象 $\{A_1 \times \cdots \times A_n | \varphi \wedge \psi\}$ 的特征函数为 $\Lambda \circ (\varphi_1, \varphi_2): A_1 \times \cdots \times A_n \xrightarrow{(\varphi_2, \circ \varphi_1)} \Omega \times \Omega \xrightarrow{\Lambda} \Omega$。$\Lambda \circ (\varphi_1, \varphi_2)$ 常记为 $\varphi_1 \wedge \varphi_2$。同样，$\varphi_1 \Rightarrow \varphi_2$ 记为 $\Rightarrow \circ (\varphi_1, \varphi_2)$。这样，施行逻辑运算成为对态射的结合。

令 X, Y 是 E 的两个对象，$P: X \times Y \rightarrow Y$ 是从 $X \times Y$ 到 Y 的射影。由 topos 基本定理，P 导致一个 essential 几何态射。由 Y 或 $X \times Y$ 的子对象构成的范畴 $\text{Sub}(Y)$ 或 $\text{Sub}(X \times Y)$ 分别是 E/Y 或 $E/X \times Y$ 的子范畴。因为 Π_p 保持有限极限，特别末端对象以及 monomorphism，所以 Π_p 在 $\text{Sub}(X \times Y)$ 上的限制给我们一个从 $\text{Sub}(X \times Y)$ 到 $\text{Sub}(Y)$ 的函 $\forall_x$。因为 P^* 保持有限极限，所以 P^* 在 $\text{Sub}(Y)$ 上的限制（仍用 P^* 表示）是 $\text{Sub}(Y)$ 到 $\text{Sub}(X \times Y)$ 的函子 $\forall_{x}$。

我们有 $\exists_x$ 是 P^* 的 left adjoint，P^* 是 $\forall_x$ 的 left adjoint，如图 14.6 所示。如果 A 是 $X \times Y$ 的一个子对象（子集），B 是 Y 的一个子对象（子集），则

$$\exists_x A \leqslant B \text{ 当且仅当 } A \leqslant P^* B$$

$$B \leqslant \forall_x A \text{ 当且仅当 } P^* B \leqslant A$$

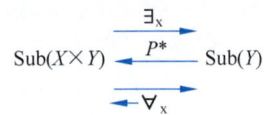

图 14.6 量词

内逻辑的形式构造法有很多种，这里采用布瓦洛(A Boileau)和乔亚尔(A Joyal)提出的 Topos 内部语言。E 是一个 Topos，语言 L_E 由以下成分组成：

(1) types。$A, B, \cdots$ 是 E 中的对象。

(2) 对任一 type A，项的定义如下：

① 可数的，以 A 为 type 的变量 $a, a', \cdots$。

② 如果 $f: A \rightarrow B$ 是 E 中一个态射，$t: A$ 是一个项，那么 $f(t)$ 是一个具有 type B 的项，$f(t): B$。

③ 如果 $R \subseteq A_1 \times \cdots \times A_n$ 是一个关系（即 R 是 $A_1 \times \cdots \times A_n$ 的一个子对象），并且 $t_1: A_1, \cdots, t_n: An$，那么 $R(t_1, \cdots, t_n): \Omega$。

④ 如果 $r: A, s: B$，那么 $<r, s>: A \times B$。

⑤ 如果 $t: A \times B$，那么 $\Pi_1(t): \Pi_2(t): B$。

⑥ 如果 $r, s: A$，那么 $(r = s): \Omega$。

⑦ $T: Q$（T 表示真）。

⑧ 如果 $\varphi, \psi: \Omega$，那么 $(\varphi \wedge \psi): \Omega$。

⑨ 如果 $t: B^A, r: A$，那么 $(t \cdot r): B$（若 $B = \Omega$，常记 $t \cdot r$ 为 $r \in t$，即认为 t 是 A 的一个"子集"）。

⑩ 如果 $s: B, a: A$，那么 $(\lambda \alpha \cdot s): B^A$。

(3) 公式即具有 type Ω 的项。

$\Gamma = \{r_1, \cdots, r_n\}$ 为有限个公式，φ 是一个公式。用 $\wedge \Gamma$ 表示公式 $r_1 \wedge \cdots \wedge r_n$。$V = \{x_1, \cdots,$

$x_m\}$是出现在 $r_1,\cdots,r_n,\varphi$ 中的自由变量，$x_i:X_i,i=1,\cdots,m$。式子 $\Gamma\mid\overline{V}^\varphi$ 称为一个 sequent。如果$\{X_1\times\cdots\times X_m\mid\Gamma\mid\overline{V}\varphi\wedge\Gamma\}\leqslant\{X_1\times\cdots\times X_m\mid\varphi\}$（$\leqslant$是偏序集 $\mathrm{Sub}(X_1\times\cdots\times X_m)$中的顺序），那么我们说 sequent 是普效的。

14.6.5 公理和推理

(1) $\varphi\mid\dfrac{}{V}\varphi$。

(2) $\dfrac{\Gamma\mid\dfrac{}{V}\varphi}{\Gamma,\Pi\mid\dfrac{}{V,U}\varphi}$。

(3) $\dfrac{\Gamma\mid\dfrac{}{U}\varphi\,;\ \Pi,\varphi\mid\dfrac{}{V}\psi}{\Gamma,\Pi\mid\dfrac{}{U,V}\psi}$。

(4) $\Gamma\mid\dfrac{}{V}T$。

(5) $\dfrac{\Gamma\mid\dfrac{}{U}\varphi\,;\ \Pi\mid\dfrac{}{V}\psi}{\Gamma,\Pi\mid\dfrac{}{U,V}\varphi\wedge\psi}\,;\ \dfrac{\Gamma\mid\dfrac{}{V}\varphi\wedge\psi}{\Gamma\mid\dfrac{}{V}\varphi}\,;\ \dfrac{\Gamma\mid\dfrac{}{V}\varphi\wedge\psi}{\Gamma\mid\dfrac{}{V}\psi}$。

(6) $\mid\dfrac{}{V}t=t$（或者 $T\mid\dfrac{}{V}t=t$）。

(7) $\dfrac{\Gamma\mid\dfrac{}{U}\varphi(s)\,;\ \Pi\mid\dfrac{}{V}t=t}{\Gamma,\Pi\mid\dfrac{}{U,V}\varphi(t)}$。

(8) $\mid\dfrac{}{V}(\lambda x\cdot t(x))\,'r=t(r)$。

(9) $\dfrac{\Gamma,\varphi\mid\dfrac{}{U}\psi\,;\ \Pi,\psi\mid\dfrac{}{V}\varphi}{\Gamma,\Pi\mid\dfrac{}{U,V}\varphi=\psi}$。

(10) $\mid\!\!-\!\!-\Pi_1<t,s>=t\,;\ \mid\!\!-\!\!-\Pi_2<t,s>=s\,;\ \mid\!\!-\!\!-<\Pi_1s,\Pi_2s>=s$。

(11) $\dfrac{\Gamma\mid\dfrac{}{V,x}t=r}{\Gamma\mid\dfrac{}{V}(\lambda x\cdot t)=(\lambda x\cdot r)}$ • x 不在 Γ 中自由出现。

通常的逻辑运算可以定义如下。

(1) $(\forall x\varphi)\equiv(\lambda x\cdot\varphi)=(\lambda x\cdot T),x:B$。

(2) $(\varphi\Rightarrow\psi)\equiv(\varphi\wedge\psi=\varphi)$。

(3) $(\varphi\vee\psi)\equiv\forall p[((\varphi\Rightarrow p)\wedge(\psi\Rightarrow p))\Rightarrow p],p:\Omega$。

(4) $\bot\equiv\forall p(p),p:\Omega(\bot:假)$。

(5) $(\exists x\varphi)\equiv \forall p[\forall x(\varphi\Rightarrow p)\Rightarrow p], x:B, p:\Omega$。

关于这些运算的通常规律可以从以上定义以及公理和推理规则推出。

14.7　心理逻辑

数理逻辑始于莱布尼茨(G. W. Leibniz)，在布尔和弗雷格处发生了分流，形成了所谓的逻辑的代数传统和逻辑的语言传统。在图灵机理论中，图灵核心阐述了"自动机"和"指令表语言"这两个概念，这两者很好地契合了莱布尼茨关于"理性演算"和"普遍语言"的构想。皮亚杰在儿童思维产生及其发展的研究过程中，发现了心理运算的结构，改造经典的数理逻辑，创立了一种新型的逻辑——心理逻辑(Psycho-logic)，并用来描述儿童不同智力水平的认知结构。这种逻辑包括具体运算和形式运算两个系统。具体运算主要有类和关系的8个群集，形式运算则主要包括16种命题的运算以及INRC群结构。皮亚杰的心理逻辑系统更新了我们对逻辑的观念，成为解决逻辑认识论问题的基础，用逻辑结构来刻画认知结构。晚年皮亚杰在《走向意义的逻辑》《态射与范畴》《可能性与必然性》等一系列新著作中，以一种更新的、更有力的方式去修正和发展他的理论，以至贝林(H Beilin)将其称为"皮亚杰的新理论"。

14.7.1　组合系统

皮亚杰认为，当儿童思维可以脱离具体事物进行时，其首要成果便是使事物间的"关系"和"分类"从它们具体的或直觉的束缚中解放出来，组合系统使儿童的思维能力得到了扩展和增强。所谓16种二元命题，一般称为含有两个支命题的复合命题可能具有的16种类型的真值函项"，表14.2给出了二元复合命题的16种类型真值函项。

表 14.2　二元复合命题的 16 种类型真值

(p,q)	f_1	f_2	f_3	f_4	f_5	f_6	f_7	f_8	f_9	f_{10}	f_{11}	f_{12}	f_{13}	f_{14}	f_{15}	f_{16}
$(1,1)$	1	1	1	1	1	1	1	1	0	0	0	0	0	0	0	0
$(1,0)$	1	1	1	1	0	0	0	0	1	1	1	1	0	0	0	0
$(0,1)$	1	1	0	0	1	1	0	0	1	1	0	0	1	1	0	0
$(0,0)$	1	0	1	0	1	0	1	0	1	0	1	0	1	0	1	0

一般数理逻辑书中，以 $p\vee q$，$p\rightarrow q$，$p\leftrightarrow q$ 和 $p\wedge q$ 这4个最基本的二元真值形式，即析取式、蕴涵式、等值式和合取式来分别表示 f_2、f_5、f_7、f_8 这4种真值函项。皮亚杰对其余的命题函项也加以命名：f_1 为 $p\cdot q$(完全肯定)，f_3 为 $p\leftarrow q$ (反蕴涵)，f_4 为 $p(q)$(p 的肯定)、f_9 为 $p/q[\bar{p}\vee\bar{q}]$(不相容)、f_{10} 为 pw(互反排斥)、f_{11} 为 $q[\bar{p}]$(q 的否定)、f_{12} 为 $p\cdot\bar{q}$(非蕴涵)、f_{13} 为 $\bar{p}[q]$(p 的否定)、f_{14} 为 $q\cdot\bar{p}$(非反蕴涵)、f_{15} 为 $\bar{p}\cdot\bar{q}$(合取否定；非析取)、f_{16} 为(0)完全否定。皮亚杰认为它们体现于青少年的实际思维之中，构成他们的认知结构。

14.7.2　INRC 四元群结构

INRC 转换群是形式思维出现的另一种认知结构，它与命题运算关系密切。皮亚杰以两种可逆性，即反演和互反为轴，将它们构成4种不同类型的 INRC 转换群。皮亚杰试图以此为工具，阐明现实的思维机制，特别是它的可逆性质。以可逆性概念贯穿于分析主体的智慧发展过程，这是皮亚杰理论的特色之一。

INRC 四元群的含义是：任何一个命题都有相应的 4 个转换命题，或者说，它可以转换成 4 个互相区别的命题。其中有一个转换是重复原来的命题(I)，称为恒等性转换。另外三个转换是依据反演可逆性的反演转换(N)、依据互反可逆性的互反性转换(R)以及建立在这两种可逆性基础之上的对射性转换(C)。这 4 种转换所生成的 4 个命题(其中有一个是原命题)就构成了一个关于"转换"的群。虽然只有 4 个命题，即 4 个元，但它们之间的关系符合群结构的 4 个基本条件。四元转换群中两种可逆性的综合体现在对射性转换上，因为对射就是互反的反演或反演的互反，即 C=NR 或 C=RN。

由此可知，四元转换群实质就是二元复合命题通过算符(如合取、析取、蕴涵等)之间的内在联系而形成的某种整体组织。因此，分析四元群结构不能不从命题出发。皮亚杰认为，16 种二元命题构成了 4 种类型的四元转换群。

A 型：析取、合取否定、不相容和合取构成 A 型四元群。

B 型：蕴涵、非蕴涵、反蕴涵和非反蕴涵构成 B 型四元群。

C 型和 D 型是两种特殊型，在 C 型中，原运算与互反运算相同；反演运算与对射运算相同。"完全肯定"与"完全否定"，"等价"与"互相排斥"构成 C 型的两个亚型。在 D 型中，原运算与对射运算相同；反演运算与互反运算相同。"p 的肯定"与"p 的否定"，"q 的肯定"与"q 的否定"构成 D 型的两个亚型。

INRC 的集合具有以下性质。

(1) 集合中的两个元素的组合仍是集合内的一个元素(封闭性)。

(2) 组合是结合性。

(3) 每一个元素有一个逆运算。

(4) 有一个中性元素(I)。

(5) 组合是可交换的。

14.7.3　态射范畴论

皮亚杰的形式化工作可区分为两个阶段：早期的结构主义时期和晚年的后结构主义时期。前者又称为经典理论，后者称为新理论阶段。皮亚杰的新形式化理论基本上放弃了运算结构论，而代之以态射-范畴论。于是传统的前运算-具体运算-形式运算的发展系列变成了内态射(Intramorphic)—间态射(Intermorphic)—超态射(Extramorphic)的发展系列。

第一阶段称为内态射水平。心理上只是简单的对应，没有组合。共有的特点都是基于正确的或不正确的观察，特别以可见的预测为基础。这仅是一个经验的比较，依赖简单的状态转换。

第二阶段称为间态射水平，标志着系统性的组合建构开始。间态射水平的组合建构只是局部的、逐步发生的，最后并没有建构成一个封闭性的一般系统。

最后阶段是超态射，主体借助运算工具进行态射的比较。而其中的运算工具，正是对组成先前态射内容进行解释和概括而得到。

皮亚杰采用了如图 14.7 所示的实验装置。这套装置由直径不同的圆盘组成，其中心钉于一个支架上。每个圆盘的顶端都有一个能挂上不同重物的砝码栓，

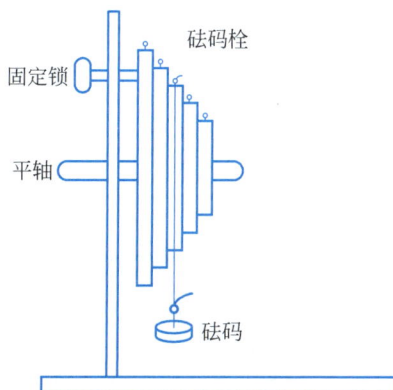

图 14.7　同轴盘装置

挂上重物后圆盘会向不同方向旋转。主试要求儿童向两个或更多的圆盘上挂重物，但不能使圆盘旋转，也就是说要保持平衡。

第一组实验观察到，即使是能圆满完成标准守恒任务的 9 岁半儿童，也仅仅是以简单的对应性为基础进行推理：重量的大小↔影响的大小。这种推理称为"心理内态射推理"，此时儿童以对应性中的共变为基础进行预测。

第二组 11、12 岁的儿童开始运用第二种对应性，即圆盘的大小↔影响的大小。这一组的儿童能够意识到，在大盘上同样的重物会比在小盘上产生更大的力量，也就是说，他们开始将重物和圆盘这两种对应性联合起来考虑，这时儿童就达到了"心理间态射水平"。但问题在于，处于心理间态射水平的儿童并不能解释圆盘保持平衡的原因，他们还无法判断出这两种对应性之间的相互依赖关系，即重物产生力的大小依赖于圆盘的大小，它们之间是一种交互的或相乘的关系。此时儿童仅根据可见的关系(对应性)进行推理，还不能凭借抽象的、不可见的关系进行推理。

要想达到新的态射水平，必须涉及一种概括化过程，即从经验的对应性发展到以转换为基础的、更抽象的对应性。例如，具有超态射水平的儿童可以意识到，如果增加更多的苹果，那么将得到一个更大的水果集合，即对水果的转换也会同时发生。这样，就将转换为在层级水平上的整体对应性问题，它超越了经验式的对应性。儿童一般到 12～15 岁才能达到超态射水平。

14.8　认知动力学

1995 年，冯·盖尔德(T. van Gelder)和波特(R. Port)出版了一本关于认知科学的动力理论的书，提出认知科学的动力学研究之路。动力学假说是以数学的动力系统理论为基础描述认知的，用数学中的状态空间、吸引子、轨迹、确定性混沌等概念来解释与环境相互作用的认知智能体的内在认知过程。用微分方程组来表达处在状态空间的认知智能体的认知轨迹。换句话说，认知是作为认知智能体所有可能的思想和行为构成的多维空间来描述的，特别是通过在一定环境下和一定的内部压力下的认知智能的思想轨迹来详尽考察认知的。认知智能的思想和行为都受微分方程的支配。系统中的变量是不断进化的，系统服从于非线性微分方程，一般来讲是复杂的、确定性的。

认知动力学强调多水平分析的动态综合，认为所有的发展结果都可以解释为通过系统较简单的成分之间循环的交互作用，而自发出现的连贯的较高等级的形式。这种过程就是所谓的自组织。动力系统观用自适应组织和自适应稳定来解释源自内在过程的等级的产生、复杂性的提高、发展系统内新异性的出现、过渡阶段多发生的结构变化和个体多样化以及对环境的适应能力等。

动力论的认知范式与其他范式的一个重要区别是对表征的不同理解。符号主义模型是以符号表征为基础的。联结主义的表征是以网络中的并行式表征或局部符号表征为基础的。但动力论的认知范式则宣称，一个动力模型应当是"无表征的"。动力系统理论对认知行为的连续性提供了随时间变化的自然主义的说明。动力系统理论的优势是对认知的描述是多元的，是一种经验可检验的理论，可以对描述认知系统的微分方程进行分析修正，也可以用已知的技术去解这些方程，比起其他理论，它是一种定量的分析，是理解认知的一种确定性的观点。另一优势是动力系统的描述可以展示人类行为复杂的、混沌的特性。

对于认知动力系统表征的理解受到质疑。如何保证动力系统的各变量和参数的恰当选择、如何保证系统的稳定性和可靠性等问题都需要进一步研究。

第 15 章

智能机器人

智能机器人拥有相当发达的"人工大脑",可以按目的安排动作,还具有传感器和效应器。机器人技术的发展是一个国家高科技水平和工业自动化程度的重要标志和体现。在 20 世纪末计算机文化已深入人心的基础上,机器人文化将在 21 世纪对社会生产力的发展,对人类生活、工作、思维的方式以及社会发展产生无可估量的影响。

15.1 概述

机器人的诞生和机器人学的建立及发展,是 20 世纪自动控制领域最具说服力的成就,是 20 世纪人类科学技术进步的重大成果。目前,许多国家都已经把机器人技术列入本国 21 世纪高科技发展计划,各种机器人系统向具有更高智能和与人类社会融洽更密切的方向发展。人机融合和人机共存,多样化的人类与机器配合,共同解决问题,是智能机器人发展的方向。

机器人的起源可追溯到 3000 多年前。早在我国西周时代(公元前 1066 年—前 771 年),就流传着有关巧匠偃师献给周穆王一个艺妓(歌舞机器人)的故事。春秋时代(公元前 770 年—前 467 年)后期,被称为木匠祖师爷的鲁班,利用竹子和木料制造出一个木鸟,它能在空中飞行。1893 年,加拿大摩尔设计的能行走的机器人"安德罗丁"是以蒸汽为动力的。

1920 年,捷克作家卡佩克(Karel Capek)发表了科幻剧本《罗萨姆的万能机器人》。在剧本中,卡佩克把捷克语 Robota 写成了 Robot,Robota 是奴隶的意思。该剧预告了机器人的发展对人类社会的悲剧性影响,引起了大家的广泛关注,被当成了"机器人"一词的起源。

卡佩克提出了机器人的安全、感知和自我繁殖问题。针对人类社会对即将问世的机器人的不安,美国著名科学幻想小说家阿西莫夫于 1950 年在他的小说《我是机器人》中,首先使用了机器人学(Robotics)这个词来描述与机器人有关的科学,并提出了有名的"机器人三守则"。

(1)机器人必须不危害人类,也不允许它眼看人将受害而袖手旁观。

(2)机器人必须绝对服从于人类,除非这种服从有害于人类。

(3)机器人必须保护自身不受伤害,除非为了保护人类或者是人类命令它做出牺牲。

这三条守则给机器人社会赋以新的伦理性,并使机器人概念通俗化,更易于为人类社会所接受。至今,它仍为机器人研究人员、设计制造厂家和用户,提供了十分有意义的指导方针。

通常可将机器人分为三代。第一代是可编程机器人。这类机器人一般可以根据操作员所编的程序,完成一些简单的重复性操作。这一代机器人从 20 世纪 60 年代后半期开始投入使用,目前他在工业界得到了广泛应用。第二代是感知机器人,即自适应机器人,它是在第一代机器人的基础上发展起来的,具有不同程度的"感知"能力。这类机器人在工业界已有应用。

第三代机器人将具有识别、推理、规划和学习等智能机制,它可以把感知和行动智能化结合起来,因此能在非特定的环境下作业,故称为智能机器人。

1967年在日本召开的第一届机器人学术会议上,提出了两个有代表性的机器人定义。一个是森政弘(Masahiro Mori)与合田周平提出的"机器人是一种具有移动性、个体性、智能性、通用性、半机械半人性、自动性、奴隶性等7个特征的柔性机器"。从这一定义出发,森政弘又提出了用自动性、智能性、个体性、半机械半人性、作业性、通用性、信息性、柔性、有限性、移动性等10个特性来表示机器人的形象。另一个是加藤一郎提出的符合如下3个条件的机器称为机器人。

(1) 具有脑、手、脚等三要素的个体。

(2) 具有非接触传感器(用眼、耳接收远方信息)和接触传感器。

(3) 具有平衡觉和固有觉的传感器。

机器人的定义是多种多样的,其原因是它具有一定的模糊性。动物一般具有上述这些要素,所以在把机器人理解为仿人机器的同时,也可以广义地把机器人理解为仿动物的机器。

恩格尔伯格(Joseph F. Engelberger)于1958年创建了世界上第一个机器人公司——Unimation(Univeral Automation)公司。1959年研制出了世界上第一台工业机器人,他被称为"机器人之父"。可以说,20世纪60年代和70年代是机器人发展最快、最好的时期,这期间的各项研究发明有效地推动了机器人技术的发展和推广。

机器人现在已被广泛地用于生产和生活的许多领域,按其拥有智能的水平可以分为3个层次。

(1) 工业机器人。它只能死板地按照人给它规定的程序工作,不管外界条件有何变化,自己都不能对程序也就是对所做的工作作相应的调整。如果要改变机器人所做的工作,必须由人对程序作相应的改变,因此它是毫无智能的。

(2) 初级智能机器人。它和工业机器人不一样,具有像人那样的感受、识别、推理和判断能力。可以根据外界条件的变化,在一定范围内自行修改程序,也就是它能适应外界条件变化对自己作相应调整。不过,修改程序的原则由人预先给以规定。这种初级智能机器人已拥有一定的智能,虽然还没有自动规划能力,但这种初级智能机器人也开始走向成熟,达到实用水平。

(3) 高级智能机器人。它和初级智能机器人一样,具有感觉、识别、推理和判断能力,同样可以根据外界条件的变化,在一定范围内自行修改程序。所不同的是,修改程序的原则不是由人规定的,而是机器人自己通过学习,总结经验来获得修改程序的原则。所以它的智能高出初级智能机器人。这种机器人已拥有一定的自动规划能力,能够自己安排自己的工作。这种机器人可以不要人的照料,完全独立的工作,故称为高级自律机器人。这种机器人已经走向实用。

自动驾驶汽车(Autonomous Vehicles;Self-piloting Automobile)又称无人驾驶汽车,是一种轮式移动机器人,是通过电脑系统实现无人驾驶的智能汽车。2010年10月9日,谷歌公司在官方博客中宣布,正在开发自动驾驶汽车。2015年6月11日,百度公司表示,百度与德国宝马汽车公司合作开发自动驾驶汽车。

15.2　智能机器人的体系结构

智能机器人体系结构指一个智能机器人系统中的智能、行为、信息、控制的时空分布模式。体系结构是机器人本体的物理框架,是机器人智能的逻辑载体,选择和确定合适的体系结构是机器人研究中最基础的并且非常关键的一个环节。以智能机器人系统的智能、行为、信息、控制的时空分布模式作为分类标准,沿时间线索归纳出 7 种典型结构:分层递阶结构、包容结构、三层结构、自组织结构、分布式结构、进化控制结构和社会机器人结构。

1. 分层递阶结构

1979 年,萨里迪斯(G. Saridis)提出分层递阶结构,其分层原则是随着控制精度的增加而智能能力减弱。他根据这一原则把智能控制系统分为 3 级,即组织级、协调级和执行级。图 15.1 给出了分层递阶结构。

分层递阶结构是目标驱动的慎思结构,其核心在于基于符号的规划,其思想源于西蒙和纽厄尔的物理符号系统假说。分层递阶结构中两个典型的代表是 SPA(Sense-Plan-Act)和 NASREM。SPA 应用于第一个具有规划功能的移动机器人 Shakcy,该机器人控制系统划分为感知(S)、规划(P)、执行(A)3 个线性串联的模块。S 模块处理传感信息、环境建模;P 模块根据环境模型和任务目标进行规划;A 模块执行 P 模块规划结果。信息按 S→P→A 方向单向流动,无反馈。

美国航天航空局(NASA)和美国国家标准局(NBS)提出一个机器人 NASREM 结构体系,它是一个严格按时间和功能划分模块的分层梯阶系统。系统对总命令一级一级进行时间和空间上的分解并根据需要调用传感器信息处理模块及相应的数据。NASREM 是 NASA 和 NBS 提出的参考模型并首先应用在空间机器人上,整个系统分成信息处理、环境建模、任务分解 3 列和坐标变换与伺服控制、动力学计算、基本运动、单体任务、成组任务、总任务 6 层,所有模块共享一个全局存储器(数据库),系统还包括一个人机接口模块,它是一个典型的、严格按时间和功能划分模块的分层递阶系统。

分层递阶结构智能分布在顶层,通过信息逐层向下流动,间接地控制行为。该结构具有很好的规划推理能力,通过自上而下任务逐层分解,模块工作范围逐层缩小,问题求解精度逐层增高,实现了从抽象到具体、从定性到定量、从人工智能推理方法发展到数值算法的过渡,较好地解决了智能和控制精度的关系,其缺点是系统可靠性、鲁棒性、反应性差。

2. 包容结构

1986 年,布鲁克斯以移动机器人为背景提出了一种依据行为来划分层次和构造模块的思想。他相信机器人行为的复杂性反映了其所处环境的复杂性,而非机器人内部结构的复杂性,于是提出了包容结构(见图 15.2),这是一种典型的反应式结构(也称为基于行为或基于情境的结构)。包容结构中每个控制层直接基于传感器的输入进行决策,在其内部不维护外界环境模型,可以在完全陌生的环境中进行操作。Brooks 采用包容结构构造了多种机器人,这些机器人确实显示出非常强的智能行为。随后涌现了一批基于包容思想的研究成果。

包容结构中没有环境模型,模块之间信息流的表示也很简单,反应性非常好,其灵活的反应行为体现了一定的智能特征。包容结构不存在中心控制,各层间的通信量极小,可扩充性好。多传感信息各层独自处理,增加了系统的鲁棒性,同时起到了稳定可靠的作用。但包容结构过分强调单元的独立、平行工作,缺少全局的指导和协调,虽然在局部行动上可显示出很灵活的反应能力和鲁棒性,但是对于长远的全局性的目标跟踪显得缺少主动性,目的性较差,而且人的经验、启发性知识难以加入。

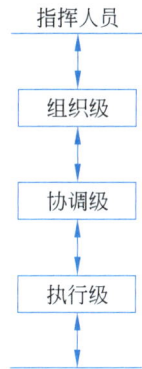

指挥人员
↓
组织级
↓
协调级
↓
执行级
↓

图 15.1　分层递阶结构

3. 三层结构

纯粹的分层递阶结构缺少对陌生环境的反应能力,单一的包容结构缺乏必要的理性和学习能力。20世纪90年代初,3个不同的研究小组几乎同时独立地提出了极其相似的解决方案——三层结构。三层结构由反馈控制层、慎思规划层和连接二者的序列层构成(见图15.3)。同期提出的3种三层结构的差别主要在序列层上。

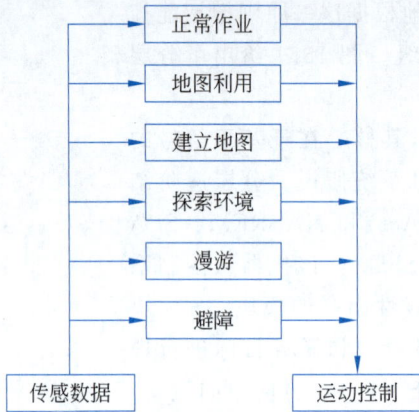

图 15.2　包容结构　　　　图 15.3　三层结构

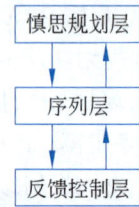

三层结构是分层递阶和包容结构相融合的混合结构,它既吸取了递阶结构中高层规划的智能性,又保持了包容结构中低层反应的灵活性。机器人内部状态是传感信息融合的结果,是对外界环境的反映。三层结构中,序列层维护着状态信息,反映的是环境的过去,控制层直接处理传感信息,面对的是环境的现在,慎思层经过规划推理,预测的是环境的将来,从而保证了智能机器人在时间维上对环境的准确把握。三层结构的不足之处是忽视了传感信息融合、学习和环境建模(空间维)。以后几年实现的机器人采用层结构,都是基于三层结构进行改进或扩充的。

4. 自组织结构

1997年,罗森勃拉特(J. Rosenblatt)在移动机器人导航中提出了DAMN结构。自组织结构如图15.4所示,它由一组分布式功能模块和一个集中命令仲裁器组成。各功能模块基于领域知识通过规划或反应方式自主产生行为(投票),由仲裁器产生一致的、理性的、目标导向的动作到控制器。各功能模块的投票受表决权大小的影响,表决权由模式管理器维护并可以动态修改。于是,在不同的任务、环境状态下,各功能模块会表现出不同的输入输出关系,即通过分布投票、集中仲裁且动态改变表决权的方式实现变构,从而使DAMN结构表现出自组织能力。

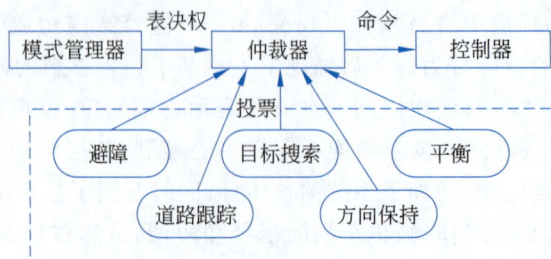

图 15.4　自组织结构

自组织结构的智能分布在其动态可变的结构中,突破了传统体系结构中功能分布模式固定的框架,具有良好的可扩充性和自适应、自组织性能,但其集中仲裁的机制往往是信息流通和系统控制的瓶颈。

5. 分布式结构

1998 年,比亚乔(M. Piaggio)提出一种称为 HEIR(Hybrid Experts in Intelligent Robots)的非层次结构(图 15.5),由处理不同类型知识的 3 部分组成:符号组件(S)、图解组件(D)和反应组件(R),每个组件又都是一个由多个具有特定认知功能的、可以并发执行的智能体构成的专家组,各组件没有层次高低之分,自主地、并发地工作,相互间通过信息交换进行协调,这是一种典型的分布式结构。

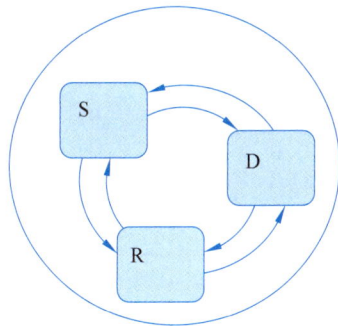

图 15.5　分布式结构

2000 年,盖苏(V. Gesu)等在 DAISY 系统中实现了机器人自主导航的分布式体系结构,由 3 个独立的、可交互的智能体构成:目标识别器、障碍鉴别器和规划器。该结构是基于多智能体的,引入智能体交互与协作机制来处理机器人各模块之间的通信与协调。2002 年,科勒普(M. Kolp)等将智能机器人控制系统划分为运动控制、传感、导航、环境建模和全局规划 5 个分布式组件,并分别以一个智能体来表示,采用组织理论中的五元结构来描述各智能体的分布模式、角色、任务、目标、资源等。

分布式结构突破了以往智能机器人体系结构中层次框架的分布模式,该结构中各智能体具有极大的自主性和良好的交互性,可以独立求解局部问题并与系统中其他智能体通过交互保持协调,从而使机器人系统的智能、行为、信息和控制的分布具有极大的灵活性和并行性。但是,每个智能体对于要完成的任务拥有不全面的信息或能力,缺乏系统的和宏观的问题求解观念,难以保证智能体成员之间以及与系统的目标、意愿和行为的一致,对分散的共享数据和资源缺乏有效的分配和管理,冲突的检测和协调比较困难。分布式结构更多地适用于多机器人群体,机器人单体采用分布式结构,要建立必要的集中机制。

6. 进化控制结构

将进化计算理论与反馈控制理论相结合,形成了一个新的智能控制方法——进化控制。它能很好地解决移动机器人的学习与适应能力方面的问题。2000 年,蔡自兴提出了基于功能与行为集成的自主式移动机器人进化控制体系结构。图 15.6 给出了进化控制体系结构,整个体系结构包括进化规划与基于行为的控制两大模块。这种综合的体系结构的优点是既具有基于行为的系统的实时性,又保持了基于功能的系统的目标可控性。同时该体系结构具有自学习功能,能够根据先验知识、历史经验、对当前环境情况的判断和自身的状况,调整自己的目标、行为,以及相应的协调机制,以达到适应环境、完成任务的目的。

进化控制结构的独特之处在于其智能分布在进化规划过程中。进化计算在求解复杂问题优化解时具有独到的优越性,它提供了使机器人在复杂的环境中寻找一种具有竞争力的优化结构和控制策略的方法,使移动机器人根据环境的特点和自身的目标自主地产生各种行为能力模块并调整模块间的约束关系,从而展现适应复杂环境的自主性。

7. 社会机器人结构

1999 年,鲁尼(B. Rooney)等根据社会智能假说提出了由物理层、反应层、慎思层和社会

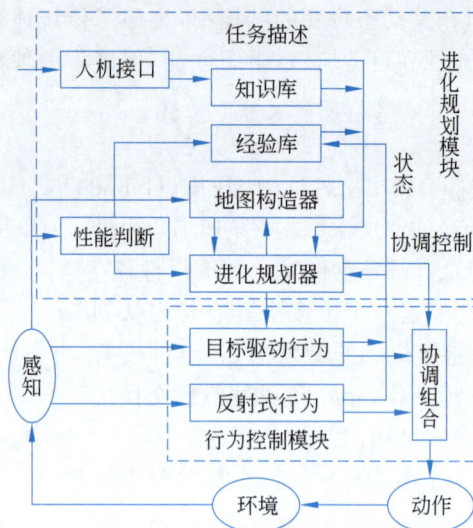

图 15.6 进化控制结构

层构成的社会机器人体系结构(图 15.7),其特色之处在于基于信念-愿望-意图(BDI)模型的慎思层和基于智能体通信语言 Teanga 的社会层,BDI 赋予了机器人心智状态,Teanga 赋予了机器人社会交互能力。

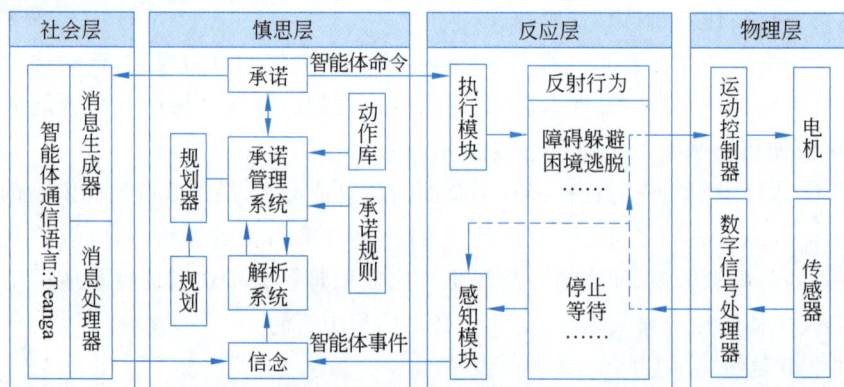

图 15.7 社会机器人的结构

社会机器人结构采用智能体对机器人建模,更自然,更贴切,能很好地描述智能机器人的智能、行为、信息、控制的时空分布模式,引入智能体理论可以对机器人的智能本质(心智)进行更细致地刻画,对机器人的社会特性进行更好地封装社会机器人结构继承了智能体的自主性、反应性、社会性、自发性、自适应性和规划、推理、学习能力等一系列良好的智能特性,对机器人内在的感性和理性、外在的交互性和协作性实现了物理上和逻辑上的统一。从人工智能到分布式人工智能,从智能体到多智能体,从单机器人到机器人群体,从人工生命到人工社会,智能科学正在经历着从个体智能到群体智能的发展过程。

8. 认知机器人结构

近年来,随着智能科学、行为学、生物学、心理学等理论成果的不断引入,认知机器人已成为智能机器人发展的一个重要课题。认知机器人是一种具有类似人类高层认知能力、并能适应复杂环境、完成复杂任务的新一代机器人。图 15.8 给出了一种认知机器人的抽象结构,分为三层,即计算层、构件层和硬件层。计算层包括知觉、认知、行动。知觉是在感觉的基础上产生的,是对感觉信息的整合与解释。认知包括行动选择、规划、学习、多机器人协同、团队工作等。行动是机器人控制系统的最基本单元,包括移动、导航、避障等,所有行为都可由它表现出来。行为是感知输入到行动模式的映射,行动模式用来完成该行为。在构件层包括感觉驱动器(感觉库)、行动驱动器(运动库)和通信接口。硬件层有传感器、激励器、通信设施等。当机器人在环境中运行时,通过传感器获取环境信息,根据当前的感知信息来搜索认知模型,如果存在相应的经验与之匹配,则直接根据经验来实现行动决策,如果不具有相关经验,则机器人利用知识库来进行推理。

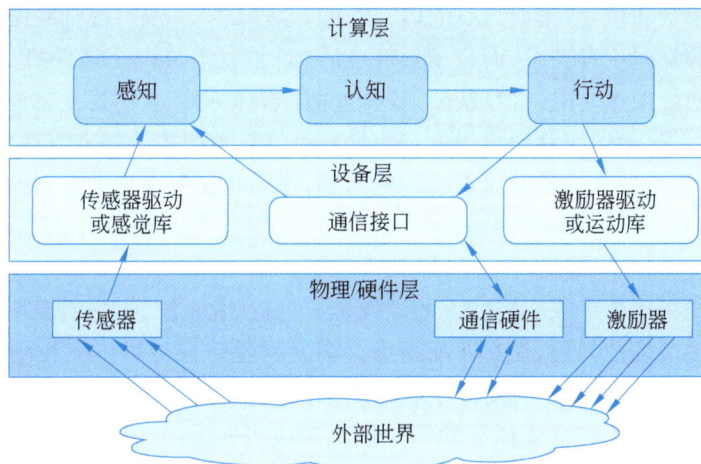

图 15.8　认知机器人的抽象结构

密歇根大学的莱德(J. Laird)等采用 SOAR 认知模型构建认知机器人,系统中将符号处理与非符号处理结合,具有多种学习机制。多伦多大学的莱维斯克(H. Levesque)等利用逻辑研究动态和不完全环境中认知机器人的知识表示和推理问题。阿拉米(R. Alarmi)等提出具有人类自我意识的机器人。

15.3　机器人视觉系统

机器人视觉系统是指用计算机来实现人的视觉功能,也就是用计算机来实现对客观的三维世界的识别。人类接收的信息 70% 以上来自视觉,人类视觉为人类提供了关于周围环境最详细可靠的信息。人类视觉所具有的强大功能和完美的信息处理方式引起了智能研究者的极大兴趣,人们希望以生物视觉为蓝本研究一个人工视觉系统用于机器人中,期望机器人拥有类似人类感受环境的能力。机器人要对外部世界的信息进行感知,就要依靠各种传感器。就像人类一样,在机器人的众多感知传感器中,视觉系统提供了大部分机器人所需的外部世界信息。因此,视觉系统在机器人技术中具有重要的作用。

15.3.1　视觉系统分类

依据视觉传感器的数量和特性,目前主流的移动机器人视觉系统有单目视觉、双目立体视觉、多目视觉和全景视觉等。

1. 单目视觉
单目视觉系统只使用一个视觉传感器。单目视觉系统在成像过程中由于从三维客观世界投影到 N 维图像上,从而损失了深度信息,这是此类视觉系统的主要缺点。尽管如此,由于单目视觉系统结构简单、算法成熟且计算量较小,在自主移动机器人中已得到广泛应用,如用于目标跟踪、基于单目特征的室内定位导航等。同时,单目视觉是其他类型视觉系统的基础,如双目立体视觉、多目视觉等都是在单目视觉系统的基础上,通过附加其他手段和措施而实现的。

2. 双目立体视觉

双目视觉系统由两个摄像机组成,利用三角测量原理获得场景的深度信息,并且可以重建周围景物的三维形状和位置,类似人眼的体视功能,原理简单。双目视觉系统需要精确地知道两个摄像机之间的空间位置关系,而且场景环境的 3D 信息需要两个摄像机从不同角度,同时拍摄同一场景的两幅图像,并进行复杂的匹配,才能准确得到。立体视觉系统能够比较准确地恢复视觉场景的三维信息,在移动机器人定位导航、避障、地图构建等方面得到了广泛的应用。然而,立体视觉系统中的难点是对应点匹配的问题,该问题在很大程度上制约着立体视觉在机器人领域的应用前景。

3. 多目视觉

多目视觉系统采用 3 个或 3 个以上的摄像机,三目视觉系统居多,主要用来解决双目立体视觉系统中匹配多义性的问题,提高匹配精度。多目视觉系统最早由莫拉维克(H. Moravec)研究,他为"Stanford Cart"研制的视觉导航系统采用单个摄像机的"滑动立体视觉"实现;雅西达(M. Yachida)提出了三目立体视觉系统解决对应点匹配的问题,真正突破了双目立体视觉系统的局限,并指出以边界点作为匹配特征的三目视觉系统中,其三元匹配的准确率比较高;艾雅湜(N. Ayache)提出了用多边形近似后的边界线段作为特征的三目匹配算法,并用到移动机器人中,取得了较好的效果;三目视觉系统的优点是充分利用了第三个摄像机的信息,减少了错误匹配,解决了双目视觉系统匹配的多义性,提高了定位精度,但三目视觉系统要合理安置三个摄像机的相对位置,其结构配置比双目视觉系统更烦琐,而且匹配算法更复杂,需要消耗的时间更多,实时性更差。

4. 全景视觉系统

具有较大水平视场的多方向成像系统,其突出优点是具有较大的视场,可以达到 360°,是其他常规镜头无法比拟的。全景视觉系统可以通过图像拼接的方法或者通过折反射光学元件实现。图像拼接的方法使用单个或多个相机旋转,对场景进行大角度扫描,获取不同方向上连续的多帧图像,再用拼接技术得到全景图。美国南加州大学斯特恩(F. Stein)利用旋转摄像机获得 360°地平线信息为机器人提供定位信息;清华大学的刘亚利用 360°旋转的摄像机拼接出镶嵌有运动目标的全景图,并对运动目标进行跟踪。图像拼接形成全景图的方法成像分辨率高,但拼接算法复杂,成像速度慢,实时性差。折反射全景视觉系统由 CCD 摄像机、折反射光学元件等组成,利用反射镜成像原理,可以观察周围 360°场景,成像速度快,能达到实时要求,具有十分重要的应用前景,可以应用在机器人导航中。日本大阪大学利用锥面反射镜研制出了 COPIS 全景视觉系统,为移动机器人提供定位、避障和导航。全景视觉系统本质上也是一种单目视觉系统,也无法直接得到场景的深度信息。其另一个缺点是获取的图像分辨率较低,并且图像存在很大的畸变,从而会影响图像处理的稳定性和精度。在进行图像处理时首先需要根据成像模型对畸变图像进行校正,这种校正过程不但会影响视觉系统的实时性,而且会造成信息的损失。另外,这种视觉系统对全景反射镜的加工精度要求很高,若双曲反射镜面的精度达不到要求,利用理想模型对图像校正则会存在较大偏差。目前,利用全景视觉最为成功的典型实例是 RoboCup 足球比赛机器人。

5. 混合视觉系统

混合视觉系统吸收各种视觉系统的优点,采用两种或两种以上的视觉系统组成复合视觉系统,多采用单目或双目视觉系统,同时配备其他视觉系统。日本早稻田大学研制的机器人 BUGNOID 的混合视觉系统由全景视觉系统和双目立体视觉系统组成,其中全景视觉系统提供大视角的环境信息,双目立体视觉系统配置成平行的方式,提供准确的距离信息;CMU 的流浪者机器人(Nomad)采用混合视觉系统,全景视觉系统由球面反射形成,提供大视角的地形信息,双目视觉系统和激光测距仪检测近距离的障碍物;清华大学的朱志刚使用一个摄像机研制了多尺度视觉传感系统 POST,实现了双目注视、全方位环视和左右两侧的时空全景成像,为机器人提供导航。混合视觉系统具有全景视觉系统视场范围大的优点,同时又具备双目视觉系统精度高的长处,但是该类系统配置复杂,费用比较高。

15.3.2　定位技术

机器人研究的重点转向能在未知、复杂、动态环境中独立完成给定任务的自主式移动机器人的研究。自主移动机器人的主要特征是能够借助于自身的传感器系统实时感知和理解环境,并自主完成任务规划和动作控制,而视觉系统则是其实现环境感知的重要手段之一。典型的自主移动机器人视觉系统应用包括室内机器人自主定位导航、基于视觉信息的道路检测、基于视觉信息的障碍物检测与运动估计、移动机器人视觉伺服等。

移动机器人导航中,实现机器人自身的准确定位是一项最基本、最重要的功能。移动机器人常用的定位技术包括以下几个。

(1)基于航迹推算的定位技术,航迹推算(Dead-Reckoning,DR)是一种使用最广泛的定位手段。该技术的关键是要能测量出移动机器人单位时间间隔走过的距离,以及在这段时间内移动机器人航向的变化。

(2)基于信号灯的定位方法,该系统依赖一组安装在环境中已知的信号灯,在移动机器人上安装传感器,对信号灯进行观测。

(3)基于地图的定位方法,该系统中机器人利用对环境的感知信息对现实世界进行建模,自动构建一个地图。

(4)基于路标的定位方法,该系统中机器人利用传感器感知到的路标的位置来推测自己的位置。

(5)基于视觉的定位方法。利用计算机视觉技术实现环境的感知和理解从而实现定位。

15.3.3　自主视觉导航

机器人自主视觉导航是目前世界范围内人工智能、机器人学、自动控制等学科领域内的研究热点。传统机器人自主导航依赖轮式里程计、惯性导航装置(IMU)、GPS 卫星定位系统等进行定位。而轮式里程计在车轮打滑情况下会产生较大误差,惯性导航装置(IMU)在长距离导航中受误差累积影响会造成定位精度下降,GPS 定位技术在外星球探测或室内封闭环境应用中受到诸多限制。因此,基于双目立体视觉的定位算法成为解决轮式里程计和惯性导航装置定位误差的可行方法。另外,机器人自主导航需要对周围环境进行实时动态的感知和重建,并构建地图用于导航和避障。传统的地形感知多使用激光雷达、声呐、超声、红外等传感器及相关方法,激光雷达功耗和体积较大,不适用于小型移动机器人,而超声、红外传感器作用距离有限且易受干扰,但采用被动光学传感器的视觉方法,体积功耗小,信息量丰富,因此基于视觉方法进行地形感知与地图构建具有广阔的应用前景。

15.3.4 视觉伺服系统

最早基于视觉的机器人系统采用的是静态 Look and Move 形式。即先由视觉系统采集图像并进行相应处理,然后通过计算估计目标的位置来控制机器人运动。这种操作精度直接与视觉传感器、机械手及控制器的性能有关,这使得机器人很难跟踪运动物体。到 20 世纪 80 年代,计算机及图像处理硬件得到发展,使得视觉信息可用于连续反馈,于是人们提出了基于视觉的伺服控制形式。这种方式可以克服模型(包括机器人、视觉系统、环境)中存在的不确定性,提高视觉定位或跟踪的精度。

可以从不同的角度如反馈信息类型、控制结构和图像处理时间等方面对视觉伺服机器人控制系统进行分类。从反馈信息类型的角度,机器人视觉系统可分为基于位置的视觉控制和基于图像的视觉控制。前者的反馈偏差在 3D Cartesian 空间进行计算,后者的反馈偏差在 2D 图像平面空间进行计算。

从控制结构的角度,可分为开环控制系统和闭环控制系统。开环控制的视觉信息只用来确定运动前的目标位姿,系统不要求昂贵的实时硬件,但要求事先对摄像机和机器人进行精确标定。闭环控制的视觉信息用作反馈,这种情况下能抵抗摄像机与机器人的标定误差,但要求快速视觉处理硬件。根据视觉处理的时间可将系统分为静态和动态两类。

根据摄像机的安装位置可分为 Eye-in-Hand 安装方式和其他安装方式。前者在摄像机与机器人末端之间存在固定的位置关系,后者的摄像机则固定于工作区的某个位置。最近也有人把摄像机安装在机械手的腰部,即具有一个自由度的主动性。根据所用摄像机的数目可分为单目、双目和多目等。根据摄像机观测到的内容可分为 EOL 和 ECL 系统。EOL 系统中摄像机只能观察到目标物体;ECL 系统中摄像机同时可观察到目标物体和机械手末端,这种情况的摄像机一般固定于工作区,其优点是控制精度与摄像机和末端之间的标定误差无关,缺点是执行任务时,机械手会挡住摄像机视线。

根据是否用视觉信息直接控制关节角,可分为动态 Look-and-Move 系统和直接视觉伺服系统。前者的视觉信息为机器人关节控制器提供设定点输入,由内环的控制器控制机械手的运动;后者用视觉伺服控制器代替机器人控制器,直接控制机器人关节角。由于目前的视频部分采样速度不是很高,加上一般机器人都有现成的控制器,所以多数视觉控制系统都采用双环动态方式。此外,也可根据任务进行分类,如基于视觉的定位、跟踪或抓取等。

视觉伺服的性能依赖于控制回路中所用的图像特征。特征包括几何特征和非几何特征,机械手视觉伺服中常见的是采用几何特征。早期视觉伺服中用到的多是简单的局部几何特征,如点、线、圆圈、矩形、区域面积等以及它们的组合特征。其中点特征应用最多。局部特征虽然得到了广泛应用,而且在特征选取恰当的情况下可以实现精确定位,但当特征超出视域时则很难做出准确的操作,特别是对于真实世界中的物体。其形状、纹理、遮挡情况、噪声、光照条件等都会影响特征的可见性,所以单独利用局部特征会影响机器人可操作的任务范围,近来有人在视觉控制中利用全局的图像特征。如特征向量、几何矩、图像到直线上的投影、随机变换、描述子等,全局特征可以避免局部特征超出视域所带来的问题。也不需要在参考特征与观察特征之间进行匹配。适用范围较广,但定位精度比用局部特征低。总之,特征的选取没有通用的方法,必须针对任务、环境、系统的软硬件性能,在时间、复杂性和系统的稳定性之间进行权衡。早期的视觉控制机器人,一般取图像特征的数目与机器人的自由度相同,例如威尔斯(Wells)和斯塔特森(Standersons)要求允许的机器人自由度数一定要等于特征数。这样可以保证图像雅可比是方阵,同时要求所选的特征是合适的,以保证图像雅可比非奇异。

15.4　机器人路径规划

移动机器人的路径规划是指机器人在有障碍物的工作环境中,寻找出一条从起点到终点的路径,使机器人在运动过程中能无碰撞地绕过所有障碍物到达目的地,其实质就是移动机器人运动过程中的导航和避障。基于不同的研究方向,移动机器人路径规划有着不同的划分标准。比较常用的有根据环境信息感知程度分类和根据环境信息确定性分类。根据环境信息的已知程度,可将路径规划划分为全局路径规划和局部路径规划以及两者相结合的情况。根据环境信息确定性程度,可以分为静态环境路径规划和动态环境路径规划。其中全局路径规划是在机器人工作环境信息已知的情况下离线规划出符合某种给定规则的最优路径,不需要考虑实时性问题。而局部路径规划中环境是未知的,可能存在动态障碍物。为了保证移动机器人的运行安全,不仅需要考虑机器人能够寻找到最优路径,还要考虑路径规划算法的实时性。移动机器人的主要工作环境在地面,在室内环境中容易受到灯光、走廊、门还有安装在地面的各种物品和工作人员移动的影响,而在室外环境中容易受到地面建筑物和行人的影响,因此对移动机器人在复杂环境下的路径规划问题仍是今后研究的重点之一。

在当今移动机器人路径规划中,全局路径规划主要是环境建模和路径搜索策略两个子问题。其中环境建模的主要方法有自由空间法、可视图法(V-graph)和栅格法(grids)等。路径搜索主要有 A* 算法、D* 最优算法等。局部路径规划的主要方法有遗传算法、人工势场法(Artificial Potential Field)、模糊逻辑算法和滚动窗口法等。

15.4.1　全局路径规划

全局路径规划(Global Path Planning)算法主要是指依据已获取的全局环境信息,给机器人规划出一条从起点至终点的运动路径。全局路径规划方法通常给出的是最优值,但是计算量大、时间久、实时性差,不适合动态环境下的路径规划,基于环境建模的全局路径规划算法主要有以下几种。

(1) 可视图法。视机器人为一点,将机器人、目标点和障碍物的各顶点进行组合连接,要求机器人和障碍物各顶点之间、各障碍物顶点与顶点之间及障碍物各顶点和目标点之间的连线均不能穿越障碍物,即两点之间的直线是可视的。最优路径的搜索问题就转化为从起始点到目标点经过这些可视直线组合的最短距离问题。运用优化算法,删除一些不必要的连线以简化可视图,缩短搜索时间。该方法能够求得最短路径,但由于假设了机器人的尺寸大小忽略不计,使得机器人通过障碍物顶点时离障碍物太近,甚至发生接触并且搜索时间长,对于 N 条连线的搜索时间为 TN。切线图法和 Voronoi 图法是对可视图法进行了改进的方法。

(2) 自由空间法。在机器人路径规划的应用中,采用了预先定义形状的如广义锥形或者凸多边形等一些基本形状构造成为自由空间,并使用自由空间表示连通图,通过搜索连通图来进行路径规划其优点是比较灵活,起始点和目标点改变不会使连通图出现重构的情况,其缺点是复杂程度与障碍物的多少成正比,在一些情况下无法获得最短路径。

(3) 栅格法。将机器人活动空间划分成一系列具有二值信息的网格单元,多采用四叉树或八叉树表示机器人活动范围并通过优化算法完成路径搜索。该方法以栅格为单位记录环境信息,环境被量化成一系列具有一定分辨率的栅格,栅格的大小直接影响着环境信息存储量的大小和规划时间的长短。栅格划分大了,环境信息存储量小,规划时间短,但分辨率下降,在障碍物密集的环境下发现路径的能力减弱;栅格划分小了,环境分辨率高,在密集环境下发现路径的能力增强,但环境信息存储量迅速增大,且规划时间长。

15.4.2　局部路径规划

局部路径规划算法侧重于机器人探测的当前局部信息,这种机器人具有更好的实时性,其路径规划仅依靠传感器实时探测信息,现在很多机器人采用这种路径规划方法。这种路径规划有较强的实用性和实时性,对环境的适应能力强。其缺点是仅依靠局部信息,有时候会产生局部极小值或震荡,无法保证机器人顺利到达目标点。局部路径规划方法主要有以下几种。

(1) 遗传算法。由霍兰德(J. Holland)于20世纪60年代初提出的,它以自然遗传、选择机制等生物进化理论为基础,利用选择、交叉和变异来培养控制机构的计算程序,在某种程度上对生物进化过程用数学方式进行模拟。它不要求适应度函数是连续可导的,而只要求适应度函数为正,同时作为一种并行算法,它的并行性适用于全局搜索。多数优化算法都是单点搜索算法,易于陷入局部最优值,而遗传算法是一种多点搜索算法,因而搜索到全局最优解的可能性更大。由于遗传算法的整体搜索策略和优化计算不依赖于梯度信息,所以很好地解决了其他一些优化算法无法解决的问题,但遗传算法运算速度不够快、进化元素众多,需要占据较大的存储空间和较长时间的运算。

(2) 人工势场法。它是由哈迪布(O. Khatib)提出的一种虚拟力法,其基本思想是将机器人在环境中的运动视为一种虚拟的人工受力场中的运动。障碍物对机器人产生斥力,目标点产生引力,引力和斥力的合力作为机器人运动的加速力,来控制机器人的运动方向和计算机器人运动速度。该方法结构简单,适宜于低层的实时控制,在实时避障和轨迹平滑的控制方面,取得了广泛的应用,但由于其存在局部最优解的问题,容易产生死锁现象,容易使机器人在到达目标点之前就停留在局部最优点。

(3) 模糊方法。不需要建立完整的环境模型,也不需要进行复杂的计算和推理,尤其在对传感器信息的精度要求不高的情况下,机器人对周围环境和机器人的位姿信息具有不确定性、也不敏感,能使机器人的行为体现出很好的稳定性、一致性和连续性,能比较圆满地解决一部分规划问题。对处理未知环境下的规划问题显示出很大优越性,对于通常的用定量方法来解决很复杂的问题或当外界只能提供定性近似的、不确定信息数据时非常有效,但模糊规则往往是根据人们的经验预先制定的,所以存在着无法学习、灵活性差的缺点。

(4) 蚁群算法。它是由意大利学者杜里古(M. Dorigo)等于1991年创立的,是继神经网络、遗传算法、免疫算法之后启发式搜索算法的又一新发现。蚂蚁群体是一种社会性昆虫,它们有组织、分工,还有通信系统,它们相互协作,能完成寻找一条从蚁穴到食物源寻找最短路径的任务。人工蚁群算法是模拟蚂蚁群体智能的算法,具有分布计算、信息正反馈和启发式搜索的特点,在连续时间系统的优化和求解组合优化问题中获得广泛应用。

(5) 粒子群优化算法。这是一种进化计算技术,由埃伯哈特(Eberhart)和肯尼迪(Kennedy)于1995年提出的,他从鸟类捕食模型中得到启示并用于解决优化问题。在粒子群优化算法中,每个优化问题的解都是搜索空间中的一个粒子值,我们称之为"粒子",所有的粒子都有一个适应值是由被优化的函数决定的,每个粒子飞行的方向和距离都由一个速度决定,然后粒子们就追随当前的最优粒子在解空间中搜索粒子群优化算法,初始化为一群随机的粒子,在每一次迭代过程中,粒子通过跟踪两个"极值"不断更新自己。粒子群优化算法同遗传算法类似,是一种基于迭代的优化工具,但是并没有遗传算法用的交叉以及变异,而是粒子在解空间追随最优的粒子进行搜索。

(6)滚动窗口。借鉴了预测控制滚动优化原理,把控制论中将优化和反馈两种基本机制合理地融为一体,使得整个控制既是基于反馈的,又是基于模型优化的。基于滚动窗口的路径规划算法的基本思路:在滚动的每一步,先进行场景预测,机器人根据其探测到的局部滚动窗口范围内的环境信息,用启发式方法生成局部子目标,并对窗口内动态障碍物的运动状态进行预测,判断机器人与动态障碍物相碰撞的可能性,机器人根据窗口内的环境信息及其预测的结果,选择路径规划算法,确定向子目标行进的局部路径,并依所规划的局部路径行进一步,窗口相应向前滚动,然后在新的滚动窗口产生后,根据传感器所获取的最新信息,对窗口范围内的环境信息及动态障碍物运动状况进行更新。该方法放弃了对全局最优路径的理想要求,根据机器人实时测得的实时局部环境信息,以滚动方式进行在线规划,具有良好的避碰能力,但存在着规划的路径是否最优路径的问题,也存在局部极小值问题。

15.5　细胞自动机

人工脑是在理解人脑的基础上,模拟和借鉴人脑的全部或部分结构和功能,采取进化的思想,研究开发的智能信息处理系统,解决传统计算机难以解决的复杂问题。它应具有拟人化、超高速、自进化、自组织、高度并行等特征。用计算机作为手段再现脑的思维决策过程,用人工脑控制器使机器人更聪明。人工脑通过学习使其能力不断进化,通过感知外界环境的刺激进行思考和决策,产生对外界环境的反应。人脑是生物长期自然进化的高度复杂而精巧的智能系统,建立具有类人智能的人工脑模型,还需要经过长期的艰辛努力和多学科专家的交叉研究。

从20世纪40年代以来,关于脑模型或人工脑的研究,人们已在仿生学、人工智能、人工神经网络、模式识别、超级计算机等领域进行了大量的探索,取得了一系列研究成果,其中感知机、联想机、细胞自动机、认知机等,都是某种简化的、局部的人工脑模型。

15.6　认知机模型

美国麻省理工学院媒体实验室为了实现机器与人之间能流利地现场对话,提出构建认知机,使感知、动作、学习嵌入系统中。罗易(Deb Roy)提出一种跨通道早期词汇学习模型(Cross-channel Early Lexical Learning,CELL),理解幼儿从多种感知流早期获取词的过程。

词汇学习是搜索跨输入通道结构,因此称作跨通道。CELL构造创建词汇项模型,词汇项包括语言单元的规范说明和相应的感知基本类别的规范说明。CELL是词汇获取过程的早期阶段。图15.9给出了跨通道早期词汇学习模型示意图。

语言通道包括如下内容。

(1)按照音素或其他子词单元的话语声音。

(2)话语音调轮廓。

(3)可视嘴唇运动,帮助理解话语。

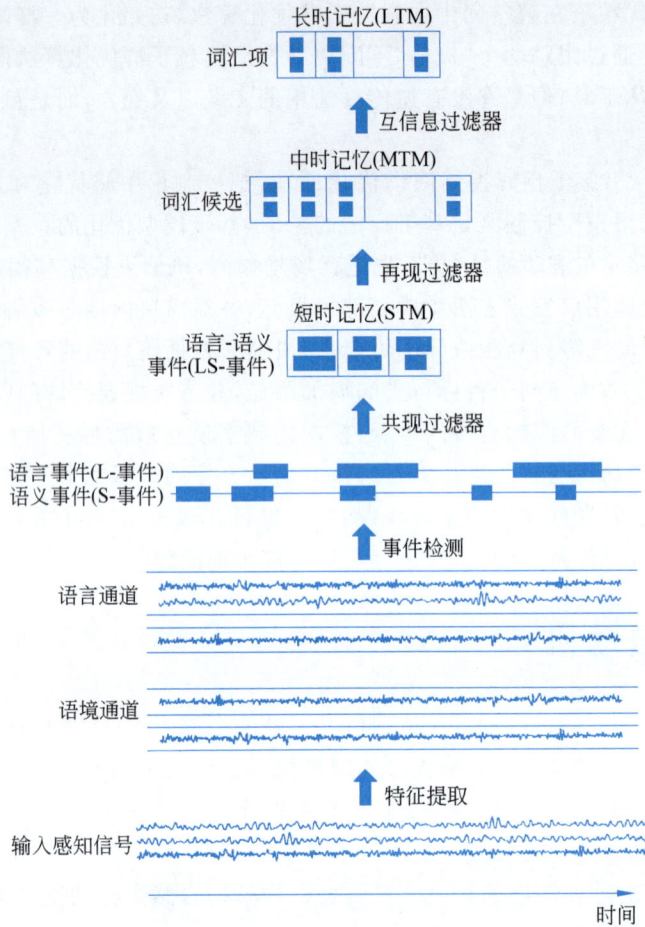

图 15.9　跨通道早期词汇学习模型示意图

(4) 手势补充话语,对听觉不便的学习者提供基本的对话通道。

语境通道包括如下内容。

(1) 物体形状。

(2) 物体颜色。

(3) 物体大小。

(4) 物体之间的空间关系。

(5) 物体运动。

(6) 人脸标识。

在 CELL 模型中,跨输入通道检索实现下列操作。

(1) 假设与字对应语言单元原型。

(2) 假设语义类别的原型。

(3) 基于假设的原型最大化语言单元与语义类别的互信息。

(4) 基于导致高互信息的原型创建词汇项。

操作(1)和操作(2)将生成大量的可能的语言单元原型和相应的语义类别原型假设。操作
(3)考虑每个原型对作为生成词汇项的基础。操作(4)选择最好假设作为基础,生成词汇项。

英国伯明翰大学的斯洛曼(Aaron Sloman)提出了一种认知影响机 CogAff 系统结构(见

图15.10)。认知影响机CogAff分成三层：感知层、中央层、动作层。在感知层主要是反应机制，通过感知内外部条件，产生内外部相应的状态变化。动作层实现慎思机制，具有各种不同水平的抽象能力，灵活的、高效的记忆可用于思维、推测、部分规划、各种推理。目标生成处理、目标比较、规划构建、规划评价、规划执行的遇境依赖全局调整提供了基础，以便将来概念系列可以参考影响的状态和过程，这在纯反应系统结构中是不能实现的。第三层是元管理层，类似人的反射系统，利用类别和评价体系，对内部状态实现自观察、自控制，连接高级的学习和控制未来处理的机制。元管理层的操作如下。

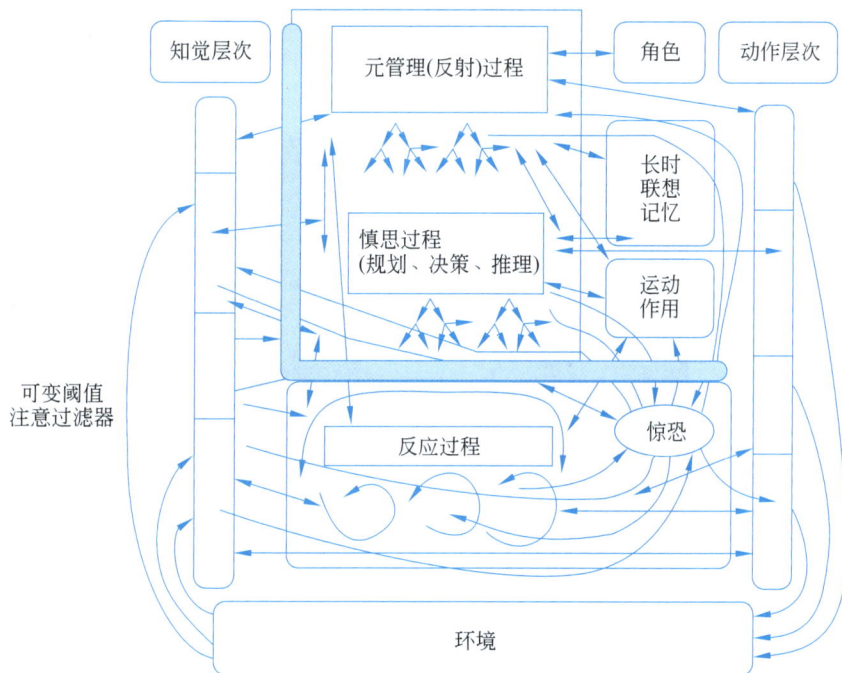

图 15.10 认知影响机 CogAff 系统结构

（1）能够思考回答自己所想的和经历的问题。例如长方形和平行四边形。

（2）能够通知或报告思想的循环过程。例如，为了达到A决定做B，为了达到B决定做C，为了达到C决定做A，然后发现形成了一个圆圈思维。

（3）能够根据事情的重要性判断自己所从事的事情。例如，晚上要完成家庭作业，而不看电视节目。

（4）能够指导改变。例如，解决这个问题比前一个快，表明这次处理问题是多么正确。

15.7 情感机器人

情感机器人就是用人工的方法和技术赋予机器人以人类式的情感，使之具有表达、识别和理解喜乐哀怒，模仿、延伸和扩展人的情感的能力。

20世纪90年代，各国纷纷提出了"情感计算"、"感性工学"、"人工情感"与"人工心理"等理论，为情感识别与表达型机器人的产生奠定了理论基础。主要的技术成果有：基于图像或视频的人脸表情识别技术；基于情景的情感手势、动作识别与理解技术；表情合成和情感表达方法和理论；情感手势、动作生成算法和模型；基于概率图模型的情感状态理解技术；情感测量和表示技术,情感交互设计和模型等。这种机器人能够比较逼真地模拟人的许多种情感表达方式,能够较为准确地识别几种基本的情感模式。

2008年,美国麻省理工学院开发出情感机器人Nexi(见图15.11),该机器人不仅能理解人的语言,还能够对不同语言做出相应的喜、怒、哀、乐反应。Nexi能够通过脸部自由活动装置与人沟通并通过面部表情表达高兴和忧郁之情。最令人感兴趣的是,这款机器人在表达情感过程中还能够通过转动和睁闭眼睛、皱眉、张嘴、打手势等形式表达其丰富的情感,可以根据人面部表情的变化来做出相应的反应。它的眼睛中装备有CCD(电荷耦合器件)摄像机,这使得机器人在看到与它交流的人之后就会立即确定房间的亮度并观察与其交流者的表情变化。Nexi还有灵敏的听觉系统。它的头臂都由高灵敏度的塑料制成,因此机器人能够感觉到别人触摸它,并根据当时情况对这种触摸是否带有恶意做出相应的反应。Nexi可以做家务。

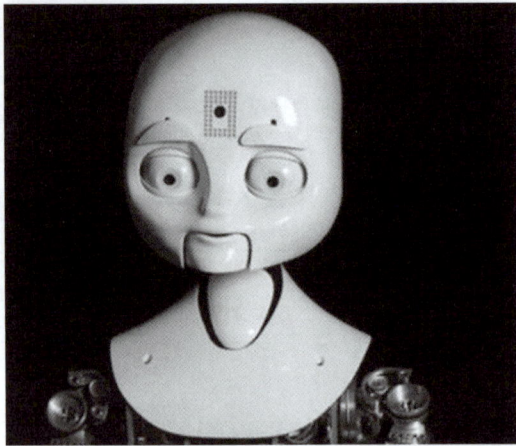

图 15.11　情感机器人 Nexi

韩国科学技术高等研究院智能机器人研究中心金中焕从另一种途径实现人工情感。他们为机器人编写出14个"人造染色体"(由单行的基因代码组成的软件程序),并把它植入到一条名叫RITY的虚拟机器狗身上。RITY可以对外界环境产生带有情绪的反应,而且还可以做出与自己的"基因代码"所决定的"性格"相符的合理的决定,它可以对外界47种不同的刺激产生77种不同的行为反应。现在,金中焕正在试验如何把"人造染色体"放入硬件机器人中,让它们能够直接与人类进行情感交流。

欧盟第七研发框架计划(FP7)2010年正式启动ALIZ-E具有情感的机器人研发项目,总投资1060万欧元。该课题由德国科学家领导,欧盟5个成员国德国、法国、意大利、荷兰和英国的科研人员组成研究团队,进行情感机器人研究,已完成实验室的预研工作,科研人员的研发工作以儿童和机器人之间的相互作用和相互学习为基础,研究模拟类似人类情感行为举止的情感机器人,正如人类情感源自对过去活动环境和经验积累的记忆互动以及相互接受。目前,情感机器人应用优化阶段的研发工作正在意大利米兰的San Rafaele医院小儿科进行。科研人员通过对儿童和机器人之间互动的跟踪观测,优化和调试机器人吸引和维持对儿童注意力的方式,从而自动重复产生机器人与儿童之间的共同行为举止、语言交流和游戏爱好等。科研人员希望应用优化阶段的情感机器人可以获得令人满意的结果,如此将在世界上首次制造出满足儿童需求的"伙伴机器人"。

真正具有类人情感的机器人必须具备3个基本系统:情感识别系统、情感计算系统和情感表达系统。

麻省理工学院的机器人专家布瑞兹(Cynthia Breazeal)创造了一个名为"克米特(Kismet)"的机器人,具有形状类似人头的情感系统(图15.12)。克米特配有可以活动的嘴唇、眼睛和眼睑,并且可以做出一系列的表情。当把它单独放在一边时,它看起来会显得十分忧愁,但是当感应到人类面部的时候,它就会做出笑的样子以引起人们的注意。如果有人推着它走得太快时,它甚至会流露出害怕的表情来提醒人们。和克米特玩耍时,人们都会不自觉地与它这些简单的感情流露产生共鸣。

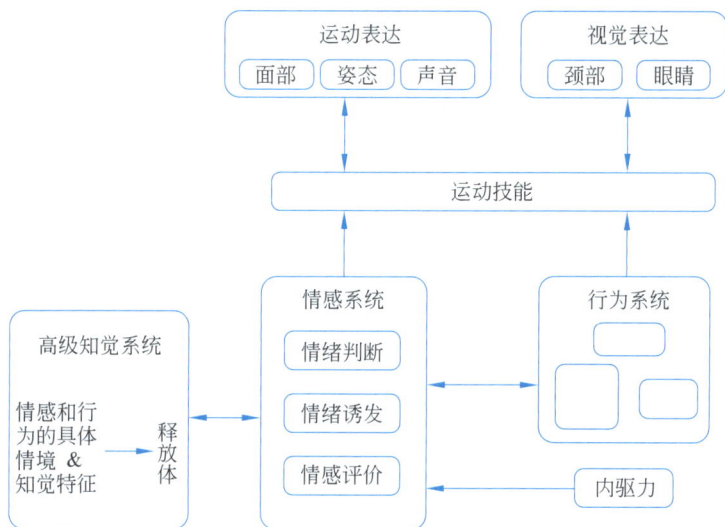

图 15.12　克米特的情感系统

尽管克米特是一个复杂的系统,具有身体和充当肌肉的多个发动机,以及基本的注意和情感模型,但它仍然缺乏真正的理解。因此,它向人们表现出的高兴和厌烦只是对环境中的变化的简单的程序反应,以及对动作和语音的物理特征的反应。当机器表达情感时,它们提供了与人交互的丰富的令人满意的活动,当然这种丰富和满意的解释和理解都来自人的头脑而不是人工系统。

15.8　发育机器人

1996年,翁巨扬(J. Weng)提出了机器人自主智力发育的思想。2001年,他在Science杂志上详细地阐述了自主智力发育的思想框架与可实现的算法模型,即机器人在初始发育算法的控制下通过与环境的交流,动态地改变自己的记忆,对外界的刺激给出越来越积极的响应。

发育机器人与传统机器人的不同之处表现在:不是针对某种特定的任务,必须要对未知可能发生的任务生成合理的表示,要像动物一样可以在线的进行学习,同时这种学习是一种增量的过程,即要保证高层的决策建立在底层比较简单的基础之上。另外,自组织特性也是发育机器人的独特之处,在没有人类进行干扰的情况下,发育机器人也要保证能对所学知识进行合理的组织与存储。

发育模型的构建与发育学习算法的设计是发育机器人主要研究的两大方面。发育模型定义了从传感器信息获取到动作执行的一系列控制规则与算法,它包括以下4部分(见图15.13)。

(1)传感信息获取与预处理模块:传感器是机器人感知外界环境的窗口,只有装配了相

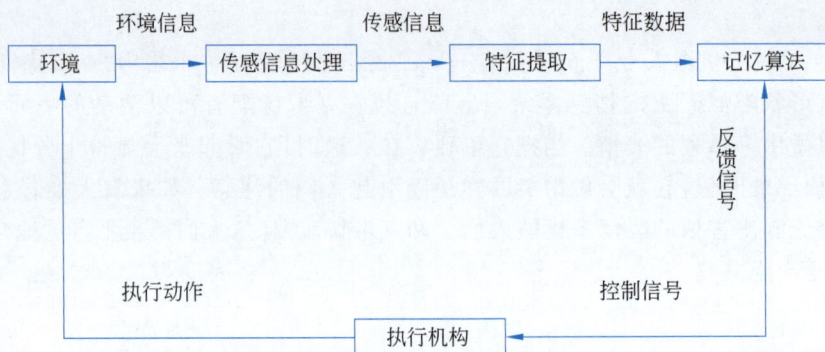

图 15.13　发育模型的基本结构

应的传感器,机器人才能感知到相应的环境信息。因此,对传感信息进行处理是构成机器人智能的基础,发育机器人更是如此,因为机器人发育的过程就是其不断地与环境交互的过程。由于传感信息所含有的数据量非常巨大,且其中含有大量的噪声,所以对数据进行降维处理是非常必要的。

(2) 特征提取模块:特征提取算法既要保留原始数据的主要特征,又能将数据的存储量尽可能的大幅降低,是发育模型的一个必不可少的步骤。

(3) 记忆模块:记忆算法则是发育模型的核心所在,其相当于发育模型的中枢机构,因为机器人在发育过程中所习得的经验均存储在这一结构之中。发育模型中的记忆算法要同时兼顾实时性与准确性的要求,同时要考虑到随着发育进程的深入,如何有效地降低存储量的问题。

(4) 执行模块:在记忆算法所输出的控制信号的控制下,对环境的变化做出反应来完成各种不同的任务。

发育机器人模仿的是人脑及人心理发育的过程,需要机器人在实际的环境中自主的学习可用于完成各种任务的知识,并将这些知识有机地组织于记忆系统当中。因此,发育机器人研究者所面临的主要问题有:是否需要对环境建立具体的世界模型;能否对知识进行确定的表示;记忆系统如何组织以使记忆的提取能符合实时性的要求;机器人是否需要像生物一样,具有一些先天的条件反射机制;低层与高层的知识以何种方式进行组织,高层决策如何进行;多个传感器的数据如何进行融合(是否用到注意机制)以及采用何种学习方式;等等。根据对以上问题回答的不同,研究者们提出了很多不同的发育模型,其中比较典型的有以下 3 种:CCIPCA+HDR 树模型、GENISAMA 通用图灵机模型以及模式(Schema)模型。下面分别介绍这几种模型。

1. CCIPCA+HDR 树模型

CCIPCA+HDR 树模型是由翁巨扬提出的,这种发育模型可以用于机器人的实时发育与自主增量学习。其主要包括两个基本的算法,即增量的主成分分析算法(CCIPCA)与分级回归树算法(HDR)。前者的输出作为后者的输入,可以实时地对环境的改变做出相应的反应。

主成分分析法(Principle Component Analysis,PCA)主要是对一系列输入的观察向量进行分析,找出最能表达这一向量组的少量正交基,实际上起到的就是对高维数据进行降维的作用,这样既可以保证不缺失原始特征,又可以有效地降低运算的复杂度,这对实时性要求较高的发育机器人来说尤为重要。但是一般的 PCA 方法需要对输入数据进行批处理,难以适应增量数据的要求,在这样的情况下,翁巨扬提出了增量的 PCA 方法即 CCIPCA 方法,它能够对依次输入的样本增量地计算主元,通过迭代的方法可以逐步收敛到待求的特征向量,其收敛性已从数学上得到证明。

HDR算法则是一种针对高维向量子空间的识别与匹配算法。它采用了双重聚类的方法,可以自动区分输入样本,并根据其特征进行分类,将输入空间映射到输出空间,起到感知与动作匹配的作用。这种映射或者匹配对机器人而言,就是它们所学习到的知识。由于发育机器人实时的在环境中进行增量的学习,因此HDR树也是增量地建立的,随着HDR树规模的壮大,发育机器人也在不断地成长,具备更为细致的判别与区分的能力。

CCIPCA+HDR树模型是基于判定树结构实现的,因此算法的时间复杂度为对数复杂度,满足了实时性的要求。同时与传统机器人相比,这一模型还具有较强的鲁棒性,可以适应有少量噪声的环境。该模型已经在密歇根州立大学的SAIL机器人平台上进行了导航、避碰、物体识别与语音识别等一系列实验,取得了较好的效果。但是这一模型缺乏高层决策与任务判别的能力,很难完成较为复杂的任务。另外,随着学习复杂程度的提高,存储量与计算量会大大增加,这对机器人的实时性与进一步发育都将会是一个不小的挑战。

2. GENISAMA 通用图灵机模型

2020年8月,翁巨扬提出了GENISAMA通用图灵机模型,如图15.14所示。与传统图灵机不同,发展网络(Development Networks,DN)学习图灵机是一个超级图灵机。缩写词GENISAMA的意思是接地性(Grounded)、涌现性(Emergent)、自然性(Natural)、增量性(Incremental)、技巧性(Skulled)、专注性(Attentive)、动机性(Motivated)和抽象性(Abstractive)。GENISAMA通用图灵机使机器全自主通用学习成为可能。

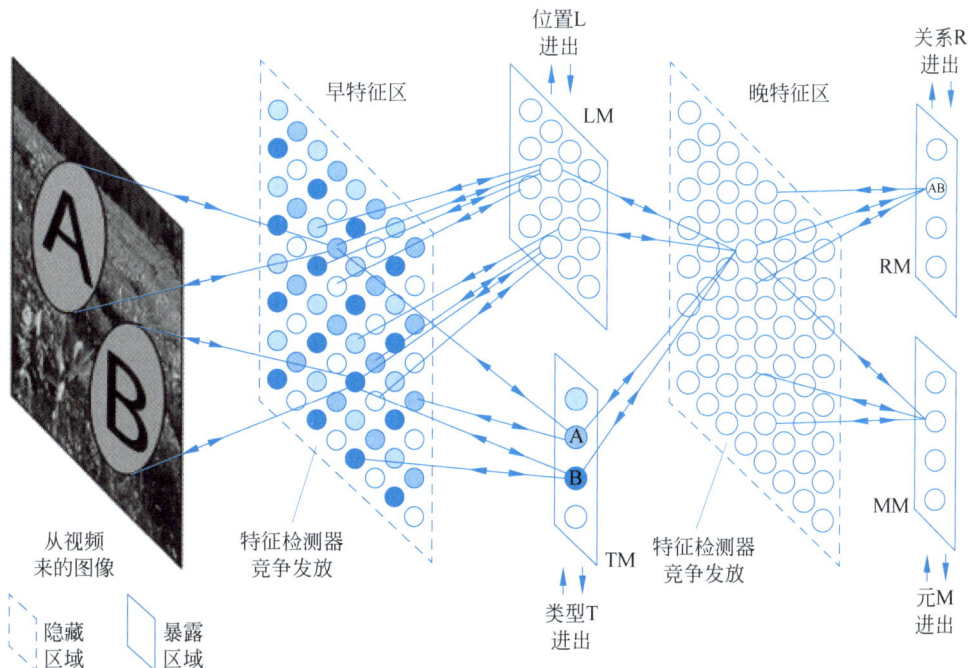

图 15.14 GENISAMA 通用图灵机模型

图15.14中,左面是通过眼睛感知字母A和B,中间是特征检测和竞争发放,右面是输出,使我们知道是字母A和B。从感知区域检测到具体的特征——特定视网膜位置、特定特征类型、特定尺度和特定方向。中间由级联的子区域组成,其中后面的子区域从前面的子区域获取输入,以便它可以检测视网膜中的更大特征。这种级联避免了直接从视网膜检测大尺度特征

的困难,因为较大的特征变形很大,几乎不可能通过静态模板很好地匹配。中间区域最后一个子区域发放神经元连接到运动区中的相应神经元,其中每个神经元代表一个类标签。

3. 模式模型

模式模型是由斯托雅诺夫(G. Stojanov)提出的一种发育模型,其思想主要来源于发展心理学家皮亚杰的发生认识理论。发生认识论将人的认知发育划分为以下 3 个阶段:①通过遗传,具备先天的认知反应模式序列;②通过学习,可以修改原有的式序列,并生成新的可以更好适应环境的模式序列;③使自身逐渐适应这些新模式。

在模式模型中,首先要定义机器人的基本动作集 $A=\{a_1,a_2,\cdots,a_n\}$ 与基本感知集 $P=\{p_1,p_2,\cdots,p_j\}$,其中 a_i 代表机器人所能采取的基本动作,而 p_j 则代表机器人拥有的感知能力。随后要定义模式。模式实质上代表智能体有能力执行的一个基本的动作序列,如可以表示为 $s=a_1a_2a_5a_2a_7a_3$,它根据长度与动作种类的不同而有所区别。初始阶段,会自动生成基本的模式,在学习的过程当中,机器人试图执行这些基本的模式,但由于感知到环境的不同,相应的模式会进化为一个新的动作序列以适应环境与任务的需要。

模式模型已经在 Petitage 机器人上进行了导航方面的实验,取得了较好的效果。这个模型的特点是很好地模仿了人类认知的发育过程,具有较强的鲁棒性与自适应性,但是当感知的状态过多时,会极大地增加计算的时间复杂度,并影响算法收敛的速度。

15.9 智能机器人发展趋势

智能机器人从人类中成长,学习人们的技能,与人们拥有共同的价值标准,可以看成是人类思维的后代。新一代能力更强、用途更广的机器人称为"通用"机器人。莫拉维克曾在 20 世纪预测:第一代在 2010 年出现,它的明显特征是有多用途的感知能力以及较强的操作性和移动性;第二代在 2020 年出现,它最突出的优点是能在工作中学到技能,具有适应性的学习能力;第三代在 2030 年出现,这一代机器人具备预测的能力,在行动之前若预测到将出现比较糟的结果,它能及时改变意图;第四代会在 2040 年出现,这一代机器人将具备更完善的推理能力。

根据 2016 年对 752 家机器人创业公司的报告显示,只有 25% 的创业公司关注于工业机器人,而 75% 的创业公司专注于解决新的机器人领域,如无人机、安保机器人、科研机器人、石油和天然气勘探机器人等,总共占 25%;农业领域机器人占 6%;AGV 占 7%;个人服务机器人占 3%;专业服务机器人占 7%;医疗、外科手术和康复机器人占 7%;消费产品机器人,如家庭清洁、安全、远程业务和娱乐占 9%;教育机器人占 5%。其他的企业还包括人工智能和软件、工程设计、元件制造、3D 打印技术、视觉系统和集成商。半数以上的初创公司主攻软件为基础的市场,而数据显示这些初创公司的硬件成本只占不到三分之一。未来 5~10 年,智能机器人整体增长率都将超过两位数。智能机器人将重点发展如下几方面。

1. 人机协作

汽车公司用人机协作机器人获得所需的灵活性,从而取代老式的工业机器人。优傲机器人和 Rethink Robotics 的公司网站包含了各种应用领域的人机协作机器人的使用案例视频。未来,这将成为这些新兴公司与库卡、ABB 等其他传统机器人巨头激烈竞争的机器人领域。这些新的人机协作机器人的主要特点体现在灵活性、安全性和易用性上。

在 2016 年 6 月举行的慕尼黑国际机器人及自动化技术贸易博览会上,每个机器人制造商都在展示旗下的人机协作机器人。把协作型机器人视为一种商品,可能并不会为公司获取更大的利润,但它创造的商业模式非常好。

2. 机器人即服务

许多初创公司正在寻找扩大经济规模效益的服务提供者。很多公司通过无人机捕捉传感器和相机数据,然后利用软件来分析数据,并将其转化为可操作的方案,这已经实现了跨界融合。另外,在物理空间真实操作的机器人和在软件中执行虚拟任务的机器人的界限也变得越来越模糊。因此,许多公司和服务提供商除了提供 SDK 之外,还开放其 API(应用协议接口),这样这些新的机器人便可以扩大他们的使用范围和有效性,使它更容易为他们的用户服务。例如,比利时的一家创业公司 ZoraRobotics 便使用了亚马逊的 Echo/Alexa 系统和他们自己研发的软件,并将其应用到很多实体机器人上,以为健康和养老市场提供服务。

3. 更强大的算法

由智能机器人主动收集、交付信息及洞察结果的技术正在促进从人类生成信息资产到机器生成信息资产的转变。而这些资产包括新内容、分析与业务流程知识本体、知识产权。智能机器人将完善和推进被称为“算法业务”的新型业务模式。这是一种涉及大量互联、各类关系及动态洞察的经济形态,它基于以算法形式呈现的连接、大数据和新知识产权来支持行动。

智能机器人的崛起与其他发展趋势相辅相成,并必将与这些趋势共同颠覆我们的业务方式。新兴的算法业务即是其中最重要的趋势之一,它将带动能够产生新收入的新业务模式,借助算法充分利用大量与互联和关系有关的大数据的动态洞察结果。此类业务模式与智能机器人之间的关系非常密切,它将各种技术与智能机器人的服务结合在一起。

4. 推理决策

智能机器人将是比人类还优秀的推理者。与人类相比,它们的推理速度至少要快一百万倍,并且有百万倍的短期记忆力。推理是在计算中普遍存在的概念。它能模拟其他任何计算,大体上它可以模拟完成调节系统和全局建模器的功能,或者完成应用程序本身的任务。

在推理器中对控制系统的模拟,比在计算机上直接运行控制器程序要慢许多。但是,推理器能够抽象地检查模拟过程,设计出完成复杂操作的快捷步骤。通过不断地优化自身,推理器的控制器行动将变快,或许最终能比直接控制器还要快。它能加深对未来的预见,考虑意外事件的范围也会更广。

人类还有可能研制出完全基于推理的智能机器人。在这些机器人中,即使对于很小的行为也不是通过不灵活的调节反射进行的,而是朝着长期目标仔细规划实现的。冗长的意外事故链增大了有干扰事件出现时进行及时处理的可能性。

5. 依托云计算

人们正在探索云计算基础设施上的机器人,依靠云计算机处理大量的数据。这种方法可以直接调用“云机器人”,将使机器人不需要做复杂的计算,如图像处理和语音识别,甚至可以立即下载新的技能。很多相关项目都在进行中。特别是,谷歌有一个小团队,创建机器人云服务,如果这种技术流行起来,对该领域可能是结构性的转变。在欧洲,一个重大项目RoboEarth 的目标是开发“机器人万维网”,即一个巨大的云数据库,机器人可以共享有关的对象、环境和任务的信息。

6. 人形机器人具身智能

具身智能是可以在高变化下做出迅猛、精准反应的高质量、高性能智能系统。它既不是单纯的虚拟环境下的计算机仿真,也不是完全偏于物理空间的机电系统,与人形机器人系统紧密相关。

第 16 章

类 脑 智 能

通过脑科学、认知科学与人工智能领域的交叉合作,加强我国在智能科学这一交叉领域中的基础性、独创性研究,解决认知科学和信息科学发展中的重大基础理论问题,创新类脑智能前沿领域的研究。本章重点概述类脑智能的最新进展。

16.1 概述

21 世纪是智能革命的世纪。以智能科学为核心、生命科学为主导的高科技,将掀起一次新的高科技革命——智能技术革命。特别是智能技术、生物技术与纳米技术相结合,研制具有生物特征的智能机,将是 21 世纪高技术革命的突破口。

智能革命将开创人类后文明史。与能量革命实现能量的转换与利用不同,智能革命实现智能的转换与利用,即人把自己的智能赋予机器,智能机把人的智能转换为机器智能,并放大人的智能;人又把机器智能转换为人的智能,加以利用。如果说蒸汽机魔术般地创造了工业社会,那么智能机也一定能奇迹般地创造出智能社会。

图灵以人脑信息处理为原型,于 1936 年提出了伟大的图灵机思想,奠定了现代计算机的理论基础。图灵曾试图"建造一个大脑",第一个提出要把程序放进机器里,从而让单个机器能够发挥多种功能。

从 20 世纪 60 年代以来,冯·诺依曼体系结构是计算机体系结构的主流。现有计算机技术发展存在下列问题。

(1) 摩尔定律表明,未来 10～15 年内器件将达到物理微缩极限。

(2) 受限于总线的结构,在处理大型复杂问题上编程困难且能耗高。

(3) 在复杂多变实时动态分析及预测方面不具有优势。

(4) 不能很好地适应"数码宇宙"的信息处理需求。每天所产生的海量里,有 80% 的数据是未经任何处理的原始数据,而绝大部分的原始数据半衰期只有 3 小时。

(5) 经过长期努力,计算机的运算速度达到千万亿次,但是智能水平仍很低下。

我们要向人脑学习,研究人脑信息处理的方法和算法,发展类脑智能成为当今迫切需求。目前,国际上非常重视对脑科学和智能科学的研究。2013 年 1 月 28 日,欧盟启动了旗舰"人类大脑计划"(Human Brain Project),未来 10 年投入 10 亿欧元的研发经费。目标是用超级计算机多段多层完全模拟人脑,帮助理解人脑功能。2013 年 4 月 2 日,美国前总统奥巴马宣布一项重大计划,将历时 10 年左右、总额 10 亿美元的研究计划"运用先进创新型神经技术的大脑研究"(Brain Research through Advancing Innovative Neurotechnologies,BRAIN),目标是研究数十亿神经元的功能,探索人类感知、行为和意识,希望找出治疗阿尔茨海默氏症(又叫老年痴呆症)等与大脑有关疾病的方法。

IBM 承诺出资 10 亿美元用于其认知计算平台 Watson 的商业化。高通量测序之父罗思伯格(J. Rothberg)和耶鲁大学教授许田成立了新型生物科技公司,结合深度学习和生物医学技术研发新药和诊断仪器技术。

随着欧、美等国相继启动各种人脑计划,中国也将全面启动自己的脑科学计划。2015 年 3 月 9 日,百度董事长兼 CEO 李彦宏在全国政协会议上发言,建议设立国家层面的"中国大脑"计划,以智能人机交互、大数据分析预测、自动驾驶、智能医疗诊断、智能无人飞机、军事和民用机器人技术等为重要研究领域,支持企业搭建人工智能基础资源和公共服务平台,面向不同研究领域开放平台资源。

"中国脑计划"已经筹备了两三年时间,初步形成开展脑认知原理的基础、脑重大疾病、类脑智能的研究格局。类脑计算和人工智能研究是"中国脑计划"的重要组成部分,将以类脑智能研发与产业化为核心,从"湿"、"软"、"硬"和"大规模服务"这 4 个方向展开。具体包括:构建脑科学大数据和脑模拟平台,解析大脑认知和信息处理机制,即通常意义上的生物实验(湿);发展类脑人工智能核心算法,研发类脑智能软件系统,如深度学习算法就是一个特例(软);设计类脑芯片和类脑机器人,研发类脑智能硬件系统,从各种智能可穿戴设备到工业和服务机器人(硬);开展类脑技术在包括脑疾病在内的重症疾病的早期诊断、新药研发以及智能导航、智能专业芯片、公共安全、智慧城市、航空航天新技术、文化传播等领域的应用研究,推动新技术产业化(大规模服务)。"中国脑计划"已获国务院批示,并被列为"事关我国未来发展的重大科技项目"之一。类脑智能研究将借鉴脑的多尺度结构及其认知机制,提出并实现受脑信息处理机制启发的智能框架、算法与系统。

智能科学的研究表明,类脑智能是实现人类水平的人工智能的途径。类脑智能将基于神经形态工程,借鉴人脑信息处理方式,打破冯·诺依曼架构束缚,研究具有自主学习能力的超低功耗新型计算系统,适合实时处理非结构化信息,增强人类感知世界、适应世界、改造世界的智力活动能力。

人脑是世界上最复杂、最高级的智能系统,功能强、效率高、功耗低、普适性好。我们要向人脑学习,研究人脑信息处理的方法和算法。本章选取大数据、认知计算、人脑计划、神经形态机、脑机融合等内容,展示类脑智能研究的思路和进展,推动类脑智能的研究。

16.2　大数据智能

大数据本质上是人类社会数据积累从量变到质变的必然产物,是在信息高速公路基础上的进一步升级和深化,提升智能系统水平的重要途径,对人类社会的发展具有极其重大的影响和意义。

大数据是一个体量特别大,数据类别特别多的数据集,并且这样的数据集无法用传统软件工具对其内容进行抓取、管理和处理。大数据首先是指数据体量(Volumes)大,一般在 10TB 规模左右,但在实际应用中,很多企业用户把多个数据集放在一起,已经形成了 PB 级的数据量。其次是指数据类别(Variety)多,数据来自多种数据源,数据种类和格式日渐丰富,包括半结构化和非结构化数据。接着是数据处理速度(Velocity)快,在数据量非常庞大的情况下,也能够做到数据的实时处理。最后一个特点是指数据真实性(Veracity)高,企业越发需要有效的信息之力以确保其真实性及安全性。大数据是需要新处理模式才能具有更强的决策力、洞察发现力和流程优化能力的海量、高增长率和多样化的信息资产。

美国政府在 2012 年 3 月正式启动"大数据研究和发展"计划,该计划涉及美国国防部、美国国防部高级研究计划局、美国能源部、美国国家卫生研究院、美国国家科学基金、美国地质勘探局 6 个联邦政府部门,宣布将投资 2 亿多美元,用于大力推进大数据的收集、访问、组织和开发利用等相关技术的发展,进而大幅提高从海量复杂的数据中提炼信息和获取知识的能力与水平。该计划并不是单单依靠政府,而是与产业界、学术界以及非营利组织一起,共同充分利用大数据所创造的机会。这也是继 1993 年 9 月美国政府启动"信息高速公路"计划后,国家层面在信息领域的又一次发力。联合国也发布了《大数据促发展:挑战与机遇》的白皮书。全球范围内对大数据的关注达到了前所未有的热度,各类计划如雨后春笋般纷纷破土而出。

随着大数据、云计算、物联网、智能科学等技术广泛应用,人们通过搜索引擎等获取信息,寻找知识,构建知识图;人类的各种社会互动、沟通,社交网络和传感器也正在生成海量数据;商业自动化导致海量数据存储,但用于决策的有效信息又隐藏在数据中,如何从数据中发现知识,大数据挖掘技术应运而生,实现从数据到知识的飞跃。

16.3　蓝脑工程

2005 年 7 月,IBM 公司和瑞士洛桑理工学院宣布开展蓝脑工程研究,对理解大脑功能和机能失调取得进展,探索解决精神健康和神经系统疾病的方法。2006 年年末,蓝脑工程已经创建了大脑皮质功能柱的基本单元模型。2008 年,IBM 公司使用蓝色基因巨型计算机,模拟具有 5500 万神经元和 5000 亿个突触的老鼠大脑。IBM 公司从美国国防部先进研究项目局(Defense Advanced Research Projects Agency,DARPA)得到 490 万美元的资助,研制类脑计算机。IBM Almaden 研究中心和 IBM Wason 研究中心一起,斯坦福大学、威斯康星-麦迪逊大学、康奈尔大学、哥伦比亚大学医学中心和加利福尼亚 Merced 大学都参加该项计划研究。

2007 年以来,从针对小鼠和大鼠脑皮质规模的早期工作开始,IBM 项目组的模拟在规模方面一直保持稳步增长。2009 年 5 月,在与劳伦斯伯克利(Lawrence Berkeley)国家实验室的合作中,IBM 项目组使用黎明蓝色基因(Dawn Blue Gene/P)超级计算机系统,获得了最新的研究结果(如图 16.1 所示)。该研究成果充分利用了超级计算机系统的存储能力,是具有价值的猫科-规模脑皮质模拟(大致相当于人脑规模的 4.5%)的里程碑。这些模拟网络展示了神经元通过自组织形成可重现且具有锁时特性的非同步分组。

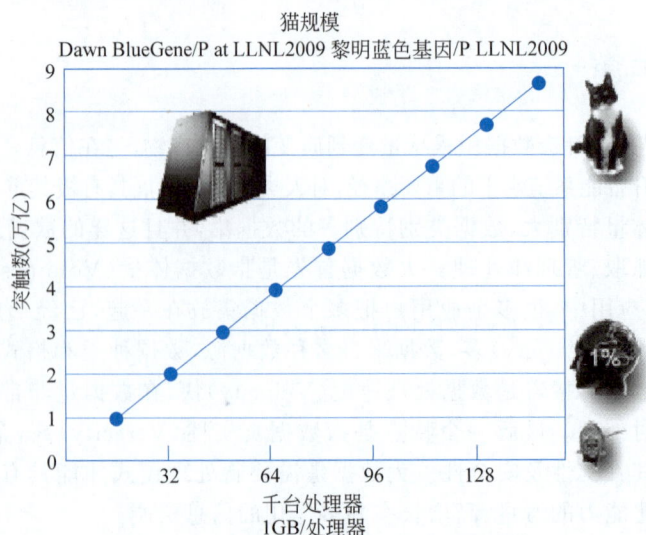

图 16.1　利用 C2 的可伸缩脑皮质模拟

16.4　欧盟人脑计划

2013 年 1 月 28 日,欧盟委员会宣布"未来和新兴技术(FET)旗舰项目"的竞选结果,人脑计划(Human Brain Project,HBP)将在今后 10 年中获得 10 亿欧元的科研资助。

人脑计划项目希望通过打造一个综合的基于信息通信技术的研究平台来研发出最详细的人脑模型。在瑞士洛桑联邦理工学院的马克拉姆(H Markram)的协调下,来自 23 个国家(其中 16 个是欧盟国家)的大学、研究机构和工业界的 87 个组织将通力合作,用计算机模拟的方法研究人类大脑是如何工作的。该研究有望促进人工智能、机器人和神经形态计算系统的发展,奠定医学进步的科学和技术基础,有助于神经系统及相关疾病的诊疗及药物测试。

人脑计划旨在探索和理解人脑运行过程,研究人脑的低能耗、高效率运行模式及其学习功能、联想功能、创新功能等,通过信息处理、建模和超级计算等技术开展人脑模拟研究,为通过超级计算技术开展人脑诊断和治疗、人脑接口和人脑控制机器人研究以及开发类似人脑的高效节能超级计算机等。

人脑计划分为 5 方面,每方面都是以现有工作为基础,进一步开展研究。

1. 数据

采集筛选过的、必要的战略数据来绘制人脑图谱并设计人脑模型,同时吸引项目外的研究机构来贡献数据。当今的神经认知科学已经积累了海量实验数据,大量原创研究带来了层出不穷的新发现。即便如此,构建多层次大脑图谱和统一的大脑模型所需的绝大部分核心知识依然缺失。因此,人脑计划的首要任务是采集和描述筛选过的、有价值的战略数据,而不是进行漫无目的的搜寻。人脑计划制定了数据研究的三个重点。

(1)老鼠大脑的多层级数据。此前研究表明,对老鼠大脑的研究成果同样适用于所有的哺乳类动物。因此,对老鼠大脑组织的不同层级间关系的系统研究将会为人脑图谱和模型提供关键参考。

(2)人脑的多层级数据。老鼠大脑的研究数据在一定程度上可以为人脑研究提供重要参考,但显然两者存在根本区别。为了定义和解释这些区别,人脑计划的研究团队采集关于人类大脑的战略数据,并尽可能积累到已有的老鼠大脑数据的规模,便于对比。

(3)人脑认知系统结构。弄清大脑结构和大脑功能之间的联系是 HBP 的重要目标之一。HBP 会把三分之一的研究重点放在负责具体认知和行为技能的神经元结构上,从其他非人类物种同样具备的简单行为一直到人类特有的高级技能,例如语言。

2. 理论

人脑研究的数学和理论基础。定义数学模型,解释不同大脑组织层级与它们在实现信息获取、信息描述和信息存储功能之间的内在关系。如果缺乏统一、可靠的理论基础,我们很难解决神经科学在数据和研究方面碎片化的问题。因此,HBP 应包含一个专注于研究数学原理和模型的理论研究协调机构,这些模型用来解释大脑不同组织层级与它们在实现信息获取、信息描述和信息存储功能之间的内在关系。作为这个协调机构的一部分,人脑计划应建立一个开放的"欧洲理论神经科学研究机构"(European Institute for Theoretical Neuroscience),以吸引更多项目外的优秀科学家参与其中,并充当创新性研究的孵化器。

3. 信息与通信技术平台

建立一套综合的信息与通信技术平台(Information and Communications Technology

Platforms,ICT)系统,为神经认知学家、临床研究者和技术开发者提供服务以提高研究效率。建议组建六大平台,即神经信息系统、人脑模拟系统、高性能计算系统、医疗信息系统、神经形态计算系统和神经机器人学系统。

(1)神经信息系统。人脑计划的神经信息平台将为神经科学家提供有效的技术手段,使他们更加容易对人脑结构和功能数据进行分析,并为绘制人脑的多层级图谱指明方向。此平台还包含神经预测信息学的各种工具,这有助于对描述大脑组织不同层级间的数据进行分析并发现其中的统计性规律,也有助于对某些参数值进行估计,而这些值很难通过自然实验得出。在此前的研究中,数据和知识的缺乏往往成为我们系统认识大脑的一个重要障碍,而上述技术工具的出现使这一难题迎刃而解。

(2)人脑模拟系统。人脑计划会建立一个足够规模的人脑模拟平台,旨在建立和模拟多层次、多维度的人脑模型,以应对各种具体问题。该平台将在整个项目中发挥核心作用,为研究者提供建模工具、工作流和模拟器,帮助他们从老鼠和人类的大脑模型中汇总出大量且多样的数据来进行动态模拟。这使"计算机模拟实验"成为可能,而在只能进行自然实验的传统实验室中是无法做到这一点的。借助平台上的各种工具可以生成各种输入值,而这些输入值对于人脑计划中的医学研究(疾病模型和药物效果模型)、神经形态计算、神经机器人研究至关重要。

(3)高性能计算系统。人脑计划的超级计算平台将为建立和模拟人脑模型提供足够的计算能力。其不仅拥有先进的百亿亿次级超级计算技术,还具备全新的交互计算和可视化性能。

(4)医疗信息系统。人脑计划的医疗信息系统需要汇集来自医院档案和私人数据库的临床数据(以严格保护病人信息安全为前提)。这些功能有助于研究者定义出疾病在各阶段的"生物签名",从而找到关键突破点。一旦研究者拥有了客观的、有生物学基础的疾病探测和分类方法,他们将更容易找到疾病的根本起源,并相应地研发出有效治疗方案。

(5)神经形态计算系统。人脑计划的神经形态计算平台将为研究者和应用开发者提供他们所需的硬件和设计工具来帮助他们进行系统开发,同时还会提供基于大脑建模多种设备及软件原型。借助此平台,开发者能够开发出许多紧凑的、低功耗的设备和系统,而这些正在逐渐接近人类智能。

(6)神经机器人平台。人脑计划的神经机器人平台为研究者提供开发工具和工作流,使他们可以将精细的人脑模型连接到虚拟环境中的模拟身体上,而以前他们只能依靠人类和动物的自然实验来获取研究结论。该系统为神经认知学家提供了一种全新的研究策略,帮助他们洞悉隐藏在行为之下的大脑的各种多层级的运作原理。从技术角度来说,该平台也将为开发者提供必备的开发工具,帮助他们开发一些有接近人类潜质的机器人,而以往的此类研究由于缺乏这个"类大脑"化的中央控制器,这个目标根本无法实现。

4. 应用

人脑计划的第四个主要目标是可以成功地体现出为神经认知科学基础研究、临床科研和技术开发带来的各种实用价值。

(1)统一的知识体系原则。本项目中的"人脑模拟系统"和"神经机器人平台"会对负责具体行为的神经回路进行详尽解释,研究者可利用它们来实施具体应用,例如模拟基因缺陷的影响、分析大脑不同层级组织细胞减少的后果,建立药物效果评价模型。最终得到一个可以将人类与动物从本质上区分开来的人脑模型,例如,该模型可以表现出人类的语言能力。这些模型将使我们对大脑的认识发生质的变化,并且可以立即应用于具体的医疗和技术开发领域。

（2）对大脑疾病的认识、诊断和治疗。研究者可充分使用医疗信息系统、神经形态计算系统和人脑模拟系统来发现各种疾病演变过程中的生物签名，并对这些过程进行深入分析和模拟，最终得出新的疾病预防和治疗方案。这项工作将充分体现出 HBP 项目的实用价值。新诊断技术在疾病还未造成不可逆的危害前，就能提前对其进行诊断，并针对每位患者的实际情况研发相应的药物和治疗方案，实现"个人定制医疗"，这将最终有利于患者治疗并降低医疗成本。对疾病更好的了解和诊断也会优化药物研发进程，更好地筛选药物测试候选人和临床测试候选人，这无疑有益于提高后期的实验成功率，降低新药研发成本。

（3）未来计算技术。研究者可以利用人脑计划的高性能计算系统、神经形态计算系统和神经机器人平台来开发新兴的计算技术和应用。高性能计算平台将会为他们配备超级计算资源，以及集成了多种神经形态学工具的混合技术。借助神经形态计算系统和神经机器人平台，研究者打造出极具市场应用潜力的软件原型。这些原型包括家庭机器人、制造机器人和服务机器人，它们虽然看起来不显眼，但却具备强大的技术能力，包括数据挖掘、机动控制、视频处理和成像以及信息通信等。

5. 社会伦理

考虑到人脑计划的研究和技术带来的巨大影响，该项目会组建一个重要的社会伦理小组，以资助针对人脑计划项目对社会和经济造成的潜在影响的学术研究，该小组会在伦理观念上影响人脑计划研究人员，管理和提升他们的伦理道德水平和社会责任感，其首要任务是在具有不同方法论和价值观的利益相关者和社会团体之间展开积极对话。

人脑计划的路线图见图 16.2。

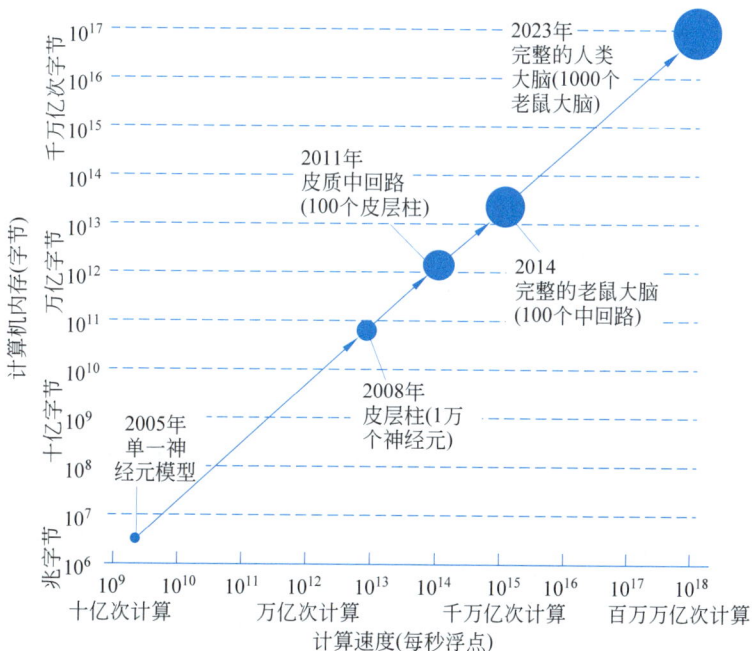

图 16.2　人脑计划的路线图

16.5   美国脑计划

2013年4月2日,美国白宫正式宣布"通过推动创新性神经技术进行脑研究"(Brain Research through Advancing Innovative Neurotechnologies,BRAIN)的计划,简称"脑计划"。该计划被认为可与人类基因组计划相媲美,以探索人类大脑工作机制,绘制脑活动全图,针对无法治愈的大脑疾病开发新疗法。

美国"脑计划"公布后,国家卫生研究院随即成立"脑计划"工作组。"脑计划"工作组提出了9个资助领域:统计大脑细胞类型;建立大脑结构图;开发大规模神经网络记录技术;开发操作神经回路的工具;了解神经细胞与个体行为之间的联系;把神经科学实验与理论、模型、统计学等整合;描述人类大脑成像技术的机制;为科学研究建立收集人类数据的机制;知识传播与培训。

人脑图谱是21世纪科学的极大挑战。人脑连接体项目(Human Connectome Project,HCP)将阐明大脑功能和行为背后的神经通路,是应对这一挑战的关键因素。

该研究项目(WU-Minn HCP Consortium)由华盛顿大学、明尼苏达大学、牛津大学领导,其目标是使用无创性影像学的尖端技术,创建1200个健康成人(双胞胎和他们的非孪生兄弟姐妹)的综合人脑回路图谱,将会产生大脑连通性的宝贵信息,揭示与行为的关系,遗传和环境因素对大脑行为个体差异的贡献。华盛顿大学的范·埃森(D. van Essen)实验室开发连接组工作台,这将提供灵活、方便用户访问、免费存储在ConnectomeDB数据库的海量数据,并在开发其他脑图谱分析方法方面发挥带头作用。连接组工作台的beta版本已经发布在网站www.humanconnectome.org上。

美国波士顿大学认知和神经系统学院长期开展脑神经模型的研究。早在1976年,格罗斯伯格(S Grossberg)就提出了自适应共振理论(ART)。自顶向下期望控制预测性编码和匹配,以此有利于集中注意力,使同步化和增益调节注意特征表象,并且引发能有效抵制彻底遗忘的快速学习。实现快速稳定学习而不致彻底遗忘的目标通常被归结为稳定性/可塑性两难问题。稳定性/可塑性两难问题是每一个需要快速而且稳定地学习的脑系统必须要解决的问题。如果脑系统设计太节省,那么我们应当希望找到一个在所有脑系统中运行的相似的原理,这个原理可以基于整个生命过程中不断变化的条件做出不同的反应来稳定学习不断增长的知识。ART预设人类和动物的感知和认知的一些基本特征就是解决大脑稳定性/可塑性两难问题的部分答案。尤其是,人类是一种有意识的生物,可以学习关于世界的预期并且对将要发生的事情做出推断。人类还是一种注意力型的生物,会将数据处理的资源集中于任何时候有限数量的可接收信息上。人类怎么会既是有意识的又是注意型的生物?这两种处理程序是相关联的吗?稳定性/可塑性两难问题以及运用共振状态的解决方案提供了一种理解这个问题的统一框架。

ART假设在使得我们快速而稳定地学习这个不断变化世界这一过程的机制,以及使得我们学习关于这个世界的推测、验证关于它的假设和将注意力集中于我们感兴趣的信息上这一过程的机制之间有密切的联系。ART还提出,要解决稳定性/可塑性两难问题,只有共振状态可以驱动快速的新学习过程,这也是这个理论名称的由来。

最近的ART模型称为LAMINART,开始展示ART的预测可能在丘脑皮质回路中得以具体化。LAMINART模型使得视觉发展、学习、感知组织、注意和三维视觉的性质一体化。

然而,它们没有将学习的峰电位动力学、高阶特异性丘脑核和非特异性丘脑核、规律性共振和重置的控制机制,以及药理学调制包含在内。

2008年,格罗斯伯格等提出了同步匹配适应共振理论SMART(Synchronous Matching Adaptive Resonance Theory)模型,分析大脑如何协调多级的丘脑和皮质进程来快速学习、稳定记忆外界的重要信息。同步匹配适应共振理论SMART模型,展示了自底向上和自顶向下的通路是如何一起工作并通过协调学习、期望、专注、共振和同步这几个进程来完成上述目标的。特别地,SMART模型解释了怎样通过大脑细微回路,尤其是在新皮层回路中的细胞分层组织实现专注学习的需求,以及它们是怎样和第一层(如外侧膝状体(Lateral Geniculate Nucleus,LGN))、更高层(如枕核)以及非特异性丘脑核相互作用的。

SMART模型超越ART和LAMINART模型的地方在于说明了这些特征怎样自然地在LAMINART结构中共存。特别是SMART解释和模拟了浅层皮质回路可能是怎样与特异性初级和较高级丘脑核以及非特异性丘脑核相互作用,从而控制用于调控认知学习和抵制彻底遗忘的动态缓冲学习记忆的匹配或不匹配的过程;峰电位动力学怎样被包含在振动频率可以提供附加的可用来控制认知导向的诸如匹配和快速学习的动作的同步共振中的;基于乙酰胆碱的过程怎样有可能使得被预测的警觉控制的性质具体化,这个性质只利用网络上本地的计算信号控制经由对不断变化的环境数据敏感的方式来学习识别类的共性规律。

SMART模型首次从原理上将认知与大脑振动联系起来,特别是在γ和β频域,这是从一系列皮质和皮质下结构中得到的记录。SMART模型表明β振动为什么可以成为调制的自顶向下的反馈和重置的标志。SMART模型发展了早前的模拟工作,解释了当调制的自顶向下的期望与连贯的自底向上的输入类型相匹配时,γ振动是怎样产生的。这样一个匹配使得细胞更有效地越过他们的激励阈值来激发动作电位,进而导致在共享自顶向下的激发调制的细胞中局域γ频率同步的整体性增强。

SMART模型还将不同的振动频率与峰电位时序相关的突触可塑性(Spike Timing-Dependent Plasticity,STDP)联系在一起。在突触前和突触后细胞的平均激励周期为10~20ms时,也就是在STDP学习的窗口中时,学习情景更易被限制在匹配条件下,这与实验结果相符。这个模型预测STDP将进一步加强相关的皮质和皮质下区域的同步兴奋度,在快速学习规律中对长期记忆权值的影响可以被匹配状态下的同步共振阻止或者快速反转。在匹配状态下被放大的γ振动,通过将突触前激动压缩进狭窄的时域窗口,将有助于激动传遍皮质等级结构。这个预测与观察到的外侧膝状体成对的突触前激励对在视觉皮层中产生突触后兴奋的效果在激动间隔增加的时候快速降低是相一致的。

不同的振荡频率与匹配/共振(γ频率)和不匹配/重置(β频率)一起,将这些频率联系起来,不仅为选择学习,更为发现支持新学习的皮质机制的活跃的搜索过程。不匹配也预测会在N200 ERP的组成部分中表达的事实,指出新实验可以将ERP和振荡频率结合起来,作为动态规律性学习的认知过程索引。

在美国国家科学基金会的资助下,波士顿大学认知和神经系统学院成立了教育、科学和技术学习卓越中心(CELEST)。在CELEST,计算模型的设计者、神经科学家、心理学家和工程师,与来自哈佛大学、麻省理工学院、布兰代斯大学和波士顿大学的认知和神经系统部门的研究人员进行交流协作,研究有关脑如何计划、组织、通信、记忆等基本原理,特别是应用学习和记忆的脑模型,构建低功耗、高密度的神经芯片,实现越来越复杂的大规模脑回路,解决具有挑战性的模式识别问题。

波士顿大学认知和神经系统学院设计了一款软件称为模块化神经探索旅游代理(Modular Neural Exploring Traveling Agent,MoNETA),它是一个芯片上的大脑。MoNETA 将运行在美国加利福尼亚惠普实验室研发的类脑(Brain Inspired)微处理器上,其工作原理正是那些把我们哺乳动物与无智商的高速机器区别开来的最基本原则。MoNETA 正好是罗马神话中记忆女神的名字"莫内塔",会做其他计算机从未做过的事情。它将感知周围的环境,决定哪些信息是有用的,然后将这些信息加入逐渐成形的现实结构中。在一些应用中,它会制定计划以保证自身的生存。换句话说,MoNETA 将具有近似于蟑螂、猫,以及人所具有的动机。MoNETA 与其他人工智能的区别在于,它不需要显式地编程,像哺乳动物的脑一样具有适应性和效用性,可以在各种各样的环境下进行动态学习。

16.6　脑模拟系统 SPAUN

人类的大脑是一个高度复杂的器官,科学家们要构建出一个人工大脑模型,首先得知道我们大脑的工作原理,具体来说就是要先了解大脑里每一部分负责的运算任务,以及这些运算功能在神经网络系统上的实现原理。2012 年 11 月,Science 杂志上发表了伊莱亚史密斯(C Eliasmith)等的文章,介绍一种大规模的人体大脑模型,如图 16.3 所示。这种大脑模型就能够模拟各种复杂的人类行为,这一成果标志着科学家们在人工智能研究领域又前进了一大步。

伊莱亚史密斯等开发的大脑仿真模型称为语义指针结构统一网络(Semantic Pointer Architecture Unified Network,SPAUN),如图 16.3 所示。该系统能够观察图像,并使用配套的模型手臂做出相应的动作。伊莱亚史密斯等开发的 SPAUN 系统可以完成 8 种各不相同的任务,在所有这 8 种任务中都会包含对各种图形(主要是数字图形)的介绍,以及根据图形做出相应的动作(用人工臂画出"看到"的数字)。这些任务包括简单的图像识别任务、记忆性的任务(按照看到数字的先后顺序重新写一遍)、强化学习任务(如赌博任务)和更加复杂的认知任务(类似于智商测试题一类的任务)。SPAUN 系统会依靠它所拥有的那 250 万个神经元细胞来完成这些测试,这些神经元细胞按照我们人类大脑的组成方式形成了多个子系统,这些子系统分别对应了我们人类大脑的不同区域,最后这些子系统之间又互相联系起来,具备了大脑最基本的功能。

人工大脑看到的视觉图像信息首先会被"压缩"处理,去除掉不相关的或者冗余的信息。伊莱亚史密斯小组在对图形信息进行压缩处理时使用的是一种多层次受限玻尔兹曼机的算法,这种算法属于一种前馈神经网络系统的运行机制,每一层有限玻尔兹曼机处理都可以得到一种图形特征信息,经过多轮(层)有限玻尔兹曼机处理之后就可以得到整个图形的所有相关信息。然后,将这些图形信息一一分配给人工大脑里与真正人类大脑视觉中枢对应的各子系统,它们分别对应初级视觉皮层和次级视觉皮层、纹状体外皮层和颞下皮层。在运动功能方面,SPAUN 系统也采取了一种类似的方法,他们将简单的动作命令,如画出数字"6",也分解为很多个简单的动作,然后将这些动作组合起来就可以画出一个"复杂的"6。所有相关的运算全都基于最佳控制理论,其中还包括辅助运动中枢和初级运动中枢的运算。这种对信号的压缩处理同时伴以动作的人工大脑模型解决了大脑在与环境发生相互作用时需要处理的"广度难题",以往的人工模型在处理这类问题时总是不知道该如何处置大量的感觉信息,同时也不知道在面对众多动作备选方案时应该做出哪种选择。

(a)

(b)

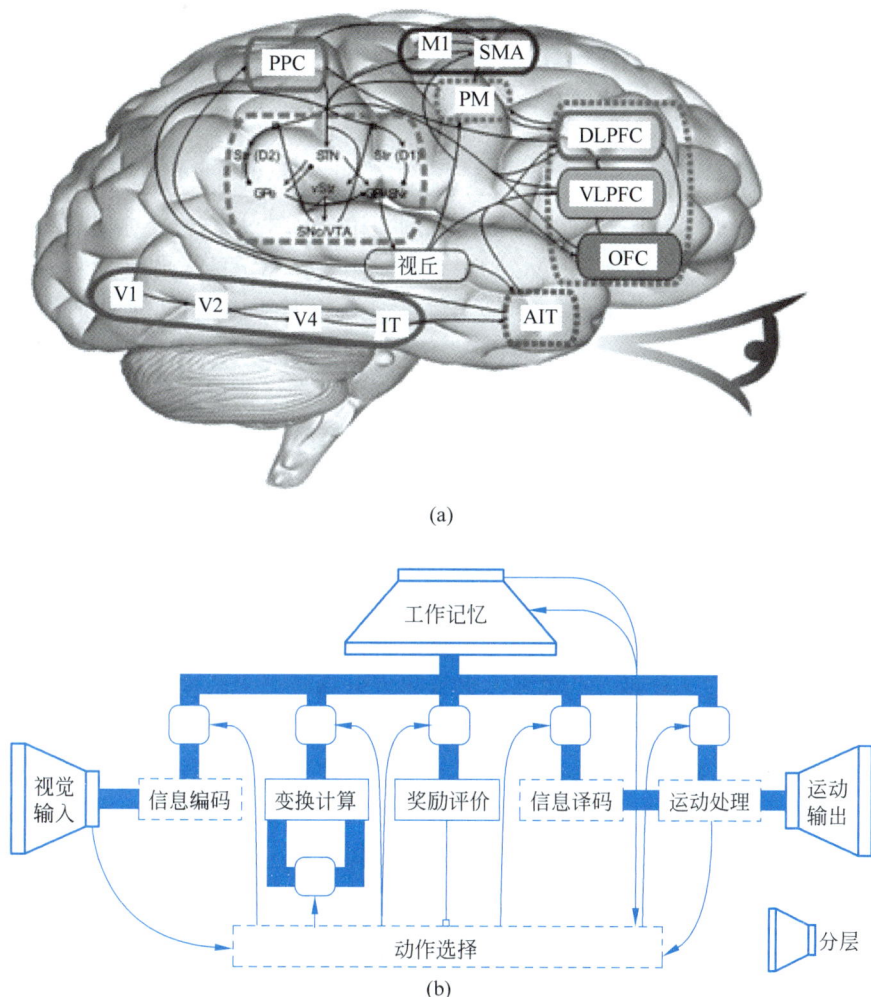

图 16.3 SPAUN 的大脑仿真模型

SPAUN 系统的认知装置实际上包括两个相互交叉的组成部分,它们分别是相当于人类大脑前额皮质区的工作记忆系统和相当于人类大脑基底神经节和丘脑的动作选择系统。这套动作选择系统控制着人工大脑当前的状态,同时也部分受到了强化学习理论和当前流行的基底神经节模型的启发。SPAUN 系统的记忆工作系统采用了一套全新的算法,这套算法借鉴了计算神经科学领域的神经系统算法和来自数学心理学领域的卷积记忆理论。这套神经系统算法使 SPAUN 系统拥有了一个网络化的信息存储机制,而卷积记忆理论又让 SPAUN 系统可以将以往的信息和最新接收的信息有效地结合在一起。所以 SPAUN 系统可以有效地做出重复行为,例如写出一列数字中的第一个数字和最后一个数字,这是其他人工大脑模型无法比拟的。

伊莱亚史密斯等还使用了另外一个记忆工作系统来自动推测以往和当前信号之间的关系。这种自动推理功能意味着最初级的句法功能,SPAUN 系统呈现出的数字识别并再现功能预示着这种句法功能在将来的某一天一定会实现。这种再现功能与符号运算功能有着直接的联系,这种符号运算在计算机科学和联结主义理论著作里非常常见。SPAUN 系统使用这些计算方法居然还通过了最基础的智商测试考核。

在 SPAUN 系统里对应前额皮质区的那些子系统起到了连接抽象运算、符号运算和单个神经元细胞活动的作用。关于卷积记忆功能,伊莱亚史密斯等做了一个非常有意思的预测,他们估计神经元细胞激活的速率(在单位时间内出现的动作电位的平均数量)会随着不断地连续完成记忆工作而逐渐加快。

在 SPAUN 系统的每一个模块当中,实际的信息都是通过大量被激活的神经细胞来完成处理的。而在生理条件下借助神经网络开展的高水平的运算与依靠单个神经元细胞开展的低水平的运算之间的这种联系在 SPAUN 系统中是依靠所谓的"神经工程架构(Neural Engineering Framework)"来重建的,这套神经工程架构系统尤其善于在活化的神经网络里完成任意数学矢量运算(Arbitrary Mathematical Vector Operation)。这套系统假定信息会按照神经激活速度的线性被读取,然后再以非线性的方式将信息转换成神经活动功能。这样每一个子系统里处理的信息都会被分配给每一个神经元细胞,这种模式也非常符合大脑电生理研究工作得到的结论,例如,我们的大脑对不同的感觉刺激(输入)信号或运动输出信号的响应速度是不一样的等。

基于伊莱亚史密斯等的开发思路,当 SPAUN 系统在某些方面不能很好地模拟真实大脑情况时,我们一点也不感到奇怪。例如,这套系统多个部分的响应活性在好几方面(其中包括最基础的统计范畴)都和大脑的实际情况有明显的不同。我们现在还不知道将来这些问题能够被改善到何种程度,也不清楚这些偏差在多大程度上是我们大脑内部基础响应水平不一致情况的真实反映。SPAUN 系统的最大问题还是它硬连接的本质以及不能学习新任务(功能)的特点。不过 SPAUN 系统的结构具有非常大的灵活性,并不拘泥于某一项任务,而且在 SPAUN 系统中有多个部分都是具备学习功能的,例如,图形信息多层处理系统和动作选择系统都有这种学习的潜力。至于说更广义的学习能力,如学习一项全新的任务,这也许是伊莱亚史密斯等人故意留下的一个空白。实际上,SPAUN 系统所欠缺的恰恰就是我们在对自身大脑认识上还有所不足的部分。伊莱亚史密斯等已经将大量的大脑研究成果纳入 SPAUN 系统,这件工作本身就已经向我们展现了一个大脑工作理论,当然其中并不包括与学习相关的机制。此外,伊莱亚史密斯等也提供了一种大规模的、自上而下开发人工智能系统的可能性。SPAUN 系统的出现为这方面的工作设立了一个新的标杆,也提供了一条新的途径,不要只想着如何将尽可能多的神经细胞或信息量集中在一起,注意力应该集中在尽可能地重现大脑功能、行使更复杂的行为上。

16.7　神经形态芯片

计算机的"冯·诺依曼架构"与"人脑架构"的本质结构不同,人脑的信息存储和处理,通过突触这一基本单元来实现,因而没有明显的界限。正是人脑中的千万亿个突触的可塑性——各种因素和各种条件经过一定的时间作用后引起的神经变化(可变性、可修饰性等),使得人脑的记忆和学习功能得以实现。

模仿人类大脑的理解、行动和认知能力,成为重要的仿生研究目标,该领域的最新成果就是推出了神经形态芯片。《麻省理工科技评论》(*MIT Technology Review*)2014 年 4 月 23 日刊出了"2014 十大突破性科学技术"的文章,高通(Qualcomm)公司的神经形态芯片(Neuromorphic Chips)名列其中。

16.7.1 神经形态芯片简史

神经形态芯片的研究已有 20 多年的历史。1989 年,加州理工学院米德(C. Mead)在文献[240]中给出了神经形态芯片的定义:"模拟芯片不同于只有二进制结果(开/关)的数字芯片,可以像现实世界一样得出各种不同的结果,可以模拟人脑神经元和突触的电子活动。"然而,米德本人并没有完成模拟芯片的设计。

语音处理芯片公司 Audience 公司,对神经系统的学习性和可塑性、容错、免编程、低能耗等特征进行了研究,研发出基于人的耳蜗而设计的神经形态芯片,可以模拟人耳抑制噪声,应用于智能手机。Audience 公司也由此成为行业内领先的语音处理芯片公司。

高通公司的"神经网络处理器"与一般的处理器工作原理不同。从本质上讲,它仍然是一个由硅晶体材料构成的典型计算机芯片,但是它能够完成"定性"功能,而非"定量"功能。高通开发的软件工具可以模仿大脑活动,处理器上的"神经网络"按照人类神经网络传输信息的方式而设计,它可以允许开发者编写基于"生物激励"程序。高通设想其"神经网络处理器"可以完成"归类"和"预测"等认知任务。

高通公司给其"神经网络处理器"起名为"Zeroth"。Zeroth 的名字起源于"第零原则"。"第零原则"规定,机器人不得伤害人类个体,或者因不作为致使人类个体受到伤害。高通公司研发团队一直致力于开发一种突破传统模式的全新计算架构。他们希望打造一个全新的计算处理器,模仿人类的大脑和神经系统,使终端拥有大脑模拟计算驱动的嵌入式认知——这就是Zeroth。"仿生式学习""使终端能够像人类一样观察和感知世界""神经处理单元(NPU)的创造和定义"是 Zeroth 的三个目标。关于"仿生式学习",高通公司是通过基于神经传导物质多巴胺的学习(又名"正强化")完成的,而非编写代码实现。

IBM 公司自 1956 年创建第一台人脑模拟器(512 个神经元)以来,就一直在从事对类脑计算机的研究,模仿了突触的线路组成、基于庞大的类神经系统群开发神经形态芯片也就自然而然地进入了其视野。其中,IBM 第一代神经突触(Neurosynaptic)芯片用于"认知计算机"的开发。尽管"认知计算机"无法像传统计算机一样进行编程,但可以通过积累经验进行学习,发现事物之间的相互联系,模拟大脑结构和突触可塑性。

2008 年,在美国国防高级研究计划局(DARPA)的资助下,IBM 的"自适应可变神经可塑可扩展电子设备系统"项目(SyNAPSE)第二阶段项目则致力于创造既能同时处理多源信息又能根据环境不断自我更新的系统,实现神经系统的学习性和可塑性、容错、免编程、低能耗等特征。项目负责人莫得哈(D. Modha)认为,神经芯片将是计算机进化史上的又一座里程碑。

2011 年,IBM 首先推出了单核含 256 个神经元,256×256 个突触和 256 个轴突的芯片原型。当时的原型已经可以处理像玩 Pong 游戏这样复杂的任务。不过相对来说还是比较简单,从规模上来说,这样的单核脑容量仅相当于虫脑的水平。2013 年 8 月初,IBM 研究院公布了类脑系统 TrueNorth 计算机系统架构和编程语言,希望在某些应用场景下取代今天的计算机。

2014 年 8 月 8 日,IBM 在 Science 刊物上公布仿人脑功能的芯片,能够模拟人脑神经元、突触功能以及其他脑功能,从而完成计算功能,这是模拟人脑芯片领域所取得的又一大进展。IBM 表示,这款名为 TrueNorth 的微芯片擅长完成模式识别和物体分类等烦琐任务,而且功耗还远低于传统硬件。

2003 年,英国 ARM 公司开始研制类脑神经网络的硬件单元,称为 SpiNNaker(Spiking Neural Networks Architecture)。2011 年,正式发布了包含 18 个 ARM 核的 SpiNNaker 芯

片。2013 年,开发基于 UDP 的 Spiking 接口,可以用于异质神经形态系统的通信。2014 年,将与滑铁卢大学合作,支持 Spaun 模型的硬件计算。

2011 年,德国海德堡大学在 FACTS 项目的基础上,在 Proactive FP7 的资助下,启动了为期 4 年的 BrainScales 项目。2013 年,加入欧盟"人类大脑计划"。在 2013 年 6 月 20 日结束的莱比锡世界超级计算机大会上,人脑研究项目协调人之一,德国海德堡大学教授麦耶(Meier K)介绍了德国科学家取得的研究进展。麦耶宣布,神经形态系统将出现在硅芯片上或硅圆片上。这不仅是一种芯片,而且是一个完整的硅圆片,上面集成了 20 万个神经元和 500 万个突触。这个硅圆片的大小如同一个略大些的盘子。这些硅圆片就是未来 10 年欧盟人脑研究项目要开发的类似人脑的新型计算机系统结构的基石。

中国科学院计算技术研究所陈天石、陈云霁等于 2012 年提出了国际上首个人工神经网络硬件的基准测试集 benchNN。这项工作提升了人工神经网络处理速度,有效加速了通用计算。先后推出了一系列寒武纪神经网络专用处理器:DianNao(面向多种人工神经网络的原型处理器结构)、DaDianNao(面向大规模人工神经网络)和 PuDianNao(面向多种机器学习算法)等。

16.7.2　IBM 的 TrueNorth 神经形态系统

经过 3 年的努力,IBM 在复杂性和使用性方面取得了突破。2014 年 8 月 8 日,IBM 在 *Science* 杂志上公布仿人脑功能的 TrueNorth 的微芯片,如图 16.4 所示。这款芯片能够模拟神经元、突触的功能以及其他脑功能执行计算,擅长完成模式识别和物体分类等烦琐任务,而且功耗还远低于传统硬件。该芯片由三星电子负责生产,拥有 54 亿个晶体管,是传统 PC 处理器的 4 倍以上。它的核心区域内密密麻麻地挤满了 4096 个处理核心,产生的效果相当于 100 万个神经元和 2.56 亿个突触。目前,IBM 已经使用 16 块芯片开发了一台神经突触超级计算机。

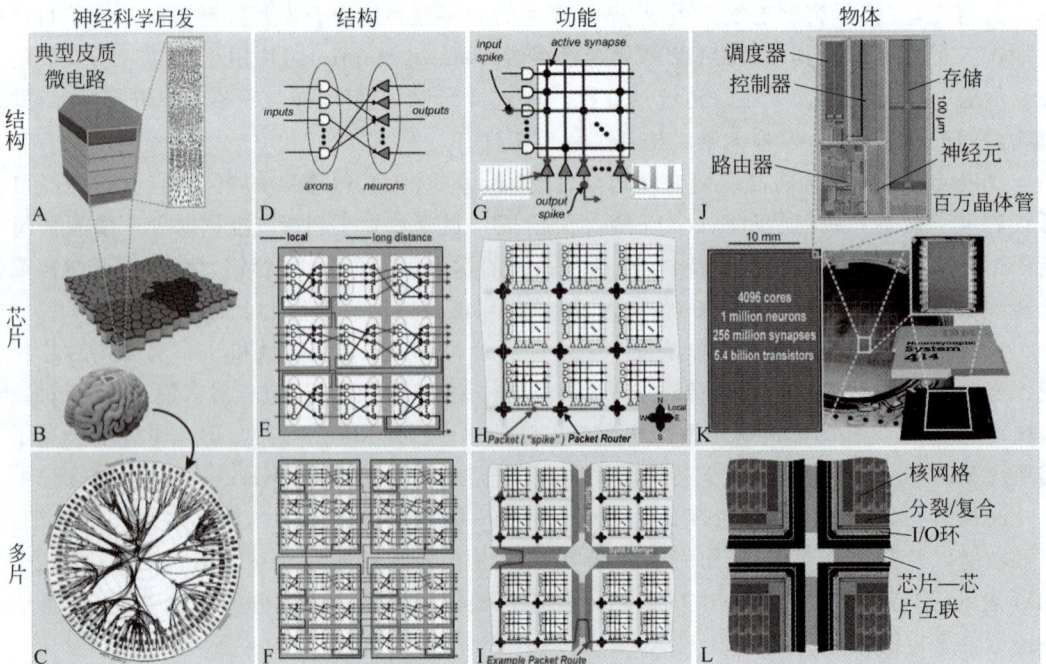

图 16.4　IBM 的 TrueNorth 芯片

　　TrueNorth 的 4096 个核心之间就使用了类似于人脑的结构,每个核心包含约 120 万个晶体管,其中负责数据处理和调度的部分只占用少量晶体管,而大多数晶体管都被用于数据存储以及与其他核心沟通等方面。在这 4096 个核心中,每个核心都有自己的本地内存,它们还能通过一种特殊的通信模式与其他核心快速沟通,其工作方式非常类似于人脑神经元与突触之间的协同,只不过,化学信号在这里变成了电流脉冲。IBM 把这种结构称为"神经突触内核架构"。

　　IBM 使用软件生态系统将众所周知的算法,例如,卷积网络、液态机器、受限玻尔兹曼机、隐马尔可夫模型、支持向量机、光学流量、多模态分类通过离线学习加到系统结构中。现在这些算法在 TrueNorth 中运行无须改变。为了测试在现实世界中的应用问题,开发了固定相机配置的多目标检测和分类应用。该任务有两个挑战。

　　(1) 在稀疏图像下准确检测人群、自行车、汽车、卡车和公交车。

　　(2) 正确辨别物体。

　　在 400×240 像素孔径下操作,每秒 30 帧 3 色视频(见图 16.5),芯片耗电 63mW。跟传统计算机用 FLOPS(每秒浮点运算次数)衡量计算能力一样,IBM 使用 SOP(每秒突触运算数)来衡量这种计算机的能力和能效。其完成 460 亿 SOP 所需的能耗仅为 1W。

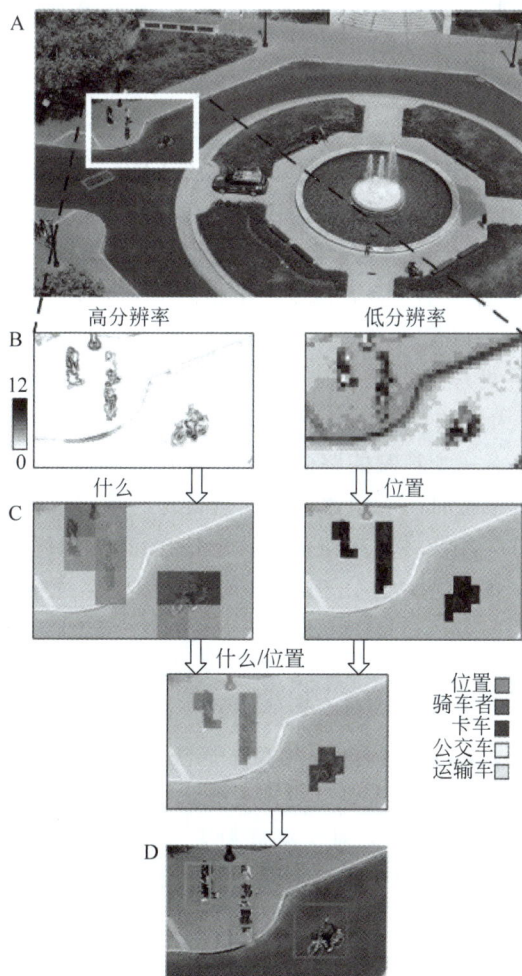

图 16.5　多目标检测和分类

通信效率极高,从而大幅降低能耗,这是这款芯片最大的卖点。TrueNorth 的每一内核均有 256 个神经元,每一个神经有分别都跟内外部的 256 个神经元连接。

但是相比之下,人脑有上千亿个神经元,每个神经元又有成千上万的突触,那样一个神经网络就更加无法想象了。IBM 的最终目标就是希望建立一台包含 100 亿个神经元和 100 万亿个突触的计算机,这样的计算机要比人类大脑的功都强大 10 倍,而功耗只有 1000W。

16.7.3　英国 SpiNNaker

SpiNNaker 是曼彻斯特、南安普顿、剑桥、谢菲尔德等地多所大学和企业机构联合发起的项目,并得到了英国工程和自然科学研究委员会(EPSRC)500 万英镑的投资。负责领衔的是曼彻斯特大学教授弗伯(S Furber),他从事人脑功能与架构研究很多年,同时也是 ARM 处理器核心鼻祖 Acorn RISC Machine 的联合设计师之一。这一项目在 2005 年获得批准之后,ARM 公司立即投入了大力支持,向科研团队提供了处理器和物理 IP。

人脑中有大约 1000 亿个神经元和多达 1000 万亿个连接,即使是一百万颗处理器也只能模拟人脑的 1%。神经元彼此通过模拟电子峰电位脉冲的方式传递信息,SpiNNaker 则利用描述数据包的方式模拟,并建立虚拟神经元。使用封包的电子数据意味着 SpiNNaker 能够以更少的物理连接像人脑那样快速传递峰电位脉冲。2011 年正式发布了包含 18 个 ARM 核的芯片,最新实现了 48 个节点的 PCB。

单个 SpiNNaker 多处理器芯片含有 18 个低功耗的 ARM 968 核,每个核可以模拟 1000 个神经元。每个芯片还有 128MB 的低功耗 SDRAM,存储神经元间的突触连接权值、突触延时等信息。单个芯片的功耗不超过 1W。芯片内采用局部同步,芯片间采用全局异步的方式。

SpiNNaker 系统没有中央计时器,这就意味着,信号的发出和接收不会经过任何时间同步,这些信号将会相互干扰,输出结果也会随着数百万微小的随机变化因素而发生改变。这听起来似乎会造成混乱,对于数学计算等对精度要求很高的任务来说也确实如此,但是对于那些模糊运算任务,如何时松开手以便丢出一个球,或者用哪个词作为一个句子的结尾,这一系统就能从容应付,毕竟大脑在处理这类任务时不会被要求将计算结果精确到小数点后 10 位,人脑更像是一个混沌系统。大量的 SpiNNaker 处理器通过以太网连接异步互联。

每个 SpiNNaker 中含有一个特制的路由器,用于完成 SpiNNaker 内部神经元间及芯片间神经元通信。Core 间采用地址时间表示通信协议进行神经动作电位时间信息传输。

2013 年,开发基于 UDP 用户数据报协议的锋电位接口,可以用于异质神经形态系统的通信。演示了 SpiNNaker 和海德堡大学 BrainScaleS 系统的混合通信,发展大规模的神经形态网络。

16.7.4　寒武纪神经网络处理器

随着社会从信息时代过渡到智能时代,人工智能芯片将是支撑智能计算不可或缺的载体。复杂的深度学习网络计算需求很高,需要有更多更强大的计算资源。GPU 是作为目前主流的人工智能计算平台,由于其基本框架结构并不是为人工智能所设计的,因此效率受到很多限制。而 FPGA(现场可编程门阵列)虽然迭代快,但从计算速度和能耗比来说,和专用的人工智能芯片相比仍然有差距。

由于定制化、低功耗等好处,ASIC 正在被越来越广泛地采用。谷歌为 TensorFlow 设计的 TPU 芯片就是采用 ASIC。智能发展到现在,算法上的进步很多,也能解决很多实际应用中的问题,如模式识别。但这和人们所期望的智能还存在很大的距离。神经网络芯片对于人工智能进步,尤其是对于高级智能能力的实现,会起关键的作用。每个时代都有其核心的物质载体,如工业时代的蒸汽机、信息时代的通用 CPU,智能时代也将会出现这个核心载体。中国科学院计算技术研究所陈云霁、陈天石等研究寒武纪神经网络芯片,能在计算机中模拟神经元和突触的计算,对信息进行智能处理,还通过设计专门的存储结构和指令集,每秒可以处理160 亿个神经元和超过 2 万亿个突触,功耗却只有原来的十分之一。未来甚至有希望把类似 AlphaGo 的系统都装进手机。

当前寒武纪系列已包含 3 种处理器结构:DianNao、DaDianNao 和 PuDianNao。在 2015 ACM/IEEE 计算机体系结构国际会议上,发布了第四种结构:面向卷积神经网络的 ShiDianNao。

陈天石等提出的 DianNao 是寒武纪系列的第一个原型处理器结构,包含一个处理器核,主频为 0.98GHz,峰值性能达每秒 4520 亿次神经网络基本运算(如加法、乘法等),65nm 工艺下功耗为 0.485W,面积 3.02mm^2(如图 16.6 所示)。在若干代表性神经网络上的实验结果表明,DianNao 的平均性能超过主流 CPU 核的 100 倍,面积和功耗仅为 CPU 核的 1/30~1/5,效能提升达三个数量级;DianNao 的平均性能与主流通用图形处理器(NVIDIAK20M)相当,但面积和功耗仅为后者的百分之一量级。

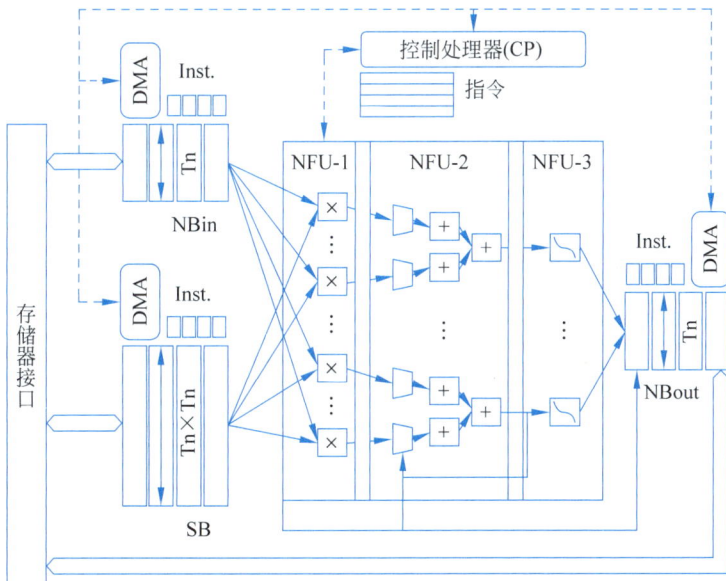

图 16.6 DianNao 结构图

DianNao 要解决的核心问题是如何使有限的内存带宽满足运算功能部件的需求,使运算和访存之间达到平衡,从而实现高效能比。为此提出了一套基于机器学习的处理器性能建模方法,并基于该模型最终为 DianNao 选定了各项设计参数,在运算和访存间实现了平衡,显著提升了执行神经网络算法时的效能。

文献[219]介绍 Cambricon 处理器,提出新的加速神经网络处理的指令集,把 Add/Multplication 这些操作都集中在了 Vector/Matrix Func Unit 里,片上存储体系的设计也更为通用,通过更为精巧的 crossbar scratchpad memory 来统一提供片上访存支持。在指令集的层次为更丰富的应用类型提供了支持。文献[411]介绍了稀疏深度学习处理器 Cambricon-X,对于稀疏连接,将访存逻辑定制在硬件层面,通过引入一个称为 IM(Index Module)的硬件模块,完成稀疏访存的处理,从而将稀疏向量/矩阵运算转换成常规向量/矩阵运算。在 Cambricon-X 里,支持的还是权重的稀疏化,对于神经元的稀疏化并没有进行特殊的支持。全连接层的神经元稀疏化可以比较自然的得到支持,而卷积层的神经元稀疏化则不太容易支持。Cambricon-X 的架构与 Cambricon 很相似,主要区别在于 Cambricon-X 中间多出了一个 Buffer Controller 模块。这个模块就是完成稀疏访存操作的核心模块。

16.8 脑机融合

生物智能(脑)与机器智能(机)的融合乃至一体化,将脑的感知和认知能力与机器的计算能力完美结合,有望产生令现有生物智能系统和机器智能系统均望尘莫及的更强智能形态,这种形态称为脑机融合(Brain-Computer Integration)。

16.8.1 脑机接口

脑机接口(Brain-Computer Interface,BCI)不依赖于大脑的正常输出通路(即外围神经和肌肉组织),就可以实现人脑与外界(计算机或其他外部装置)直接通信的系统。1973 年,维达(Jacques Vidal)发表了第一篇关于脑机接口技术的文章。

麻省理工学院、贝尔实验室和神经信息学研究所的科学家已经成功研制了一个可以模拟人类神经系统的电脑微芯片,并成功地植入大脑,利用仿生学的原理对人体神经进行修复。它与大脑协作发出复杂的指令给电子装置,监测大脑的活动都取得了很好的效果。剑桥大学的翰福瑞斯认为,在不久的将来,人们将可以在脑中放入增加记忆的微芯片,使人类有一个备用的大脑。

美国生物计算机领域的研究人员利用取自动物脑部的组织细胞与计算机硬件进行接合,这样研制而成的机器称为生物电子人或是半机械人。如果芯片与神经末梢相吻合,就可将芯片通过神经纤维和身体上脑神经系统连接起来。这样就通过计算机提高了人的大脑功能。

美国南加州大学的勃格(T. Berger)和列奥(J. Liaw)于 1999 年提出了动态突触神经回路模型,并于 2003 年研制出大脑芯片,能够代替海马功能。大脑芯片在活体小白鼠上实验成功,证明该回路模型与活体鼠脑中的信息处理是一致的。该项目是美国心智-机器合成(Mind-Machine Merger)计划的一部分,其研究成果取得了突破性进展,曾被中国科学界评为 2003 年世界十大科技进展之一。

16.8.2 脑机融合的认知模型

脑机融合是一种基于脑机接口技术,综合利用生物智能和机器智能的新型智能系统。脑机融合是脑机接口技术发展的必然趋势。在脑机融合系统中,大脑与大脑、大脑与机器之间不仅是信号层面上的脑机互通,更需实现大脑的认知能力与机器的计算能力的融合。但大脑的认知单元与机器的智能单元具有不同的关联关系和逻辑通路,因此,脑机融合的关键科学问题之一是如何建立脑机协同的认知计算模型。

脑机融合是当前智能科学中一个活跃的研究领域。2009 年,迪乔范纳(J. DiGiovanna)等设计了基于强化学习的互适应脑机接口系统,利用奖惩机制调节大脑活动,机器采用强化学习算法自适应控制机械臂运动,实现了性能更为优化的机械臂运动控制;2010 年,福山雅治(O. Fukayama)等通过提取和分析老鼠的运动神经信号来控制一辆机械车。2011 年,尼科勒利斯(M A L Nicolelis)团队在 *Nature* 杂志上报道了一种新型的脑—机—脑信息通路的双向闭环系统,在对猴子大脑神经信息进行解码的同时将猴子触觉信息转化为电刺激信号反馈到大脑,实现了脑与机的相互配合。

脑机融合系统具有 3 个显著特征:①对生物体的感知更加全面,包含表观行为理解与神经信号解码;②生物体也作为系统的感知体、计算体和执行体,且与系统其他部分的信息交互通道为双向;③多层次、多粒度的综合利用生物体和机器的能力,达到系统智能的极大增强。

根据脑机融合的需要,提出了一种智能体模型 ABGP,如图 16.7 所示。ABGP 智能体模型由感知(Awareness)、信念(Belief)、目标(Goal)和规划(Plan)4 个模块组成。这种智能体模型既考虑了智能体内部的思维状态,又考虑了对外部场景的认知和交互,对智能体决策发挥重要作用。智能体模型 ABGP 是脑机协同仿真环境的核心部件。基于心智模型 CAM 和智能体模型 ABGP,提出了脑机协同的认知模型,如图 16.8 所示。

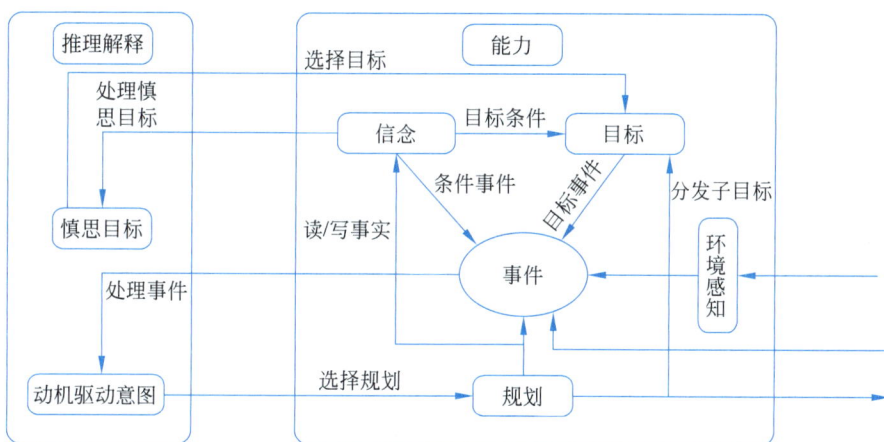

图 16.7 智能体 ABGP 模型

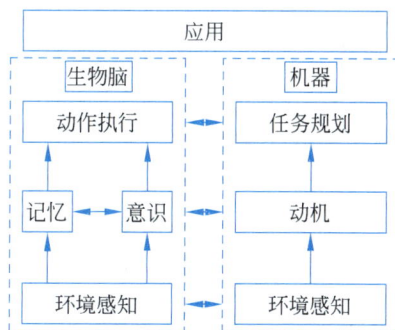

图 16.8 脑机融合的认知计算模型

16.8.3 脑机融合的环境感知

在环境感知方面,提出了基于深度学习的视觉感知机制、基于特征整合的视觉感知方法、大数据谱聚类算法。

1. 基于深度学习的视觉感知

卷积神经网络是典型的深度学习算法,在图像识别领域应用广泛。作为环境感知以 CNN 为基础,综合其他分类器,实现特征提取与非线性特征映射的组合。利用卷积神经网络提取不变性的视觉特征,如轮廓和边缘信息等,然后使用超限学习机完成最后的分类。

2. 基于特征整合的视觉感知

感知外界环境时,人脑中形成了两类谱图:位置主谱图和特征谱图。位置主谱图记录了全局图像中每个局部底层图像特征的具体位置。特征谱图,记录了局部的底层特征的关系,称为关系编码模式。通过扫描位置主谱图,被扫描到的特征谱图被激活,形成当前物体的暂态表示。为获得对输入特征序列的整体理解,注意机制启动注意,串行扫描主谱图,通过注意将特征联系起来。通过最大熵原则选择势函数,将特征函数联系起来,构成随机场。通过查询识别网络,随机场通过 Veterbi 算法进行连接搜索,以获得对感知图像的预测,物体的底层特征和高层语义被联系起来,从而完成整个物体识别的特征捆绑。

3. 大数据谱聚类算法

针对谱聚类中特征分解计算复杂度过高的问题,基于自适应的 Nyström 采样方法,设计了一种自适应的 Nyström 采样方法,每个数据点的抽样概率都会在一次采样完成后及时更新。利用 Normalized Cuts 与加权核 k-means 之间的联系,设计了近似加权核 k-means 算法来优化 Normalized Cuts 的目标函数,有效降低了 Normalized Cuts 的时间和空间复杂度。

16.8.4　脑机融合的自动推理

动机是内部驱动力量和主观推理,直接驱使个体活动来发起并维持心理状态以达到某种特定的目的。通过动机驱动规划,实现自动推理。在脑机融合系统中,提供两种类型的动机,即基于需求的动机和基于好奇心的动机。

基于需求的动机被表示为一个三元组 $\{N,G,I\}$,其中 N 表示需要,G 是目标,I 表示动机强度。在脑机融合系统中,需求有三类,即感知需求(Perception Needs)、适应需求(Adaptation Needs)以及合作需求(Cooperation Needs)。动机由激励规则激活。

基于好奇心的动机是通过动机学习算法建立一个新的动机。智能体将观察到的感知输入创建为一种内部表达,并且将这种表达与学习到的有利于操作的行为相联系。如果智能体的动作结果与其当前目标不相关,则不会进行动机学习,这种对学习内容的筛选是非常有用的。但是即便学习不被其他动机触发时,基于新颖性的学习仍然可以在这样的情况下发生。

动机的学习过程就是通过观察获取感知状态,然后感知状态由事件进行相互转换。发现新颖性事件激发智能体兴趣。一旦兴趣被激发,智能体的注意力可以被选择并集中在环境的一方面。基于新颖性的动机学习算法中,利用观察函数将注意力集中在感知状态的子集,然后利用差异函数计算子集上的差异度,再借助于事件函数形成事件,事件驱动着内省搜索,利用新颖性和兴趣度选择出最感兴趣的事件项,以便让智能体专注于该事件项,最后基于所关注事件项的最大兴趣度创建一个新的动机。

16.8.5　脑机融合的协同决策

根据脑机协同的认知计算模型,作者提出脑机融合的协同决策。脑机融合的协同决策是基于联合意图的理论,该理论可以有效地支持智能体间联合社会性行为的描述和分析。在脑机融合中,脑和机器被定义为具有共同的目标和共同的心智状态的智能体。在短时记忆支持下,采用分布式动态描述逻辑(Distributed Dynamic Description Logic,D3L)刻画联合意图。分布式动态描述逻辑充分考虑了动态描述逻辑在分布式环境下的特性,利用桥规则构成链,通过分布式推理实现联合意图,使脑机融合中的智能体进行协同决策。

16.9 智能科学发展路线图

通过脑科学、认知科学与人工智能领域的交叉合作,加强我国在智能科学这一交叉领域中的基础性、独创性研究,解决认知科学和信息科学发展中的重大基础理论问题,带动我国经济、社会乃至国家安全所涉及的智能信息处理关键技术的发展,为防治脑疾病和脑功能障碍、提高国民素质和健康水平等提供理论依据,并为探索脑科学中的重大基础理论问题作出贡献。

2013 年 10 月 29 日,在中国人工智能学会"创新驱动发展——大数据时代的人工智能"高峰论坛上,作者描绘了智能科学发展"路线图":2020 年,实现初级类脑计算,实现目标是计算机可以完成精准的听、说、读、写;2035 年,进入高级类脑计算阶段,计算机不但具备"高智商",还将拥有"高情商";2050 年,智能科学与纳米技术结合,发展出神经形态计算机,具有全意识,实现超脑计算。

16.9.1 初级类脑智能

近几年来,纳米、生物、信息和认知等当前迅猛发展的四大科学技术领域的有机结合与融合会聚成为科技界的热点,被称为 NIBC 汇聚科学技术(Converging Technologies)。这四个领域中任何技术的两两融合、三种会聚或者四者集成,都将加速科学和社会发展。脑与认知科学的进展将可能引发信息表达与处理方式新的突破,基于脑与认知科学的智能技术将引发一场信息技术的新革命。

到 2020 年,实现初级类脑计算(Elementary Brain-like Intelligence),使机器能听、说、读、写,能方便地与人沟通,突破语义处理的难关。数据的含义就是语义。数据本身没有任何意义,只有被赋予含义的数据才能够被使用,这时候数据就转换为了信息,而数据的含义就是语义。语义是对数据符号的解释,语义可以简单地看作数据所对应的现实世界中的事物所代表的概念的含义,以及这些含义之间的关系,是数据在某个领域上的解释和逻辑表示。语义具有领域性特征,不属于任何论域的语义是不存在的。对于计算机科学来说,语义一般是指用户对于那些用来描述现实世界的计算机表示(即符号)的解释,也就是用户用来联系计算机表示和现实世界的途径。

计算机数据呈现的形态是多种多样的,目前常见的有文本、语音、图形、图像、视频、动画等。在初级阶段,机器要像人一样理解这些媒体的内容,必须突破媒体的语义理解。

16.9.2 高级类脑智能

到 2035 年,智能科学的目标是使机器达到高级类脑智能(Advanced Brain-like Intelligence),实现具有高智商和高情商的人造系统。智商是指数字、空间、逻辑、词汇、记忆等能力,是人们认识客观事物并运用知识解决实际问题的能力。情商是一种自我认识、了解、控制情绪的能力。情商的核心内容包括认知和管理情绪(包括自己和他人的情绪)、自我激励、正确处理人际关系三方面的能力。

16.9.3 超脑智能

到 2050 年,智能科学的目标是达到超脑智能(Super-brain Intelligence),实现具有意识功能的人造系统,具有高智能、高性能、低能耗、高容错、全意识等特点。

1. 高智能

高智能是指由人工制造的系统所表现出来的人类水平的智能,在理解生物智能机理的基础上,对人类大脑的工作原理给出准确和可测试的计算模型,使机器能够执行需要人的智能才能完成的功能。研究智能科学建立心智模型,采用信息的观点研究人类全部精神活动,包括感觉、知觉、表象、语言、学习、记忆、思维、情感、意识等,研究人类非理性心理与理性认知融合运作的形式、过程及规律。类脑计算机实质上是一种神经计算机,它模拟人脑神经信息处理功能,通过并行分布处理和自组织方式,由大量基本处理单元相互连接而成的系统。通过大脑的结构、动力学、功能和行为的逆向工程,建立脑系统的心智模型,进而在工程上实现类心智的智能机器。智能科学将为类脑计算机的研究提供理论基础和关键技术,建立神经功能柱和集群编码模型、脑系统的心智模型,探索学习记忆、语言认知、不同的脑区协同工作、情感计算、智力进化等机制,实现人脑水平的机器智能。

2. 高性能

高性能主要指运行速度。计算机的性能在 40 年内将增长 $10^8 \sim 10^9$ 倍,运算速度达到每秒 10^{24} 次。传统的信息器件和设备系统在复杂性、成本、功耗等方面已遇到巨大障碍,基于 CMOS 的芯片技术已接近物理极限,急切期待颠覆性的新技术。另外,未来芯片要汇集计算、存储、通信等多种功能,满足多品种、短设计周期等特点,同样需要寻求新的技术路线。

硅微电子器件遵循摩尔定律和按比例缩小原则,从微米级进化到纳米级,取得了巨大成功。目前 65nm 硅 CMOS 技术已实现了大规模生产,45nm 硅 CMOS 技术开始投入生产,单芯片集成规模超过了 8 亿个晶体管。2007 年,Intel 和 IBM 同时宣布研究成功高 k 介质和金属栅技术,并应用于 45nm 硅 CMOS 技术。通过结合应变硅沟道技术和 SOI 结构,32nm 硅 CMOS 技术已试生产。Intel 和三星等公司已研究成功 10nm 以下的器件。专家们预计线宽达到 11nm 以下时,硅 CMOS 技术在速度、功耗、集成度、成本、可靠性等方面将受到一系列基本物理问题和工艺技术问题的限制。因此,在纳米级器件物理和新材料等基础研究领域不断创新、寻求突破超高速、超低功耗、亚 11nm 基础器件和集成电子系统的解决方案将成为 21 世纪世界范围最重大的科学技术问题之一。

2009 年 1 月,IBM 宣布研制出栅长为 150nm 的石墨烯晶体管,截止频率达到 26GHz。石墨烯具有极高的迁移率,是 Si 的 100 倍,饱和速度是 Si 的 $6 \sim 7$ 倍,热导率高。适合于高速、低功耗、高集成度、低噪声和微波电路等。目前栅长 150nm 的石墨烯 MOS 晶体管的运行频率可以达到 26GHz,如果缩小到 50nm,石墨烯晶体管的频率就有望突破 1THz,石墨烯材料和晶体管性能优异,将解决互联和集成等技术问题。2035 年左右可研制成功石墨烯系统芯片,并形成规模化生产。除了目前基于 CMOS 芯片的电子计算技术继续升级换代以外,量子计算、自旋电子计算、分子计算、DNA 计算和光计算等前瞻性系统技术研究正在蓬勃开展。

3. 低能耗

人脑运行时只消耗相当于点燃一只 20W 灯泡的能量。即使在最先进的巨型计算机上再现脑的功能,也需要一座专用的电厂。当然,局部化不是唯一的差别。脑拥有一些我们还不能再现的有效率的元件。最关键的是,脑可以在大约为 100mV 的电压下工作。但是对于互补金属氧化物半导体(CMOS)逻辑电路,则需要高得多的电压(接近 1V)才能使其正确运作,而更高的工作电压意味着在电线传送信号的过程中会用掉更多的能量。

今天的计算机执行每个运算,在电路级耗能是皮焦耳量级,在系统层是微焦耳量级,均远高于物理学给出的理论下限。降低系统的能耗还有很大的空间。低能耗技术涉及材料、器件、系统结构、系统软件和管理模式等各方面。从原理上创新,突破低能耗核心技术已成为今后几十年芯片和系统设计的重大挑战问题。

4. 高容错

容错是指一个系统在内部出现故障的情况下,仍然能够向外部环境提供正确服务的能力。容错计算的概念最早由阿维兹尼斯(A. Avizienis)于 1967 年首次提出,如果一个系统的程序在出现逻辑故障的情况下仍能被正确执行,那么称这个系统是容错的。

人脑和神经网络均具有高容错的特性,部分单元失效时,仍然能够继续正确地工作。因此超脑计算系统必须具备这种高可靠的性能。

未来采用纳米级电子设备的普遍预期的制造缺陷的概率增加,文献[65]提出一种新颖的、高度容错的交叉开关体系结构。基于忆阻器交叉开关体系结构,可以使神经网络可靠实施。图 16.9 给出了单层忆阻器交叉开关矩阵。文献[65]对单层交叉开关采用 Delta 规则来学习布尔函数,呈现非常快的收敛速度。此外,在有或没有冗余的情况下,利用竞争性学习方法,模拟缺陷的影响来测量的系统结构对修复缺陷的神经元的性能。该架构能够学习布尔函数,制造缺陷率高达 13%,具有合理的冗余量。与其他技术相比,例如,级联三层冗余(Cascaded Triple Modular Redundancy)、冯·诺依曼复用和重新配置,它显示出最佳的容错性能。

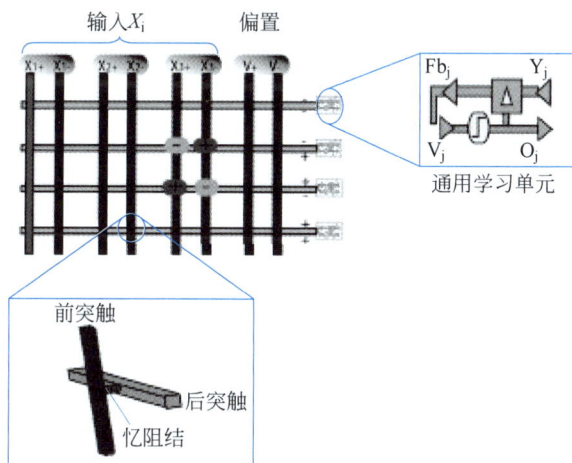

图 16.9　单层忆阻器交叉开关矩阵

5. 全意识

意识也许是人类大脑最大的奥秘和最高的成就之一。意识是生物体对外部世界和自身心理、生理活动等客观事物的知觉。意识的脑机制是各种层次的脑科学共同研究的对象,也是心理学研究的核心问题。人类进行意识活动的器官是脑。为了揭示意识的科学规律,建构意识的脑模型,不仅需要研究有意识的认知过程,而且需要研究无意识的认知过程,即脑的自动信息加工过程,以及两种过程在脑内的相互转化过程。同时,自我意识和情境意识也是需要重视的问题。自我意识是个体对自己存在的觉察,是自我知觉的组织系统和个人看待自身的方式,包括自我认知、自我体验、自我控制 3 种心理成分。情境意识是个体对不断变化的外部环境的内部表征。在复杂动态变化的社会信息环境中,情境意识是影响人们决策和绩效的关键因素。

　　2005 年 7 月,*Science* 杂志创刊 125 周年之际,出版了"未知之事有几何?"的专辑,提出了 125 个"有待开拓的机遇之地"问题,其中第二个问题是"意识的生物学基础是什么?"。17 世纪的法国哲学家有一句名言:"我思故我在。"可以看出,意识在很长时间里都是哲学讨论的话题。现代科学认为,意识是从大脑中数以亿计的神经元的协作中涌现出来的。但是这仍然太笼统了,具体来说就是"神经元是如何产生意识的"。近年来,科学家已经找到了一些可以对这个最主观和最个人的事物进行客观研究的方法和工具,并且借助大脑损伤的病人,科学家得以一窥意识的奥秘。除了要弄清意识的具体运作方式外,还要探究它为什么存在,以及它是如何起源的。

参 考 文 献

请读者扫码二维码获取参考文献（共计 494 条）。

参考文献